21世纪普通高等教育基础课系列教材
吉林大学本科“十四五”规划教材

基础物理学

白炳莲　张凤琴　主　编

机械工业出版社

本书按照吉林大学计算机类各专业培养方案对物理教学的要求，结合编者多年的教学心得专门编写而成。本书在内容设计上全面考虑计算机类各专业的特点及学科发展的未来趋势，合理取材。全书分为 4 篇，共 13 章：第 1 篇力学（1~3 章）、第 2 篇电磁学（4~7 章）、第 3 篇光学（8~11 章）、第 4 篇量子理论基础（12、13 章）。第 1 篇力学中的第 1 章质点和刚体力学是学习其他知识的先修内容；第 3 篇光学中的第 11 章现代光学基础和第 4 篇量子理论基础中的第 13 章量子信息科学基础是用于选讲或自学的内容。

本书以全面培养学生的科学素养和研究能力为目标，不仅强调基本概念、基本理论和基本方法，而且也重点体现科学思想、体系的建构和发展趋势。另外，每一篇的开始加入了学科发展史，能够使学习者掌握学科发展中的重要思想和标志性成果；每一章的开始插入了著名科学家的名言，将人文素养与自然科学有机结合；每一章的后面附上了干支明晰的知识网络图，展示本章的知识结构和脉络。因此，本书融实用性、科学性、前沿性和人文性为一体。

本书可以作为高等学校计算机类相关专业本科生的教材，也可作为其他相关专业读者的辅助参考书。

图书在版编目（CIP）数据

基础物理学 / 白炳莲, 张凤琴主编. -- 北京 : 机械工业出版社, 2025. 8. -- (21世纪普通高等教育基础课系列教材) (吉林大学本科“十四五”规划教材).
ISBN 978-7-111-78196-7

Ⅰ. O4

中国国家版本馆 CIP 数据核字第 202562JE51 号

机械工业出版社（北京市百万庄大街22号　邮政编码100037）
策划编辑：张金奎　　　　责任编辑：张金奎　汤　嘉
责任校对：龚思文　张亚楠　　封面设计：王　旭
责任印制：邓　博
北京中科印刷有限公司印刷
2025年8月第1版第1次印刷
184mm × 260mm · 22印张 · 541千字
标准书号：ISBN 978-7-111-78196-7
定价：68.00 元

电话服务　　　　　　　　　　网络服务
客服电话：010-88361066　　机　工　官　网：www.cmpbook.com
　　　　　010-88379833　　机　工　官　博：weibo.com/cmp1952
　　　　　010-68326294　　金　　书　　网：www.golden-book.com
封底无防伪标均为盗版　　　　机工教育服务网：www.cmpedu.com

前　言

吉林大学计算机学院和软件学院的最初培养方案中大学物理课程是按照工科大学物理要求设置的，学时数为128。2008年，培养方案中大学物理课程学时数调整为60。随着这一调整，教学内容势必重新进行调整。针对新的培养方案及专业特色，公共物理教学与研究中心按照新的培养方案重新组织教学内容，由张凤琴、何丽桥、曹颖、王丹共同于2009年初主编了《基础物理学》讲义，其作为校内教材，一直供吉林大学计算机学院和软件学院学生使用。随着科技的迅猛发展和人才培养理念及模式的重塑，基础物理学的教学内容改革也势在必行。

2021年，吉林大学启动了“十四五”规划教材立项与建设工作，《基础物理学》作为吉林大学十四五规划新编教材立项进行建设。本书在内容择选上以教育部高等学校大学物理课程教学指导委员会编制的《理工科类大学物理课程教学基本要求》（2023版）为依据，以专业培养方案为指导，本着“保证宽度、加强近代、联系实际、涉及前沿”的原则，既保证计算机及软件专业学生将来从事专业学习所需的必要理论基础，又使学生了解物理学在工程技术及科技前沿等方面的应用，以便为将来从事相关领域研究奠定坚实的理论基础。在教材的架构上，包括力学、电磁学、光学和量子理论基础四部分，各部分相互支撑，有机组成一个整体。在内容编写上，除了考虑科学性和适用性外，尽力考虑学生的认知规律，做到可读性更好。在编写风格上，力求深入浅出、简洁流畅。另外教材还融进人文要素，落实全面培养学生的素质、立德树人的教育理念。

1. 本书特色

（1）融人文素养教育于物理教学之中

物理学中蕴涵了丰富的人文教育资源，是培养人的科学精神、提高人文素质的良好载体。物理学科的人文意蕴丰富而深邃，本书充分利用该特色，在每一篇的开头对该篇物理学分支学科的发展史进行梳理，概括总结了该分支学科的发展历史，其中蕴含了科学家探索未知的无畏勇气、求真务实严谨的科学态度，以及敢于突破传统理论的创新精神；在每一章的开头引入著名物理学家的励志名言。把物理学的“人文特色”融入教材之中，加强“科学文化”与“人文文化”之间的联系，一方面让学习者掌握终身发展必备的物理基础知识和技能，另一方面也让学生受到有物理学科特质之人文价值的熏陶，从而成为一个有着丰盈的人文情意、健康完善的人格品质、理性而温情的人。

（2）注重基础，了解现代，着眼未来

本书内容主要侧重计算机类专业所需的必要基础物理知识，包括电磁学、振动与波、光学、量子理论等内容。这些内容的学习需要具备力学及数学的相关知识，所以第1章质点和刚体力学是本课程的先修内容，该部分内容包括质点和刚体的运动学及动力学两部分内容，可以有效保障后续物理理论知识的学习。光学部分包括经典波动光学及现代光学基础，该部分主要阐述经典光学原理和特性以及现代光学基础理论和应用。现代光学基础部分介绍了激光、全息技术、非线性光学、光纤通信和集成光学等基础理论及其应用，该部分内容主要是让学生掌握和了解现代高新技术基础及应用。第 4 篇量子理论基础，包括量子力学基础和量子信息科学基础。量子力学主要讨论微观世界中粒子的行为和相互作用，它是现代物理学的理论基础之一，而且在许多现代技术中已得到广泛应用。量子信息科学是一门结合量子力学与信息科学的前沿交叉学科。在量子信息处理方面，量子计算具有超越传统计算的巨大潜力；在信息传输中，量子通信可以保证信息安全和高效。该部分内容对学生将来从事量子计算、量子通信等方向的研究提供了基本理论和继续深入的基础。

（3）精选思考题和习题，加深对物理概念、理论和思想的理解

适当的习题训练是学好物理的重要组成部分，它是深化知识、活化知识、提高能力的重要环节，也是检查学生知识和能力的最有效的手段。本书对一些重要的知识点配有一定量的例题及习题训练，以巩固对物理概念、定理及定律的理解和应用。同时对容易困惑和难理解的教学内容，精心设计了一些思考题，弄清楚这些思考题不但可以消除疑惑，加深对理论的理解，还能在应用上有进一步的拓展。在习题的选取上，本书做了精心的设计，即具有覆盖面，又具有代表性，并且难易适中，具有一定梯度。

（4）设计了干支明晰的知识网络图，呈现物理知识的脉络和体系

每一章的后面附有知识网络图。知识网络图使整章知识结构脉络清晰，将分散的内容贯穿在一起，并且知识网络图能够帮助学生迅速掌握本章重要的物理概念、物理定律及各个物理定律之间的逻辑层次关系，从而有效提高学习效率，并有助于培养和提升学生自身的逻辑思维能力。

全书共 4 篇，包括 13 章：第 1 篇力学（第 1 章 质点和刚体力学、第 2 章 机械振动、第 3 章 机械波）、第 2 篇电磁学（第 4 章 静电场、第 5 章 稳恒磁场、第 6 章 电磁场理论基础、第 7 章 电磁波）、第 3 篇光学（第 8 章 光的干涉、第 9 章 光的衍射、第 10 章 光的偏振、第 11 章 现代光学基础）、第 4 篇量子理论基础（第 12 章 量子力学基础、第 13 章 量子信息科学基础）。参与编写人员及分工如下：张凤琴负责第 1 章的编写，白炳莲负责第 2、3、10 章的编写，王丹负责第 4 章的编写，高文竹负责第 5 章的编写，范鲜红负责第 6、7、8、9 章的编写，韦珏负责第 11 章的编写，何春凤负责第 12、13 章的编写。全书由白炳莲、张凤琴共同统稿定稿，由王国光教授审核。

2. 致谢

本书的编写得到了吉林大学公共物理教学与研究中心多位教师的支持。王国光教授对本书的架构设计、内容择选给予了全面的指导、支持和帮助，并提出了很多中肯的修改建议，使得本书质量得以大幅提升；何丽桥教授、曹颖教授对本书前期的编写给予了很多支持，在此一并感谢！

由于本书是初次出版，并且编者的学识水平和能力有限，不足之处在所难免，恳请读者谅解，并提出您的宝贵意见，以便今后不断完善和改进。

张凤琴　白炳莲

2024 年 7 月于吉林大学

目　　录

第2篇　电　磁　学

第 3 篇　光　学

第4篇 量子理论基础

第1篇 力 学

力学是物理学发展最早的分支学科。力学的发展与人类的生产生活息息相关，可追溯到遥远的古代。亚里士多德（Aristotle，前384—前322）创立了物理学的名称，提出了许多关于运动和力的观点，其中比较著名的是在他的著作《论天》里提出的关于落体运动的观点："体积相等的两个物体，较重的下落得较快。"亚里士多德可以称作百科全书式人物，无论对错，他的思想影响了一代又一代人，后来者也都是站在他的肩膀上继续寻求真理。100年后，阿基米德（Archimedes，前287—前212），深受亚里士多德思想的影响，建立了静力学平衡定律，提出了浮力定律（也称阿基米德原理）、滑轮原理和杠杆原理。因此，阿基米德被誉为"力学之父"。

随着时光的流逝，两千年过去了，在此期间也有很多物理学家致力于力学、天文学等方面的研究，例如尼古拉·哥白尼（Mikołaj Kopernik，1473—1543）、第谷·布拉赫（Tycho Brahe，1546—1601）、西蒙·斯蒂文（Simon Stevin，1548—1620）等，这些人对经典物理学力学大厦的构建起到奠基作用，但是力学得到快速发展是从16世纪中叶伽利略、开普勒、牛顿等人的出现开始的。伽利略·伽利雷（Galileo Galilei，1564—1642）是第一个把实验引进力学的科学家，他利用实验和数学相结合的方法研究得出抛体运动、惯性、落体运动的力学规律，否定了统治两千年的亚里士多德的落体运动观点。伽利略还对重心、速度、加速度等运动基本概念做了详尽研究并给出了严格的数学表达式，并确立了伽利略相对性原理；他还非正式地提出惯性定律和外力作用下物体的运动规律。开普勒（Johannes Kepler，1571—1630）提出了太阳系行星运动的"开普勒三定律"，确立了行星绕太阳运行的规律。牛顿（Isaac Newton，1643—1727）在伽利略、开普勒等人工作的基础上进行深入研究，于1687年出版了《自然哲学的数学原理》一书，书中详尽阐述了关于质点动力学的三大定律（牛顿运动定律）及万有引力定律等。牛顿运动定律构成了近代力学的基础，也是近代物理学的重要支柱。牛顿万有引力定律把地面上物体运动和太阳系内行星运动统一在相同的物理定律之中，从而完成了人类文明史上第一次自然科学的大综合。

牛顿建立的经典力学是运用几何方法和矢量作为研究工具的，因此称为矢量力学，也叫“牛顿力学”。物理学不断地向前发展，约瑟夫·拉格朗日（Joseph-Louis Lagrange，1736—1813）、威廉·罗恩·哈密顿（William Rowan Hamilton，1805—1865）等人发展了牛顿力学，使用广义坐标和变分法，建立了一套同矢量力学等效的力学表述方法，称为分析力学。分析力学不以力作为分析问题的基础，而是以能量和作用量作为基础。同矢量力学相比，分析力学的表述方法具有更大的普遍性，很多在矢量力学中极为复杂的问题，运用分析力学可以较为简便地解决。

第 1 章　质点和刚体力学

我不知道在世人看来我可能是什么样，但是，就我自己看来，我好像只是一个在海滨玩耍的男孩，不时地使我自己转向去寻找比平常的更光滑的卵石或更漂亮的贝壳，而真理的大海把一切未被发现的摆在我面前。

——牛顿

力学是研究物质机械运动规律的科学，分为运动学和动力学两部分。运动学只描述和研究物体位置随时间的变化规律，不涉及运动变化发生的原因。动力学则进一步研究物体运动状态变化的原因及所遵从的规律，可分为质点动力学、质点系动力学和刚体动力学。动力学的研究以牛顿运动定律为基础。虽然牛顿运动定律适用于质点，但是通过研究质点所遵从的规律，可以导出刚体力学、流体力学和弹性力学的动力学规律。

本章运动学部分内容主要研究描述质点运动的物理量和描述刚体定轴转动的物理量随时间变化的关系，以及这些物理量之间的相互关系；动力学部分分别研究质点、质点系的动力学规律和刚体绕定轴转动的动力学规律。

1.1　质点和刚体运动的描述

在物质多种多样的运动形式中，最简单而又最基本的运动是物体位置的变化，称为机械运动，它存在于一切运动形式之中。例如行星绕太阳的运动，宇宙飞船的航行，机器的运转，水、空气等流体的流动等都是机械运动。运动总是在空间和时间中发生，空间与时间是物质机械运动广延性和持续性的反映。对于机械运动而言，空间规定了物体运动的范围和位置，时间则规定了物体运动过程的长短和顺序。在牛顿经典力学范围内，空间与时间脱离物质与运动而独立存在，在相对论中，空间、时间同物质与运动是紧密联系的。

1.1.1　质点运动的描述

1. 质点、参考系和坐标系

（1）质点　实际物体都有一定的大小和形状，在运动过程中会受到各种因素的影响，致使物体各部分的运动形式可能不同，使问题变得错综复杂。为在某种合理的条件下简化问题，在物理学中常采用理想模型来代替实际物体。

在所研究的问题中，如果可以忽略物体各部分运动的差别，仅考察物体的整体运动，这时就可以把物体看成一个具有质量而没有大小和形状的点。这样一个理想化的模型称为质点。

质点是一个相对概念，能否把物体视为质点，并非单纯地看它的大小，而是看它的大小、形状在所研究的问题中是否起显著作用。例如，地球很大，如果讨论地球绕太阳公转，可以把它视为质点；分子、原子很小，一般讨论时，经常把它们视为质点，但当讨论它的内部振动和转动时，就不能把它看作质点。

把实际物体抽象成质点这一研究方法在理论上和实践上都具有重要意义。当我们进一步研究复杂的运动时，虽然不能把整个物体视为质点，却可以把它视为由许许多多个质点组成的集合，这样，从质点的运动规律入手，就可以进一步研究整个物体的运动规律。所以，研究质点的运动是研究物体机械运动的基础，质点的概念在力学中非常重要。

（2）参考系与坐标系 物体运动本身是绝对的，但对运动的描述是相对的。因此，人们要认识物体的运动，了解物体的变化，把一个物体的运动或运动变化描绘出来，就必须选择一个物体或彼此没有相对运动的物体群作为参考。物理学中把被选作参考的物体或彼此没有相对运动的物体群及其延拓空间称为参考系。参考物是一个物体时，该物体若是一个点，就不能构成一个参考系。参考系的选择不同，对同一物体的运动描述也就不同。例如，人坐在火车上，以火车为参考系，人是静止的；以地面为参考系，人是运动的。

在具体描述物体运动时，必须在参考系上确定坐标系。坐标系是和参考系固结在一起的，它是物质参考系的数学抽象。实际上，坐标系一经确立，我们就抛开具体的参考系，而用它表示物质参考系。坐标系的选择要视问题的性质和研究问题的方便而定。常用的坐标系有直角坐标系、极坐标系、自然坐标系、球坐标系等。

在运动学中，参考系的选择是任意的，怎样方便就怎样选择。通常在研究地面上物体运动时，很自然地选择地面为参考系。动力学要研究机械运动的规律，因在不同的参考系中有不同的动力学规律，所以在动力学中就要考虑参考系与动力学规律间的关系，这时参考系不能任意选取。比如，在研究人造卫星运动时通常采用地心-恒星参考系，这样的参考系以地心作为坐标原点而自地心向恒星建立坐标轴；在研究地球绕太阳运动时，通常采用日心-恒星系，即以日心为坐标原点、坐标轴指向其他恒星的参考系。

2. 描述质点运动的线量

（1）位置矢量及运动方程 在如图 1.1 所示的直角坐标系（参考系）中，t 时刻质点在 P 点，其位置可用坐标（x,y,z）表示。另外，P 点的位置还可以用一矢量表示。把由参考点引向质点所在位置的矢量称为位置矢量，简称位矢，用 $\boldsymbol{r}$ 表示。现将坐标原点选为参考点，则位置矢量为

$$\boldsymbol{r}=x\boldsymbol{i}+y\boldsymbol{j}+z\boldsymbol{k} \tag{1.1}$$

式中，$\boldsymbol{i}$、$\boldsymbol{j}$、$\boldsymbol{k}$ 分别为沿 x、y、z 轴方向的单位矢量。位置矢量的大小（也称为矢量的模）为

$$r=|\boldsymbol{r}|=\sqrt{x^2+y^2+z^2} \tag{1.2}$$

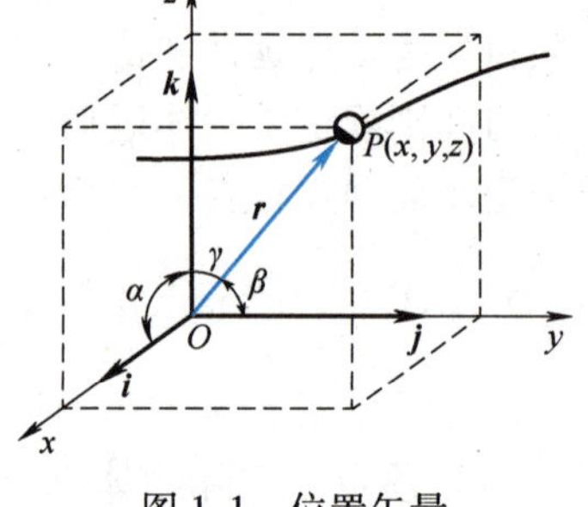

图 1.1 位置矢量

其方向可由方向余弦来确定，即

$$\cos\alpha=\frac{x}{r},\quad \cos\beta=\frac{y}{r},\quad \cos\gamma=\frac{z}{r} \tag{1.3}$$

式中，α、β、γ 分别表示位置矢量 $\boldsymbol{r}$ 与 x、y、z 轴正方向之间的夹角，满足下列关系式：

$$\cos^2\alpha+\cos^2\beta+\cos^2\gamma=1$$

当质点运动时，其位置矢量 $\boldsymbol{r}$ 的大小和方向都可能随时间变化，即 $\boldsymbol{r}=\boldsymbol{r}(t)$。质点位置矢量的三个坐标分量分别为

$$x=x(t),\quad y=y(t),\quad z=z(t) \tag{1.4}$$

消去时间参量 t，可得三个空间坐标之间的关系，即轨道方程 $f(x,y,z)=C$。借助于轨道方程的具体表达式，可以判断质点在空间的运动轨迹。

（2）位移矢量　为了描述质点在空间的位置变化，引入位移矢量。如图 1.2 所示，t 时刻质点位于 P 点，它的位置矢量为 $\boldsymbol{r}(t)$，$t+\Delta t$ 时刻质点运动到 Q 点，相应的位置矢量为 $\boldsymbol{r}(t+\Delta t)$。把由起点 P 引向终点 Q 点的有向线段，称为质点在 Δt 时间内的位移矢量，用 $\Delta\boldsymbol{r}$ 表示。即

$$\overrightarrow{PQ}=\Delta\boldsymbol{r}=\boldsymbol{r}(t+\Delta t)-\boldsymbol{r}(t)$$

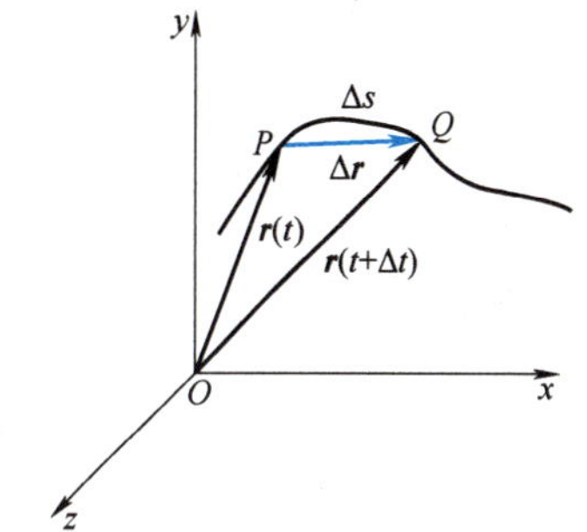

图 1.2　位移矢量

根据式（1.1），可得

$$\boldsymbol{r}(t)=x_1\boldsymbol{i}+y_1\boldsymbol{j}+z_1\boldsymbol{k}$$

$$\boldsymbol{r}(t+\Delta t)=x_2\boldsymbol{i}+y_2\boldsymbol{j}+z_2\boldsymbol{k}$$

则位移矢量可以表示为

$$\Delta\boldsymbol{r}=(x_2-x_1)\boldsymbol{i}+(y_2-y_1)\boldsymbol{j}+(z_2-z_1)\boldsymbol{k}=\Delta x\boldsymbol{i}+\Delta y\boldsymbol{j}+\Delta z\boldsymbol{k} \tag{1.5}$$

位移的大小为

$$|\Delta\boldsymbol{r}|=\sqrt{\Delta x^2+\Delta y^2+\Delta z^2}$$

同理，位移矢量的方向可表示为

$$\cos\alpha'=\frac{\Delta x}{|\Delta\boldsymbol{r}|},\quad \cos\beta'=\frac{\Delta y}{|\Delta\boldsymbol{r}|},\quad \cos\gamma'=\frac{\Delta z}{|\Delta\boldsymbol{r}|}$$

式中，α'、β'、γ'分别表示位移 $\Delta\boldsymbol{r}$ 与 x、y、z 轴正方向的夹角。

需要说明的是，位移与路程是两个截然不同的概念。位移 $\Delta\boldsymbol{r}$ 表示质点位置变化，是矢量；路程 Δs 表示质点实际运动路径的长度，是标量。一般情况下，二者的大小并不相等。当质点做曲线运动时无限小的位移的大小，或者质点做单方向直线运动时位移的大小才与质点的路程相等。

位置矢量和位移矢量都是长度量，在国际单位制中，其单位均为 m（米）。

（3）速度矢量　速度是描述质点从一个位置运动到另一个位置快慢和方向的物理量。

1）**平均速度**。如图 1.3 所示，如果质点在 Δt 时间内发生的位移为 $\Delta\boldsymbol{r}$，则 $\Delta\boldsymbol{r}$ 与 Δt 的比值称为质点在 Δt 时间内的平均速度，用符号 $\bar{\boldsymbol{v}}$ 表示，即

$$\bar{\boldsymbol{v}}=\frac{\Delta\boldsymbol{r}}{\Delta t} \tag{1.6}$$

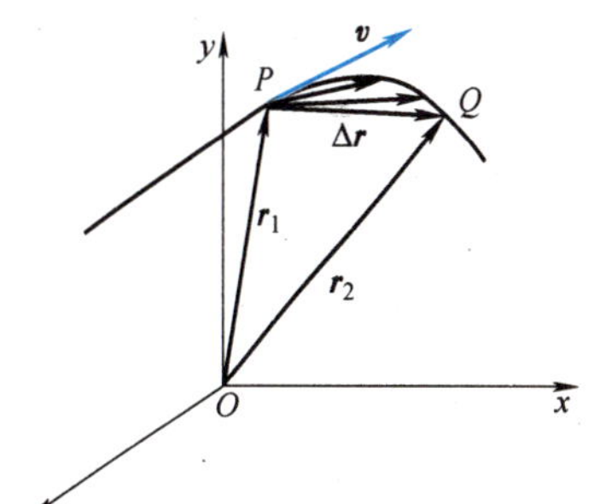

图 1.3　质点的速度

平均速度是矢量，其方向与位移 $\Delta\boldsymbol{r}$ 相同，大小为 $|\Delta\boldsymbol{r}|$与时间间隔 Δt 的比值。平均速度表示质点在 Δt 时间内位置的平均变化快慢，是对质点真实运动的一种近似描述。

2）**瞬时速度**。为了准确地描述质点在某一时刻的真实运动状态，如图 1.3 所示，可以让 Q 点无限接近于 P 点，所用的时间 Δt 趋近于零，则 $\Delta \boldsymbol{r}/\Delta t$ 趋于一极限值，这个极限值能够确切地描述质点在 t 时刻运动的快慢和方向。我们把它定义为质点在 t 时刻的瞬时速度，简称速度，用 $\boldsymbol{v}$ 表示，有

$$\boldsymbol{v}=\lim_{\Delta t\to 0}\frac{\Delta \boldsymbol{r}}{\Delta t}=\frac{\mathrm{d}\boldsymbol{r}}{\mathrm{d}t} \tag{1.7}$$

可见，速度是位置矢量对时间 t 的一阶导数。

速度是矢量，其方向就是位移矢量 $\Delta \boldsymbol{r}$ 的极限方向。显然，它沿着质点所在处轨道的切线并指向前进的方向。

在直角坐标系中，速度矢量为

$$\boldsymbol{v}=\frac{\mathrm{d}\boldsymbol{r}}{\mathrm{d}t}=\frac{\mathrm{d}x}{\mathrm{d}t}\boldsymbol{i}+\frac{\mathrm{d}y}{\mathrm{d}t}\boldsymbol{j}+\frac{\mathrm{d}z}{\mathrm{d}t}\boldsymbol{k}=v_x\boldsymbol{i}+v_y\boldsymbol{j}+v_z\boldsymbol{k} \tag{1.8}$$

即

$$v_x=\frac{\mathrm{d}x}{\mathrm{d}t},\ v_y=\frac{\mathrm{d}y}{\mathrm{d}t},\ v_z=\frac{\mathrm{d}z}{\mathrm{d}t} \tag{1.9}$$

速度的大小，即 $\boldsymbol{v}$ 的模

$$|\boldsymbol{v}|=\sqrt{v_x^2+v_y^2+v_z^2} \tag{1.10}$$

在描述质点运动时，常引入速率的概念。用 s 表示路程，则速率为$\frac{\mathrm{d}s}{\mathrm{d}t}$，由于

$$|\boldsymbol{v}|=\left|\frac{\mathrm{d}\boldsymbol{r}}{\mathrm{d}t}\right|=\lim_{\Delta t\to 0}\frac{|\Delta \boldsymbol{r}|}{\Delta t}=\lim_{\Delta t\to 0}\frac{\Delta s}{\Delta t}=\frac{\mathrm{d}s}{\mathrm{d}t} \tag{1.11}$$

所以，速率等于速度的大小。在国际单位制中，速度和速率的单位均为 $\mathrm{m\cdot s^{-1}}$（米每秒）。

（4）加速度矢量　加速度是描述质点运动速度变化快慢和方向的物理量。

1）**平均加速度**。如图 1.4 所示，设质点做曲线运动，t 时刻到达 P 点，速度为 $\boldsymbol{v}(t)$，$t+\Delta t$ 时刻到达 Q 点，速度为 $\boldsymbol{v}(t+\Delta t)$，则在 Δt 时间内平均加速度定义为

$$\bar{\boldsymbol{a}}=\frac{\Delta \boldsymbol{v}}{\Delta t} \tag{1.12}$$

显然，平均加速度是对质点在 Δt 时间内速度变化快慢的一种近似描述。

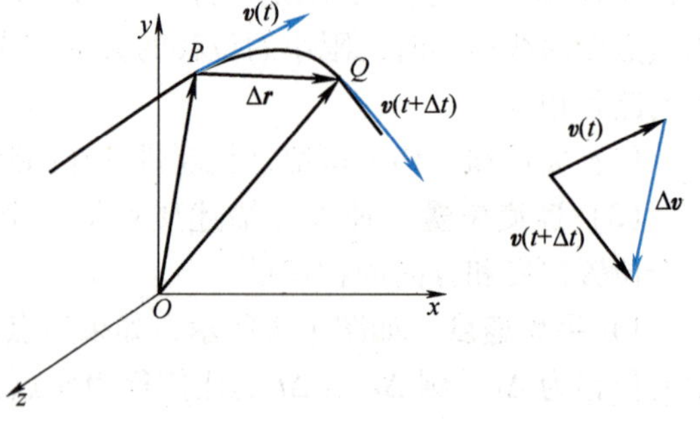

图 1.4　加速度矢量

2）**瞬时加速度**。为了描述质点在任意时刻的速度变化快慢情况，引入瞬时加速度。在式（1.12）中，令 $\Delta t\to 0$，平均加速度的极限值定义为瞬时加速度，简称加速度，用 $\boldsymbol{a}$ 表示，即

$$\boldsymbol{a}=\lim_{\Delta t\to 0}\frac{\Delta \boldsymbol{v}}{\Delta t}=\frac{\mathrm{d}\boldsymbol{v}}{\mathrm{d}t}=\frac{\mathrm{d}^2\boldsymbol{r}}{\mathrm{d}t^2} \tag{1.13}$$

式（1.13）表明，加速度 $\boldsymbol{a}$ 是速度矢量对时间的一阶导数，又是位置矢量对时间的二阶导数，它是某时刻质点速度变化程度的精确描述。

在直线运动中，加速度的方向与速度的方向平行，在曲线运动中，加速度的方向总是指向曲线的凹侧。

在直角坐标系中，加速度可写成

$$\boldsymbol{a}=\frac{\mathrm{d}\boldsymbol{v}}{\mathrm{d}t}=\frac{\mathrm{d}v_x}{\mathrm{d}t}\boldsymbol{i}+\frac{\mathrm{d}v_y}{\mathrm{d}t}\boldsymbol{j}+\frac{\mathrm{d}v_z}{\mathrm{d}t}\boldsymbol{k}=a_x\boldsymbol{i}+a_y\boldsymbol{j}+a_z\boldsymbol{k} \tag{1.14a}$$

其中

$$a_x=\frac{\mathrm{d}v_x}{\mathrm{d}t}=\frac{\mathrm{d}^2x}{\mathrm{d}t^2},\ a_y=\frac{\mathrm{d}v_y}{\mathrm{d}t^2}=\frac{\mathrm{d}^2y}{\mathrm{d}t^2},\ a_z=\frac{\mathrm{d}v_z}{\mathrm{d}t}=\frac{\mathrm{d}^2z}{\mathrm{d}t^2} \tag{1.14b}$$

加速度的大小为

$$|\boldsymbol{a}|=\sqrt{a_x^2+a_y^2+a_z^2} \tag{1.15}$$

当质点在平面上做曲线运动，并且质点的运动轨迹是已知的，这时采用自然坐标系讨论质点的运动更为方便。如图 1.5 所示，自然坐标系是沿质点运动轨迹建立一弯曲的坐标轴，选择轨迹上一点 O 为坐标原点，用坐标原点 O 至质点位置的“弧长” s 作为质点位置坐标，也称为弧坐标。坐标轴正方向是人为规定的，根据坐标原点及正方向的规定，弧坐标 s 与其他坐标一样，是一个代数量。在自然坐标系下，可对矢量进行正交分解。在质点所在位置处沿曲线切线且指向自然坐标 s 增加的方向取一单位矢量，称为切向单位矢量，记作 $\boldsymbol{\tau}$，矢量沿此方向投影称为切向分量；在质点所在位置处沿曲线法线且指向曲线凹侧取一单位矢量，称为法向单位矢量，记作 $\boldsymbol{n}$，矢量沿此方向的投影称为法向分量。自然坐标系中沿坐标轴方向的单位矢量与直角坐标系中不同的是，切向单位矢量 $\boldsymbol{\tau}$ 和法向单位矢量 $\boldsymbol{n}$ 一般是时变的，随质点在轨迹上的位置不同而改变，不是常矢量。

在自然坐标系下讨论加速度时，常讨论其在切线方向和法线方向的分量，分别称为切向加速度和法向加速度。

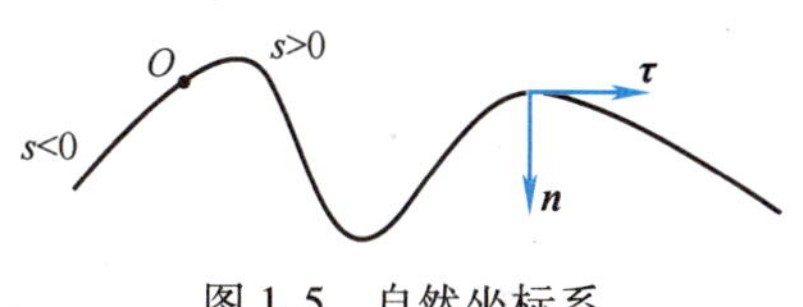

图 1.5　自然坐标系

在自然坐标系中，质点的速度可以写为

$$\boldsymbol{v}=\boldsymbol{v}_\tau=v_\tau\boldsymbol{\tau}=\frac{\mathrm{d}s}{\mathrm{d}t}\boldsymbol{\tau} \tag{1.16}$$

需要注意的是，式（1.16）中的 v_τ 为速度在切向的投影量，不同于速率 v（速率 v 为非负值），而这里的 v_τ 可正可负，正负反映运动方向：当 $v_\tau=\mathrm{d}s/\mathrm{d}t>0$ 时，质点沿着 $\boldsymbol{\tau}$ 方向运动；当 $v_\tau=\mathrm{d}s/\mathrm{d}t<0$ 时，质点逆着 $\boldsymbol{\tau}$ 方向运动。由于质点任意时刻的速度总沿轨迹切向方向，速度 $\boldsymbol{v}$ 只有切向投影量，不存在法向投影量，所以，$|v_\tau|=v$。

根据加速度的定义

$$\boldsymbol{a}=\frac{\mathrm{d}(v_\tau\boldsymbol{\tau})}{\mathrm{d}t}=\frac{\mathrm{d}v_\tau}{\mathrm{d}t}\boldsymbol{\tau}+v_\tau\frac{\mathrm{d}\boldsymbol{\tau}}{\mathrm{d}t} \tag{1.17}$$

式（1.17）等号右侧第一项中 $\frac{\mathrm{d}v_\tau}{\mathrm{d}t}$ 是质点速率对时间的变化率，其方向沿轨道的切线方向，故称为切向加速度，用 $\boldsymbol{a}_\tau$ 表示，即

$$\boldsymbol{a}_\tau=\frac{\mathrm{d}v_\tau}{\mathrm{d}t}\boldsymbol{\tau}=\frac{\mathrm{d}^2s}{\mathrm{d}t^2}\boldsymbol{\tau} \tag{1.18}$$

$\mathrm{d}s$ 为质点在 $\mathrm{d}t$ 时间内弧坐标的增量，一般与质点所通过的路程并不相同。

式（1.17）等号右侧第二项中 $\frac{\mathrm{d}\boldsymbol{\tau}}{\mathrm{d}t}$ 为切向单位矢量 $\boldsymbol{\tau}$ 的变化率，即

$$\frac{d\boldsymbol{\tau}}{dt}=\lim_{\Delta t\to 0}\frac{\Delta\boldsymbol{\tau}}{\Delta t}=\lim_{\Delta t\to 0}\frac{\boldsymbol{\tau}(t+\Delta t)-\boldsymbol{\tau}(t)}{\Delta t}$$

如图 1.6 所示，当质点在 $t\sim t+\Delta t$ 时间内，由 P_1 点运动到 P_2 点，$\boldsymbol{\tau}$ 由 $\boldsymbol{\tau}(t)$ 变为 $\boldsymbol{\tau}(t+\Delta t)$。在此过程中 $\boldsymbol{\tau}$ 的大小虽未改变，但方向发生了改变。图中 $\Delta\theta$ 为 P_1 和 P_2 两点切线间的夹角，当 $\Delta\theta$ 趋于零时，应有 $|\Delta\boldsymbol{\tau}|=|\boldsymbol{\tau}|\cdot\Delta\theta=\Delta\theta$，并且 $\Delta\boldsymbol{\tau}$ 的方向趋近于 $\boldsymbol{n}$ 的方向，故有

$$\Delta\boldsymbol{\tau}=\Delta\theta\boldsymbol{n}$$

所以

$$\frac{d\boldsymbol{\tau}}{dt}=\lim_{\Delta t\to 0}\frac{\Delta\theta}{\Delta t}\boldsymbol{n}=\frac{d\theta}{dt}\boldsymbol{n}$$

即单位矢量的导数的大小等于单位矢量转动的角速度，方向与单位矢量垂直。若 P_1 点曲率半径为 ρ，则 $\rho=ds/d\theta$，则有

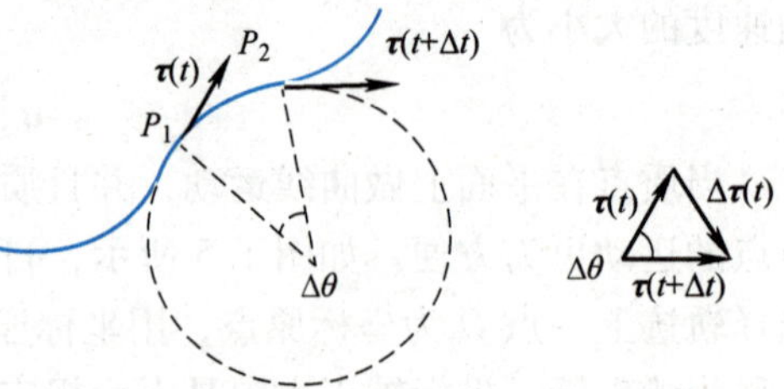

图 1.6 曲线运动切向单位矢量变化

$$\frac{d\boldsymbol{\tau}}{dt}=\frac{d\theta}{ds}\frac{ds}{dt}\boldsymbol{n}=\frac{1}{\rho}v_\tau\boldsymbol{n}$$

这样式（1.17）中的第二项可表示为

$$\boldsymbol{a}_n=\frac{v_\tau^2}{\rho}\boldsymbol{n} \tag{1.19}$$

则在自然坐标系下加速度为

$$\boldsymbol{a}=\boldsymbol{a}_\tau+\boldsymbol{a}_n=\frac{dv_\tau}{dt}\boldsymbol{\tau}+\frac{v_\tau^2}{\rho}\boldsymbol{n} \tag{1.20}$$

总加速度的大小为

$$a=|\boldsymbol{a}|=\sqrt{a_\tau^2+a_n^2} \tag{1.21}$$

在自然坐标系下，加速度具有鲜明的物理意义：切向加速度导致速度大小的变化，法向加速度导致速度方向的变化。

在国际单位制中，加速度的单位采用 $m\cdot s^{-2}$（米每二次方秒）。

例 1.1 已知质点的运动方程为

$$x=1+2t^2$$
$$y=2t+t^3$$

其中 t 以 s 计，x、y 以 m 计。求：$t=2s$ 时，（1）质点的位置矢量；（2）质点的速度；（3）质点的加速度。

解 （1）当 $t=2s$ 时，

$$x=1+2t^2=9m$$
$$y=2t+t^3=12m$$

所以质点位置矢量为

$$\boldsymbol{r}=9\boldsymbol{i}+12\boldsymbol{j}$$

（2）

$$v_x=\frac{dx}{dt}=4t,\quad v_y=\frac{dy}{dt}=2+3t^2$$

当 $t=2s$ 时，

$$v_x=8m\cdot s^{-1},\quad v_y=14m\cdot s^{-1}$$

或写成

$$\boldsymbol{v}=8\boldsymbol{i}+14\boldsymbol{j}$$

（3）

$$a_x=\frac{\mathrm{d}v_x}{\mathrm{d}t}=4,\ a_y=\frac{\mathrm{d}v_y}{\mathrm{d}t}=6t$$

当 $t=2\mathrm{s}$ 时，

$$a_x=4\mathrm{m}\cdot\mathrm{s}^{-2},\ a_y=12\mathrm{m}\cdot\mathrm{s}^{-2}$$

或写成

$$\boldsymbol{a}=4\boldsymbol{i}+12\boldsymbol{j}$$

例 1.2　一质点从原点由静止出发，它的加速度在 x 轴和 y 轴上的分量分别为 $a_x=2$ 和 $a_y=3t$(SI)。试求：$t=4\mathrm{s}$ 时质点速度的大小和位置矢量。

解　（1）由

$$a_x=\frac{\mathrm{d}v_x}{\mathrm{d}t},\ a_y=\frac{\mathrm{d}v_y}{\mathrm{d}t}$$

可得

$$\int_0^{v_x}\mathrm{d}v_x=\int_0^t 2\mathrm{d}t,\ \int_0^{v_y}\mathrm{d}v_y=\int_0^t 3t\mathrm{d}t$$

积分得

$$v_x=2t,\ v_y=\frac{3}{2}t^2$$

当 $t=4\mathrm{s}$ 时，

$$|\boldsymbol{v}|=\sqrt{v_x^2+v_y^2}=8\sqrt{10}\mathrm{m}\cdot\mathrm{s}^{-1}$$

（2）由 $v_x=\frac{\mathrm{d}x}{\mathrm{d}t}$ 得

$$\int_0^x\mathrm{d}x=\int_0^t v_x\mathrm{d}t=\int_0^t 2t\mathrm{d}t$$

$$x=t^2$$

由 $v_y=\frac{\mathrm{d}y}{\mathrm{d}t}$ 得

$$\int_0^y\mathrm{d}y=\int_0^t v_y\mathrm{d}t=\int_0^t\frac{3}{2}t^2\mathrm{d}t$$

$$y=\frac{t^3}{2}$$

则位置矢量

$$\boldsymbol{r}=x\boldsymbol{i}+y\boldsymbol{j}=t^2\boldsymbol{i}+\frac{t^3}{2}\boldsymbol{j}$$

当 $t=4\mathrm{s}$ 时

$$\boldsymbol{r}=16\boldsymbol{i}+32\boldsymbol{j}$$

例 1.3　一质点做圆周运动，设半径为 R，运动方程为 $s=v_0t-bt^2/2$，其中 s 为弧坐标，$v_0>0$ 为初速，$b>0$ 为常数。求：（1）任一时刻 t 质点的法向加速度、切向加速度和总加速度；（2）当 t 为何值时，质点的总加速度在数值上等于 b，这时质点已沿圆周运行了多少圈？

解　（1）质点的速度为

$$v=\frac{\mathrm{d}s}{\mathrm{d}t}=v_0-bt$$

质点的切向和法向加速度分别为

$$a_\tau=\frac{\mathrm{d}v}{\mathrm{d}t}=-b,\ a_\mathrm{n}=\frac{v^2}{R}=\frac{(v_0-bt)^2}{R}$$

质点的总加速度大小为

$$a=\sqrt{a_\tau^2+a_n^2}=\sqrt{b^2+\frac{(v_0-bt)^4}{R^2}}$$

（2）由总加速度表达式可看出，只有 $v=v_0-bt=0$ 时，总加速度才等于 b。所以

$$v_0-bt=0,\ t=\frac{v_0}{b}$$

又由于从 $t=0$ 至 $t=\frac{v_0}{b}$，s 为增函数，所以

$$s=v_0t-b\frac{t^2}{2}=v_0\cdot\frac{v_0}{b}-\frac{b}{2}\frac{v_0^2}{b^2}=\frac{v_0^2}{2b},\quad N=\frac{s}{2\pi R}=\frac{v_0^2}{4\pi Rb}$$

1.1.2 刚体定轴转动的描述

1. 刚体

在某些问题中，物体的形状和大小不能忽略，但其形状和大小的改变可以忽略，我们把这样一类物体抽象成另一个理想模型——刚体。所谓刚体，就是在外力作用下保持其形状、大小不变的物体。显然，刚体可以看成是由大量的、相互之间位置保持不变的质点组成的系统，即不变质点系，也称刚性质点系。

刚体是从实物中抽象出来的理想模型。实际上，任何物体在外力作用下，其大小和形状都会或多或少地改变。但是，当这种改变与物体的几何线度相比很小，对所讨论的问题的影响可以忽略时，我们就可以把该物体看作刚体，从而简化问题。

刚体的运动有各种形式：平动、定轴转动、平面平行运动、定点转动和一般运动。其中平动和定轴转动是刚体最基本的运动形式。

（1）平动 刚体上任意两点所连成的直线，在整个运动过程中，始终保持平行，这种运动叫作平动。刚体作平动时，其上每一点的运动情况完全相同，刚体的运动可用一质点的运动来代表，因此这种运动的描述与质点相同，不必另加讨论。

（2）定轴转动 刚体上所有点都绕同一直线做圆周运动，这条直线叫作转轴。定轴转动的特征包括：

1）刚体上各质点都绕转轴做半径不尽相同的圆周运动，各点的位移、速度和加速度都不相同。

2）各点在垂直于转轴的平面（称为转动平面）内做圆周运动，圆心在轴线上。

3）刚体上各点到转轴的垂线在相同的时间内转过的角度都相同。

2. 描述刚体定轴转动的角量

（1）角位置和角位移

1）**角位置**。描述刚体的定轴转动时，常以垂直于转轴的转动平面为参考系，并以转轴与平面的交点为原点，在平面内取 Ox 轴为参考方向，如图 1.7 所示。设刚体上任一点在 t 时刻到达 P 点，位置矢量为 $\boldsymbol{r}$，$\boldsymbol{r}$ 与 Ox 轴的夹角为 θ，把 θ 称为 t 时刻刚体的角位置，也称为角坐标。

角位置是用来确定刚体位置的量，其数值与参考方向的选择有关。通常规定自参考方向

Ox 轴逆时针量得的 θ 为正，反之为负。角位置是标量。实质上，(r,θ) 就是平面极坐标。

当刚体绕轴转动时，角位置 θ 随时间 t 在改变，即 $\theta=\theta(t)$，这就是刚体做定轴转动的运动方程。

2）**角位移**。若 t 时刻刚体的角位置为 θ，$t+\Delta t$ 时刻角位置为 $\theta+\Delta\theta$，则 $\Delta\theta$ 称为刚体在 Δt 时间内的角位移。当刚体逆时针转动时，$\Delta\theta>0$，反之 $\Delta\theta<0$。

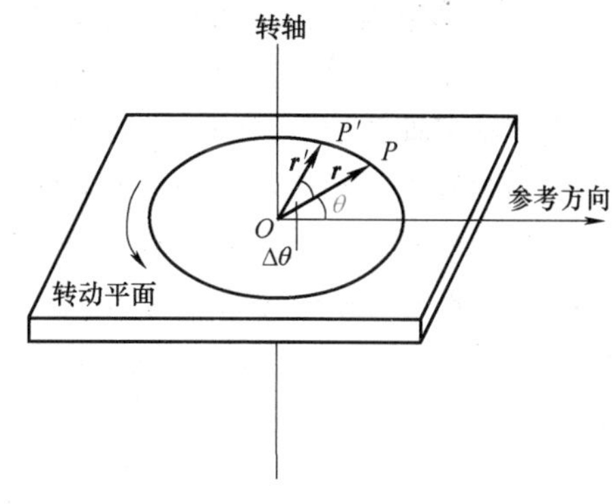

图 1.7　角位置坐标图

需要说明的是，有限角位移是标量，而无限小的角位移是矢量。关于这一点，在理论力学中会有严格的证明。也就是说，无限小的角位移在做加法运算时满足交换律，遵从平行四边形法则。

在国际单位制中，角位置与角位移的单位用 rad（弧度）表示。

（2）角速度　与速度相类似，角速度是反映刚体转动快慢的物理量。

1）**平均角速度**。设刚体在 Δt 时间内产生的角位移是 $\Delta\theta$，单位时间内发生的角位移称为平均角速度。即

$$\overline{\omega}=\frac{\Delta\theta}{\Delta t} \tag{1.22}$$

由于有限角位移是标量，因此，平均角速度也为标量。

2）**瞬时角速度**。当 $\Delta t\to 0$ 时，平均角速度的极限值称为瞬时角速度，简称角速度，用 ω 表示。即

$$\omega=\lim_{\Delta t\to 0}\frac{\Delta\theta}{\Delta t}=\frac{\mathrm{d}\theta}{\mathrm{d}t} \tag{1.23}$$

显然，角速度为角位置对时间的一阶导数。由于无限小角位移为矢量，则瞬时角速度为矢量。角速度的方向由右手法测确定，即右手四指沿转动方向弯曲，拇指伸直所指的方向就是角速度 $\boldsymbol{\omega}$ 的方向，如图 1.8 所示。刚体做定轴转动时，角速度只有两个方向，沿着转轴向上或者向下，可用正负符号表示。

在国际单位制中，角速度的单位为 $\mathrm{rad\cdot s^{-1}}$（弧度每秒）。

（3）角加速度

1）**平均角加速度**。与加速度相似，角加速度是反映刚体转动角速度变化快慢的物理量。设 t 时刻刚体的角速度为 ω，$t+\Delta t$ 刻为 $\omega+\Delta\omega$，则单位时间内角速度的变化称为平均角加速度，用 $\overline{\beta}$ 表示。即

$$\overline{\beta}=\frac{\Delta\omega}{\Delta t} \tag{1.24}$$

图 1.8　角速度方向

2）**瞬时角加速度**。当 $\Delta t\to 0$ 时，平均角加速度的极限值称为瞬时角加速度，简称角加速度，用 β 表示。即

$$\beta=\lim_{\Delta t\to 0}\frac{\Delta\omega}{\Delta t}=\frac{\mathrm{d}\omega}{\mathrm{d}t}=\frac{\mathrm{d}^2\theta}{\mathrm{d}t^2} \tag{1.25}$$

角加速度是矢量。在定轴转动中，角加速度$\boldsymbol{\beta}$的方向与$\boldsymbol{\omega}$方向平行。当$\boldsymbol{\omega}$、$\boldsymbol{\beta}$方向一致时，刚体转动角速度大小随时间增加；反之，刚体转动角速度大小随时间减小。

在国际单位制中，角加速度的单位为 $\mathrm{rad \cdot s^{-2}}$（弧度每二次方秒）。

3. 角量描述与自然坐标描述的关系

刚体做定轴转动时，刚体上任意一点都做圆周运动。既然用角量和线量都能描述圆周运动，那么两者之间必然存在一定的联系。

如图 1.9 所示，刚体上 P 点在 Δt 时间内沿逆时针方向转过的角度为 $\Delta\theta$，则 P 点沿半径为 r 的圆周通过的路程为 Δs。根据几何关系

$$\Delta s = r\Delta\theta$$

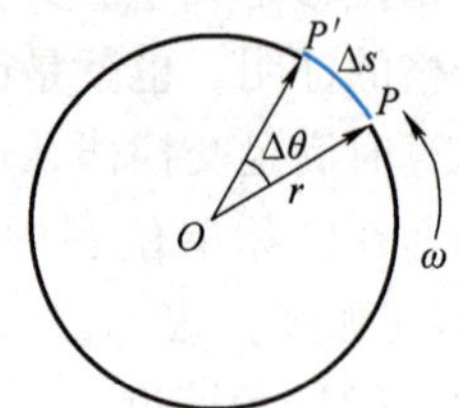

图 1.9　弧和角的关系

则有

$$\lim_{\Delta t\to 0}\frac{\Delta s}{\Delta t} = r\lim_{\Delta t\to 0}\frac{\Delta\theta}{\Delta t}$$

即

$$\frac{\mathrm{d}s}{\mathrm{d}t} = r\frac{\mathrm{d}\theta}{\mathrm{d}t}$$

得到线速度和角速度的关系

$$v = r\omega \tag{1.26}$$

将式（1.26）对时间求导，得到切向加速度和角加速度的关系

$$a_\tau = r\beta \tag{1.27}$$

把式（1.26）代入法向加速度表达式，得到法向加速度和角速度的关系

$$a_\mathrm{n} = \frac{v^2}{r} = \omega^2 r \tag{1.28}$$

需要注意的是，式（1.27）中给出的是切向加速度的大小与角加速度的大小关系，而不是总加速度的大小与角加速度的大小关系。另外，角速度和角加速度均为矢量，它们的方向都沿着轴线方向。如图 1.10 所示，$\boldsymbol{v}$ 与 $\boldsymbol{\omega}$ 垂直，且它们都与矢径 $\boldsymbol{r}$ 垂直。所以有下列矢量关系：

$$\begin{aligned} \boldsymbol{v} &= \boldsymbol{\omega}\times\boldsymbol{r} \\ \boldsymbol{a}_\tau &= \boldsymbol{\beta}\times\boldsymbol{r} \\ \boldsymbol{a}_\mathrm{n} &= \boldsymbol{\omega}\times\boldsymbol{v} \end{aligned} \tag{1.29}$$

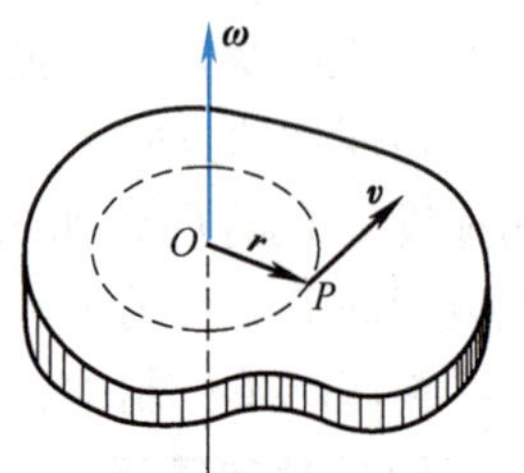

图 1.10　线量和角量矢量关系

需要注意的是，当参考点 O 只是在转轴上，但并不在转动平面内时，这组矢量公式依然成立，而相应的标量关系式并不成立。

例 1.4　已知刚体绕定轴转动的运动学方程为 $\theta = A + Bt^3$，其中 A、B 均为常数。求：（1）角速度；（2）角加速度；（3）刚体上距转轴为 r 的任一质点的加速度。

解　（1）由角速度的定义式得

$$\omega = \frac{\mathrm{d}\theta}{\mathrm{d}t} = 3Bt^2$$

（2）将 ω 对时间 t 求导数得

$$\beta=\frac{d\omega}{dt}=6Bt$$

（3）距轴为 r 的一点的切向加速度为

$$a_\tau=\beta r=6rBt$$

法向加速度为

$$a_n=\omega^2 r=9rB^2t^4$$

所以，加速度的大小为

$$a=\sqrt{a_n^2+a_\tau^2}=\sqrt{(9B^2rt^4)^2+(6Brt)^2}$$

设加速度 $\boldsymbol{a}$ 与速度 $\boldsymbol{v}$ 的夹角为 φ，则

$$\tan\varphi=\frac{a_n}{a_\tau}=\frac{3}{2}Bt^3$$

例 1.5　已知一刚体按 $\beta=2t$ 做变速定轴转动。$t=0$ 时，初位置 $\theta_0=\pi$，初速度 $\omega_0=0$，求刚体转动的角速度和角位置。

解　根据角加速度的定义

$$\beta=\frac{d\omega}{dt}$$

两边积分

$$\int_0^\omega d\omega=\int_0^t 2t dt$$

整理得

$$\omega=t^2$$

根据角速度的定义

$$d\theta=\omega dt=t^2 dt$$

两边积分

$$\int_\pi^\theta d\theta=\int_0^t t^2 dt$$

整理得

$$\theta=\pi+\frac{1}{3}t^3$$

例 1.6　一质点从静止开始沿半径为 R 的圆周做匀加速度运动，当它的切向加速度与法向加速度的值大小相等时，质点转过的圈数是多少？

解　法向加速度为

$$a_n=\omega^2 R$$

切向加速度为

$$a_\tau=R\beta$$

当

$$a_\tau=a_n$$

有

$$\omega^2=\beta$$

由匀变速圆周运动规律知

$$\omega^2=2\beta\theta$$

得

$$\theta=\frac{1}{2}$$

$$N=\frac{\theta}{2\pi}=\frac{1}{4\pi}$$

思考题

1.1.1　质点运动的 x-t 关系如思考题 1.1.1 图所示，图中 a、b、c 三条线表示三个速度不同的运动。问它们属于什么类型的运动？哪一个速度最大？哪一个速度最小？

1.1.2　物体在某一时刻开始运动，在 Δt 时间后，经任一路径回到出发点，此时速度的大小和开始时相同，但方向不同，试问在 Δt 时间内平均速度是否为零？平均加速度是否为零？

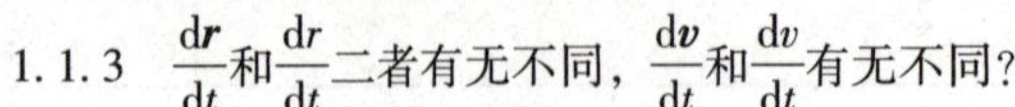

1.1.3　$\frac{\mathrm{d}\boldsymbol{r}}{\mathrm{d}t}$和$\frac{\mathrm{d}r}{\mathrm{d}t}$二者有无不同，$\frac{\mathrm{d}\boldsymbol{v}}{\mathrm{d}t}$和$\frac{\mathrm{d}v}{\mathrm{d}t}$有无不同？

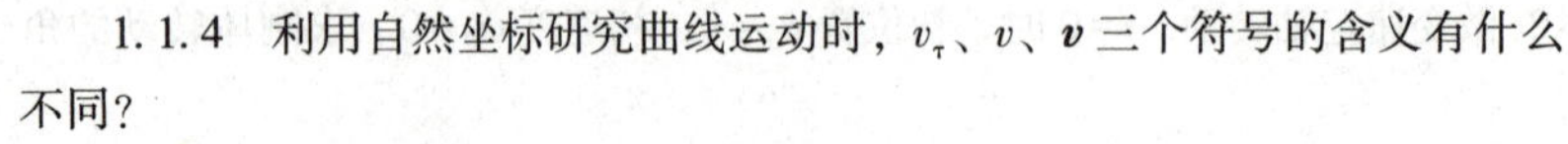

1.1.4　利用自然坐标研究曲线运动时，v_τ、v、$\boldsymbol{v}$ 三个符号的含义有什么不同？

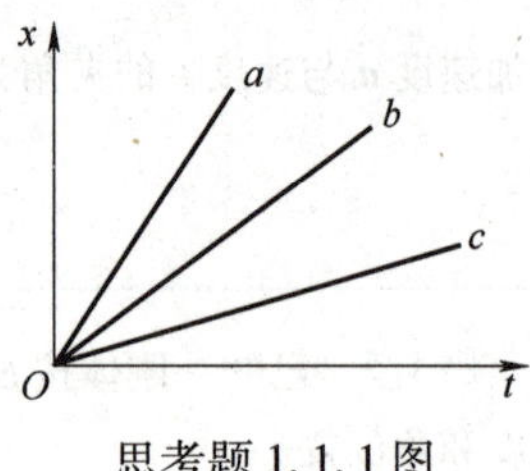

思考题 1.1.1 图

1.1.5　在时间间隔 Δt 内，(1) $\Delta\boldsymbol{r}=\boldsymbol{0}$，(2) $\Delta r=0$，(3) $\Delta s=0$，在此期间质点可能做怎样的运动？在每一瞬时，(1) $\mathrm{d}\boldsymbol{r}=\boldsymbol{0}$，(2) $\mathrm{d}r=0$，(3) $\mathrm{d}s=0$，质点可能在做怎样的运动？

1.2　质点运动的基本定律

质点运动学对质点运动的描述进行了研究，定义了描述质点运动的位置矢量、位移、速度和加速度这些物理量，并讨论了这些物理量在时空中变化以及这些物理量之间的相互关系，但并没有触及运动的原因。本节所要讨论的是运动形式和力的关系，为后面建立质点动力学规律奠定基础。

1.2.1　牛顿运动定律

牛顿在伽利略等人研究成果的基础上，经过深入研究，于 1687 年发表了他的名著《自然哲学的数学原理》。在这本著作中，牛顿提出了力学的三大运动定律和万有引力定律，是质点动力学研究的开端。

1. 牛顿运动定律的内容

(1) 牛顿第一定律　任何物体都保持静止或匀速直线运动状态，直到其他物体的作用迫使它改变这种状态为止。

第一定律表明，任何物体都具有保持其运动状态不变的性质，这一性质叫作惯性。惯性是物体的固有属性，因此第一定律也称为惯性定律。

第一定律还表明，由于物体具有惯性，所以要使物体的运动状态发生变化，一定要有其他物体对它发生作用，这种作用被称作力。显然，牛顿第一定律从动力学意义上给出了力的定义，即力是使物体运动状态发生变化（即产生加速度）的原因。

(2) 牛顿第二定律　物体受到外力作用时，获得的加速度的大小与作用在物体上的合外力的大小成正比，与物体的质量成反比；加速度的方向与合外力的方向相同。其数学表达式为

$$\boldsymbol{F} = m\boldsymbol{a} \tag{1.30}$$

从牛顿第二定律可以看出，在相同外力作用下，物体的质量与加速度成反比，质量大的物体获得加速度小，这意味着质量越大的物体，其运动状态越不容易改变，即惯性越大，反之，惯性越小，因此这里的质量也被称为惯性质量。

牛顿第二定律是牛顿力学的核心，它定量给出了力和加速度之间的关系，是定量处理质点力学问题的重要依据。

应用牛顿第二定律应明确：

1）**叠加性**。牛顿第二定律概括了力的叠加原理，也称力的独立性原理。即几个力同时作用在一个物体上所产生的加速度，等于每个力单独作用时产生的加速度的矢量和。

2）**矢量性**。式（1.30）是矢量形式。在具体应用时，可以写成分量形式。在不同坐标系中，式（1.30）有不同的分量形式。

在直角坐标系中，有

$$\begin{cases} F_x = ma_x = m\dfrac{\mathrm{d}v_x}{\mathrm{d}t} \\ F_y = ma_y = m\dfrac{\mathrm{d}v_y}{\mathrm{d}t} \\ F_z = ma_z = m\dfrac{\mathrm{d}v_z}{\mathrm{d}t} \end{cases} \tag{1.31}$$

在自然坐标系中，有

$$\begin{cases} F_\tau = ma_\tau = m\dfrac{\mathrm{d}v}{\mathrm{d}t} \\ F_\mathrm{n} = ma_\mathrm{n} = m\dfrac{v^2}{\rho} \end{cases} \tag{1.32}$$

3）**瞬时性**。牛顿第二定律给出了物体的加速度和所受外力之间的瞬时关系。$\boldsymbol{F}$ 为某一时刻物体所受的合外力，$\boldsymbol{a}$ 为该时刻对应的加速度。

在国际单位制中，质量的单位是 kg（千克），加速度的单位为 $\mathrm{m \cdot s^{-2}}$，力的单位是 N（牛顿）。

（3）牛顿第三定律　力是两个物体之间的相互作用，如第一个物体对第二个物体施力，则第二个物体同时对第一个物体也施力。两个物体之间的作用力和反作用力，在同一直线上，大小相等而方向相反，这就是牛顿第三定律。

牛顿第三定律是对第二定律的重要补充，是我们正确分析物体受力的重要根据。因此，正确理解其内容是很重要的，有以下几个方面需要说明：

1）作用力和反作用力同时存在，同时消失。

2）作用力和反作用力分别作用在两个物体上，它们不是平衡力，因此二者不能互相抵消。

3）作用力和反作用力必属于同一性质的力。

牛顿运动定律中各定律互相独立，不能互相替代，它们是相互递进的关系。牛顿第一定律科学地给出了力的定性定义，揭示了力和运动的关系；第一次提出了经典力学的基本概念，为力学其他原理奠定了概念基础。牛顿第二定律在第一定律的基础上引入了惯性质量，全面阐述了物体因受力而产生加速度，以及加速度与力、质量的定量关系。牛顿第三定律揭示力的本质是物体间的相互作用，物体间的运动是相互制约的，为待研究物体与外界之间的关系提供了理论依据。第一、第二定律解决单一物体不受力或受很多力作用后的运动问题，第三定律扩展了研究对象，研究两个以上物体之间的相互作用，及对其他物体运动的影响。牛顿三定律相结合，全面解决了任意物体在受复杂的外力作用后的运动问题。牛顿运动定律是一个有机整体，是一脉相承的完整理论体系，是力学的基本公理。

2. 牛顿运动定律的适用范围

物体运动的描述具有相对性，依参考系的选择而定。牛顿运动定律是描述质点机械运动规律的，因此在应用牛顿定律时，也必须选择参考系。然而牛顿运动定律并不是在任何参考系中都成立，下面以一个实例来说明。

如图 1.11 所示，在车厢上有一固定的光滑桌面，上面放置一小球，让车厢沿直线加速行驶，设车厢对地的加速度为 $\boldsymbol{a}$，讨论小球的运动情况。以地面为参考系的观察者 A 看来，小球在水平方向不受力，所以静止在原处不动，牛顿第一定律成立。但在以车厢为参考系的观察者 B 看来，小球在水平方向并未受力，但却具有加速度 $\boldsymbol{a}'$，牛顿第一定律不成立。

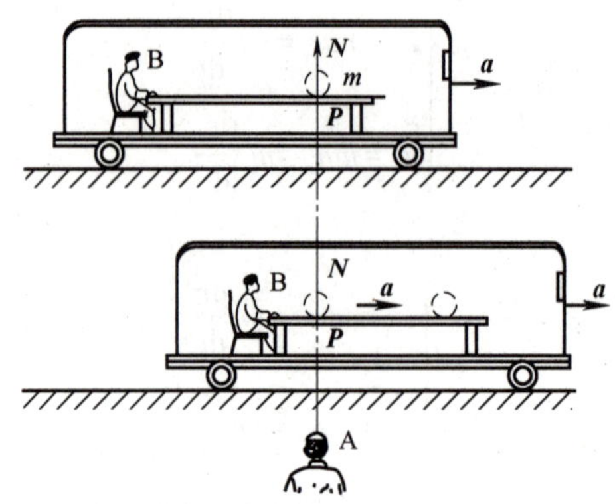

图 1.11　惯性系与非惯性系

从上述例子可以看出，在有些参考系中牛顿第一定律成立，而在另一些参考系中牛顿第一定律却不成立。我们把使牛顿第一定律成立的参考系叫作惯性参考系，简称惯性系；而把牛顿运动定律不能成立的参照系叫作非惯性参考系，简称非惯性系。

牛顿运动定律只适用于质点和惯性系，而且受到物体运动速度和空间尺度限制。当物体运动速度接近真空中光速时，牛顿运动定律及在其基础上建立起来的经典力学必须让位于相对论力学。譬如，在狭义相对论中，只有牛顿第一定律成立，牛顿第二定律和牛顿第三定律并不成立。虽然，牛顿第二定律经过修正，改取原始形式，使其具有惯性系不变性，但修正的牛顿第二定律是否成立，还需经过实验验证。另外，随着研究领域从宏观深入到微观，经典力学不再适用了，代替它的是量子力学。

例 1.7　一个质量为 10kg 的质点在力 $F=(120t+40)\,\mathrm{N}$ 的力作用下，沿 x 轴做直线运动。在 $t=0$ 时，质点位于 $x=5.0\mathrm{m}$ 处，其速度 $v_0=6.0\mathrm{m}\cdot\mathrm{s}^{-1}$。求质点在任意时刻的速度和位置。

解　根据牛顿定律有

$$120t+40=m\frac{\mathrm{d}v}{\mathrm{d}t}$$

即

$$\frac{\mathrm{d}v}{\mathrm{d}t}=12.0t+4.0$$

采用分离变量法对上式积分，得

$$\int_{v_0}^{v}\mathrm{d}v=\int_{0}^{t}(12.0t+4.0)\,\mathrm{d}t$$

由此解得

$$v=(6.0+4.0t+6.0t^2)\,\mathrm{m}\cdot\mathrm{s}^{-1}$$

又由于

$$\frac{\mathrm{d}x}{\mathrm{d}t}=v=6.0+4.0t+6.0t^2$$

仍对上式分离变量后再积分，有

$$\int_{x_0}^{x}\mathrm{d}x=\int_{0}^{t}(6.0+4.0t+6.0t^2)\,\mathrm{d}t$$

由此解得

$$x=(5.0+6.0t+2.0t^2+2.0t^3)\,\mathrm{m}$$

例 1.8　如图 1.12 所示，质量为 m 的质点，沿半径为 R 的圆环的内壁运动，整个圆环水平地固定在一光滑桌面上。已知质点与环壁间的摩擦系数为 μ，质点开始运动的速率为 v_0，试求质点在任一时刻的速率。

解　按题意，由于光滑桌面对质点的支持力始终与质点所受的重力等值反向，故在质点的圆周运动过程中，只有环壁对质点的作用力在改变着质点的运动状态。

以地面为参照系，并选用自然坐标系。质点受到环壁的压力 $\boldsymbol{F}_{\mathrm{N}}$ 是指向环心 O 的，它是使质点做圆周运动所需要的向心力；而环壁给予质点的摩擦力 $\boldsymbol{F}_{\mu}$ 与运动方向相反，故处在切向轴的负方向上。按牛顿第二定律可写出运动方程的分量式

$$F_{\mathrm{N}}=m\frac{v^2}{R},\quad -F_{\mu}=m\frac{\mathrm{d}v}{\mathrm{d}t}$$

式中，$F_{\mu}=\mu F_{\mathrm{N}}$。于是有

$$-\mu m\frac{v^2}{R}=m\frac{\mathrm{d}v}{\mathrm{d}t}$$

分离变量并积分，代入初始条件，有

$$\frac{\mu}{R}\int_{0}^{t}\mathrm{d}t=-\int_{v_0}^{v}\frac{\mathrm{d}v}{v^2}$$

即

$$\frac{\mu}{R}t=\frac{1}{v}-\frac{1}{v_0}$$

整理得

$$v=\frac{v_0}{1+\dfrac{\mu v_0}{R}t}$$

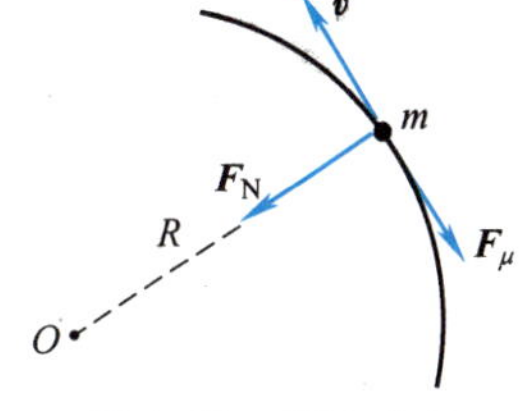

图 1.12　例 1.8 图

1.2.2　动量定理与动量守恒定律

牛顿第二定律研究了力的瞬时效应。力学问题往往是与过程相联系的，必须研究在过程

中力对物体的累积效应，而过程又总是在一定的时间和空间里进行的，故又分为力的时间累积效应和力的空间累积效应。我们首先讨论力的时间累积效应。

1. 动量、动量定理

在经典力学中，质量是不变量，根据牛顿第二定律有

$$\boldsymbol{F}=m\frac{\mathrm{d}\boldsymbol{v}}{\mathrm{d}t}=\frac{\mathrm{d}(m\boldsymbol{v})}{\mathrm{d}t}=\frac{\mathrm{d}\boldsymbol{p}}{\mathrm{d}t} \tag{1.33}$$

式中，$\boldsymbol{p}=m\boldsymbol{v}$，定义为质点的动量。动量是质点的质量和速度的乘积，是描述质点运动状态的物理量，是矢量，其方向与质点速度的方向相同。在国际单位制中，单位是 $\mathrm{kg\cdot m\cdot s^{-1}}$（千克米每秒）。

式（1.33）还可以写成

$$\boldsymbol{F}\mathrm{d}t=\mathrm{d}\boldsymbol{p}=\mathrm{d}(m\boldsymbol{v})$$

力 $\boldsymbol{F}(t)$ 在作用时间 $\Delta t=t_2-t_1$ 内，使物体的速度由 $\boldsymbol{v}_1$ 变到 $\boldsymbol{v}_2$，对上式积分

$$\int_{t_1}^{t_2}\boldsymbol{F}(t)\,\mathrm{d}t=\boldsymbol{p}_2-\boldsymbol{p}_1=m\boldsymbol{v}_2-m\boldsymbol{v}_1 \tag{1.34}$$

令

$$\boldsymbol{I}=\int_{t_1}^{t_2}\boldsymbol{F}\mathrm{d}t \tag{1.35}$$

称 $\boldsymbol{I}$ 为力的冲量，是矢量，表示力的时间累积效应。在国际单位制中，冲量的单位为 N · s（牛顿秒）。式（1.34）可以简化为

$$\boldsymbol{I}=\boldsymbol{p}_2-\boldsymbol{p}_1=\Delta\boldsymbol{p} \tag{1.36}$$

这就是质点的动量定理。其物理意义是：在作用时间内，合外力作用在质点上的冲量等于质点在此时间内动量的增量。

应用动量定理时应当注意：

1）对于恒力作用有

$$\boldsymbol{F}\cdot\Delta t=m\boldsymbol{v}_2-m\boldsymbol{v}_1$$

2）动量定理是矢量式，应用时可化成分量式，在直角坐标系中，有

$$\begin{cases}\displaystyle\int_{t_1}^{t_2}F_x\mathrm{d}t=mv_{2x}-mv_{1x}\\ \displaystyle\int_{t_1}^{t_2}F_y\mathrm{d}t=mv_{2y}-mv_{1y}\\ \displaystyle\int_{t_1}^{t_2}F_z\mathrm{d}t=mv_{2z}-mv_{1z}\end{cases} \tag{1.37}$$

式（1.37）表明，任何冲量分量只改变在它自己方向上的动量分量，不能改变与它垂直方向上的动量分量。

3）动量定理适用于惯性参考系中的一切力学过程，特别是处理打击、碰撞问题特别方便。如在碰撞过程中，两物体相互作用的时间较短，而其相互作用力的大小变化很大，这种力一般称为冲力。由于冲力作用的时间短暂，因此在处理打击、碰撞物理过程时，经常对冲力的平均作用效果进行估算，即计算冲力的平均值。由动量定理知，通过确定物体碰撞前后动量的变化和作用时间，就可计算出平均力。

4）动量定理对所有惯性系都适用。不同的惯性系，物体的动量不同，但是动量定理的

形式是相同的。

例 1.9　$F_x=30+4t$（其中 F_x 的单位为 N，t 的单位为 s）的合外力作用在质量 $m=10\text{kg}$ 的物体上，试求：（1）在开始 2s 内此力的冲量；（2）若冲量 $I=200\text{N}\cdot\text{s}$，此力作用的时间；（3）若物体的初速度 $v_1=10\text{m}\cdot\text{s}^{-1}$，方向与 F_x 相同，在 $t=6\text{s}$ 时，此物体的速度 v_2。

解　（1）根据冲量的定义

$$I=\int_0^2(30+4t)\,\mathrm{d}t=30t+2t^2\Big|_0^2=68\text{N}\cdot\text{s}$$

（2）由于 $I=30t+2t^2=200$，可解得

$$t=5\text{s}$$

（3）由动量定理，有

$$I=mv_2-mv_1$$

由（1）可知 $t=6\text{s}$ 时，$I=252\text{N}\cdot\text{s}$，将 I、m 及 v_1 代入可得

$$v_2=\frac{I+mv_1}{m}=35.2\text{m}\cdot\text{s}^{-1}$$

---

2. 质点系的动量定理及动量守恒定律

（1）质点系的动量定理　在处理力学问题时，常常需要把几个相互作用的物体作为一个整体加以考虑，如果其中的每一物体都可看作质点，称这些物体的集合为质点系统，简称系统。系统内各物体之间的相互作用力称为内力，内力是成对出现的。系统以外的物体对系统内任何物体的作用力则称为外力。下面以两个质点为例，推导系统的动量定理。

如图 1.13 所示，在系统中有两个质点，质量分别为 m_1、m_2，两者之间除了有相互作用力 $\boldsymbol{F}_{12}$和 $\boldsymbol{F}_{21}$之外，还分别受到外力 $\boldsymbol{F}_1$和 $\boldsymbol{F}_2$ 的作用。设两个质点初始时刻的速度分别为 $\boldsymbol{v}_{10}$、$\boldsymbol{v}_{20}$，末了时刻的速度分别为 $\boldsymbol{v}_1$、$\boldsymbol{v}_2$。根据质点的动量定理，有

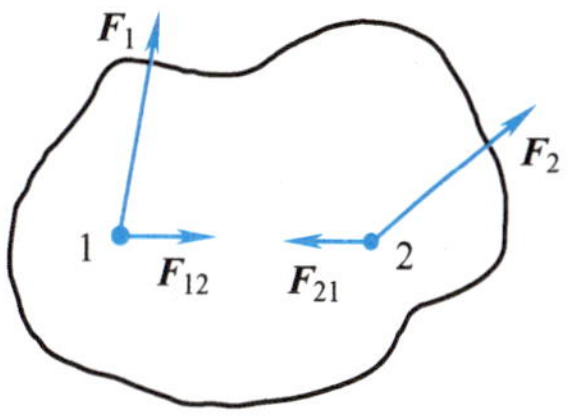

$$\begin{cases}\displaystyle\int_{t_1}^{t_2}(\boldsymbol{F}_1+\boldsymbol{F}_{12})\,\mathrm{d}t=m_1\boldsymbol{v}_1-m_1\boldsymbol{v}_{10}\\ \displaystyle\int_{t_1}^{t_2}(\boldsymbol{F}_2+\boldsymbol{F}_{21})\,\mathrm{d}t=m_2\boldsymbol{v}_2-m_2\boldsymbol{v}_{20}\end{cases}\tag{1.38}$$

图 1.13　系统受力示意图

将式（1.38）中的两式相加，有

$$\int_{t_1}^{t_2}(\boldsymbol{F}_1+\boldsymbol{F}_2)\,\mathrm{d}t+\int_{t_1}^{t_2}(\boldsymbol{F}_{12}+\boldsymbol{F}_{21})\,\mathrm{d}t=(m_1\boldsymbol{v}_1+m_2\boldsymbol{v}_2)-(m_1\boldsymbol{v}_{10}+m_2\boldsymbol{v}_{20})$$

由牛顿第三定律知：$\boldsymbol{F}_{12}=-\boldsymbol{F}_{21}$，所以系统内力之和为零，上式可以写成

$$\int_{t_1}^{t_2}(\boldsymbol{F}_1+\boldsymbol{F}_2)\,\mathrm{d}t=(m_1\boldsymbol{v}_1+m_2\boldsymbol{v}_2)-(m_1\boldsymbol{v}_{10}+m_2\boldsymbol{v}_{20})\tag{1.39}$$

式（1.39）表明，作用于两质点构成系统的合外力之冲量等于系统内两质点的总动量之增量。

上述结论可以推广到由 n 个质点组成的系统。由于内力总是成对出现，且等值反向，所以，对于含有 n 个质点的系统而言，式（1.39）可以改写成

$$\int_{t_1}^{t_2}\left(\sum_{i=1}^{n}\boldsymbol{F}_{i外}\right)\mathrm{d}t=\sum_{i=1}^{n}m_i\boldsymbol{v}_i-\sum_{i=1}^{n}m_i\boldsymbol{v}_{i0}\tag{1.40}$$

式（1.40）可简化为

$$\boldsymbol{I}=\boldsymbol{p}-\boldsymbol{p}_0 \tag{1.41}$$

式（1.41）表明，作用于系统的合外力的冲量等于系统总动量的增量，这就是质点系的动量定理。质点系总动量的增量仅与合外力的冲量有关，内力能使系统内各质点动量发生变化，但对系统的总动量没有影响。

（2）动量守恒定律　如果外力的矢量和 $\sum_{i=1}^{n}\boldsymbol{F}_{i外}=\boldsymbol{F}_1+\boldsymbol{F}_2+\cdots+\boldsymbol{F}_n=\boldsymbol{0}$，则有

$$\boldsymbol{p}=\boldsymbol{p}_0 \quad 或 \quad \sum_{i=1}^{n} m_i\boldsymbol{v}_i=恒矢量 \tag{1.42}$$

这就是动量守恒定律。它表明，当系统所受的合外力为零时，系统的总动量将保持不变。

应用动量守恒时，有几点需要说明：

1）动量守恒的条件是 $\sum_{i=1}\boldsymbol{F}_{i外}=\boldsymbol{0}$，即系统所受外力的矢量和在整个过程中始终为零。

然而在许多实际问题中，系统所受的合外力虽不为零，但远远小于系统的内力，亦可近似按动量守恒来处理。例如爆炸、打击、碰撞等过程，由于作用时间极短，相互作用的内力很大，而一般的外力（如空气阻力、摩擦力或重力）远远小于内力，因而可忽略不计，认为过程前后系统的总动量守恒。

2）式（1.42）在直角坐标系中的正交分解式为

$$若 \quad \sum_{i=1}^{n}=F_{ix}=0 \quad 则 \quad \sum_{i=1}^{n} m_i v_{ix}=C_1$$

$$若 \quad \sum_{i=1}^{n}=F_{iy}=0 \quad 则 \quad \sum_{i=1}^{n} m_i v_{iy}=C_2$$

$$若 \quad \sum_{i=1}^{n}=F_{iz}=0 \quad 则 \quad \sum_{i=1}^{n} m_i v_{iz}=C_3$$

式中，C_1、C_2、和 C_3 均为恒量。由此可以看出，当系统所受的合外力不等于零时，系统的总动量不守恒，但若某一方向的合外力的分量等于零时，则系统的动量在该方向上守恒。

3）由动量守恒定律可以看出，只有外力作用才能改变系统的总动量，而系统的内力可以使其内部物体的动量发生转移，但不能使系统总动量发生变化，这就是动量守恒定律的物理实质。

4）动量守恒定律是现代物理学中三大基本守恒定律之一。虽然动量守恒定律由牛顿运动定律导出，但它比牛顿运动定律适用范围广。近代物理表明，在牛顿运动定律失效的高速情形和微观领域，动量守恒定律仍然适用。

1.2.3　功和功率　动能定理

本节讨论力的空间积累效应以及功和能的关系。

1. 功和功率

（1）恒力对直线运动质点的功　设质点在恒力 $\boldsymbol{F}$ 的作用下做直线运动，质点的位移是 $\Delta\boldsymbol{r}$，力 $\boldsymbol{F}$ 和位移 $\Delta\boldsymbol{r}$ 的夹角为 α。如图 1.14 所示。在这段位移上，力 $\boldsymbol{F}$ 做功为

$$A=F\cos\alpha\,|\Delta\boldsymbol{r}| \tag{1.43}$$

因此功的定义是：力沿质点位移方向分量的大小和质点位移大小的乘积。根据矢量标积的定义，功也可用力 $\boldsymbol{F}$ 和位移 $\Delta\boldsymbol{r}$ 的标积表示，即

$$A=\boldsymbol{F}\cdot\Delta\boldsymbol{r} \tag{1.44}$$

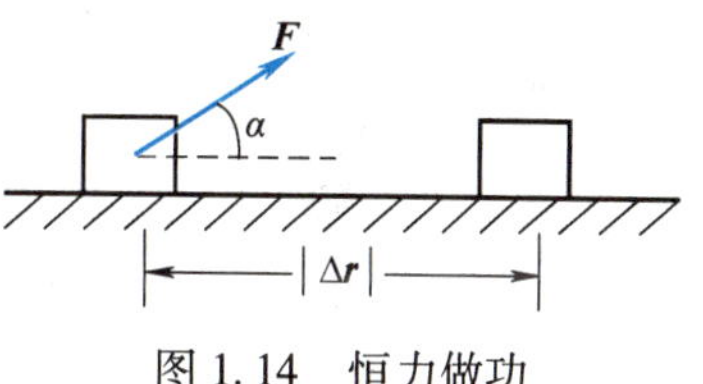

图 1.14　恒力做功

这里应当明确，功是一个标量，可正可负，其正负由 $\boldsymbol{F}$ 与 $\Delta\boldsymbol{r}$ 的夹角 α 决定。当 $0\leqslant\alpha<\pi/2$ 时，$A>0$，力对物体做正功；当 $\alpha=\pi/2$ 时，$A=0$，力对物体不做功；当 $\pi/2<\alpha\leqslant\pi$ 时，$A<0$，力对物体做负功，或者说是物体克服阻力做功。

当质点同时受几个力共同作用时，合力为各个分力的矢量和

$$\boldsymbol{F}=\boldsymbol{F}_1+\boldsymbol{F}_2+\cdots+\boldsymbol{F}_n$$

各个分力的功的代数和等于合力的功，即

$$\boldsymbol{F}\cdot\Delta\boldsymbol{r}=\boldsymbol{F}_1\cdot\Delta\boldsymbol{r}+\boldsymbol{F}_2\cdot\Delta\boldsymbol{r}+\cdots+\boldsymbol{F}_n\cdot\Delta\boldsymbol{r}=A_1+A_2+\cdots+A_n \tag{1.45}$$

（2）变力的功　如图 1.15 所示，质点在变力 $\boldsymbol{F}$ 的作用下，沿曲线由 a 点运动到 b 点，计算力 $\boldsymbol{F}$ 对质点所做的功。这时不能直接利用恒力做功公式计算，但是我们可以利用微积分的思想，把曲线分成 n 个足够小的微小元段，质点在任一微小元段上的曲线运动，可以看作对应的微小位移 $\Delta\boldsymbol{r}_i$ 上的直线运动，而在这微小位移上力 $\boldsymbol{F}_i$ 可以近似地看作恒力，则可按式（1.43）计算元功 ΔA_i 为

$$\Delta A_i=F_i\cos\alpha_i\,|\Delta\boldsymbol{r}_i|=\boldsymbol{F}_i\cdot\Delta\boldsymbol{r}_i$$

质点沿路径由 a 点到 b 点的过程中，力 $\boldsymbol{F}$ 的总功应是各段微小位移上元功的代数和，即

$$A=\sum_{i=1}^{n}F_i\cos\alpha_i\,|\Delta\boldsymbol{r}_i|=\sum_{i=1}^{n}\boldsymbol{F}_i\cdot\Delta\boldsymbol{r}_i$$

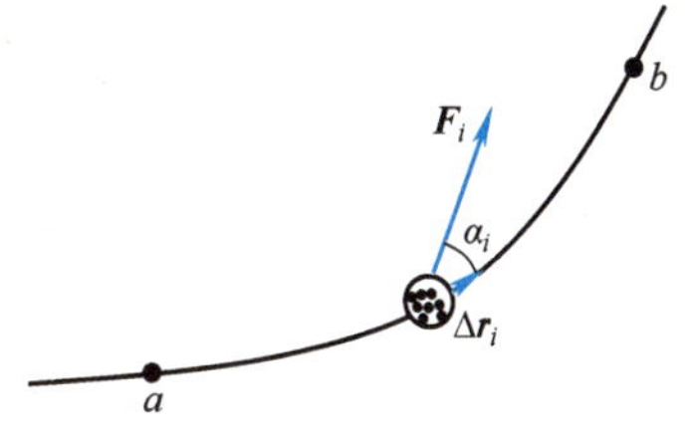

图 1.15　变力做功

当 $\Delta\boldsymbol{r}_i\to\boldsymbol{0}$ 时，上式求和式变为积分式，即

$$A=\int_a^b \mathrm{d}A_i=\int_a^b \boldsymbol{F}\cdot\mathrm{d}\boldsymbol{r} \tag{1.46}$$

这就是变力功的一般表达式。

在直角坐标系中，由于

$$\boldsymbol{F}=F_x\boldsymbol{i}+F_y\boldsymbol{j}+F_z\boldsymbol{k},\quad \mathrm{d}\boldsymbol{r}=\mathrm{d}x\boldsymbol{i}+\mathrm{d}y\boldsymbol{j}+\mathrm{d}z\boldsymbol{k}$$

所以，式（1.46）也可写成

$$A=\int_a^b \boldsymbol{F}\cdot\mathrm{d}\boldsymbol{r}=\int_a^b (F_x\mathrm{d}x+F_y\mathrm{d}y+F_z\mathrm{d}z) \tag{1.47}$$

当几个力 $\boldsymbol{F}_1,\boldsymbol{F}_2,\cdots,\boldsymbol{F}_n$ 同时作用于质点时，则合力的功为

$$A=\int_a^b \boldsymbol{F}\cdot\mathrm{d}\boldsymbol{r}=\int_a^b (\boldsymbol{F}_1+\boldsymbol{F}_2+\cdots+\boldsymbol{F}_n)\cdot\mathrm{d}\boldsymbol{r}$$

根据矢量标积的分配律，上式为

$$A=\int_a^b \boldsymbol{F}_1\cdot\mathrm{d}\boldsymbol{r}+\int_a^b \boldsymbol{F}_2\cdot\mathrm{d}\boldsymbol{r}+\cdots+\int_a^b \boldsymbol{F}_n\cdot\mathrm{d}\boldsymbol{r}$$

$$=A_1+A_2+\cdots+A_n=\sum_{i=1}^{n}A_i \tag{1.48}$$

式（1.48）表明，合外力对质点所做的功，等于每个分力所做功的代数和。

(3) 功率 为了描述力做功的快慢，引入功率的概念。定义单位时间内力所做的功，称为功率，用 P 表示，有

$$P=\frac{\mathrm{d}A}{\mathrm{d}t} \tag{1.49}$$

将功的定义代入式（1.49），得

$$P=\boldsymbol{F}\cdot\frac{\mathrm{d}\boldsymbol{r}}{\mathrm{d}t}=\boldsymbol{F}\cdot\boldsymbol{v} \tag{1.50}$$

即力对质点的瞬时功率等于作用力与质点在该时刻速度的标积。在国际单位制中，功的单位名称是 J（焦耳），功率的单位是 W（瓦特）。

例 1.10 质量为 2kg 的物体在变力 $\boldsymbol{F}=12t\boldsymbol{i}$(N) 作用下，由静止出发沿 x 轴做直线运动，试求：(1) 前 2s 内变力的功；(2) 第 1s 末和第 2s 末的功率。

解 (1) 根据变力做功的计算公式，结合题意有

$$A=\int_a^b\boldsymbol{F}\cdot\mathrm{d}\boldsymbol{r}=\int_a^b F\cdot\mathrm{d}x=\int_a^b 12t\cdot v\mathrm{d}t$$

为求出 v 与 t 的关系，可由牛顿第二定律得

$$a=\frac{F}{m}=\frac{12t}{m}=\frac{12t}{2}=6t$$

利用 $\mathrm{d}v=a\mathrm{d}t=6t\mathrm{d}t$，两边积分

$$\int_0^v\mathrm{d}v=\int_0^t 6t\mathrm{d}t$$

得出

$$v=3t^2$$

所以

$$A=\int_0^2 12t\cdot 3t^2\mathrm{d}t=144\mathrm{J}$$

(2) 物体在变力作用下做变速直线运动，其瞬时功率是

$$P=\boldsymbol{F}\cdot\boldsymbol{v}=Fv=12t\cdot 3t^2=36t^3$$

将数据代入有

$$t=1\mathrm{s}\quad P=(36\times1^3)\mathrm{W}=36\mathrm{W}$$

$$t=2\mathrm{s}\quad P=(36\times2^3)\mathrm{W}=288\mathrm{W}$$

---

2. 动能定理

如图 1.16 所示，质量为 m 的质点在力 $\boldsymbol{F}$ 作用下，沿曲线从 a 点运动到 b 点，对应的速度分别为 $\boldsymbol{v}_a$ 和 $\boldsymbol{v}_b$。考察任意一段位移元 $\mathrm{d}\boldsymbol{r}$，$\boldsymbol{F}$ 对质点所做的功

$$\begin{aligned}\mathrm{d}A&=\boldsymbol{F}\cdot\mathrm{d}\boldsymbol{r}\\&=m\frac{\mathrm{d}\boldsymbol{v}}{\mathrm{d}t}\cdot\mathrm{d}\boldsymbol{r}\\&=m\boldsymbol{v}\cdot\mathrm{d}\boldsymbol{v}\\&=\mathrm{d}\left(\frac{1}{2}mv^2\right)\end{aligned}$$

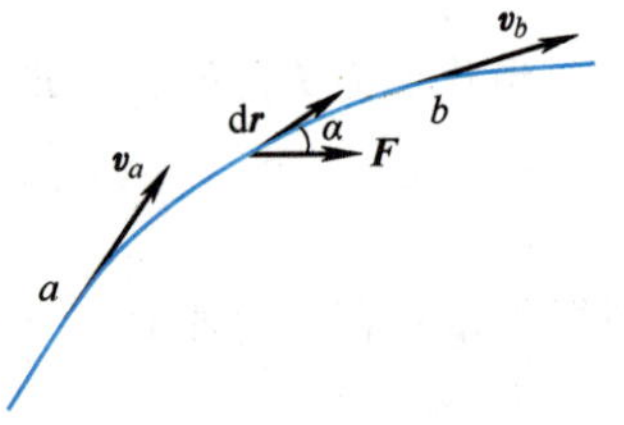

图 1.16 变力作用下质点运动轨迹

积分得

$$\begin{aligned}A&=\frac{1}{2}mv_b^2-\frac{1}{2}mv_a^2\\&=E_{k_b}-E_{k_a}=\Delta E_k\end{aligned} \tag{1.51}$$

式中，$E_k=\frac{1}{2}mv^2$ 称为物体的动能。动能是物体由于运动而具有的能量，是物体运动状态的单值函数。动能的单位与功的单位一致，均用 J（焦耳）表示。

式（1.51）表明：力对质点所做的功，等于质点动能的增量，这个结论叫作质点的动能定理。由推导过程可知，动能定理是从牛顿第二定律导出的，因而它只在惯性系成立。若在非惯性系中应用动能定理，还需考虑惯性力的功。

由动能定理看出：只有动能发生变化时，才有做功可言，故功是能量变化的量度。功是与过程密切相关的过程量，而动能与质点的运动状态密切相关，是运动状态的函数。

例 1.11　用铁锤将一铁钉击入木板内。设木板对铁钉的阻力与铁钉进入木板内的深度成正比（$f=-kx$），铁钉第一次被击入板内深度为 2cm，问第二次能击入多深？（设两次锤击钉速度相同。）

解　第一击入深度为 x 时，阻力所做的功

$$A=\int_0^x F\mathrm{d}x=\int_0^x -kx\mathrm{d}x=-\frac{kx^2}{2}$$

当击入深 $x=2\text{cm}$ 时，$A=-2k$。当第二次锤击钉时，阻力所做的功是

$$A'=\int_2^x -kx\mathrm{d}x=-\frac{kx^2}{2}+2k$$

因为两次锤击钉速度相同，由动能定理可得

$$A=A'=0-\frac{1}{2}mv^2$$

则有

$$-\frac{kx^2}{2}+2k=-2k$$

从中求出两次打击铁钉进入的深度是

$$x=2\sqrt{2}\,\text{cm}$$

而第二次击入深度为

$$\Delta x=(2\sqrt{2}-2)\,\text{cm}$$

1.2.4　功能原理与机械能守恒定律

在机械运动中，除了动能之外，还有一种形式的能量，称为势能。为了给出势能的定义，我们首先讨论几种力做功的特点，从而给出保守力和势能的概念及相关的定理。

1. 保守力的功

（1）重力的功　如图 1.17 所示，质量为 m 的物体，在重力 $\boldsymbol{P}$ 作用下沿路径 acb 由 a 点运动至 b 点，a、b 两点相对地面的高度分别为 h_a 和 h_b，现计算重力所做的功。重力的元功为

$$\mathrm{d}A=\boldsymbol{P}\cdot\mathrm{d}\boldsymbol{r}$$

在平面直角坐标系下，可表示为

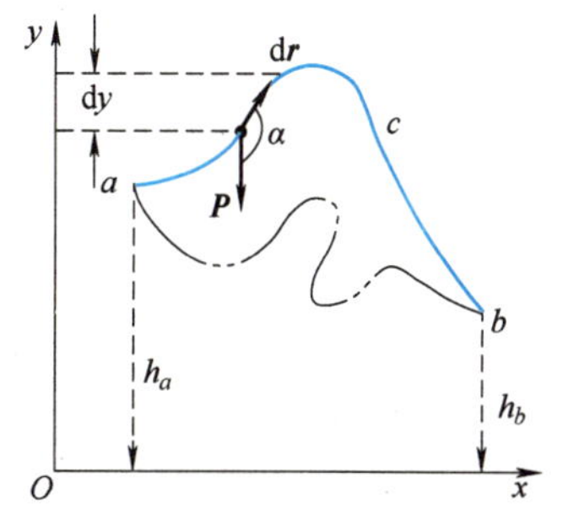

图 1.17　重力做功

$$dA=-mg\boldsymbol{j}\cdot(dx\boldsymbol{i}+dy\boldsymbol{j})=-mgdy$$

在 acb 过程中，重力的功为

$$A=-mg\int_{h_a}^{h_b}dy=-(mgh_b-mgh_a) \tag{1.52}$$

式（1.52）表明：重力做功只与物体的始、末位置有关，与物体经历的路径无关。如果物体在重力作用下沿任一闭合路径运动一周，则重力所做的总功为零，即

$$A_{重}=\oint_L \boldsymbol{P}\cdot d\boldsymbol{r}=0$$

（2）弹力的功 如图 1.18 所示，将轻弹簧的一端固定，另一端连接一质量为 m 的小球，以小球平衡位置（弹簧原长位置）为坐标原点，水平向右为 x 轴正方向。现将物体拉至 a 点处，然后释放，则物体在弹簧弹力作用下运动，计算小球由 a 点至 b 点过程中，弹力所做的功。

根据胡克定律，在弹性限度内，弹力

$$\boldsymbol{F}=-kx\boldsymbol{i}$$

式中，k 为弹簧的劲度系数；x 为弹簧的伸长（或压缩）量。弹力的元功为

$$dA=\boldsymbol{F}\cdot d\boldsymbol{r}=-kxdx\boldsymbol{i}\cdot\boldsymbol{i}$$

由于 $\boldsymbol{i}\cdot\boldsymbol{i}=1$，则

$$dA=-kxdx$$

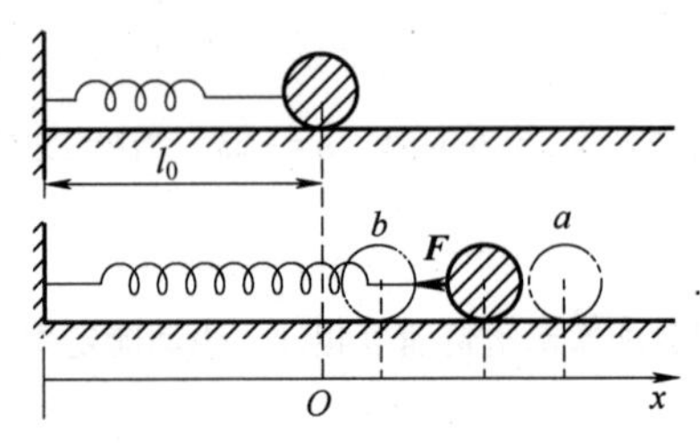

图 1.18 弹力的功

当弹簧伸长量由 x_a 变为 x_b 时，弹力所做的功为

$$A=\int_a^b \boldsymbol{F}\cdot d\boldsymbol{r}=-\int_{x_a}^{x_b}kxdx=-\left(\frac{1}{2}kx_b^2-\frac{1}{2}kx_a^2\right) \tag{1.53}$$

由式（1.53）可以看出，弹力做功也只与始、末位置有关，与路径无关。同样，小球由某一位置出发使弹簧经过任意的伸长和压缩（弹簧在弹性线度内），再回到原处，弹力所做的功为零。

（3）万有引力的功 如图 1.19 所示，质量分别为 m_1 和 m_2 的两质点，设 m_1 不动，m_2 在 m_1 的引力场中经任意路径从 a 点运动到 b 点，现计算 m_1 的引力对 m_2 所做的功。取 m_1 所在位置为参考点（亦设为极坐标原点），a、b 两点的位置矢量分别为 $\boldsymbol{r}_a$ 和 $\boldsymbol{r}_b$，根据万有引力定律，m_2 受到的引力大小为

$$F=G\frac{m_1m_2}{r^2}$$

由于引力是沿着径向的，所以引力在元位移 $d\boldsymbol{r}$ 上所做的功为

$$dA=-F\boldsymbol{e}_r\cdot dr\boldsymbol{e}_r=-Fdr=-G\frac{m_1m_2}{r^2}dr$$

式中，$\boldsymbol{e}_r$ 表示极坐标径向单位矢量。

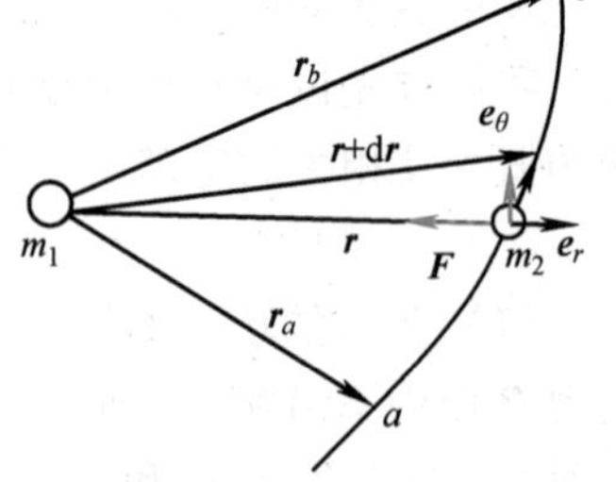

图 1.19 万有引力的功

当质点 m_2 从 a 点移到 b 点时，引力做的功为

$$A=-\int_{r_a}^{r_b}G\frac{m_1m_2}{r^2}dr=-\left[\left(-G\frac{m_1m_2}{r_b}\right)-\left(-G\frac{m_1m_2}{r_a}\right)\right] \tag{1.54}$$

式（1.54）表明，万有引力的功也只与始、末位置有关，与路径无关。质点 m_2 经任意路径

回到 a 点，则万有引力做的功也为零。

综上所述，重力、弹性力和万有引力所做的功均与路径无关，仅与物体的始、末位置有关，具有这种特点的力定义为保守力（后面我们会看到，保守的内涵是保持机械能守恒）。由于保守力做功与路径无关，必然导致保守力沿任一闭合路径积分等于零，即

$$A_{保}=\oint_L \boldsymbol{F}_{保}\cdot \mathrm{d}\boldsymbol{r}=0 \tag{1.55}$$

除了这三种力之外，后面在静电场中要讲到的静电力也是保守力。需要说明的是，并非所有的力做功都与路径无关，比如我们熟悉的摩擦力，它做功不仅与物体的始、末位置有关，而且与经历的路径有关。我们把做功与路径有关的力称为非保守力。

2. 势能

由前面讨论可知，三种保守力做功的表达式分别为

$$A_{重}=-(mgh_b-mgh_a)$$

$$A_{弹}=-\left(\frac{1}{2}kx_b^2-\frac{1}{2}kx_a^2\right)$$

$$A_{引}=-\left[\left(-G\frac{m_1m_2}{r_b}\right)-\left(-G\frac{m_1m_2}{r_a}\right)\right]$$

由此可见，三种保守力的功均为位置坐标的两个相同形式的函数之差，可以引入与状态有关的函数，称为势能，用 E_{p} 表示。引入势能后，保守力的功可用一个统一公式表示，即

$$A_{保}=-(E_{\mathrm{p}b}-E_{\mathrm{p}a})=-\Delta E_{\mathrm{p}} \tag{1.56}$$

式（1.56）物理意义为：保守力的功等于系统势能增量的负值，这一结论称为势能定理，它以增量的形式给出了势能的定义。当选择了势能零点（参考点）之后，势能就有了确定值，即

$$E_{\mathrm{p}a}=\int_a^{参考点}\boldsymbol{F}_{保}\cdot \mathrm{d}\boldsymbol{r} \tag{1.57}$$

对势能概念的说明：

1）**势能属于系统**。势能是由于物体间有相互作用的保守力而存在，所以势能属于相互作用的物体系统，不为单个物体所具有。譬如，重力势能属于物体和地球构成的系统；弹性势能属于物体和弹簧构成的系统；万有引力势能属于有引力相互作用的物体系统。因此，势能是指系统的势能，通常说的“物体的势能”只是为了叙述简便，是不严谨的。

2）**势能值具有相对性**。势能是以增量形式定义的，因此它不具有绝对意义。当选择了参考点（即势能零点）之后，它才具有确定值。势能零点的选取没有严格的规定，一般视研究问题的性质而定，只要不发散有意义就是合理的。譬如，若把地面取为重力势能的零点；把水平放置的弹簧振子的平衡位置取为弹性势能的零点；把无穷远处作为引力势能零点。则有

$$E_{\mathrm{p}}=\begin{cases} mgh & 重力势能 \\ \dfrac{1}{2}kx^2 & 弹性势能 \\ -G\dfrac{m_1m_2}{r} & 引力势能 \end{cases} \tag{1.58}$$

3）势能的值只与零点选取有关，而与参考系无关，这一点与动能不同。

例 1.12 两质点的质量分别为 m_1、m_2，当它们之间的距离由 a 缩短到 b 时，求万有引力所做的功。

解 根据势能定理

$$\begin{aligned} A_{引} &= -(E_{pb}-E_{pa}) \\ &= -\left(-G\frac{m_1m_2}{b}+G\frac{m_1m_2}{a}\right) \\ &= -Gm_1m_2\left(\frac{1}{a}-\frac{1}{b}\right) \end{aligned}$$

3. 机械能守恒定律

（1）质点系的动能定理 设系统由 n 个质点构成，对每一个质点应用质点动能定理，有

$$\begin{aligned} A_1 &= E_{k1}-E_{k10} \\ A_2 &= E_{k2}-E_{k20} \\ &\vdots \quad \vdots \\ A_n &= E_{kn}-E_{kn0} \end{aligned} \tag{1.59}$$

将上述方程两侧分别相加，得到

$$A=\sum_{i=1}^{n}A_i=\sum_{i=1}^{n}E_{ki}-\sum_{i=1}^{n}E_{ki0} \tag{1.60}$$

式中，$E_{k0}=\sum_{i=1}^{n}E_{ki0}$ 为系统内 n 个质点的初动能之和，也就是初始时系统总动能；$E_k=\sum_{i=1}^{n}E_{ki}$ 为系统内 n 个质点的末动能之和，也就是系统末了时的总动能；$A=\sum_{i=1}^{n}A_i$ 为作用在系统 n 个质点上全部力所做的功之代数和。式（1.60）可简写为

$$A=E_k-E_{k0}=\Delta E_k \tag{1.61}$$

式（1.61）称为质点系的动能定理。其物理意义为：作用于质点系的力所做的功，等于该质点系的动能增量。

（2）质点系的功能原理 对于系统而言，力有内力和外力之分，内力又有保守力与非保守力之分，因此式（1.61）可以写成

$$A=A_{外}+A_{内}=A_{外}+A_{保内}+A_{非保内}=\Delta E_k \tag{1.62}$$

将式（1.56）代入式（1.62），整理得

$$A_{外}+A_{非保内}=\Delta E_k+\Delta E_p=(E_{k2}-E_{k1})+(E_{p2}-E_{p1})=(E_{k2}+E_{p2})-(E_{k1}+E_{k2})=E_2-E_1$$

简写为

$$A_{外}+A_{非保内}=E_2-E_1=\Delta E \tag{1.63}$$

式中，$E=E_k+E_p$ 为系统的机械能。其物理意义为：质点系机械能的增量等于外力做的功和非保守内力做的功的总和，这就是质点系的功能原理。

（3）机械能守恒定律的内容 由式（1.63）可以看出，当 $A_{外}=0$ 且 $A_{非保内}=0$ 时，有

$$E_2=E_1$$

即只有保守内力做功时，系统的总机械能守恒，这就是机械能守恒定律。

当系统机械能守恒时，有

$$E_{k2}-E_{k1}=E_{p1}-E_{p2}$$

或者表示为

$$\Delta E_k=-\Delta E_p \tag{1.64}$$

式（1.64）表明，在机械能守恒的情况下，系统内部的动能与势能是可以等量地相互转换，而且转换的形式也是多种多样的，可以是一个质点的动能传递给系统内的另一质点；也可以是一种形式的势能转化为另一种形式的势能或转化为质点的动能，而这些转换和传递，都是通过保守力做功实现的。

利用机械能守恒定律研究系统的机械运动是很方便的，只要明确系统运动过程中机械能守恒的条件：$A_{外}=0$ 且 $A_{非保内}=0$，就可以不必考察运动过程中间的细节而得出系统始、末态机械能相等的结论。但是，利用机械能守恒定律必须正确选取所研究的系统，分析该系统是否满足机械能守恒条件，因为决定系统的内力和外力都是对相对一定的系统而言的。

例 1.13　如图 1.20 所示，一质量为 2kg 的物体，沿一半径为 4m 的 1/4 圆弧轨道从 a 点由静止开始滑到 b 点，到达 b 点的速度 $v_b=6\text{m}\cdot\text{s}^{-1}$，求物体从 a 到 b 点过程中摩擦力所做的功。

解　本题有多种解法，分别讨论如下。

解法 1　定义法

以质点 m 为研究对象，受力分析如图 1.20 所示。其中 $\boldsymbol{F}_N$ 为法向力，且不做功。根据牛顿第二定律，有

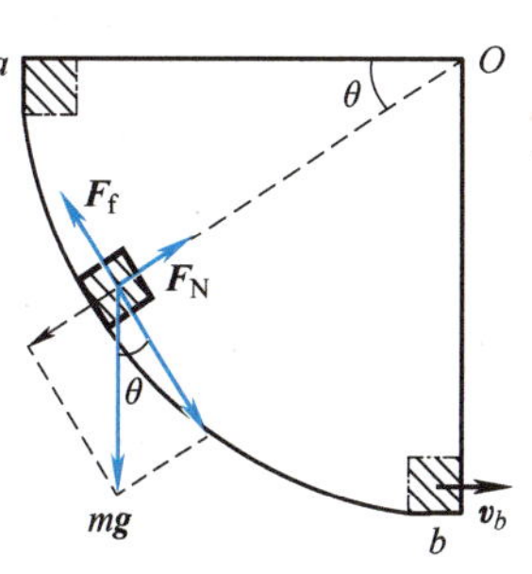

图 1.20　例 1.13 图

$$mg\cos\theta-F_f=m\frac{dv}{dt}$$

可得到 $\boldsymbol{F}_f$ 表达形式

$$F_f=mg\cos\theta-m\frac{dv}{dt}$$

根据功的定义有

$$A_f=\int_a^b \boldsymbol{F}_f\cdot d\boldsymbol{r}=-mg\int_a^b\cos\theta ds+\int_a^b m\frac{dv}{dt}ds$$

利用如下关系：

$$s=R\theta,\ ds=Rd\theta\quad 且\ v=\frac{ds}{dt},\ \frac{dv}{dt}ds=vdv$$

将其代入得出

$$A_f=-mgR\int_0^{\frac{\pi}{2}}\cos\theta d\theta+m\int_0^6 vdv\approx-44\text{J}$$

解法 2　动能定理法

以质点 m 为研究对象，如图中受力分析情况可以看出，只有 $\boldsymbol{F}_f$ 和重力的切向分力做功，根据质点动能定理方程，有

$$A_{合力}=\int_a^b mg\cos\theta ds+A_f=\frac{1}{2}mv_b^2-0$$

$$A_f=\frac{1}{2}mv_b^2-mg\int_0^{\frac{\pi}{2}}\cos\theta Rd\theta\approx-44\text{J}$$

解法 3　功能原理法

将质点和地球视为一个系统，有

$$A_{非保}=(E_k+E_p)-(E_{k0}+E_{p0})$$

取 a、b 两个状态，有

$$A_f=\left(\frac{1}{2}mv_b^2+0\right)-(0+mgR)\approx-44\text{J}$$

由以上几种解法可以看出，使用功能原理处理问题最为简便，因为可以不考虑运动中间过程的细节。

4. 能量转换与守恒定律

从功能原理可知，在机械运动中，系统机械能的增量等于外力和非保守内力对系统所做的功。如果外力对系统不做功，只有非保守内力做功，系统的机械能也要改变。在这种情况下，系统内必有其他形式能量的增减，系统的机械能就将与其他形式的能量发生转换。

事实证明，一种形式能量的增加或减少的同时，必然有等值的其他形式的能量的减少或增加。这表明：能量不能消失，也不能创造，只能从一种形式转化为另一种形式，这个结论称为能量转换与守恒定律。能量转换与守恒定律是人类在长期的生产和实践中总结得出的一条重要规律。

自然界中物质运动的各种形式（机械的、热的、电磁的、分子和原子内部及原子核内部的等）都有相应的能量，当运动形式发生转化时，物质的能量也相应地转化。例如电流通过灯泡时既能发光又同时发热，使电能转化为光能和热能；又如汽车刹车时，摩擦力做功，使系统的温度升高，致使机械能减少，并且减少的部分转化为热运动形式的能量。在能量转化过程中，做功是实现能量传递或转化的形式，但是不是唯一的形式。

能量转化与守恒定律证明了物质世界的统一性，它是自然界中最重要、最基本的定律之一。它不仅适用于宏观物理过程，而且也适用于分子、原子乃至原子内部的微观物理过程。它既适用于物理学，也适用于化学、生物学等其他自然科学。

思考题

1.2.1　有人认为牛顿第一定律是牛顿第二定律的特例，即合力为零的情形，那么为何还要有单独的牛顿第一定律？

1.2.2　当你用双手去接住对方猛掷过来的球时，你用什么方法缓和球的冲力？怎样解释？

1.2.3　一重球的上下两面系同样的两根线，今用其中一根线将球吊起，而用手向下拉另一根线，如果向下猛一扯，则下面的线断而球不动。如果用力慢慢拉线，则上面的线断开，为什么？

1.2.4　有两只船与堤岸的距离相同，为什么从小船跳上岸比较难，而从大船跳上岸却比较容易？

1.2.5　判断下述说法是否正确，并说明理由。

（1）不受外力作用的系统，它的动量和机械能必然同时守恒。

（2）内力都是保守力的系统，当它所受的合外力为零时，其机械能必然守恒。

（3）只有保守内力作用而不受外力作用的系统，它的动量和机械能必然都守恒。

1.2.6　在保持静止的车上用恒力 $\boldsymbol{F}$ 推动质量为 m 的物体，使之由静止开始运动，当物体沿车前进 s 的距离时，其速率 v 可以根据动能定理 $Fs=\Delta E_k=\frac{1}{2}mv^2$ 求出。如果在 $\boldsymbol{F}$ 力作用物体的同时，车以匀速 v_0 沿力的方向运动，则对地面来说，物体的动能增量为 $\Delta E_k=\frac{1}{2}m(v+v_0)^2-\frac{1}{2}mv_0^2$，这时，$Fs\neq\Delta E_k$，是否动能定理不再成立？

1.2.7　物体与地球之间的引力是保守内力。在没有其他外力作用于地-物系统时，为什么一般都只用机械能守恒定律而不用动量守恒定律？

1.3　刚体定轴转动的基本定律

前面讨论了质点和质点系的动力学规律，为处理各类具体力学问题奠定了基础。本节讨论刚体绕定轴转动动力学规律。牛顿运动定律适用于质点，不能直接应用于刚体，但是我们可以把刚体看作由无数个质元（可视为质点）构成的刚性质点系，然后借助质点系所遵从的动力学规律，通过积分的方法，得出刚体绕定轴转动的动力学规律。

1.3.1　质心运动定理

1. 质心

在研究刚体或者多个质点组成的系统时，质心是比较重要的概念。质心是物体（或物体系）的质量分布中心。在讨论物体（或物体系）的整体运动时，质心可作为物体（或物体系）的代表点。例如，在手榴弹投掷运动中，手榴弹大体沿着“抛物线”形态运动，同时又不停地转动。认真观察可以发现，手榴弹上有一个特殊点真正做抛物线运动，其他各点一方面与这个特殊点做抛物线运动，同时又绕着这个特殊点转动，这个特殊点就是手榴弹的质心。下面给出质心的定义。

对于 N 个质点构成的质点系，各个质点的质量分别为 $m_1,m_2,\cdots,m_i,\cdots,m_N$，其位置矢量分别为 $\boldsymbol{r}_1,\boldsymbol{r}_2,\cdots,\boldsymbol{r}_i,\cdots,\boldsymbol{r}_N$，则质心的位置矢量 $\boldsymbol{r}_C$ 定义为

$$\boldsymbol{r}_C=\frac{\sum\limits_{i=1}^{N}m_i\boldsymbol{r}_i}{m} \tag{1.65}$$

式中，$m=\sum\limits_{i=1}^{N}m_i$ 是质点系的总质量。质心位置矢量 $\boldsymbol{r}_C$ 与参考点的选择有关，但质心相对于质点系的位置完全由质点系的质量分布决定。

在直角坐标系中，各个质点和质心的位置矢量分别为

$$\boldsymbol{r}_i=x_i\boldsymbol{i}+y_i\boldsymbol{j}+z_i\boldsymbol{k}\quad(i=1,2,\cdots,N)$$

$$\boldsymbol{r}_C=x_C\boldsymbol{i}+y_C\boldsymbol{j}+z_C\boldsymbol{k}$$

代入式（1.65）中，得出质心的坐标为

$$x_C=\frac{\sum\limits_{i=1}^{N}m_ix_i}{m},\quad y_C=\frac{\sum\limits_{i=1}^{N}m_iy_i}{m},\quad z_C=\frac{\sum\limits_{i=1}^{N}m_iz_i}{m} \tag{1.66}$$

对于质量连续分布的物体，可认为它由无穷多个质量元组成，其中任意一个质量元的质量为 $\mathrm{d}m$，视其为质点，位置是 $\boldsymbol{r}$，则以上离散求和形式转变为对整个刚体的质量 m 进行积分，物体的质心位置可表示为

$$\boldsymbol{r}_C=\frac{\int_m\boldsymbol{r}\mathrm{d}m}{m} \tag{1.67}$$

在直角坐标系中，物体的质心坐标的三个分量为

$$x_C=\frac{\int_m x\mathrm{d}m}{m},\quad y_C=\frac{\int_m y\mathrm{d}m}{m},\quad z_C=\frac{\int_m z\mathrm{d}m}{m} \tag{1.68}$$

应当明确，物体的质心和重心是两个不同的概念。物体的质心是物体的质量分布中心，在任何情况下都是存在的，物体的重心严格意义上是不存在的，因为力心是对平行力系定义的。但是在物体的尺度远小于地球半径时，可以认为物体处于均匀重力场中，因此作用于物体各部分的重力可以认为是平行的，所以可引入重心的概念。那么一个物体的重心和质心是否重合呢？根据力心的定义，重心的位置为

$$\boldsymbol{r}_g=\frac{\sum_i P_i\boldsymbol{r}_i}{\sum_i P_i}=\frac{\sum_i m_i g\boldsymbol{r}_i}{\sum_i m_i g}=\frac{\sum_i m_i\boldsymbol{r}_i}{\sum_i m_i} \tag{1.69}$$

显然，质心与重心是重合的。

需要说明的是：质心可以在物体上，也可以不在物体上。例如，质量均匀分布的立方体，其质心即是立方体的几何中心；而一个质量均匀分布的空心球，其质心应在几何中心上，即空心球的球心上，并不是在球上。

2. 质心运动定理的内容

当物体（或质点系）发生运动时，其质心的位置将随时间变化。根据速度的定义，物体质心的运动速度 $\boldsymbol{v}_C$ 为

$$\boldsymbol{v}_C=\frac{\mathrm{d}\boldsymbol{r}_C}{\mathrm{d}t}=\frac{\sum_i m_i\frac{\mathrm{d}\boldsymbol{r}_i}{\mathrm{d}t}}{m}=\frac{\sum_i m_i\boldsymbol{v}_i}{m} \tag{1.70}$$

式（1.70）可以改写为

$$\boldsymbol{p}=\sum_i m_i\boldsymbol{v}_i=m\boldsymbol{v}_C \tag{1.71}$$

式中，$\boldsymbol{p}$ 是物体的总动量。这说明，物体的总动量等于物体的全部质量集中到质心并以质心速度 $\boldsymbol{v}_C$ 运动时的动量。

对式（1.70）求导，可得物体质心运动的加速度

$$\boldsymbol{a}_C=\frac{\mathrm{d}\boldsymbol{v}_C}{\mathrm{d}t}=\frac{\sum_i m_i\frac{\mathrm{d}\boldsymbol{v}_i}{\mathrm{d}t}}{m}=\frac{\sum_i m_i\boldsymbol{a}_i}{m} \tag{1.72}$$

若物体上各质点所受到的外力的矢量和是 $\boldsymbol{F}$，则 $\boldsymbol{F}=\sum_i m_i\boldsymbol{a}_i$，于是有

$$\boldsymbol{F}=m\boldsymbol{a}_C \tag{1.73}$$

式（1.73）称为物体的质心运动定理。

根据质心运动定理，物体质心的运动只与外力有关，物体内部各个质点之间相互作用的内力并不影响质心的运动。当作用于物体的外力的矢量和为零时，物体的质心加速度等于零，物体的质心将保持静止或匀速直线运动状态。例如，一颗炮弹在其飞行轨道上爆炸时，它的碎片向四面八方飞散，但如果把这颗炮弹看作一个质点系，由于炮弹的爆炸力是内力，而内力不能改变质心的运动，所以全部碎片的质心仍继续按原来的弹道曲线运动。

由于质心的特殊性，我们可以建立质心参考系。所谓质心参考系就是物体的质心在其中静止的平动参考系，而且往往把质心作为原点。在这样参考系中，质心的速度 $\boldsymbol{v}_C=\mathbf{0}$，即 $\boldsymbol{p}=\mathbf{0}$。因此，相对于质心参考系，物体的总动量为零，这样利用质心参考系使问题变得简单。在讨论碰撞及天体运动时常采用质心参考系。

例 1.14 如图 1.21 所示，一炮弹在轨道最高点炸成质量比 $m_1:m_2=3:1$ 的两块碎片，其中 m_1 自由下落，落地点与发射点的水平距离为 R_0，m_2 继续向前飞行，与 m_1 同时落地，不计空气阻力，求 m_2 的落地点。

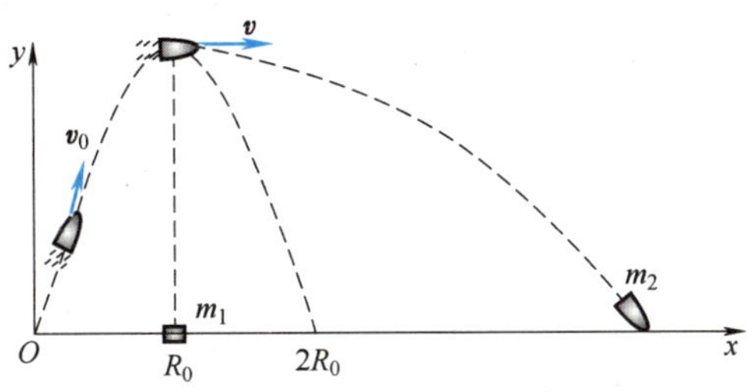

图 1.21 例 1.14 图

解 分析：炮弹炸裂前后，受到的外力只有重力，而重力不变，对质心运动没有影响，质心仍按抛物线规律飞行，质心的落地点应为 $x_C=2R_0$。

根据质心位置坐标公式

$$x_C=\frac{m_1x_1+m_2x_2}{m_1+m_2}=\frac{3m_2R_0+m_2x_2}{4m_2}=2R_0$$

解得

$$x_2=5R_0$$

1.3.2 动量矩定理与动量矩守恒定律

1. 力矩

(1) 对参考点的力矩 如图 1.22 所示，设力 $\boldsymbol{F}$ 的作用点相对于 O 点（参考点）的位置矢量为 $\boldsymbol{r}$，定义力 $\boldsymbol{F}$ 对 O 点的力矩为

$$\boldsymbol{M}=\boldsymbol{r}\times\boldsymbol{F} \tag{1.74}$$

力矩是矢量，大小为

$$M=rF\sin\varphi$$

式中，φ 为位置矢量 $\boldsymbol{r}$ 和力 $\boldsymbol{F}$ 之间的夹角，其方向用右手螺旋定则来确定。

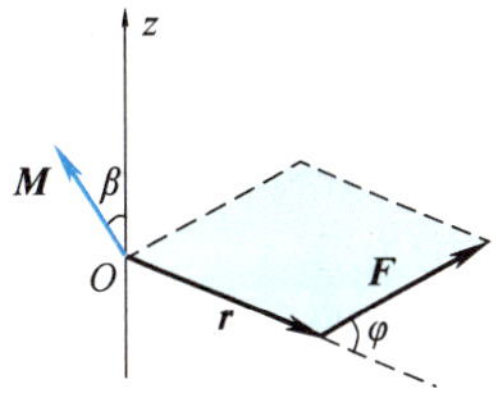

在国际单位制中，力矩的单位为 N · m（牛顿米）。

图 1.22 力矩

(2) 对轴的力矩 如图 1.22 所示，力对 Oz 轴的力矩定义为力对 O 点的力矩在 Oz 轴上分矢量或投影，两者的关系为 $\boldsymbol{M}_z=M_z\boldsymbol{k}$。其中

$$M_z=\boldsymbol{M}\cdot\boldsymbol{k}=M\cos\beta \tag{1.75}$$

式中，$\boldsymbol{k}$ 表示 z 轴的单位矢量。需要注意的是，计算力对轴的力矩时，参考点必须选在轴上。

在讨论刚体定轴转动时，经常需要计算力对转轴的力矩。如图 1.23 所示，设刚体所受的外力 $\boldsymbol{F}$ 在转动平面内，$\boldsymbol{r}$ 表示由转轴到力的作用点 P 的位置矢量，$\boldsymbol{r}$ 与 $\boldsymbol{F}$ 之间的夹角为 φ。根据定义，力 $\boldsymbol{F}$ 对转轴的力矩大小为

$$M = rF\sin\varphi = F_\tau r = Fd \tag{1.76}$$

式中，F_τ 为力 $\boldsymbol{F}$ 在切线方向的分量；d 为力的作用线到转轴的垂直距离，称为力臂。式（1.76）表明，力对转轴的力矩等于力在切线方向的投影和位置矢量的大小的乘积，也等于力和力臂的乘积，方向用右手螺旋定则确定。根据右手螺旋定则，在定轴转动中力矩的方向总是沿着转轴的，当转轴的正方向确定之后，力矩的方向可由正、负号来决定。

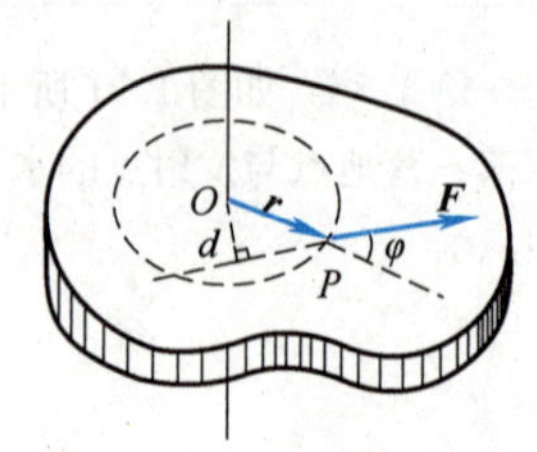

图 1.23　力对转轴的力矩

如果几个力同时作用于刚体上，而且这几个力均在转动平面内，则它们对轴的合力矩为

$$\boldsymbol{M} = \sum_i \boldsymbol{M}_i \tag{1.77}$$

若只讨论定轴转动的情况，式（1.77）也可写成

$$M_z = \sum_i M_{zi} \tag{1.78}$$

如果作用在刚体上的力 $\boldsymbol{F}$ 不在转动平面内，在计算力对轴的力矩时，可以把力 $\boldsymbol{F}$ 分解成两个相互垂直的分力，与转轴平行的分力对刚体的定轴转动不起作用，只有与轴垂直的分力（即在转动平面内的分力）才对轴的力矩有贡献。

例 1.15　在三维直角坐标系中，有一力 $\boldsymbol{F} = (t\boldsymbol{i} + t^2\boldsymbol{j} + t^3\boldsymbol{k})$ N 作用于某点，该点的位置矢量为 $\boldsymbol{r} = 2\boldsymbol{i} + \boldsymbol{j}$。求：$t = 2$s 时 $\boldsymbol{F}$ 对 z 轴的力矩。

解　由题意可知，力对原点的力矩为

$$\boldsymbol{M} = \boldsymbol{r} \times \boldsymbol{F} = (2\boldsymbol{i} + \boldsymbol{j}) \times (t\boldsymbol{i} + t^2\boldsymbol{j} + t^3\boldsymbol{k}) = t^3\boldsymbol{i} - 2t^3\boldsymbol{j} + (2t^2 - t)\boldsymbol{k}$$

则力对 z 轴的力矩

$$M_z = 2t^2 - t$$

当 $t = 2$s 时

$$M_z = 7\text{N} \cdot \text{m}$$

例 1.16　如图 1.24 所示，长为 l、质量为 m 的匀质细直杆，放在粗糙的水平面上，杆可绕通过其中心且与平面垂直的固定轴转动。已知杆与平面间的摩擦系数为 μ，求杆绕竖直轴转动时所受的摩擦力矩。

解　杆转动时，所受摩擦力沿杆长连续分布，且杆上不同部位的摩擦力臂不等，故需用积分法求摩擦力的总力矩。

如图 1.24 所示，建立 Ox 坐标轴，杆上任一元段 $\mathrm{d}x$，质量为 $\mathrm{d}m = \lambda \mathrm{d}l = \dfrac{m}{l}\mathrm{d}x$，所受的摩擦力

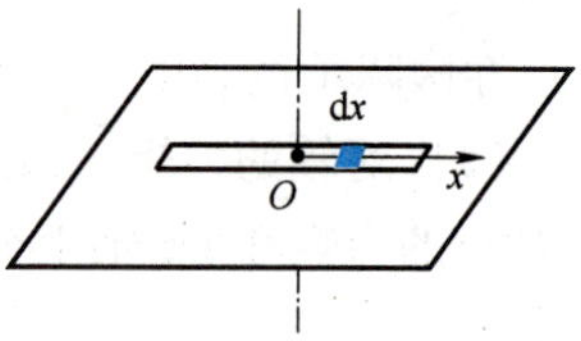

$$\mathrm{d}F_{\mathrm{f}} = \mu g \mathrm{d}m = \mu g \frac{m}{l}\mathrm{d}x$$

图 1.24　例 1.16 图

对转轴的阻力矩大小为

$$dM = xdF_f = \mu g \frac{m}{l} xdx$$

由于各元段所受的阻力矩方向一致，则总的阻力矩大小为

$$M = \int dM = 2\int_0^{\frac{l}{2}} \mu g \frac{m}{l} xdx = \frac{1}{4}\mu mgl$$

2. 动量矩

（1）质点的动量矩　如图 1.25 所示，质量为 m 的质点，以速度 $\boldsymbol{v}$ 运动，相对于 O 点的位置矢量为 $\boldsymbol{r}$，定义质点对 O 点的动量矩为

$$\boldsymbol{L} = \boldsymbol{r} \times \boldsymbol{p} = \boldsymbol{r} \times m\boldsymbol{v} \tag{1.79}$$

动量矩也称角动量，其大小为

$$L = rmv\sin\varphi \tag{1.80}$$

式中，φ 是质点的位置矢量 $\boldsymbol{r}$ 与动量 $m\boldsymbol{v}$ 的夹角。动量矩的大小是以位置矢量 $\boldsymbol{r}$ 和动量 $m\boldsymbol{v}$ 为邻边平行四边形的面积，动量矩的方向可以用右手螺旋定则来确定。

质点对 Oz 轴的动量矩定义为质点对 O 点的动量矩在 Oz 轴上的分矢量或投影，二者的关系为 $\boldsymbol{L}_z = L_z\boldsymbol{k}$。其中

$$L_z = \boldsymbol{L} \cdot \boldsymbol{k} = L\cos\beta$$

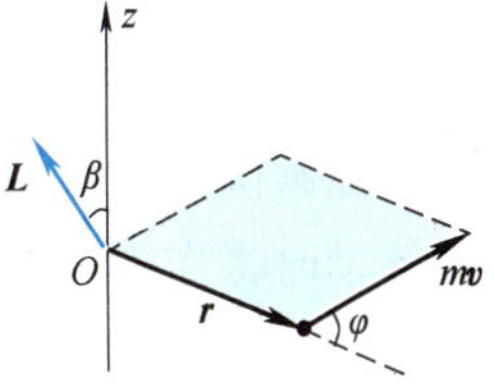

图 1.25　质点的动量矩

若质点做圆周运动，$\boldsymbol{v} \perp \boldsymbol{r}$，且在同一平面内，则动量矩的大小为

$$L = mrv = mr^2\omega$$

注意这里忽略了表示轴的下标。写成矢量形式为

$$\boldsymbol{L} = mr^2\boldsymbol{\omega} \tag{1.81}$$

动量矩 $\boldsymbol{L}$ 的方向与角速度 $\boldsymbol{\omega}$ 的方向相同，即沿角速度方向。在国际单位制中，动量矩的单位是 $kg \cdot m^2 \cdot s^{-1}$（千克二次方米每秒）。

（2）刚体定轴转动的动量矩　刚体在绕定轴转动过程中，刚体上各质元绕转轴做半径不同的圆周运动，刚体对转轴的动量矩是刚体上所有质点对转轴的动量矩的矢量和，根据式（1.81）有

$$\boldsymbol{L} = \left(\sum_i m_i r_i^2\right)\boldsymbol{\omega} \tag{1.82}$$

式中，m_i 是刚体第 i 个质元的质量；r_i 为第 i 个质元到转轴距离。定义 $\sum_i m_i r_i^2$ 为刚体对转轴的转动惯量，用 J 表示，由此可得刚体对转轴的动量矩的一般表达式，即

$$\boldsymbol{L} = J\boldsymbol{\omega} \tag{1.83}$$

$\boldsymbol{L}$ 称为刚体对轴的动量矩，其方向与角速度 $\boldsymbol{\omega}$ 的方向一致。它是描述刚体转动状态的物理量，在讨论定轴转动时，其方向可用正、负号来表示。由式（1.83）知刚体绕固定轴转动的动量矩的大小等于刚体对转轴的转动惯量和刚体绕转轴转动的角速度大小的乘积。

3. 转动惯量

由转动惯量的定义式

$$J = \sum_i \Delta m_i r_i^2 \tag{1.84}$$

可以看出，刚体对转轴的转动惯量等于组成刚体各质元的质量与各自到转轴的距离的平方的

乘积之和。将刚体定轴转动的动量矩公式和质点的动量公式相比较可以看出，角速度和速度相当，转动惯量和质量相当。转动惯量反映了刚体转动状态改变的难易程度，也就是说转动惯量是物体转动惯性大小的量度。

转动惯量 J 不仅与质量有关，而且与质量分布有关，质量越大，质量分布离轴越远，转动惯量越大。同一刚体对不同的转轴，转动惯量也不尽相同，所以只有明确刚体的质量对转轴的分布，转动惯量才有确定的值。

在国际单位制中，转动惯量 J 的单位为 $\mathrm{kg\cdot m^2}$（千克二次方米）。

一般刚体的质量是连续分布的，式（1.84）可以写成积分形式

$$J=\int r^2\mathrm{d}m \tag{1.85}$$

式中，$\mathrm{d}m$ 为任意质元的质量；r 为该质元到轴的距离。质元质量表示视刚体质量分布情况而定，对于体分布、面分布和线分布，相应的 $\mathrm{d}m$ 可分别表示为

$$\mathrm{d}m=\begin{cases}\rho\mathrm{d}V\\ \sigma\mathrm{d}S\\ \lambda\mathrm{d}l\end{cases} \tag{1.86}$$

式中，ρ、σ、λ 分别为质量分布的体密度、面密度和线密度。

下面举例计算几种具有简单形状的刚体的转动惯量，这些转动惯量的表达式在处理刚体定轴转动时将作为已知量。

例 1.17 求质量为 m、长为 l 的均质细杆对下列各轴的转动惯量：（1）轴通过杆的中心并与杆垂直；（2）轴通过杆的一端并与杆垂直；（3）轴通过杆上离中心为 h 的一点并与杆垂直。

解 如图 1.26 所示，在杆上任取一质量元，设它到轴的距离为 x，长度为 $\mathrm{d}x$，该质量元的质量 $\mathrm{d}m=\lambda\mathrm{d}x$，其中质量线密度 $\lambda=m/l$，故根据转动惯量定义式有

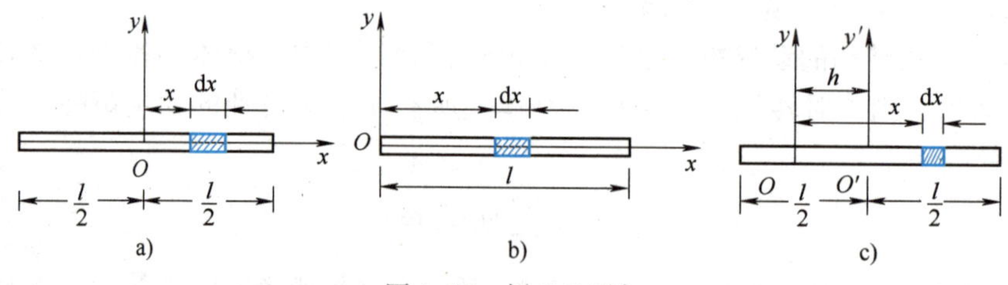

图 1.26 例 1.17 题

（1）如图 1.26a 所示轴通过杆的中心并与杆垂直时

$$J=\int_{-\frac{l}{2}}^{\frac{l}{2}}x^2\lambda\mathrm{d}x=\frac{1}{12}ml^2$$

（2）如图 1.26b 所示当轴通过杆的一端并与杆相垂直时

$$J=\int_{0}^{l}x^2\lambda\mathrm{d}x=\frac{1}{3}ml^2$$

（3）如图 1.26c 所示当轴通过杆上离中心为 h 的一点并与杆垂直时

$$J=\int_{-\frac{l}{2}+h}^{\frac{l}{2}+h}x^2\lambda\mathrm{d}x=\frac{1}{12}ml^2+mh^2$$

例 1.18　求质量为 m、半径为 R 的细圆环及均质薄圆盘通过中心并与圆面垂直的转轴的转动惯量。

解　(1) 如图 1.27a 所示。对于细圆环，则有 $\mathrm{d}m=\lambda \mathrm{d}l$，其中 $\mathrm{d}l$ 为圆环上的线元，所以

$$J=\int_m R^2 \mathrm{d}m=mR^2$$

由此可求得半径为 R、质量为 m 的均质薄圆筒对其几何中心轴的转动惯量也为 mR^2；质量为 m 的物体（可看作质点）绕某轴做半径为 R 的圆周运动，其对轴的转动惯量也为 mR^2。

(2) 如图 1.27b 所示，对于薄圆盘，取一内径为 r、外径为 $r+\mathrm{d}r$ 的小圆环，其面积为 $\mathrm{d}S=2\pi r\mathrm{d}r$，设薄圆盘的质量面密度为 σ，则小圆环的质量 $\mathrm{d}m=\sigma 2\pi r\mathrm{d}r$，于是有小圆环对转轴 O 的转动惯量为

$$\mathrm{d}J=r^2\mathrm{d}m=2\pi\sigma r^3\mathrm{d}r$$

因此，圆盘对轴的转动惯量为

$$J=\int \mathrm{d}J=\int_0^R 2\pi\sigma r^3\mathrm{d}r=\frac{1}{2}\pi\sigma R^4$$

将 $\sigma=m/\pi R^2$ 代入上式，便得

$$J=\frac{1}{2}mR^2$$

同理，可求出半径为 R、质量为 m 的实心匀质圆柱体对柱中心轴的转动惯量也是 $mR^2/2$。

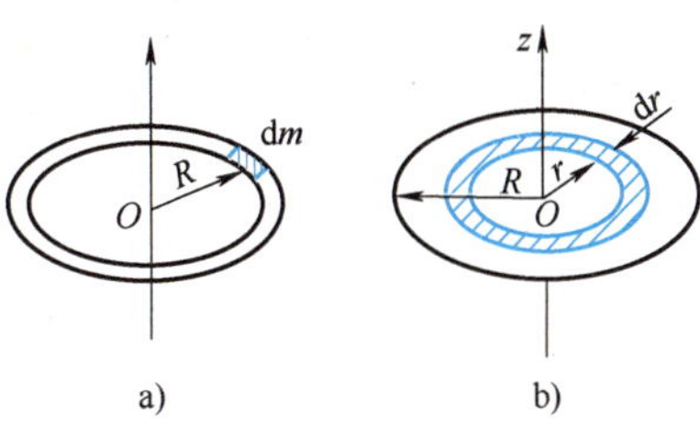

图 1.27　例 1.18 题图

上面计算的是一些简单形状的刚体的转动惯量。对于一些不规则的物体，其转动惯量很难计算，可以通过实验的方法来测定。表 1.1 中给出一些常见的规则形状的刚体的转动惯量。

表 1.1　一些常见的规则形状的刚体的转动惯量

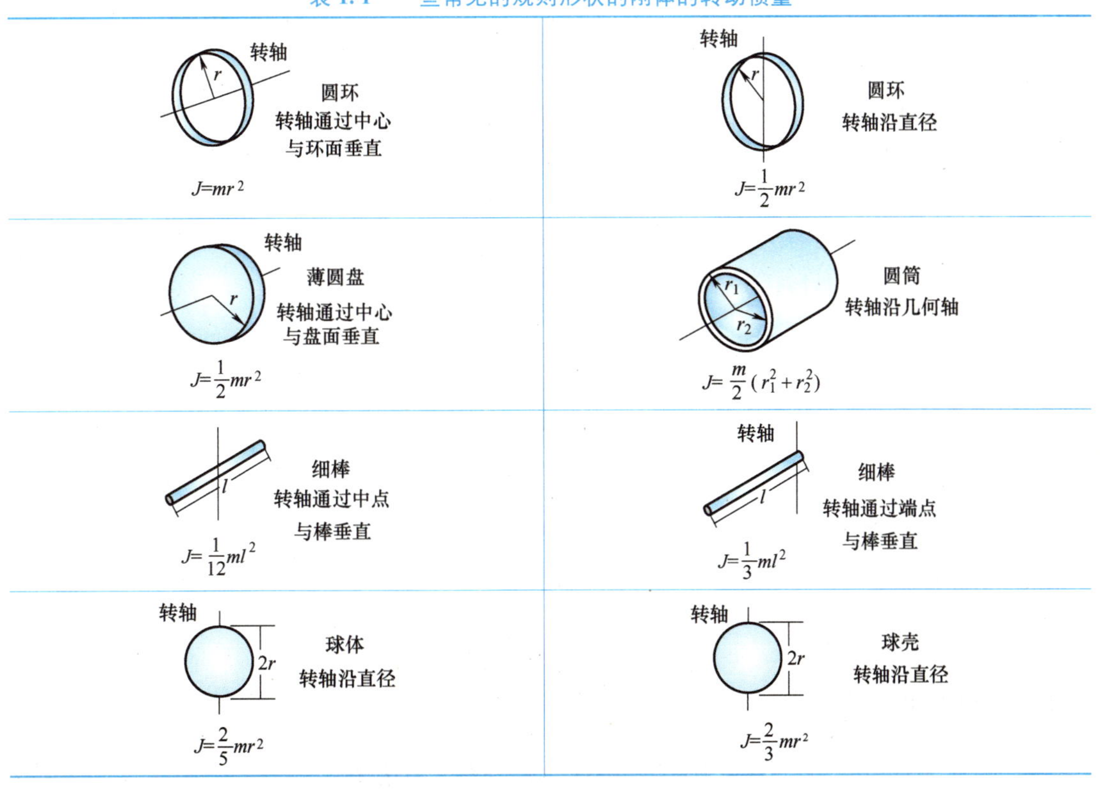

4. 动量矩定理、动量矩守恒定律及应用

在讨论质点运动时，得到了动量定理和动量守恒定律。现在我们在质点动量定理的基础上进一步讨论，将导出动量矩定理和动量矩守恒定律。

(1) 动量矩定理

1）**质点的动量矩定理**。质量为 m 的质点，受到力 $\boldsymbol{F}$ 的作用。根据牛顿第二定律

$$\boldsymbol{F}=\frac{\mathrm{d}(m\boldsymbol{v})}{\mathrm{d}t}$$

用位置矢量 $\boldsymbol{r}$ 叉乘上式，有

$$\boldsymbol{r}\times\boldsymbol{F}=\boldsymbol{r}\times\frac{\mathrm{d}(m\boldsymbol{v})}{\mathrm{d}t} \tag{1.87}$$

由于

$$\frac{\mathrm{d}}{\mathrm{d}t}(\boldsymbol{r}\times m\boldsymbol{v})=\boldsymbol{r}\times\frac{\mathrm{d}}{\mathrm{d}t}(m\boldsymbol{v})+\frac{\mathrm{d}\boldsymbol{r}}{\mathrm{d}t}\times m\boldsymbol{v}$$

并且

$$\frac{\mathrm{d}\boldsymbol{r}}{\mathrm{d}t}\times\boldsymbol{v}=\boldsymbol{v}\times\boldsymbol{v}=0$$

式（1.87）变为

$$\boldsymbol{r}\times\boldsymbol{F}=\frac{\mathrm{d}}{\mathrm{d}t}(\boldsymbol{r}\times m\boldsymbol{v})$$

即

$$\boldsymbol{M}=\frac{\mathrm{d}\boldsymbol{L}}{\mathrm{d}t} \tag{1.88}$$

式（1.88）表明，作用于质点的力对参考点的力矩，等于质点对该参考点的动量矩随时间的变化率，称作质点的动量矩定理。

上面给出的是质点动量矩定理的微分形式。把式（1.88）改写为

$$\boldsymbol{M}\mathrm{d}t=\mathrm{d}\boldsymbol{L}$$

对上式积分得

$$\int_{t_1}^{t_2}\boldsymbol{M}\mathrm{d}t=\boldsymbol{L}_2-\boldsymbol{L}_1 \tag{1.89}$$

式中，$\int_{t_1}^{t_2}\boldsymbol{M}\mathrm{d}t$ 为质点在 $t_1 \sim t_2$ 时间间隔内所受的冲量矩，式（1.89）是质点动量矩定理的积分形式。它表明，对同一参考点，质点所受的冲量矩等于质点动量矩的增量。

2）**质点系的动量矩定理**。设 n 个质点构成的质点系，对系统内第 i 个质点应用质点动量矩定理，有

$$\boldsymbol{M}_{i外}+\boldsymbol{M}_{i内}=\frac{\mathrm{d}\boldsymbol{L}_i}{\mathrm{d}t}$$

对上式两边求和得

$$\sum_{i=1}^{n}\boldsymbol{M}_{i外}+\sum_{i=1}^{n}\boldsymbol{M}_{i内}=\sum_{i=1}^{n}\frac{\mathrm{d}}{\mathrm{d}t}\boldsymbol{L}_i=\frac{\mathrm{d}}{\mathrm{d}t}\sum_{i=1}^{n}\boldsymbol{L}_i \tag{1.90}$$

式（1.90）左端第一项为外力矩的矢量和，左端第二项为内力矩的矢量和。由于内力是成对出现的，作用力和反作用力大小相等，方向相反，且它们的力臂相等，所以内力矩的矢量和为零。

设 $\boldsymbol{M}_{外}=\sum_{i=1}^{n}\boldsymbol{M}_{i外}$，$\boldsymbol{L}=\sum_{i=1}^{n}\boldsymbol{L}_i=\sum_{i=1}^{n}\boldsymbol{r}_i\times m_i\boldsymbol{v}_i$，则式（1.90）可以写成

$$\boldsymbol{M}_{外}=\frac{\mathrm{d}\boldsymbol{L}}{\mathrm{d}t} \tag{1.91}$$

式中，$\boldsymbol{L}$ 是系统的动量矩。式（1.91）表明，质点系所受的外力矩的矢量和等于质点系的动量矩对时间变化率，这就是质点系的动量矩定理。

由式（1.91）可知，当质点系受到的外力矩为零时，系统的动量矩守恒。另外，也可以将质点系的动量矩定理写成积分形式

$$\int_{t_1}^{t_2}\boldsymbol{M}_{外}\mathrm{d}t=\boldsymbol{L}_2-\boldsymbol{L}_1 \tag{1.92}$$

3）**刚体定轴转动的动量矩定理**。刚体是刚性质点系，因此质点系的动量矩定理对刚体仍然适用。前面已经讲过，刚体做定轴转动时，动量矩 $\boldsymbol{L}=J\boldsymbol{\omega}$，其中转动惯量为常量，将其代入式（1.91），并去掉力矩的下标，则有

$$\boldsymbol{M}=\frac{\mathrm{d}\boldsymbol{L}}{\mathrm{d}t}=\frac{\mathrm{d}(J\boldsymbol{\omega})}{\mathrm{d}t}=J\frac{\mathrm{d}\boldsymbol{\omega}}{\mathrm{d}t} \tag{1.93}$$

或者可以写成

$$\boldsymbol{M}=J\boldsymbol{\beta} \tag{1.94}$$

式中，β 为刚体绕定轴转动的角加速度。式（1.94）也称为刚体绕定轴转动的转动定理。

在刚体定轴转动条件下，力矩 $\boldsymbol{M}$ 和角加速度 $\boldsymbol{\beta}$ 均沿着转轴，所以式（1.94）可以写成标量式，即

$$M=J\beta \tag{1.95}$$

式（1.95）表明，刚体在外力矩 $\boldsymbol{M}$ 作用下所获得的角加速度的大小与外力矩的大小成正比，与转动惯量 J 成反比。

式（1.93）还可以写成积分形式

$$\int_{t_1}^{t_2}\boldsymbol{M}\mathrm{d}t=\int_{\omega_1}^{\omega_2}J\mathrm{d}\boldsymbol{\omega}=J\boldsymbol{\omega}_2-J\boldsymbol{\omega}_1 \tag{1.96}$$

式中，$\int_{t_1}^{t_2}\boldsymbol{M}\mathrm{d}t$ 反映力矩 $\boldsymbol{M}$ 对时间的累积作用，称作力矩 $\boldsymbol{M}$ 对转动刚体的冲量矩。

式（1.96）简写为

$$\int_{t_1}^{t_2}\boldsymbol{M}\mathrm{d}t=\boldsymbol{L}_2-\boldsymbol{L}_1 \tag{1.97}$$

式（1.97）表明，在定轴转动中，刚体所受的冲量矩，等于刚体在这段时间内动量矩的增量。

在国际单位制中，冲量矩的单位是 N·m·s（牛顿米每秒）。

（2）动量矩守恒定律　通过前面的讨论我们知道，无论是质点还是质点系，只要所受到的合外力矩为零，那么动量矩就守恒。

对于定轴转动的刚体，由式（1.97）可知，当作用于刚体上合外力矩为零时，有

$$\boldsymbol{L}=J\boldsymbol{\omega}=\text{恒矢量} \tag{1.98}$$

这一结论称为定轴转动刚体的动量矩守恒定律。

理解和应用动量矩守恒定律时应注意以下几个方面：

1）对于一个绕定轴转动的刚体，因为转动惯量保持不变，所以，动量矩守恒实质就是刚体的角速度保持不变。

2）对于在转动过程中转动惯量可以改变的物体而言，如果物体上各点绕轴转动的角速度相同，可以证明，动量矩守恒定律仍然适用，当合外力矩为零时，转动惯量与角速度乘积保持不变。例如，芭蕾舞演员和溜冰运动员在旋转的时候，往往先把两臂张开旋转，然后迅速把两臂收回靠拢身体，使自己的转动惯量减小，因而旋转速度加快。又如跳水运动员在空中翻筋斗时，先将两臂伸直，并以某一角速度离开跳板，在空中时，将臂和腿尽量卷缩起来，以减小他对腰部转轴的转动惯量，从而使角速度增大，在空中迅速翻转，当快接近水面时，再伸直臂和腿以增大转动惯量，减小角速度，以便垂直进入水中。

3）对于既有转动物体又有平动物体组成的系统来说，若作用于系统的对某一定轴的合外力矩为零，则系统对该轴的动量矩守恒。

动量矩守恒定律同动量守恒定律和能量守恒定律一样，是自然界最基本、最普遍的规律之一。它不仅适用于经典力学，也适用于相对论力学，而且还适用于微观世界。

例 1.19 如图 1.28 所示，质量分别为 m 和 $2m$ 的两物体（都可视为质点），用一长为 L 的轻质刚性细杆相连，系统绕通过杆且与杆垂直的竖直固定轴 O 转动，已知 O 轴离质量为 $2m$ 的质点的距离为 $L/3$，质量为 m 的质点的线速度为 v 且与杆垂直，则该系统对转轴的动量矩大小为多少？

解 m 做圆周运动，有

$$v=\frac{2}{3}L\omega,\ \omega=\frac{3v}{2L}$$

系统动量矩大小为

$$m\left(\frac{2}{3}L\right)^2\omega+2m\left(\frac{1}{3}L\right)^2\omega=mvL$$

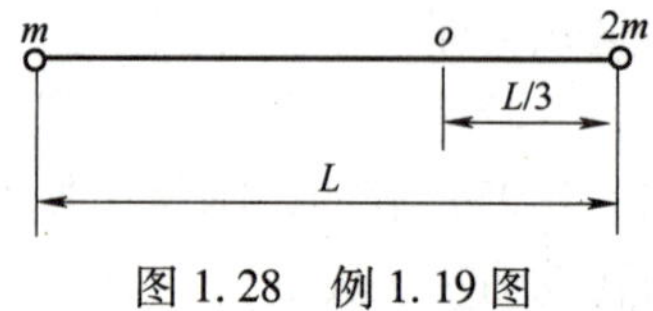

图 1.28　例 1.19 图

例 1.20 如图 1.29 所示，一个质量为 m、长度为 L 均匀质量细杆，可绕一水平轴旋转，开始细杆处于水平位置，然后自由下落。求：$\omega=\omega(\theta)$。

解 根据转动定理

$$M=J\beta$$

$$\beta=\frac{M}{J}=\frac{mg\dfrac{L}{2}\cos\theta}{J}=\frac{3g\cos\theta}{2L}$$

又

$$\beta=\frac{\mathrm{d}\omega}{\mathrm{d}t}=\frac{\mathrm{d}\omega}{\mathrm{d}\theta}\cdot\frac{\mathrm{d}\theta}{\mathrm{d}t}=\omega\frac{\mathrm{d}\omega}{\mathrm{d}\theta}$$

所以

$$\frac{3g\cos\theta}{2L}=\omega\frac{\mathrm{d}\omega}{\mathrm{d}\theta}$$

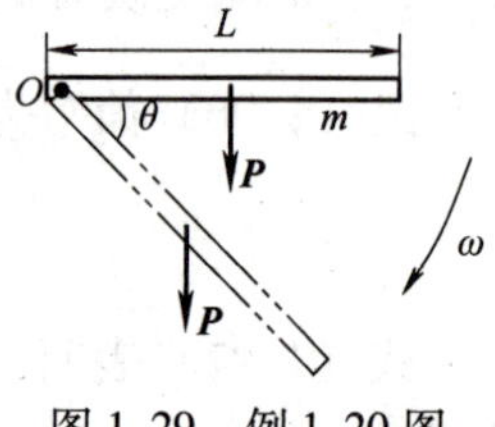

图 1.29　例 1.20 图

$$\int_0^\theta \frac{3g\cos\theta}{2L}\mathrm{d}\theta = \int_0^\omega \omega \mathrm{d}\omega$$

$$\frac{1}{2}\omega^2 = \frac{3g\sin\theta}{2L}$$

所以

$$\omega = \sqrt{\frac{3g\sin\theta}{L}}$$

例 1.21　如图 1.30 所示，一质量为 m、长为 $2l$ 的均质细杆，其一端有一很小的光滑圆孔。开始时杆在一光滑水平面上以速度 $\boldsymbol{v}$ 平动，一光滑小钉突然穿过圆孔固定在平面上，求此后杆做定轴转动的角速度及杆对钉（轴）的反作用力。

解　当杆以速度 $\boldsymbol{v}$ 平动时，杆上距圆孔为 r、长为 $\mathrm{d}r$ 的一小段杆对圆孔的动量矩为

$$\mathrm{d}L = rv\mathrm{d}m = \frac{m}{2l}rv\mathrm{d}r$$

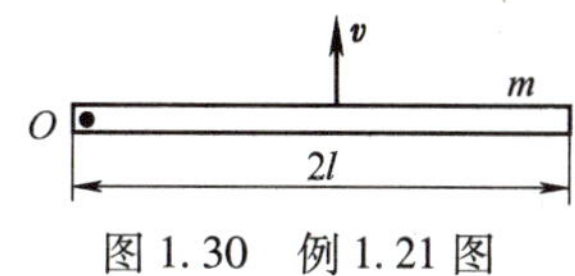

图 1.30　例 1.21 图

整个杆对圆孔的动量矩为

$$L = \int_0^{2l}\mathrm{d}L = \int_0^{2l}\frac{m}{2l}rv\mathrm{d}r = mvl$$

设小钉穿入后杆做定轴转动的角速度为 ω，在此过程中杆对轴的动量矩守恒，即

$$mvl = J\omega = \frac{1}{3}m(2l)^2\omega$$

则

$$\omega = \frac{3v}{4l}$$

在杆定轴转动时，距轴为 r、长为 $\mathrm{d}r$ 的一小段杆受到的向心力为

$$\mathrm{d}F_{\mathrm{T}} = \omega^2 r\mathrm{d}m = \omega^2 r\frac{m}{2l}\mathrm{d}r$$

整个杆受到的向心力为

$$F_{\mathrm{T}} = \int_0^{2l}\mathrm{d}F_{\mathrm{T}} = \int_0^{2l}\frac{m\omega^2}{2l}r\mathrm{d}r = m\omega^2 l = \frac{9mv^2}{16l}$$

该力的大小即等于杆对钉的反作用力。

1.3.3　刚体定轴转动的动能定理与机械能守恒定律

1. 刚体定轴转动的动能定理

(1) 力矩的功　刚体在外力的作用下发生了定轴转动，力做了功，对这种情形也可以描述为，刚体在外力矩作用下绕定轴转动产生了角位移，力矩做了功，力矩的功和力的功是等效的。

如图 1.31 所示，设一刚体在外力 $\boldsymbol{F}$（在转动平面内）的作用下，绕轴 Oz 转动，在 $\mathrm{d}t$ 时间内，逆时针转过一极小的角度 $\mathrm{d}\theta$，这时力 $\boldsymbol{F}$ 的作用点的位移大小 $\mathrm{d}s = r\mathrm{d}\theta$。根据功的定义，力 $\boldsymbol{F}$ 所做的元功

$$\mathrm{d}A = F_\tau \mathrm{d}s = F_\tau r\mathrm{d}\theta = M\mathrm{d}\theta$$

即

$$\mathrm{d}A = M\mathrm{d}\theta \tag{1.99}$$

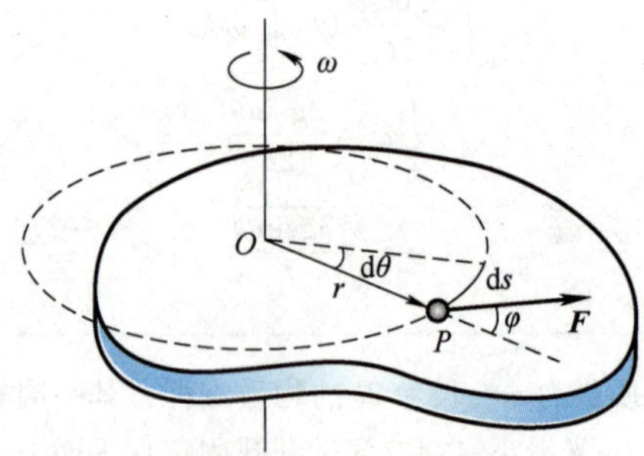

图 1.31　力矩的功

当刚体在力矩的作用下转过角度 θ 时，力矩的功为

$$A=\int_0^{\theta} M\mathrm{d}\theta \tag{1.100}$$

当力矩不变时，则它对刚体所做的功为

$$A=M\theta$$

如果刚体同时受到几个外力矩作用，M 为合外力矩时，A 则是合外力矩的功。

由于刚体可看成不变质点系统，质点之间没有相对位移，因此任何一对作用力和反作用力的功之和为零，所以，内力的功为零。由力的功和力矩的功的等效性可知，内力矩的功为零。

力矩做功的快慢，称为力矩的功率，由式（1.99）可得

$$P=\frac{\mathrm{d}A}{\mathrm{d}t}=M\frac{\mathrm{d}\theta}{\mathrm{d}t}=M\omega \tag{1.101}$$

在刚体做定轴转动时，力矩和角速度的方向或者相同，或者相反。当力矩与角速度的方向相同时，力矩的功率为正；当力矩与角速度的力向相反时，力矩的功率为负。

在国际单位制中，力矩的功与功率的单位分别为 J（焦耳）和 W（瓦特）。

（2）转动动能　刚体的动能等于组成刚体的全部质元（质点）做圆周运动的动能。当刚体以角速度 ω 绕定轴转动时，刚体上各个质元的角速度相等而线速度不等。任取第 i 个质元，设其质量为 Δm_i，距转轴距离为 r_i，则线速度 $v_i=\omega r_i$，相应的动能为

$$E_{ki}=\frac{1}{2}\Delta m_i v_i^2$$

对全部质元动能求和得刚体的总动能为

$$E_k=\sum_i \frac{1}{2}\Delta m_i r_i^2\omega^2=\frac{1}{2}\omega^2\sum_i \Delta m_i r_i^2=\frac{1}{2}J\omega^2$$

即

$$E_k=\frac{1}{2}J\omega^2 \tag{1.102}$$

式（1.102）是刚体转动动能的表达式。

（3）刚体定轴转动的动能定理　根据力矩的功的表达式及转动定理，可以得出刚体定轴转动的动能定理，即

$$A=\int_{\theta_1}^{\theta_2} M\mathrm{d}\theta=\int_{\theta_1}^{\theta_2} J\beta\mathrm{d}\theta=\int_{\omega_1}^{\omega_2} J\omega\mathrm{d}\omega=\frac{1}{2}J\omega_2^2-\frac{1}{2}J\omega_1^2 \tag{1.103}$$

式中，M 为刚体所受的合外力矩；ω_1、ω_2 表示刚体初位置 θ_1 处和末位置 θ_2 处的角速度。式（1.103）即是刚体定轴转动的动能定理，亦可简写为

$$A_{外}=E_{k2}-E_{k1}=\Delta E_k \tag{1.104}$$

其物理含义为：合外力矩对定轴转动刚体所做的功等于刚体转动动能的增量。

2. 机械能守恒定律

（1）刚体的重力势能 刚体的重力势能是指刚体与地球共有的势能，它等于各质元与地球共有的重力势能之和。设刚体任意质元的质量为 m_i，距势能零点的高度为 $h_i=y_i$，如图 1.32 所示，则此质元的重力势能为

$$E_{pi}=m_igh_i=m_igy_i$$

整个刚体的重力势能为

$$E_p=\sum m_igy_i=mg\frac{\sum m_iy_i}{m}=mgy_C \tag{1.105}$$

即刚体重力势能取决于刚体质心距势能零点的高度 h_C。式（1.105）表明：刚体的重力势能相当于将刚体的全部质量集中在质心处的一个质点的重力势能。

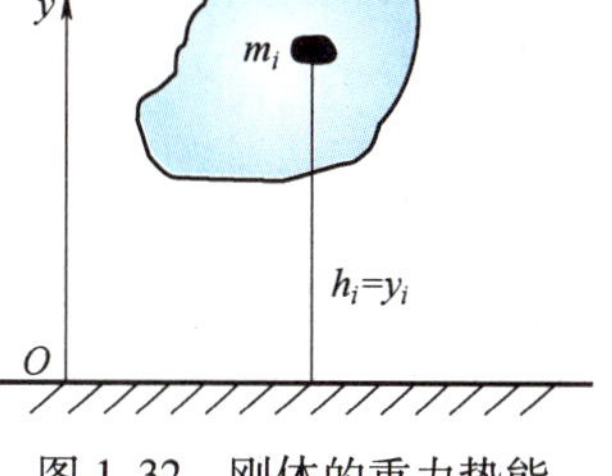

图 1.32　刚体的重力势能

（2）机械能守恒定律 对于包含有刚体的系统，既有平动，又有转动。如果在运动的过程中，只有保守内力做功，则系统的机械能守恒。即

$$E_k+E_p=常量$$

式中的动能 E_k 应该包括平动动能和转动动能，势能也应是所有物体的势能之和。

例 1.22 如图 1.33 所示，一根质量为 m、长为 l 的均匀细棒 OA 可绕通过其一端的光滑轴 O 在竖直平面内转动，今使棒从水平位置开始自由下摆，试求：（1）细棒摆到竖直位置时重力矩的功；（2）细棒摆到竖直位置时的角速度；（3）细棒摆到竖直位置时中心点 C 和端点 A 的线速度。

解 （1）由于重力对转轴的力矩是随 θ 而变化的，棒转过一极小的角位移 $d\theta$ 时，重力矩所做的元功是

$$dA=mg\frac{l}{2}\cos\theta d\theta$$

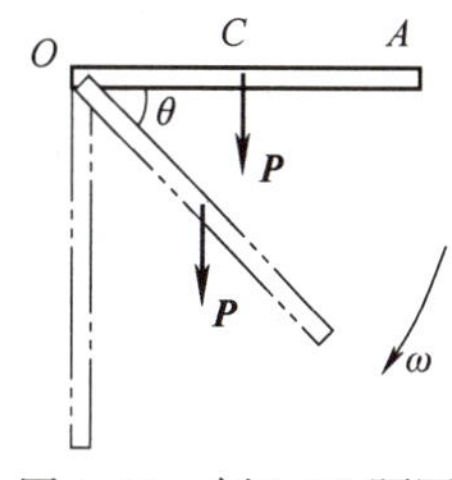

图 1.33　例 1.22 题图

棒从水平位置下降到竖直位置的过程中，重力矩所做的总功为

$$A=\int dA=\int_0^{\frac{\pi}{2}}mg\frac{l}{2}\cos\theta d\theta=mg\frac{l}{2}$$

（2）根据刚体定轴转动的动能定理：$A=E_k-E_{k_0}$，得

$$mg\frac{l}{2}=\frac{1}{2}J\omega^2-0$$

整理并将棒的转动惯量 $J=ml^2/3$ 代入上式，得出

$$\omega=\sqrt{\frac{3g}{l}}$$

（3）细棒在竖直位置时，端点 A 和中心点 C 的线速度分别为

$$v_A=l\omega=\sqrt{3gl},\quad v_C=\frac{l}{2}\omega=\frac{1}{2}\sqrt{3gl}$$

思考题

1.3.1　质点系的动量等于其质心的动量，质点系对定点的动量矩，是否也等于质心的动量矩？对于平动的质点系结果又如何？

1.3.2　假定一次内部爆炸在地面上开出巨大的洞穴，它的表面被向外推出，这对地球绕自身轴转动和绕太阳的转动有何影响？

1.3.3　将一个生鸡蛋和一个熟鸡蛋放在桌子上使它旋转，如何判定哪个是生的，哪个是熟的？为什么？

1.3.4　一个物体可否只具有机械能而无动量？一个物体可否只有动量而无机械能？试举例说明。

1.3.5　动量矩守恒是否就意味着动量也守恒？已知质点受有心力作用而运动时，动量矩是守恒的，问它的动量是否也守恒？

1.3.6　为什么走钢丝的杂技演员手中要拿一根长竹竿来保持身体的平衡？

1.3.7　内力在三个力学守恒定律中处于怎样的地位？

1.3.8　行星绕日运行时，从近日点 P 向远日点 A 运行的过程中，太阳对它的引力做正功还是做负功？从远日点 A 向近日点 P 运动的过程中，太阳对它的引力做正功还是做负功？由这个功来判断行星的动能以及行星和太阳系统的引力势能在这两个阶段运动中各是增加还是减少。

本章知识网络图（一）

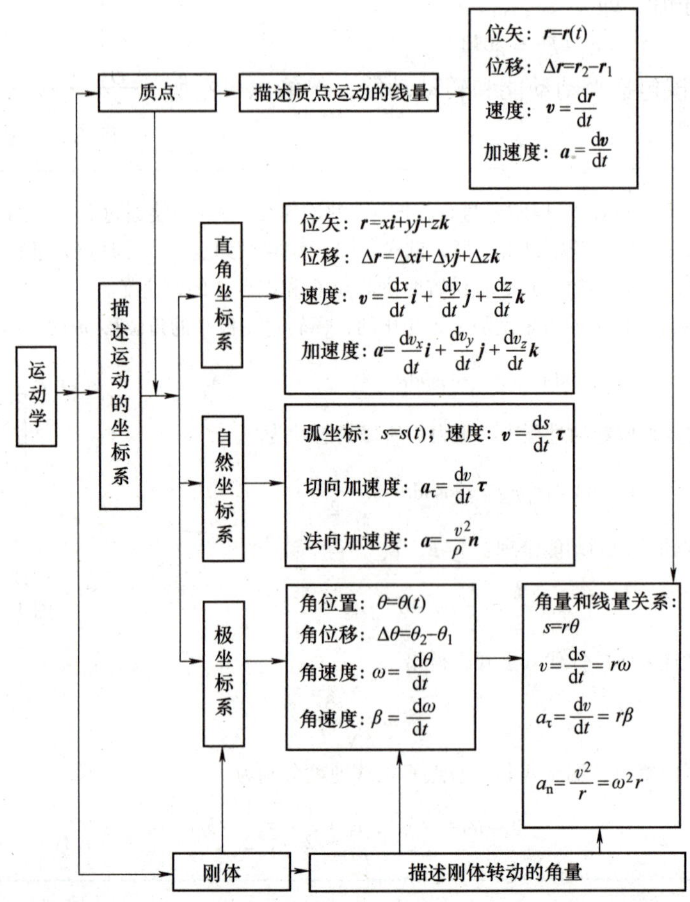

本章知识网络图（二）

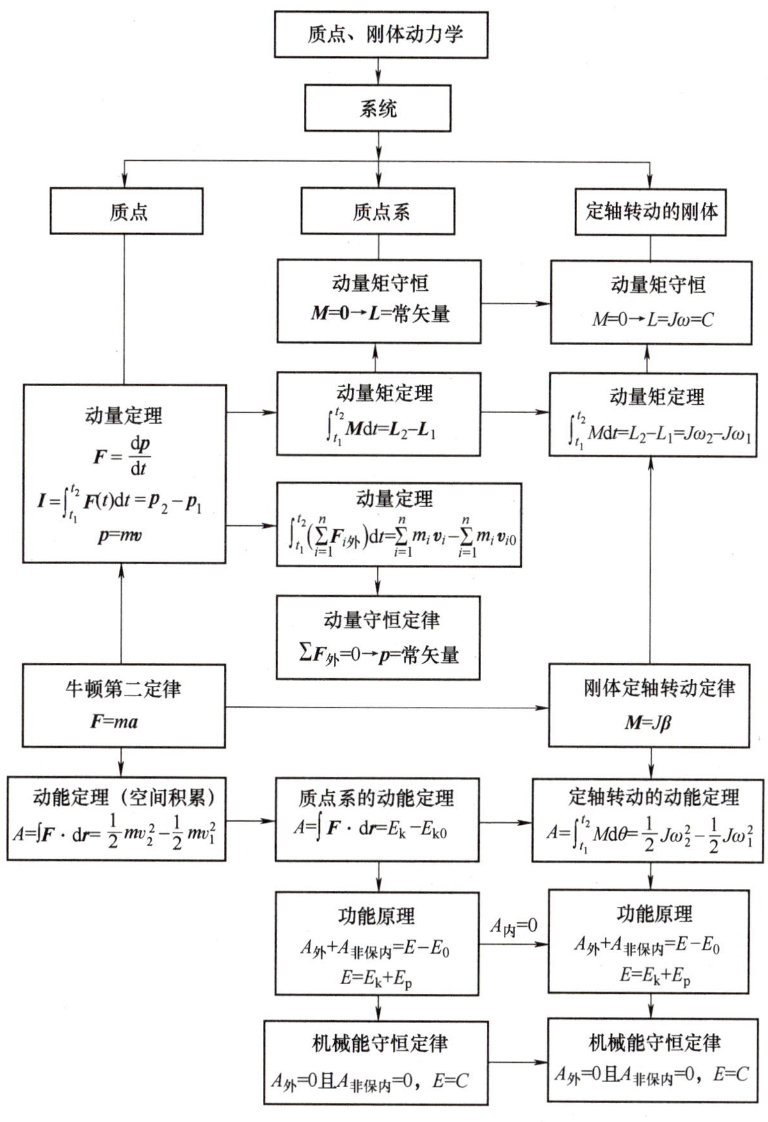

习　题

1.1　一质点的运动方程为 $x=6t-t^2$(SI)，求由 0 到 4s 的时间间隔内，质点位移的大小和质点走过的路程。

1.2　如题 1.2 图所示，路灯距地面的高度为 H，身高为 h 的人以速率 v_1 在路上匀速行走。求：(1) 人影头部的移动速度；(2) 影子长度增长的速率。

1.3　在离水平面高为 h 的岸边，一人以匀速 $\boldsymbol{v}_0$ 拉绳使船靠岸，如题 1.3 图所示，试求船距岸边 x 时的速度及加速度。

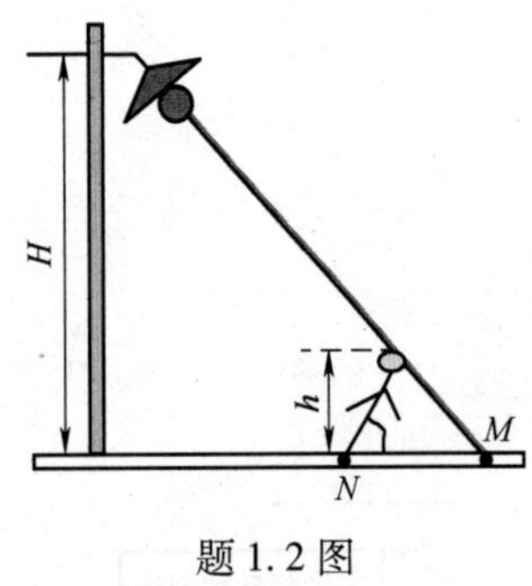

题 1.2 图

题 1.3 图

1.4 质点沿 x 轴运动，其加速度和位置的关系为 $a=2+6x^2$，a 的单位为 $\mathrm{m\cdot s^{-2}}$，x 的单位为 m。质点在 $x=0$ 处，速度为 $10\mathrm{m\cdot s^{-1}}$，试求质点在任何位置处的速度值。

1.5 在半径为 R 的圆周上运动的质点，其速率与时间关系为 $v=ct^2$（c 为常数），求：(1) 质点从 0 到 t 时刻走过的路程 $s(t)$；(2) t 时刻质点的切向加速度 a_τ；(3) t 时刻质点的法向加速度 a_n。

1.6 飞轮做加速转动时，轮边缘上一点的运动方程为 $s=0.1t^3$(SI)，飞轮半径 $R=2\mathrm{m}$，当该点的速率 $v=30\mathrm{m\cdot s^{-1}}$ 时，其切向加速度和法向加速度分别为多少？

1.7 如题 1.7 图所示，质点 P 在水平面内沿一半径为 $R=2\mathrm{m}$ 的圆轨道转动。转动的角速度 ω 与时间 t 的函数关系为 $\omega=kt^2$（k 为常量）。已知 $t=2\mathrm{s}$ 时，质点 P 的速度值为 $32\mathrm{m\cdot s^{-1}}$。试求 $t=1\mathrm{s}$ 时，质点 P 的速度与加速度的大小。

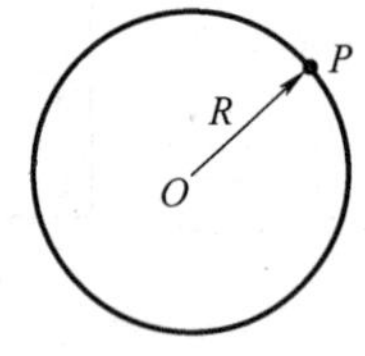

题 1.7 图

1.8 一质点沿半径为 1m 的圆周运动，运动方程为 $\theta=2+3t^3$，式中 θ 以弧度计，t 以秒计，求：(1) $t=2\mathrm{s}$ 时，质点的切向加速度和法向加速度；(2) 当加速度的方向和半径成 45°时，其角位移是多少？

1.9 有一质量为 m 的质点沿 x 轴正方向运动，假设该质点通过坐标为 x 处时的速度为 kx（k 为正常数），求：(1) 此时作用于该质点上的力；(2) 质点从 x_0 点出发运动到 x_1 处所经历的时间。

1.10 一架以 $3.0\times10^2\mathrm{m\cdot s^{-1}}$ 的速率水平飞行的飞机，与一只身长为 0.20m、质量为 0.50kg 的飞鸟相碰。设碰撞后飞鸟的尸体与飞机具有同样的速度，而原来飞鸟对于地面的速率甚小，可以忽略不计。试估计飞鸟对飞机的冲击力（碰撞时间可用飞鸟身长被飞机速率相除来估算）。根据本题的计算结果，你对于高速运动的物体（如飞机、汽车）与通常情况下不足以引起危害的物体（如飞鸟、小石子）相碰后会产生什么后果的问题有些什么体会？

1.11 原子核与电子间的吸引力的大小随它们之间的距离 r 的变化而变化，其规律为 $F=k/r^2$，求电子从 r_1 运动到 r_2（$r_1>r_2$）的过程中，核的吸引力所做的功。

1.12 如题 1.12 图所示，有一在坐标平面内做圆周运动的质点受一力 $\boldsymbol{F}=F_0(x\boldsymbol{i}+y\boldsymbol{j})$ 的作用。求该质点从坐标原点运动到 $(0,\ 2R)$ 位置过程中，力 $\boldsymbol{F}$ 对它所做的功。

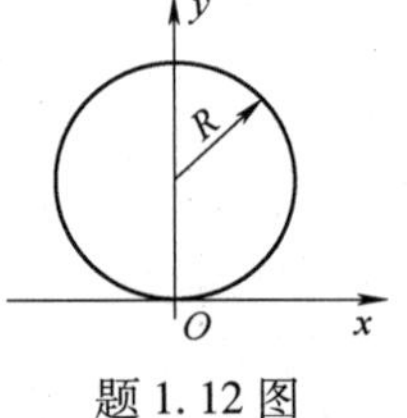

题 1.12 图

1.13 质量为 m 的质点在 x-y 平面上运动，其位置矢量 $\boldsymbol{r}=a\cos\omega t\boldsymbol{i}+b\sin\omega t\boldsymbol{j}$(SI)，式中 a、b、ω 均为正常量，且 $a>b$。求：(1) 质点在 A $(a,\ 0)$ 点和 B $(0,\ b)$ 点的动能；(2) 当质点从 A 点运动到 B 点的过程中力 $\boldsymbol{F}$ 及分力 $\boldsymbol{F}_x$ 和 $\boldsymbol{F}_y$ 分别做的功。

1.14 一个力 F 作用在质量为 1.0kg 的质点上，使之沿 x 轴运动。已知在此力作用下质点的运动方程为 $x=3t-4t^2+t^3$(SI)。求在 0 到 4s 的时间间隔内：(1) 力的冲量大小；(2) 力对质点所做的功。

1.15 一个质量为 10kg 的物体沿 x 轴无摩擦运动，设 $t=0$ 时，物体位于原点，速度为零（$x_0=0, v_0=0$）。问：当物体在力 $F=3+4x$(N) 的作用下移动了 3m 时（x 以 m 计），它的速度和加速度增为多大？

1.16 一质量为 m 的地球卫星，沿半径为 $3R_E$ 的圆轨道运动，R_E 为地球的半径。已知地球的质量为 m_E。求：(1) 卫星的动能；(2) 卫星的引力势能；(3) 卫星的机械能。

1.17　如题图 1.17 所示，一原长为 l_0 的轻弹簧上端固定，下端与物体 A 相连，物体 A 受一水平恒力 $\boldsymbol{F}$ 的作用，沿光滑水平面由静止向右运动。若弹簧的劲度系数为 k，物体 A 的质量为 m，则张角为 θ 时（弹簧仍处于弹性线度内）物体的速率 v 等于多少？

1.18　在题 1.18 图所示的装置中，两小球质量相等，$m_1=m_2=m$。开始时外力使劲度系数为 k 的弹簧压缩某一距离 x，然后释放将小球 m_1 弹射出去，获得一定的速度，并与静止的小球 m_2 发生碰撞，碰后小球 m_2 将沿半径为 R 的圆环轨道上升，升到 A 点恰与圆环脱离，A 点半径与竖直方向成 $\alpha=60°$ 角。设忽略一切摩擦，求弹簧被压缩的距离 x。

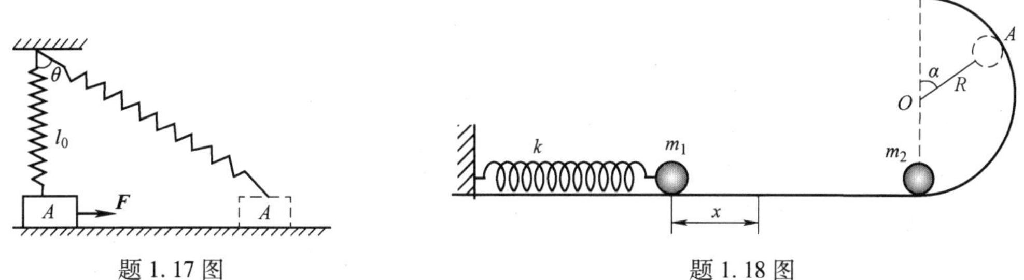

题 1.17 图　　　　题 1.18 图

1.19　一质量为 m 的质点在指向圆心的平方反比力 $F=-k/r^2$ 的作用力下，做半径为 r 的圆周运动。求：(1) 质点的速率 v；(2) 若取距圆心无穷远处为势能零点，它的机械能为多少？

1.20　一均质杆长为 l，质量为 m，用两根细绳把杆水平悬挂起来，如题 1.20 图所示。当把其中一根绳剪断时，另一根绳子的张力是多少？

1.21　如题 1.21 图所示，x 轴沿水平方向，y 轴沿竖直向下，在 $t=0$ 时刻将质量为 m 的质点由 a 处静止释放，让它自由下落，求在任意时刻 t，(1) 质点所受的对原点 O 的力矩；(2) 质点对原点 O 的角动量。

1.22　质量为 m、半径为 R 的圆盘，可绕过盘中心且垂之于盘面的轴转动，在转动过程中单位面积所受空气的阻力为 $f=-kv$，$t=0$ 时，圆盘的角速度为 ω_0。求：(1) 盘在任意时刻角速度 $\omega=\omega(t)$；(2) 圆盘在停下前共转了多少转？

1.23　行星在椭圆轨道上绕太阳运动，太阳质量为 m_1，行星质量为 m_2，行星在近日点和远日点时离太阳中心的距离分别为 r_1 和 r_2，求行星在轨道上运动时的总能量。

1.24　一飞轮以角速度 ω_0 绕轴旋转，飞轮对轴的转动惯量为 J_1；另一静止飞轮突然被啮合到同一轴上，该飞轮对轴的转动惯量为前者的二倍。求啮合后整个系统的角速度 ω。

1.25　如题 1.25 图所示，一长为 l、质量可以忽略的直杆，两端分别固定有质量为 $2m$ 和 m 的小球，杆可绕通过其中心 O 且与杆垂直的水平光滑固定轴在铅直平面内转动。开始杆与水平方向成某一角度，处于静止状态，释放后，杆绕 O 轴转动，则当杆转到水平位置时，求：(1) 系统所受到的合外力矩的大小；(2) 此时该系统角加速度的大小。

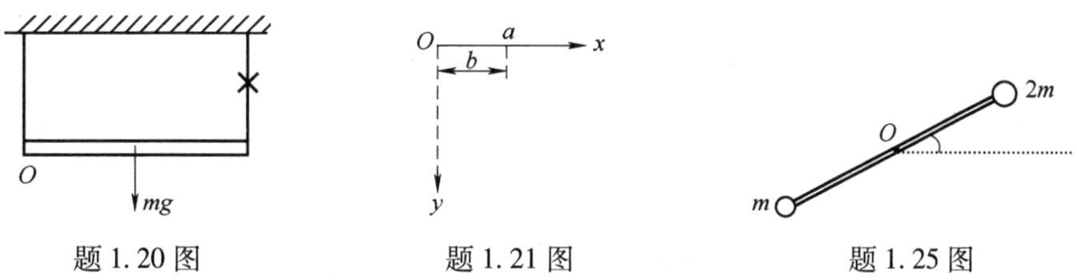

题 1.20 图　　　　题 1.21 图　　　　题 1.25 图

1.26　如题 1.26 图所示，一个质量为 m 的物体与绕在定滑轮上的绳子相连，绳子质量可以忽略，它与定滑轮之间无滑动。假设定滑轮质量为 m'、半径为 R，其转动惯量为 $m'R^2/2$，滑轮轴光滑．试求该物体由静止开始下落的过程中，下落速度与时间的关系。

1.27　质量为 m，长度为 l 的均质细杆，如题 1.27 图所示。求

(1) 通过其中心且与杆倾角成 α 角的轴的转动惯量；

（2）通过端点 A 且与杆倾角为30°的轴的转动惯量。

1.28　如题1.28图所示，一根长为 L 的细绳的一端固定于光滑水平面上的 O 点，另一端系一质量为 m 的小球，开始时绳子是松弛的，小球与 O 点的距离为 h。使小球以某个初速率沿该光滑水平面上一直线运动，该直线垂直于小球的初始位置与 O 点的连线。当小球与 O 点的距离达到 L 时，绳子绷紧从而使小球沿一个以 O 点为圆心的圆形轨迹运动，则小球做圆周运动时的动能 E_k 与初动能 E_{k0} 的比值为多少？

1.29　在一轻杆的中点 A 和一端点 B 各固定一质量为 m 的小球，杆可绕另一端点 O 在竖直平面内无摩擦地转动，现将杆拉到水平位置后自然释放，如题1.29图所示，已知杆的长度为 l，求当杆转至竖直位置时两球的速度大小。

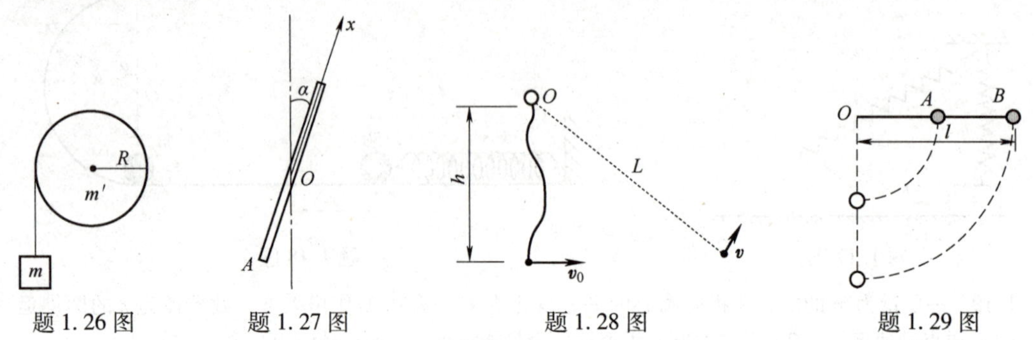

题1.26图　题1.27图　题1.28图　题1.29图

1.30　在一光滑水平面上，有一轻弹簧，一端固定，一端连接一质量 $m=1\text{kg}$ 的滑块，如题1.30图所示。弹簧自然长度 $l_0=0.2\text{m}$，劲度系数 $k=100\text{N}\cdot\text{m}^{-1}$。设 $t=0$ 时，弹簧长度为 l_0，滑块速度大小 $v_0=5\text{m}\cdot\text{s}^{-1}$，方向与弹簧垂直。在某一时刻，弹簧位于与初始位置垂直的位置，长度 $l=0.5\text{m}$。求该时刻滑块速度 $\boldsymbol{v}$ 的大小和方向。

1.31　空心圆环可绕竖直轴 AC 自由转动，如题1.31图所示，其转动惯量为 J_0，环半径为 R，初始角速度为 ω_0。质量为 m 的小球，原来静置于 A 点，由于微小的干扰，小球向下滑动。设圆环内壁是光滑的，问小球滑到 B 点与 C 点时，小球相对于环的速率各为多少？

1.32　如题1.32图所示，质量为 $m_{盘}$、半径为 R 的均质圆盘，可绕过 O 点水平轴在沿竖直平面内自由转动。今有质量为 m（$m \ll m_{盘}$）的黏性物体从 A 点自由下落后，击中盘边的 B 处。已知 A、B 两点的距离为 h，OB 与水平成 θ 角。试求：（1）物体击中盘后，圆盘刚开始转动时的角速度；（2）当物体随盘一起转到最低点时的角速度。

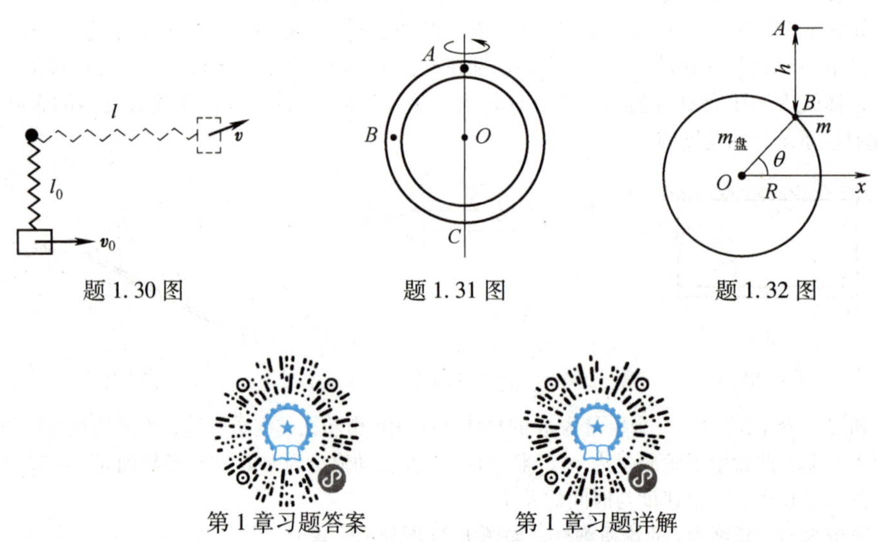

题1.30图　题1.31图　题1.32图

第1章习题答案　第1章习题详解

第2章　机械振动

用一件共振器，我就能把地球一裂为二！

——尼古拉·特斯拉

物体在一定位置附近所做的往复运动称为机械振动。这种振动现象是自然界中常见的现象，如钟摆的摆动、琴弦的颤动、心脏的跳动等都是机械振动。振动并不限制在机械运动范围，在物理学的其他领域也存在着与机械振动相类似的振动现象，如交流电中电流和电压的往复变化，电磁波中电场和磁场的往复变化等。因此广义上讲，任何一个物理量，在某一定值附近往复变化，都可以称为振动。虽然它们与机械振动有本质差别，但理论和实验表明，一切振动现象都具有共同点，都遵循相同的数学规律。

按振动系统的受力或能量转换情况，振动可分为自由振动和受迫振动。自由振动又可分为无阻尼自由振动和阻尼振动。振动也可分为线性振动和非线性振动。在不同的振动现象中，最简单、最基本的振动是简谐振动，它是某些实际振动的近似，也是一种理想化的模型。任何复杂的振动都可看作若干个简谐振动的叠加。

通过本章的学习，理解简谐振动及其旋转矢量表示法；掌握简谐振动的规律；了解阻尼振动、受迫振动及共振等现象。

2.1　简谐振动

2.1.1　简谐振动方程

当物体运动时，如果离开平衡位置的位移（或角位移）按余弦函数（或正弦函数）的规律随时间变化，这种运动称为简谐振动。在忽略阻力的情况下，弹簧振子的小幅度振动以及单摆的小角度振动都视作自由简谐振动。下面以弹簧振子为例讨论简谐振动的特征及其运动规律。

一个轻质弹簧一端固定，另一端连接一个质量为 m 的物体（视为质点），就构成了一个弹簧振子。图2.1所示为一个安放在光滑水平面上的弹簧振子。当弹簧处于自然状态时，物体所在位置为平衡位置，以 O 点表示，且取作坐标原点。如果拉动物体至 x 位置，然后释放，便有指向平衡位置的弹性力 $\boldsymbol{F}$ 作用在物体上，迫使物体返回 O 点。这样，在弹簧弹性力的作用下，依靠其惯性围绕 O 点做往返运动，即形成简谐振动。

设在任意时刻 t，物体的位移为 x，由胡克定律可知，它所受的弹性力 $\boldsymbol{F}$ 的大小为

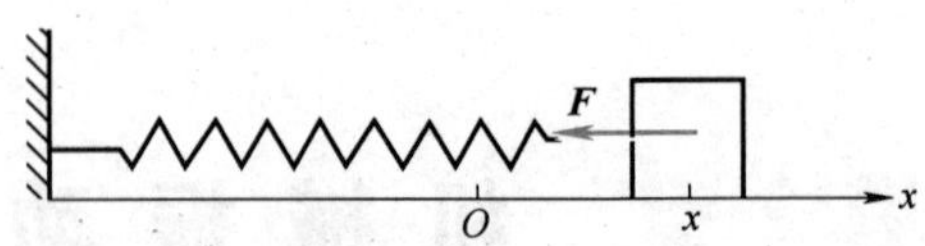

图 2.1　弹簧振子

$$F=-kx \tag{2.1}$$

式中，k 为轻质弹簧的劲度系数；负号表示弹性力的方向与位移方向相反。这里，x 实际是物体对参考点 O 的位移在 x 轴上的投影，x 的正负表示位移的方向。式（2.1）表明，弹簧的弹力总是力图使物体回到平衡位置，因此被称为线性回复力。根据牛顿第二定律，物体的运动方程可表示为

$$F=ma=m\frac{\mathrm{d}^2x}{\mathrm{d}t^2} \tag{2.2}$$

将式（2.1）代入式（2.2）中，得

$$m\frac{\mathrm{d}^2x}{\mathrm{d}t^2}=-kx \tag{2.3}$$

将式（2.3）改写成

$$\frac{\mathrm{d}^2x}{\mathrm{d}t^2}=-\frac{k}{m}x=-\omega^2x \tag{2.4}$$

式中

$$\omega^2=\frac{k}{m} \tag{2.5}$$

ω 是由系统自身性质所决定的常量。式（2.4）反映了简谐振动物体加速度的基本特征：加速度的大小与位移大小成正比，加速度方向与位移方向相反。

式（2.4）的解为

$$x=A\cos(\omega t+\varphi) \tag{2.6}$$

式中，A 和 φ 都是待定常数，需要根据初始条件来决定，其物理意义将在以后讨论。

因为 $\cos(\omega t+\varphi)=\sin\left(\omega t+\varphi+\frac{\pi}{2}\right)$，可令 $\varphi'=\varphi+\frac{\pi}{2}$，于是有

$$x=A\sin(\omega t+\varphi')$$

可见，简谐振动的运动规律也可用正弦函数表示。正弦和余弦函数都是周期函数，因此简谐振动是围绕平衡位置的周期运动。

式（2.6）反映了简谐振动物体的运动特征：振动物体的位移随时间按余弦（或正弦）规律变化，且振动频率由系统的固有性质决定。具有这种特征的运动形式称为简谐振动。称式（2.6）为简谐振动的表达式或运动学方程。

根据速度和加速度定义，可求得物体做简谐振动时的振动速度和加速度分别为

$$v=\frac{\mathrm{d}x}{\mathrm{d}t}=-A\omega\sin(\omega t+\varphi)=A\omega\cos\left(\omega t+\varphi+\frac{\pi}{2}\right) \tag{2.7}$$

$$a=\frac{\mathrm{d}v}{\mathrm{d}t}=\frac{\mathrm{d}^2x}{\mathrm{d}t^2}=-\omega^2A\cos(\omega t+\varphi)=\omega^2A\cos(\omega t+\varphi+\pi) \tag{2.8}$$

式中，ωA 和 $\omega^2 A$ 称为速度幅值和加速度幅值。由此可见，物体做简谐振动时，其速度和加速度也随时间呈周期性的变化，也是一种简谐运动形式。式（2.6）~式（2.8）的函数关系可用图 2.2 所示的曲线表示。

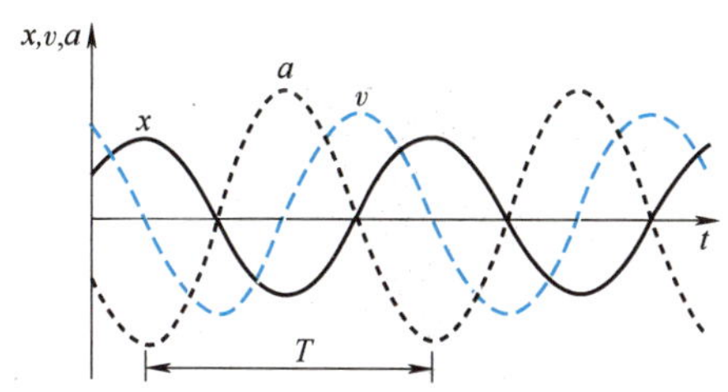

图 2.2 简谐振动的 x、v、a 随时间变化关系曲线

2.1.2 简谐振动的特征量

由简谐振动方程 $x=A\cos(\omega t+\varphi)$ 可知，决定简谐振动物体运动特征的物理量是其中的 A、ω 和 φ，它们是描述简谐振动的特征量。

1. 振幅

在简谐振动表达式（2.6）中，物体的振动范围为 $-A\leqslant x\leqslant A$，我们把做简谐振动的物体对平衡位置的最大位移的绝对值 A 叫作振幅。在国际单位制中，振幅的单位为 m（米）。振幅 A 的大小由初始状态（初始位矢和初速度）决定。

2. 周期和频率

简谐振动的特征之一是运动具有周期性，我们把完成一次完整振动所经历的时间称为周期，用 T 表示。因此，每隔一个周期 T，运动就重复一次。于是有

$$x=A\cos(\omega t+\varphi)=A\cos[\omega(t+T)+\varphi]$$

满足上述方程的最小值应为 $\omega T=2\pi$，所以

$$T=\frac{2\pi}{\omega}=2\pi\sqrt{\frac{m}{k}} \tag{2.9}$$

物体在 1s 内完成全振动的次数，称为振动频率，用 ν 表示。显然

$$\nu=\frac{1}{T}=\frac{1}{2\pi}\sqrt{\frac{k}{m}} \tag{2.10}$$

m、k 都是弹簧振子系统的固有属性（惯性和弹性），所以 T 和 ν 均由系统自身性质决定，分别叫作固有周期和固有频率。在国际单位中，周期的单位为 s（秒），频率的单位为 Hz（赫兹）。

由式（2.10）可知

$$\nu=\frac{\omega}{2\pi}$$

或

$$\omega=2\pi\nu \tag{2.11}$$

这说明 ω 是 2π 秒内物体振动的次数，称之为圆频率（或角频率）。国际单位制中，圆频率的单位为 $rad\cdot s^{-1}$（弧度每秒）。

3. 相位与初相位

我们知道，质点在某一时刻的运动状态，可用该时刻质点的位置矢量和速度来描述。对

于做简谐振动的物体来说，当振幅 A 和角频率 ω 已经给定时，由式（2.6）和式（2.7）可知，物体在任意时刻 t 的位置和速度完全由（$\omega t+\varphi$）确定。这就是说，（$\omega t+\varphi$）是决定简谐振动状态的物理量，我们称之为相位，有时也简称为相。相位的单位为 rad（弧度）。比如 $\omega t+\varphi=\pi/2$ 时，$x=0$，$v=-\omega A$，表明此时物体在平衡位置以最大速率向负方向运动；当 $\omega t+\varphi=0$ 时，$x=A$，$v=0$，表明此时物体在正向最大位移处，且速度为零；等等。物体在进行一次完全振动的过程中，每一时刻的运动状态都不相同，各个不同的运动状态都通过与之对应的不同相位反映出来。此外，振动经历一个周期后，相位由 $\omega t+\varphi$ 变为 $\omega(t+T)+\varphi=2\pi+(\omega t+\varphi)$，亦即振动物体的相位经历了 2π 的变化，物体恢复到原来的运动状态。由此可见，用相位描述物体的运动状态，还能充分体现出简谐振动的周期性。

$t=0$ 时刻的相位 φ 称为初相位，简称初相。它和振幅一样，取决于振动系统的初始运动状态（初始位矢和初速度）。在振动部分，初相位一般有两种取法，一是 $0\leqslant\varphi<2\pi$，二是 $-\pi<\varphi\leqslant\pi$。显然两种取法具有一一对应关系。下面讨论由初始条件求解振幅和初相位。

设 $t=0$ 时刻，物体的位移（位矢）和速度分别是 x_0、v_0。注意这里 x_0 和 v_0 虽然是标量，但它们却表示矢量意义。x_0 和 v_0 的绝对值表示初始位移的大小和初始速度的大小，x_0 和v_0 的符号表示初始位移和初始速度的方向。利用式（2.6）、式（2.7）得出

$$\begin{cases}x_0=A\cos\varphi\\v_0=-A\omega\sin\varphi\end{cases}\tag{2.12}$$

由式（2.12）得到

$$\begin{cases}A=\sqrt{x_0^2+\dfrac{v_0^2}{\omega^2}}\\\cos\varphi=\dfrac{x_0}{A}\end{cases}\tag{2.13}$$

由式（2.13）中的第一个式子可以直接求出振幅，但是却不能由式（2.13）中的第二个式子直接求出初相位。从概念上来看，式（2.13）中的第二个式子中只有初始位移信息，而没有初速度信息，所以无法确定初相位的值；从数学上来看，余弦函数为偶函数，所以无法确定初相位。现在把初速度信息考虑进去，也就是说把式（2.12）中的第二式和式（2.13）中的第二式结合起来求初相位。设由式（2.13）中的第二式求得两个值，比如$\pm\alpha$，由式（2.12）知：$v_0>0$，$\varphi<0$，$\varphi=-\alpha$；反之，$v_0<0$，$\varphi>0$，$\varphi=\alpha$。

4. 相位差

设有下列两个做简谐振动的物体，其振动方程分别为

$$x_1=A_1\cos(\omega_1 t+\varphi_1)$$
$$x_2=A_2\cos(\omega_2 t+\varphi_2)$$

它们的相位之差称为相位差，简称相差。以 $\Delta\varphi$ 表示，有

$$\Delta\varphi=(\omega_2 t+\varphi_2)-(\omega_1 t+\varphi_1)=(\omega_2-\omega_1)t+\varphi_2-\varphi_1$$

若 $\omega_2=\omega_1$，则两者是同频率的简谐振动，有

$$\Delta\varphi=\varphi_2-\varphi_1$$

即同频率的两个简谐振动，其相位差等于它们的初相差。

如果 $\Delta\varphi=0$（或者 2π），称两个简谐振动同相，或称两个简谐振动的“步调”完全一致。即两个振动质点同时过平衡位置，同时到达最大位移处。

如果 $\Delta\varphi=\pi$（或者 $-\pi$），称两个简谐振动反相，或称两个简谐振动的“步调”完全相反，即两个振动质点的位移和速度时时刻刻方向是相反的，一个质点到达正最大位移处时，另一个质点将到达负最大位移处。

2.1.3　简谐振动的旋转矢量表示法

简谐振动的旋转矢量法是利用简谐振动和匀速率圆周运动的对应性，提供一种处理简谐振动快捷方法。

在图 2.3 中，设 $t=0$ 时，$\overrightarrow{OM}$ 与 x 轴的夹角为 φ，以角速度 ω 在纸面内做逆时针匀速率转动，那么矢端 M 做匀速率圆周运动。设 $\overrightarrow{OM}$ 的大小为 A，则任意 t 时刻点 M 在 x 轴上的投影点 P 的坐标为

$$x=A\cos(\omega t+\varphi)$$

显然 M 点做匀速率圆周运动，其在 x 轴上的投影点 P 做简谐振动。

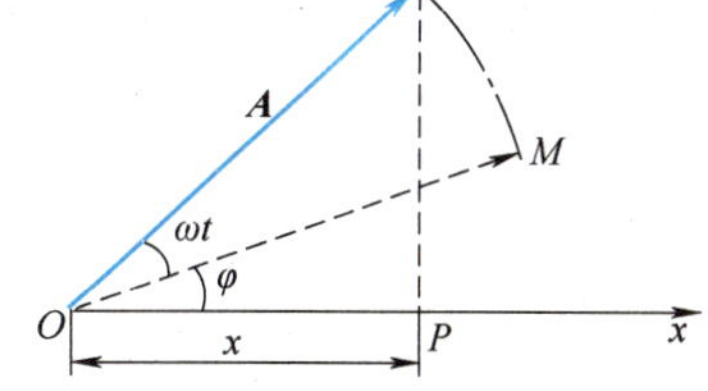

图 2.3　简谐振动的旋转矢量表示

简谐振动的旋转矢量表示法把描写简谐振动的三个特征量非常直观地表示出来了。矢量的长度即振动的振幅，矢量旋转的角速度就是振动的圆频率，矢量与 x 轴的夹角就是振动的相位，而 $t=0$ 时矢量与 x 轴的夹角就是初相位。

另外，旋转矢量矢端的速度在 x 轴上的投影就是就是简谐振动的速度，旋转矢量矢端的加速度在 x 轴上的投影就是就是简谐振动的加速度。

利用旋转矢量法，还可以很容易地表示两个简谐振动的相位差。如图 2.4 所示，不同初相位的简谐振动可以用旋转矢量表示出来，它们的相位差就是两个旋转矢量之间的夹角。

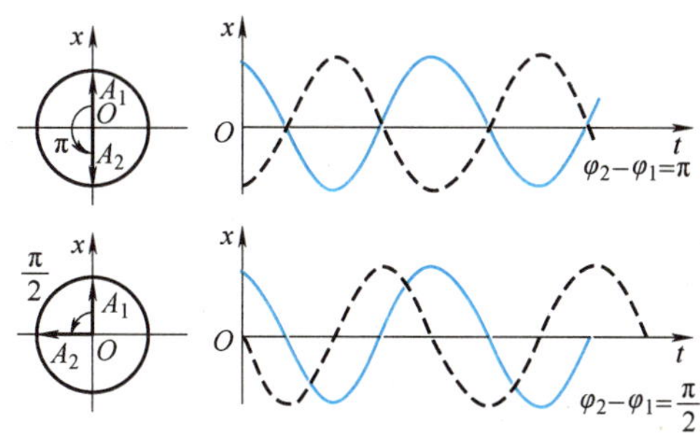

图 2.4　用旋转矢量表示两个简谐振动的相位差

2.1.4　简谐振动的能量

以弹簧振子为例，由简谐振动的运动方程及速度方程，可求出任意时刻弹簧振子系统的弹性势能和动能分别为

$$E_p=\frac{1}{2}kx^2=\frac{1}{2}kA^2\cos^2(\omega t+\varphi)$$

$$E_k=\frac{1}{2}mv^2=\frac{1}{2}m\omega^2A^2\sin^2(\omega t+\varphi)$$

由

$$\omega^2=\frac{k}{m}$$

可得

$$E_k=\frac{1}{2}kA^2\sin^2(\omega t+\varphi)$$

因此，系统的机械能为

$$E=E_k+E_p=\frac{1}{2}kA^2 \tag{2.14}$$

可见简谐振动系统的机械能不随时间改变。这是因为在运动过程中只有系统的保守内力做功，总机械能守恒。

同时可看出，弹簧振子的总能量与振幅的平方成正比，这说明振幅不仅能描述简谐振动的运动范围，而且还能反映振动系统能量的大小，表征振动的强度。

图 2.5 表示弹簧振子的动能、势能随时间的变化情况（图中设 $\varphi=0$），为了便于将这个变化与位移和速度随时间的变化相比较，同时画了 x-t 和 v-t 曲线，从图可得见，动能和势能的变化频率是弹簧振子位移振动频率的两倍，总能量并不改变。

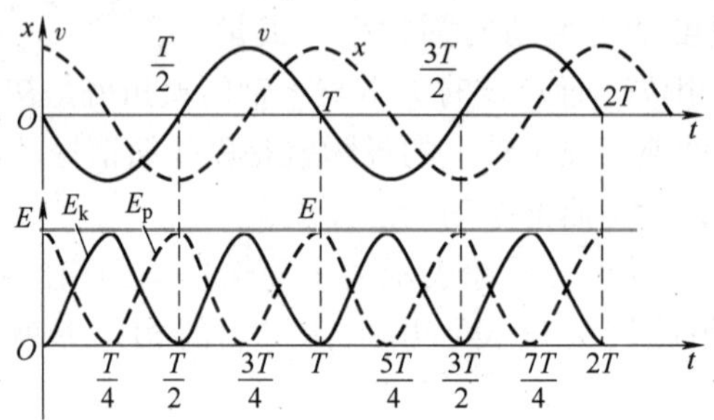

图 2.5 简谐振动的能量对时间的变化曲线

在简谐振动中，虽然总能量守恒，但是动能和势能不断随时间做周期变化，下面计算动能和势能在一个振动周期内的平均值。

一个随时间 t 变化的物理量 $f(t)$ 在时间 T 内的平均值 $\bar{f}$ 定义为

$$\bar{f}=\frac{1}{T}\int_0^T f(t)\,\mathrm{d}t$$

根据此定义，可得弹簧振子在一个周期内的平均动能和平均势能分别为

$$\bar{E}_k=\frac{1}{T}\int_0^T\frac{1}{2}m\omega^2A^2\sin^2(\omega t+\varphi)\,\mathrm{d}t=\frac{1}{4}kA^2 \tag{2.15}$$

$$\bar{E}_p=\frac{1}{T}\int_0^T\frac{1}{2}kA^2\cos^2(\omega t+\varphi)\,\mathrm{d}t=\frac{1}{4}kA^2 \tag{2.16}$$

可见，简谐振动系统的动能和势能在一个周期内的平均值相等，它们都等于总能量的一半。

例 2.1 一物体沿 Ox 轴做简谐振动，振幅 $A=0.12\text{m}$，周期 $T=2\text{s}$。当 $t=0$ 时，物体的位移为 $x_0=0.06\text{m}$，且向 Ox 轴正方向运动。求：（1）此简谐振动的运动方程；（2）物体从 $x=-0.06\text{m}$ 向 Ox 轴负方向运动，第一次回到平衡位置所需的时间。

解 （1）设简谐振动方程为

$$x=A\cos(\omega t+\varphi)$$

已知：振幅 $A=0.12\text{m}$，周期 $T=2\text{s}$，可得

$$\omega=\frac{2\pi}{T}=\pi\ \text{rad}\cdot\text{s}^{-1}$$

由初始条件：当 $t=0$ 时，$x_0=0.06\text{m}$，可得

$$x_0=0.06=0.12\cos\varphi,\quad \varphi=\pm\frac{\pi}{3}$$

因为 $t=0$ 时，物体向 Ox 轴正方向运动，即 $v_0>0$，$v_0=-A\omega\sin\varphi>0$，所以 $\varphi=-\frac{\pi}{3}$，此简谐振动的运动方程为

$$x=0.12\cos\left(\pi t-\frac{\pi}{3}\right)\ \text{m}$$

（2）由旋转矢量图 2.6 可知，从 $x=-0.06\text{m}$ 向 Ox 轴负方向运动，第一次回到平衡位置时，振幅矢量转过的角度是$\frac{5\pi}{6}$，这就是两者的相位差，可得到所需的时间为

$$\Delta t=\frac{\frac{5\pi}{6}}{\omega}=0.83\text{s}$$

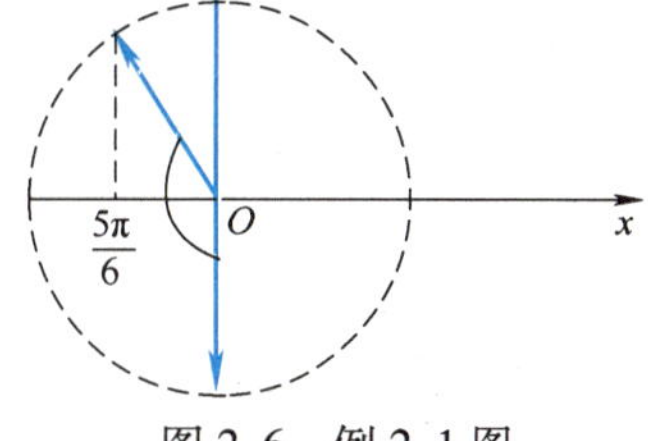

图 2.6 例 2.1 图

例 2.2 一质点做简谐振动，其振动曲线如图 2.7 所示，求质点的振动方程。

解 由图可知质点振动的振幅为 $A=2\text{cm}$。

当 $t=0$ 时，质点的位移为 $x_0=A/2$，质点的速度（曲线在该点的斜率）为负值，由矢量图法很容易得到质点振动的初相应为 $\varphi=\pi/3$（见图 2.8）。

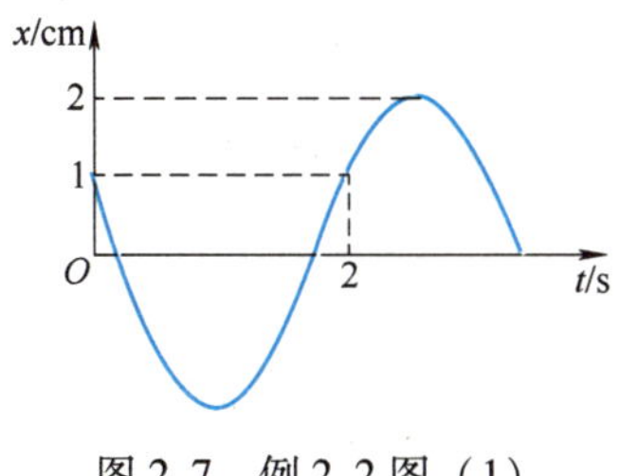

图 2.7 例 2.2 图（1）

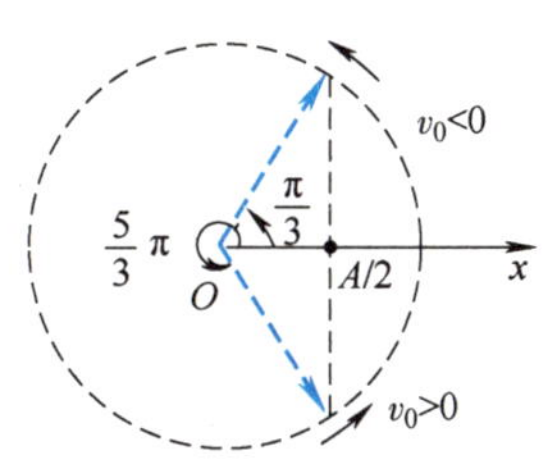

图 2.8 例 2.2 图（2）

当 $t=2\text{s}$ 时，质点的位移为 $x_0=A/2$，而质点的速度为正值，用矢量图（见图 2.8）分析可知，振动质点的相位为 $\varphi=5\pi/3$（注意此处不能取 $\varphi=-\pi/3$，因为相位是随时间单调增加的）。从 $t=0$ 到 $t=2\text{s}$ 的过程中，旋转矢量的相位从 $\varphi=\pi/3$ 变化到 $\varphi=5\pi/3$，相位的改变量为 $\Delta\varphi=4\pi/3$。故可求出振动的圆频率 ω，即相位变化的速率

$$\omega=\frac{\Delta\varphi}{\Delta t}=\frac{2\pi}{3}$$

故质点的振动方程为

$$x=2\cos\left(\frac{2\pi}{3}t+\frac{\pi}{3}\right)\ \text{cm}$$

例 2.3 有一沿 x 轴做简谐振动的弹簧振子，假设振子在最大位移 $x_{max}=0.4\text{m}$ 时最大回复力为 $F_{max}=0.8\text{N}$，振子质量为 2kg，又知 $t=0$ 时的初位移 $x_0=0.2\text{m}$，且速度为负值，求其振动方程。

解 根据

$$F_{max}=kA=kx_{max}$$

有

$$A=x_{max}=0.4\text{m},\ k=\frac{F_{max}}{x_{max}}=\frac{0.8}{0.4}\text{N}\cdot\text{s}^{-1}=2\text{N}\cdot\text{s}^{-1},\ \omega=\sqrt{\frac{k}{m}}=1\text{rad}\cdot\text{s}^{-1}$$

设振动方程为

$$x=0.4\cos(t+\varphi)$$

振动速度为

$$v=-0.4\sin(t+\varphi)$$

由已知条件，当 $t=0$ 时，$x_0=0.2\text{m}$，且 $v<0$，于是

$$0.2=0.4\cos\varphi,\ -0.4\sin\varphi<0$$

解得 $\varphi=\frac{\pi}{3}$，故振动方程为

$$x=0.4\cos\left(t+\frac{\pi}{3}\right)\ \text{m}$$

思考题

2.1.1 简谐振动有何特征？试从运动学和动力学的角度分别说明。

2.1.2 分别分析下列运动是不是谐振动：（1）拍皮球时球的运动；（2）一小球在一个半径很大的光滑凹球面内滚动（设小球所经过的弧线很短）。

2.1.3 简谐振动的速度和加速度在什么情况下同号？在什么情况下异号？

2.1.4 弹簧下面悬挂物体，不计弹簧质量和阻力，在平衡位置附近的振动是不是简谐振动？试证明。

2.2 阻尼振动 受迫振动 共振

前面讨论的简谐振动是严格的周期性振动，即振动的位移、速度和加速度每经一个周期，就完全恢复原值。即振动系统不受任何阻力的作用，系统的机械能守恒，振幅不变。实际上，这是一种理想情况，称之为无阻尼自由振动。因为任何实际的振动都必然受到阻力的影响，系统的能量将因不断克服阻力做功而损耗，振幅将逐渐减小。这种振幅随时间减小的振动称为阻尼振动。为了获得所需的稳定振动，必须克服阻力的影响而对系统施以周期性外力的作用，这种振动称为受迫振动。

2.2.1 阻尼振动

造成振动系统能量消耗的作用有两种：一种是由于摩擦阻力使振动系统的能量逐渐转变

为热运动的能量，称作摩擦阻尼；另一种是由于振源的振动引起邻近质点的振动，使系统的能量逐渐向四周辐射出去，转变为波动的能量，称辐射阻尼。在振动的研究中，常把辐射阻尼当作某种等效的摩擦阻尼来处理。下面我们仅考虑摩擦阻尼这一种简单情况。力学中曾经指出，流体对运动物体的阻力与物体的运动速度有关，在物体速度不太大时，阻力与速度大小成正比，方向总是和速度相反，即

$$F=-\gamma v \tag{2.17}$$

式中，γ 称为阻尼系数，它与介质的性质和运动物体的形状及大小有关。

考虑弹簧振子受到该阻力的作用，由牛顿第二定律得到运动微分方程为

$$-kx-\gamma\frac{\mathrm{d}x}{\mathrm{d}t}=m\frac{\mathrm{d}^2x}{\mathrm{d}t^2}$$

整理得

$$\frac{\mathrm{d}^2x}{\mathrm{d}t^2}+\frac{k}{m}x+\frac{\gamma}{m}\frac{\mathrm{d}x}{\mathrm{d}t}=0 \tag{2.18}$$

令 $\omega_0^2=k/m$，$2\beta=\gamma/m$，式（2.18）改写为

$$\frac{\mathrm{d}^2x}{\mathrm{d}t^2}+2\beta\frac{\mathrm{d}x}{\mathrm{d}t}+\omega_0^2x=0 \tag{2.19}$$

式（2.19）即为阻尼振动的微分方程。式中，ω_0 是系统的固有频率；β 称为阻尼因子，一般情况下，阻尼因子不同，方程（2.19）的解不同。下面分三种情况讨论该方程的解。

1）弱阻尼，$\beta<\omega_0$，方程（2.19）的解为

$$x=A_0\mathrm{e}^{-\beta t}\cos(\omega t+\varphi) \tag{2.20}$$

式中，A_0 和 φ 为积分常数，由初始条件决定；ω 为阻尼振动的圆频率，它与固有圆频率 ω_0 和阻尼因子 β 的关系为 $\omega=\sqrt{\omega_0^2-\beta^2}$。图 2.9 画出了弱阻尼振动的位移随时间变化的曲线。此时的振动是一种减幅振动，即 β 较小，其振幅 $A_0\mathrm{e}^{-\beta t}$ 衰减得很慢，我们称此振动为弱阻尼振动，弱阻尼振动不是严格的周期性振动，虽然物体的位移每隔一固定时间均达到一个极大值，但每个极大值是依次减小的，不能恢复原值，我们称其为准周期性振动。相邻的两个极大值之间的时间间隔称为阻尼振动的周期。与无阻尼情况比较，阻尼振动的周期却比无阻尼时长。可见，由于阻尼的存在，周期变长，频率变小，振动变慢。我们称此时的阻尼为弱阻尼。

2）临界阻尼，$\beta=\omega_0$，方程（2.19）的解为

$$x=(A+Bt)\mathrm{e}^{-\beta t}$$

式中，A、B 为积分常数，此时阻尼的大小恰好使振子不能产生振动，而迅速地从最大位移回到平衡位置，系统处于临界阻尼状态。如图 2.9 所示。

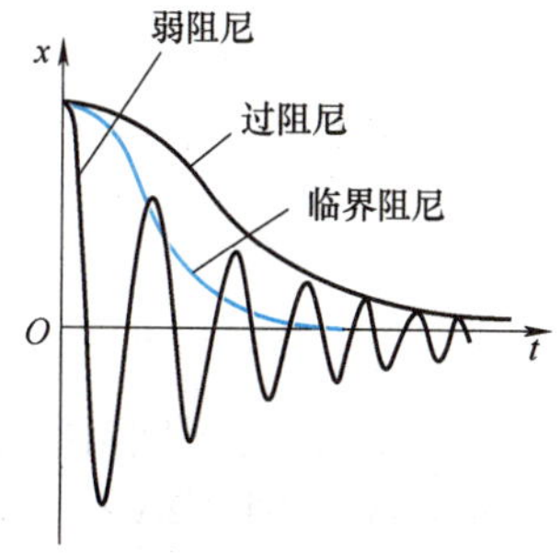

图 2.9　弱阻尼、临界阻尼和过阻尼振动曲线

3）过阻尼，$\beta>\omega_0$，方程（2.19）的解较复杂，此时由于阻尼较大，振动能量很快损失完毕，物体需用更长的时间才能从最大位移处慢慢地回到平衡位置，如图 2.9 所示，我们称系统处于过阻尼状态。

在工程技术上，常根据需要，控制阻尼的大小，以实现控制系统的运动状况。例如天平和高灵敏度仪表，要求指针迅速、无

振动地回到平衡位置，以便尽快地读数，这就需要把系统的阻尼控制在临界阻尼状态。

2.2.2 受迫振动

在实际的振动系统中，阻尼总是客观存在的，振动最终将因能量的损耗而停止下来。为使振动持续下去，要给系统补充能量，通常是对振动系统施加一周期性的外力，这种周期性的外力称为驱动力，也叫强迫力。振动系统在周期性外力的持续作用下发生的振动称为受迫振动。

设振子质量为 m，除受弹性力 $-kx$、阻力 $-\gamma v$ 作用外，还受驱动力 $H\cos\omega' t$ 的作用。H 是驱动力的幅值，ω' 是驱动力的圆频率，则其动力学方程为

$$m\frac{\mathrm{d}^2x}{\mathrm{d}t^2}=-kx-\gamma\frac{\mathrm{d}x}{\mathrm{d}t}+H\cos\omega' t$$

令 $\omega_0^2=k/m$，$\beta=\gamma/2m$，$h=H/m$，代入上式整理得

$$\frac{\mathrm{d}^2x}{\mathrm{d}t^2}+2\beta\frac{\mathrm{d}x}{\mathrm{d}t}+\omega_0^2x=h\cos\omega' t \tag{2.21}$$

该方程的解为

$$x=A_0\mathrm{e}^{-\beta t}\cos(\omega t+\xi)+A\cos(\omega' t+\varphi) \tag{2.22}$$

式（2.22）表明，受迫振动是由阻尼振动和简谐振动两部分合成的。

系统开始振动时运动情况很复杂，经过一段时间后，阻尼振动衰减到可忽略不计时，式（2.22）中仅剩下第二项，受迫振动达到稳定状态，其运动方程为

$$x=A\cos(\omega' t+\varphi)$$

不难理解，在受迫振动过程中，系统一方面因阻尼而损耗能量，另一方面又因周期性外力做功而获得能量。初始时，驱动力所做的功往往大于阻尼消耗的能量，所以总的趋势是能量逐渐增大。由于阻尼一般随速度的增大而增大，随着振动加强，因阻尼而消耗的能量也要增多，当补充的能量与损耗的能量相等时，系统最终达到一个稳定的振动状态，形成等幅振动。其振幅和初相分别为

$$A^2=\frac{h^2}{(2\beta\omega')^2+(\omega_0^2-\omega'^2)^2} \tag{2.23}$$

$$\varphi=\arctan\frac{2\beta\omega'}{\omega_0^2-\omega'^2} \tag{2.24}$$

需要指出的是，稳态时受迫振动的运动方程虽与无阻尼自由振动的运动方程相同，但是并非简谐振动。其一，稳定状态下受迫振动的圆频率不是振动系统的固有圆频率，而是驱动力的圆频率；其二，受迫振动的振幅 A 和初相 φ 与系统的初始条件无关，而是依赖于系统的性质、阻尼的大小和驱动力的特征。

2.2.3 共振

由式（2.23）可见，在稳定状态下受迫振动的振幅与驱动力的圆频率密切相关，根据式（2.23）画出了不同阻尼因数 β 的 A-ω'/ω_0 曲线，如图 2.10 所示。当驱动力的圆频率 ω' 与振动系统的固有圆频率 ω_0 相差较大时，受迫振动的振幅 A 是很小的；当 ω' 接近 ω_0 时，A 迅速增大；当 ω' 为某一确定值时，A 达到最大值。当驱动力的圆频率接近系统的固有频率时，受迫振动振幅急剧增大的现象，称为共振。振幅达到最大值时的圆频率，称为共振圆频率。

利用式（2.23）求极大值，得出共振圆频率 ω_r 为

$$\omega_r=\sqrt{\omega_0^2-2\beta^2} \tag{2.25}$$

式（2.25）表明，系统的共振圆频率既与系统自身性质有关，也与阻尼大小有关。由图 2.10 可看出：系统的阻尼越大，共振时振幅值越低，共振圆频率越小；系统的阻尼越小，共振时振幅的峰值越高，共振圆频率越接近系统的固有圆频率；当系统的阻尼趋于零时，共振时振幅的峰值趋于无限大，共振圆频率趋于系统的固有圆频率。

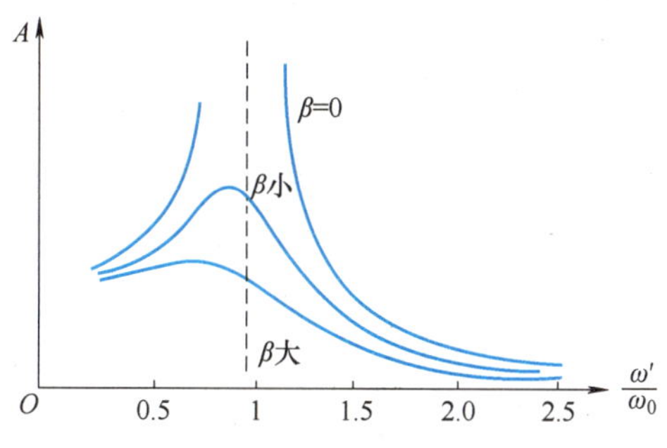

图 2.10　受迫振动的振幅曲线

共振现象普遍存在于声、光、无线电等各个领域乃至微观世界，在实际中有着广泛的应用。共振现象有其有利的一面，如收音机、电视机利用电磁共振来接收空间某一频率的电磁波进行选台，某些乐器利用共振来提高其音响效果的，核磁共振是研究固体性质和医疗检查的有力工具，等等。但共振现象也可引起损害，如在设计桥梁和其他建筑物时，必须避免由于车辆运行、风浪袭击等周期性力的冲击而引起的共振现象可能导致的桥梁和建筑物毁坏。1940 年，著名的美国塔克马海峡大桥因大风引起的振荡作用和桥的固有频率相近，产生共振而导致毁坏。

思考题

2.2.1　在理想的情况下，弹簧振子的振动是简谐振动，但实际上是阻尼振动。问振动的频率是否随振幅的减小而不断改变？

2.2.2　小孩坐在树枝上，静止时树枝不会折断。如果小孩做周期性的摇摆，树枝就有折断的危险，为什么？

2.2.3　思考题 2.2.3 图显示了一个酒杯对小号发出声音的反应。这里更重要的是声音的振幅还是频率？

思考题 2.2.3 图

本章知识网络图

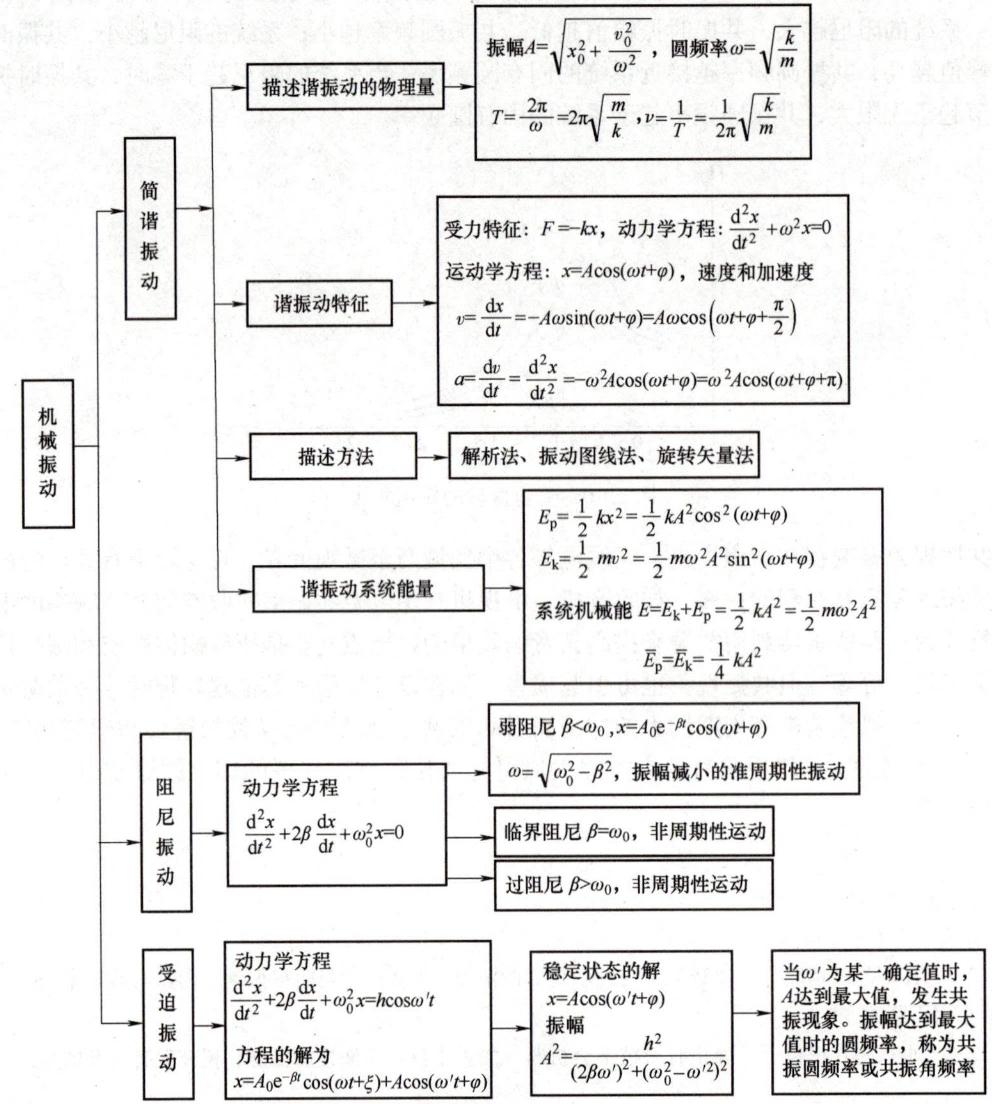

习　题

2.1　一质点按如下规律沿 x 轴做简谐振动：$x=0.1\cos\left(8\pi t+\frac{2}{3}\pi\right)$（SI），求此振动的周期、振幅、初相、速度最大值和加速度最大值。

2.2　一质量为 0.20kg 的质点做简谐振动，其振动方程为 $x=0.6\cos\left(5t-\frac{1}{2}\pi\right)$（SI），求：（1）质点的初速度；（2）质点在正向最大位移一半处所受的力。

2.3　一物体沿 x 轴做简谐振动，其振动规律为 $x=A\cos(\omega t+\varphi)$，设 $\omega=10\text{rad}\cdot\text{s}^{-1}$，且当 $t=0$ 时，物体

的位移为 $x_0=1\text{m}$，速度为 $v_0=-10\sqrt{3}\text{m}\cdot\text{s}^{-1}$，求该物体的振幅和初相位。

2.4 一质点沿 x 轴做简谐振动，其角频率 $\omega=10\text{rad}\cdot\text{s}^{-1}$。试分别写出以下两种初始状态下的振动方程：（1）其初始位移 $x_0=7.5\text{cm}$，初始速度 $v_0=75.0\text{cm}\cdot\text{s}^{-1}$；（2）其初始位移 $x_0=7.5\text{cm}$，初始速度 $v_0=-75.0\text{cm}\cdot\text{s}^{-1}$。

2.5 一质点在 x 轴上做简谐振动，振幅为 A，周期为 T。（1）当 $t=0$ 时，质点相对平衡位置（$x=0$）的位移为 $x_0=A/2$，且向 x 轴正向方运动，求质点振动的初相；（2）问质点从 $x=0$ 处运动到 $x=A/2$ 处最少需要多少时间？

2.6 两个物体做同方向、同频率、同振幅的简谐振动。在振动过程中，每当第一个物体经过位移为 $A/\sqrt{2}$ 的位置向平衡位置运动时，第二个物体也经过此位置，但向远离平衡位置的方向运动。试利用旋转矢量法求它们的相位差。

2.7 一物体质量为 0.25kg，在弹性力作用下做简谐振动，弹簧的劲度系数 $k=25\text{N}\cdot\text{m}^{-1}$，如果起始振动时具有势能 0.06J 和动能 0.02J，求：（1）振幅；（2）动能恰等于势能时的位移；（3）经过平衡位置时物体的速度。

2.8 在一竖直轻弹簧下端悬挂质量 $m=5\text{g}$ 的小球，弹簧伸长 $\Delta l=1\text{cm}$ 而平衡。经推动后，该小球在竖直方向做振幅为 $A=4\text{cm}$ 的振动，求：（1）小球的振动周期；（2）振动能量。

2.9 一物体做简谐振动，其速度最大值 $v_m=3\times10^{-2}\text{m}\cdot\text{s}^{-1}$，振幅 $A=2\times10^{-2}\text{m}$。若 $t=0$ 时，物体位于平衡位置且向 x 轴的负方向运动。求：（1）振动周期 T；（2）加速度的最大值 a_m；（3）振动方程。

2.10 一质量 $m=0.25\text{kg}$ 的物体，在弹簧的力作用下沿 x 轴运动，平衡位置在原点。弹簧的劲度系数 $k=25\text{N}\cdot\text{m}^{-1}$。（1）求振动的周期 T 和角频率；（2）如果振幅 $A=15\text{cm}$，$t=0$ 时物体位于 $x=7.5\text{cm}$ 处，且物体沿 x 轴反向运动，求初速 v_0 及初相 φ；（3）写出振动的数值表达式。

2.11 在竖直悬挂的轻弹簧下端系一质量为 100g 的物体，当物体处于平衡状态时，再对物体加一拉力使弹簧伸长，然后从静止状态将物体释放。已知物体在 32s 内完成 48 次振动，振幅为 5cm。（1）上述的外加拉力是多大？（2）当物体在平衡位置以下 1cm 处时，此振动系统的动能和势能各是多少？

2.12 质量为 $m=10\text{g}$ 的小球与轻弹簧组成的振动系统，按 $x=0.5\cos(8\pi t+\pi/3)$ 的规律做自由振动，式中 x 以 cm 作单位，求：（1）振动的速度、加速度的数值表达式；（2）振动的能量 E；（3）平均动能和平均势能。

2.13 两质点做同方向、同频率的谐振动，它们的振幅分别为 $2A$ 和 A；当质点 1 在 $x_1=A$ 处向右运动时，质点 2 在 $x_2=0$ 处向左运动，试用旋转矢量法求这两谐振动的相位差。

2.14 如题 2.14 图所示，一质点在 x 轴上做简谐振动，选取该质点向右运动通过 A 点时作为计时起点（$t=0$），经过 2s 后质点第一次通过 B 点，再经过 2s 后质点第二次经过 B 点，若已知该质点在 A、B 两点具有相同的速率，且 $AB=10\text{cm}$。求：（1）质点的振动的方程；（2）质点在 A 点处的速率。

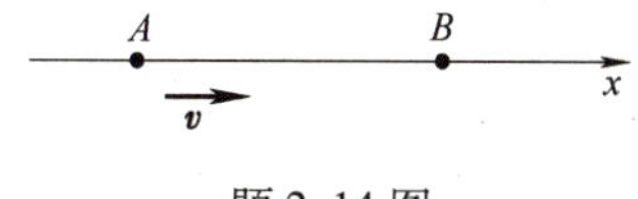

题 2.14 图

第 2 章习题答案

第 2 章习题详解

第 3 章　机　械　波

常常是水波离开了它产生的地方，而那里的水并不离开；就像风吹过庄稼地形成波浪，在那里我们看到波动穿越田野而去，而庄稼仍在原地。

——列奥纳多·达·芬奇

在空间某处发生的扰动，以一定的速度由近及远向四处传播，这种传播着的扰动称为波。它是自然界中一种常见的物质运动形式。机械振动在弹性介质中的传播，称为机械波，如水波和声波等。变化的电场和变化的磁场在空间的传播，称为电磁波，如无线电波和光波等。机械波和电磁波在本质上虽然不同，各有自身的特殊属性，但是在研究它们时所用的数学方法和物理量的描述方式上，具有许多共同的特征，例如，它们有类似的波动方程，都具有一定的传播速度，都能产生反射、折射、干涉和衍射等现象。因此，研究机械波的基本规律也有助于对其他波动现象的理解，并且由于机械波的传播机制和物理图像比较明晰，本章将通过对机械波的研究来揭示各类波动的共性和规律。

通过本章的学习，理解机械波的形成和传播条件；掌握平面简谐波的波函数及其物理意义；理解波的能量传播特征；理解波的叠加原理及干涉现象；理解行波和驻波的区别及半波损失的概念。

3.1　机械波的形成和传播

3.1.1　机械波的形成

机械波是机械振动在弹性介质中的传播过程。因此，要形成机械波，必须有两个条件：一是做机械振动的物体即波源，二是能够传播机械振动的弹性介质。

图 3.1 表示的是一根沿 x 轴放置的绳子中传播的机械波。我们可以认为绳子是由许多质点组成的，各质点间以弹性力相联系。绳子的左端 O 点即是波源，它在做简谐振动。当它离开平衡位置时，必与邻近质点间产生弹性力的作用，此弹性力既迫使它回到平衡位置，同时也使邻近质点离开平衡位置参与振动。这样在波源的带动下，就有波不断地从 O 点生成，并沿 x 轴向前传播，形成波动。

设 $t=0$ 时，O 点在平衡位置，且向正方向运动，O 点的相位是 $-\dfrac{\pi}{2}$；$t=\dfrac{T}{4}$ 时，O 点在正的最大位移处，O 点的相位变为零。此时 O 点的下一个考察点 a，处在平衡位置，且向正方

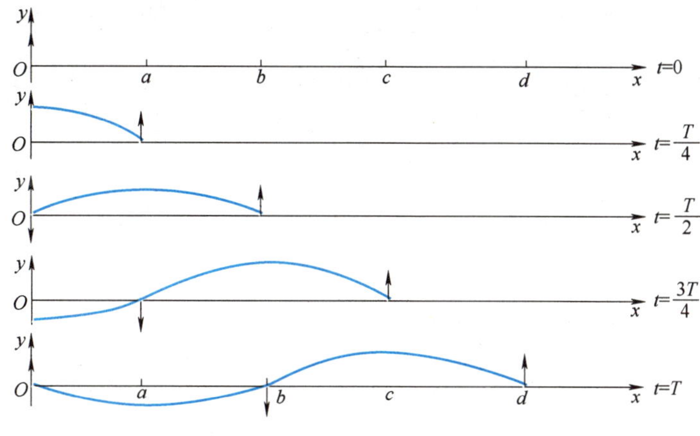

图 3.1 机械波的形成

向运动，即相位为$-\frac{\pi}{2}$，这正是 $t=0$ 时 O 点的相位。$t=\frac{T}{2}$时，O 点的相位为$\frac{\pi}{2}$，O 点在平衡位置，且向负方向运动。此时 a 点的相位为零，a 点下一个考察点 b 的相位为$-\frac{\pi}{2}$……以此类推，$t=T$ 时，从 O 点开始，沿传播的方向看过去，O、a、b、c、d 各点的相位依次为$\frac{3\pi}{2}$、π、$\frac{\pi}{2}$、0、$-\frac{\pi}{2}$，是由近及远依次落后的。

由此可见，介质中各质点振动的周期与波源相同，波的传播实质是相位的传播，即振动状态的传播，也就是各点振动的位移和速度的传播，这种传播速度称为相速度。在沿着波的传播方向上，各点的运动时间依次滞后，各点的振动相位依次滞后。在波的传播过程中，介质中的各质点并不随波前进，而是在各自的平衡位置附近振动，所以波动是介质整体所表现出的运动状态。

3.1.2 波的几何描述

为了形象地描述波在空间的传播，引入波射线（简称波线）和波阵面（简称波面）的概念。

介质中波源的振动状态随着时间传播到空间各个位置，相同时刻由振动状态相同的点所组成的曲面称为波面。在某一时刻，最前面的波面称为波前。自波源画出的与波面垂直、表示波传播方向的一簇有方向的线称为波线。波的上述几何描述可以用图 3.2 形象地表示出来。

波面有不同的形状。一个点波源在各向同性的均匀介质中激发的波，其波面是一系列同心球面，这样的波称为球面波，而波面为平面的波，称为平面波，如图 3.2a、b 所示。当球面波传播到足够远时，如果观察范围不大，其波面近似为平面，可以近似认为是平面波。

在二维空间中，波面退化为线。平面波的波面退化为一系列的直线，球面波的波面退化为一系列的同心圆，如图 3.3a、b 所示。

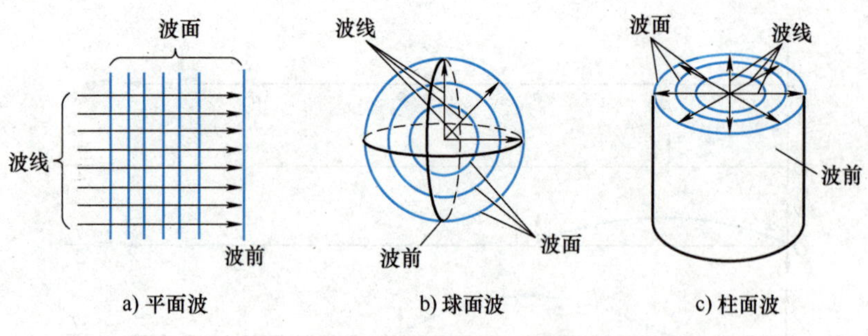

图 3.2　波面、波前与波线

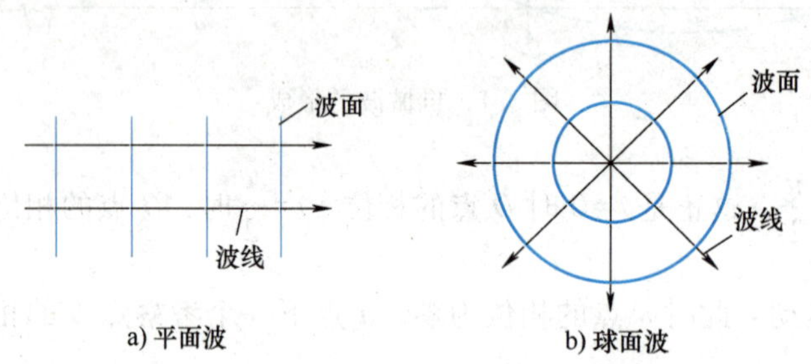

图 3.3　二维空间中的平面波和球面波

3.1.3　波的分类

可以从不同的角度对波进行分类。

1. 按振动方向与传播方向的关系分类

横波：质点的振动方向与波的传播方向垂直的波，如绳中传播的波、电磁波等。

纵波：质点的振动方向与波的传播方向平行的波，如空气中的声波、弹簧中传播的波等。

非横非纵波：不能严格判断振动方向与传播方向的关系，也就是说这种波既包含横波，也包含纵波，如水面波等。

2. 按能量的传播方式分类

一维波：在一个方向上传播，如绳、棒中传播的波等。

二维波：在两个方向上传播，如水面波等。

三维波：在三个方向上传播，如声波等。

3. 按波阵面形状分类

平面波、球面波、柱面波（波面为柱面），如图 3.2 所示。

3.1.4　描述波的物理量

1. 波长

同一波线上的相邻的振动状态相同的两点间的距离，或者说同一波线上振动相位相差为 2π 的两点之间的距离，或者说一个完整波的长度，定义为波长，一般用 λ 表示。对横波来说，波长 λ 等于相邻两个波峰之间或相邻两个波谷之间的距离；对纵波来说，波长 λ 等于相邻两个密部中心或相邻两个疏部中心之间的距离。

2. 周期与频率

在波线上某点进行观察，一个完整波通过该点所需时间，叫作波的周期。周期的倒数叫作波的频率，也就是在单位时间里通过波线上某一点的完整波的数目。周期一般用 T 表示，频率一般用 ν 表示。当波源和观察者不动的时候，波的周期等于波源振动的周期，与介质无关，只由波源决定。

3. 波速

振动状态在单位时间内传播的距离称为波速，用 u 表示。对于弹性介质，波动满足叠加原理，波的速度仅与介质的性质有关，与介质的振动无关。对于非弹性介质，波速不仅与介质的性质有关，还与频率有关。

由这些物理量的定义可知

$$\lambda = uT \tag{3.1}$$

$$u = \frac{\lambda}{T} = \nu\lambda \tag{3.2}$$

例 3.1 频率为 3000Hz 的机械波，以 $1560\text{m}\cdot\text{s}^{-1}$ 的速度在介质中传播，由 A 点传到 B 点。两点之间的距离为 0.13m，质点振动的振幅为 1cm。求：(1) B 点的振动落后于 A 点的时间；(2) A、B 两点之间的距离相当于多少个波长；(3) 振动速度的最大值。

解 已知：$T = 1/\nu = 1/3000\text{s}$，$u = 1560\text{m}\cdot\text{s}^{-1}$。利用波长关系式得

$$\lambda = u/\nu = 0.52\text{m}$$

(1) B 点的振动落后于 A 点的时间为

$$\Delta t = \frac{x_B - x_A}{u} = \frac{\Delta x}{u} = \frac{0.13}{1.56\times10^3}\text{s} = \frac{1}{12000}\text{s} = \frac{1}{4}T$$

即 B 点比 A 点落后 1/4 周期。

(2)
$$\frac{\Delta x}{\lambda} = \frac{0.13}{0.52} = \frac{1}{4}$$

A、B 之距相当于 1/4 波长。

(3)
$$v_m = A\omega = (10^{-2}\times2\pi\times3000)\text{m}\cdot\text{s}^{-1} = 188\text{m}\cdot\text{s}^{-1}$$

思考题

3.1.1 因为波是振动状态的传播，在介质中各体元都将重复波源的振动，所以一旦掌握了波源的振动规律，就可以得到波动规律。对不对？为什么？

3.1.2 当波从一种介质透入另一介质时，波长、频率、波速、振幅各个物理量中，哪些量会改变？哪些量不会改变？

3.1.3 波的传播是否介质质点“随波逐流”？“长江后浪推前浪”这句话从物理上说，是否有依据？

3.1.4 用手抖动张紧的弹性绳的一端，手抖得越快，幅度越大，波在绳上传播得越快，而又弱又慢的抖动，传播得较慢。对不对？为什么？

3.1.5 波速和介质内体元振动的速度有什么不同？

3.2 平面简谐波的波函数　波的动力学方程

为了定量描述波在空间的传播，需要用数学函数来表示介质中各质点的运动位置矢量（以平衡点为参考点的位移）随时间变化的关系，这样的关系式称为波动的运动学方程，位置矢量称为波函数。

3.2.1 平面简谐波的波函数（波的运动学方程）

简谐振动在介质中传播形成的波称为简谐波。如果简谐波的波面为平面，则这样的简谐波称为平面简谐波。平面简谐波传播时，在任一时刻处在同一波面上的各点具有相同的振动状态。因此，只要知道了与波面垂直的任意一条波线上波的传播规律，就可以知道整个平面波的传播规律。

平面简谐波是最简单最基本的波，其他复杂的波可以通过平面简谐波的叠加来处理。下面我们讨论平面简谐波在理想的、无吸收的均匀无限大弹性介质中传播时的波函数。

如图 3.4 所示，有一列平面简谐波沿 x 轴的正向传播，波速为 u。取任意一条波线为 x 轴，O 为原点，设 O 处（即 $x=0$ 处）质点的振动方程为

$$y_0(t)=A\cos(\omega t+\varphi)$$

式中，A 是振幅；ω 是角频率。

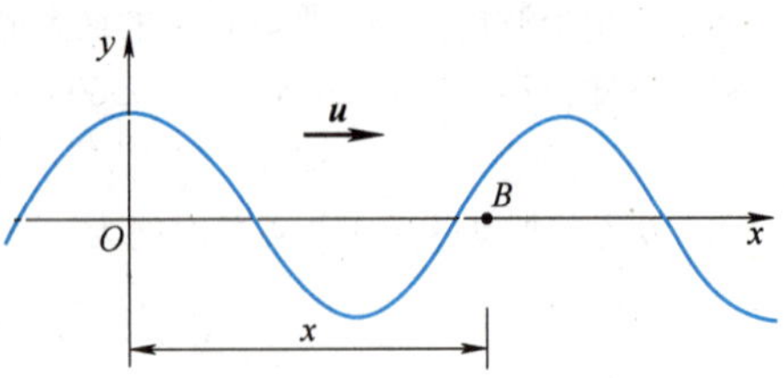

图 3.4　x 轴正向传播的平面简谐波

考察波线上任意一点 B 的振动。设 B 点的坐标为 x，因为振动是从 O 点处传播过来的，所以 B 点振动的相位落后于 O 点，落后的时间为 $\Delta t=\dfrac{x}{u}$，也就是说 B 点在 t 时刻的振动状态将是 O 点在 $t-\Delta t$ 时刻的振动状态，故 B 点的振动方程为

$$y=A\cos\left[\omega\left(t-\frac{x}{u}\right)+\varphi\right] \tag{3.3}$$

式（3.3）表示的是波线上任一点 x 处的质点任一瞬时的位移，这就是沿 x 轴方向传播的平面简谐波的波函数。

因为 $\omega=\dfrac{2\pi}{T}=2\pi\nu$，$\lambda=uT$，$k=\dfrac{2\pi}{\lambda}$，则式（3.3）又可写成

$$y=A\cos\left[2\pi\left(\frac{t}{T}-\frac{x}{\lambda}\right)+\varphi\right]=A\cos\left[2\pi\left(\nu t-\frac{x}{\lambda}\right)+\varphi\right]=A\cos(\omega t-kx+\varphi) \tag{3.4}$$

如果波沿 x 轴负方向传播，B 点将超前于 O 点振动，超前的时间是 $\Delta t=\dfrac{x}{u}$。因此，t 时刻 B 点的振动状态就是 $t+\Delta t$ 时刻 O 点的振动状态，此时波函数为

$$y=A\cos\left[\omega\left(t+\frac{x}{u}\right)+\varphi\right] \tag{3.5}$$

为了弄清楚波函数的物理意义，下面做进一步分析。

1）如果 x 确定，即考察介质中 x 处振动的质点，那么位移 y 只是 t 的周期函数，即

$y=y(t)$，该方程是 x 处质点的振动方程，由该方程绘出的曲线就是该质点的振动曲线。图 3.5a 中绘出的是一列简谐波在 $x=0$ 处质点的振动曲线。

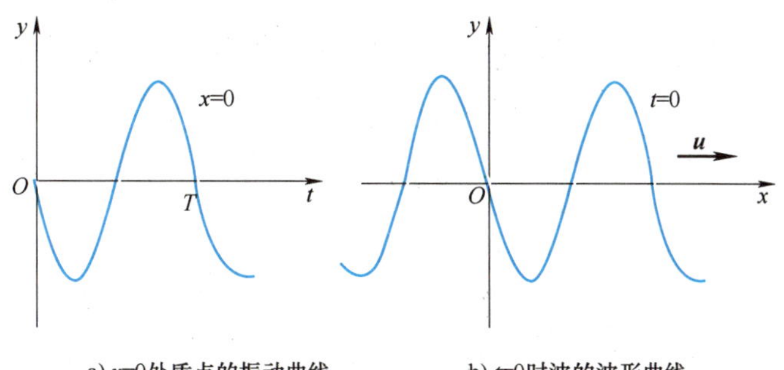

图 3.5 振动曲线和波形曲线

2）如果 t 确定，那么位移 y 只是 x 的周期函数，即 $y=y(x)$，该方程可给出 t 时刻波线上各个质点离开平衡位置的位移。由该方程绘出的曲线即是 t 时刻的波形曲线。图 3.5b 绘出的是 $t=0$ 时，一列沿 x 轴正方向传播的简谐波的波形曲线。故此方程也叫波形方程。

3）一般情况下，波函数中的 x 和 t 都是变量。这时波函数具有最完整的含义，它包含了无数个时刻的波形方程。例如，在 t 时刻，x 处质点的位移为 y，经过 Δt 时间后，位移 y 出现在 $x+\Delta x$ 处，由式（3.3）可得

$$A\cos\left[\omega\left(t-\frac{x}{u}\right)+\varphi\right]=A\cos\left[\omega\left(t+\Delta t-\frac{x+\Delta x}{u}\right)+\varphi\right]$$

由此得出

$$\Delta x=u\Delta t$$

这说明波形以波速 u 沿波线平移，振动状态也以波速 u 沿波的传播方向传播。图 3.6 画出了 t 时刻和 $t+\Delta t$ 时刻的两条波形曲线。

可见，不同时刻的波形曲线记录的是不同时刻各质点的位移，就像该时刻波的照片。而波动是动态的，犹如这些照片的连续放映，表现为波形沿着波线以波速 u 向前推进，每一个周期 T 推进一个波长 λ，因此我们又称这样的波为行波。

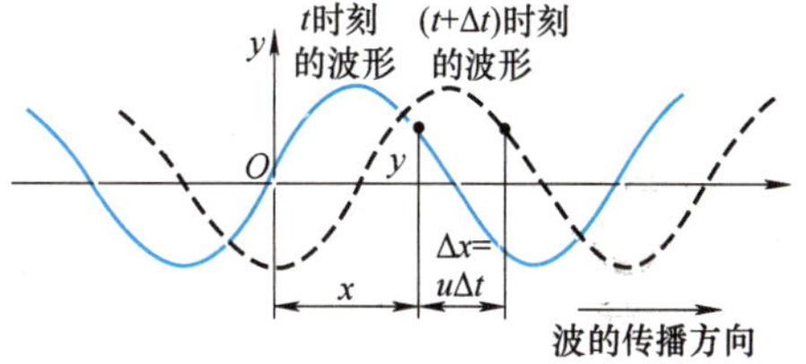

图 3.6 波的传播

3.2.2 波的动力学方程

为了书写方便，令式（3.3）中的 $\varphi=0$，则波函数为

$$y=A\cos\omega\left(t-\frac{x}{u}\right)$$

将上式分别对时间 t 和位置 x 求二阶导数，得

$$\frac{\partial^2 y}{\partial t^2}=-A\omega^2\cos\omega\left(t-\frac{x}{u}\right)$$

$$\frac{\partial^2 y}{\partial x^2}=-A\frac{\omega^2}{u^2}\cos\omega\left(t-\frac{x}{u}\right)$$

比较两式，得

$$\frac{\partial^2 y}{\partial x^2}=\frac{1}{u^2}\frac{\partial^2 y}{\partial t^2} \tag{3.6}$$

式（3.6）是一维平面简谐波满足的波动的动力学方程，也称波动方程。无论平面简谐波沿 x 轴正方向传播，还是沿 x 轴负方向传播，都满足这个微分方程。虽然它是从平面简谐波的波函数出发推导出来的，但数学上可以证明，它是各种平面波必须满足的微分方程，而且平面波波函数就是它的解。它的普遍意义在于：任何物理量 y，不论是力学量、电学量或其他的量，只要它与时间和坐标的关系满足式（3.6），则这一物理量就按波的形式传播，并且$\frac{\partial^2 y}{\partial t^2}$之前系数的倒数的平方根就是这种波的传播速度。

例 3.2 一平面简谐波沿 x 轴负向传播，波速 $u=2\text{m}\cdot\text{s}^{-1}$，波长 $\lambda=4\text{m}$，$t=0$ 时刻的波形曲线如图 3.7 所示。求：（1）O 点的振动方程；（2）该波的波函数表达式；（3）与 B 处质点振动状态相同的那些质点的位置。

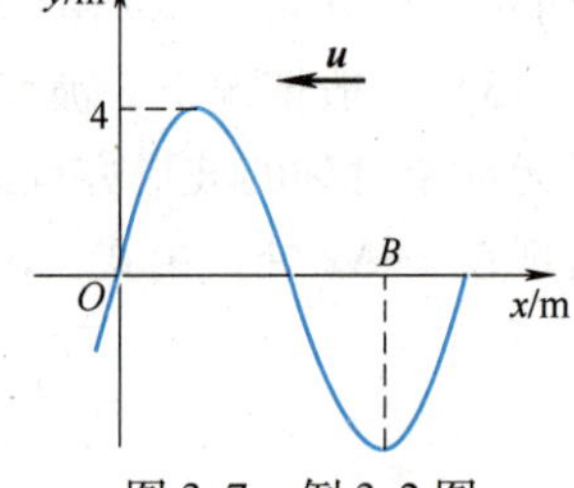

图 3.7 例 3.2 图

解 由题知

$$A=4\text{m},\ \lambda=4\text{m},\ T=\frac{\lambda}{u}=2\text{m},\ \omega=\frac{2\pi}{T}=\pi$$

（1）由波形图可知，O 点在 $t=0$ 时，有

$$y_0=0,\ v_0>0$$

故可判断 O 点的初相位为 $\varphi=-\frac{\pi}{2}$。O 点的振动方程为

$$y_0=4\cos\left(\pi t-\frac{\pi}{2}\right)\text{m}$$

（2）波函数的表达式为

$$y=4\cos\left[\pi\left(t+\frac{x}{2}\right)-\frac{\pi}{2}\right]\text{m}$$

（3）B 点的振动方程为

$$y_B=4\cos\left[\pi\left(t+\frac{3}{2}\right)-\frac{\pi}{2}\right]=4\cos(\pi t+\pi)$$

由

$$\Delta\varphi=\left[\pi\left(t+\frac{x}{2}\right)-\frac{\pi}{2}\right]-(\pi t+\pi)=2k\pi$$

得

$$x=4k+3,\ k=0,\ \pm1,\ \pm2,\ \cdots$$

思考题

3.2.1 建立波函数时，坐标轴原点是否一定要选在波源处？$t=0$ 时刻是否一定是波源开始振动的时刻？波动方程写成 $y=A\cos\omega(t-x/u)$ 时，波源一定在坐标原点处吗？在什么前提下波动方程才能写成这种形式？

3.2.2 在波函数 $y=A\cos\left[\omega\left(t-\frac{x}{u}\right)+\varphi\right]$ 中，y、A、ω、u、x、φ 的是意义什么？x/u 的意义又是什么？

如果将波函数写成 $y=A\cos\left(\omega t-\frac{\omega x}{u}+\varphi\right)$，$\omega x/u$ 的意义又是什么？

3.2.3　在某弹性介质中，波源做简谐运动，并产生平面余弦波。波长为 λ，波速为 u，频率为 ν。问在同一介质内，这三个量哪一个是不变量？当波从一种介质进入另一种介质时，哪些是不变量？波速与波源振动速度是否相同？

3.3　波的能量　波的强度

3.3.1　波的能量

波在传播过程中，弹性介质中的各质元都在各自平衡位置附近振动，因此具有动能。同时弹性介质还要产生形变，因而又具有势能。所以当波源的振动由近及远地传播出去时，振动的能量也就得由近及远地传播，这是行波的重要特征。

设一平面简谐波在密度为 ρ 的均匀介质中沿 x 轴正向传播，其波函数为

$$y(x,t)=A\cos\omega\left(t-\frac{x}{u}\right)$$

考察介质中一体积为 $\mathrm{d}V$、质量为 $\mathrm{d}m=\rho\mathrm{d}V$ 的小质元。振动速度为

$$v=\frac{\partial y}{\partial t}=-A\omega\sin\omega\left(t-\frac{x}{u}\right)$$

其动能为

$$\mathrm{d}E_{\mathrm{k}}=\frac{1}{2}(\mathrm{d}m)v^2=\frac{1}{2}(\rho\mathrm{d}V)A^2\omega^2\sin^2\omega\left(t-\frac{x}{u}\right)$$

可见，当质元经过其平衡位置时，其速度最大，动能也最大；而当它达到最大位移处时，速度为零，动能也为零。

下面借助于波形图（见图3.8）直观定性地分析质元的弹性势能与动能的关系。在波动中与势能相关联的是质点间的相对位移（体积元的形变 $\mathrm{d}y/\mathrm{d}x$），质元经过平衡位置时（如 B 点），速度最大，动能最大，同时波形曲线较陡，形变 $\mathrm{d}y/\mathrm{d}x$ 有最大值，所以弹性势能也最大。质元达到最大位移时（如 A 点），速度为零，动能为零，同时形变 $\mathrm{d}y/\mathrm{d}x$ 为零，所以弹性势能也为零。这表明，振动质元在平衡位置处，其动能与势能相等，且为最大值；而在最大位移处，又同时变为零。理论也可以证明，在波的传播过程中无论质元处于什么振动位置，它的动能和势能都相等，即

$$\mathrm{d}E_{\mathrm{p}}=\mathrm{d}E_{\mathrm{k}}=\frac{1}{2}(\rho\mathrm{d}V)A^2\omega^2\sin^2\omega\left(t-\frac{x}{u}\right)\tag{3.7}$$

质元的机械能

$$\mathrm{d}E=\mathrm{d}E_{\mathrm{k}}+\mathrm{d}E_{\mathrm{p}}=\rho\mathrm{d}VA^2\omega^2\sin^2\omega\left(t-\frac{x}{u}\right)\tag{3.8}$$

上述讨论表明，波的能量表现出特殊的规律，即每一质元的动能和弹性势能均同相地随时间变化，且在任一时刻的值都相同。质元的机械能不守恒，而是随时间在零和最大值之间周期性地变化。这说明介质中的质元在不断地接受和放出能量，各质元之间进行着能量交换，使能量得以传播。这是波动不同于孤立振动系统的一个重要特征。

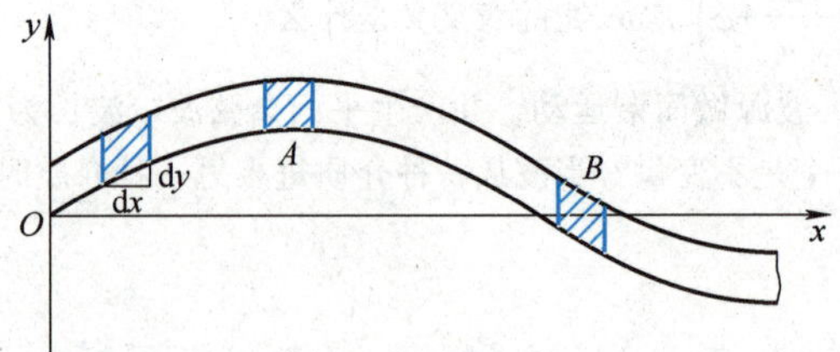

图 3.8　传播弹性横波介质中各质元形变情况

介质中单位体积内的波动能量，称为波的能量密度，用 w 表示，即

$$w=\frac{\mathrm{d}E}{\mathrm{d}V}=\rho A^2\omega^2\sin^2\omega\left(t-\frac{x}{u}\right) \tag{3.9}$$

可见波的能量密度也是随时间周期性变化的，通常取其在一个周期内的平均值，用 $\bar{w}$ 表示，称为平均能量密度。因为正弦函数的平方在一个周期内的平均值为 1/2，所以能量密度在一个周期内的平均值为

$$\bar{w}=\frac{1}{T}\int_0^T\rho A^2\omega^2\sin^2\omega\left(t-\frac{x}{u}\right)\mathrm{d}t=\frac{1}{2}\rho A^2\omega^2 \tag{3.10}$$

式（3.10）表明，平均能量密度和介质的密度、振幅的平方以及角频率的平方成正比。这一结论虽由平面简谐波导出，但对各种弹性波均适用。

3.3.2　波的能流和能流密度

对于行波，能量是伴随着波在介质中的行进而传播的，像水的流动一样。为了定量地描述能量的传播特性，引入能流与能流密度的概念。

在单位时间内，通过介质中某面积的能量称为通过该面积的能流。由此定义可知，能流是一个标量，即通过某一面积的功率。设在介质中垂直于波速 u 取面积 S，则在时间 T 内通过 S 面积的能量等于体积 TuS 中的能量，如图 3.9 所示。该能量是周期性变化的，通常取其一个周期的时间平均值，即得平均能流为

$$\bar{P}=\frac{\bar{w}uST}{T}=\bar{w}uS \tag{3.11}$$

式中，$\bar{w}$ 是平均能量密度。

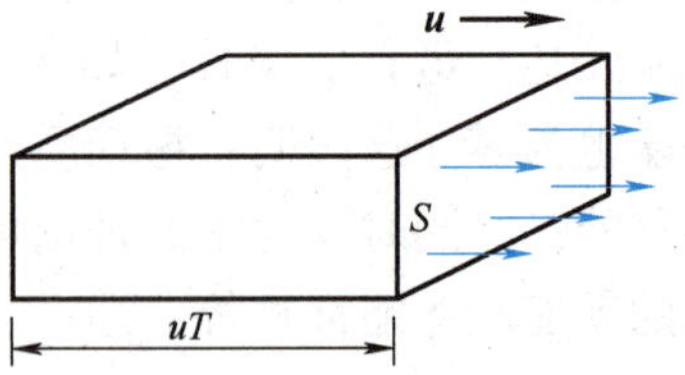

图 3.9　波的能流计算

通过与波动方向垂直的单位面积的平均能流，用 I 来表示，即

$$I=\bar{w}u=\frac{1}{2}\rho u\omega^2A^2$$

现在把能量流动的方向考虑进去，定义

$$\boldsymbol{I}=\bar{w}\boldsymbol{u}=\frac{1}{2}\rho A^2\omega^2\boldsymbol{u} \tag{3.12}$$

称作平均能流密度，也叫波的强度。式（3.12）表明，弹性介质中简谐波的强度与波的角频率的平方及振幅的平方成正比，同时正比于波的传播速度。在国际单位制中，波的强度的单位为 $\mathrm{W\cdot m^{-2}}$（瓦每平方米）。

在推导平面简谐波波函数表达式（3.3）时，我们曾假设在波动传播中各质点的振幅 A

不变，现在我们从能量观点来研究振幅不变的意义。

1. 平面波

在均匀介质中以速度 u 传播一平面简谐波，如图 3.10a 所示。在垂直于波的传播方向取两个面积（设为 S）相等的波阵面（此波阵面为平面），并且通过第一平面的波也将通过第二个平面。A_1 和 A_2 分别表示平面波在这两平面处的振幅，则通过这两个平面的平均能流分别为

$$\bar{P}_1=\bar{w}_1 uS=\frac{1}{2}\rho A_1^2\omega^2 uS$$

$$\bar{P}_2=\bar{w}_2 uS=\frac{1}{2}\rho A_2^2\omega^2 uS$$

从以上两式可以看出，如果 $\bar{P}_1=\bar{P}_2$，那么 $A_1=A_2$，即通过这两个平面的平面波的平均能流相等时，振幅才会不变。显然，要实现这一情况的条件是波动在介质中传播时介质不吸收波的能量。这就是平面简谐波在无吸收的介质中传播时振幅保持不变的意义。

2. 球面波

在均匀介质中有一点波源振动，该振动在各方向的传播速度相同，形成球面波，如图 3.10b 所示。可在距离波源为 r_1 和 r_2 处取两个球面，面积分别为 $S_1=4\pi r_1^2$ 和 $S_2=4\pi r_2^2$。设半径为 r_1 和 r_2 两球面处波的振幅分别为 A_1 和 A_2，在介质不吸收波的能量的条件下，通过这两个球面的总能流应该相等，即

$$\frac{1}{2}\rho A_1^2\omega^2 u\cdot 4\pi r_1^2=\frac{1}{2}\rho A_2^2\omega^2 u\cdot 4\pi r_2^2$$

由上式可得

$$\frac{A_1}{A_2}=\frac{r_2}{r_1}$$

即振幅和离开波源的距离成反比。

设离波源 r_0 处波的振幅为 A_0，半径为 r 的球面上的振幅为 A，则有

$$\frac{A_0}{A}=\frac{r}{r_0}$$

因此，相应的球面简谐波函数表达式为

$$\psi=\frac{A_0 r_0}{r}\cos\left[\omega\left(t-\frac{r}{u}\right)+\varphi\right]$$

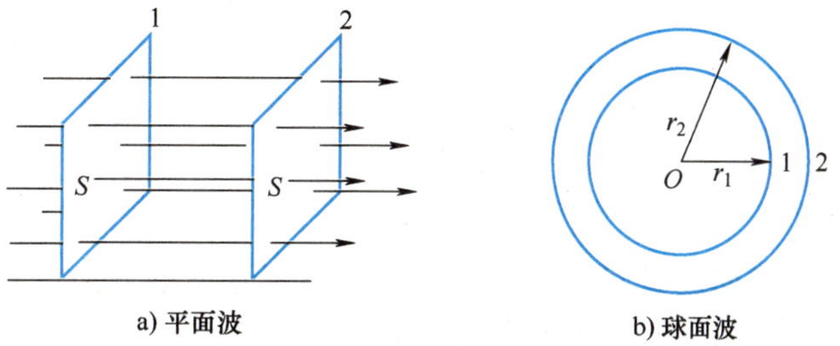

a) 平面波

b) 球面波

图 3.10 无能量损耗介质中传播的波的振幅变化讨论图

例 3.3 一平面简谐波，频率为 300Hz，波速为 $340\mathrm{m\cdot s^{-1}}$，在截面面积为 $3.00\times10^{-2}\mathrm{m}^2$ 的管内空气中传播，若在 10s 内通过截面的能量为 $2.70\times10^{-2}\mathrm{J}$，求：(1) 通过截面的平均能流；(2) 波的平均能流密度；(3) 波的平均能量密度。

解 (1) 通过截面的平均能流为

$$\overline{P}=\frac{W}{t}=\frac{2.7\times10^{-2}}{10}\mathrm{J\cdot s^{-1}}=2.7\times10^{-3}\mathrm{J\cdot s^{-1}}$$

(2) 波的平均能流密度为

$$I=\frac{\overline{P}}{S}=\frac{2.7\times10^{-3}}{3.00\times10^{-2}}\mathrm{J\cdot s^{-1}\cdot m^{-2}}=9.00\times10^{-2}\mathrm{J\cdot s^{-1}\cdot m^{-2}}$$

(3) 由平均能流密度与平均能量密度的关系式

$$I=\overline{w}u$$

可得

$$\overline{w}=\frac{I}{u}=\frac{9.00\times10^{-2}}{340}\mathrm{J\cdot m^{-3}}=2.65\times10^{-4}\mathrm{J\cdot m^{-3}}$$

思考题

3.3.1 平面简谐波的能量与简谐振动中的能量有何不同？波动过程中体积元内的总能量随时间而变化，这和能量守恒是否矛盾？

3.3.2 通过单位面积波的能量就叫能流密度这种说法是否正确？能流密度和波强有什么区别和联系？

3.4 惠更斯原理 波的衍射

3.4.1 惠更斯原理

水面上有一波传播时，如果没有遇到障碍物，波将保持原来的波面形状前进。若在前进中遇到一个有小孔的障碍物 AB（见图 3.11），只要小孔的孔径 a 比波长小，就可以看到小孔的后面出现了半圆形的波，与原来波的形状无关。该半圆形的波就好像是以小孔为波源产生的一样，说明小孔可以看作一个新的波源。

在总结这类现象的基础上，荷兰物理学家惠更斯（Christiaan Huyg（h）ens，1629—1695）提出了波的传播规律：在波的传播过程中，波面（波前）上的每一点都可以看作发射子波的波源，在其后的任一时刻，这些子波的包迹就成为新的波面，这就是惠更斯原理。如图 3.12 所示，设 S_1 为 t 时刻的波阵面，根据惠更斯原理，波阵面 S_1 上的每一点发出的球面子波，经 Δt 时间后形成半径为 $u\Delta t$ 的球面，在波的前进方向上，这些子波的包迹 S_2 就成为 $t+\Delta t$ 时刻的新波面。

惠更斯原理适用于任何波动过程，无论是机械波还是电磁波，只要知道某一时刻的波面，就可根据惠更斯原理用几何作图法来确定下一时刻的波面。图 3.13 是用惠更斯原理描绘的在各向同性均匀介质的球面波和平面波的传播情况。根据惠更斯原理，还可以简捷地用作图方法说明波在传播中发生的衍射、散射、反射和折射等现象。

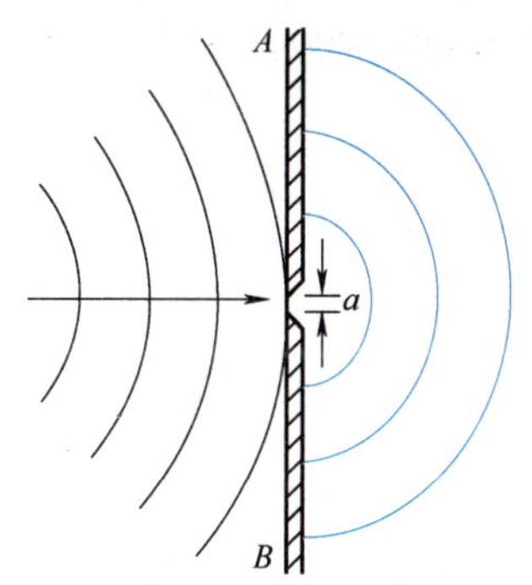

图 3.11 障碍物的小孔成为新的波源

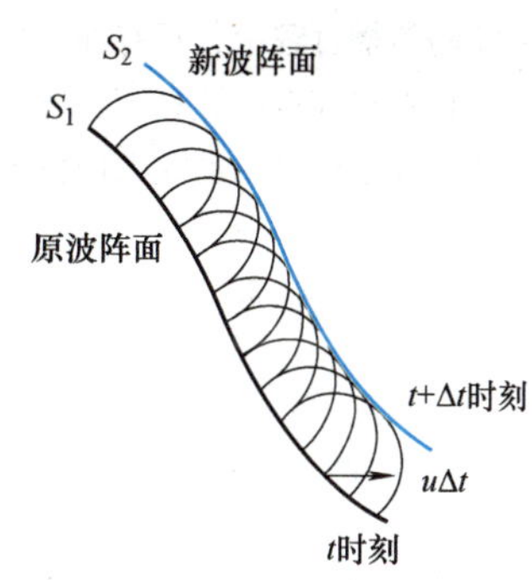

图 3.12 惠更斯原理

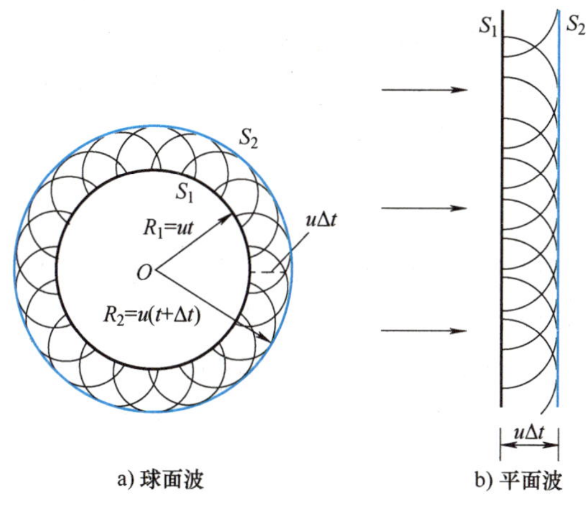

图 3.13 用惠更斯原理求作新的波阵面

3.4.2 波的衍射

当波在传播过程中遇到障碍物时，其传播方向绕过障碍物发生偏折的现象，称为波的衍射。衍射现象是波动的共同特征。例如人们隔着高墙能听到他人的说话，隔着高山能收听无线电广播，这些正是声波和电磁波衍射的结果。

如图 3.14 所示，平面波通过一狭缝（宽为 d）后能绕过缝的边界向障碍物的后方几何阴影内传播，这就是波的衍射现象。这一现象可用惠更斯原理做出解释。当平面波到达狭缝时，缝处各点可以看作子波源，它们发射球形子波的包迹在边缘处不再是平面，波线改变了原来的方向，从而使传播方向偏离原方向而向外延展。

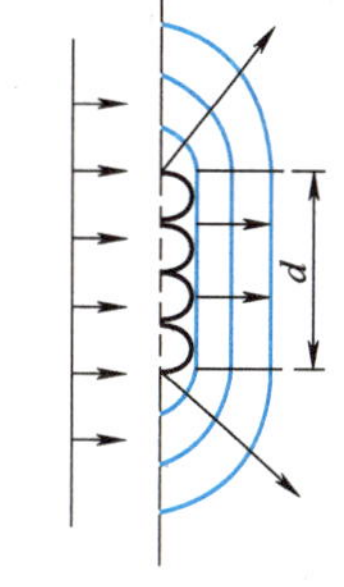

图 3.14 波的衍射

思考题

3.4.1 关于惠更斯原理，判断下列说法是否正确。

（1）在波的传播过程中，介质中所有参与振动的质点都可以看作一个新的波源；

（2）在波的传播过程中，只有介质中波前上的各点可以看作新的波源；
（3）子波是真实存在的波；
（4）子波是为了解释波动现象而假想出来的波。

3.5 波的叠加原理　波的干涉　驻波

3.5.1 波的叠加原理

实验证明，当空间同时存在两列或两列以上的波时，每列波在传播中不受其他波的干扰而保持其原有的特性（频率、波长、振动方向和传播方向）不变，这称为波的独立性。而在相遇区域内，任一点处质元的振动位移为各个波在该点引起振动位移的矢量和，这一规律称为波的叠加原理。需要说明的是，波的叠加原理成立的条件是波的动力学方程为线性齐次微分方程。

3.5.2 波的干涉

一般来说，任意的几列简谐波在空间相遇时，叠加的情形是很复杂的，它们可以合成多种形式的波动。我们只讨论波的叠加中最简单而又最重要的情形：两列频率相同、振动方向相同、相位差恒定的简谐波的叠加。这种波的叠加会使空间某些点处的振动始终加强，某些点处的振动始终减弱，即波强呈现出规律性的分布。这种现象称为波的干涉。能产生干涉现象的波称为相干波，相应的波源称为相干波源。同频率、同振动方向、恒相差称为相干条件。

下面用波的叠加原理定量分析干涉加强和减弱的条件和强度分布。

如图 3.15 所示，两个相干波源 S_1、S_2，它们的振动方程分别为

$$y_1=A_1\cos(\omega t+\varphi_1)$$
$$y_2=A_2\cos(\omega t+\varphi_2)$$

式中，ω 是振动的圆频率；A_1 和 A_2 是两波源的振幅；φ_1 和 φ_2 是两相干波源 S_1、S_2 的初相。它们发出的两列相干波在空间 P 点相遇，两列波在 P 点引起的振动表达式分别为

$$y_1=A_1\cos\left(\omega t+\varphi_1-\frac{2\pi r_1}{\lambda}\right)$$
$$y_2=A_2\cos\left(\omega t+\varphi_2-\frac{2\pi r_2}{\lambda}\right)$$

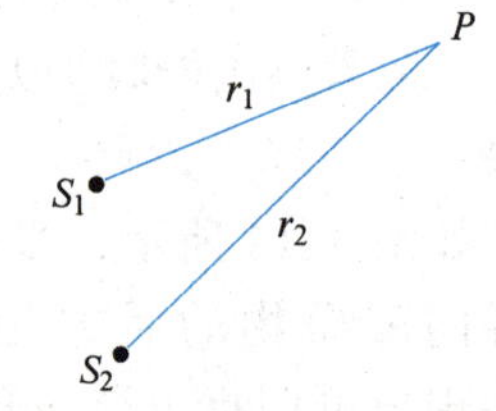

图 3.15　两列波在 P 点相遇

式中，r_1 和 r_2 为两个波源到 P 点的距离；λ 为两列相干波的波长。

y_1 和 y_2 都是表示在同一直线方向上，所以合位移 y 仍在同一直线上，为上述两个位移的代数和，即

$$y=y_1+y_2=A_1\cos\left(\omega t+\varphi_1-\frac{2\pi r_1}{\lambda}\right)+A_2\cos\left(\omega t+\varphi_2-\frac{2\pi r_2}{\lambda}\right)$$

应用三角函数的等式关系将上式展开，可以化成

$$y=y_1+y_2=A\cos(\omega t+\varphi)$$

可以看出，P 点同时参与了两个同方向、同频率的简谐振动，合振动仍为简谐振动，式中 A 和 φ 的值分别为

$$A=\sqrt{A_1^2+A_2^2+2A_1A_2\cos\Delta\varphi} \tag{3.13}$$

$$\tan\varphi=\frac{A_1\sin\left(\varphi_1-\dfrac{2\pi r_1}{\lambda}\right)+A_2\sin\left(\varphi_2-\dfrac{2\pi r_2}{\lambda}\right)}{A_1\cos\left(\varphi_1-\dfrac{2\pi r_1}{\lambda}\right)+A_2\cos\left(\varphi_2-\dfrac{2\pi r_2}{\lambda}\right)} \tag{3.14}$$

其中

$$\Delta\varphi=\varphi_2-\varphi_1-\frac{2\pi}{\lambda}(r_2-r_1) \tag{3.15}$$

是两列相干波在空间任一点所引起的两个振动的相位差。

由式（3.13）和式（3.15）可知，两列相干波在空间任一定点的相位差 $\Delta\varphi$ 是一个恒量，因而该点的合振幅 A 也是恒量。但随着空间各点位置的改变，各点到波源的波程差 $\delta=r_2-r_1$ 一般并不相同，因而两列波的相位差 $\Delta\varphi$ 不同，振动的合振幅也不同。因此在两列波的相遇区域就形成了波强的不均匀分布，产生了干涉现象。

当两列相干波在空间任一点所引起的两个振动的相位差满足

$$\Delta\varphi=\varphi_2-\varphi_1-\frac{2\pi}{\lambda}(r_2-r_1)=2k\pi \quad (k=0,\pm1,\pm2,\cdots) \tag{3.16a}$$

该点的合振幅最大，$A=A_1+A_2$，振动加强，这样的点称为干涉加强点。

当两列相干波在空间任一点所引起的两个振动的相位差满足

$$\Delta\varphi=\varphi_2-\varphi_1-\frac{2\pi}{\lambda}(r_2-r_1)=(2k+1)\pi \quad (k=0,\pm1,\pm2,\cdots) \tag{3.16b}$$

该点的合振幅最小，$A=|A_1-A_2|$，振动减弱，这样的点称为干涉减弱点。

在实际问题中，两个相干波源常常是由同一个振源驱动的，这时两个波源的初相相同（$\varphi_1=\varphi_2$），于是干涉的极值条件可用波程差表示，即

$$\delta=r_2-r_1=k\lambda \quad (k=0,\pm1,\pm2,\cdots) \quad \text{干涉加强} \tag{3.17a}$$

$$\delta=r_2-r_1=(2k+1)\frac{\lambda}{2} \quad (k=0,\pm1,\pm2,\cdots) \quad \text{干涉减弱} \tag{3.17b}$$

这说明，若两相干波源同相时，在相遇的空间区域，波程差等于波长的整数倍的各点，干涉加强，振幅最大；波程差等于半波长的奇数倍的各点，干涉减弱，振幅最小。

由于波的强度正比于振幅的平方，所以两列波叠加后的强度

$$I\propto A^2=A_1^2+A_2^2+2A_1A_2\cos\Delta\varphi$$

也就是

$$I=I_1+I_2+2\sqrt{I_1I_2}\cos\Delta\varphi \tag{3.18}$$

由此可知，叠加后波的强度随着两列相干波在空间各点所引起的振动相位差的不同而不同，也就是说，空间各点波的强度重新分布了，有些地方加强（$I>I_1+I_2$），有的地方减弱（$I<I_1+I_2$）。如果 $I_1=I_2$，那么叠加后波的强度为

$$I=2I_1(1+\cos\Delta\varphi)=4I_1\cos^2\frac{\Delta\varphi}{2}$$

当 $\Delta\varphi=2k\pi(k=0,\pm1,\pm2,\cdots)$ 时，叠加后波的强度最大，等于单个波强度的 4 倍（$I=4I_1$）；当 $\Delta\varphi=(2k+1)\pi(k=0,\pm1,\pm2,\cdots)$ 时，叠加后波的强度最小（$I=0$）。

例 3.4 如图 3.16 所示，相干波源 S_1 和 S_2 相距 $\lambda/4$（λ 为波长），S_1 的相位比 S_2 的相位超前 $\pi/2$，每一列波的振幅均为 A，并且在传播过程中保持不变。P、Q 为 S_1 和 S_2 连线外侧的任意点，求 P、Q 两点的合成振幅。

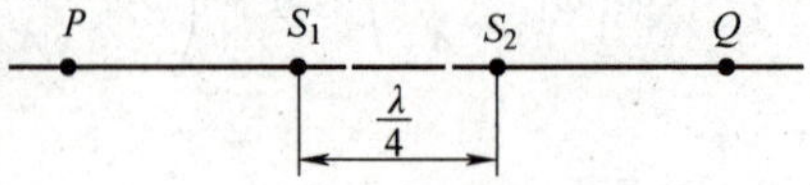

图 3.16　例 3.4 图

解 波源 S_1 和 S_2 的振动同时传播到空间任意一点引起的两个分振动的相位差为

$$\Delta\varphi=\varphi_2-\varphi_1-\frac{2\pi}{\lambda}(r_2-r_1)$$

由题意，$\varphi_2-\varphi_1=-\frac{\pi}{2}$，对于 P 点，波程差为

$$r_2-r_1=\overline{S_2P}-\overline{S_1P}=\frac{\lambda}{4}$$

所以

$$\Delta\varphi=-\frac{\pi}{2}-\frac{2\pi}{\lambda}\frac{\lambda}{4}=-\pi$$

即 S_1 和 S_2 的振动传到 P 点时相位相反，所以 P 点的合振幅为

$$A_P=|A_2-A_1|=0$$

可见在 S_1 和 S_2 的连线的左侧延长线上各点，均因干涉而静止。

同理，对于 Q 点

$$r_2-r_1=\overline{S_2Q}-\overline{S_1Q}=-\frac{\lambda}{4}$$

则有

$$\Delta\varphi=-\frac{\pi}{2}-\frac{2\pi}{\lambda}\cdot\left(-\frac{\lambda}{4}\right)=0$$

即 S_1 和 S_2 的振动传到 Q 点时相位相同。所以 Q 点的合振幅为

$$A_Q=A_1+A_2=2A$$

可见，在 S_1 和 S_2 连线的右侧延长线上各点，均因干涉而加强。

例 3.5 如图 3.17 所示，S_1 和 S_2 为同一介质中的两个相干波源，其振幅均为 5cm，频率均为 100Hz，当 S_1 为波峰时，S_2 恰为波谷，波速为 $10\text{m}\cdot\text{s}^{-1}$。设 S_1 和 S_2 的振动均垂直于纸平面，试求它们发出的两列波传到 P 点时的干涉结果。

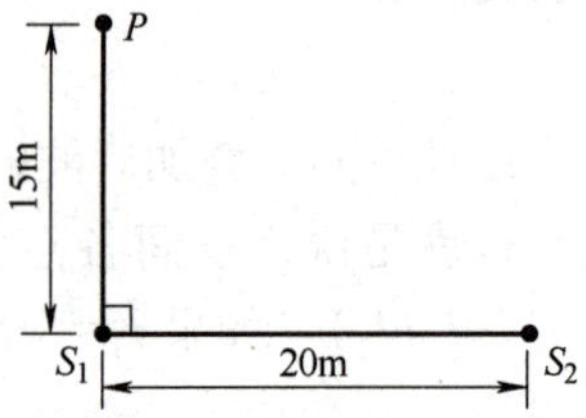

解 由题意，$A_1=A_2=5\text{cm}$，$\nu_1=\nu_2=100\text{Hz}$，$\varphi_2-\varphi_1=-\pi$（设 S_1 比 S_2 的振动相位超前），$u=10\text{m}\cdot\text{s}^{-1}$。

因此波长为

$$\lambda=\frac{u}{\nu_1}=\frac{10\text{m}\cdot\text{s}^{-1}}{100\text{Hz}}=0.10\text{m}$$

图 3.17　例 3.5 图

由图可知，$\overline{S_1P}=15\text{m}$，$\overline{S_1S_2}=20\text{m}$，故 $\overline{S_2P}=25\text{m}$，于是两波传到 P 点

引起振动的相位差为

$$\Delta\varphi=\varphi_2-\varphi_1-2\pi\frac{\overline{S_2P}-\overline{S_1P}}{\lambda}=-201\pi$$

合振幅为

$$A=|A_2-A_1|=0$$

可见在 P 点因干涉而静止。

3.5.3 驻波

当介质中有反向行进的两个同方向、同频率的波扰动存在时，这两个波叠加后也将产生干涉现象。

如图 3.18 所示的装置，A 是一电动音叉，音叉末端系一水平的细绳 AB，B 处有一尖劈，可左右移动调节 AB 间的距离。细绳绕过滑轮 P 后，末端悬一质量为 m 的重物，使绳上产生张力。音叉振动时，细绳随之振动，在绳中产生一从左向右传播的入射波，此波在 B 点反射，从而在绳中又有一列从右向左传播的反射波，这两列波是相干波，在绳中相互叠加产生干涉。调节尖劈的位置使振动稳定，结果形成图上所示的振动状态。

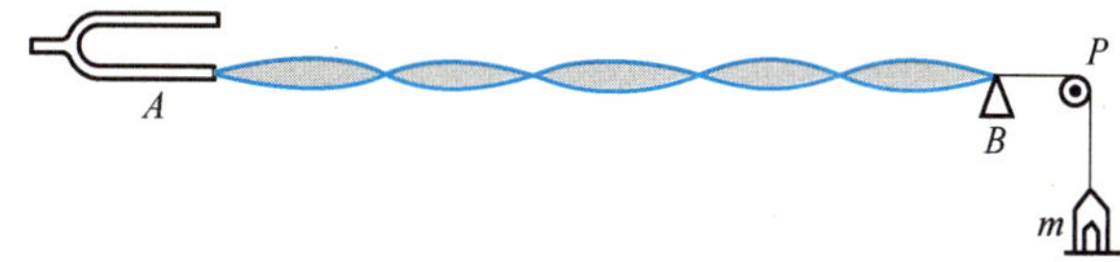

图 3.18 绳上的驻波

设反向行进的两列同方向、同频率的波动具有相同的振幅，它们的波函数分别为

$$y_1=A\cos\left(\omega t-\frac{2\pi}{\lambda}x+\varphi_1\right)\quad \text{沿 } x \text{ 轴正方向行进} \tag{3.19}$$

$$y_2=A\cos\left(\omega t+\frac{2\pi}{\lambda}x+\varphi_2\right)\quad \text{沿 } x \text{ 轴负方向行进} \tag{3.20}$$

合成后的方程为

$$y=2A\cos\left(\frac{2\pi}{\lambda}x+\frac{\varphi_2-\varphi_1}{2}\right)\cos\left(\omega t+\frac{\varphi_2+\varphi_1}{2}\right) \tag{3.21}$$

在合成波的表达式中，y 与 t 和 x 的关系分别出现在两个因子中，不同 x 处，合成波的振幅不同，由因子 $2A\cos\left(\frac{2\pi}{\lambda}x+\frac{\varphi_2-\varphi_1}{2}\right)$ 决定，只要 $\cos\left(\frac{2\pi}{\lambda}x+\frac{\varphi_2-\varphi_1}{2}\right)$ 的值不变符号，不同 x 处的合成振动的相位都是 $\omega t+\frac{\varphi_2+\varphi_1}{2}$，这些点的振动相位仅随 t 增加，不再随 x 的增加而减少，亦即不呈现相位在空间的传播，仅在 $\cos\left(\frac{2\pi}{\lambda}x+\frac{\varphi_2-\varphi_1}{2}\right)$ 易号时，相位才发生 π 的变化。因此，合成波实际上是一种振动，不再是振动的传播，故称为驻波。相位逐点传播的波，即通常意义下的波称为行波。

驻波中，振动的振幅在空间有一定的分布规律：

1）当$\frac{2\pi}{\lambda}x+\frac{\varphi_2-\varphi_1}{2}=k\pi(k=0,\pm1,\pm2,\cdots)$ 时，$\left|\cos\left(\frac{2\pi}{\lambda}x+\frac{\varphi_2-\varphi_1}{2}\right)\right|=1$，振幅最大，这种位置称为波腹，此时质元的振幅是分波振幅的两倍，相邻波腹之间的距离为$\frac{\lambda}{2}$。

2）当$\frac{2\pi}{\lambda}x+\frac{\varphi_2-\varphi_1}{2}=(2k+1)\frac{\pi}{2}(k=0,\pm1,\pm2,\cdots)$ 时，$\left|\cos\left(\frac{2\pi}{\lambda}x+\frac{\varphi_2-\varphi_1}{2}\right)\right|=0$，振幅为零，这种位置称为波节，相邻波节之间的距离也为$\frac{\lambda}{2}$。

φ_1、φ_2 的值不同，则波节和波腹的具体位置不同，但相邻波节或相邻波腹的距离不变。当 $\varphi_1=\varphi_2=0$ 时，原点为波腹；当 $\varphi_1=\varphi_2=\pi$ 时，原点为波节。

驻波可以用波形曲线具体地表示出来，如图 3.19 所示。其中点画线表示向 x 轴正方向传播的波，虚线表示向 x 轴负方向传播的波，实线表示这两个波的合成结果。图中 a、b、c、d、e 依次表示 $t=0$、$T/8$、$T/4$、$3T/8$、$T/2$ 时刻各质元的分位移与合位移。

由以上分析可知，驻波有以下特征：

1）驻波没有相位的逐点不同和逐点传播，在相邻两波节间，各点的振动相位相同，在波节两边，振动反相位。

2）驻波各点振幅不同，波腹处振幅最大，波节处振幅最小。相邻波节或相邻波腹间距为$\frac{\lambda}{2}$。

3）波的总能流为零，因为反向行进的两列波的能流等值且反向。但由于瞬时能流密度与时间有关，两反向波的瞬时能流密度并不时时相抵，从而使在两波节之间的区域中，仍有净能量的传播。当波节两边各质元位移的数值最大时，能量全部为势能，主要集中在波节附近；当它们通过平衡位置时，能量全部为动能，主要集中在波腹附近。

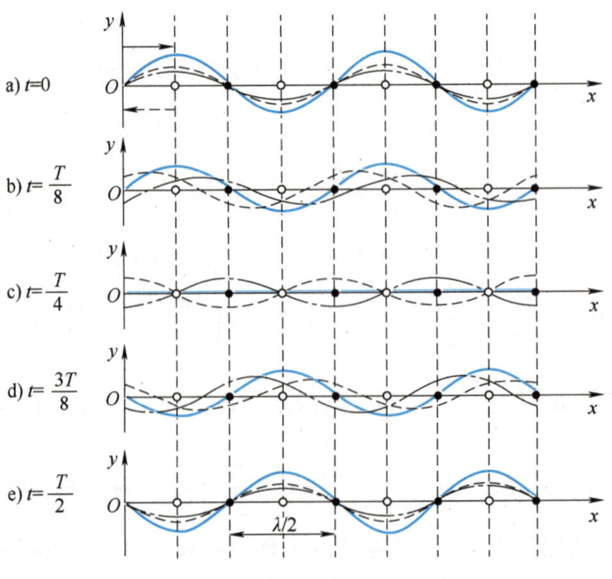

图 3.19　驻波波形与时间的关系

3.5.4 两端固定弦线上的驻波

驻波现象有许多实际的应用。例如，在前面弦振动实验中（见图3.18），弦线的两端拉紧固定，拨动弦线时，波经两端反射，形成两列反向传播的波，叠加后就能形成驻波。

必须指出，对于两端固定的弦线，并非任何波长（或频率）的波都能在弦线上形成驻波。因为两相邻波节或波腹之间的距离是半波长，两固定端处必为波节，所以，只有当弦线长 L 等于半波长的整数倍时，才能形成稳定的驻波，即

$$L=n\frac{\lambda}{2}\quad (n=1,2,3,\cdots)$$

从上式可以看出，如果弦长是固定的，波长就不能是任意的，只能等于

$$\lambda_n=\frac{2L}{n}\quad (n=1,2,3,\cdots) \tag{3.22}$$

由于波速 $u=\lambda\nu$，因而波的频率也不能是任意的，只能取如下固定值：

$$\nu_n=n\frac{u}{2L}\quad (n=1,2,3,\cdots) \tag{3.23}$$

式（3.23）中的频率叫弦振动的本征频率，也就是它发出的声波的频率。每一频率对应于一种可能的振动方式。频率由式（3.23）决定的振动方式，称为弦线振动的简正模式，其中最低频率 ν_1 称为基频，其他较高频率 $\nu_2,\nu_3,\cdots$ 都是基频的整数倍，它们各以其对基频的倍数而称为二次、三次……谐频。

简正模式的频率称为系统的固有频率（与谐振子不同，一个驻波系统有多个固有频率），系统究竟按哪种频率振动，取决于初始条件。当扰动源以某一频率激起系统振动时，如果该扰动频率和系统的某一固有频率相同（或相近），就会激起强驻波。这种现象也称为共振。

许多乐器的发声都服从驻波原理。弦乐器的弦振动时发出各种频率的声音，管乐器中的管内空气柱、锣面、鼓面等也都是驻波系统，它们振动时同样产生各种相应的简正模式及共振现象。如钢琴的音板是一块具有许多固有频率的木板，当有一根振动着的弦碰上它时就会共振。类似地，共振也可发生在小提琴的空腔里，它里面的空气对某些频率可以发生大的振动。

3.5.5 半波损失

在图3.18所示的实验中，反射点 B 是固定不动的，在该处形成驻波的一个波节。从振动的合成考虑，这意味着入射波与反射波的相位在此正好相反，或者说入射波在反射时有 π 的相位突变。由于波线上相距半波长的两点相位差为 π，所以这种入射波在反射时发生 π 的相位突变的现象称为半波损失。如果反射端为自由端，则没有相位突变，入射波与反射波在此的相位相同，不存在半波损失，此时驻波在此将形成波腹。

一般情况下，入射波在两种介质的分界处将发生反射与折射。反射时是否发生半波损失与波的种类、两种介质的性质以及入射角的大小都有关。研究证实，对机械波而言，它由介质的密度 ρ 与波速 u 的乘积 ρu（称为波阻）决定。我们把 ρu 较大的介质称为波密介质，ρu 较小的介质称为波疏介质。在波垂直于界面入射时，若从波疏介质传向波密介质，并在界面

处反射，则在反射处形成波节；相反，若从波密介质传向波疏介质，并在界面处反射，则在反射处形成波腹。

例 3.6 两列波在一根很长的细绳上传播，它们波函数表达式为

$$y_1=0.06\cos\pi(x-4t)\quad(\text{SI})$$

$$y_2=0.06\cos\pi(x+4t)\quad(\text{SI})$$

求：(1) 各波的频率、波长、波速和波的传播方向；(2) 证明该细绳是做驻波式振动，并求波腹和波节的位置；(3) 波腹处的振幅多大？在 $x=1.25\text{m}$ 处，振幅多大？

解 (1) 将两函数化成标准形式

$$y_1=0.06\cos\pi(x-4t)=0.06\cos4\pi\left(t-\frac{x}{4}\right)$$

$$y_2=0.06\cos\pi(x+4t)=0.06\cos4\pi\left(t+\frac{x}{4}\right)$$

可知

$$A=0.06\text{m},\ \nu=\frac{\omega}{2\pi}=\frac{4\pi}{2\pi}=2\text{Hz},\ u=4\text{m}\cdot\text{s}^{-1},\ \lambda=\frac{u}{\nu}=2\text{m}$$

y_1 沿着 x 轴正向传播，y_2 沿着 x 轴负向传播。

(2) 合运动方程为

$$\begin{aligned}y&=y_1+y_2\\&=0.06\cos\pi(x-4t)+0.06\cos\pi(x+4t)\\&=2\times0.06\cos\pi x\cos4\pi t\end{aligned}$$

由此方程可知，细绳在做驻波式振动。由此可得出波腹、波节的位置：$x=0$ 处为波腹位置，且每隔 $\lambda/2$ 就出现一个波腹，即 $x=1\text{m},2\text{m},3\text{m},\cdots$ 处均为波腹；相应地，$x=0.5\text{m},1.5\text{m},2.5\text{m},\cdots$ 处均为波节。

(3) 波腹处振幅是

$$A=2\times0.06\text{m}=0.12\text{m}$$

$x=1.25\text{m}$ 处，振幅为

$$A_{x=1.25}=\left|0.12\cos2\pi\frac{x}{2}\right|=\left|0.12\cos2\pi\frac{1.25}{2}\right|=0.08\text{m}$$

思考题

3.5.1 若两列波不是相干波，则当相遇时相互穿过且互不影响，若为相干波则相互影响。这句话对不对？

3.5.2 两相干波相遇区域产生干涉加强和干涉减弱的条件是什么？

3.5.3 试举出驻波和行波不同的地方。

3.5.4 若入射平面波遇到界面而形成反射平面波和透射平面波，问入射波和反射波的振幅是否可能相同？试解释之。

3.5.5 驻波中，两波节间各个质点均做同相位的简谐振动，那么每个振动质点的能量是否保持不变？

3.6 多普勒效应

我们前面所讨论的波源（或接收器）相对于介质都是静止的，但是在日常生活和科学

观测中，经常会遇到波源或观察者相对于介质运动的情况。例如，当鸣笛的火车向我们驶来时，我们听到的笛声不仅越来越大，而且越来越尖；当火车离我们而去时，笛声变得越来越小，而且越来越低沉。这说明接收频率与波源的频率是不同的。同样，当波源不动而观察者运动或二者都在运动时，也会出现接收频率与波源频率不同的现象。这种因波源或观察者相对于介质的运动，而使观察者接收到的波的频率有所变化的现象，是由奥地利物理学家多普勒（J. C. Doppler，1803—1853）于 1842 年发现的，因此称之为多普勒效应。

对于机械波，运动和静止均是相对于介质而言的。在此我们仅研究波源和接收器均在同一种弹性介质中，并沿同一直线运动情况下的多普勒效应。

设波源的振动频率为 ν_S，波源相对介质的运动速度为 u_S。接收器接收到的频率为 ν_B，接收器相对介质的运动速度为 u_B。波在介质中的传播速度为 u，波的频率为 ν。若波源运动是靠近接收器的，两者间距离缩小，其速度 u_S 定义为正，反之运动结果是两者距离增大，速度 u_S 定义为负。u_B 的正负定义同上。

1. 接收器相对介质以 u_B 的速度运动，波源不动（$u_S=0, u_B\neq0$）

（1）$u_B>0$，即向着波源运动 由运动叠加原理知，对于接收器来说，波相当于以 $u+u_B$ 的速度相对它运动（u 是波在介质中的传播速度），则接收频率为

$$\nu_B=\frac{u+u_B}{\lambda}=\frac{u+u_B}{uT}=\left(\frac{u+u_B}{u}\right)\frac{1}{T}=\left(1+\frac{u_B}{u}\right)\nu$$

式中，ν 是波的频率，但波源是不动的，因此波的频率就是波源的频率 ν_S，故

$$\nu_B=\frac{u+u_B}{u}\nu_S \tag{3.24}$$

（2）$u_B<0$，即接收器远离波源运动 类似上述分析，可以得到

$$\nu_B=\frac{u-u_B}{u}\nu_S \tag{3.25}$$

2. 波源以速度 u_S 相对介质运动，接收器不动（$u_B=0, u_S\neq0$）

（1）$u_S>0$，即波源向着接收器运动 如图 3.20 所示，波在介质中传播速度 u 只同介质的性质有关，不论其波源运动与否，所以在一个周期内传播的距离总是一个波长 λ（也就是波源静止时介质中的波长），而在一个周期内波源在波的传播方向走过 u_ST_S 的距离，结果接收的波长变为

$$\lambda'=\lambda-u_ST_S=uT_S-u_ST_S=(u-u_S)T_S$$

由于接收器不动，接收波的速度就是波速，所以接收器接收到的频率

$$\nu_B=\frac{u}{\lambda'}=\frac{u}{(u-u_S)T_S}=\frac{u}{u-u_S}\nu_S \tag{3.26}$$

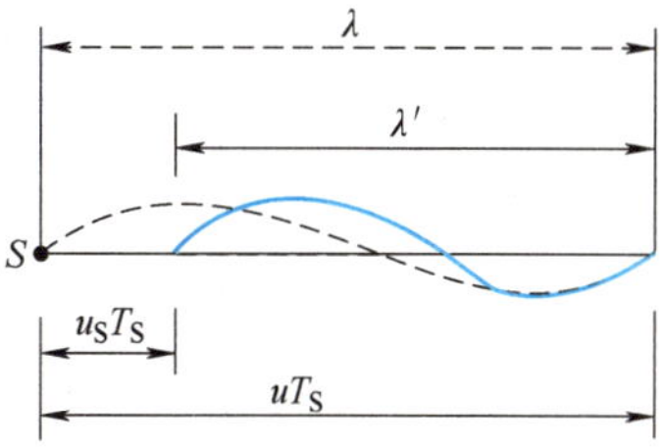

图 3.20 波源运动时的多普勒效应

（2）$u_S<0$，即波源远离接收者运动 类似上述分析，可以得到接收器接收到的频率是

$$\nu_B=\frac{u}{u+u_S}\nu_S \tag{3.27}$$

3. 接收者和波源同时相对介质运动（$u_S \neq 0, u_B \neq 0$）

在两者相向运动时，由于波源的运动使波长变为

$$\lambda' = \lambda - u_S T_S$$

接收器的运动使相对接收器的波速变为 $u+u_B$。所以，接收器接收到的频率为

$$\nu_B = \frac{u+u_B}{u-u_S}\nu_S \tag{3.28}$$

当波源和接收器彼此分开时，接收器收到的频率为

$$\nu_B = \frac{u-u_B}{u+u_S}\nu_S \tag{3.29}$$

多普勒效应是波动过程的共同特征，所以多普勒效应在机械波和电磁波中均存在，而且有广泛的应用。例如，雷达测速是利用多普勒效应进行速度测量的一个典型应用。当目标物体朝向或远离雷达运动时，其发射波的频率会发生变化，接收到反射波的雷达通过比较发射波和反射波的频率差即可计算出目标物体的运动速度。在工程学领域，多普勒效应被用于机械故障诊断和性能评估的振动分析，通过测量轴承、齿轮等机械部件的运动速度和振动频率，可以判断机械设备的运行状态和故障原因。在医学领域，多普勒效应被应用于超声波成像，如超声心动图和多普勒血流仪，这些设备通过测量心脏、血管等组织器官的运动速度和血流速度来诊断各种疾病，如心脏病、高血压等。在天文学中，多普勒效应被用来研究星体运动和宇宙的扩张，通过对天体的光谱进行分析，可以测量出它们相对于地球的速度，从而帮助我们了解宇宙中的物质如何运动和演化。多普勒效应也被用于测量空气和水的流动速度，进而判断环境污染的程度和扩散情况。多普勒效应还可以用来测量声音的传播速度，进而判断气体的密度和温度等物理性质。

例 3.7 A、B 两船沿相反方向行驶，航速分别为 20m·s^{-1} 和 30m·s^{-1}，已知 A 船上汽笛的频率为 700Hz，声波在空气中的传播速度为 340m·s^{-1}，求 B 船上人听到 A 船笛声的频率。

解 设 A 船汽笛为波源，B 船上的人为接收者，由式（3.29）得出

$$u_B = \frac{u-u_B}{u+u_A}\nu_A = \left(\frac{340-30}{340+20}\times 700\right)\text{Hz} = 603\text{Hz}$$

显然，B 船听到笛声的频率变低了。

思考题

3.6.1 警车鸣笛从你身边飞速驶过，对于警车向你靠近和警车远离的过程，你会听到警笛的声音在变化，你听到警笛的音调有何不同？实际上警笛的音调会变化吗？听到音调发生变化的原因是什么？

3.6.2 判断下列说法是否正确。

（1）交警向行进中的汽车发射频率已知的超声波，同时测量反射波的频率，根据反射波频率变化的多少就可以知道汽车的速度，这是利用了惠更斯原理；

（2）使要发射的电磁波的频率随所需传递的信号而发生改变的过程叫作调频；

（3）家用遥控器是用紫外线脉冲信号来实现的。

本章知识网络图

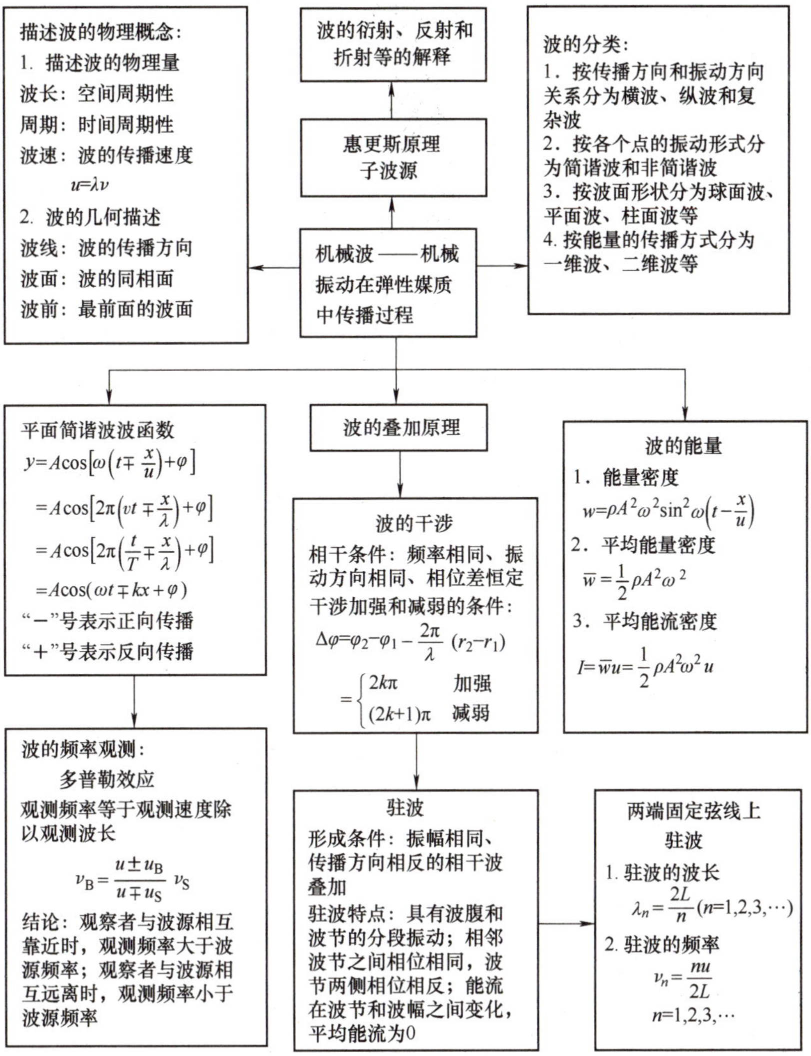

机械波——机械振动在弹性媒质中传播过程

描述波的物理概念：
1. 描述波的物理量
波长：空间周期性
周期：时间周期性
波速：波的传播速度
$u=\lambda\nu$
2. 波的几何描述
波线：波的传播方向
波面：波的同相面
波前：最前面的波面

惠更斯原理
子波源
→ 波的衍射、反射和折射等的解释

波的分类：
1. 按传播方向和振动方向关系分为横波、纵波和复杂波
2. 按各个点的振动形式分为简谐波和非简谐波
3. 按波面形状分为球面波、平面波、柱面波等
4. 按能量的传播方式分为一维波、二维波等

平面简谐波波函数
$y=A\cos\left[\omega\left(t\mp\frac{x}{u}\right)+\varphi\right]$
$=A\cos\left[2\pi\left(\nu t\mp\frac{x}{\lambda}\right)+\varphi\right]$
$=A\cos\left[2\pi\left(\frac{t}{T}\mp\frac{x}{\lambda}\right)+\varphi\right]$
$=A\cos(\omega t\mp kx+\varphi)$
“−”号表示正向传播
“+”号表示反向传播

波的频率观测：
多普勒效应
观测频率等于观测速度除以观测波长
$\nu_B=\frac{u\pm u_B}{u\mp u_S}\nu_S$
结论：观察者与波源相互靠近时，观测频率大于波源频率；观察者与波源相互远离时，观测频率小于波源频率

波的叠加原理

波的干涉
相干条件：频率相同、振动方向相同、相位差恒定
干涉加强和减弱的条件：
$\Delta\varphi=\varphi_2-\varphi_1-\frac{2\pi}{\lambda}(r_2-r_1)$
$=\begin{cases}2k\pi & 加强\\(2k+1)\pi & 减弱\end{cases}$

驻波
形成条件：振幅相同、传播方向相反的相干波叠加
驻波特点：具有波腹和波节的分段振动；相邻波节之间相位相同，波节两侧相位相反；能流在波节和波幅之间变化，平均能流为0

两端固定弦线上驻波
1. 驻波的波长
$\lambda_n=\frac{2L}{n}\ (n=1,2,3,\cdots)$
2. 驻波的频率
$\nu_n=\frac{nu}{2L}$
$n=1,2,3,\cdots$

波的能量
1. 能量密度
$w=\rho A^2\omega^2\sin^2\omega\left(t-\frac{x}{u}\right)$
2. 平均能量密度
$\overline{w}=\frac{1}{2}\rho A^2\omega^2$
3. 平均能流密度
$I=\overline{w}u=\frac{1}{2}\rho A^2\omega^2u$

习 题

3.1 题图3.1为一平面简谐波在$t=0$时刻的波形曲线，已知$u=5\times10^3\mathrm{m\cdot s^{-1}}$，$\nu=12.5\times10^3\mathrm{Hz}$，$A=0.1\mathrm{m}$。求：(1) 此波的波函数表达式；(2) 距$O$点0.1m和0.3m处质点的振动方程；(3) 二者与O点的相位差及其之间的相位差。

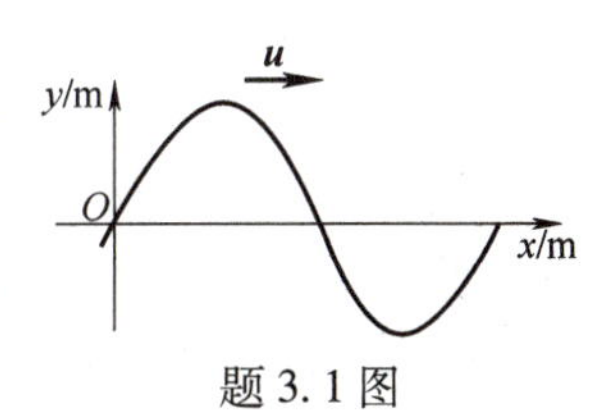

题3.1图

3.2 一横波沿绳子传播，其波的表达式为$y=0.05\cos(100\pi t-2\pi x)$(SI)。求：(1) 此波的振幅、波速、频率和波长；(2) 绳子上各质点的最大振动速度和最大振动加速度；(3) $x_1=0.2\mathrm{m}$处和$x_2=0.7\mathrm{m}$处二质点振动的相位差。

3.3 如题3.3图所示，图a表示$t=0$时刻的波形图，图b表示原点（$x=0$）处质元的振动曲线，试求此波的波函数。

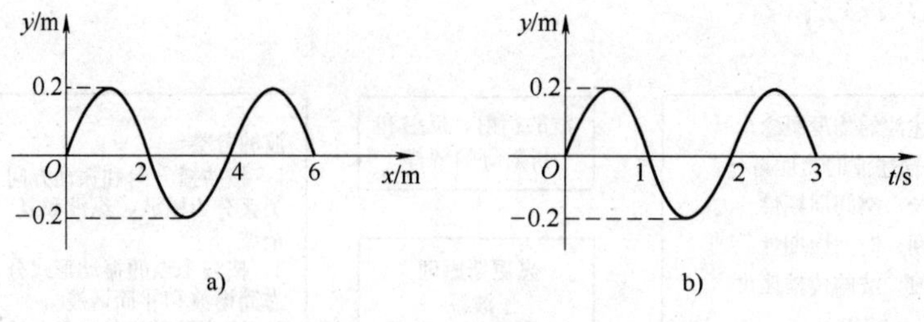

题 3.3 图

3.4　一平面简谐波沿 x 轴负向传播，波长 $\lambda=1.0\text{m}$，原点处质点的振动频率为 $\nu=2.0\text{Hz}$，振幅 $A=0.1\text{m}$，且在 $t=0$ 时恰好通过平衡位置向 y 轴负向运动，求此平面简谐波的波函数。

3.5　一平面简谐波沿 Ox 轴的负方向传播，波长为 λ，P 处质点的振动规律如题 3.5 图所示。(1) 求 P 处质点的振动方程；(2) 求此波的波动表达式；(3) 若图中 $d=\lambda/2$，求坐标原点 O 处质点的振动方程。

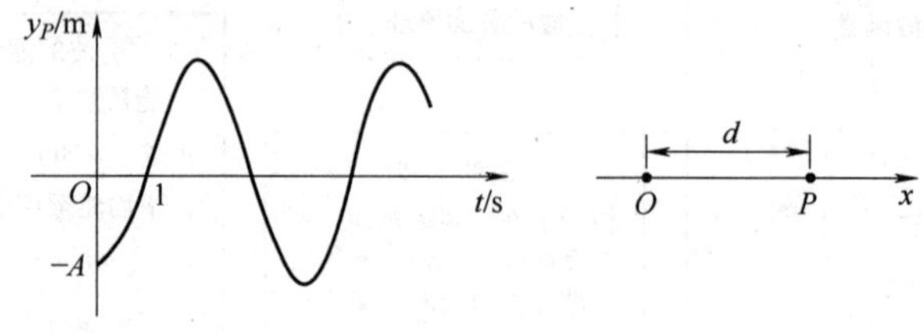

题 3.5 图

3.6　一列机械波沿 x 轴正向传播，$t=0$ 时的波形如题 3.6 图所示，已知波速为 $10\text{m}\cdot\text{s}^{-1}$，波长为 2m，求：(1) 波函数；(2) P 点的振动方程；(3) P 点的坐标与 P 点回到平衡位置所需的最短时间。

3.7　一平面简谐波在空间传播，如题 3.7 图所示，已知 A 点的振动方程为 $y_A=A\cos(2\pi\nu t+\varphi)$，试写出：(1) 该平面简谐波的表达式；(2) B 点的振动表达式（B 点位于 A 点右方 d 处）。

3.8　如题 3.8 图所示，设 B 点发出的平面横波沿 BP 方向传播，它在 B 点的振动方程为 $y_1=2\times10^{-3}\cos2\pi t$；$C$ 点发出的平面横波沿 CP 方向传播，它在 C 点的振动方程为 $y_2=2\times10^{-3}\cos(2\pi t+\pi)$。设 $BP=0.4\text{m}$，$CP=0.5\text{m}$，波速 $u=0.2\text{m}\cdot\text{s}^{-1}$，求：(1) 两波传到 P 点时的相位差；(2) 当这两列波的振动方向相同时，P 处合振动的振幅；(3) 当这两列波的振动方向互相垂直时，P 处合振动的振幅。

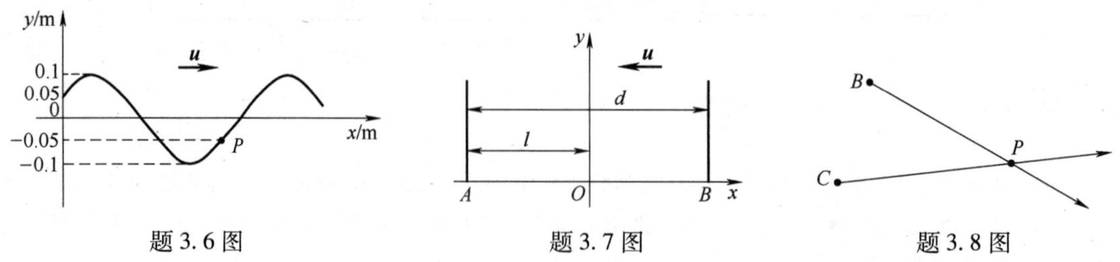

题 3.6 图　　题 3.7 图　　题 3.8 图

3.9　如题 3.9 图所示，两列平面简谐波为相干波，在两种不同介质中传播，在两介质分界面上的 P 点相遇，波的频率 $\nu=100\text{Hz}$，振幅 $A_1=A_2=1.0\times10^{-3}\text{m}$，$S_1$ 的相位比 S_2 的相位领先 $\pi/2$，波在介质 1 中的波速 $u_1=400\text{m}\cdot\text{s}^{-1}$，在介质 2 中的波速 $u_2=500\text{m}\cdot\text{s}^{-1}$，$r_1=4.0\text{m}$，$r_2=3.75\text{m}$，求 P 点的合振幅。

3.10　如题 3.10 图所示，地面上波源 S 与高频率波探测器 D 之间的距离为 d，从 S 直接发出的波与从 S 发出经高度为 H 的水平层反射后的波，在 D 处加强，反射线及入射线与水平层所成的角度相同。当水平

层逐渐升高 h 距离时，在 D 处测不到信号。不考虑大气的吸收。试求此波源 S 发出波的波长。

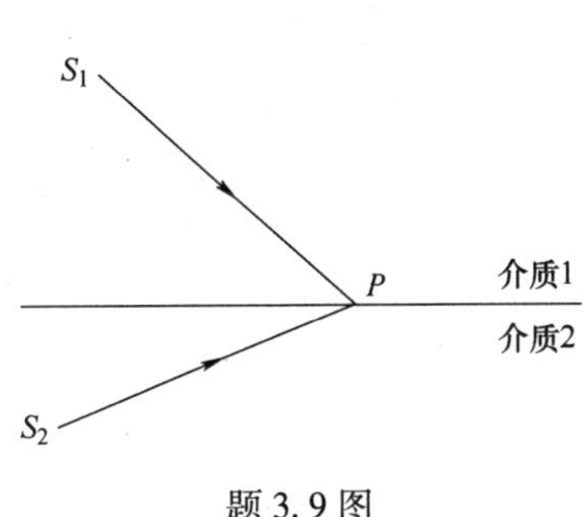

题 3.9 图

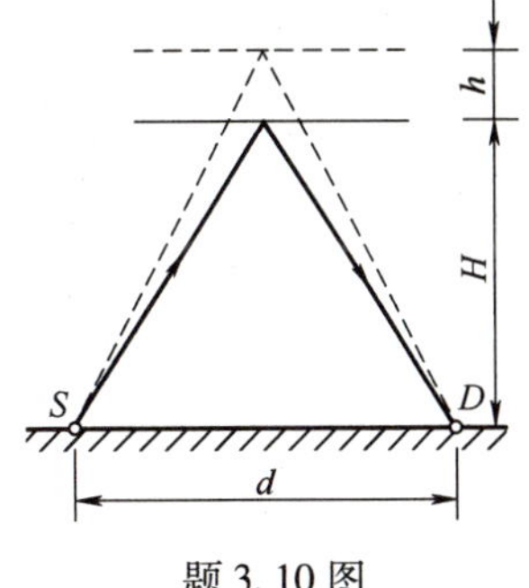

题 3.10 图

3.11 设入射波的方程为 $y_1=A\cos 2\pi\left(\dfrac{x}{\lambda}+\dfrac{t}{T}\right)$，在 $x=0$ 处发生反射，反射点为一固定端，设反射时无能量损失，求：(1) 反射波的方程式；(2) 合成的驻波方程式；(3) 波腹和波节的位置。

3.12 一驻波中相邻两波节的距离为 $d=5.00\text{cm}$，质元的振动频率为 $\nu=1.00\times10^3\text{Hz}$，求形成该驻波的两个相干行波的传播速度 u 和波长。

3.13 一列火车以 $20\text{m}\cdot\text{s}^{-1}$ 的速度行驶，若机车汽笛的频率为 600Hz，一静止观察者在机车前和机车后听到的声音频率分别为多少 Hz？（空气中声速为 $340\text{m}\cdot\text{s}^{-1}$。）

3.14 汽车驶过车站时，车站上的观测者测得汽笛声频率由 1200Hz 变到了 1000Hz，设空气中声速为 $330\text{m}\cdot\text{s}^{-1}$，求汽车的速率。

第 3 章习题答案

第 3 章习题详解

第2篇 电 磁 学

电磁学的主要内容是研究电荷、电流产生电场和磁场的规律，电场和磁场的相互联系，以及电磁场与电荷、电流和其他物质的相互作用。简而言之，电磁学是研究电磁相互作用规律的基础学科。

人类对电磁现象的认识可追溯到公元前600年，直到18世纪中后期，科学家们才开始对电荷相互作用以及磁极相互作用的定量研究。1785年，法国物理学家库仑（Charles-Augustin de Coulomb，1736—1806）应用自己设计的扭秤装置进行实验，得出了至今世界公认的库仑定律。1820年，丹麦物理学家奥斯特（Hans Christian Ørsted，1777—1851）发现了电流的磁效应，是电磁学研究的重要里程碑。随后，法国物理学家安培（André-Marie Ampère，1775—1836）由实验发现了电流之间的相互作用力，并在其后通过四个精心设计的实验和推理，得出了电流元之间的相互作用定律，即安培定律。同年，法国的毕奥（Jean Baptiste Biot，1744—1862）和萨伐尔（Felix Savart，1791—1841）发表论文，阐述了载流长直导线对磁极的作用力反比于距离的实验结果，在数学家拉普拉斯（Pierre Simon Laplace，1729—1827）的帮助下，导出了电流元对磁极作用力的表达式，即毕奥-萨伐尔定律。1831年，英国化学家、物理学家法拉第（Michael Faraday，1791—1867）从奥斯特电流的磁效应得到启发，他仔细地分析了电流的磁效应等现象，认为既然电能够产生磁，反过来，磁也应该能产生电。经过10年的研究，法拉第发现了电磁感应现象，总结出电磁感应定律。电磁感应现象的发现为电和磁的转化铺平了道路。1837年，法拉第打破了牛顿力学“超距作用”的传统观念，引入了电场和磁场的概念。1838年，他提出了力线的概念，用电场线和磁感应线来解释电磁现象，这是理论上一次重大突破。至此，从理论上总结电磁场普遍规律的条件已经具备。

1861年，英国物理学家麦克斯韦（James Clerk Maxwell，1831—1879）提出了“涡旋电场”假设和“位移电流”假设。1865年，麦克斯韦发表《电磁场的动力学理论》，总结出麦克斯韦方程组，预言电磁波存在，提出光的电磁理论。1888 年，德国科学家赫兹（Heinrich Rudolf Hertz，1857—1894）发现了电磁波存在，作为一个判决性实验，麦克斯韦电磁理论被广泛接受。到 1900 年左右，电磁学的三个分支，即电学、磁学和光学，被合并为一个统一理论，称为麦克斯韦电磁理论。然而，麦克斯韦方程组从 1865 年发表以来就面临着在伽利略变换下不满足相对性原理的问题，认为只有在绝对静止的以太参考系麦克斯韦方程组才精确成立。1905 年，爱因斯坦（Albert Einstein，1879—1955）摒弃了牛顿绝对时空观，用洛伦兹变换代替了伽利略变换，建立了狭义相对论。根据狭义相对论，麦克斯韦方程组在洛伦兹变换下满足相对性原理。至此，电磁理论（电磁学）已发展成为经典物理学中相当完善的一个分支。

电磁学的建立，经历了由实践到理论，又由理论到实践的反复过程。在这个过程中，电磁学逐步形成了独特的理论体系，对此概括为以下几个方面。（1）两个公理：电荷守恒定律和力的叠加原理。电荷守恒定律是讨论起电、感应、极化、电流以及位移电流的根据；力的叠加原理是讨论各种形式的场叠加结果的依据。（2）三大实验定律：库仑定律、安培定律和法拉第电磁感应定律。这三个在实验基础上建立起来的定律，是整个电磁学理论体系建立的基础。（3）两个假设：涡旋电场假设和位移电流假设。这两个假设深化了人们对电磁关系的认识。电磁学的基本理论就是在三个实验定律的基础上，加上两个基本公理和两个基本假设，建立起描述电磁场运动的基本方程——麦克斯韦方程组。麦克斯韦方程组是宏观电磁学的基本方程，在电磁学中的地位和牛顿定律在力学中的地位相当。

在自然界中，迄今为止已发现四种相互作用：引力相互作用、电磁相互作用、强相互作用和弱相互作用。电磁相互作用是研究得最为广泛的一种相互作用。首先它在决定原子和分子结构方面起着关键作用，因而在很大程度上决定着各种物质的物理和化学性质。其次，电磁相互作用的规律是其他许多学科——如电子电工学、等离子物理学、磁流体物理学、电化学、量子电动力学等的基础。因此，电磁学是这些学科研究所必需的重要理论基础。同样，电磁学在技术发展和应用中也扮着重要角色，如在控制技术、通信技术、测量技术、能源技术、自动化技术、计算技术等领域具有广阔的应用前景。综上所述，学习和掌握这门学科的重要性是不言而喻的。

第4章 静 电 场

给我最大快乐的，不是已懂的知识，而是不断地学习；不是已有的东西，而是不断地获取；不是已达到的高度，而是继续不断地攀登。

——高斯

任何电荷周围都存在电场，相对观察者静止的电荷产生的电场称为静电场。本章从反映电荷之间相互作用的实验规律库仑定律出发，以两个角度为切入点：位于电场中的电荷受到电场力的作用和电荷在电场中移动时电场力对电荷做功，引入描述电场的基本物理量——电场强度和电势，并讨论其计算方法和二者的相互关系；从电场叠加原理出发，引入描述静电场基本性质的方程——高斯定理和环路定理；最后讨论导体存在时对电场分布的影响、电容器的电容和静电场的能量问题。

通过本章学习，读者应掌握电场强度和电势的概念，以及电场强度和电势的计算方法；理解静电场的高斯定理和环路定理；掌握应用高斯定理计算电场强度的条件和方法；了解导体和电介质与电场的相互影响；初步掌握有关电容和电场能量的基本知识。

4.1 电荷 库仑定律

4.1.1 电荷及其守恒定律

电磁现象的产生源于物体带上了电荷以及电荷的运动。人类在社会实践中发现，两种不同材料构成的物体，互相摩擦后都能吸引轻微物体，便说这些物体带了电荷。电荷依赖于物质而存在，是物质的基本属性。

1. 电荷的种类

自然界中存在的电荷有两种，分别称为正电荷和负电荷。人们习惯沿用美国物理学家富兰克林（B. Franklin，1706—1790）的定义，即丝绸和玻璃棒摩擦后，玻璃棒所带电荷为正电荷，毛皮和硬橡胶棒摩擦后橡胶棒所带电荷为负电荷。实验表明：同种电荷相互排斥，异种电荷相互吸引。宏观带电体由微观粒子组成，其带电种类由各种粒子带正负电荷的代数和确定。

2. 电荷的量子化

物体带有电荷的多少，称为电荷量，简称电量。在国际单位制里，电量的单位是库仑（C）。实验证明，物体的电量是一个基本单元的整数倍，这称为电荷的量子化。电荷量的基本单元就是电子电量的绝对值。1913 年美国物理学家密立根（R. A. Millikan，1868—1953）设计了著名的油滴实验，测出了电子电量 e。2018 年国际计量大会给出的电子电量数值是

$$e=1.602176634\times10^{-19}\,\text{C}$$

目前，科学家通过实验探测到了更基本的粒子——夸克的存在，每个夸克可能带有 $\pm e/3$ 或 $\pm 2e/3$ 的电量。因此，并不影响电荷量子化的结论。由于夸克的禁闭，至今在实验中尚未发现处于自由状态的夸克。

在宏观电磁现象中，带电体的电量往往是基本单元电荷量的很大倍数，以至于电荷的量子化特性并不突出，我们可以认为电荷是连续分布在带电体上的。

为方便描述带电体及其相互作用规律，人们习惯上引入点电荷模型。当带电体本身的几何线度与它到观察点的距离相比小得多时，其形状、大小、电荷分布形态等均可忽略，可将其视为一个带电的点，称之为点电荷。应当明确，点电荷是一个相对的概念，一个带电体能否看成点电荷，与考察问题所要求的精度有关。一般而言，我们可以将一个连续分布的带电体看成由诸多点电荷组成。

3. 电荷守恒

现代物理实验证实：物质由原子组成，原子内部有原子核及核外电子。原子核内有质子和中子，中子不带电，质子带正电，每个质子与电子所带的电量数值相等。在正常状态下，原子中的电子数与质子数相等，原子呈现电中性，由此构成的物质也将呈现电中性。由于某种外界因素的作用（如光照、碰撞、摩擦等），物体会失去或得到一部分电子，物体对外呈现电性。失去电子的物体带正电，得到电子的物体带负电。实验表明：一个与外界没有电荷交换的系统，其正负电荷的代数和在任何物理过程中保持不变，称为电荷守恒定律。

4. 电荷的相对论不变性

实验表明，物体的电量与它的运动状态无关，即：在不同的参考系内观察，虽然电荷的运动状态不同，但是同一带电粒子的电量不变，这个结论称为电荷的相对论不变性。

4.1.2 库仑定律

1785 年，法国物理学家库仑（C. A. de Coulomb，1736—1806）利用扭秤实验直接测定了两个带电球体之间相互作用的电力，称为库仑力。在实验的基础上，库仑确定了两个点电荷之间相互作用的规律，即库仑定律。其内容表述为：在真空中，两个静止的点电荷之间的相互作用力的大小与它们电量的乘积成正比，与它们之间距离的平方成反比；作用力的方向沿着两点电荷的连线，同号电荷相互排斥，异号电荷相互吸引。

如图 4.1 所示，有两个点电荷 q_1 和 q_2，设矢量 $\boldsymbol{r}$ 由 q_1 指向 q_2，则 q_2 所受的库仑力为

$$\boldsymbol{F}=k\frac{q_1q_2}{r^2}\boldsymbol{e}_r \tag{4.1}$$

式中，r 是矢量 $\boldsymbol{r}$ 的大小，即两个点电荷之间的距离；$\boldsymbol{e}_r$ 是矢量 $\boldsymbol{r}$ 的单位矢量；k 为比例系数，由实验确定，其数值和单位取决于式中各量的单位，在国际单位制中

$$k=8.9880\times10^{9}\,\text{N}\cdot\text{m}^2\cdot\text{C}^{-2}$$

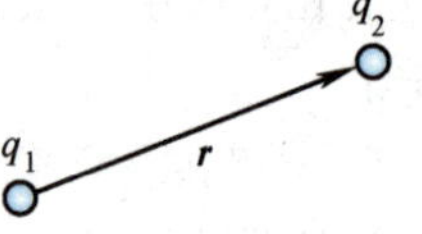

图 4.1　库仑定律

为了简化电磁学公式，定义常数

$$\varepsilon_0=\frac{1}{4\pi k}=8.85\times10^{-12}\mathrm{C}^2\cdot\mathrm{N}^{-1}\cdot\mathrm{m}^{-2}$$

ε_0 称为真空介电常量，或真空电容率。于是库仑定律，即式（4.1）可改写为

$$\boldsymbol{F}=\frac{q_1q_2}{4\pi\varepsilon_0 r^2}\boldsymbol{e}_r \tag{4.2}$$

由式（4.2）可以看出，当 q_1 和 q_2 同号时，q_2 的受力方向与 $\boldsymbol{r}$ 同向，为排斥力，反之则是吸引力。因此，库仑定律表达式同时给出了库仑力的大小和方向。根据定律的约定，如果要计算 q_2 对 q_1 的库仑力，只需将 $\boldsymbol{r}$ 反向即得。因此，库仑定律给出的库仑力仍然满足牛顿第三定律。另外，两个点电荷之间的库仑力并不因第三个点电荷的存在而改变，满足力的矢量叠加原理。

库仑定律的建立标志着电学定量研究的开始，它和万有引力定律有许多相似之处，是关于一种基本力的定律。近代物理学实验证明，库仑定律在两个点电荷的距离小到 10^{-17}m 或大到 10^7m 时都是成立的。这说明库仑力是一种长程力，可以认为在更大的范围内库仑定律都成立。

思考题

4.1.1 试将电荷的特性与引力质量的特性相比较，讨论它们的相似点和不同点。

4.1.2 试问如果质子电量比电子电量的数量稍稍大一点，我们的世界将会有什么不同？

4.1.3 假设对所规定的电荷符号加以改变，使电子的电荷为正，质子的电荷为负，试问库仑定律的表达式是否还和原来的一样？

4.1.4 尝试讨论复印机和激光打印机的工作原理。

4.2 电场 电场强度

4.2.1 电场

在经典力学中，力发生在相互接触的两个物体之间。对于真空中没有相互接触的两个电荷之间却有库仑力，这种相互作用力是怎么发生的呢？

早期，人们认为两个电荷之间的相互作用力是一种超距作用。即一个电荷对另一个电荷的作用力是隔着一定空间直接给予的，不需要中间媒介，也不需要时间，可用框图表示为

电荷 ⇄ 电荷

19 世纪 30 年代，英国物理学家法拉第（M. Faraday，1791—1867）最早提出了电场的概念，解释了电荷间相互作用力的传递问题。其基本观点是：电荷周围存在电场，当其他电荷处于电场中时，电荷会受到电场力的作用。这种作用方式可以表示为

电荷 ⇄ 电场 ⇄ 电荷

法拉第关于场的观点，已经被其后的科学实验所证实。电场具有质量、动量和能量。电

场是一种客观存在的物质形态，它的传播速度就是光速，是有限的量值。

如果电荷是静止的，则空间就只有电荷产生的电场，称为静电场。本章主要讨论静电场的性质、描述和分布规律等内容。

4.2.2 电场强度

为了描述电场的性质，我们引入试验电荷，其满足如下要求：一是电量应当足够小，它的引入不会明显影响产生电场的原来电荷（即场源电荷）的分布，即原有电场的空间分布不会发生明显改变；二是它的线度必须足够小，可以视为点电荷，以便于其空间位置是确定的。

设真空中有静止的带电体，将试验电荷 q_0 放入其产生的电场中。实验发现：q_0 放在电场不同位置时，其所受的电场力 $\boldsymbol{F}$ 的大小和方向一般是不同的。但是在确定点处，$\boldsymbol{F}$ 与 q_0 的比值 $\boldsymbol{F}/q_0$ 是一不变的矢量，与电量 q_0 无关，反映了电场在空间不同点的性质，定义为电场强度，简称场强，用 $\boldsymbol{E}$ 表示，即

$$\boldsymbol{E}=\frac{\boldsymbol{F}}{q_0} \tag{4.3}$$

式（4.3）表明，电场中某点的电场强度等于静止于该点单位正电荷所受的电场力。

在国际单位制中，场强单位是 $\mathrm{N\cdot C^{-1}}$（牛顿每库仑），常用单位还有 $\mathrm{V\cdot m^{-1}}$（伏特每米），两者是等价的。

一般而言，空间不同点电场强度的大小和方向都是不同的，如果空间各点电场强度的大小和方向均相同，这种电场称为均匀电场成匀强电场。

4.2.3 电场强度的计算

1. 点电荷产生的电场

在真空中，点电荷产生电场的规律可以通过库仑定律直接得到。如图 4.2a 所示，一个静止的点电荷 q 在其周围产生电场，设场点 P 相对于 q 的位置矢量为 $\boldsymbol{r}$。现在假设试验电荷 q_0 处于 P 点，根据库仑定律，q_0 所受的电场力为

$$\boldsymbol{F}=\frac{qq_0}{4\pi\varepsilon_0 r^3}\boldsymbol{r}=\frac{qq_0}{4\pi\varepsilon_0 r^2}\boldsymbol{e}_r$$

式中，$\boldsymbol{e}_r$ 是矢径 $\boldsymbol{r}$ 方向上的单位矢量。

根据电场强度定义，P 点场强是

$$\boldsymbol{E}=\frac{q}{4\pi\varepsilon_0 r^2}\boldsymbol{e}_r \tag{4.4}$$

由式（4.4）可知，若 $q>0$，则 $\boldsymbol{E}$ 与 $\boldsymbol{r}$ 同向，即在正电荷周围的电场中，任意一点的场强沿该点的矢径方向（见图 4.2a）；若 $q<0$，则 $\boldsymbol{E}$ 与 $\boldsymbol{r}$ 反向，即在负电荷周围的电场中，任意点的场强沿该点矢径的负方向（见图 4.2b）。式（4.4）说明点电荷的电场具有球对称性，即在以 q 为中心的任意球面上场强大小相等，方向均与该球面垂直。在各向同性的自由空间内，一个本身无任何方向特征的点电荷的电场分布必然具有这种中心对称性。

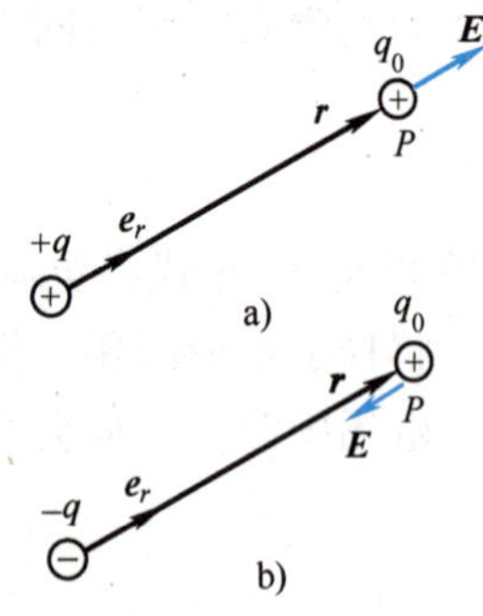

图 4.2 电荷的电场

2. 点电荷系产生的电场

根据力的矢量叠加性质，试验电荷在点电荷系内所受的电场力可以视为各个点电荷各自对 q_0 作用力 $\boldsymbol{F}_1,\boldsymbol{F}_2,\cdots,\boldsymbol{F}_n$ 的矢量和，即

$$\boldsymbol{F}=\boldsymbol{F}_1+\boldsymbol{F}_2+\cdots+\boldsymbol{F}_n$$

两边除以 q_0，有

$$\frac{\boldsymbol{F}}{q_0}=\frac{\boldsymbol{F}_1}{q_0}+\frac{\boldsymbol{F}_2}{q_0}+\cdots+\frac{\boldsymbol{F}_n}{q_0}$$

按场强定义，等式左边是总场强，右边各项是各个点电荷单独存在时产生的场强，所以，

$$\boldsymbol{E}=\boldsymbol{E}_1+\boldsymbol{E}_2+\cdots+\boldsymbol{E}_n=\sum_{i=1}^{n}\boldsymbol{E}_i \tag{4.5}$$

式（4.5）说明：点电荷系电场中任一点处的场强等于各个点电荷单独存在时产生的场强的矢量和，这个结论称为电场强度叠加原理，简称场强叠加原理，是电场的基本性质之一。

根据电场强度叠加原理，点电荷系所产生的总电场的场强应等于各个点电荷场强的矢量和。对于包含 n 个点电荷的点电荷系，第 i 个点电荷 q_i 在场点 P 产生的场强为

$$\boldsymbol{E}_i=\frac{q_i}{4\pi\varepsilon_0 r_i^2}\boldsymbol{e}_{ri}$$

式中，r_i 为场点 P 到点电荷 q_i 的距离；$\boldsymbol{e}_{ri}$为 P 到 q_i 矢径的单位矢量。总场强为

$$\boldsymbol{E}=\sum_{i=1}^{n}\boldsymbol{E}_i=\sum_{i=1}^{n}\frac{q_i}{4\pi\varepsilon_0 r_i^2}\boldsymbol{e}_{ri} \tag{4.6}$$

3. 连续带电体产生的电场

我们考虑这样的电荷分布：许多电荷相互靠得如此紧密，以致可以认为电荷是连续分布在一个表面上或一个体积中，虽然从微观上看电荷是不连续的量。使用连续电荷密度来描述一个大量分立的电荷分布，与用连续质量密度来描述实际上由大量分立的分子所组成的空气相似。在这两种情况的任一种中，通常都能容易地找到一个体积元 ΔV，它大到足以包含许多电荷或分子（几十亿个），而又小到如果用微分体积 $\mathrm{d}V$ 代替 ΔV 时在计算中所产生的误差可以忽略，换句话说，ΔV 宏观足够小，微观足够大，可以写成微分形式。

基于上述考虑，对于连续带电体产生的电场，根据场强叠加原理，可以通过对电荷元产生的电场进行积分来求得。如图 4.3 所示，任取一个电荷元 $\mathrm{d}q$（在这里视为点源），$\mathrm{d}q$ 产生的场强为

$$\mathrm{d}\boldsymbol{E}=\frac{\mathrm{d}q}{4\pi\varepsilon_0 r^2}\boldsymbol{e}_r$$

图 4.3 中 $\boldsymbol{r}$ 是 $\mathrm{d}q$ 指向场点 P 的矢量，r 为 $\boldsymbol{r}$ 的大小，$\boldsymbol{e}_r$ 为 $\boldsymbol{r}$ 的单位矢量。根据场强叠加原理，带电体在 P 点处产生的总场强为

$$\boldsymbol{E}=\int\mathrm{d}\boldsymbol{E}=\frac{1}{4\pi\varepsilon_0}\int\frac{\mathrm{d}q}{r^2}\boldsymbol{e}_r \tag{4.7}$$

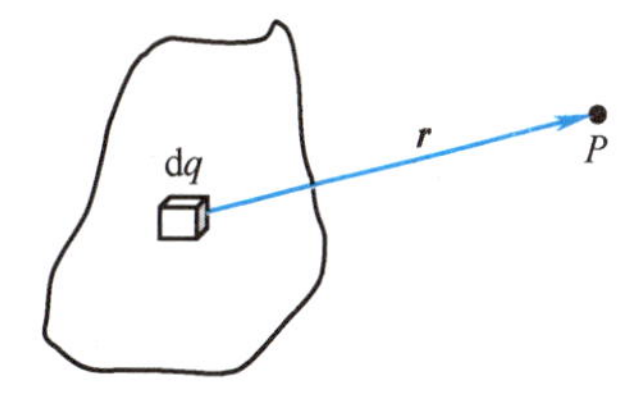

图 4.3 连续带电体的电场

积分遍及整个带电体。

具体运算时，通常将 $\mathrm{d}\boldsymbol{E}$ 沿 x、y、z 三个坐标轴方向分解，写出分量形式 $\mathrm{d}E_x$、$\mathrm{d}E_y$、$\mathrm{d}E_z$，再积分得出

$$E_x=\int dE_x,\ E_y=\int dE_y,\ E_z=\int dE_z \tag{4.8}$$

则总场强为

$$\boldsymbol{E}=E_x\boldsymbol{i}+E_y\boldsymbol{j}+E_z\boldsymbol{k} \tag{4.9}$$

在电荷元的选择上，需要根据带电体的几何形状、电荷分布情况选取不同形式的电荷元。

如果电荷连续分布在某一空间体积内，常用电荷体密度 ρ 来描写电荷分布，其单位是 $C \cdot m^{-3}$（库仑每立方米）。此时电荷元 $dq=\rho dV$，dV 表示电荷元所占据的体积。

如果电荷连续分布在物体表面上的一个薄层中（比如，我们将在后面证明：在导体上的静电荷总是处于导体的表面上），在这种情况下，定义面密度是合适的。设 t 为电荷层的厚度，那么在面积为 dS 的一个体积元中，$dq=\rho t dS=\sigma dS$，式中 σ 表示面密度，即单位面积上的电量，其单位是 $C \cdot m^{-2}$（库仑每平方米）。

类似地，如果电荷沿线连续分布，例如沿横截面积为 S 的一条线分布，我们选取一段长度为 dl 的体积元 $dV=Sdl$，此时 $dq=\rho Sdl=\lambda dl$，式中 λ 定义为线电荷密度，表示单位长度上的电荷量，其单位是 $C \cdot m^{-1}$（库仑每米）。

例 4.1 计算电偶极子轴线上和中垂线上各点的电场强度。

解 两个等量异号的点电荷（$+q$ 和 $-q$），相隔一定距离 l，当 l 远小于待求场点距离 r 时，这个点电荷系统叫电偶极子。电偶极子的电偶极矩大小等于电偶极子的电量乘以它们的距离，方向由负电荷指向正电荷。即

$$\boldsymbol{p}=q\boldsymbol{l}$$

（1）电偶极子轴线上一点 A 的电场强度。如图 4.4a 所示，取电偶极子轴线的中点 O 到 A 点的距离是 r，点电荷 $+q$ 和 $-q$ 在 A 点产生的电场强度的大小分别是

$$E_+=\frac{q}{4\pi\varepsilon_0\left(r-\dfrac{l}{2}\right)^2},\quad E_-=\frac{q}{4\pi\varepsilon_0\left(r+\dfrac{l}{2}\right)^2}$$

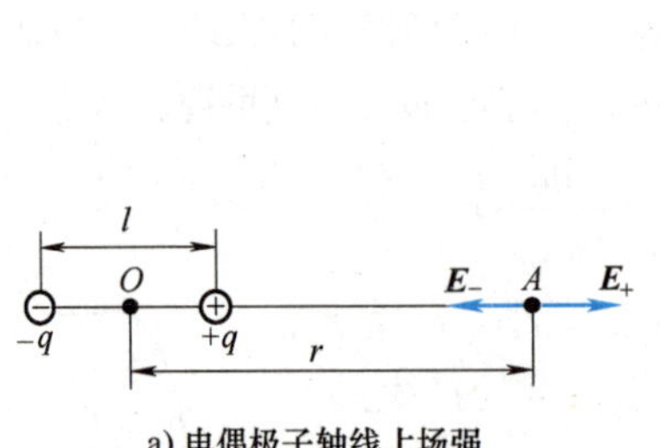

a) 电偶极子轴线上场强

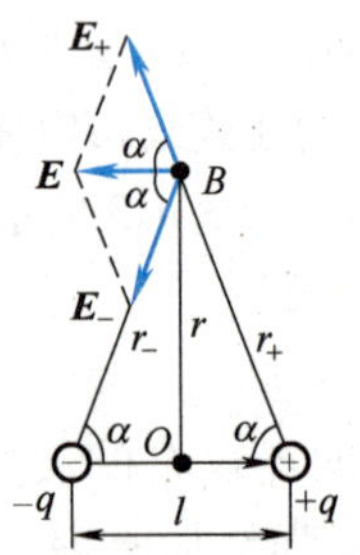

b) 电偶极子中垂线上场强

图 4.4 例 4.1 图

两者都沿轴线，但方向相反。所以 A 点的总电场强度是

$$E_A=E_+-E_-=\frac{2qrl}{4\pi\varepsilon_0 r^4\left(1-\dfrac{l}{2r}\right)^2\left(1+\dfrac{l}{2r}\right)^2}$$

若满足 $r \gg l$，有

$$E_A \approx \frac{2ql}{4\pi\varepsilon_0 r^3} = \frac{2p}{4\pi\varepsilon_0 r^3}$$

$\boldsymbol{E}_A$ 的方向与电偶极矩 $\boldsymbol{p}$ 的方向一致。

（2）电偶极子中垂线上一点 B 的电场强度。如图 4.4b 所示。设中垂线上任意一点 B 相对于 $+q$ 和 $-q$ 的位置矢量分别为 $\boldsymbol{r}_+$ 和 $\boldsymbol{r}_-$，且 $r_+ = r_-$。$+q$ 和 $-q$ 在 B 点处产生场强的大小相同，即

$$E_+ = E_- = \frac{q}{4\pi\varepsilon_0\left(r^2 + \frac{l^2}{4}\right)}$$

方向分别在 $+q$ 和 $-q$ 到 B 点的连线上，前者背向 $+q$，后者指向 $-q$。

设连线与电偶极子轴线之间的夹角是 α，则 B 点的总场强 $\boldsymbol{E}_B$ 的大小为

$$E_B = E_+\cos\alpha + E_-\cos\alpha = 2E_+\cos\alpha$$

因为

$$\cos\alpha = \frac{l}{2\sqrt{r^2 + \frac{l^2}{4}}}$$

所以

$$E_B = \frac{ql}{4\pi\varepsilon_0\left(r^2 + \frac{l^2}{4}\right)^{\frac{3}{2}}}$$

若满足 $r \gg l$，有

$$E_B = \frac{ql}{4\pi\varepsilon_0 r^3} = \frac{p}{4\pi\varepsilon_0 r^3} = \frac{1}{2}E_A$$

其方向与电偶极矩 $\boldsymbol{p}$ 的方向相反。

例 4.2 长度为 l、带电量为 q（>0）的均匀带电直线放置在 x 轴上，如图 4.5 所示。求原点 O 处的电场强度。

解 取电荷元 $\mathrm{d}q$，它在原点 O 处产生的电场强度大小为

$$\mathrm{d}E = \frac{\mathrm{d}q}{4\pi\varepsilon_0 x^2} = \frac{\lambda\,\mathrm{d}x}{4\pi\varepsilon_0 x^2}$$

$$E = \int_a^{a+l} \frac{\lambda\,\mathrm{d}x}{4\pi\varepsilon_0 x^2}$$

$$= \frac{l\lambda}{4\pi\varepsilon_0 a(a+l)} = \frac{q}{4\pi\varepsilon_0 a(a+l)}$$

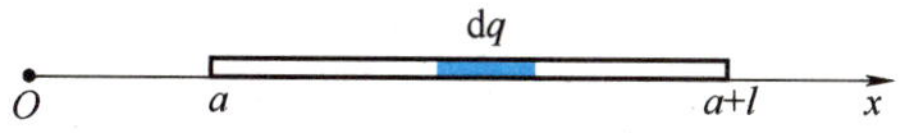

dq
O a a+l x

图 4.5 例 4.2 图

电场强度的方向沿着 x 轴负方向。

例 4.3 求长度为 l、带电量为 $q(>0)$ 的均匀带电直线在其中垂线上任意一点 P 产生的电场强度。

解 建立如图 4.6 所示的坐标系。带电直线沿着 y 轴，其中点位于坐标原点 O。电荷元 $\mathrm{d}q$ 在中垂线上

P 点产生的电场强度大小为

$$\mathrm{d}E=\frac{\mathrm{d}q}{4\pi\varepsilon_0 r^2}=\frac{\lambda\mathrm{d}y}{4\pi\varepsilon_0 r^2}$$

由对称性可知 $\mathrm{d}E_y=0$，在 x 方向

$$\mathrm{d}E_x=\mathrm{d}E\cos\theta=\frac{\lambda\cos\theta\mathrm{d}y}{4\pi\varepsilon_0 r^2}$$

选积分变量为角度 θ。由图 4.6 可得

$$y=x\tan\theta,\ \mathrm{d}y=x\sec^2\theta\mathrm{d}\theta,\ r=\frac{x}{\cos\theta}$$

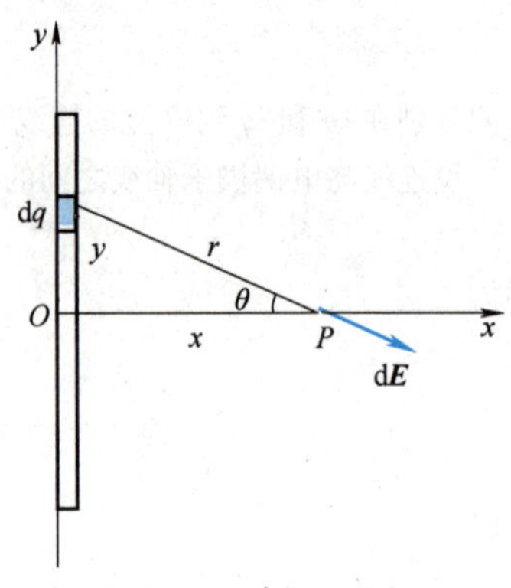

图 4.6　例 4.3 图

所以

$$\mathrm{d}E_x=\frac{\lambda\cos\theta\mathrm{d}y}{4\pi\varepsilon_0 r^2}=\frac{\lambda\cos\theta\mathrm{d}\theta}{4\pi\varepsilon_0 x}$$

积分得

$$E=E_x=2\int_0^{\theta_m}\frac{\lambda\cos\theta\mathrm{d}\theta}{4\pi\varepsilon_0 x}=\frac{\lambda}{2\pi\varepsilon_0 x}\sin\theta_m$$

$$=\frac{\lambda l}{4\pi\varepsilon_0 x}\left[x^2+\left(\frac{l}{2}\right)^2\right]^{-1/2}=\frac{q}{4\pi\varepsilon_0 x}\left[x^2+\left(\frac{l}{2}\right)^2\right]^{-1/2}$$

电场强度的方向沿着 x 轴正方向。

由结果可知：

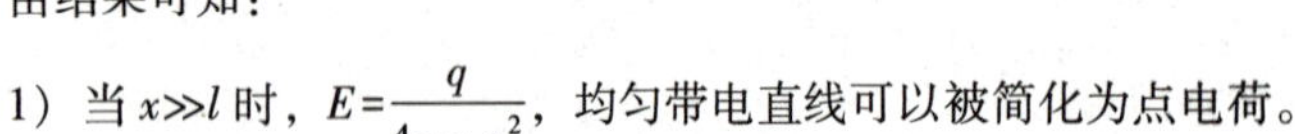

1）当 $x\gg l$ 时，$E=\dfrac{q}{4\pi\varepsilon_0 x^2}$，均匀带电直线可以被简化为点电荷。

2）当 $l\gg x$ 时，$E=\dfrac{\lambda}{2\pi\varepsilon_0 x}$，这时均匀带电直线可以看成是无限长的。

例 4.4　如图 4.7 所示，一均匀带电细圆环，半径为 R，所带总电量为 q（设 $q>0$），计算圆环轴线上场点 P 的电场强度。

解　将圆环微分成为许多小段，任一小段 $\mathrm{d}l$ 上的带电量为 $\mathrm{d}q$，其量值

$$\mathrm{d}q=\frac{q}{2\pi R}\mathrm{d}l$$

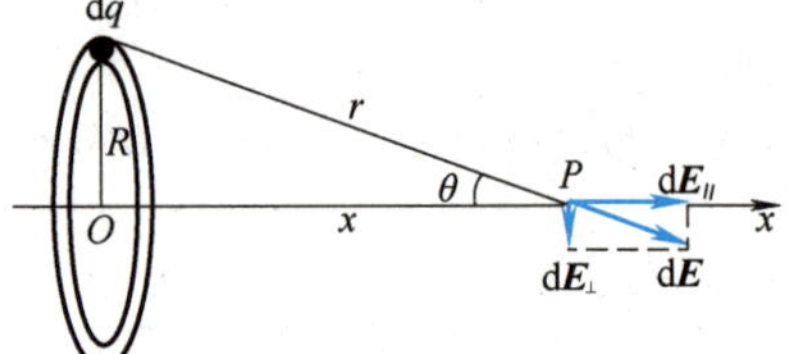

图 4.7　例 4.4 图

此电荷元 $\mathrm{d}q$ 在 P 点产生场强的大小为

$$\mathrm{d}E=\frac{\mathrm{d}q}{4\pi\varepsilon_0 r^2}=\frac{1}{4\pi\varepsilon_0}\frac{q\mathrm{d}l}{2\pi R}\frac{1}{r^2}$$

其方向如图 4.7 所示。$\mathrm{d}\boldsymbol{E}$ 沿平行和垂直于轴线的两个方向的分量分别为 $\mathrm{d}\boldsymbol{E}_{/\!/}$ 和 $\mathrm{d}\boldsymbol{E}_{\perp}$。由于圆环电荷分布对于轴线对称，所以圆环上全部电荷的 $\mathrm{d}\boldsymbol{E}_{\perp}$ 分量的矢量和为零，因而 P 点的场强沿轴线方向，即

$$E=\int\mathrm{d}E\cos\theta$$

此式的积分遍及整个圆环，而且对于给定点 P，r 和 θ 是定值。所以

$$E=\frac{1}{4\pi\varepsilon_0}\frac{q\cos\theta}{2\pi Rr^2}\int_0^{2\pi R}\mathrm{d}l=\frac{q\cos\theta}{4\pi\varepsilon_0 r^2}$$

由图中几何关系

$$\cos\theta=\frac{x}{r},\ r^2=R^2+x^2$$

于是得出

$$E=\frac{qx}{4\pi\varepsilon_0(R^2+x^2)^{\frac{3}{2}}}$$

其方向沿 x 轴正方向。

当 $x=0$ 时，$E=0$，即圆环中心处的电场强度为零。

当 $x\gg R$ 时，该处电场强度可以近似为

$$E=\frac{q}{4\pi\varepsilon_0 x^2}$$

相当于全部电荷集中于圆环中心处的点电荷在 P 点产生的电场。

例 4.5 均匀带电圆盘的半径为 R（见图 4.8），电荷面密度为 σ（设 $\sigma>0$），求圆面轴线上距离圆心 x 处场点 P 的场强。

解 带电圆盘可看成由许多同心的带电细圆环组成。考虑其中半径为 r、宽度为 $\mathrm{d}r$ 的细圆环，此环的面积是 $\mathrm{d}S=2\pi r\mathrm{d}r$，带电量是

$$\mathrm{d}q=\sigma\mathrm{d}S=2\pi\sigma r\mathrm{d}r$$

利用例 4.4 结果，该细圆环在 P 点的场强大小为

$$\mathrm{d}E=\frac{x\mathrm{d}q}{4\pi\varepsilon_0(r^2+x^2)^{\frac{3}{2}}}=\frac{\sigma x r\mathrm{d}r}{2\varepsilon_0(r^2+x^2)^{\frac{3}{2}}}$$

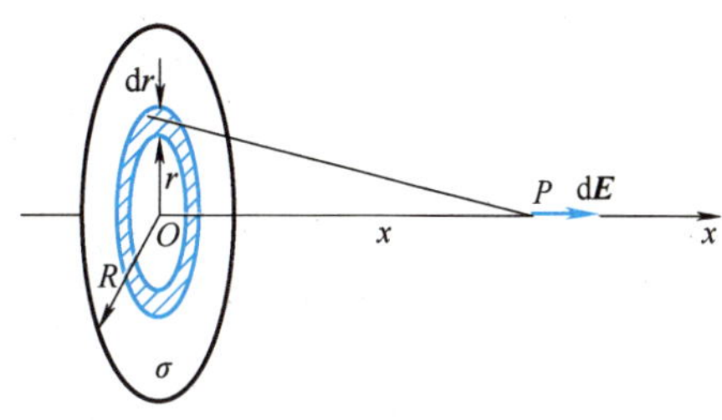

图 4.8 例 4.5 图

方向沿着轴线指向 x 轴正方向。

由于组成圆面的各圆环的电场 $\mathrm{d}\boldsymbol{E}$ 的方向都相同，所以 P 点的总场强为各个圆环在 P 点场强的大小的和，即

$$E=\int\mathrm{d}E=\frac{\sigma x}{2\varepsilon_0}\int_0^R\frac{r\mathrm{d}r}{(x^2+r^2)^{\frac{3}{2}}}=\frac{\sigma}{2\varepsilon_0}\left[1-\frac{x}{\sqrt{R^2+x^2}}\right]$$

其方向沿轴线指向 x 轴正方向。

为了讨论这一结果及以后处理相应问题的方面，这里给出由泰勒公式可以得到的一个近似公式：$(1+x)^{\alpha}\approx 1+\alpha x$，该式成立的条件是 $|x|\ll 1$。下面对均匀带电圆盘在轴线上产生的场强进行讨论。

当 $x\ll R$ 时，均匀带电圆盘可以视为“无限大”带电平面，则 P 点场强是

$$E=\frac{\sigma}{2\varepsilon_0}$$

这表明“无限大”带电平面产生的电场是一个均匀电场或匀强电场，各点场强量值相同，方向都与平面垂直。

当 $x\gg R$ 时，按照前面给出的公式有

$$\frac{x}{\sqrt{R^2+x^2}}=\left(1+\frac{R^2}{x^2}\right)^{-\frac{1}{2}}\approx 1-\frac{1}{2}\frac{R^2}{x^2}$$

电场强度

$$E\approx\frac{\sigma\pi R^2}{4\pi\varepsilon_0 x^2}=\frac{q}{4\pi\varepsilon_0 x^2}$$

式中，$q=\sigma\pi R^2$ 是圆盘所带的电量。可见，远离带电面处的电场相当于电荷全部集中于圆盘中心的一个点电荷所产生的电场。

思考题

4.2.1 电场强度的物理意义是单位正电荷所受的力，因为电荷量的单位是库仑，故某点的电场强度等

于在该点放一个电荷量为一库仑的点电荷所受的力，你认为对吗？

4.2.2 根据点电荷的场强公式 $E=\frac{1}{4\pi\varepsilon_0}\frac{q}{r^2}$，当所考虑的点和点电荷的距离 $r\to 0$ 时，则场强 $E\to\infty$，这是没有物理意义的，对这问题应怎样理解？

4.3 静电场中的高斯定理

4.3.1 电场线

为了形象直观的描述电场，可以在电场中画出一簇连续曲线，这些曲线被称为电场线。电场线要满足如下要求：

1）曲线上每一点的切线方向和该点电场强度的方向一致。

2）在电场中任一点处，通过垂直于该处电场强度方向的单位面积的电场线的条数与该点处电场强度的大小成正比。

为了有助于绘制电场线，以下三点辅助规则非常有用：

1）静电场的电场线总是起始于正电荷或无穷远，终止于负电荷或无穷远，即电场线是有头有尾的，它有起点和终点，不会在没有电荷的地方中断。

2）从一个正电荷发出的电场线条数（或者终止于一个负电荷的电场线条数）与该电荷电量的大小成正比。

3）电场线不能相交。若电场线相交就违背了电场分布的唯一性。

图 4.9 给出按上述规定描绘的三种带电体电场的电场线。

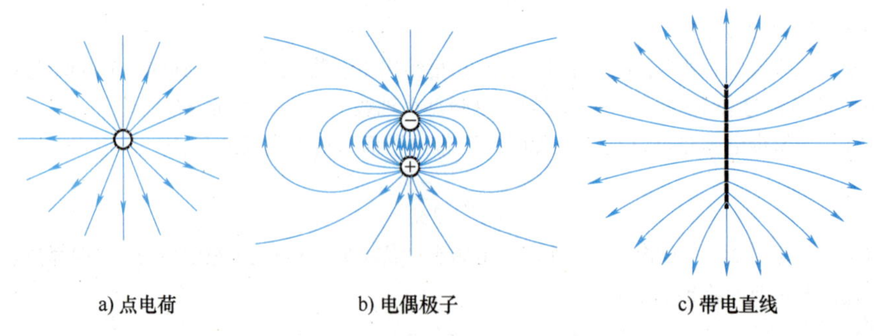

a) 点电荷　　b) 电偶极子　　c) 带电直线

图 4.9　三种带电体的电场线

4.3.2 电通量

库仑定律讲述了给定电荷分布如何去求电荷产生的电场。我们下面反过来考虑问题，即在已知电场情况下，如何求在给定区域内有多少电荷，答案取决于一个被称为电通量的物理量的数值。

通量（flux）来源于拉丁文的“流动”（flow）一词，是描述矢量场性质的一个物理量。在流体物理学中，整个流体可以看成一个速度场，即流体中每一点都相应有一个确定的流过 ΔS 的流体体积 $\boldsymbol{v}\cdot\Delta S\boldsymbol{n}=\boldsymbol{v}\cdot\Delta\boldsymbol{S}$，就称为速度 $\boldsymbol{v}$ 对面元 ΔS 的通量。

虽然在电场中实际上并没有什么东西在“流动”，但可直观地想象电场线类似于液体流动的流线，就像在溪流中流动的水那样。显然，可以将上述关于通量的定义推广到任何一个矢量场。对于电场 $\boldsymbol{E}(x,y,z)$，可以在场强为 $\boldsymbol{E}$ 的某一点附近取一面积元 ΔS，以 $\boldsymbol{n}$ 表示其法向单位矢量，以 θ 表示 $\boldsymbol{E}$ 和 $\boldsymbol{n}$ 之间的夹角。我们定义：面积元 ΔS 的电通量为

$$\Delta\Phi_e=\boldsymbol{E}\cdot\Delta\boldsymbol{S}=\boldsymbol{E}\cdot\Delta S\boldsymbol{n}=E\Delta S\cos\theta \tag{4.10}$$

我们先讨论一种简单情况，求均匀电场中一个平面上的电通量。设平面 S 处于匀强电场 $\boldsymbol{E}$ 中，$\boldsymbol{n}$ 为平面的法线方向，$\boldsymbol{E}$ 和 $\boldsymbol{n}$ 之间的夹角为 θ。根据定义，直接得到通过平面 S 的电通量为

$$\Phi_e=ES\cos\theta=\boldsymbol{E}\cdot\boldsymbol{S} \tag{4.11}$$

式（4.11）表明，当 $\theta<90°$时，电通量为正；当 $\theta>90°$时，电通量为负；当 $\theta=90°$时，电通量为零。也就是说，电通量是一个代数量。

计算任意曲面的电通量，要用微积分的方法。可将任意曲面视为许多无限小的面积元，如图 4.10 所示。面积元 $\mathrm{d}S$ 可以看成一个平面，并且在面积元的范围内场强可以近似看成大小相等、方向相同的匀强电场。按定义，任意一个面积元上的电通量

$$\mathrm{d}\Phi_e=E\mathrm{d}S\cos\theta=\boldsymbol{E}\cdot\mathrm{d}\boldsymbol{S} \tag{4.12}$$

通过任意曲面 S 的电通量为

$$\Phi_e=\int_S\mathrm{d}\Phi_e=\int_S\boldsymbol{E}\cdot\mathrm{d}\boldsymbol{S} \tag{4.13}$$

积分号下标 S 表示此积分的范围遍及整个曲面。

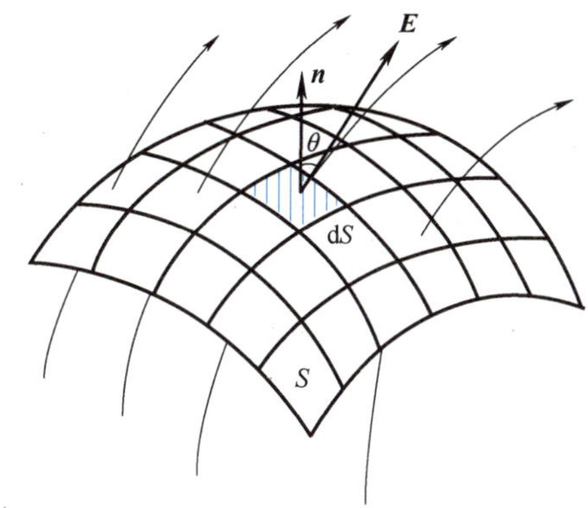

图 4.10　电通量的计算

通过一个闭合曲面的电通量与任意曲面的电通量在计算方法上没有本质的区别。图 4.11 所示就是一个闭合曲面，其电通量可以用如下积分式子来表示：

$$\Phi_e=\oint_S\boldsymbol{E}\cdot\mathrm{d}\boldsymbol{S} \tag{4.14}$$

积分遍及整个闭合曲面。

对于闭合曲面，通常取外法线方向为正方向。因此，当电场线从内部穿出时（如在图 4.11 中面元 $\mathrm{d}S_1$ 处），电通量为正。当电场线从外部穿入时（如在图 4.11 中面元 $\mathrm{d}S_2$ 处），电通量为负。

前面讲过，电场线能够直观地描述电场的分布，是分析电场时一种非常有用的形象化工具，但它并不是一种定量的标准方法。定义了电通量就找到了一个与通过曲面的电场线数量成正比的数学量，这样就可以通过数学公式定量地描述电场，而不再涉及电场线数量。

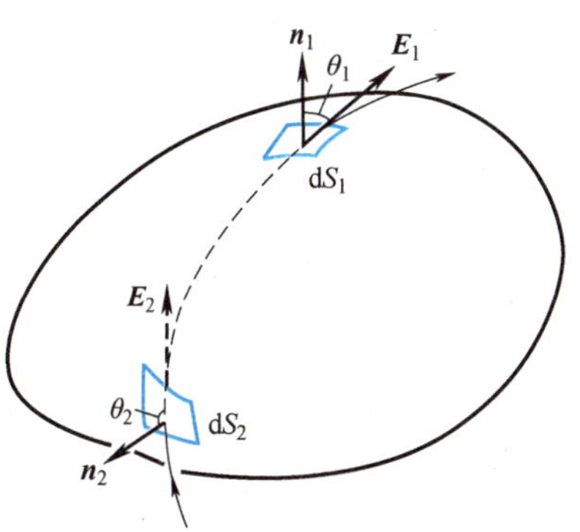

图 4.11　闭合曲面的电通量

4.3.3 高斯定理

高斯定理所要呈现的是通过一个闭合曲面的电通量与这个闭合曲面所包围的电荷量的关系。

设真空中分布若干个点电荷 $q_1,q_2,\cdots,q_n$，如图 4.12 所示。如果在空间作一任意形状的闭合曲面（称为高斯面），则有的点电荷（$q_1,q_2,\cdots q_m$）处于高斯面内，有的点电荷（$q_{m+1},q_{m+2},\cdots q_n$）处于高斯面外。通过该闭合曲面的电通量，等于该闭合曲面包围的电荷量的代数和除以 ε_0，而与闭合曲面外的电荷无关。这就是真空中静电场的高斯定理。其数学表述是

$$\oint_S \boldsymbol{E}\cdot \mathrm{d}\boldsymbol{S}=\sum_{(S内)}\frac{q_i}{\varepsilon_0} \tag{4.15}$$

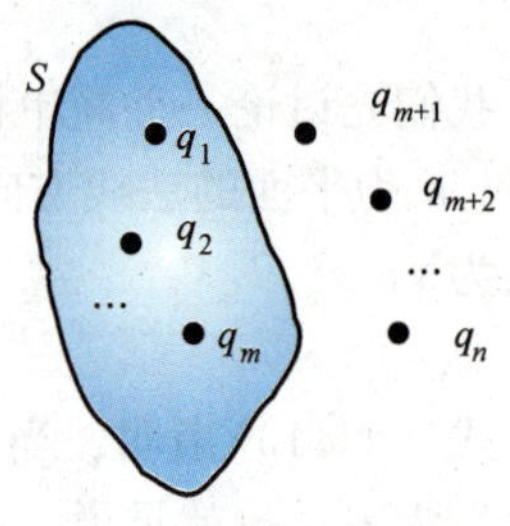

图 4.12 高斯定理图示

式中，$\oint_S$ 表示沿闭合曲面 S 的积分。

高斯定理是用电通量表示的电场和场源电荷关系的定理，它给出了通过任意闭合曲面的电通量与闭合曲面内部所包围电荷的关系。为便于掌握高斯定理及其相关知识，下面分步给出高斯定理的证明过程。

1. 一个静止的点电荷激发的电场

在真空中有一个点电荷，如图 4.13a 所示。以点电荷 q 为球心，取任意长度 r 为半径，作一闭合球面 S 包围点电荷 q。点电荷的电场具有球对称性，闭合球面上各点的电场强度的大小为

$$E=\frac{q}{4\pi\varepsilon_0 r^2} \tag{4.16}$$

方向均沿矢径方向，与闭合球面 S 的外法线方向一致。则通过球面 S 的电通量是

$$\Phi_e=\oint_S \boldsymbol{E}\cdot \mathrm{d}\boldsymbol{S}=\oint_S E\mathrm{d}S=\frac{q}{4\pi\varepsilon_0 r^2}\oint_S \mathrm{d}S=\frac{q}{\varepsilon_0} \tag{4.17}$$

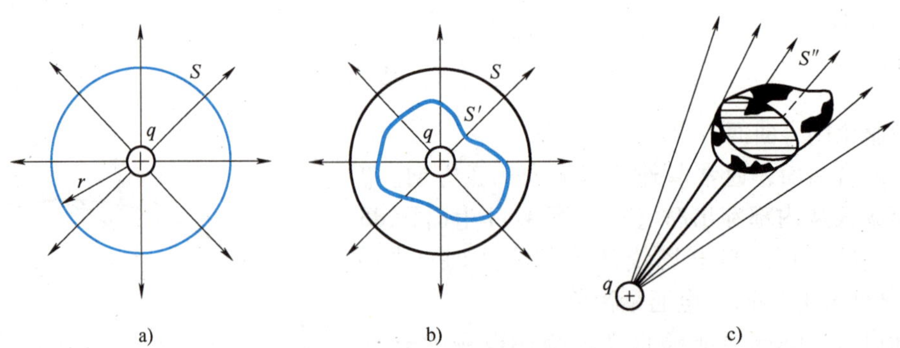

图 4.13 高斯定理的证明

这一结果与球面半径无关，只与闭合球面包围电荷的电量有关。这说明：以点电荷 q 为中心的任意球面通过的电通量是相同的，即通过各个球面电场线的条数相等。所以，从点电荷 q 发出的电场线是连续地延伸到无限远处。

如果取一个任意闭合曲面 S'，S'与球面 S 包围同一个电荷 q，如图 4.13b 所示。由于电

场线的连续性，通过闭合曲面 S' 的电通量与通过闭合球面 S 的电通量是一致的，也是 q/ε_0。这表明：通过任意形状的包围点电荷 q 的闭合曲面的电通量与曲面的大小、形状无关，只与所包围的电荷 q 的电量有关。

如果点电荷 q 位于闭合曲面 S'' 的外部，如图 4.13c 所示。由于电场线的连续性，穿入闭合曲面 S'' 的电场线，必然从曲面 S'' 中穿出，所以穿进与穿出 S'' 的电场线数目一样多，即通过 S'' 的电通量为零。

基于上述分析可以得到如下结论：在一个点电荷电场中，通过任意一个闭合曲面 S 的电通量或者为 q/ε_0 或者为零，即

$$\Phi_e = \oint_S \boldsymbol{E} \cdot \mathrm{d}\boldsymbol{S} = \begin{cases} \dfrac{q}{\varepsilon_0} & (S\text{包围电荷}) \\ 0 & (S\text{不包围电荷}) \end{cases} \tag{4.18}$$

2. n 个静止的点电荷构成点电荷系激发的电场

设有任一闭合曲面 S 包围了点电荷 $q_1, q_2, \cdots, q_m$，而点电荷 $q_{m+1}, q_{m+2}, \cdots, q_n$ 处在闭合曲面 S 外部，如图 4.12 所示。根据场强叠加原理，通过曲面上某一面积元 $\mathrm{d}S$ 的电通量

$$\mathrm{d}\Phi_e = \boldsymbol{E} \cdot \mathrm{d}\boldsymbol{S} = \boldsymbol{E}_1 \cdot \mathrm{d}\boldsymbol{S} + \boldsymbol{E}_2 \cdot \mathrm{d}\boldsymbol{S} + \cdots + \boldsymbol{E}_n \cdot \mathrm{d}\boldsymbol{S}$$

通过整个闭合曲面 S 的电通量

$$\begin{aligned} \Phi_e &= \oint_S \boldsymbol{E}_1 \cdot \mathrm{d}\boldsymbol{S} + \oint_S \boldsymbol{E}_2 \cdot \mathrm{d}\boldsymbol{S} + \cdots + \oint_S \boldsymbol{E}_n \cdot \mathrm{d}\boldsymbol{S} \\ &= \Phi_1 + \Phi_2 + \cdots + \Phi_n \end{aligned}$$

利用式（4.18）的结果，得出

$$\Phi_e = \oint_S \boldsymbol{E} \cdot \mathrm{d}\boldsymbol{S} = \frac{q_1}{\varepsilon_0} + \frac{q_2}{\varepsilon_0} + \cdots + \frac{q_n}{\varepsilon_0} = \sum_{S\text{内}} \frac{q_i}{\varepsilon_0}$$

上述结论可以推广到任意封闭曲面包围电荷连续分布的带电体的情况。这时可以把带电体分成微小体积元 $\mathrm{d}V$ 的组合，每个体积元的电荷是 $\mathrm{d}q = \rho \mathrm{d}V$，$\rho$ 是带电体的体密度。这时高斯定理表示为

$$\Phi_e = \oint_S \boldsymbol{E} \cdot \mathrm{d}\boldsymbol{S} = \int_V \frac{\rho \mathrm{d}V}{\varepsilon_0} \tag{4.19}$$

式中，$\int_V$ 表示积分应对 S 所包围的带电体部分的体积 V 进行。

在高斯定理表达式中，方程左边的 $\boldsymbol{E}$ 是曲面上各点的电场强度，它是由全部电荷（包括闭合曲面内外）共同产生的，而方程右边的 $\sum q_i$ 只是对高斯面内的电荷求代数和。表明：通过闭合曲面的总电通量只与该曲面内部的电荷有关，闭合曲面外的电荷对总电通量没有贡献，但对曲面上的电场强度 $\boldsymbol{E}$ 有贡献。因此，当 $\sum q_i = 0$ 时，高斯面上的电场不一定处处为零，而高斯面上的电场处处为零时，高斯面内包围的净电荷必定为零。

高斯定理是在库仑定律和电场叠加原理的基础上导出的，它们从不同角度表示了电场与场源电荷的关系。库仑定律把电场与电荷联系起来，而高斯定理是将电场的通量与一定区域内的电荷分布联系在一起。然而应当明确的是，对于运动电荷的电场或随时间变化的电场，人们发现，库仑定律不再有效，而高斯定理仍然有效。所以说，高斯定理是关于电场的普遍

的基本规律。

4.3.4 利用高斯定理求静电场的分布

在一个参考系内，当静止电荷分布具有某种高度对称性时，可以应用高斯定理求电场分布。一般而言，利用高斯定理求静电场的分布包含两步：（1）根据电荷分布的对称性，分析电场的对称性，判断能否使用高斯定理求解电场分布；（2）根据电场分布的对称性，在待求区域内选取适当的高斯面，再应用高斯定理求解。

1. 球对称的情况

例 4.6 求真空中均匀带电球面的电场分布。已知球面半径为 R，所带总电量为 q（设 $q>0$）。

解 电荷分布是球对称的，所以电荷激发的电场也具有球对称性。取以 O 点为中心，以 r 为半径的球面为高斯面。

（1）$r>R$

$$\Phi_e = \oint_S \boldsymbol{E}\cdot \mathrm{d}\boldsymbol{S} = E\oint_S \mathrm{d}S = E\cdot 4\pi r^2$$

$$E\cdot 4\pi r^2 = \frac{q}{\varepsilon_0}$$

于是

$$E = \frac{q}{4\pi\varepsilon_0 r^2}$$

方向沿径向，指向远离中心方向。

（2）$r<R$

$$E\cdot 4\pi r^2 = 0$$

于是

$$E = 0$$

这表明，均匀带电球面内部的场强处处为零。

上述结果可以统一表示为

$$E = \begin{cases} \dfrac{q}{4\pi\varepsilon_0 r^2} & (r>R) \\ 0 & (r<R) \end{cases} \tag{4.20}$$

电场分布的 E-r 曲线如图 4.14 所示。从 E-r 曲线中可看出，电场强度的数值在球面（$r=R$）上是不连续的。

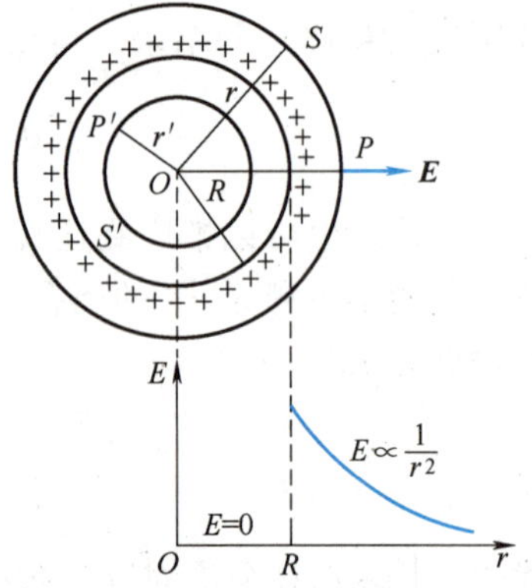

图 4.14 例 4.6 图

球对称电场也称中心对称电场，其电场的分布特点是：电场线具有中心对称性；距离对称中心相同的点其电场强度的大小相同。对于这样的电场，应用高斯定理求解时，高斯面取以对称中心为球心的球面。产生球对称性电场的带电体系包括：点电荷、均匀带电球面、均匀带电球体、均匀带电球壳、电荷体密度 $\rho=\rho(r)$ 的带电球体（壳）以及它们的共心组合。

2. 柱对称的情况

例 4.7 求真空中无限长均匀带电直线的电场分布。已知直线上电荷线密度为 λ。

解 均匀带电直线的电荷分布是轴对称的，因而其电场分布亦应具有轴对称性。考虑离直线距离为 r 的一点 P 处的电场（见图 4.15）。由于带电直线为无限长，且均匀带电，因而 P 点的电场方向唯一的可能是垂直于带电直线而沿径向，和 P 点在同一圆柱面（以带电直线为轴）上的各点的电场的方向也都应该沿着径向，而且电场的数值应该相等。

以带电直线为轴，作一个通过 P 点、高为 l 的圆筒形封闭面为高斯面 S，通过 S 面的电通量为通过上、下底面（S_1 和 S_2）的电通量与通过侧面（S_0）的电通量之和。

$$\Phi_e=\oint_S \boldsymbol{E}\cdot d\boldsymbol{S}=\int_{S_1}\boldsymbol{E}\cdot d\boldsymbol{S}+\int_{S_2}\boldsymbol{E}\cdot d\boldsymbol{S}+\int_{S_0}\boldsymbol{E}\cdot d\boldsymbol{S}$$

在 S 面的上、下底面，电场方向与底面平行，因此上式右侧前面两项等于零。在侧面上各点电场的方向与各点的法线方向相同，所以有

$$\Phi_e=\oint_S \boldsymbol{E}\cdot d\boldsymbol{S}=\int_{S_0}\boldsymbol{E}\cdot d\boldsymbol{S}=E\cdot 2\pi rl$$

此封闭面内包围的电荷 $\sum q_i=\lambda l$，由高斯定理得

$$E\cdot 2\pi rl=\frac{\lambda l}{\varepsilon_0}$$

于是

$$E=\frac{\lambda}{2\pi\varepsilon_0 r} \tag{4.21}$$

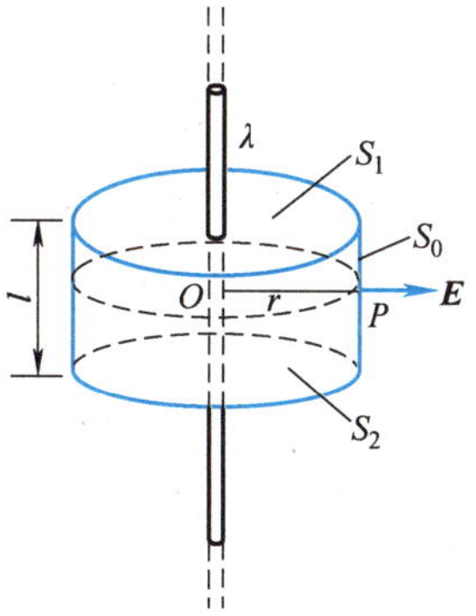

图 4.15 例 4.7 图

柱对称电场也称轴对称电场，高度轴对称电场的分布特点是：电场线不仅具有轴对称性，而且一定与对称轴垂直；到对称轴距离相同的点其电场强度的大小相同。对于这样的电场，应用高斯定理求解时，高斯面取以对称轴为轴线的圆柱面。产生高度轴对称电场的带电体系包括：无限长均匀带电直线、无限长均匀带电圆柱面、无限长均匀带电圆柱体、无限长均匀带电圆管、$\rho=\rho(r)$ 的无限长均匀带电圆柱体（圆管）及它们共轴组合。

3. 面对称的情况

例 4.8 已知真空中无限大均匀带电平面的电荷面密度为 σ，求空间的电场分布。

解 由于无限大均匀带电平面的电荷分布对于垂线 OP 是对称的，所以其电场分布应满足平面对称，P 点的电场必然垂直于该带电平面，而且离平面等远处（同侧或两侧）的电场大小都相等，方向应垂直于平面且背离（或指向）平面的方向。

如图 4.16 所示，选择轴线垂直于带电平面的封闭柱面作为高斯面 S，带电平面平分此柱面，而 P 点位于它的一个底面上。由于柱面的侧面上各点电场与侧面法线方向垂直，所以通过侧面的电通量为零。因而只需要计算通过两底面的电通量。

以 ΔS 表示一个底的面积，则通过 S 面的电通量为

$$\Phi_e=\oint_S \boldsymbol{E}\cdot d\boldsymbol{S}=2\int_{\Delta S}\boldsymbol{E}\cdot d\boldsymbol{S}=E\cdot 2\Delta S$$

高斯面内包围的电荷 $\sum q_i=\Delta S\cdot\sigma$，由高斯定理得

$$E\cdot 2\Delta S=\frac{\sigma\Delta S}{\varepsilon_0}$$

于是

$$E=\frac{\sigma}{2\varepsilon_0} \tag{4.22}$$

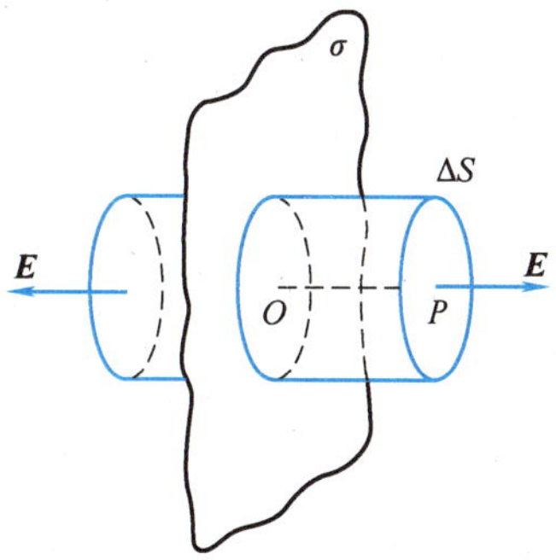

图 4.16 例 4.8 图

此结果说明，无限大均匀带电平面两侧的电场是均匀场。这一结果与使用叠加原理计算的结果相同。

高度面对称电场的分布特点是：电场线分布不仅具有面对称性，而且必须与对称面垂直；到对称面距

离相同的点其电场强度的大小相等。对于这样的电场，应用高斯定理求解时，高斯面取垂直于对称面的圆柱面，并且两个底面与对称面的距离相同。产生高度面对称性电场的带电体系包括：无限大均匀带电平面、无限大均匀带电平板等。

思考题

4.3.1　当封闭曲面内的电荷的代数和等于零时，是不是闭合面上任一点的场强一定为零？为什么？

4.3.2　电场线是带单位正电荷的粒子运动的轨迹吗？带电粒子会沿着电场线运动吗？为什么？

4.3.3　如果一个封闭曲面上电场强度处处为零，试问通过这封闭曲面的净电通量是否必然为零？封闭曲面内的净电量如何？

4.3.4　有两个均匀带电球（电荷分布保持不变）相互接近，能不能用高斯定理求空间场强分布？

4.3.5　三个相等的点电荷放在等边三角形的三个顶点上，问是否可以以三角形中心为球心作一个球面，利用高斯定律求出他们所产生的场强？对此球面高斯定理是否成立？

4.4　静电场的环路定理　电势

电场对电荷有力的作用，当电荷在电场中运动时，电场力将对电荷做功。根据静电场力做功的特点，我们给出反映静电场基本性质的方程——静电场环路定理，并引入物理量电势。

4.4.1　静电场的环路定理

在一个静止的点电荷 q 的电场中，有一试验电荷 q_0 从 a 点经任意路径 acb 移动到 b 点，如图 4.17 所示。在路径中任一点 c 的附近取一位移元 $\mathrm{d}\boldsymbol{l}$，在 $\mathrm{d}\boldsymbol{l}$ 上电场力对 q_0 做的功是

$$\mathrm{d}A=\boldsymbol{F}\cdot\mathrm{d}\boldsymbol{l}=q_0\boldsymbol{E}\cdot\mathrm{d}\boldsymbol{l}=q_0E\cos\theta\mathrm{d}l$$

式中，θ 是 $\boldsymbol{E}$ 与 $\mathrm{d}\boldsymbol{l}$ 间夹角。利用 $\mathrm{d}r=\mathrm{d}l\cos\theta$，$E=\dfrac{q}{4\pi\varepsilon_0r^2}$，于是

$$\mathrm{d}A=\frac{qq_0}{4\pi\varepsilon_0r^2}\mathrm{d}r$$

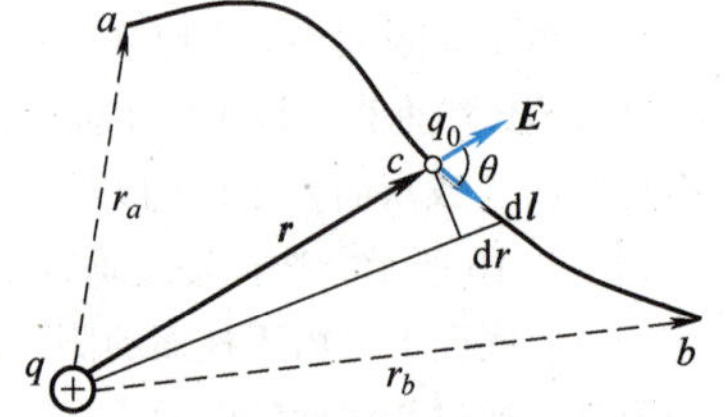

图 4.17　在静电场中移动点电荷做功

将试验电荷从 a 点移动到 b 点，电场力做的总功是

$$A=\frac{qq_0}{4\pi\varepsilon_0}\int_{r_a}^{r_b}\frac{1}{r^2}\mathrm{d}r=\frac{qq_0}{4\pi\varepsilon_0}\left(\frac{1}{r_a}-\frac{1}{r_b}\right)\tag{4.23}$$

式中，r_a、r_b 分别是 a 点和 b 点到点电荷 q 的距离。式（4.23）表明，在点电荷的电场中，电场力做功与试验电荷的电量 q_0 成正比，决定于试验电荷的始末位置，与试验电荷经过的路径无关。

对静止的点电荷 $q_1,q_2,\cdots,q_n$ 构成的带电系统，依据电场叠加原理，其电场是

$$\boldsymbol{E}=\boldsymbol{E}_1+\boldsymbol{E}_2+\cdots+\boldsymbol{E}_n=\sum_{i=1}^{n}\boldsymbol{E}_i$$

当试验电荷从这个电场的 a 点移动到 b 点时，电场力做功是

$$A=q_0\int_a^b\boldsymbol{E}\cdot\mathrm{d}\boldsymbol{l}=\sum_{i=1}^{n}q_0\int_a^b\boldsymbol{E}_i\cdot\mathrm{d}\boldsymbol{l}=\sum_{i=1}^{n}A_i$$

因此，电场力做的总功等于各个点电荷电场力做功的代数和。由于上式右边每一项都与路径无关，所以点电荷系的电场力的功 A 是与路径无关的。

依据电场叠加原理，电场力所做的功也与路径无关。因此，静电场力是保守力，静电场是保守场。

如果在静电场中移动试验电荷 q_0，经过闭合路径 L（L 由路径 L_1 和 L_2 组成）又回到原来的位置，如图 4.18 所示。由式（4.23）可知，静电场力做功为零，即

$$q_0 \oint_L \boldsymbol{E} \cdot \mathrm{d}\boldsymbol{l} = 0$$

因为 $q_0 \neq 0$，所以有

$$\oint_L \boldsymbol{E} \cdot \mathrm{d}\boldsymbol{l} = 0 \tag{4.24}$$

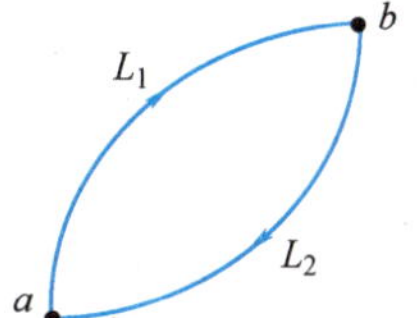

图 4.18　闭合环路的环流

$\oint_L \boldsymbol{E} \cdot \mathrm{d}\boldsymbol{l}$ 称为电场强度 $\boldsymbol{E}$ 的环流。式（4.24）表明：静电场场强 $\boldsymbol{E}$ 沿任意闭合路径的环流等于零。这个结论称为静电场的环路定理，它表明静电场为无旋场，静电场线是永不闭合的，这与静电场是保守场、静电场力是保守力的说法是一致的。

4.4.2　电势

根据静电场力是保守力这一特点，引入电势能的概念。由保守力做功与相应势能变化的关系可知：在静电场力作用下，将试验电荷 q_0 从 a 点移动到 b 点，静电场力做功等于电势能的减少。即

$$A = q_0 \int_a^b \boldsymbol{E} \cdot \mathrm{d}\boldsymbol{l} = W_a - W_b \tag{4.25}$$

式中，$W_a - W_b$ 与试验电荷的电量 q_0 成正比，所以比值 $(W_a - W_b)/q_0$ 与试验电荷无关，反映了 a、b 两点静电场本身的性质。我们将这个比值定义为静电场中 a、b 两点的电势差，也称为电压，电压用 U 表示，电势用 φ 表示，则

$$U_{ab} = \varphi_a - \varphi_b = \int_a^b \boldsymbol{E} \cdot \mathrm{d}\boldsymbol{l} \tag{4.26}$$

即静电场中 a、b 两点的电势差等于将单位正电荷从 a 点经任意路径移到 b 点时电场力所做的功。因此式（4.25）可改写为

$$A_{ab} = q_0(\varphi_a - \varphi_b) \tag{4.27}$$

静电场中某点的电势值可以通过选定参考点（电势零点）来决定。对于电荷分别在有限空间的带电体，空间任一点 a 的电势可以表示为

$$\varphi_a = \frac{W_a}{q_0} = \int_a^{\text{参考点}} \boldsymbol{E} \cdot \mathrm{d}\boldsymbol{l} \tag{4.28}$$

其物理意义是：电场中某点的电势在数值上等于放在该点处的单位正电荷的电势能；或者等于单位正电荷从该点经任意路径移到参考点时电场力所做的功。

电势是标量，可以有正负。在国际单位制中，电势的单位是 V（伏特）。

电势具有相对意义，它取决于电势零点的选择。一般而言，视计算方便而选择电势零点。当电荷分布在有限区域时，通常选择无限远处为电势零点。当电荷分布扩展到无穷远时，一般选有限远处某点为电势零点。

根据式（4.23）和式（4.28），选择参考电势零点在无限远时，静止点电荷 q 在真空中产生的电势为

$$\varphi=\frac{q}{4\pi\varepsilon_0 r} \tag{4.29}$$

式中，r 是场点到场源电荷的距离。在正点电荷的电场中，各点电势均为正值，离电荷越远的点，电势越低，与 r 成反比。在负点电荷的电场中，各点的电势均为负，离电荷越远的点，电势越高，无穷远处电势为零。

4.4.3 电势叠加原理

设带电系统由 n 个带电体组成，它们各自产生的电场是 $\boldsymbol{E}_1,\boldsymbol{E}_2,\cdots,\boldsymbol{E}_n$。根据电场叠加原理，该带电系统的总电场为

$$\boldsymbol{E}=\boldsymbol{E}_1+\boldsymbol{E}_2+\cdots+\boldsymbol{E}_n=\sum_{i=1}^{n}\boldsymbol{E}_i$$

由电势的定义式（4.28），空间某点 P 处的电势是

$$\varphi_P=\int_P^{\infty}\boldsymbol{E}\cdot\mathrm{d}\boldsymbol{l}=\int_P^{\infty}\boldsymbol{E}_1\cdot\mathrm{d}\boldsymbol{l}+\int_P^{\infty}\boldsymbol{E}_2\cdot\mathrm{d}\boldsymbol{l}+\cdots+\int_P^{\infty}\boldsymbol{E}_n\cdot\mathrm{d}\boldsymbol{l}$$

即

$$\varphi_P=\varphi_{1P}+\varphi_{2P}+\cdots+\varphi_{nP}=\sum_{i=1}^{n}\varphi_{iP} \tag{4.30}$$

这表明一个由若干带电体组成的带电系统，其电场中某点的电势等于每个带电体单独存在时在该点产生的电势的代数和，称为电势叠加原理。

一般说来，计算电势的方法有两种。其一是由电势的定义式，通过场强的积分来计算；其二是利用点电荷的电势公式和电势叠加原理来计算。下面分别举例说明。

1. 利用电势的定义求电势

这种方法常用于电场分布已知或可以利用高斯定理容易确定电场的分布情况。

例 4.9 求置于空气中的均匀带电球面所产生的电势分布。如图 4.19 所示，球面半径为 R，总带电量为 q。

解 利用高斯定理可以确定电场的分布为

$$E=\begin{cases}\dfrac{q}{4\pi\varepsilon_0 r^2} & (r>R)\\ 0 & (r<R)\end{cases}\quad 方向沿径向$$

（1）球面外一点 P 的电势。选择沿径向方向为积分路径，这时 $\mathrm{d}\boldsymbol{l}$ 与 $\boldsymbol{E}$ 同向。选无限远处为电势零点，由电势定义有

$$\varphi_P=\int_P^{\infty}\boldsymbol{E}\cdot\mathrm{d}\boldsymbol{l}=\int_P^{\infty}\frac{q}{4\pi\varepsilon_0 r^2}\mathrm{d}r=\frac{q}{4\pi\varepsilon_0 r}\quad (r>R)$$

可见，均匀带电球面外一点电势与电荷集中于球心作为点电荷在该点产生的电势相同。

（2）球面上一点 P 的电势。由上面的结果，当 $r=R$ 时，有

$$\varphi_P=\frac{q}{4\pi\varepsilon_0 R}$$

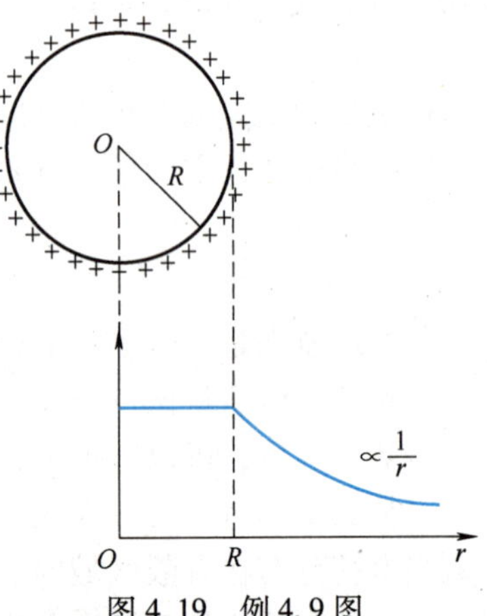

图 4.19　例 4.9 图

（3）球面内一点 P 的电势

$$\varphi_P=\int_r^R 0\cdot \mathrm{d}r+\int_R^\infty \frac{q}{4\pi\varepsilon_0 r^2}\mathrm{d}r=\frac{q}{4\pi\varepsilon_0 R}$$

可见，球面内任一点的电势与球面上的电势相同，球内区域是一个等电势区域。电势随 r 的变化曲线如图 4.19 所示。

2. 应用电势叠加原理求电势

这种方法常用于带电体的电荷分布已知而电场分布未知或不适合用高斯定理求出场强的情况。一般在点电荷电势基础上求得。

若场源系统由 n 个点电荷组成，其中第 i 个点电荷 q_i 在场点 P 产生的电势由式（4.29）决定。依据叠加原理，整个点电荷系在 P 点的电势是

$$\varphi_P=\sum_{i=1}^{n}\frac{q_i}{4\pi\varepsilon_0 r_i} \tag{4.31}$$

式中，r_i 是点电荷 q_i 到 P 点的距离。

若场源是电荷连续分布的带电体，根据电势叠加原理，任意一点 P 的电势为

$$\varphi_P=\int\frac{\mathrm{d}q}{4\pi\varepsilon_0 r} \tag{4.32}$$

积分区域遍及整个带电体所在区域。

例 4.10 真空中一半径为 R 的均匀带电细圆环，所带电量为 q，求在圆环轴线上任意点 P 的电势。

解 取圆环中心 O 为坐标原点，P 点坐标是 x，如图 4.20 所示。在圆环上取一段微小线元，所带电量

$$\mathrm{d}q=\lambda\mathrm{d}l=\frac{q}{2\pi R}\mathrm{d}l$$

该电荷元在 P 点产生的电势为

$$\mathrm{d}\varphi=\frac{\mathrm{d}q}{4\pi\varepsilon_0 r}=\frac{q\mathrm{d}l}{8\pi^2\varepsilon_0 R\sqrt{R^2+x^2}}$$

积分得

$$\varphi=\int\mathrm{d}\varphi=\frac{q}{8\pi^2\varepsilon_0 R\sqrt{R^2+x^2}}\int_0^{2\pi R}\mathrm{d}l$$

$$=\frac{q}{4\pi\varepsilon_0\sqrt{R^2+x^2}}$$

当 P 点位于环心 O 处时，$x=0$，则

$$\varphi=\frac{q}{4\pi\varepsilon_0 R}$$

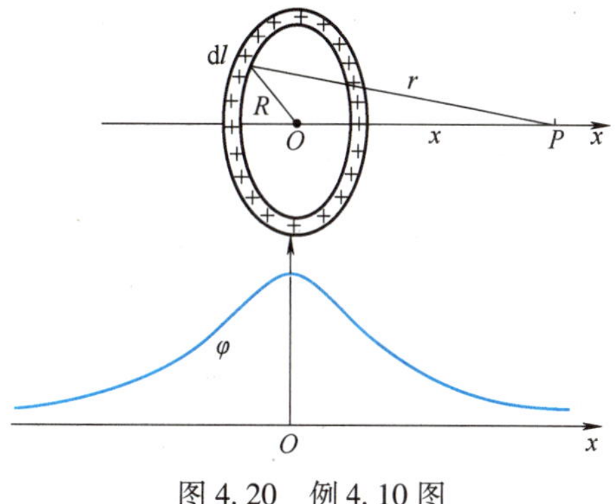

图 4.20 例 4.10 图

当 P 点位于轴线上相当远处时，$x\gg R$，则 $\varphi=\frac{q}{4\pi\varepsilon_0 x}$，相当于全部电荷集中于环心的点电荷所产生的电势。

思考题

4.4.1 请用你自己的话来阐明电势和电势能的区别。

4.4.2 如果一个电荷沿着电场强度方向移动了一段距离，电势是增加还是减少？

4.4.3 在连接两个相等正电荷的直线上是否存在某个点，使得该点的电场强度为零，电势也为零？

4.4.4 在静电场中，一条电场线的两端能否出现在同一导体上？

4.5 电场强度与电势梯度的关系

电场强度和电势是描写电场性质的两个基本物理量。电势定义表达式给出了电势与场强的积分关系，若场强分布已知，可以从这个关系式计算出电势。反之，如果已知电势分布，也应当能够确定场强。下面从几何图示和微分解析两个角度来研究两者的关系。

4.5.1 等势面

在静电场中，可采用电场线形象地描述电场强度的空间分布。同理，我们也可以采用绘制等势面的方法来形象描述电势的空间分布。

在电场中，电势相同点组成的曲面称为等势面。为直观比较电场中各点的电势，一般规定：在绘制等势面时，应使相邻等势面的电势差相同。图 4.21 画出了两种典型带电体电场的等势面和电场线，其中虚线表示等势面，实线表示电场线。

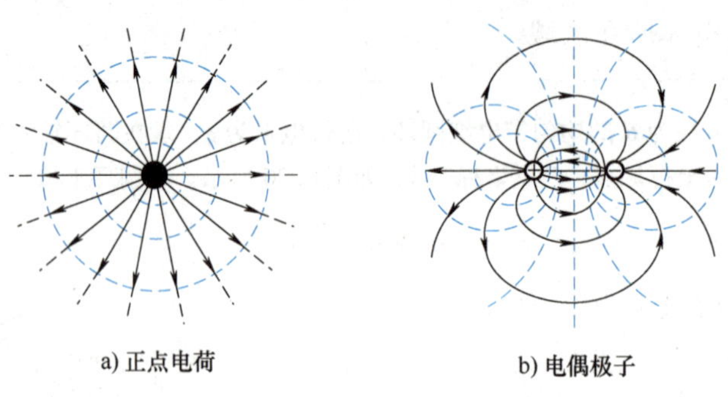

图 4.21 带电体的等势面和电场线

根据等势面和电场线的定义，可以得出如下结论：

1）电荷沿等势面移动时，静电场力做功为零。

由于静电场力做功

$$A_{ab}=q_0(\varphi_a-\varphi_b)$$

所以

$$A_{ab}=0$$

2）等势面与电场线处处垂直。

设试验电荷 q_0 在某一等势面上有任意微小位移 $\mathrm{d}\boldsymbol{l}$，那么静电场力所做的功

$$\mathrm{d}A=q_0\boldsymbol{E}\cdot\mathrm{d}\boldsymbol{l}=q_0E\mathrm{d}l\cos\theta=0$$

式中，θ 是 $\boldsymbol{E}$ 与 $\mathrm{d}\boldsymbol{l}$ 间的夹角。由于 q_0、E、$\mathrm{d}l$ 皆不为零，所以 $\cos\theta=0$，$\theta=90°$。电场强度 $\boldsymbol{E}$ 与等势面上任意微小位移 $\mathrm{d}\boldsymbol{l}$ 垂直，即电场强度与等势面垂直。

3）等势面密集处的电场强度大，稀疏处的电场强度小，电场线指向电势降低的方向。

4.5.2 电场强度与电势梯度

由电势与场强的积分关系 $\varphi_a-\varphi_b=\int_a^b \boldsymbol{E}\cdot \mathrm{d}\boldsymbol{l}$ 可得

$$-\mathrm{d}\varphi=\boldsymbol{E}\cdot \mathrm{d}\boldsymbol{l} \tag{4.33}$$

又

$$\begin{aligned}\mathrm{d}\varphi&=\frac{\partial\varphi}{\partial x}\mathrm{d}x+\frac{\partial\varphi}{\partial y}\mathrm{d}y+\frac{\partial\varphi}{\partial z}\mathrm{d}z\\&=\left(\frac{\partial\varphi}{\partial x}\boldsymbol{i}+\frac{\partial\varphi}{\partial y}\boldsymbol{j}+\frac{\partial\varphi}{\partial z}\boldsymbol{k}\right)\cdot(\mathrm{d}x\boldsymbol{i}+\mathrm{d}y\boldsymbol{j}+\mathrm{d}z\boldsymbol{k})\\&=\left(\frac{\partial\varphi}{\partial x}\boldsymbol{i}+\frac{\partial\varphi}{\partial y}\boldsymbol{j}+\frac{\partial\varphi}{\partial z}\boldsymbol{k}\right)\cdot \mathrm{d}\boldsymbol{l}\end{aligned} \tag{4.34}$$

由式（4.33）和式（4.34）联立得

$$\boldsymbol{E}=-\left(\frac{\partial\varphi}{\partial x}\boldsymbol{i}+\frac{\partial\varphi}{\partial y}\boldsymbol{j}+\frac{\partial\varphi}{\partial z}\boldsymbol{k}\right) \tag{4.35}$$

式（4.35）给出了电场强度与电势间的微分关系。这说明，电场中某一点的电场强度沿任意方向的分量等于这一点的电势沿该方向单位长度的变化率的负值。

引入梯度算符$\boldsymbol{\nabla}$，其表示式为

$$\boldsymbol{\nabla}=\frac{\partial}{\partial x}\boldsymbol{i}+\frac{\partial}{\partial y}\boldsymbol{j}+\frac{\partial}{\partial z}\boldsymbol{k}$$

式（4.35）简写为

$$\boldsymbol{E}=-\boldsymbol{\nabla}\varphi \tag{4.36}$$

式（4.36）进一步表明，电场中任意点的电场强度等于该点电势梯度的负值。

场强和电势的关系表明，场强的方向是电势减少最快的方向，而场强的大小等于电势沿该方向的减少率。由于电势是标量，较电场强度容易计算，在某些问题中，可根据电荷分布求出电势，再利用式（4.36）求电场强度。

例 4.11 在均匀带电细圆环轴线上任一点的电势公式可以表示为

$$\varphi=\frac{q}{4\pi\varepsilon_0(R^2+x^2)^{1/2}}$$

式中，x 表示圆心到场点的距离；R 是圆环的半径。求轴线上任一点的场强。

解 由式（4.36）可得

$$\boldsymbol{E}=-\boldsymbol{\nabla}\varphi=-\frac{\partial\varphi}{\partial x}\boldsymbol{i}$$

$$E=-\frac{\partial\varphi}{\partial x}=\frac{qx}{4\pi\varepsilon_0(R^2+x^2)^{3/2}}$$

思考题

4.5.1 在某个区域电势处处相同，那么在这个区域场强的分布如何？

4.5.2 试指出下列有关电场强度 $\boldsymbol{E}$ 和电势 φ 的关系说法是否正确？试举例说明。

（1）已知某点的电场强度 $\boldsymbol{E}$，可以确定该点的电势 φ。

（2）已知某点的电势 φ，可以确定该点的电场强度。

（3）$\boldsymbol{E}$ 不变的空间，φ 也一定不变。

（4）$\boldsymbol{E}$ 值相等的曲面上，φ 值不一定相等。

（5）φ 值相等的曲面上，$\boldsymbol{E}$ 值不一定相等。

4.6 静电场中的导体

根据物质导电性能的不同，一般将物质分成三类：导体、绝缘体（即电介质）、半导体。本节主要讨论静电场中金属导体与电场之间的相互影响。

4.6.1 静电平衡

金属导体由带负电的电子和带正电的晶体点阵组成，它之所以具有导电性能，是由于内部存在可以自由移动的电子。

当导体不带电或无外电场作用时，导体内的自由电子只做无规则热运动。自由电子的负电荷与晶体点阵的正电荷相互中和，导体的各个部分呈现出电中性。当导体置于外电场中时，导体内的自由电子在电场力的作用下做宏观的定向运动，从而引起导体中的电荷重新分布，这就是静电感应现象。这时在导体表面会出现感应电荷，导体内部和周围的电场分布也会随之改变，直至导体中电荷宏观运动停止。我们把导体中没有电荷做宏观定向运动的状态称为静电平衡状态。

导体处于静电平衡状态的条件：

1）导体内部电场强度处处为零。

2）导体表面邻近处的电场强度的方向与导体表面垂直。

因此，在静电平衡的状态下，导体内部和表面上任意两点间的电势差必然为零，导体是等势体，导体表面是等势面。

4.6.2 静电平衡时导体上的电荷分布

1）处于静电平衡的导体内部没有净电荷存在，电荷只能分布在导体的表面上。

在导体内部任意作一个闭合曲面 S，如图 4.22a 所示。由于导体内的场强处处为零，由高斯定理可知，S 面包围的净电荷均为零。这意味着导体内确实没有净电荷，电荷只能分布在导体表面上。

若导体内部有空腔，但空腔内没有其他带电体。在导体内取如图 4.22b 所示的高斯面，因为导体内部电场处处为零，根据高斯定理，在导体内表面上电荷的代数和为零。这时，内表面能否是在某点面电荷 $\sigma>0$，在另一点面电荷 $\sigma<0$，而内表面上电荷的代数和仍为零的情况？利用电场线定义，由正电荷到负电荷可以引出一条电场线。根据电场线的性质，电场线两端存在电势差，这与导体是等势体相矛盾。所以，在静电平衡时，导体空腔内表面电荷密度 σ 处处为零。

2）处于静电平衡的导体表面的面电荷密度与该处表面曲率成正比。与其邻近处场强成正比。

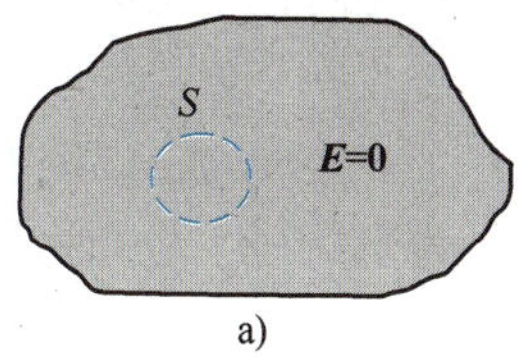

a)

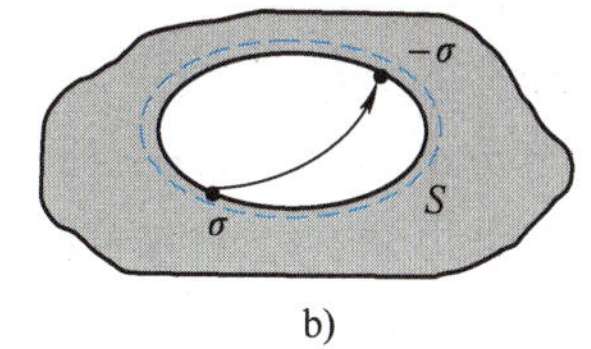

b)

图 4.22　导体上电荷分布

一般而言，处于静电平衡的导体，其表面电荷分布不仅与导体形状有关，而且与它附近其他导体或带电体有关。如图 4.23 所示，对于孤立导体，导体表面凸出而尖锐的地方曲率大，面电荷密度 σ 较大；反之表面比较平坦的地方曲率小，面电荷密度 σ 较小；表面凹进的地方曲率为负，面电荷密度 σ 更小。

利用高斯定理可以证明：静电平衡导体表面外邻近的电场强度的大小与该处表面上的电荷密度成正比，其关系是

$$E=\frac{\sigma}{\varepsilon_0}$$

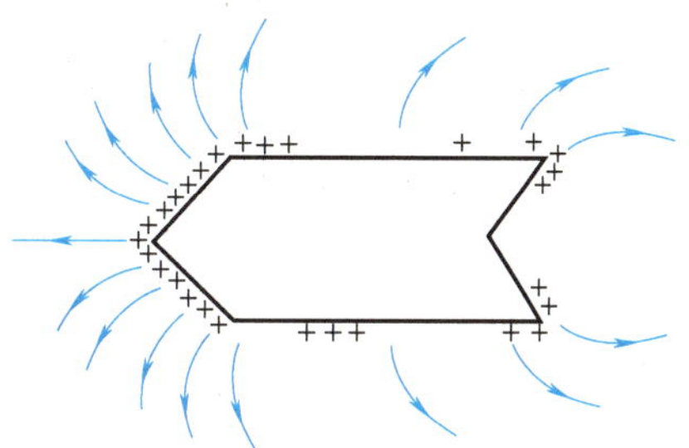
图 4.23　尖端导体

$\sigma>0$，则场强 $\boldsymbol{E}$ 方向垂直于导体表面向外，反之则垂直表面向内。这里所说的导体表面附近的含义是指考察点的位置相对于导体很近，以至于在该点能看到的导体表面上一块很小的面积 S 就像是一个无限大的平面。

对于有尖端的带电导体，在尖端附近处的电荷面密度很大，其附近的电场也非常强，导致尖端附近的空气中的残留离子在这个电场作用下发生剧烈运动，并与空气分子碰撞而使之电离。与尖端上电荷异号的离子受到吸引而飞向尖端，同尖端上的电荷中和；与尖端上电荷同号的离子受到排斥而离开尖端做加速运动。从表面上看，如同尖端上的电荷“喷射”出来，形成尖端放电现象。尖端放电会使高压输电线等设备产生电能损失和漏电危险，所以高压输电线表面应当尽量做得光滑些，具有高压的零部件的表面常做成光滑的球面。尖端放电也有可以利用的一面，避雷针就是利用金属尖端的放电原理来避免建筑物和设备被雷击损坏。

4.6.3　静电屏蔽

达到静电平衡的导体空腔能够隔断空腔内外电荷的相互影响，这种作用称之为静电屏蔽。

如图 4.24 所示，有空腔的导体球壳内部没有电荷而外部有一个点电荷。此时导体中的场强为零，空腔内的场强也为零。导体外部空间的电荷在空腔内的每一点都会独立地产生场强，而在导体外表面分布的感应电荷却能精确地按照叠加原理在每一点把它完全抵消。无论腔外的电荷有多大，无论电荷距离空腔有多近，甚至电荷可以与空腔外表面接触而直接使空腔

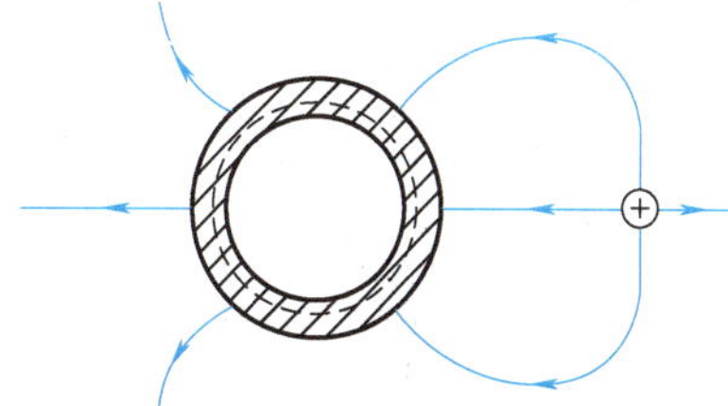
图 4.24　外部带电体对空腔内部无影响

外表面带上净电荷，空腔内表面都不会有电荷分布，空腔内也不会有电场分布。这表明导体空腔确实屏蔽了空腔外部的电荷对空腔内部的影响。

若一个导体球壳本身不带电，而在空腔内部有一个点电荷 q，如图 4.25a 所示，则根据导体静电平衡及高斯定理可知：空腔内表面的感应电荷量为 $-q$，空腔外表面感应电荷为 $+q$。如果把导体空腔接地，如图 4.25b 所示。这时外表面的感应电荷被中和，导体电势为零，导体空腔外部电场为零。所以，一个接地的导体空腔能屏蔽空腔内电荷对外部的影响。

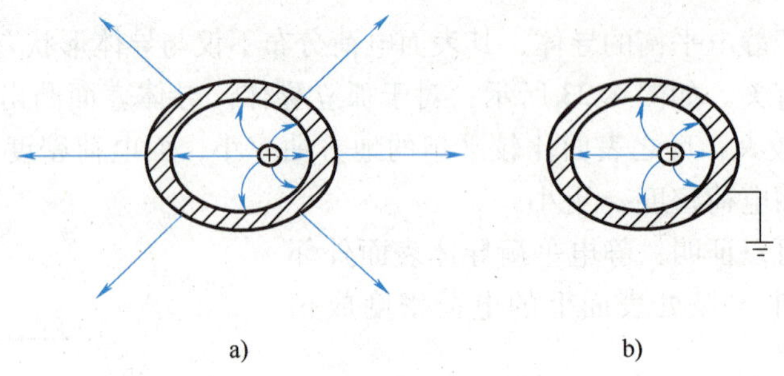

图 4.25　内部带电体对接地空腔外部无影响

静电屏蔽原理在生产技术中有着许多应用。为了避免外部电场对设备（如某些精密电子测量仪器等）的干扰，或者避免某些电器设备（如高压设备等）对外界产生影响，可以在这些设备的外围安装接地的金属外壳（网、罩）。为了避免外界对传递弱信号的导线的干扰，往往在导线外面包裹一层金属丝编织的屏蔽层。

例 4.12　半径为 R_1 的导体球带有电量 q，球外有一内、外半径分别为 R_2 和 R_3 的同心导体球壳带电为 Q，如图 4.26 所示。(1) 求导体球和球壳的电势；(2) 若用导线连接球和球壳，再求它们的电势；(3) 若不是连接而是使外球接地，再求它们的电势。

解　(1) 由静电平衡条件可知，电荷只能分布于导体表面。

在球壳中作一闭合高斯面，利用高斯定理可以求出球壳内表面感应电荷为 $-q$。由于电荷守恒，球壳外表面电量应为 $Q+q$。由于球和球壳同心放置，满足球对称性，故电荷均匀分布形成三个均匀带电球面，如图 4.26a 所示。

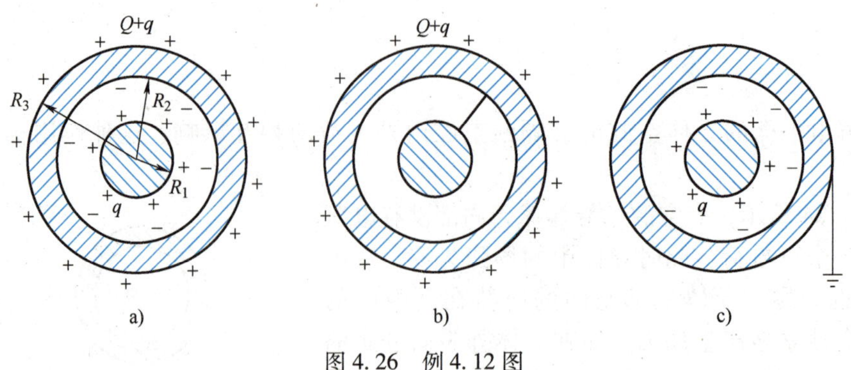

图 4.26　例 4.12 图

依据电势叠加原理，空间任一点的电势是三个带电球面在该点各自产生电势的代数叠加。所以导体球的电势为

$$\varphi_1=\frac{1}{4\pi\varepsilon_0}\left(\frac{q}{R_1}-\frac{q}{R_2}+\frac{q+Q}{R_3}\right)$$

导体球壳的电势为

$$\varphi_2=\frac{q+Q}{4\pi\varepsilon_0 R_3}$$

（2）若用导线连接导体球和球壳，球上电荷 q 将和球壳内表面电荷 $-q$ 中和，电荷只分布于球壳外表面，如图 4.26b 所示。此时球和球壳的电势相等。

$$\varphi_1=\varphi_2=\frac{q+Q}{4\pi\varepsilon_0 R_3}$$

（3）若使球壳接地，球壳外表面电荷被中和，这时只有球和球壳的内表面带电，如图 4.26c 所示。此时球壳电势为零

$$\varphi_2=0$$

导体球的电势是

$$\varphi_1=\frac{1}{4\pi\varepsilon_0}\left(\frac{q}{R_1}-\frac{q}{R_2}\right)$$

思考题

4.6.1　使一孤立导体球面带正电荷，该孤立导体球的质量是增加、减少还是不变？

4.6.2　在一孤立导体球壳的中心放一点电荷，球壳内、外表面上的电荷分布是否均匀？如果点电荷偏离球心，情况如何？

4.6.3　空间有两个带电导体，试说明其中至少一个导体表面上各点所带电荷都是同号的。

4.6.4　一个试验电荷 q_0(q_0>0) 放在带正电的大导体附近 P 点处，实际测得它受力 F。若考虑到电量 q_0 不是足够小的，则 F/q_0 比 P 点的场强 E 大还是小？若大导体带负电，情况如何？

4.7　静电场中的电介质　电位移矢量

4.7.1　静电场中的电介质　电极化强度

电介质，即通常所说的绝缘体，是由大量中性分子组成的，不导电。电介质的分子是由等量的正、负电荷构成。在离分子较远处，可以认为分子中的正、负电荷集中在两点，我们把这两点看作等效电荷的中心。若正、负等效电荷中心不重合，则形成一个电偶极子，其电偶极矩 $\boldsymbol{p}=q\boldsymbol{l}$，这种分子叫有极分子。若正、负等效电荷中心重合，则分子的电偶极矩为零，这种分子叫无极分子。

有极分子在没有外场作用时，由于热运动，分子电偶极矩无规则排列而相互抵消，介质不显电性。有外场 $\boldsymbol{E}_0$ 的作用时，有极分子将发生转向极化。无极分子在没有外场作用时不显电性，有外场作用时，正负电荷中心受力作用而发生相对位移，形成一个电偶极矩，使介质极化，无极分子将发生位移极化。若撤去外场，极化消失，介质恢复电中性。所以，如果问题不涉及极化的机制，在宏观处理上我们往往不对两种分子刻意区分。

如果介质是均匀各向同性的，极化后的介质内部仍然没有净电荷，但介质的表面会出现

面电荷，称为极化电荷。极化电荷不是自由电荷，不能自由流动，故也称为束缚电荷。

电介质的电极化状态可以引入电介质的电极化强度表示，其定义为：电介质单位体积内电偶极矩的矢量和。若以 $\boldsymbol{p}_{分子}$ 表示电介质中某一小体积 ΔV 内的某个分子的电偶极矩，则该处的电极化强度 $\boldsymbol{P}$ 定义为

$$\boldsymbol{P}=\frac{\sum \boldsymbol{p}_{分子}}{\Delta V} \tag{4.37}$$

电极化强度反映了介质内电极化的强弱和方向。在国际单位制中，电极化强度的单位是 $\mathrm{C \cdot m^{-2}}$（库仑每平方米）。

4.7.2 电位移矢量 有介质时的高斯定理

放在电场中的电介质会因电极化现象而产生极化电荷，此时空间中的电场分布由极化电荷和自由电荷共同决定。一般只给出带电体自由电荷分布和电介质分布，而极化电荷的分布未知，导致场强的求解变得相对复杂。为了简化电介质中电场的计算，我们引入电位移矢量 $\boldsymbol{D}$，定义如下：

$$\boldsymbol{D}=\varepsilon_0\boldsymbol{E}+\boldsymbol{P} \tag{4.38}$$

在国际单位制中，其单位是 $\mathrm{C \cdot m^{-2}}$（库仑每平方米）。

这时高斯定理可表示为

$$\oint_S \boldsymbol{E}\cdot \mathrm{d}\boldsymbol{S}=\sum_{(S_{内})}\frac{(q_i+q')}{\varepsilon_0} \tag{4.39}$$

式中，q_i 和 q' 分别表示自由电荷和极化电荷。可以证明

$$\oint_S \boldsymbol{D}\cdot \mathrm{d}\boldsymbol{S}=\sum_{(S_{内})} q_i \tag{4.40}$$

通过任意封闭曲面的电位移矢量通量等于该封闭面包围的自由电荷的代数和，这就是有介质的高斯定理，也称 $\boldsymbol{D}$ 的高斯定理，是电磁学的基本定律。

在各向同性线性介质中

$$\boldsymbol{D}=\varepsilon_0\varepsilon_r\boldsymbol{E}=\varepsilon\boldsymbol{E} \tag{4.41}$$

即电介质中某点的电位移矢量 $\boldsymbol{D}$ 等于该点电场强度 $\boldsymbol{E}$ 与该点介电常数 ε 的乘积，其中 ε_r 是介质相对真空的相对介电常数，ε 是电介质的介电常数。

引入辅助量 $\boldsymbol{D}$ 的好处是，高斯定理中只出现自由电荷，不直接涉及极化电荷。对于自由电荷和电介质具有对称性分布的系统，可以应用介质中的高斯定理先求出电位移矢量的分布，再求场强 $\boldsymbol{E}$。对于线性各向同性介质，且电荷分布具有高度对称性时，可由式（4.40）求出 $\boldsymbol{D}$，然后再由（4.41）式求出场强 $\boldsymbol{E}$。

例 4.13 已知两个同心均匀带电导体球壳，球壳厚度可略，半径分别为 R_1 和 R_2。内球壳带电量为 Q，外球壳带电量为 $-Q$。两球壳间充满电介质，介电常数为 ε，其他空间为真空。求空间的电场分布。

解 电场分布具有中心对称性。

$r<R_1$ 时，由高斯定理得

$$\oint_S \boldsymbol{D}\cdot \mathrm{d}\boldsymbol{S}=D\oint_S \mathrm{d}S=D\cdot 4\pi r^2=0$$

于是　　$D=0,\ E=0$

$R_1<r<R_2$ 时，由高斯定理得

$$\oint_S \boldsymbol{D}\cdot \mathrm{d}\boldsymbol{S}=D\oint_S \mathrm{d}S=D\cdot 4\pi r^2=Q$$

$$4\pi r^2 D=Q$$

于是

$$D=\frac{Q}{4\pi r^2},\ E=\frac{D}{\varepsilon}=\frac{Q}{4\pi\varepsilon r^2}$$

$r>R_2$ 时，由高斯定理得

$$\oint_S \boldsymbol{D}\cdot \mathrm{d}\boldsymbol{S}=D\oint_S \mathrm{d}S=D\cdot 4\pi r^2=Q+(-Q)=0$$

于是　　$D=0,\ E=0$

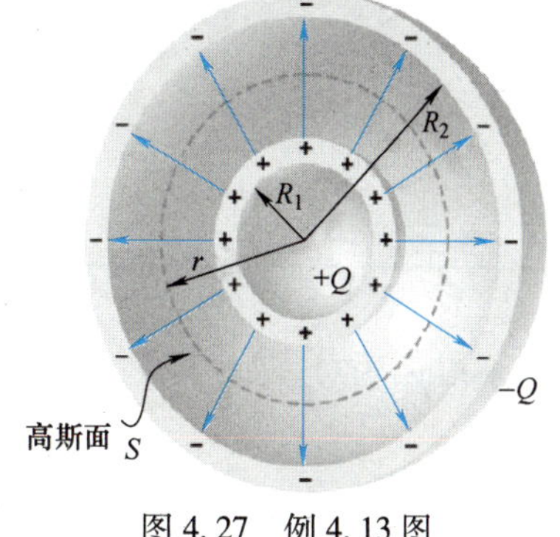

图 4.27　例 4.13 图

上述结果可以统一表示为

$$E=\begin{cases}0, & r<R_1\\ \dfrac{Q}{4\pi\varepsilon r^2}, & R_1<r<R_2\\ 0, & r>R_2\end{cases}\tag{4.42}$$

例 4.14　已知长度均为 l 长直的导体圆管和导体圆柱体共轴放置，圆柱体的半径为 R_1，圆管的内半径为 R_2，圆管的厚度可忽略，可视为无限长圆柱面。设导体圆柱面和圆柱体表面均匀带电，圆柱体表面电荷线密度为 λ，圆柱面电荷线密度为 $-\lambda$，圆柱体和圆柱面之间充满介电常数为 ε 的电介质。求电场强度分布。

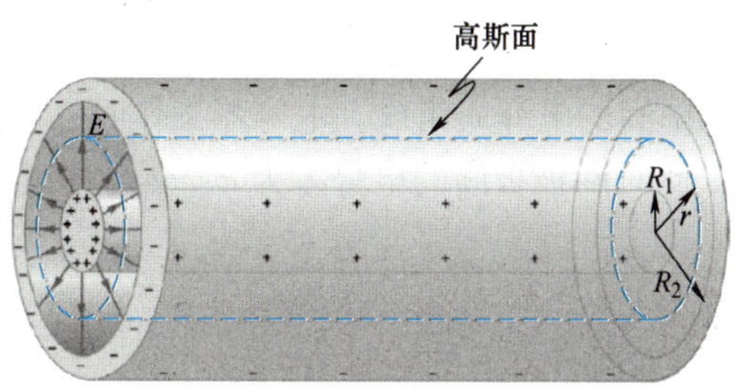

图 4.28　例 4.14 图

解　电场分布具有轴对称性，根据高斯定理：

$r>R_2$ 时，有

$$\oint \boldsymbol{D}\cdot \mathrm{d}\boldsymbol{S}=2\pi rlD=0$$

于是

$$D=0,\ E=0$$

同理，$r<R_1$ 时，有

$$D=0,\ E=0$$

$R_1<r<R_2$ 时，有

$$\oint \boldsymbol{D}\cdot \mathrm{d}\boldsymbol{S}=2\pi rlD=l\lambda$$

所以

$$D=\frac{\lambda}{2\pi r},\ E=\frac{\lambda}{2\pi\varepsilon r}$$

上述结果可以统一表示为

$$E=\begin{cases}0, & r<R_1\\ \dfrac{\lambda}{2\pi\varepsilon r}, & R_1<r<R_2\\ 0, & r>R_2\end{cases} \tag{4.43}$$

思考题

4.7.1 我们说介质是线性的、各向同性的、均匀的，怎样理解？

4.7.2 引入电位移矢量的好处是什么？

4.8 电容 电场的能量

4.8.1 电容 电容器

导体的电容是表征导体容纳电荷能力的物理量，利用导体的这一性质制成的电容器是电子技术中最基本的元件之一。在国际单位制中，电容的单位是 F（法拉）。常用的单位还有 μF（微法）、pF（皮法）。其中

$$1\text{F}=1\text{C}\cdot\text{V}^{-1},\ 1\text{F}=10^6\mu\text{F}=10^{12}\text{pF}$$

导体的电容不仅与导体的几何形状和大小有关，而且还要受到周围物体的影响。通常所用的电容器由两个金属板和中间的电介质组成。电容器工作时它的两个极板相对的两个表面总是带等量异号的电荷$\pm q$，此时两极板间的电势差为 $\varphi_A-\varphi_B$，则电容器的电容定义为

$$C=\frac{q}{\varphi_A-\varphi_B} \tag{4.44}$$

式中，q 代表一个极板的内表面所带电荷的绝对值。

4.8.2 常用电容器的电容

1. 平板电容器的电容

平板电容器由夹有一层介电常数为 ε 电介质的两个平行而靠近的金属薄板 A、B 构成，两板间距为 d，正对面积为 S，如图 4.29 所示。设 A 板带电$+q$、B 板带电$-q$，忽略边缘效应，电荷将各自均匀地分布在两板的内表面，电荷面密度的大小为 $\sigma=q/S$。由介质中高斯定理求出两板间的电场

$$D=\sigma,\ E=\frac{\sigma}{\varepsilon}$$

两板之间的电势差是

$$U_{AB}=\int_A^B \boldsymbol{E}\cdot d\boldsymbol{l}=Ed=\frac{qd}{\varepsilon S}$$

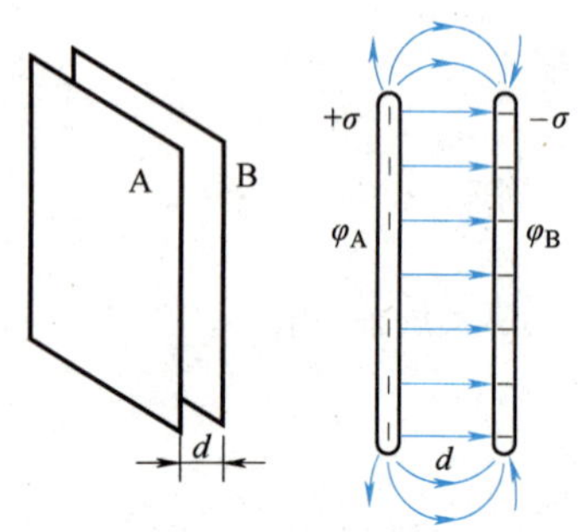

图 4.29 平板电容器

根据电容器电容的定义，平板电容器的

$$C=\frac{q}{U_{AB}}=\frac{\varepsilon S}{d}=\frac{\varepsilon_0\varepsilon_r S}{d} \tag{4.45}$$

2. 其他电容器的电容

除了平行板电容器外，常用电容器还有球形电容器和柱形电容器。实际上例 4.13 就是球形电容器的例子，例 4.14 则是柱形电容器的例子。根据例 4.13 和例 4.14 的结果和电容器电容的定义，容易求得，圆柱形电容器的电容为

$$C=\frac{q}{U_{AB}}=\frac{2\pi\varepsilon l}{\ln\frac{R_B}{R_A}} \tag{4.46}$$

球形电容器的电容为

$$C=\frac{q}{U_{AB}}=4\pi\varepsilon\frac{R_A R_B}{R_B-R_A} \tag{4.47}$$

式（4.46）和式（4.47）中 $R_A=R_1$，$R_B=R_2$。

由以上几种常见电容器的电容公式可以看出，电容 C 取决于电容器的结构及两极板之间的电介质，与电容器是否带电无关，并且板间有电介质时的电容是板间真空时电容的 ε_r 倍。

4.8.3 充电电容器的能量

如图 4.30 所示，在电容器充电过程中，电子从电容器带正电的极板上被拉到电源，并在电源作用下被推到带负电的极板上去。在这个过程中，外力依靠消耗电源中所存储的其他形式的能量（例如化学能）克服静电场力做功，并通过做功将这部分能量转化为电容器中存储的电能。

设在充电过程中的某一瞬时，电容器极板上所带电量的绝对值为 q，两极板间电压为 u，则这时电源把电荷 $-\mathrm{d}q$ 从正极板搬运到负极板所做的功，等于电荷 $-\mathrm{d}q$ 从正极板迁移到负极板后电势能的增加，即

$$\mathrm{d}A=-\mathrm{d}q(\varphi_--\varphi_+)=\mathrm{d}q(\varphi_+-\varphi_-)=u\mathrm{d}q$$

在整个充电过程中，电源所做的功全部转化成了电容器所存储的电能 W_e，于是有

$$W_e=\int_0^Q u\mathrm{d}q=\int_0^Q\frac{u}{C}\mathrm{d}q$$
$$=\frac{Q^2}{2C}=\frac{1}{2}CU^2=\frac{1}{2}QU \tag{4.48}$$

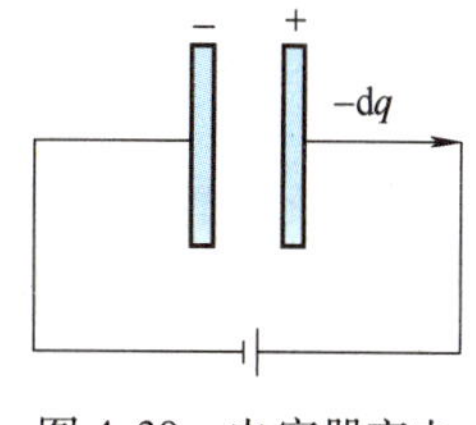

图 4.30 电容器充电

式中，U 是充电完毕时电容器两极板间电压；Q 是这时电容器每一极板上所带自由电荷的电量的绝对值。

4.8.4 电场的能量

从电场的观点来看，带电体的能量也就是电场能量。仍以平行板电容器为例，利用如下关系：

$$U=Ed,\ E=\frac{Q}{\varepsilon S}$$

则式（4.48）改写为

$$W_e = \frac{1}{2}\varepsilon E^2 V$$

式中，$V=Sd$ 是两平行板电容器内电场空间所占据的体积。

这个结果表明，平行板电容的能量存在于电场所在的空间。由于两板之间的电场是均匀的，所以电场的能量也是均匀分布的。引入电场能量密度 w_e，表示电场中单位体积内存储的电场能量，即

$$w_e = \frac{W_e}{V} = \frac{1}{2}\varepsilon E^2 \tag{4.49}$$

利用电位移矢量与电场强度的关系式，式（4.49）又可以写成

$$w_e = \frac{1}{2}DE = \frac{1}{2}\boldsymbol{D} \cdot \boldsymbol{E} \tag{4.50}$$

于是，电场的能量计算公式为

$$W_e = \int w_e \mathrm{d}V \tag{4.51}$$

积分区域遍及整个电场空间。

上述结果虽然是从匀强电场的特例推出，但可以证明，这是普遍适用的公式。

例 4.15 在空气中放置一个均匀带电球面，球面半径为 R，总带电量为 q。求均匀带电球面产生的电场能量。

解 均匀带电球面产生的电场分布为

$$E = \begin{cases} \dfrac{q}{4\pi\varepsilon_0 r^2} & (r>R) \\ 0 & (r<R) \end{cases}$$

所以，该带电球面内部区域没有电场能量，电场能量存在于球面外部空间。

在球面外部空间某一点处的电场能量密度为

$$w_e = \frac{1}{2}\varepsilon_0 E^2 = \frac{q^2}{32\pi^2\varepsilon_0 r^4}$$

显然，r 相同的位置处有相同的能量密度。取一半径为 r、厚度为 $\mathrm{d}r$ 的球壳体积元，该体积元内的能量密度值相同。该带电体的电场能量为

$$W_e = \int_V w_e \mathrm{d}V = \int_R^{\infty} \frac{q^2}{32\pi^2\varepsilon_0 r^4} \cdot 4\pi r^2 \mathrm{d}r = \frac{q^2}{8\pi\varepsilon_0 R}$$

思考题

4.8.1 根据平行板电容器的电容公式，当两板间距 $d\to 0$ 时，电容 $C\to\infty$，在实际中我们为什么不能用尽量减小 d 的方法来制造大电容？（提示：分析当电势差 $\Delta\varphi$ 保持不变而 $d\to 0$ 时，场强会发生什么变化？）

4.8.2 当电场强度相同时，为什么在电介质的电场中的电能体密度比真空中的大？

4.8.3 如思考题 4.8.3 图所示，一电介质板放置于平行板电容器的两板之间，则作用在电介质板上的电场力是把它拉进还是推出电容器两板间的区域？

4.8.4　在真空中有两个相对的平行板，相距为 d，板面积均为 S，分别带电量 $+q$ 和 $-q$。有人说，根据库仑定律，两板之间作用力 $f=\dfrac{q^2}{4\pi\varepsilon_0 d^2}$；又有人说，因 $f=qE$，而板间 $E=\dfrac{\sigma}{\varepsilon_0}$，$\sigma=\dfrac{q}{S}$，所以 $f=\dfrac{q^2}{\varepsilon_0 S}$；还有人说，由于一个板上的电荷在另一板处的电场为 $E=\dfrac{\sigma}{2\varepsilon_0}$，所以 $f=qE=\dfrac{q^2}{2\varepsilon_0 S}$。试问这三种说法哪种对？为什么？

思考题 4.8.3 图

本章知识网络图

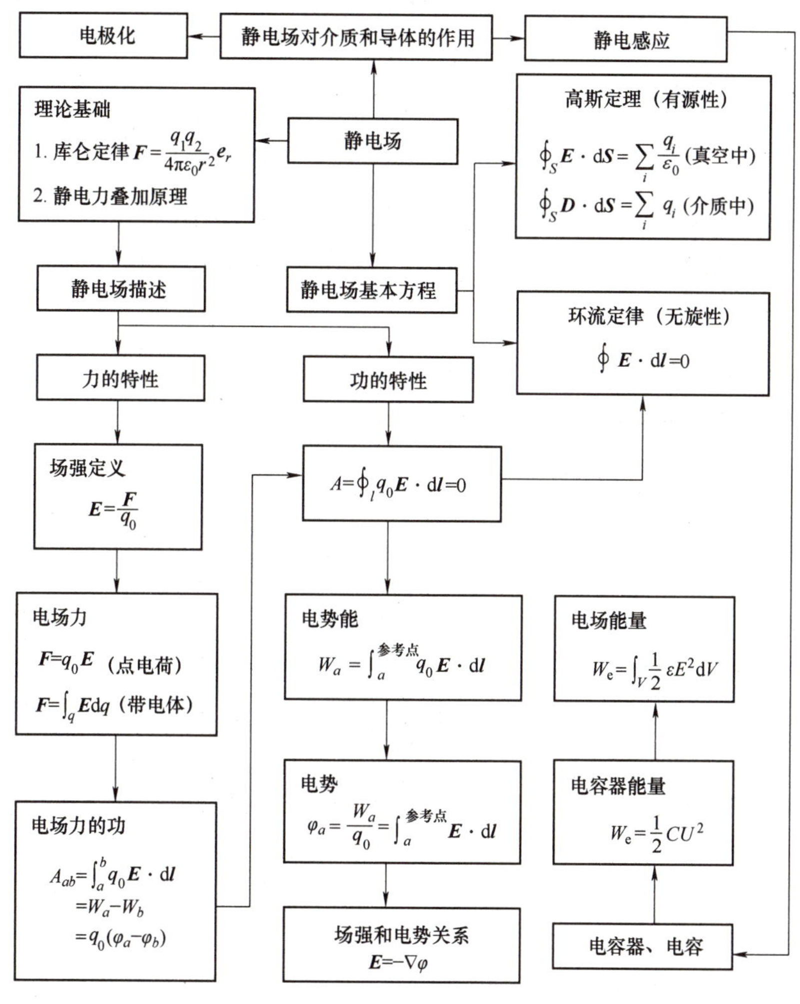

习　题

4.1　如题 4.1 图所示，在边长为 a 的正方形四个顶点上各有相等的同号点电荷 $-q$，试求：在正方形的中心处应放置多大电荷的异号点电荷 q_0，才能使每一电荷都受力为零？

4.2　如题 4.2 图所示，在坐标（a,0）处放置一点电荷 $+q$，在坐标（$-a$,0）处放置另一点电荷 $-q$。P

点是 y 轴上的一点，坐标为 $(0,y)$，试求，当 $y\gg a$ 时，P 点场强的大小。

4.3　如题 4.3 图所示，一环形薄片由细绳悬吊着，环的外半径为 R，内半径为 $R/2$，并有电量 Q 均匀分布在环面上。细绳长 $3R$，也有电量 Q 均匀分布在绳上，试求圆环中心 O 处的电场强度大小（圆环中心在细绳延长线上）。

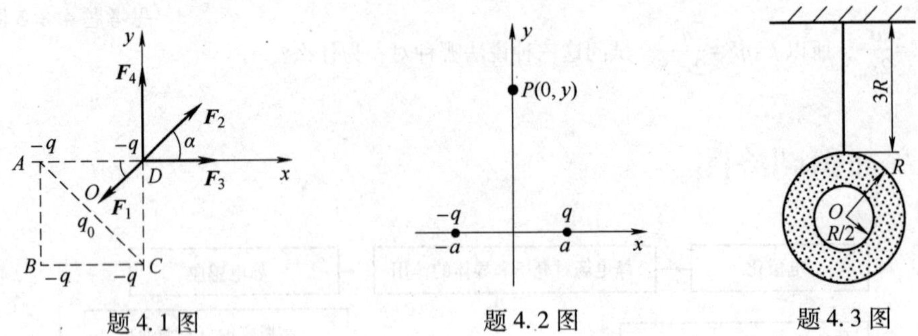

题 4.1 图　　题 4.2 图　　题 4.3 图

4.4　半径为 R 的带电细圆环，电荷线密度 $\lambda=\lambda_0\cos\varphi$（$\lambda_0$ 为常数，φ 为半径 R 与 x 轴的夹角），求圆环中心处的场强。

4.5　两根相同的均匀带电细棒，长为 l，电荷线密度为 λ，沿同一条直线放置。两细棒间最近距离为 l，如题 4.5 图所示。假设棒上电荷是不能自由移动的，试求两棒间的静电相互作用力。

4.6　如题 4.6 图所示，一个带电量为 q 的点电荷位于立方体的 A 角上，则通过侧面 $abcd$ 的电场强度通量为多少？

4.7　一球体内均匀分布着电荷体密度为 ρ 的正电荷，若保持电荷分布不变，在该球内挖去半径为 r 的小球体，球心为 O'，两球心间距 $\overline{OO'}=d$，如题 4.7 图所示，求：（1）球形空腔内，任一点处的电场强度 $\boldsymbol{E}$；（2）在球体内 P 点处的电场强度 $\boldsymbol{E}_P$，设 O'、O、P 三点在同一直径上，且 $\overline{OP}=d$。

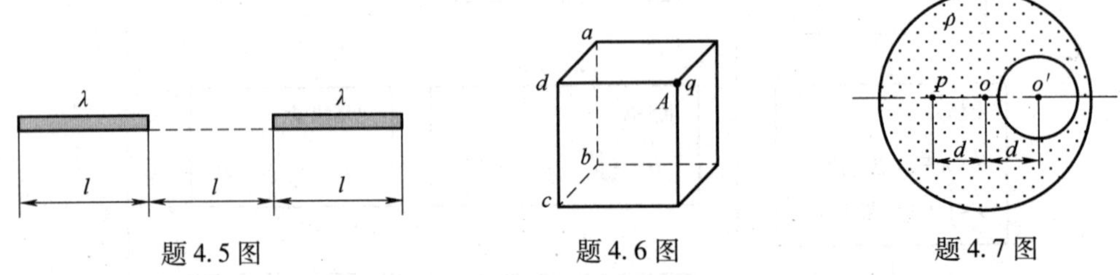

题 4.5 图　　题 4.6 图　　题 4.7 图

4.8　电荷面密度为 σ 的“无限大”均匀带电平面，若以该平面处为电势零点，试求带电平面周围空间的电势分布。

4.9　如题 4.9 图所示，两根半径均为 R 的“无限长”直导线彼此平行放置，两者轴线的距离是 d（$d\gg 2R$），单位长度上分别带有电量为 $+\lambda$ 和 $-\lambda$ 的电荷，设两带电导线之间的相互作用不影响它们的电荷分布，试求两导线间的电势差。

4.10　真空中一半径为 R 的球面均匀带电，在球心 O 处有一带电量为 q 的点电荷，如题 4.10 图所示。设无穷远处为电势零点，则在球内离球心 O 距离为 r 的 P 点处的电势为多少？

4.11　电量 q 分布在长为 $2l$ 的细杆上，求在杆外延长线上与杆端点距离为 a 的 P 点的电势（设无穷远处为电势零点）。

4.12　一半径为 R 的均匀带电圆盘，电荷面密度为 σ，设无穷远处为电势零点，求圆盘中心 O 点的电势。

4.13　质量均为 m、相距为 r_1 的两个电子，由静止开始在电力作用下（忽略重力作用）运动至相距为 r_2，求此时每一个电子的速率。

4.14　如题4.14图所示，一半径为R的均匀带电细圆环，带电量Q，水平放置，在圆环轴线的上方离圆心R处，有一质量为m、带电量为q的小球，当小球从静止下落到圆心位置时，试求它的速率。

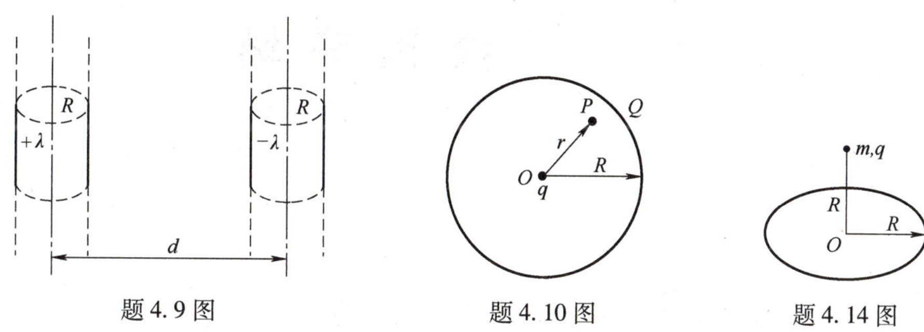

题4.9图　　题4.10图　　题4.14图

4.15　如题4.15图所示，在电量为$+q$的点电荷电场中，放入一不带电的金属球，从球心O到点电荷所在处的矢径为$\boldsymbol{r}$。试求：(1) 金属球上的感应电荷净电量；(2) 这些感应电荷在球心O处产生的电场强度。

4.16　一长直导线横截面半径为a，导线外同轴地套一半径为b的薄圆筒，两者互相绝缘，并且外筒接地，如题4.16图所示。设导线单位长度的带电量为$+\lambda$，并设地的电势为零，则两导体之间的P点（$\overline{OP}=r$）的场强大小和电势分别为多少？

4.17　半径为R的两根无限长均匀带电直导线，其电荷线密度分别为$+\lambda$和$-\lambda$，两直导线平行放置，相距$d(d\gg R)$，试求该导体组单位长度的电容。

4.18　求无限长均匀带电圆柱体内外的电场分布。已知圆柱体半径为R，内外空间的介电常数分别是ε_1和ε_2，电荷体密度为ρ。

4.19　一平行板电容器，极板面积S，两极板紧夹一块厚度为d的面积相同的玻璃板，已知玻璃相对介电常数为ε_r，电容器充电到电压U以后切断电源，求把玻璃板从电容器中抽出来外力需做多少功？

4.20　题4.20图为一球形电容器，在外球壳的半径b及内外导体间的电势差U维持恒定的条件下，内球半径a为多大时才能使内球表面附近的电场强度最小？并求这个最小的电场强度的大小。

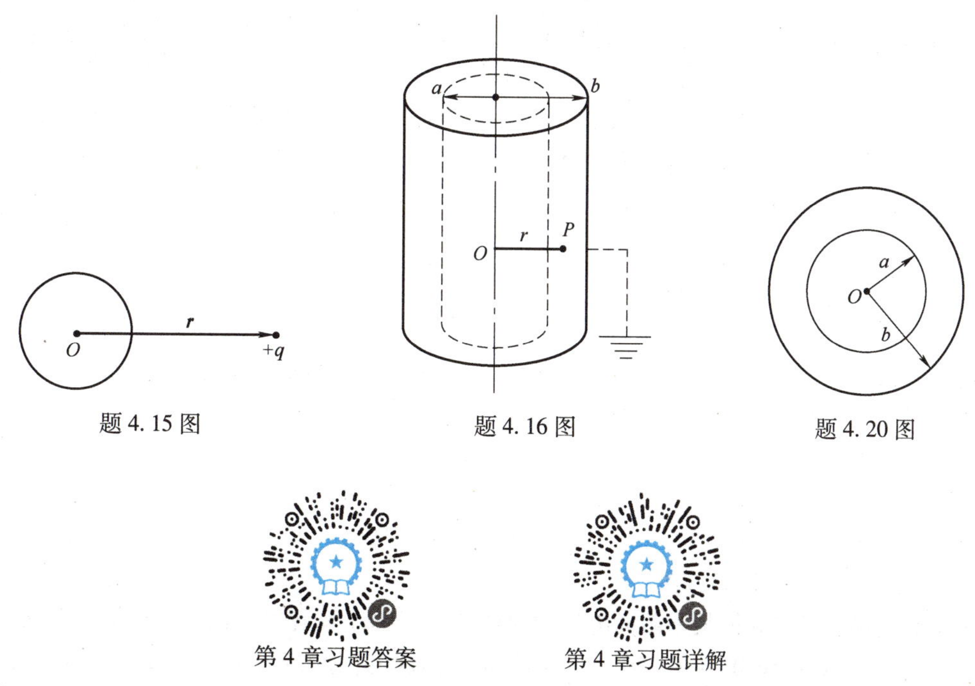

题4.15图　　题4.16图　　题4.20图

第4章习题答案　　第4章习题详解

第5章 稳恒磁场

磁场在物理学家看来正如他坐的椅子一样实在。

——爱因斯坦

在静止电荷的周围存在着电场。如果电荷运动，那么它的周围不仅有电场，而且还会产生磁场。当电荷运动形成稳恒电流时，在它的周围就会产生稳恒磁场。磁场也是物质的一种形态。本章主要讨论稳恒磁场的性质和计算，以及磁场对电流的作用。

通过本章学习，理解磁感应强度和磁通量的概念，掌握磁感应强度和磁通量的计算方法；理解磁场的高斯定理，掌握毕奥-萨伐尔定律、安培环路定理及其应用；掌握磁场对载流导线的作用和运动电荷在磁场中的受力以及运动的规律；了解物质的磁化现象，掌握有磁介质时的安培环路定理及其应用。

5.1 恒定电流

电荷的定向运动形成电流。由于带电体或电荷的机械运动产生的电流称为运流电流。由于导体中存在着电场，电场对电荷的作用力引起电荷的宏观定向运动形成的电流称作传导电流。若导体内各点电流的方向和大小不随时间改变，这种电流叫作恒定电流（稳恒电流），相应导体内的电场称为稳恒电场。稳恒电场与静电场相同的地方是形成电场的电荷分布不随时间发生变化，不同的地方是形成静电场的电荷是静止的，形成稳恒电流的电荷是运动的。

5.1.1 电流密度

电流的强弱用电流 I 来描述，定义为单位时间内通过导体某一截面的电荷量。如果在 $\mathrm{d}t$ 时间内通过导体某截面的电荷量为 $\mathrm{d}q$，则通过该截面的电流为

$$I=\frac{\mathrm{d}q}{\mathrm{d}t} \tag{5.1}$$

电流是七个基本物理量之一，其国际单位是 A（安培）。电流是标量，习惯所说的“电流方向”是指正电荷的运动方向。

电流只能描述通过导体某一截面电流的整体特征，不涉及载流子通过该截面的分布情况。如果电流通过粗细不均匀的导体，在大、小截面上载流子的分布和流向显然不同。因此仅有电流的概念是不够的，还必须引入能够描述电流分布的物理量——电流密度。电流密度定义为

矢量，其方向为正电荷在该点的运动方向，数值等于通过该点与电流垂直单位面积的电量。

如图5.1所示，在某点作一与电流方向垂直的横截面 $dS_{\perp}$，通过的电流为 dI，则电流密度 $\boldsymbol{J}$ 的大小为

$$J=\frac{dI}{dS_{\perp}} \tag{5.2}$$

方向为电流方向，由此可得

$$dI=JdS\cos\theta \tag{5.3}$$

定义面积矢量

$$d\boldsymbol{S}=dS\boldsymbol{n}$$

于是，通过曲面 S 的电流 I 等于

$$I=\int_S \boldsymbol{J}\cdot d\boldsymbol{S} \tag{5.4}$$

可见，电流密度 $\boldsymbol{J}$ 和电流 I 的关系就是一个矢量场和它的通量的关系。

在导体中，各点 $\boldsymbol{J}$ 可能有不同的大小和方向。对于稳恒电流，$\boldsymbol{J}$ 的空间分布是不变的。在导体内沿着电流密度方向，取一长为 Δl、垂直截面积为 ΔS 的小柱体，如图5.2所示。那么，在 Δt 时间内穿过面元 ΔS 的电荷应等于小柱体内的电荷量，所以电流密度大小

$$J=\frac{\rho_e\Delta l\Delta S}{\Delta t\Delta S}=\rho_e v$$

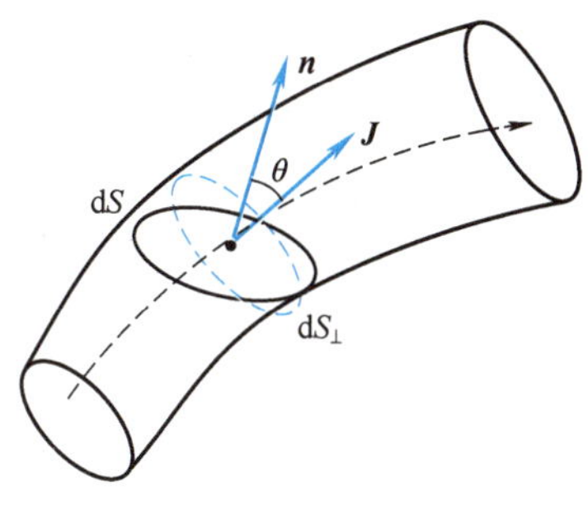

图5.1 电流密度矢量

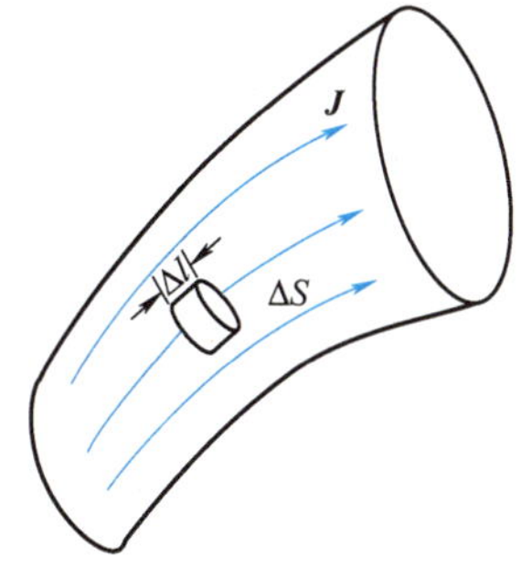

图5.2 电流密度

写成矢量式

$$\boldsymbol{J}=\rho_e\boldsymbol{v} \tag{5.5}$$

式中，ρ_e 为此处电荷密度；$\boldsymbol{v}$ 是该点电荷运动速度，称为迁移速度。

如果单位体积内的载流子数目为 n，载流子电荷量为 e，则式（5.5）可写成

$$\boldsymbol{J}=ne\boldsymbol{v} \tag{5.6}$$

若导体内存在几种不同的电荷，且具有不同的电荷密度和速度，则该点电流密度是它们各自在该点电流密度的矢量和，即

$$\boldsymbol{J}=\sum_i \rho_i\boldsymbol{v}_i \tag{5.7}$$

5.1.2 电动势

在一段导体中，欲获得恒定电流，需要一个稳恒不变的电场，或者是在导体两端维持恒

定不变的电势差。那么如何实现这样的要求呢？下面我们以电容器放电时产生电流为例，说明如何实现这一要求。

如图 5.3 所示，用导线将充电电容器的正负极板连接后，正电荷在静电场力的作用下，从正极板 A 沿导线向负极板 B 流动，形成电流。两极板上的正负电荷逐渐中和而减少，极板间的电势差也逐渐减小而趋于零，导线中电流也会逐渐减小而趋于零。这种情况下的电流是暂时的，所以仅靠静电场力是不能形成恒定电流的。为了形成恒定电流，需要存在着一种使正电荷从负极向正极运动的力，能够不断地分离正负电荷以补充两极板上减少的电荷，保持两极板间的电势差不变。显然，这个力是与静电场力的性质不同的，是非静电力。我们将能够提供这种非静电力的装置称为电源。注意，为了表述方便，我们在这里没有区分稳恒电场和静电场，原因是这两种电场的性质是相同的。

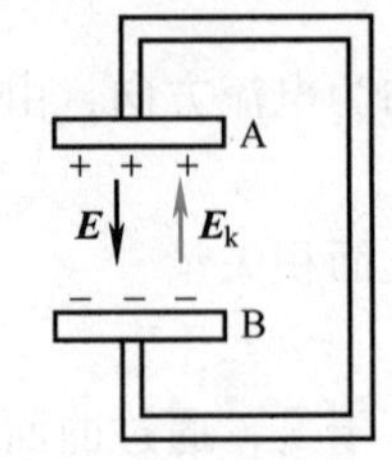

图 5.3　电源电动势

若在电源内部存在着一种使正电荷从负极向正极运动的非静电力 $\boldsymbol{F}_k$，则相应存在一个非静电场，其非静电场强定义为

$$\boldsymbol{E}_k=\frac{\boldsymbol{F}_k}{q} \tag{5.8}$$

在 $\boldsymbol{E}_k$ 的作用下，电源的正板聚积着正电荷，负板聚积着负电荷，在两板间出现电势差，在导体回路内产生电场，推动电荷做定向运动，形成电流。在推动电荷做功同时，在导体内的载流子会发生碰撞，产生焦耳热，减少电场的能量。电源要补充电场的能量，所以电源是形成恒定电流的能源。

在电源内部存在着两种电场 $\boldsymbol{E}_k$ 和 $\boldsymbol{E}$，前者是非静电场，后者是静电场。考察电荷 q 从负板出发沿回路绕行一周，电场力所做的功是

$$A=q\int_{\mathrm{B}}^{\mathrm{A}}(\boldsymbol{E}+\boldsymbol{E}_k)\cdot \mathrm{d}\boldsymbol{l}+q\int_{\mathrm{A}}^{\mathrm{B}}\boldsymbol{E}\cdot \mathrm{d}\boldsymbol{l}=q\int_{\mathrm{B}}^{\mathrm{A}}\boldsymbol{E}_k\cdot \mathrm{d}\boldsymbol{l}+\oint \boldsymbol{E}\cdot \mathrm{d}\boldsymbol{l}$$

由于

$$\oint \boldsymbol{E}\cdot \mathrm{d}\boldsymbol{l}=0$$

故

$$A=q\int_{\mathrm{B}}^{\mathrm{A}}\boldsymbol{E}_k\cdot \mathrm{d}\boldsymbol{l}$$

因为在电源外 $\boldsymbol{E}_k=0$，所以上式可写成

$$A=q\oint \boldsymbol{E}_k\cdot \mathrm{d}\boldsymbol{l}$$

令

$$\mathscr{E}=\frac{A}{q}=\oint_L \boldsymbol{E}_k\cdot \mathrm{d}\boldsymbol{l} \tag{5.9}$$

$\mathscr{E}$ 称为电动势。在国际单位制中，电动势的单位为 V（伏特）。

电动势的物理意义是：在非静电场作用下，使单位正电荷绕行一周时非静电力所做的功。电动势的大小反映电源将其他形式能量转变为电能的本领，是电源本身的特征量。

电动势是标量，我们规定从负极经电源内部到正极的方向为电动势的方向。

思考题

5.1.1　恒定电流是否为直流电？直流电是否为恒定电流？

5.1.2　如果通过导体中各处的电流密度并不相同，那么电流能否是恒定电流？

5.2　磁场和毕奥-萨伐尔定律

5.2.1　基本磁现象

磁现象和电现象一样，很早以前就被人们发现了。我国是发现天然磁铁最早的国家。11 世纪（北宋）时，我国科学家沈括（1031—1095）研制出航海用的指南针，并发现了地磁偏角。这些创造和发现先于西方科学家，是我国祖先在科学领域的荣誉。

对于磁性基本现象的认识，可以综合如下：

1）天然磁铁能吸引铁、钴、镍等物质，这一性质称为磁性。磁铁的两端磁性最强，称为磁极。把一条磁铁或磁针自由地悬挂起来，它将自动地转向南北方向，指北的一极称为指北极，简称北极（用 N 表示）；指南的一极称为指南极，简称南极（用 S 表示）。这一事实说明地球本身是一个巨大的磁体，地球的磁 N 极在地理南极附近，磁 S 极在地理北极附近。

2）磁极之间有相互作用力，同性磁极相斥，异性磁极相吸引。

3）磁铁的两个磁极不能分割成独立的 N 极或 S 极。在自然界中没有发现独立的 N 极或 S 极，但是有独立存在的正电荷和负电荷，这是磁极和电荷的基本区别。

4）1819 年，丹麦物理学家奥斯特（Hans Christian Oersted，1777—1851）发现电流磁效应，即在载流导线周围的磁针，会受到力的作用而偏转，如图 5.4 所示。1820 年，法国物理学家安培（Andre Marie Ampere，1775—1836）发现在磁铁附近的载流导线或载流线圈，也会受到磁力的作用而发生运动，如图 5.5 所示。

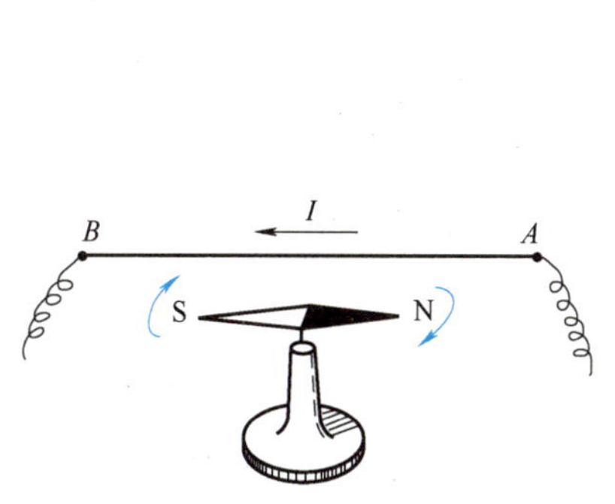

图 5.4　载流导线附近磁针受力作用偏转

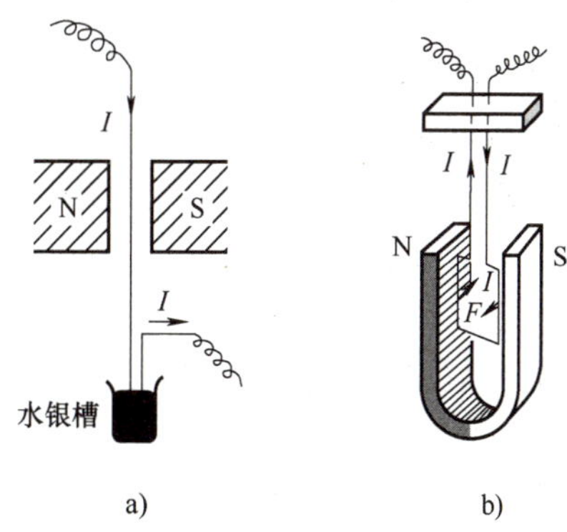

图 5.5　载流导线和载流线圈受力现象

5）安培进一步的实验发现，载流导线间或载流线圈间也有相互作用。当两根平行载流导线的电流流向相同时会相互吸引，相反则会相互排斥。

上述事实说明磁性与电流有着密切的联系。为了解释磁性问题，1822 年安培提出了有关物质磁性本质的假说，他认为一切磁现象的根源是电流。磁性物质的分子中存在着回路电流，称为分子电流。分子电流相当于基元磁体，物质的磁性起源于物质中的分子电流。根据安培假说，很容易说明两极不能单独存在的原因。因为基元磁铁的两个磁极对应分子电流的正反两个面，这两个面显然是无法单独存在的。安培假说与现代对物质磁性的理解是相当符合的。分子电流相当于分子中电子绕原子核的转动和电子本身的自旋运动。分子电流假说能很好地解释磁体的磁现象，所以至今仍采用这一假说来说明各种磁现象。

5.2.2 磁场和磁感应强度

磁体与磁体之间，磁体与电流之间以及电流与电流之间都有磁力相互作用，但是它们之间并没有直接接触，这种相互作用的磁力是靠磁场来传递的，即一个电流（或磁体）在它的周围空间激发磁场，当第二个电流（或磁体）处在该磁场中时，就要受到该磁场对它的作用力。

磁场与电场一样是客观存在的物质，磁场物质性的重要表现是磁场对载流导体或运动电荷有力的作用。当载流导体在磁场中移动时，磁场力对它做功，表明磁场具有能量。

在静电场中，曾用电场对试探电荷的作用，引入了描述电场本身性质的物理量——电场强度 $\boldsymbol{E}$。与此相似，为了描述磁场本身的性质，引入一个重要的物理量——磁感应强度 $\boldsymbol{B}$，它既有大小，又有方向，是一个矢量。

实验发现，电荷量为 q 的试验点电荷以速度 $\boldsymbol{v}$ 运动时，在磁场中某点所受的力 $\boldsymbol{F}$ 与电荷量 q、运动速度 $\boldsymbol{v}$ 以及磁场在该点的性质有关。如图 5.6 所示，当电荷 q 沿某一特定方向运动时，该运动电荷在磁场中所受的磁场力为零，且此方向恰为小磁针 N 极的指向，我们称该特殊方向为磁感应强度 $\boldsymbol{B}$ 的方向；当电荷 q 沿着与磁场垂直的方向运动时，所受的磁力最大（此时磁感应强度与磁力、速度均垂直，见图 5.6），以 $F_{\max}$ 表示，$F_{\max}$ 正比于运动电荷的电荷量 q 与运动速度大小 v，但比值 $F_{\max}/qv$ 对磁场中一给定点是一常量，对磁场中不同点一般不同，由此可见，比值 $F_{\max}/qv$ 反映了该点磁场的强弱，因此，我们把比值 $F_{\max}/qv$ 定义为该点的磁感应强度 $\boldsymbol{B}$ 的大小，即

$$B=\frac{F_{\max}}{qv} \tag{5.10}$$

这就是说，描述磁场性质的物理量——磁感应强度 $\boldsymbol{B}$ 可定义如下：磁场中某点的磁感应强度 $\boldsymbol{B}$ 的大小等于电荷 q 以速度 $\boldsymbol{v}$ 沿与磁场方向垂直的方向运动时，所受的最大磁力 $F_{\max}$ 与乘积 qv 的比值；而磁感应强度 $\boldsymbol{B}$ 的方向就是运动电荷所受磁力为零且与小磁针 N 极指向相同的方向。

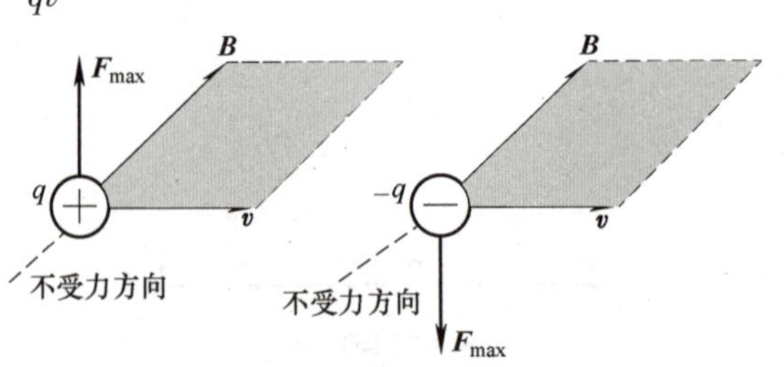

图 5.6 磁感应强度定义

在国际单位制中，按式（5.10），力的单位为 N，电荷的单位为 C，速度的单位为 $\mathrm{m}\cdot\mathrm{s}^{-1}$，则磁感应强度的单位是 T（特斯拉）。

5.2.3 毕奥-萨伐尔定律

1. 电流元的磁场

1823 年，法国科学家毕奥（Biot，1774—1862）和萨伐尔（Félix Savart，1791—1841）

通过实验证明了长直载流导线在其周围任一点产生的磁感应强度 $\boldsymbol{B}$ 的大小与导线中的电流 I 成正比，与该点到载流直导线的距离 r 成反比。从数学角度上考虑，可以把任意载流导线看作由许多电流同为 I 的线元 $\mathrm{d}l$ 组成，把矢量 $I\mathrm{d}\boldsymbol{l}$ 称为电流元，并规定其方向与电流的流向相同，如图 5.7 所示。

在研究和分析了大量实验资料的基础上，毕奥和萨伐尔最后总结出一条有关电流元 $I\mathrm{d}\boldsymbol{l}$ 在空间某点产生的磁感应强度 $\mathrm{d}\boldsymbol{B}$ 的结论，称为毕奥-萨伐尔定律。其数学形式为

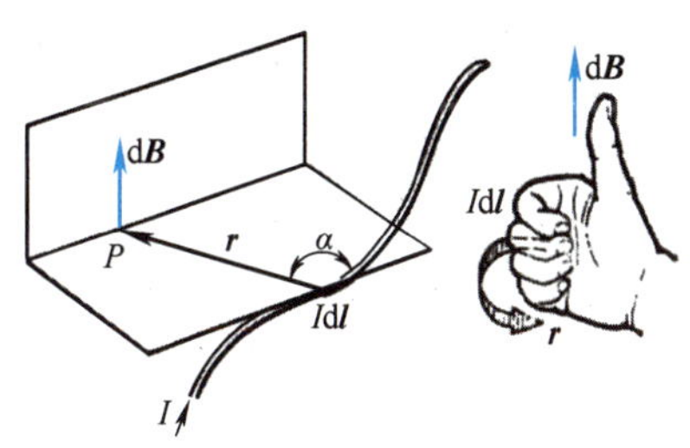

图 5.7 电流元磁场

$$\mathrm{d}\boldsymbol{B}=k\frac{I\mathrm{d}\boldsymbol{l}\times\boldsymbol{r}}{r^3}$$

式中，k 为比例系数，其值与式中各量的单位选取有关。在国际单位制中，$k=\mu_0/4\pi=10^{-7}\mathrm{T\cdot m\cdot A^{-1}}$，则 $\mu_0=4\pi\times10^{-7}\mathrm{T\cdot m\cdot A^{-1}}$ 为真空的磁导率。因此，在国际单位制中，上式应为

$$\mathrm{d}\boldsymbol{B}=\frac{\mu_0}{4\pi}\frac{I\mathrm{d}\boldsymbol{l}\times\boldsymbol{r}}{r^3} \tag{5.11}$$

根据场的叠加性，任意形状的载流导线所激发的磁场 $\boldsymbol{B}$ 应为

$$\boldsymbol{B}=\int_L\mathrm{d}\boldsymbol{B}=\int_L\frac{\mu_0}{4\pi}\frac{I\mathrm{d}\boldsymbol{l}\times\boldsymbol{r}}{r^3} \tag{5.12}$$

这里积分号下的 L 表示沿电流分布的曲线 L 进行积分。应该注意，式（5.12）为矢量积分，具体计算时，首先要分析载流导线上各电流元所产生的 $\mathrm{d}\boldsymbol{B}$ 方向是否一致。若 $\mathrm{d}\boldsymbol{B}$ 方向相同，则上述矢量积分即化为代数量的普通积分。如果各 $\mathrm{d}\boldsymbol{B}$ 的方向不同，应该先将 $\mathrm{d}\boldsymbol{B}$ 沿选定的各坐标轴投影，再对 $\mathrm{d}\boldsymbol{B}$ 的各坐标分量进行积分，积分遍及整个载流导线。

2. 运动电荷的磁场

电流源于电荷的定向运动，所以电流的磁场实质是运动电荷产生磁场的叠加。设在电流元内运动粒子的电量是 q，速度是 $\boldsymbol{v}$，单位体积内的粒子数是 n，则

$$I\mathrm{d}\boldsymbol{l}=J\mathrm{d}S\mathrm{d}\boldsymbol{l}=nq\boldsymbol{v}\mathrm{d}l\mathrm{d}S=Nq\boldsymbol{v}$$

式中，$\mathrm{d}S$ 是电流元的横截面积；N 是电流元内的带电粒子总数。将上式代入式（5.11），得

$$\mathrm{d}\boldsymbol{B}=N\frac{\mu_0}{4\pi}\frac{q\boldsymbol{v}\times\boldsymbol{r}}{r^3}$$

于是，一个带电粒子的磁感应强度

$$\boldsymbol{B}_1=\frac{\mathrm{d}\boldsymbol{B}}{N}=\frac{\mu_0}{4\pi}\frac{q\boldsymbol{v}\times\boldsymbol{r}}{r^3} \tag{5.13}$$

3. 毕奥-萨伐尔定律的应用

例 5.1 载流直导线的磁场。设在真空中有一条长为 L、通有电流为 I 的载流直导线，计算邻近直导线一点 P 处的磁感应强度。

解 在直导线上任取电流元 $I\mathrm{d}\boldsymbol{l}$，如图 5.8 所示。按毕奥-萨伐尔定律，电流元在 P 点所产生的磁感应强度的大小为

$$dB=\frac{\mu_0}{4\pi}\frac{Idl\sin\alpha}{r^2} \tag{a}$$

d**B** 的方向由 $Idl\times r$ 确定，即垂直纸面向内，在图中用⊗表示，这相当于看到箭的尾端（如果是垂直纸面向外，则用⊙表示，相当于看到箭的尖端）。由于长直导线 L 上每一电流元在 P 点的磁感应强度 d**B** 的方向都是相同的（即均垂直纸面向内），所以 P 点的磁感应强度是

$$B=\int_L dB=\int_L\frac{\mu_0}{4\pi}\frac{Idl\sin\alpha}{r^2} \tag{b}$$

作$\overline{PO}$直线垂直直导线 L，且令$\overline{PO}=a$，则由图 5.8 可知

$$r=\frac{a}{\sin(\pi-\alpha)}=a\csc\alpha$$

$$l=a\cot(\pi-\alpha)$$

对 $l=a\cot(\pi-\alpha)$ 两边取微分，得

$$dl=a\csc^2\alpha d\alpha$$

将各式代入式（b）中，并取积分下限为 α_1，上限为 α_2，得

$$B=\int_L\frac{\mu_0}{4\pi}\frac{Idl\sin\alpha}{r^2}=\frac{\mu_0 I}{4\pi a}\int_{\alpha_1}^{\alpha_2}\sin\alpha d\alpha=\frac{\mu_0 I}{4\pi a}(\cos\alpha_1-\cos\alpha_2) \tag{c}$$

式中，α_1 表示始端电流元与其引向场点的矢量 $\boldsymbol{r}_1$ 之间的夹角；α_2 表示终端电流元与其引向场点的矢量 $\boldsymbol{r}_2$ 之间的夹角。

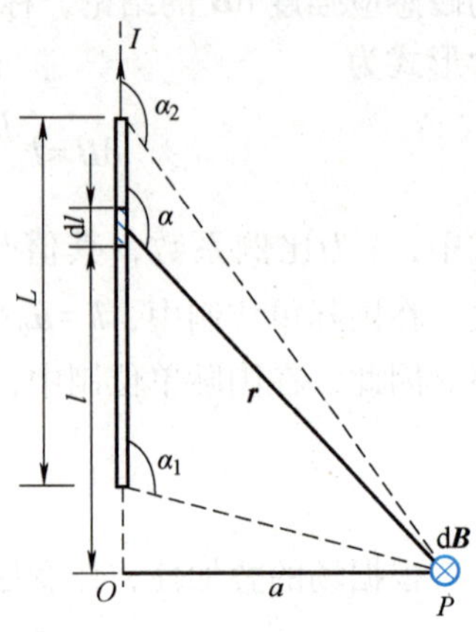

图 5.8　例 5.1 图

如果所求点 P 靠近直导线的中部，而且 $a<<L$，则直导线可视为“无限长”，这时 $\alpha_1\approx0$，$\alpha_2\approx\pi$。因此，无限长直导线的磁场是

$$B=\frac{\mu_0 I}{2\pi a}$$

例 5.2　载流圆形线圈的磁场。设真空中有半径为 R、通有电流为 I 的圆线圈，计算其轴线上一点 P 的磁感应强度。

解　取轴线为 Ox 轴，圆心 O 为原点。在圆线圈上任取电流元 Idl，如图 5.9 所示。根据毕奥-萨伐尔定律，该电流元在 P 点的磁感应强度 d**B** 的大小是

$$dB=\frac{\mu_0}{4\pi}\frac{Idl\sin\alpha}{r^2}=\frac{\mu_0}{4\pi}\frac{Idl}{r^2}$$

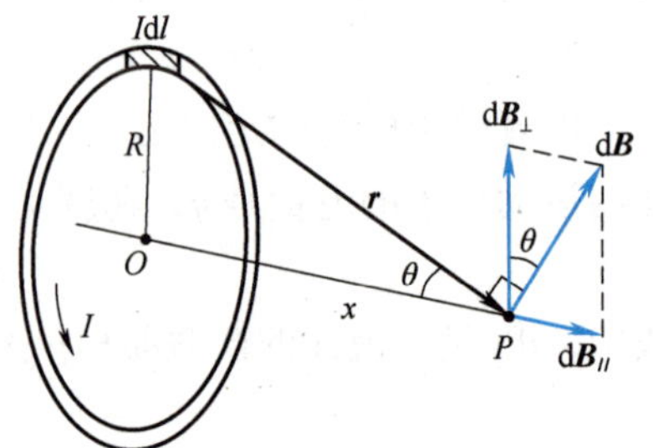

图 5.9　例 5.2 图

这里电流元 Idl 与矢径 $\boldsymbol{r}$ 的夹角 $\alpha=90°$，d**B** 的方向如图 5.9 所示。显然，线圈上各电流元在 P 点产生的磁感应强度方向是不同的。为此将 d**B** 分解成两个分量：垂直于轴线的分量 $d\boldsymbol{B}_\perp$ 和平行于轴线的分量 $d\boldsymbol{B}_{//}$。由于对称关系，$d\boldsymbol{B}_\perp$ 互相抵消，而 $d\boldsymbol{B}_{//}$ 互相加强，所以 P 点的磁感应强度为

$$B=\int_L dB_{//}=\int_L dB\sin\theta=\int_L\frac{\mu_0}{4\pi}\frac{Idl}{r^2}\sin\theta=\frac{\mu_0}{4\pi}\frac{I\sin\theta}{r^2}\int_0^{2\pi R}dl=\frac{\mu_0}{4\pi}\frac{I\sin\theta}{r^2}2\pi R$$

由于

$$r^2=R^2+x^2,\ \sin\theta=\frac{R}{r}$$

所以

$$B=\frac{\mu_0}{2}\frac{R^2 I}{(R^2+x^2)^{3/2}} \tag{a}$$

B 的方向沿 x 轴正向。

对圆电流中心处 O 点，令 $x=0$，O 点磁感应强度的量值是

$$B=\frac{\mu_0 I}{2R} \tag{b}$$

如果圆电流由 N 匝导线组成，通过每匝的电流为 I，则圆心 O 点处磁感应强度的量值为

$$B=\frac{\mu_0 NI}{2R} \tag{c}$$

例 5.3　载流直螺线管内部的磁场。设真空中有一半径为 R、通有电流 I、每单位长度有 n 匝线圈的螺线管，确定螺线管内部轴线上某点的磁感应强度。

解　螺线管就是绕在直圆柱面上的螺旋线圈（见图 5.10a），一般各匝线圈绕得很紧密，每匝线圈相当于一个圆形线圈。载流直螺线管在某点处所产生的磁感应强度等于各匝线圈在该点所产生的磁感应强度的总和。如图 5.10b 所示，任取一小段 $\mathrm{d}l$，则这小段上有线圈 $n\mathrm{d}l$ 匝，相当于电流强度为 $In\mathrm{d}l$ 的一个圆形电流。应用例 5.2 的结果，这小段上的线圈在轴线上 P 点所产生的磁感应强度为

$$\mathrm{d}B=\frac{\mu_0}{2}\frac{R^2In\mathrm{d}l}{(R^2+l^2)^{3/2}}$$

a) 直螺线管

b) 直螺线管的截面图

图 5.10　例 5.3 图

式中，l 是 P 点离 $\mathrm{d}l$ 处这一小段螺线管线圈的距离，磁感应强度的方向沿轴线向右。

螺线管各小段在 P 点产生的磁感应强度的方向都相同，因此整个螺线管产生的总磁感应强度是

$$B=\int\mathrm{d}B=\int\frac{\mu_0}{2}\frac{R^2In\mathrm{d}l}{(R^2+l^2)^{\frac{3}{2}}}$$

为了便于积分，我们引入参变量 β，是螺线管轴线从 P 点到 $\mathrm{d}l$ 处小段线圈上任一点矢径之间的夹角。从图 5.10b 看出：$l=R\cot\beta$，$\mathrm{d}l=-R\csc^2\beta\mathrm{d}\beta$，利用 $R^2+l^2=R^2\csc^2\beta$，有

$$B=\int-\frac{\mu_0}{2}nI\sin\beta\mathrm{d}\beta$$

β 的上下限分别为 β_2 和 β_1，代入上式得

$$B=\frac{\mu_0}{2}nI\int_{\beta_1}^{\beta_2}-\sin\beta\mathrm{d}\beta=\frac{\mu_0}{2}nI(\cos\beta_2-\cos\beta_1) \tag{a}$$

磁感应强度的方向沿轴线向右。

对无限长螺线管，$\beta_1\to\pi$，$\beta_2\to0$，管内轴线上的磁感应强度为

$$B=\mu_0 nI \tag{b}$$

这一结果说明，任何绕得很紧密的长直螺线管内部的磁场是匀强的。轴线上各处 B 的量值变化情况如图 5.11 所示。

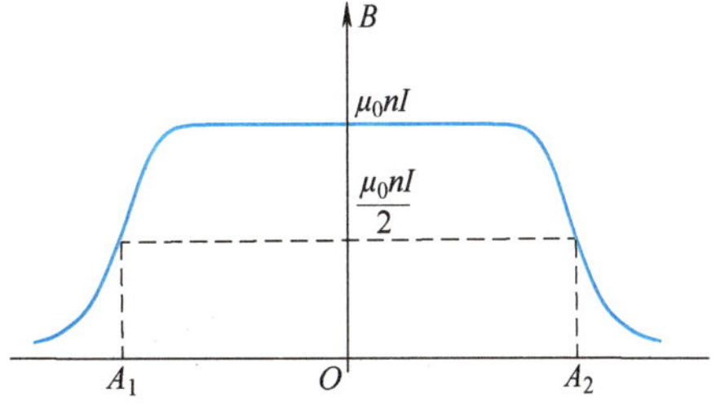

图 5.11　例 5.3 图

对长直螺线管端点（例如 A_1 点）来说，$\beta_1\to\pi/2$，$\beta_2\to0$；该处磁感应强度恰是内部磁感应强度的一半：

$$B=\mu_0 nI/2$$

长直螺线管所产生的磁感应强度的方向沿螺线管轴线，指向可按右手定则确定，右手四指表示电流的方向，拇指指向就是磁场的方向。

思考题

5.2.1　磁感应强度在任何情况下都与小磁针的 N 极方向一致吗？
5.2.2　磁场与电场有什么类似处？又有什么区别？
5.2.3　磁场是否符合叠加原理？
5.2.4　磁现象的本质是什么？
5.2.5　没有电荷移动的情况下能否产生磁场？

5.3　磁感应线　磁通量　磁场中的高斯定理

5.3.1　磁感应线

类比电场线描绘电场，可以引入磁感应线描绘磁场。在磁场中画出一些曲线，使曲线上每一点的切线方向和该点的磁感应强度 $\boldsymbol{B}$ 的方向一致，并规定垂直于 $\boldsymbol{B}$ 的单位面积上穿过的磁感应线的数量等于该点 $\boldsymbol{B}$ 的大小，即

$$\frac{\mathrm{d}N}{\mathrm{d}S_{\perp}}=B$$

显然，磁场较强的地方，磁感应线较密；反之，磁感应线较疏。

图 5.12 示出几种常见的不同形状的电流产生磁场的磁感应线。从磁感应线的图示中可以得出如下结论：

1）任意两条磁感应线不会相交。因为磁场中某点的磁场方向是唯一确定的。

2）磁感应线是闭合曲线，说明磁场是无源场和涡旋场。

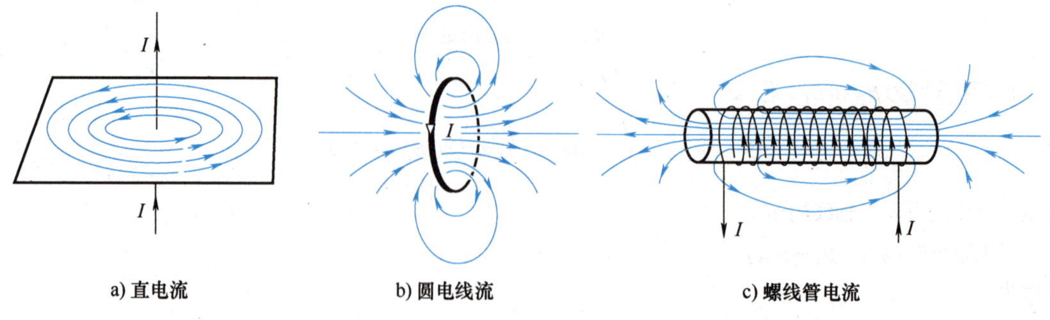

图 5.12　磁感应线

5.3.2　磁通量　磁场中的高斯定理

在磁场中通过任一给定曲面的磁感应线的数量，称为通过该面的磁感应通量或磁通量，

用 Φ_m 表示。在国际单位制中，磁通量的单位为 Wb（韦伯）。$1\text{Wb}=1\text{T}\times1\text{m}^2$，所以 1T 也可用 $1\text{Wb}\cdot\text{m}^{-2}$ 表示。

关于磁通量（**B** 通量）的计算与静电场中电通量（**D** 通量）的计算类似。对放置在磁场 **B** 中的某一曲面 S，在 S 上任取面积元 d**S**，d**S** 的法线方向与该点处磁感应强度之间的夹角为 θ，如图 5.13 所示。通过面积元 d**S** 的磁通量为

$$\mathrm{d}\Phi_m=B\cos\theta\mathrm{d}S=\boldsymbol{B}\cdot\mathrm{d}\boldsymbol{S}$$

所以，通过有限曲面 S 的通量为

$$\Phi_m=\int_S\mathrm{d}\Phi_m=\int_S B\cos\theta\mathrm{d}S=\int_S\boldsymbol{B}\cdot\mathrm{d}\boldsymbol{S}\qquad(5.14)$$

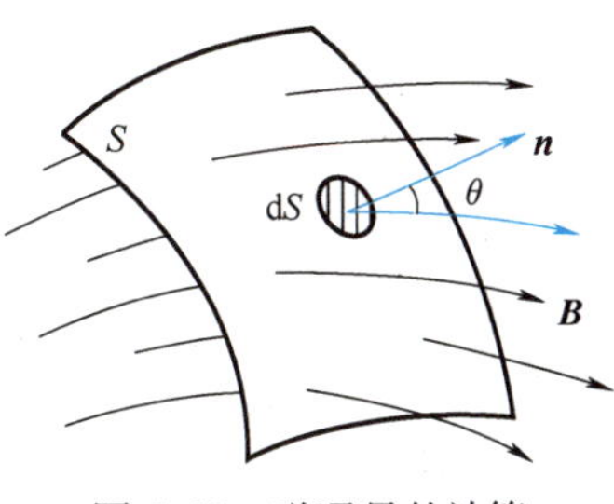

图 5.13　磁通量的计算

对闭合曲面来说，取由里向外的方向为面积矢量的正方向。这样，从闭合曲面穿出的磁通量为正，穿入的磁通量为负。由于磁感应线是闭合线，因此穿入闭合曲面的磁感应线数必然等于穿出闭合曲面磁感应线数，所以通过任一闭合曲面的总磁通量必为零，即

$$\oint_S B\cos\theta\mathrm{d}S=\oint_S\boldsymbol{B}\cdot\mathrm{d}\boldsymbol{S}=0\qquad(5.15)$$

式（5.15）与静电学中的高斯定理相似，但两者却有本质区别。在静电场中，由于自然界有独立存在的正、负自由电荷，因此通过闭合曲面的电通量可以不等于零。而在磁场中，由于自然界没有独立存在的 N、S 极，所以通过任意闭合曲面的磁通量必等于零。由此可见，式（5.15）是表示磁场重要特性的公式，称为磁场中的高斯定理。它说明磁场是无源场。

例 5.4　如图 5.14 所示，在通有电流为 I 的无限长直导线附近有一矩形回路，且二者共面。试计算通过该回路所包围面积的磁通量。

解　取直电流处为坐标原点，向右为 x 轴，在 S 面内任一点的磁感应强度为

$$B=\frac{\mu_0 I}{2\pi x}\quad\text{（方向垂直纸面向内）}$$

在 S 面内取一长为 l、宽为 $\mathrm{d}x$ 的面积元 $\mathrm{d}S=l\mathrm{d}x$，则通过面积元的磁通量为

$$\mathrm{d}\Phi_m=\boldsymbol{B}\cdot\mathrm{d}\boldsymbol{S}=B\mathrm{d}S=\frac{\mu_0 I}{2\pi x}\cdot l\mathrm{d}x$$

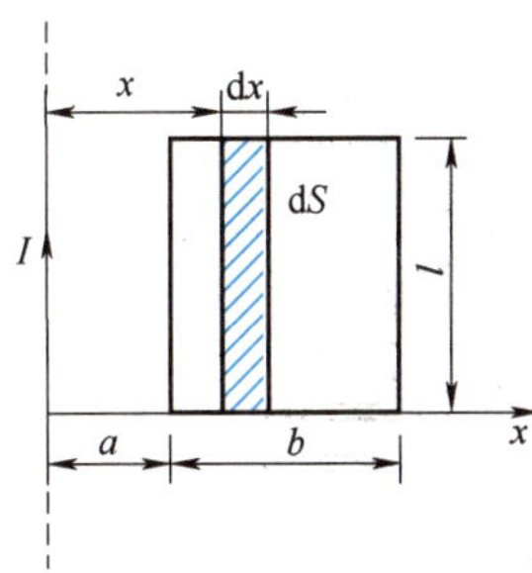

图 5.14　例 5.4 图

所以通过回路所包围面积 S 的磁通量为

$$\Phi_m=\int_S\boldsymbol{B}\cdot\mathrm{d}\boldsymbol{S}=\int_a^{a+b}\frac{\mu_0 Il}{2\pi}\frac{\mathrm{d}x}{x}=\frac{\mu_0 Il}{2\pi}\ln\frac{a+b}{a}$$

思考题

5.3.1　磁感应线和电场线有哪些相似和不同？

5.3.2　同一条磁感应线上任意两点处的磁感应强度大小一定相等吗？为什么？

5.3.3　如何分辨电场和磁场？

5.4 真空中的安培环路定理及应用

5.4.1 真空中的安培环路定理

在静电场中，电场强度 $\boldsymbol{E}$ 的环流为零，即 $\oint_L \boldsymbol{E}\cdot \mathrm{d}\boldsymbol{l}=0$，这反映出静电场是一个保守力场。同理，在磁场中，磁感应强度 $\boldsymbol{B}$ 沿任意闭合路径的积分 $\oint_L \boldsymbol{B}\cdot \mathrm{d}\boldsymbol{l}$ 称为磁感应强度 $\boldsymbol{B}$ 的环流，它是否也为零呢？它又能反映出磁场怎样的特征呢？为便于理解，先从特殊性出发进行讨论，然后得出一般的结论。

在一“无限长”载流直导线的磁场中，取一个与该载流直导线垂直的平面，如图 5.15 所示。以平面与导线交点 O 为圆心，在平面上作一半径为 r 的圆，在圆周上任一点 P 的磁感应强度为

$$B=\frac{\mu_0 I}{2\pi r} \tag{5.16}$$

它的方向为该点的切线方向。

磁感应强度 $\boldsymbol{B}$ 沿该圆周闭合路径 $L=2\pi r$ 进行积分，积分中取 $\mathrm{d}\boldsymbol{l}$ 与 $\boldsymbol{B}$ 同向，得

$$\oint_L \boldsymbol{B}\cdot \mathrm{d}\boldsymbol{l}=\oint_L B\mathrm{d}l=\frac{\mu_0 I}{2\pi r}\oint_L \mathrm{d}l=\frac{\mu_0 I}{2\pi r}\cdot 2\pi r=\mu_0 I \tag{5.17}$$

式（5.17）表明，这一线积分的量值只与包围在闭合路径 L 内的传导电流 I 有关。

如果上述积分在图 5.15 中沿同一闭合路径反方向积分，因 $\mathrm{d}\boldsymbol{l}$ 与 $\boldsymbol{B}$ 方向相反，则有

$$\oint_L \boldsymbol{B}\cdot \mathrm{d}\boldsymbol{l}=\oint_L \cos\pi\cdot B\mathrm{d}l=-\oint_L B\mathrm{d}l=-\mu_0 I \tag{5.18}$$

积分结果为负值，即在计算 $\boldsymbol{B}$ 沿闭合路径积分时，闭合路径 L 包围的电流有正、负之分。电流的正、负与积分时在闭合路径上所取的回转方向有关，是按右手螺旋定则决定的。取螺旋的旋转方向为积分的回转方向，那么与螺旋前进方向相同的电流为正，相反的电流为负。如图 5.16 所示，图 5.16a 中电流为正，图 5.16b 中电流为负。

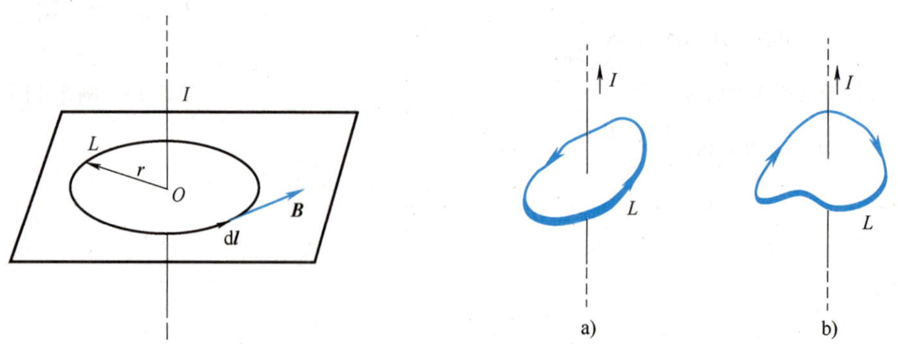

图 5.15　磁感应强度 $\boldsymbol{B}$ 的环境　　图 5.16　电流的正、负与积分路径回转方向关系

上述讨论表明：$\boldsymbol{B}$ 矢量的环流与闭合曲线的形状无关，只和闭合曲线内所包围的电流有

关，如果闭合曲线不包围电流，则 $\boldsymbol{B}$ 矢量的环流为零。以上结果可以推广到任意回路的情况，并且闭合曲线包含多根载流导线也同样成立。综合以上分析得出：在稳恒磁场中，磁感应强度 $\boldsymbol{B}$ 沿任意闭合路径的线积分（或 $\boldsymbol{B}$ 矢量沿任意闭合路径的环流），等于真空中的磁导率乘以该闭合路径所包围的传导电流的代数和。其数学表达式为

$$\oint_L \boldsymbol{B} \cdot \mathrm{d}\boldsymbol{l} = \oint_L B\cos\theta \mathrm{d}l = \mu_0 \sum I_i \tag{5.19}$$

式（5.19）称为真空中的安培环路定理。

由此可见，不管闭合路径外面电流如何分布，只要闭合路径内没有包围电流，或者所包围电流的代数和等于零，就有 $\oint_L \boldsymbol{B} \cdot \mathrm{d}\boldsymbol{l} = 0$。但是，应当注意，$\boldsymbol{B}$ 矢量的环流为零，一般并不意味着闭合路径 L 上的 $\boldsymbol{B}$ 都为零。

安培环路定理说明稳恒磁场和静电场不同，静电场是保守力场，而磁场是非保守力场。

5.4.2　安培环路定理的应用

应用安培环路定理可以计算某些具有一定对称性的电流分布的磁场，我们下面讨论几种典型电流分布的载流体的磁场。

例 5.5　长直螺线管内的磁场。设有绕得均匀紧密的长直螺线管，长度为 l，共有 N 匝，通有电流为 I，如图 5.17 所示，计算长直螺线管内任意一点 P 的磁感应强度。

解　由于螺线管相当长，所以管内中央部分的磁场是均匀的，其方向与管的轴线平行。管的外侧磁场很微弱，可以忽略不计。

为了计算管内中央部分一点 P 的磁感应强度，可通过 P 点作一矩形的闭合路径 $abcda$，磁感应强度 $\boldsymbol{B}$ 沿此闭合路径的积分可以分成 4 段路径上来进行，即

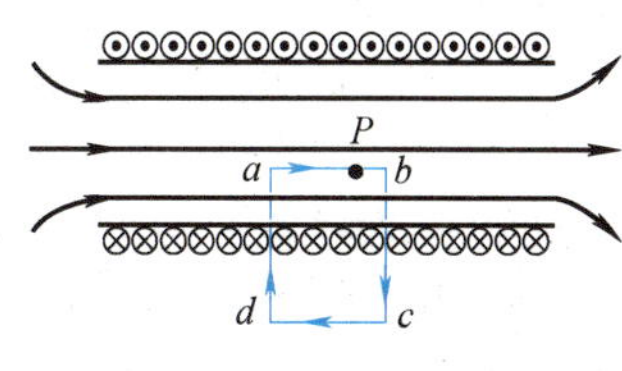

图 5.17　例 5.5 图

$$\oint_L \boldsymbol{B} \cdot \mathrm{d}\boldsymbol{l} = \int_{ab} \boldsymbol{B} \cdot \mathrm{d}\boldsymbol{l} + \int_{bc} \boldsymbol{B} \cdot \mathrm{d}\boldsymbol{l} + \int_{cd} \boldsymbol{B} \cdot \mathrm{d}\boldsymbol{l} + \int_{da} \boldsymbol{B} \cdot \mathrm{d}\boldsymbol{l}$$

在路径 cd 上以及在路径 bc 和 da 的管外部分上 $B=0$。在路径 bc 和 da 管内部分上虽然 $B\neq0$，但是 $\mathrm{d}\boldsymbol{l}$ 与 $\boldsymbol{B}$ 垂直，即 $\boldsymbol{B} \cdot \mathrm{d}\boldsymbol{l}=0$。所以沿路径 bc、cd、da 的积分均为零。在 ab 路径上磁场是均匀的，而且 $\boldsymbol{B}$ 与 $\mathrm{d}\boldsymbol{l}$ 同向，所以上述积分可写成

$$\oint_L \boldsymbol{B} \cdot \mathrm{d}\boldsymbol{l} = \int_{ab} \boldsymbol{B} \cdot \mathrm{d}\boldsymbol{l} = B \cdot \overline{ab}$$

通过每匝线圈电流为 I，其流向与闭合路径 $abcda$ 积分的回转方向符合右手螺旋关系，故取正值。所以闭合路径 $abcda$ 所包围的传导电流的代数和为

$$\sum I_i = \overline{ab} \cdot n \cdot I$$

式中，$n=N/l$ 是螺线管每单位长度匝数。根据真空中的安培环路定理，得出

$$\oint_L \boldsymbol{B} \cdot \mathrm{d}\boldsymbol{l} = \int_{ab} \boldsymbol{B} \cdot \mathrm{d}\boldsymbol{l} = B \cdot \overline{ab} = \mu_0 \cdot \overline{ab} \cdot n \cdot I$$

所以

$$B=\mu_0 nI$$

例 5.6　环形螺线管内的磁场。均匀紧密地绕在圆环形磁介质上的一组圆形线圈，形成环形螺线管，如图 5.18 所示。由于线圈密绕，因此磁场几乎全部集中在管内，管内的磁感应线都是同心圆，在同一条磁

感应线上，磁感应强度量值相等。而螺线管外的磁场是很微弱的。

现在计算环内任一点 P 的磁感应强度。我们取通过 P 点的磁感应线作为积分的闭合路径 L，则在闭合路径上，$\boldsymbol{B}$ 与 $\mathrm{d}\boldsymbol{l}$ 同方向，而且 $\boldsymbol{B}$ 的量值相等，故 $\boldsymbol{B}$ 矢量的环流是

$$\oint_L \boldsymbol{B}\cdot \mathrm{d}\boldsymbol{l}=B\oint_L \mathrm{d}l=B\cdot 2\pi r$$

式中，r 为该闭合路径的半径。

设环形螺线管共有 N 匝线圈，电流为 I，则闭合路径 L 包围的传导电流的代数和 $\sum I_i=NI$，由真空中的安培环路定理，得

$$B\cdot 2\pi r=\mu_0 NI$$

所以

$$B=\frac{\mu_0 NI}{2\pi r}$$

图 5.18 例 5.6 图

由此可见，环形螺线管内的磁感应强度的量值与所求点到环心的距离 r 有关。

如果环形螺线管的截面积很小，管内各点的磁感应强度可看作相同。这时取圆环的平均长度为 l，环内各点的磁感应强度表示为

$$B=\frac{\mu_0 NI}{l}=\mu_0 nI$$

式中，$n=N/l$ 是环形螺线管单位长度上的匝数。

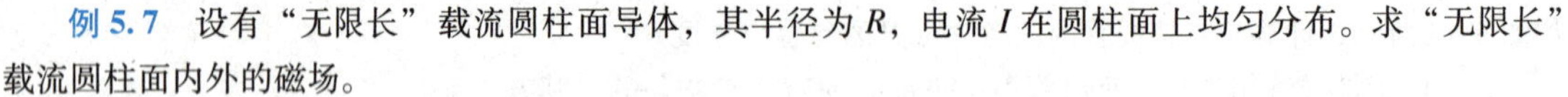

例 5.7 设有“无限长”载流圆柱面导体，其半径为 R，电流 I 在圆柱面上均匀分布。求“无限长”载流圆柱面内外的磁场。

解 如果圆柱面很长，靠近圆柱面中部而且离轴线不远处的磁场对轴线具有对称性。局限在上述区域内的磁场称为无限长圆柱面电流的磁场。

考虑圆柱面导体外一点 P 的磁感应强度，如图 5.19a 所示。P 点离轴线距离为 $r(r>R)$，通过 P 点作半径为 r 的圆作为闭合路径 L。由于对称性，闭合路径 L 上的 $\boldsymbol{B}$ 量值相等，方向处处与闭合路径 L 相切，则 $\boldsymbol{B}$ 的环流为

$$\oint_L \boldsymbol{B}\cdot \mathrm{d}\boldsymbol{l}=B\oint_L \mathrm{d}l=B\cdot 2\pi r$$

闭合路径 L 包围传导电流代数和 $\sum I_i=I$，由安培环路定理有

$$B\cdot 2\pi r=\mu_0 I$$

无限长载流圆柱面导体外一点的磁场为

$$B=\frac{\mu_0 I}{2\pi r}$$

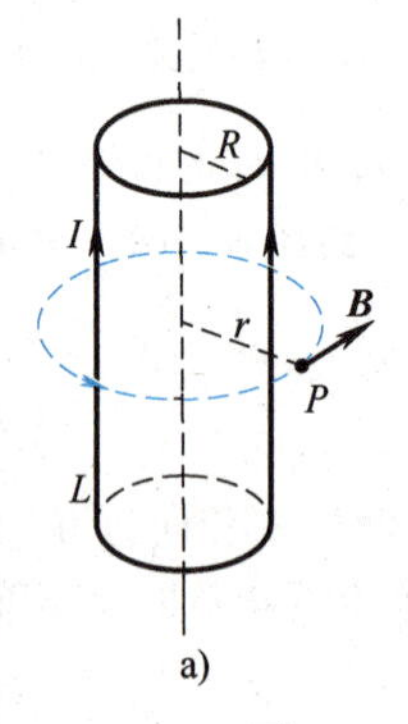

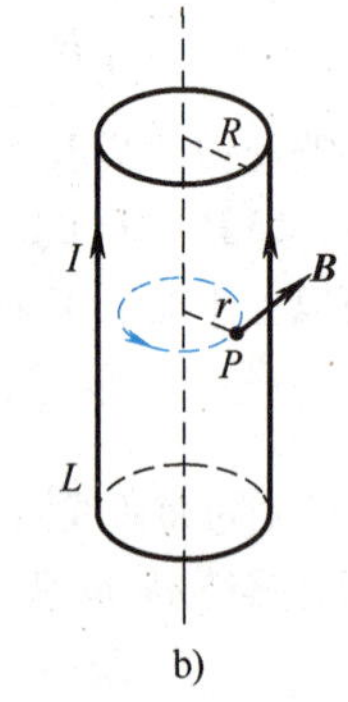

图 5.19 例 5.7 图

其次，求载流圆柱面导体内一点 P 的磁场，如图 5.19b 所示。设 P 点到轴线距离仍为 r，此时 $r<R$。计算步骤与计算圆柱外的磁场相同，不过此时闭合路径 L 包围的传导电流为

$$\sum I_i=0$$

由此得

$$B\frac{2\pi r}{\mu_0}=0$$

所以，载流圆柱面导体内的磁场是

$$B=0$$

综上所述，计算电流的磁场，除了利用毕奥-萨伐尔定律外，还可利用安培环路定理。但是，我们应当指出，应用毕奥-萨伐尔定律，原则上可以计算任一闭合电路以及任意一段电路电流的磁场；而安培环路定理中的 $\boldsymbol{B}$ 却是闭合电路中的电流整体所产生的磁场，并不是一段电路中电流的磁场。因此，不能错误地把安培环路定理应用到一段电路所产生的磁场上。而且从上面的计算中也可看到，用安培环路定理来计算磁场的方法，只在电流分布具有一定对称性时才是方便的。

思考题

5.4.1 在稳恒磁场中作一闭合环路，在环路上各点磁场处处为零，是否能证明此环路包围的电流必然为零？

5.4.2 在稳恒磁场中作一闭合环路，在环路上各点磁场是仅由穿过环路中的电流产生的吗？

5.4.3 环路不包围电流，则环路各点的磁感应强度为零？

5.4.4 磁通量的正负是否与环路积分方向有关？

5.5 磁场对载流导线的作用

5.5.1 安培力

实验表明，载流导线在磁场中要受到磁场的作用力，关于磁场对载流导线作用力的定律，是安培从实验结果中总结出来的，称为安培定律。其内容为：电流元 $I\mathrm{d}\boldsymbol{l}$ 在磁场中某点所受的磁场作用力 $\mathrm{d}\boldsymbol{F}$ 为

$$\mathrm{d}\boldsymbol{F}=I\mathrm{d}\boldsymbol{l}\times\boldsymbol{B} \tag{5.20}$$

式中，$\boldsymbol{B}$ 为电流元 $I\mathrm{d}\boldsymbol{l}$ 所在处的磁感应强度。

磁场对载流导线的这种作用力常称为安培力。计算一给定载流导线所受的磁场作用力时，必须对各电流元所受的力 $\mathrm{d}\boldsymbol{F}$ 求矢量和，即

$$\boldsymbol{F}=\int_L \mathrm{d}\boldsymbol{F}=\int_L I\mathrm{d}\boldsymbol{l}\times\boldsymbol{B} \tag{5.21}$$

这是矢量积分，积分号下的 L 表示积分时应考虑整个载流导线的长度。

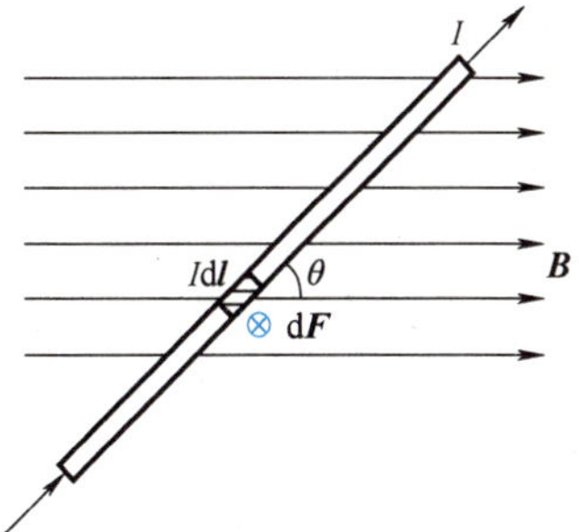

图 5.20 载流直导线在均匀磁场 $\boldsymbol{B}$ 中受力

如果在均匀磁场 $\boldsymbol{B}$ 中放置长为 l 的载流直导线，如图 5.20 所示。这时每个电流元 $I\mathrm{d}\boldsymbol{l}$ 的受力大小和方向均相同，所以作用在直导线上的合力是各电流元所受分力的简单求和，即

$$F=BIl\sin\theta \tag{5.22}$$

方向垂直纸面向里。显然，导线与磁场平行时，导线所受磁力为零；导线与磁场垂直时，导线所受磁力最大为 $F_{max}=BIl$。

如果各电流元的受力方向不一致，就必须把各个力分解成分量，再对整个导线取积分。

5.5.2 磁场对载流线圈的作用

如图 5.21 所示，在均匀磁场 $\boldsymbol{B}$ 中放置刚性矩形载流平面线圈 $abcd$，边长分别为 l_1 和 l_2，电流为 I。线圈平面与磁场方向成任意角 θ，对边 ab、cd 与磁场垂直。

由式（5.22）知，导线 bc 和 da 所受磁场作用力分别为

$$F_1 = BIl_1\sin\theta$$

$$F_1' = BIl_1\sin(\pi-\theta) = BIl_1\sin\theta$$

如图 5.21a 所示，这两个力 $\boldsymbol{F}_1$ 和 $\boldsymbol{F}_1'$ 在同一直线上，大小相等而方向相反，互相抵消，合力为零。

同理，导线 ab 和 cd 所受的磁场作用力是

$$F_2 = F_2' = BIl_2$$

这两力大小相等，方向相反，但力的作用线不在同一直线上，因此形成一力偶，力臂为 $l_1\cos\theta$。所以磁场作用在载流线圈上的力矩大小为

$$M = F_2 \cdot l_1\cos\theta = BIl_2l_1\cos\theta = BIS\cos\theta$$

式中，$S=l_1l_2$ 为矩形线圈面积。

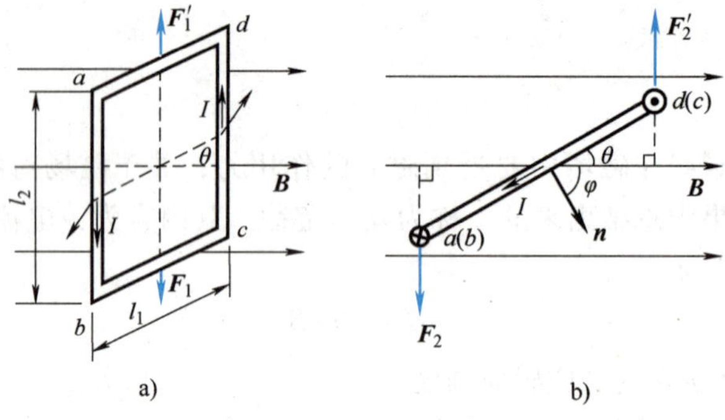

图 5.21 磁场对载流线圈的作用

通常用线圈平面的法线方向来表示线圈的方位。线圈平面的正法线方向 $\boldsymbol{n}$ 与载流线圈电流方向符合右手螺旋定则，即电流流向表示螺旋的旋转方向，则螺旋前进方向是载流线圈的正法线方向，如图 5.21b 所示。若线圈平面的正法线方向 $\boldsymbol{n}$ 和磁场方向 $\boldsymbol{B}$ 的夹角是 φ，$\theta+\varphi=\pi/2$，有

$$M = BIS\sin\varphi$$

如果线圈是 N 匝，那么线圈所受力矩的大小为

$$M = NBIS\sin\varphi \tag{5.23}$$

在此力矩作用下，使载流线圈按逆时针方向转动。式中，NIS 是反映载流线圈性质的物理量，是载流线圈的磁矩的大小，用 p_m 表示，而且它是一个矢量，其方向就是载流线圈的正法线方向。因此，载流线圈的磁矩定义为

$$\boldsymbol{p}_m = NIS\boldsymbol{n} \tag{5.24}$$

所以，载流线圈在均匀磁场中所受的磁力矩为

$$\boldsymbol{M} = \boldsymbol{p}_m \times \boldsymbol{B} \tag{5.25}$$

式（5.25）不仅对矩形载流线圈成立，对处在均匀磁场中任意形状的平面载流线圈也同样成立。

由式（5.25）可知，当 $\varphi=\pi/2$ 时，载流线圈磁矩 $\boldsymbol{p}_m$ 与磁场方向垂直，线圈所受磁力矩为最大 $M_{max}=p_m B$，该磁力矩有使 φ 减小的趋势；当时 $\varphi=0$，即载流线圈磁矩 $\boldsymbol{p}_m$ 的方向与磁场方向相同，线圈所受磁力矩为零（$M=0$），这是载流线圈稳定平衡的位置；当 $\varphi=\pi$ 时，即 $\boldsymbol{p}_m$ 的方向与磁场方向相反，线圈所受磁力矩也为零，但这是不稳定平衡位置。

综上所述，均匀磁场中的平面载流线圈，在磁力矩的作用下，将发生转动而不会发生整个线圈的平动。而且，载流线圈在均匀磁场中的转动促使载流线圈的磁矩 $\boldsymbol{p}_m$ 的方向与外磁场 $\boldsymbol{B}$ 的方向相同，使线圈达到稳定平衡。

磁场对载流线圈作用力矩的规律是制造各种电动机和电流计的基本原理。

例 5.8 如图 5.22 所示，在一长直电流 I_1 附近放置长为 l、电流为 I_2 的水平直导线，求载流直导线 I_2 所受的磁力。

解 在 I_2 的导线上离 I_1 为 x 处取一电流元 $I_2\mathrm{d}x$，该电流元所在处的磁感应强度为

$$B=\frac{\mu_0 I_1}{2\pi x}$$

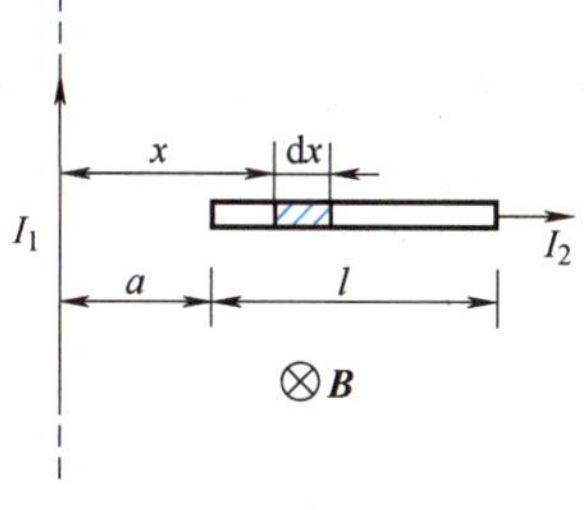

图 5.22 例 5.8 图

其方向垂直纸面向里。因此，电流元所受磁力的大小为

$$\mathrm{d}F=BI_2\mathrm{d}x=\frac{\mu_0 I_1}{2\pi x}I_2\mathrm{d}x$$

方向为垂直 I_2 向上。

由于直线电流 I_2 上任意电流元所受磁力的方向都是相同的，因此整个直电流 I_2 所受的磁力为

$$F=\int\mathrm{d}F=\int_a^{a+l}\frac{\mu_0 I_1 I_2}{2\pi}\frac{\mathrm{d}x}{x}=\frac{\mu_0 I_1 I_2}{2\pi}\ln\frac{a+l}{a}$$

方向为垂直向上。

例 5.9 如图 5.23 所示，在均匀磁场 $\boldsymbol{B}$ 中放置正三角形载流线圈，其边长为 l，电流为 I，且磁场方向与线圈平面平行。求载流线圈所受的磁力矩。

解 由于载流线圈处在均匀磁场中，可以直接用磁力矩公式 $\boldsymbol{M}=\boldsymbol{p}_m\times\boldsymbol{B}$ 计算线圈所受磁力矩。

载流线圈的面积是

$$S=\frac{1}{2}l^2\sin60°=\frac{\sqrt{3}}{4}l^2$$

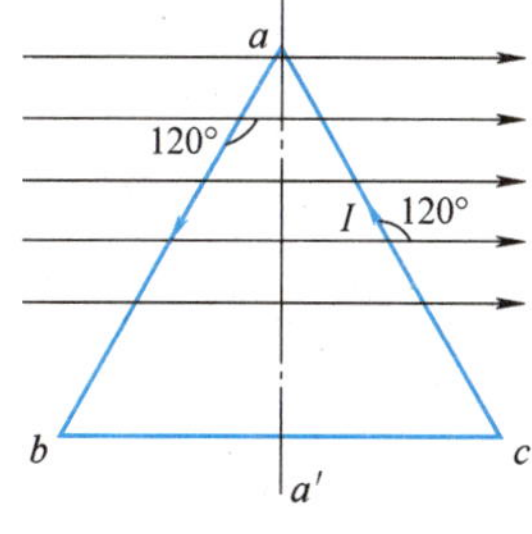

图 5.23 例 5.9 图

载流线圈的磁矩为

$$p_m=IS=\frac{\sqrt{3}}{4}l^2 I，方向为\odot$$

$\boldsymbol{p}_m$ 的方向与磁场 $\boldsymbol{B}$ 的方向垂直，即 $\varphi=\pi/2$。因此，载流线圈所受磁力矩为

$$M=p_m B\sin\varphi=\frac{\sqrt{3}}{4}l^2 IB\sin\frac{\pi}{2}=\frac{\sqrt{3}}{4}BIl^2，方向为\uparrow$$

思考题

两个电流元间的相互作用是否为它们之间的直接作用？是否符合牛顿第三定律？

5.6 磁场对运动电荷的作用 霍尔效应

5.6.1 洛伦兹力

实验表明，运动电荷在磁场中受到力的作用，此力称为洛伦兹力。由图 5.24 所示，当电荷 q 以速度 $\boldsymbol{v}$ 垂直于磁感应强度 $\boldsymbol{B}$ 运动时，受到磁场作用力最大，且由式（5.10）可知

$$F_{\max}=qvB$$

力的方向垂直于 $\boldsymbol{v}$ 和 $\boldsymbol{B}$ 确定的平面。如果 $\boldsymbol{v}$ 和 $\boldsymbol{B}$ 平行，则运动电荷不受磁力的作用，即洛伦兹力为零。

现在讨论当 $\boldsymbol{v}$ 与 $\boldsymbol{B}$ 成任意角 θ 时（见图 5.24），运动电荷的受力情况。为此，将速度分解成两个分量，一个是平行于磁场方向的速度分量 $\boldsymbol{v}_{/\!/}$，另一个是垂直于磁场方向的分量 $\boldsymbol{v}_{\perp}$，有

$$v_{/\!/}=v\cos\theta$$

$$v_{\perp}=v\sin\theta$$

运动电荷在磁场中所受的力仅取决于速度的垂直分量大小 $v_{\perp}$，因此，电荷 q 以速度 $\boldsymbol{v}$ 运动时所受的磁场作用力为

$$F=qv_{\perp}B=qvB\sin\theta$$

如果写成矢量式应为

$$\boldsymbol{F}=q\boldsymbol{v}\times\boldsymbol{B} \tag{5.26}$$

式（5.26）即为洛伦兹力的数学表达式，称为洛伦兹力公式。力 $\boldsymbol{F}$ 的方向除与电荷的运动方向和磁场方向有关外，还与电荷的正负有关。如果是正电荷，$q>0$，由矢积的右手螺旋法则可确定正电荷受力 $\boldsymbol{F}$ 与（$\boldsymbol{v}\times\boldsymbol{B}$）同方向；如果是负电荷，$q<0$，则 $\boldsymbol{F}$ 与（$\boldsymbol{v}\times\boldsymbol{B}$）的方向相反，如图 5.25 所示。

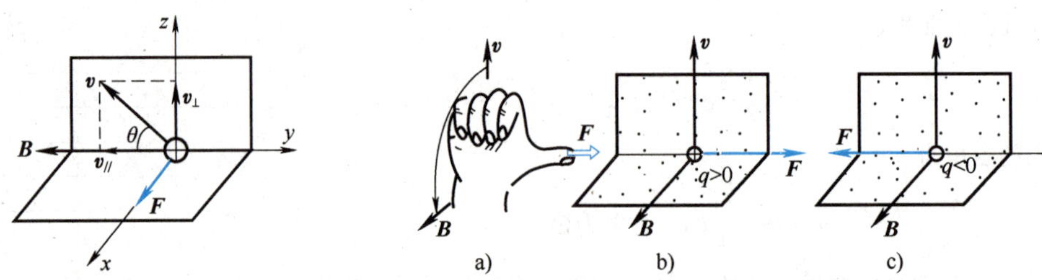

图 5.24 洛伦兹力示意图

图 5.25 洛伦兹力

当导线处在磁场中时，由于导线载有电流，其内部便有定向的运动电荷，每一个运动电荷在磁场中都将受到洛伦兹力的作用，宏观上就表现为导线在磁场中受到的安培力作用。

5.6.2 带电粒子在磁场中的运动

带电粒子在磁场中运动，会受到洛伦兹力的作用，洛伦兹力 $\boldsymbol{F}$ 总垂直于带电粒子的运动速度 $\boldsymbol{v}$，说明洛伦兹力只能使带电粒子的运动方向偏转，而不会改变速度的大小，因此洛伦兹力不做功。下面讨论带电粒子在均匀磁场中运动的情况。设有一电量为 q、质量为 m 的带电粒子在磁感应强度为 $\boldsymbol{B}$ 的均匀磁场中，以初速度 $\boldsymbol{v}_0$ 进入磁场：

1）如果 $\boldsymbol{v}_0$ 与 $\boldsymbol{B}$ 同向，则由式（5.26）知，带电粒子所受洛伦兹力为零，带电粒子仍做匀速直线运动，不受磁场的影响。

2）如果 $\boldsymbol{v}_0$ 与 $\boldsymbol{B}$ 垂直（见图 5.26），这时粒子受到与运动方向垂直的洛伦兹力 $\boldsymbol{F}$，其值为

$$F=qv_0B$$

方向垂直 $\boldsymbol{v}_0$ 及 $\boldsymbol{B}$，所以粒子的速度大小不变，只改变方向，带电粒子将做匀速率圆周运动，而洛伦兹力起着向心力的作用。因此

$$qv_0B=m\frac{v_0^2}{R}$$

圆形轨道半径为

$$R=\frac{mv_0}{qB} \tag{5.27}$$

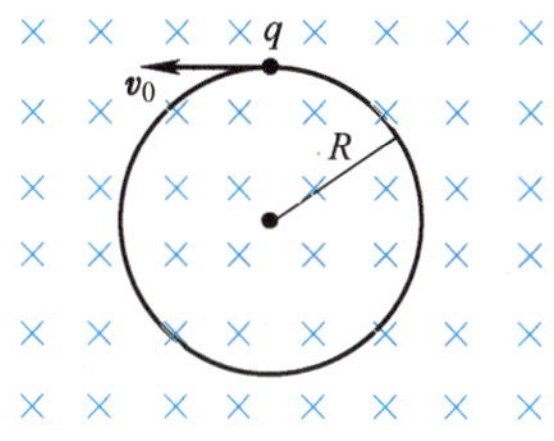

图 5.26 电荷受的洛伦兹力

由此可知，轨道半径与带电粒子的运动速度成正比；而与磁感应强度成反比。速度越小，或磁感应强度越大，轨道就弯曲得越厉害。

带电粒子绕圆形轨道一周所需时间（即周期）为

$$T=\frac{2\pi R}{v_0}=2\pi\frac{m}{q}\frac{1}{B} \tag{5.28}$$

这一周期只与磁感应强度 B 成反比，而与带电粒子的运动速度无关。

3）如果 $\boldsymbol{v}_0$ 与 $\boldsymbol{B}$ 斜交成 θ 角（见图 5.27），我们可把 $\boldsymbol{v}_0$ 分解成两个分量：平行于 $\boldsymbol{B}$ 的分量 $v_{0/\!/}=v_0\cos\theta$ 和垂直于 $\boldsymbol{B}$ 的分量 $v_{0\perp}=v_0\sin\theta$。由于磁场的作用，垂直于 $\boldsymbol{B}$ 的速度分量不改变其大小，而只改变方向，也就是说，带电粒子在垂直于磁场的平面内做匀速圆周运动。但是，由于同时有平行于 $\boldsymbol{B}$ 的速度分量 $v_{0/\!/}$（$v_{0/\!/}$ 不受磁场的影响，保持不变），所以带电粒子的轨道是一螺旋线。螺旋线的半径由式（5.27）有

$$R=\frac{mv_0\sin\theta}{qB} \tag{5.29}$$

旋转一周的时间为

$$T=\frac{2\pi R}{v_0\sin\theta}=\frac{2\pi m}{qB} \tag{5.30}$$

螺距是

$$h=v_0\cos\theta T=\frac{2\pi mv_0\cos\theta}{qB} \tag{5.31}$$

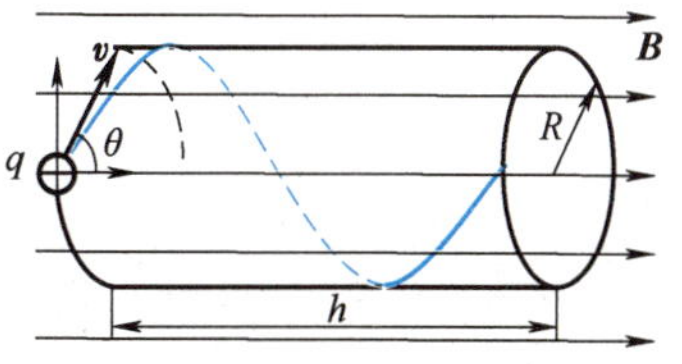

图 5.27 电荷的螺旋运动

由此可见，我们可以用磁场来控制带电粒子的运动。

显然，也可以通过电场来控制带电粒子的运动。带电粒子在电磁场中的运动规律，在近代科学技术中极为重要。例如，在电子光学技术（如电子射线示波管、电子显微镜等）和基本粒子的加速器技术中，已经广泛应用。

5.6.3 霍尔效应

1879 年美国物理学家霍尔（Edwin Herbert Hàll，1855—1938）发现，在均匀磁场 $\boldsymbol{B}$ 中放一块金属板，金属板面与 $\boldsymbol{B}$ 的方向垂直，如图 5.28a 所示，在金属板中沿着与磁场 $\boldsymbol{B}$ 垂直的方向通以电流 I 时，在金属板上下两表面之间就出现横向的电势差 U_H，这种现象称为霍尔效应，电势差 U_H 称为霍尔电势差。

实验表明，霍尔电势差 U_H 的大小与磁感应强度 $\boldsymbol{B}$ 的大小和电流 I 都成正比，而与金属板的厚度 b 成反比，即

$$U_H \propto \frac{IB}{b} \quad 或 \quad U_H = R_H \frac{IB}{b} \tag{5.32}$$

式中，R_H 是只与导体材料有关的常数，称为霍尔系数。

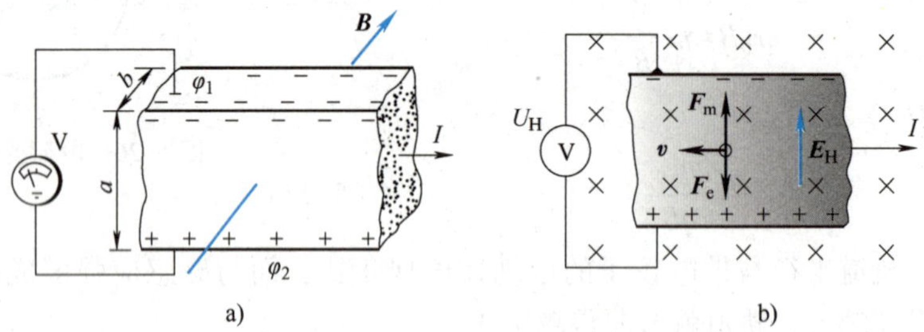

图 5.28　霍尔效应

霍尔效应可用金属的电子理论和洛伦兹力来解释。金属中的电流就是电子的定向运动，运动的电子在磁场中受洛伦兹力作用。设电子以定向速度 $\boldsymbol{v}$ 运动（见图 5.28b），电子在磁场 $\boldsymbol{B}$ 中受洛伦兹力 $\boldsymbol{F}_m = -e\boldsymbol{v}\times\boldsymbol{B}$ 作用，电子沿 $\boldsymbol{F}_m$ 方向漂移，使导体上表面积累过多的电子而带负电，下表面出现电子不足而带正电，在导体内产生方向向上的电场 $\boldsymbol{E}_H$。当电场对电子的作用力 $\boldsymbol{F}_e = -e\boldsymbol{E}_H$ 正好与磁场的作用力 $\boldsymbol{F}_m$ 相平衡时，达到稳定状态。这时有

$$eE_H = evB$$

所以

$$E_H = vB$$

由此可求出导体上下两表面之间的电势差

$$U_H = \varphi_1 - \varphi_2 = -aE_H = -avB$$

设金属导体内电子数密度（即单位体积内的电子数）为 n，于是有 $I = envab$，由此解出 v，再代入上式，可得

$$U_H = \left(-\frac{1}{ne}\right)\frac{IB}{b} \tag{5.33}$$

将上式与式（5.32）比较，可得金属导体的霍尔系数

$$R_H = -\frac{1}{ne} \tag{5.34}$$

式中的负号正好说明金属导体内的载流子是带负电的电子。

霍尔系数的正负取决于载流子的正负性质，通过霍尔系数的测定，就可以判定载流子的正负。对于半导体，可以通过这个方法来判定半导体是空穴型的（载流子为带正电的空穴），还是电子型的（载流子为带负电的自由电子）。根据霍尔系数的大小，还可测定载流子的浓度，即单位体积中的载流子数 n。

应当指出，霍尔效应不仅在金属导体中会产生，在半导体和导电流体（如等离子体）中也会产生。霍尔效应在工业生产中已有广泛应用。例如，根据霍尔效应的电势差来测量磁感应强度和电流，在自动控制和计算技术方面也有越来越多的应用。

从霍尔效应的发现到 20 世纪 40 年代前期，由于金属材料中的电子浓度很大而霍尔效应十分微弱，所以，起初没有引起人们的重视。这段时期也有人利用霍尔效应制成磁场传感器，但实用价值不大，到了 1910 年有人用金属制成霍尔元件，作为磁场传感器。从 20 世纪 40 年代中期半导体技术出现之后，随着半导体材料制造工艺和技术的应用，出现了各种半导体霍尔元件，推动了霍尔元件的发展，相继出现了采用分立霍尔元件制造的各种磁场传感器。自 20 世纪 60 年代开始，随着集成电路技术的发展，出现了将霍尔半导体元件和相关的信号调节电路集成在一起的霍尔传感器。进入 20 世纪 80 年代，随着大规模超大规模集成电路和微加工技术的进展，霍尔元件从平面向三维方向发展，出现了三端口或四端口固态霍尔传感器，实现了产品的系列化、加工的批量化、体积的微型化。霍尔集成电路出现以后，很快便得到了广泛应用。

量子霍尔效应是霍尔效应的一种特殊情况，可以在极低温和强磁场下观察到这一现象。量子霍尔效应中，电导率取离散值，而不像传统的霍尔效应一样呈现连续变化。量子霍尔效应的离散值是通过基本电荷的倍数来表示的，这反映了材料中的电子行为具有量子级别的结构。量子霍尔效应的研究对于理解电子在二维材料中的行为，以及量子态和拓扑态的性质具有重要的意义。此外，量子霍尔效应在现代的纳米电子学和量子计算领域中也发挥了重要的作用。磁场并不是霍尔效应的必要条件。在发现霍尔效应以后人们发现了电流和磁矩之间的自旋轨道耦合相互作用也可以导致的霍尔效应。只要破坏时间反演对称性这种霍尔效应就可以存在，称为反常霍尔效应。量子反常霍尔效应不同于量子霍尔效应，它不依赖于强磁场而由材料本身的自发磁化产生。在零磁场中就可以实现量子霍尔态，更容易应用到人们日常所需的电子器件中。这项研究成果将会推动新一代的低能耗晶体管和电子学器件的发展，可能加速推进信息技术革命的进程。

思考题

5.6.1　讨论洛伦兹力和安培力的关系。

5.6.2　磁场对静止的电荷是否有作用?

5.7　磁　介　质

前面讨论了电流在真空中所激发磁场的性质和规律。而在实际情形中，电流的周围会有各种各样的物质，这些物质与磁场会产生相互影响，处于磁场中的物质会被磁化，一切能够磁化的物质称为磁介质，而磁化了的磁介质要激发附加磁场，从而对原磁场产生影响。磁介质对磁场的影响远比电介质对电场的影响要复杂得多，在此我们只做简单的论述。

不同的磁介质在磁场中的表现不相同，根据磁介质在磁场中的表现一般可以将其分为弱磁性物质和强磁性物质。下面分别进行讨论：

1. 弱磁性物质

设在真空中某点的磁感应强度为 $\boldsymbol{B}_0$，放入磁介质后因磁介质被磁化而产生的附加磁感应强度为 $\boldsymbol{B}'$，则该点的磁感应强度 $\boldsymbol{B}$ 应为 $\boldsymbol{B}_0$ 和 $\boldsymbol{B}'$ 的矢量和，即

$$\boldsymbol{B}=\boldsymbol{B}_0+\boldsymbol{B}' \tag{5.35}$$

实验表明，不同性质的磁介质，附加磁感应强度 $\boldsymbol{B}'$ 的大小和方向不同。有一些磁介质，$\boldsymbol{B}'$ 的方向与 $\boldsymbol{B}_0$ 的方向相同，使 $B>B_0$，这种磁介质叫作顺磁质，如铝、氧、锰等；另一些磁介质，$\boldsymbol{B}'$ 的方向与 $\boldsymbol{B}_0$ 的方向相反，使 $B<B_0$，这种磁介质叫作抗磁质，如铜、铋、氢等。但无论是顺磁质还是抗磁质，附加磁感应强度 $\boldsymbol{B}'$ 的值都比原磁感应强度 $\boldsymbol{B}_0$ 的值小得多（约几万分之一或几十万分之一），因此它们对原磁场的影响极为微弱，我们将顺磁质和抗磁质统称为弱磁性物质。

2. 强磁性物质

还有一类磁介质，它的附加磁感应强度 $\boldsymbol{B}'$ 的方向与 $\boldsymbol{B}_0$ 的方向相同（与顺磁质一样），但 $\boldsymbol{B}'$ 的值要比 $\boldsymbol{B}_0$ 的值大很多（一般可达 $10^2\sim10^4$ 倍），使得 $B\gg B_0$，并且不是常量，这类磁介质叫作铁磁质，如铁、镍、钴及其合金等。铁磁质能显著地增强磁场，是强磁性物质。

由实验和理论分析可知，在各向同性均匀磁介质中的磁感应强度 $\boldsymbol{B}$ 与真空中原磁感应强度 $\boldsymbol{B}_0$ 的关系为

$$\boldsymbol{B}=\frac{\mu}{\mu_0}\boldsymbol{B}_0=\mu_r\boldsymbol{B}_0 \tag{5.36}$$

μ_r 叫作磁介质的相对磁导率，μ 叫作磁介质的磁导率。显然 $\mu=\mu_0\mu_r$，对于顺磁质 $\mu_r>1$，对于抗磁质 $\mu_r<1$，对于铁磁质 $\mu_r\gg1$（且为非常量）。在常温、常压下，几种磁介质的相对磁导率见表 5.1。

表 5.1　几种磁介质的相对磁导率

顺磁质		抗磁质		铁磁质	
磁介质	μ_r	磁介质	μ_r	磁介质	μ_r
空气	$1+3.6\times10^{-7}$	氢气	$1-2.5\times10^{-9}$	纯铁	$2.0\times10^2\sim2.0\times10^5$
氧气	$1+1.9\times10^{-6}$	铜	$1-1.0\times10^{-5}$	硅钢	8.0×10^4（最大值）
铝	$1+1.7\times10^{-5}$	汞	$1-2.9\times10^{-5}$	坡莫合金	1.5×10^5（最大值）
镁	$1+1.2\times10^{-5}$	铋	$1-1.6\times10^{-5}$	铁氧体	$3.0\times10^2\sim5.0\times10^3$

5.8 磁介质中的安培环路定理

5.8.1 磁化强度和磁场强度

对于上述各种磁介质，在一定温度和外磁场作用下，都表现出一定的宏观磁性，这就是磁化。一般用磁化强度矢量来表征这种宏观磁性。磁介质单位体积内分子磁矩的矢量和定义为磁化强度，用 $\boldsymbol{M}$ 表示，并写成

$$\boldsymbol{M}=\frac{\sum \boldsymbol{p}_{\mathrm{m}}}{\Delta V} \tag{5.37}$$

式中，$\sum \boldsymbol{p}_{\mathrm{m}}$ 是 ΔV 内分子磁矩和附加磁矩的矢量和。如果磁介质内各处的磁化强度矢量都相同，称为均匀磁化。我们讨论的都是均匀磁化的情形。

在载有电流 I 的长直螺线管内充满某种磁介质，在螺线管磁场 $\boldsymbol{B}_0$ 的作用下使磁介质沿轴向磁化，磁化强度为 $\boldsymbol{M}$，如图 5.29a 所示。在磁介质内任意一点总有多个成对而方向相反的分子电流流过，彼此抵消，在磁介质的边缘形成大的分子电流，如图 5.29b 所示。这种由于磁化而在磁介质表面出现的电流 I'，称为磁化电流。

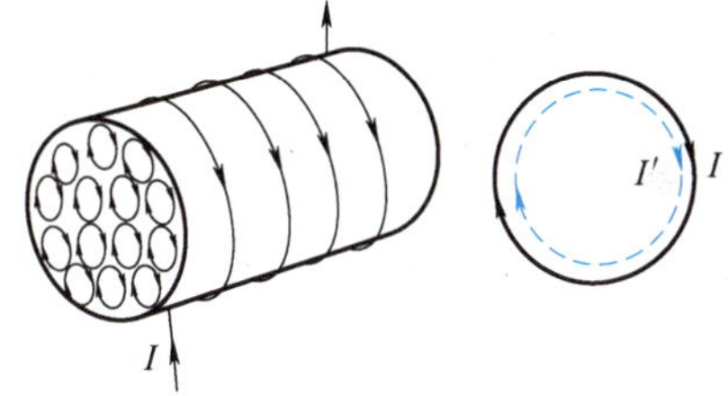

图 5.29 磁介质的磁化电流

对于顺磁质，磁化电流的方向与螺线管中的传导电流方向相同；对于抗磁质，磁化电流的方向与螺线管中的传导电流方向相反。

5.8.2 有磁介质时的安培环路定理

由于磁介质在外磁场中被磁化而产生磁化电流，磁化电流在产生磁场方面与传导电流是等价的，这就如同在电介质中自由电荷与极化电荷产生电场是等价的一样。因此，在有磁介质存在时，空间任一点的磁感应强度 $\boldsymbol{B}$ 等于传导电流所激发的磁场和磁化电流所激发的附加磁场的矢量和，这时安培环路定理可以写成

$$\oint_L \boldsymbol{B}\cdot \mathrm{d}\boldsymbol{l}=\mu_0\left(\sum I_i+I'\right) \tag{5.38}$$

式中，I_i 为传导电流；I' 为磁化电流。

由于磁化电流的分布常常是未知的，它给磁场的计算带来了困难。类比在静电场中引入辅助量——电位移矢量的作法，在磁场中我们也引入一个辅助量——磁场强度 $\boldsymbol{H}$，并定义

$$\boldsymbol{H}=\frac{\boldsymbol{B}}{\mu_0}-\boldsymbol{M} \tag{5.39}$$

经过推导可以得到

$$\oint_L \boldsymbol{H}\cdot \mathrm{d}\boldsymbol{l}=\sum I_i \tag{5.40}$$

式（5.40）称为有磁介质时的安培环路定理。

在稳恒磁场中，磁场强度 $\boldsymbol{H}$ 沿任意闭合路径的线积分（或 $\boldsymbol{H}$ 矢量沿任意闭合路径的环流），等于该闭合路径所包围的各传导电流强度的代数和。它表明 $\boldsymbol{H}$ 的环流只与传导电流 I 有关，在形式上与磁介质的磁性无关。

在均匀各向同性磁介质内部的磁感应强度 $\boldsymbol{B}$ 和磁场强度 $\boldsymbol{H}$ 满足如下关系，即

$$\boldsymbol{B}=\mu_0\mu_r\boldsymbol{H}=\mu\boldsymbol{H} \tag{5.41}$$

式中，μ_r 为介质的相对磁导率；μ 为介质的磁导率。

例 5.10 一根很长的同轴电缆，由半径为 a 的导体圆柱和套在它外面半径为 b 的导体薄圆筒构成，其间充满磁导率为 μ 的磁介质，如图 5.30 所示。电流 I 从半径为 a 的导体向上流去，并且电流均匀地分布在导体的横截面上，从半径为 b 的薄圆筒向下流回。求同轴线内外的磁感应强度大小 B 的分布。

解 同轴电缆很长，可以看作“无限长”，则靠近电缆中部而且离轴线不远处的磁场对轴线具有对称性。

为了求任一点 P 的磁感应强度，设 P 点离轴线距离为 r，通过 P 点作半径为 r 的圆作为闭合路径 L，如图 5.30 所示。由于对称性，闭合路径 L 上的 $\boldsymbol{H}$ 量值相等，方向处处与闭合路径 L 相切，则 H 环流为

$$\oint_L \boldsymbol{H}\cdot \mathrm{d}\boldsymbol{l}=H\cdot 2\pi r=\sum_{L内} I_i$$

（1）当 $r<a$ 时，闭合路径 L 包围传导电流代数和

$$\sum_{L内} I_i=\frac{I}{\pi a^2}\pi r^2$$

则

$$H\cdot 2\pi r=\frac{Ir^2}{a^2}$$

$$H=\frac{Ir}{2\pi a^2},\quad B=\frac{\mu_0 Ir}{2\pi a^2}$$

（2）当 $a<r<b$ 时，有

$$H\cdot 2\pi r=I$$

$$H=\frac{I}{2\pi r},\quad B=\frac{\mu I}{2\pi r}$$

（3）当 $r>b$ 时，有

$$H\cdot 2\pi r=I+(-I)=0$$

$$H=0,\quad B=0$$

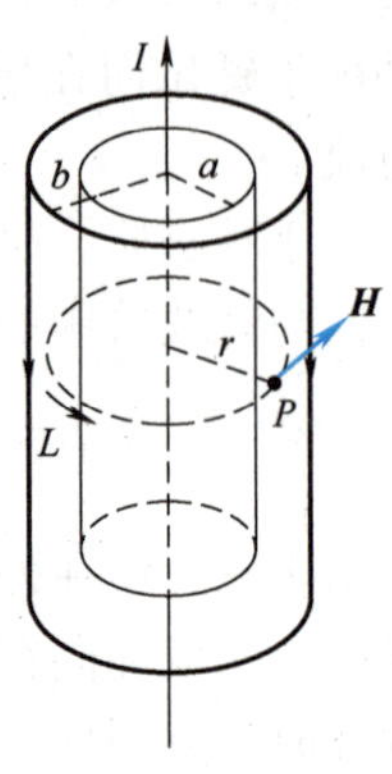

图 5.30 例 5.10 图

思考题

5.8.1 介质和真空中的安培环路定理有哪些异同？能否统一在一起？

5.8.2 介质磁化现象和极化现象有何类似和不同？

本章知识网络图

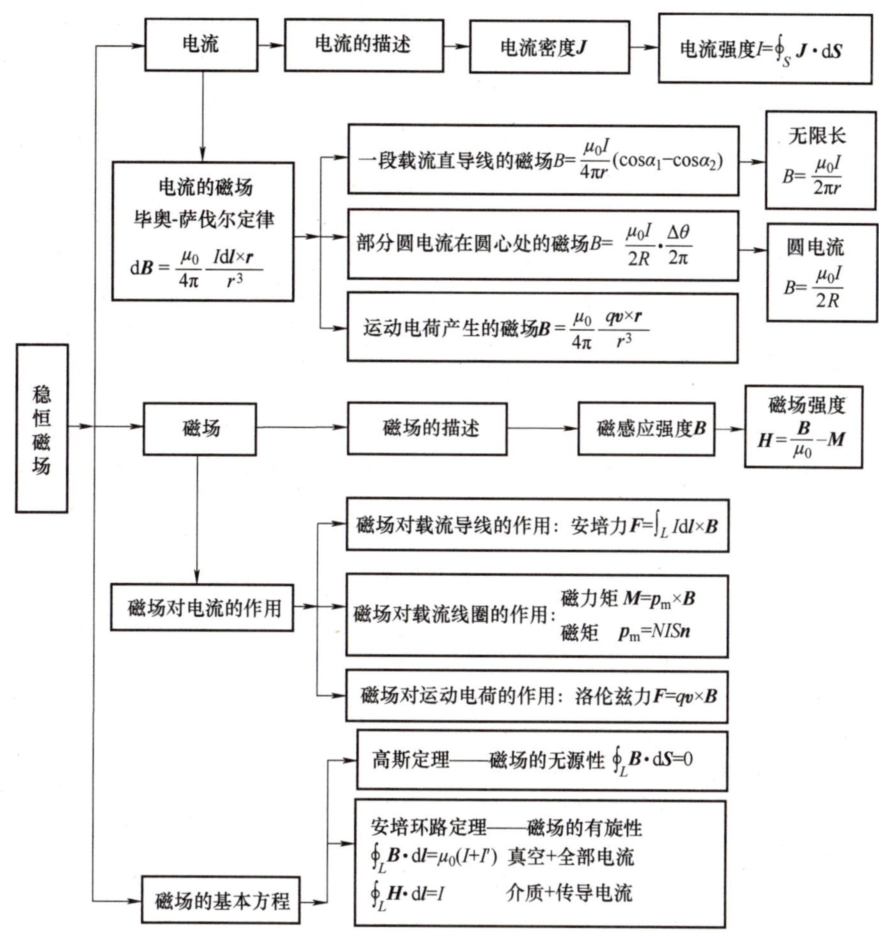

习 题

5.1 有一正方形回路，其边长与一圆形回路直径相等，两回路电流相等，求两回路中心点的磁感应强度之比。

5.2 真空中电流 I 由长直导线 1 沿垂直 bc 边方向经 a 点流入一电阻均匀分布的正三角形金属线框，再由 b 点沿平行于 ac 方向流出，经长直导线 2 返回电源，如题 5.2 图所示，三角形线框每边长 l，求在三角形框中心 O 点处磁感应强度大小。

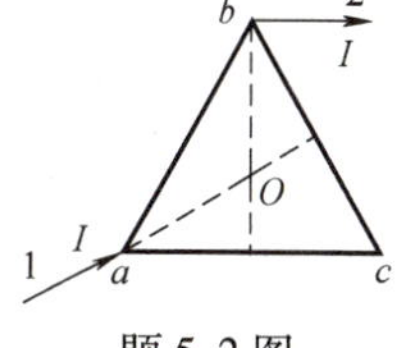

题 5.2 图

5.3 用两根彼此平行的半无限长直导线 L_1、L_2 把半径为 R 的均匀导体圆环连到电源上，如题 5.3 图所示。已知直导线上的电流为 I，求圆环中心 O 点的磁感应强度。

5.4 半径为 R 的圆环均匀带电，单位长度所带的电量为 λ，以每秒 n 转绕通过环心并与环面垂直的轴做等速转动。求：(1) 环心的磁感应强度；(2) 在轴线上距环心为 x 处的任一点 P 的磁感应强度。

5.5 将半径为 R 的无限长导体管壁（厚度忽略）沿轴向割去一定宽度 h（$h \ll R$）的无限长狭缝后，再沿轴向均匀地通上电流，面电流密度为 i，求管轴线上磁感应强度大小是多少？

5.6　两平行长直导线相距 $d=40\text{cm}$，每根导线载有等量反向电流 I，如题 5.6 图所示。求：(1) 两导线所在平面内，与左导线相距 x（x 在两导线之间）的一点 P 处的磁感应强度；(2) 若 $I=20\text{A}$，通过图中斜线所示面积的磁通量（$r_1=r_3=10\text{cm}$，$l=25\text{cm}$）。

5.7　一无限长圆柱形铜导体（磁导率 μ_0），半径为 R，通有均匀分布的电流 I。今取一矩形平面 S（长为 1m、宽为 $2R$），位置如题 5.7 图中画斜线部分所示，求通过该矩形平面的磁通量。

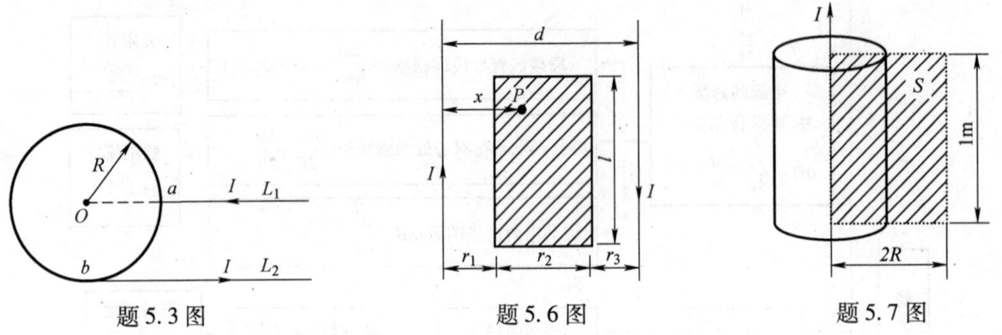

题 5.3 图　　题 5.6 图　　题 5.7 图

5.8　题 5.8 图示为两条穿过 y 轴且垂直于 x、y 平面的平行长直导线的俯视图，两条导线皆通有电流 I，但方向相反，它们到 x 轴的距离皆为 a。求：(1) x 轴上 P 点处的磁感应强度 $\boldsymbol{B}(x)$ 的表达式；(2) x 轴上何处的磁感应强度有最大值。

5.9　在一半径 $R=1.0\text{cm}$ 的无限长半圆筒形金属薄片中，沿长度方向有电流 $I=5.0\text{A}$ 通过，且横截面上电流分布均匀。求圆柱轴线任意一点的磁感应强度。

5.10　如题 5.10 图所示，电流均匀地流过无限大平面导体薄板，面电流密度为 $\boldsymbol{J}$，设板的厚度可以忽略不计，试求板外的任意一点的磁感应强度。

5.11　无限长载流空心圆柱导体的内外半径分别为 a、b，电流在导体截面上均匀分布，设场点到圆柱中心轴线距离为 r，试求空间各处 $\boldsymbol{B}$ 的大小。

5.12　三条无限长直导线等距地并排安放，导线Ⅰ、Ⅱ、Ⅲ分别载有 1A、2A、3A 同方向的电流。由于磁相互作用的结果，导线Ⅰ、Ⅱ、Ⅲ单位长度上分别受力 $\boldsymbol{F}_1$、$\boldsymbol{F}_2$ 和 $\boldsymbol{F}_3$，如题 5.12 图所示。则 F_1 与 F_2 的比值为多少？

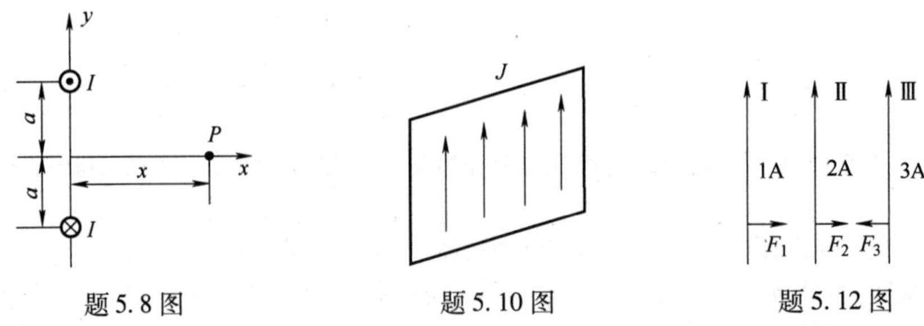

题 5.8 图　　题 5.10 图　　题 5.12 图

5.13　如题 5.13 图所示，一半径为 $R=0.1\text{m}$ 的半圆形闭合线圈，载有电流 $I=10\text{A}$，放在均匀外磁场中，磁场方向与线圈平行，磁感应强度 $B=0.50\text{T}$，求：(1) 线圈的磁矩；(2) 线圈所受力矩的大小。

5.14　如题 5.14 图所示，一半径为 R 的薄圆盘，表面上的电荷面密度为 σ，放入均匀磁场 $\boldsymbol{B}$ 中，$\boldsymbol{B}$ 的方向与盘面平行。若圆盘以角速度 ω 绕通过盘心垂直盘面的轴转动，求作用在圆盘上的磁力矩。

5.15　如题 5.15 图所示，一线圈由半径为 0.2m 的 1/4 圆弧和相互垂直的两直线组成，通以电流 2A，把它放在磁感应强度为 0.5T 的均匀磁场中。求：(1) 线圈平面与磁场垂直时，圆弧 AB 所受的磁力；(2) 线圈平面与磁场成 60°角时，线圈所受的磁力矩。

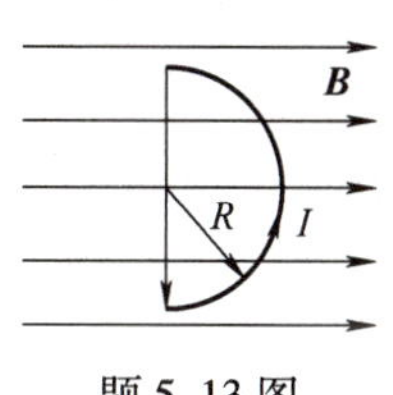

题 5.13 图

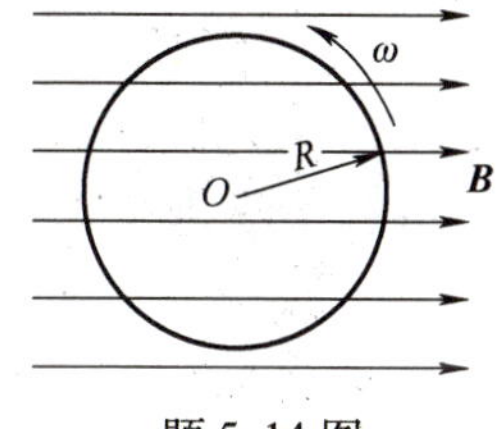

题 5.14 图

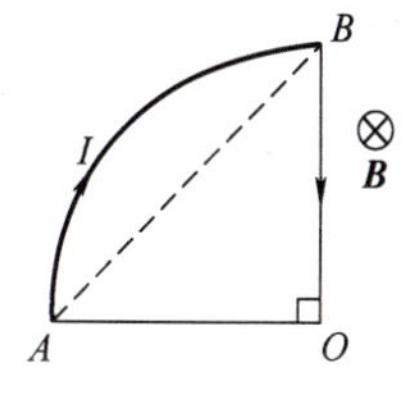

题 5.15 图

5.16　一根同轴线由半径为 R_1 的长导线和套在它外面的内半径为 R_2、外半径为 R_3 的同轴导体圆筒组成，中间充满磁导率为 μ 的各向同性均匀非铁磁绝缘材料，如题 5.16 图所示。传导电流 I 沿导线向上流去，由圆筒向下流回，在它们的截面上电流都是均匀分布的。求同轴线内外的磁感应强度大小 B 的分布。

5.17　在半径为 a 的金属长圆柱体内挖去一半径为 b 的圆柱体，两柱体的轴线平行，相距为 d，如题 5.17 图所示。今有电流 I 沿轴线方向流动，且均匀分布在柱体的截面上。试求空心部分中的磁感应强度。

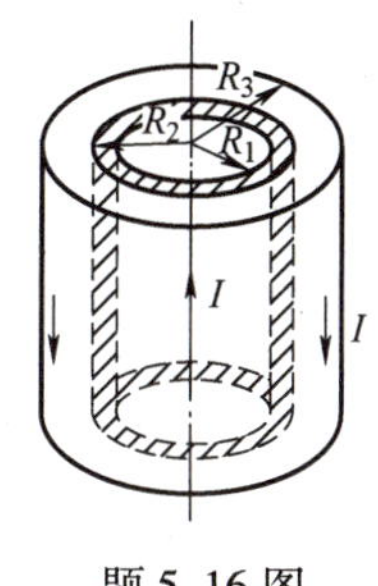

题 5.16 图

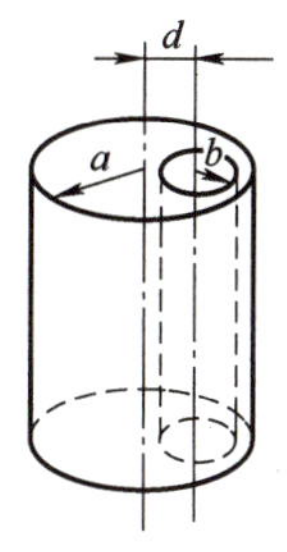

题 5.17 图

第 5 章习题答案

第 5 章习题详解

第 6 章 电磁场理论基础

电和磁的实验中，最明显的现象是处于彼此距离相当远的物体之间的相互作用。因此，把这些现象化为科学的第一步就是确定物体之间作用力的大小和方向。

——麦克斯韦

前面两章分别讨论了静电场和稳恒磁场的基本属性以及它们和物质相互作用的基本规律。随着生产发展的需要，人们深入地研究了电磁现象的本质，从而对电磁学的认识有了一个飞跃。杰出的英国物理学家迈克尔·法拉第（Michael Faraday，1791—1867）于 1831 年发现了电磁感应现象，被誉为电磁理论的奠基人。

电磁感应现象的发现不仅揭示了电与磁之间的内在联系，为电与磁之间的相互转化奠定了实验基础，而且电磁感应现象的发现还为人类获取巨大而廉价的电能开辟了道路，对生产力和科学技术的发展都起到了不可估量的作用。事实证明，电磁感应在电工、电子技术、电气化、自动化方面的广泛应用对推动社会生产力和科学技术的发展发挥了重要的作用。

1865 年，英国物理学家麦克斯韦（James Clerk Maxwell，1831—1879）发表了题为《电磁场的动力学理论》论文。在这篇论文里，他仔细审查了当时已有的电磁学定理、定律的含义和成立条件，经过补充、修改、推广、澄清，最终建立了描绘电磁场运动变化规律的完备方程组——麦克斯韦方程组，建立了电磁场理论。麦克斯韦电磁场理论的建立，在物理学的发展史上又是一次重大突破。这个理论为科学技术和人类文明的发展起了巨大作用。

本章首先讨论法拉第电磁感应定律以及动生电动势和感生电动势，引入涡旋电场，得到随时间变化的磁场产生电场的基本规律；然后介绍自感现象和磁场能量，通过研究在非稳恒条件下电流连续性方程，引入位移电流，说明随时间变化的电场可以产生磁场；最后总结出电磁场运动的普遍规律——麦克斯韦方程组。

6.1 电磁感应

6.1.1 电磁感应现象

1820 年，丹麦物理学家汉斯·克海斯提安·奥斯特（Hans Christian Oersted，1777—1851）关于电流的磁效应的重大发现激励着物理学家们去深入研究电与磁的内在联系。人们自然会提出如下的问题：电流具有磁效应，那磁是否有电效应？静电场、稳恒电流的磁场不随时间变化，如果磁场随时间变化又会有什么现象和规律呢？电磁感应现象从实验上回答了这些问题，反映了物质世界的对称美。英国物理学家法拉第为此做了大量实验，历经 10 年的努力，在 1831 年 8 月 29 日，发现随时间变化的电流会在邻近导线中产生感应电流，其后又做了一系列实验，从不同角度证明了电磁感应现象。下面通过几个典型的实验来说明什么是电磁感应现象，以及产生电磁感应现象的条件。

图 6. 1a 表示闭合线圈在磁场中运动；图 6. 1b 表示当开关 S 接通或断开时，线圈 B 附近有变化的电流；图 6. 1c 是闭合线圈回路附近有磁铁与它发生相对运动。结果发现这几个闭合线圈中都有电流产生。

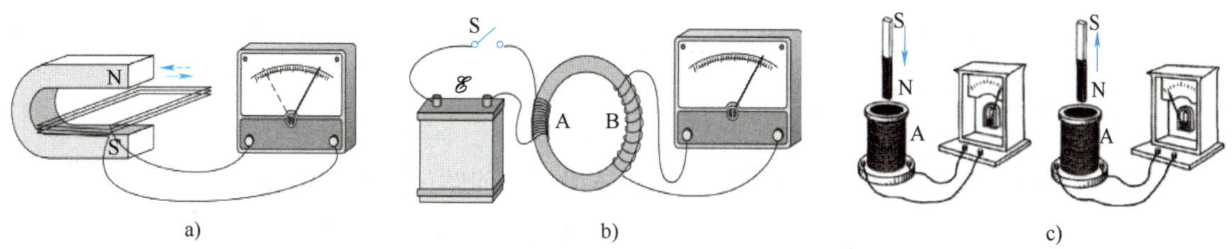

图 6. 1　电磁感应现象

以上实验中，线圈中产生电流的原因似乎不同，但是，仔细分析发现它们有一个共同的特点，就是穿过闭合回路的磁通量发生了变化，而且磁通量变化越快，回路中的电流就越大；磁通量变化越慢，回路中的电流就越小。分析实验规律，得到如下结论：当通过一个闭合回路的磁通量发生变化时，回路中就会有电流产生，这种现象称为电磁感应现象。

电磁感应的应用在我们日常生活中随处可见，电磁感应原理用于很多设备和系统，其中包括感应马达、发电机、变压器、充电池的无接触充电、感应焊接、电感器、电磁铸造、磁场计、电磁感应灯、电磁炉、磁悬浮列车，麦克风等。1845 年，法拉第的实验研究成果被德国物理学家韦伯（Weber，1804—1891）等写成数学形式，这就是下面要介绍的法拉第电磁感应定律。

6. 1. 2　法拉第电磁感应定律

当闭合回路中的磁通量发生变化时，回路中就有电流产生，回路中产生的电流叫作感应电流。在回路中产生了电流，表明回路中有电动势存在。这种在回路中由于磁通量变化而引起的电动势，叫作感应电动势。法拉第定量分析和总结了大量电磁感应实验结果得出电磁感应定律：不论任何原因使通过回路所包围面积的磁通量发生变化时，回路中产生的感应电动势与磁通量对时间的变化率成正比，即

$$\mathscr{E}=-k\frac{\mathrm{d}\Phi}{\mathrm{d}t} \tag{6.1}$$

式中，k 为比例系数，在国际单位制下 $k=1$，因此，式（6. 1）可写成

$$\mathscr{E}=-\frac{\mathrm{d}\Phi}{\mathrm{d}t} \tag{6.2}$$

式中引入“—”号是用来确定感应电动势的方向。

由于电动势和磁通量都是标量，它们的正负都是相对于某一指定方向而言的。为了确定

闭合回路感应电动势的方向，规定电动势的参考正方向与回路的绕行方向一致，回路的绕行方向与回路所包围面积的法线方向成右手螺旋关系，且保证实际穿过回路的磁通量大于零。在这种规定下，如果按照法拉第电磁感应定律计算的电动势值为正，则回路中实际电动势方向与规定的参考方向相同，否则相反。关于这一点，我们在后面例 6.1 中加以说明。

如果闭合回路是 N 匝密绕线圈，则当磁通量发生变化时，其总电动势为

$$\mathscr{E}=-N\frac{\mathrm{d}\Phi_1}{\mathrm{d}t}=-\frac{\mathrm{d}\Phi}{\mathrm{d}t} \tag{6.3}$$

式中，$\Phi=N\Phi_1$ 为各匝线圈磁通量的总和，称为全磁通或磁链，表示通过 N 匝密绕线圈的总磁通量。

若闭合回路的电阻为 R，则感应电流为

$$I=\frac{\mathscr{E}}{R}=-\frac{1}{R}\frac{\mathrm{d}\Phi}{\mathrm{d}t} \tag{6.4}$$

若回路中只有感应电流，则在一个过程中流过闭合回路任一截面的感应电量为

$$q=\int I\mathrm{d}t=\int-\frac{1}{R}\frac{\mathrm{d}\Phi}{\mathrm{d}t}\mathrm{d}t=\int_{\Delta\Phi}-\frac{1}{R}\mathrm{d}\Phi=-\frac{\Delta\Phi}{R}=\frac{\Phi_1-\Phi_2}{R} \tag{6.5}$$

式（6.5）表明，感应电量取决于磁通量的变化量，而与磁通量的变化率无直接关系。如果测得感应电量，而回路中的电阻又为已知时，则根据式（6.5），可以计算磁通量的变化，进而测出磁感应强度。常用的磁通计就是根据这一原理设计而制成的。

例 6.1 在如图 6.2 所示的回路中，长度为 $l=0.5\mathrm{m}$ 的 AB 段导线可自由滑动，均匀磁场 $\boldsymbol{B}$ 垂直指向纸内，大小为 0.5T。回路中串联的电阻 $R=0.2\Omega$，其余部分电阻忽略不计。若 AB 段导线以速度 $v=4\mathrm{m}\cdot\mathrm{s}^{-1}$ 向右匀速滑动，求通过回路的感应电动势和感应电流。

解 在此例中，可以直接应用法拉第电磁感应定律确定感应电动势的方向。根据前面的约定法则，为了保证穿过回路的磁通量为正，约定闭合回路 $ADCB$ 的法向垂直纸面向内，由此确定回路 $ADCB$ 的绕行方向为顺时针方向，并指定此方向为回路电动势的参考方向。

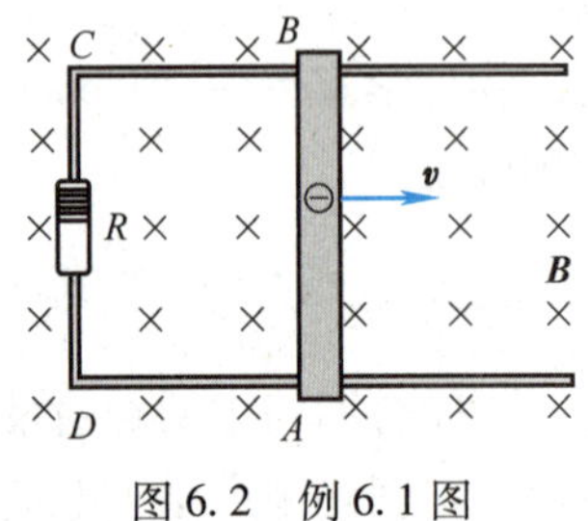

图 6.2 例 6.1 图

由法拉第电磁感应定律，感应电动势的大小为

$$\mathscr{E}=-\frac{\mathrm{d}\Phi}{\mathrm{d}t}=-Bl\frac{\mathrm{d}x}{\mathrm{d}t}=-vBl=-4\times0.5\times0.5\mathrm{V}=-1\mathrm{V}$$

$$I=\frac{\mathscr{E}}{R}=-\frac{1}{0.2}\mathrm{A}=-5\mathrm{A}$$

故感应电动势、感应电流的大小分别为 1V、5A，方向沿回路逆时针方向。

6.1.3 楞次定律

1834 年，俄国物理学家楞次在总结大量实验结果的基础上，提出了一个判定感应电流方向的法则，称为楞次定律。楞次定律指出：闭合回路中的感应电流的方向，总是要使感应电流在回路所围面积上产生的磁通量，反抗（或者说阻碍）引起感应电流的磁通量的变化。楞次定律表明，电磁感应的结果是反抗电磁感应的原因。这里的结果是指感应电流所产生的磁通量，原因是指引起电磁感应的磁通量的变化。在很多场合下，从楞次定律出发去判断感

应电流的方向以及感应电流的物理效果，比从法拉第电磁感应定律出发更加直观。

考虑如图 6.3 所示的实验，一块条形磁铁穿过一个闭合线圈的过程。图 6.3a 是磁铁向左运动靠近线圈的情况，这时线圈中的磁场 $\boldsymbol{B}$ 向左且在增强，故磁通量 Φ 在增加，按楞次定律，感应电流 I'的磁通量 Φ'应反抗 Φ 的增加，即感应电流在线圈中的磁场 $\boldsymbol{B}'$应与 $\boldsymbol{B}$ 方向相反即向右，再由右手螺旋定则就可以确定感应电流 I'的方向应如图所示。图 6.3b 是磁铁已穿过线圈继续向左运动的情况，这时磁场仍向左但在减小，故磁通量 Φ 在减小。按楞次定律，感应电流的磁通量 Φ'应反抗 Φ 的减小，即感应电流的磁场 $\boldsymbol{B}'$应与 $\boldsymbol{B}$ 方向相同即向左，故感应电流 I'的方向应与 6.3a 中相反。

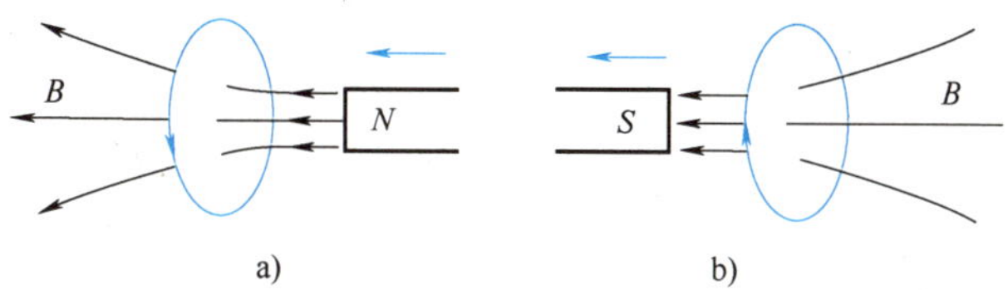

图 6.3　感应电流的方向

楞次定律中的反抗的含义就是要强迫外界为电磁感应的进行输入能量，借以提供感应中的能量输出，所以我们说，楞次定律是能量守恒定律在电磁感应中的具体表现。这里以在匀强磁场中导线框上活动的导线在磁场中运动时的能量转换来说明。如在例题 6.1 中的图 6.2 所示的回路中，活动导线移动时受到的磁场力总是反抗导线运动的。也就是说，要使导线移动，就需要外力做功，这样就使其他形式的能量（如机械能）转化为感应电流通过回路时的电能。由式（6.2）中负号决定的感应电动势方向和楞次定律所确定的方向一致，这就恰恰说明了法拉第电磁感应定律表达式中的负号所表明的感应电动势的方向与能量守恒定律有着内在的联系。实际上，电磁感应的所有实验都验证了能量守恒定律。

思考题

6.1.1　一圆形导体线圈在均匀磁场中运动，下列几种情况下哪些会产生感应电流？为什么？

（1）线圈沿磁场方向平移。

（2）线圈沿垂直磁场方向平移。

（3）线圈以自身的直径为轴转动，轴与磁场方向平行。

（4）线圈以自身的直径为轴转动，轴与磁场方向垂直。

6.1.2　一个做匀速直线运动的点电荷，能在空间产生哪些场？

6.1.3　如思考题 6.1.3 图所示，如果使左边电路中的电阻 R 增加，则在右边电路中的感应电流的方向如何？

6.1.4　如思考题 6.1.4 图所示，使可以移动的导线向右移动，因而引起一个如图所示的感应电流。问：在区域 A 中的磁感应强度 $\boldsymbol{B}$ 的方向如何？

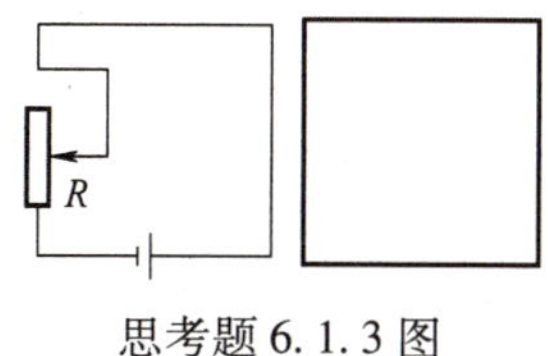

思考题 6.1.3 图

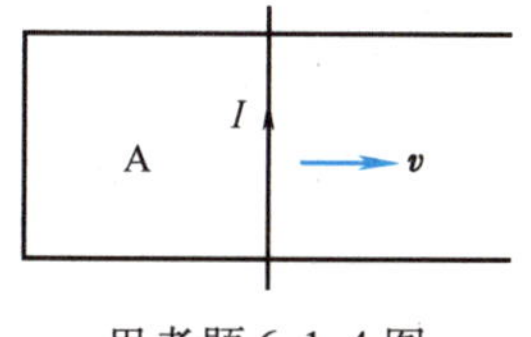

思考题 6.1.4 图

6.1.5　如思考题6.1.5图所示为一观察电磁感应现象的装置。左边a为闭合导体圆环，右边b为有缺口的导体圆环，两环用细杆连接支在O点，可绕O在水平面内自由转动。用足够强的磁铁的任何一极插入圆环。当插入环a时，可以观察到环向后退；插入环b时，环不动。试解释所观察到的现象。当用S极插入环a时，环中感应电流方向如何？

6.1.6　如思考题6.1.6图所示的一个闭合线圈，从磁铁的两级之间沿着铅直方向向上拉出。则拉出回路时感应电流所产生的焦耳热是否与拉出这个回路所用的时间有关？

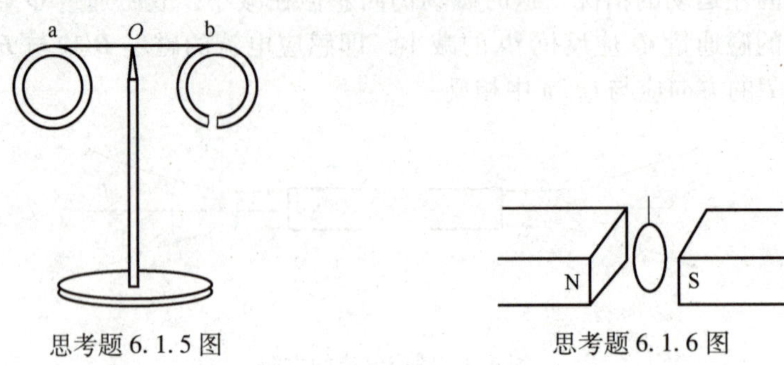

思考题6.1.5图　　　思考题6.1.6图

6.2　动生电动势与感生电动势

根据法拉第电磁感应定律，不论什么原因，只要穿过回路所包围面积的磁通量发生变化，回路中就要产生感应电动势。而使回路中磁通量发生变化的方式通常有下述两种情况：一种是磁场不随时间变化，而导体回路的形状、大小或位置变化，从而引起磁通量的变化，这种情况下产生的感应电动势叫动生电动势；另一种情况是导体回路不发生任何变化，而是空间磁场随时间改变，从而引起磁通量变化，这种情况下产生的感应电动势称为感生电动势。下面分别讨论这两种电动势。

6.2.1　动生电动势

如图6.4所示，在磁感应强度为$\boldsymbol{B}$的均匀磁场中，长为l的导线ab以速度$\boldsymbol{v}$向右移动，且$\boldsymbol{v}$与$\boldsymbol{B}$垂直。导体中的自由电子也被牵连而具有一个向右的速度$\boldsymbol{v}$，因而受到一个洛伦兹力$\boldsymbol{F}_{\mathrm{k}}$作用：

$$\boldsymbol{F}_{\mathrm{k}}=q\boldsymbol{v}\times\boldsymbol{B}$$

方向由b指向a。在该力的作用下，电子由b向a运动，在a端积累出过剩的负电荷，同时在b端积累出过剩的正电荷。a、b两端正负电荷积累产生的电场，使得受洛伦兹力作用的电子也受到一个电场力的作用，其方向是由a指向b。随着两端正负电荷积累的增加，电场力$-e\boldsymbol{E}$逐渐增大，与洛伦兹力平衡，随着两端正负电荷的积累处于稳定终态。这时，这段运动的导体就是一个电源，提供一个动生电动势。

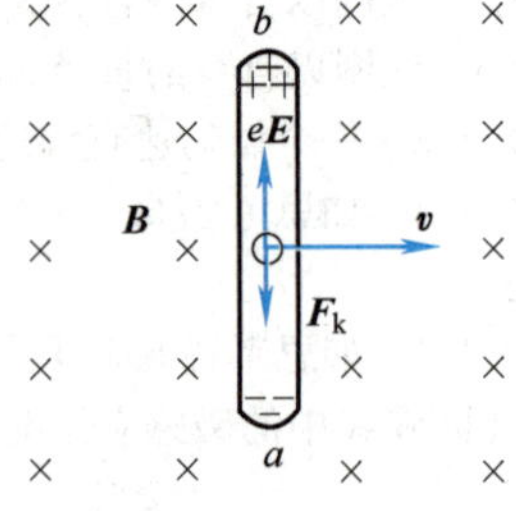

图6.4　动生电动势

在这里，洛伦兹力是非静电力，在导体中提供一个非静电场，其场强$\boldsymbol{E}_{\mathrm{k}}$为

$$\boldsymbol{E}_{\mathrm{k}}=\frac{\boldsymbol{F}_{\mathrm{k}}}{-e}=\boldsymbol{v}\times\boldsymbol{B}\tag{6.6}$$

方向是由 a 指向 b。非静电场的存在使导体成为一个电源，其提供的电动势是

$$\mathscr{E}=\int_a^b \boldsymbol{E}_{\mathrm{k}}\cdot \mathrm{d}\boldsymbol{l}=\int_a^b (\boldsymbol{v}\times\boldsymbol{B})\cdot \mathrm{d}\boldsymbol{l} \tag{6.7}$$

方向是由 a 指向 b。可以证明，式（6.7）的含义也表示导体 ab 在单位时间所扫过的磁通量。

如果磁场、导体 ab 和运动速度三者互相垂直，而且是直的导体在均匀磁场中匀速运动，有

$$\mathscr{E}=\int_a^b (\boldsymbol{v}\times\boldsymbol{B})\cdot \mathrm{d}\boldsymbol{l}=\int_a^b vB\mathrm{d}l=Bvl \tag{6.8}$$

上述讨论表明：一段导体在磁场中运动时，洛伦兹力提供非静电力，从而形成电源。这个电源的电动势的大小是导体在单位时间内扫过的磁通量，其方向在简单的情况下可以用 $\boldsymbol{v}\times\boldsymbol{B}$ 的方向来判定；在复杂的情况下可以用式（6.7）计算结果的符号来判定。而且应当明确，动生电动势的分布只存在于磁场中运动着的导体上。发电机是根据电磁感应原理制成的，它是动生电动势的典型例子。

例 6.2　在磁感应强度为 $\boldsymbol{B}$ 的均匀磁场中，有一平面线圈，由 N 匝导线绕成。线圈以角速度 ω 绕图 6.5 所示的 OO' 轴转动，$oo'\perp\boldsymbol{B}$，设开始时线圈平面的法线 $\boldsymbol{n}$ 的方向与 $\boldsymbol{B}$ 的方向平行，线圈中产生的感应电流经汇流环和电刷传输到输出电路中，（1）求线圈中的感应电动势；（2）若输出电路的电阻为 R，则输出电路中的感应电流为多少？

解　（1）因 $t=0$ 时，线圈平面的法线 $\boldsymbol{n}$ 与 $\boldsymbol{B}$ 矢量平行，所以任一时刻线圈平面的法线 $\boldsymbol{n}$ 与 $\boldsymbol{B}$ 矢量的夹角为 $\theta=\omega t$。因此任一时刻穿过该线圈的磁链

$$\Psi=N\Phi=NBS\cos\theta=NBS\cos\omega t$$

根据法拉第电磁感应定律，这时线圈中的感应电动势为

$$\mathscr{E}_{\mathrm{i}}=-\frac{\mathrm{d}\Psi}{\mathrm{d}t}=-\frac{\mathrm{d}}{\mathrm{d}t}(NBS\cos\omega t)=NBS\omega\sin\omega t$$

式中，N、B、S 和 ω 都是常量，令 $NBS\omega=\mathscr{E}_{\mathrm{m}}$，叫作电动势振幅，则 $\mathscr{E}_{\mathrm{i}}=\mathscr{E}_{\mathrm{m}}\sin\omega t$。

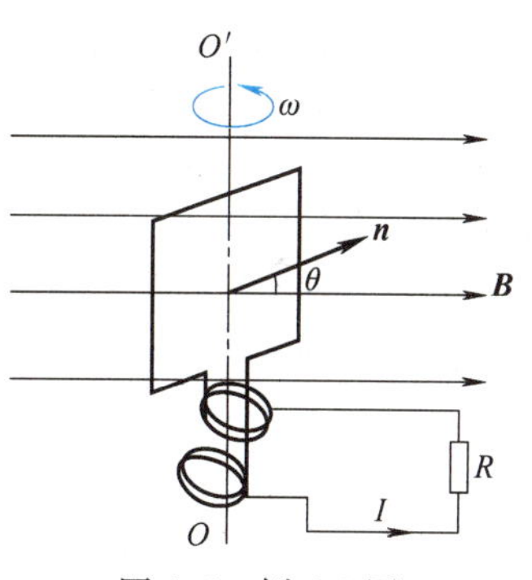

图 6.5　例 6.2 图

（2）如果输出电路的电阻为 R，则电路中的感应电流为

$$I_{\mathrm{i}}=\frac{\mathscr{E}_{\mathrm{m}}}{R}\sin\omega t=I_{\mathrm{m}}\sin\omega t$$

式中，$I_{\mathrm{m}}=\dfrac{\mathscr{E}_{\mathrm{m}}}{R}$为电流振幅。由此可见，在均匀磁场中做匀速转动的线圈能产生交流电，以上就是交流发电机的基本原理。

例 6.3　如图 6.6 所示，一金属棒 OA 长 $L=50\mathrm{cm}$，在大小为 $B=0.50\times10^{-4}\mathrm{Wb\cdot m^{-2}}$、方向垂直纸面向内的均匀磁场中，以一端 O 为轴心做逆时针匀速转动，转动角速度 $\omega=2\mathrm{rad\cdot s^{-1}}$。求此金属棒的动生电动势；并问哪一端电势高？

解　如图 6.6a 所示，因为 OA 棒上各点的速度不同，在棒上距轴心 O 为 l 处取线元 $\mathrm{d}\boldsymbol{l}$，其速度大小 $v=l\omega$，方向垂直于 OA，也垂直于磁场 $\boldsymbol{B}$，按题意，$\boldsymbol{v}\perp\boldsymbol{B}$，在金属棒上按右手螺旋定则，矢量 $\boldsymbol{v}\times\boldsymbol{B}$ 与 $\mathrm{d}\boldsymbol{l}$ 方向相反，于是，按动生电动势公式（6.7），得该小段在磁场中运动时所产生的动生电动势 $\mathrm{d}\mathscr{E}_{\mathrm{i}}$ 为

$$\mathrm{d}\mathscr{E}_{\mathrm{i}}=(\boldsymbol{v}\times\boldsymbol{B})\cdot\mathrm{d}\boldsymbol{l}=-Bl\omega\mathrm{d}l$$

整个金属棒可看作无数个微元电动势的串联，于是有

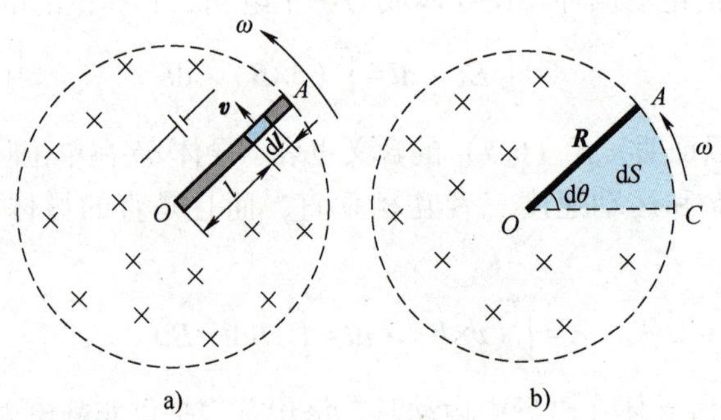

图 6.6 例 6.3 图

$$\mathscr{E}_i=\int_O^A \mathrm{d}\mathscr{E}_i=-\int_0^L Bl\omega \mathrm{d}l=-\frac{1}{2}B\omega L^2$$

代入题设数据，得动生电动势的大小为

$$\mathscr{E}_i=\frac{1}{2}B\omega L^2=\frac{1}{2}\times 0.5\times 10^{-4}\times 2\times 0.50^2\ \mathrm{V}=1.25\times 10^{-5}\ \mathrm{V}$$

$\mathscr{E}_i$ 的方向为由 A 指向 O，故 O 端电势高。

需要注意的是利用公式 $\mathscr{E}=\int_a^b(\boldsymbol{v}\times\boldsymbol{B})\cdot \mathrm{d}\boldsymbol{l}$ 计算动生电动势，积分方向即是电动势的参考方向。所以，结果为正，电动势的方向就是积分方向，否则与积分方向相反。

此题也可应用法拉第电磁感应定律求解。

设当棒由起始位置 OC，转过 $\mathrm{d}\theta$ 角所需时间为 $\mathrm{d}t$，则棒在单位时间内所切割的磁感应线数目，即为所求的金属棒中的动生电动势大小。构造半径为 $R=L$ 的扇形闭合回路 $OCAO$，因此，由于金属棒是在均匀磁场中转动，则 $\mathrm{d}t$ 时间内扫过扇形面积的磁通量为

$$\mathrm{d}\Phi=\boldsymbol{B}\cdot \mathrm{d}\boldsymbol{S}=B\mathrm{d}S$$

则感应电动势的大小为

$$\mathscr{E}_i=\frac{\mathrm{d}\Phi}{\mathrm{d}t}=\frac{B\mathrm{d}S}{\mathrm{d}t}=\frac{1}{2}BL^2\frac{\mathrm{d}\theta}{\mathrm{d}t}=\frac{1}{2}BL^2\omega$$

因为组成的扇形闭合回路 $OCAO$ 的半径 OC 与圆弧 CA 静止而没有切割磁感应线，故总的感应电动势 $\mathscr{E}_i$ 的大小就是金属棒的动生电动势，这与前一解法所得的结果一致。

如果将题中金属棒换成铜盘在磁场中转动，则可以把铜盘看成由无数根并联的铜棒组合而成，每根铜棒都类似于 OA。因为是并联，所以铜盘的电动势大小也为 $\frac{1}{2}BL^2\omega$，且圆盘中心是正极，边缘是负极。如果把铜盘的中心和其边缘通过外接电路接通，则在磁场中转动的铜盘就能对外供应电流，这种简易的发电机称为法拉第圆盘发电机。

例 6.4 如图 6.7 所示，在距长直电流 I 为 d 处有一直导线 ab 的长为 l，与电流共面，图中倾角为 α，导线以速度 $\boldsymbol{v}$ 向上平动，求导线上的动生电动势。

解 设水平向右为 $\boldsymbol{r}$ 正方向，r 表示直导线 ab 上线元 $\mathrm{d}l$ 到长直电流的距离，线元 $\mathrm{d}l$ 处的磁感应强度为

$$B=\frac{\mu_0 I}{2\pi r}$$

方向垂直纸面向内。线元 $\mathrm{d}l$ 产生的微元电动势是

$$\mathrm{d}\mathscr{E}=-Bv\cos\alpha \mathrm{d}l=-Bv\mathrm{d}r$$

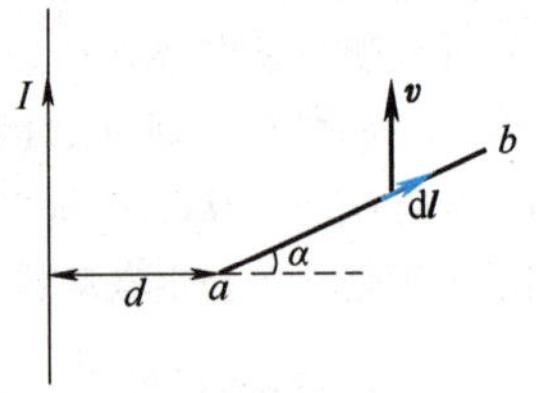

图 6.7 例 6.4 图

方向由 b 端指向 a 端。整个导线上的电动势为

$$\mathscr{E}=\int d\mathscr{E}=\int_{d}^{d+l\cos\alpha}-\frac{\mu_0 Iv\mathrm{d}r}{2\pi r}=-\frac{\mu_0 Iv}{2\pi}\ln\frac{d+l\cos\alpha}{d}$$

方向为 $b\rightarrow a$。

例 6.5 如图所示，半径为 R 的半圆形金属导线 ab 处于磁感应强度为 $\boldsymbol{B}$ 的匀强磁场中，磁场方向垂直于线圈平面向里，导线在自身所在平面内沿垂直直径 ab 的方向以速度 $\boldsymbol{v}$ 在磁场中匀速运动，求导线 ab 产生的动生电动势的大小。

解 本题可以由动生电动势的公式直接求解，在半圆形导线上任取线元 $\mathrm{d}\boldsymbol{l}$，$\mathrm{d}\boldsymbol{l}$ 的圆心角为 $\mathrm{d}\theta$，则有 $\mathrm{d}l=R\mathrm{d}\theta$，则 $\mathrm{d}\boldsymbol{l}$ 上的动生电动势为

$$\mathrm{d}\mathscr{E}=(\boldsymbol{v}\times\boldsymbol{B})\cdot\mathrm{d}\boldsymbol{l}=vB\sin 90°\mathrm{d}l\cos\theta$$

整个半圆形金属导线上产生的动生电动势为

$$\mathscr{E}=vBR\int_{-\pi/2}^{\pi/2}\cos\theta\mathrm{d}\theta=2vBR$$

方向由 a 指向 b。

上面直接求半圆形导线 ab 产生的动生电动势较为烦琐。若连接 ab，则直径 ab 与半圆形构成闭合回路，则此闭合回路在运动过程中，通过回路的磁通量不发生变化，所以回路中总电动势为 0。即半圆形金属导线 ab 与直导线 ab（直径）产生的动生电动势相等，都是 $\mathscr{E}=2vBR$。

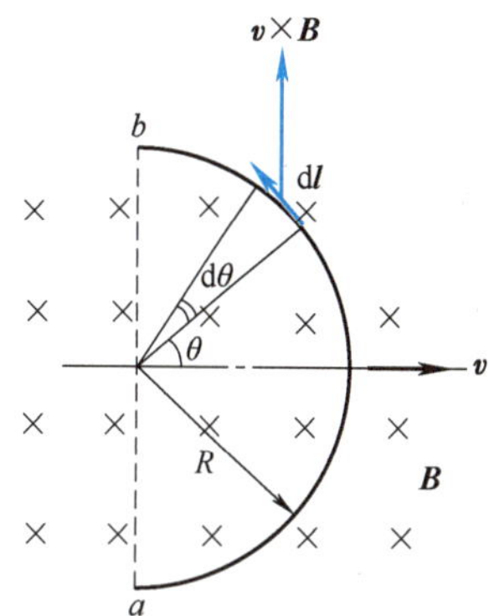

图 6.8 例 6.5 图

6.2.2 感生电场 感生电动势

一个闭合回路固定在变化的磁场中，则穿过闭合回路的磁通量就要发生变化。根据法拉第电磁感应定律，闭合回路中要产生感应电动势。这时产生的感应电动势称为感生电动势。因而在闭合回路中，必定存在一种非静电场。这时产生感应电动势的非静电力应该是什么力呢？在这种情况下推动电荷运动的非静电力肯定不是洛伦兹力，因为导体没有运动，也不是库仑力，因为库仑力不会与磁场的变化有关。从实验结果可以得到，感生电动势与导体的性质、导体的温度以及其他物理状态无关，仅仅决定于磁场的变化情况。麦克斯韦分析了这种情况，并提出如下的假说：变化的磁场在其周围空间激发具有闭合电场线的电场，称为涡旋电场或感生电场。当在变化磁场的空间有导体存在时，导体中的感生电动势就是这种涡旋电场力作用于导体中的自由电荷的结果。

在变化磁场中，设有一个导线回路 L，按法拉第电磁感应定律，可得出回路中的电动势

$$\mathscr{E}=-\frac{\mathrm{d}\Phi}{\mathrm{d}t}$$

若变化磁场激发的感生电场的场强是 $\boldsymbol{E}_{\mathrm{k}}$，按电动势和磁通量的定义

$$\mathscr{E}=\oint_L \boldsymbol{E}_{\mathrm{k}}\cdot\mathrm{d}\boldsymbol{l}$$

$$\Phi=\int_S \boldsymbol{B}\cdot\mathrm{d}\boldsymbol{S}$$

式中，面积 S 为回路 L 所包围的面积。于是有

$$\oint_L \boldsymbol{E}_{\mathrm{k}}\cdot\mathrm{d}\boldsymbol{l}=-\frac{\mathrm{d}}{\mathrm{d}t}\int_S \boldsymbol{B}\cdot\mathrm{d}\boldsymbol{S}$$

或

$$\oint_L \boldsymbol{E}_{\mathrm{k}} \cdot \mathrm{d}\boldsymbol{l} = -\int_S \frac{\partial \boldsymbol{B}}{\partial t} \cdot \mathrm{d}\boldsymbol{S} \tag{6.9}$$

式（6.9）表示了感生电场和变化磁场的关系。式中负号表明：感生电场与磁场变化率成左手螺旋关系。

应当指出：法拉第建立的电磁感应定律，即式（6.2），只适用于由导体构成的回路，而根据麦克斯韦关于感生电场的假设，则电磁感应定律有更深刻的意义，即不管有无导体构成闭合回路，也不管回路是在真空中还是在介质中，式（6.9）都是适用的。也就是说，在变化的磁场周围空间里，到处充满感生电场，感生电场 $\boldsymbol{E}_{\mathrm{k}}$ 的环流满足式（6.9）。如果有闭合的导体回路放入该感生电场中，感生电场就迫使导体中自由电荷做宏观运动，从而显示出感生电流；如果导体回路不存在，只不过没有感生电流而已，但感生电场、感生电动势还是存在的。

感生电场是一种新型的电场，它与静电场既有联系也有区别。它与静电场的共同之处是：对电荷有作用力（不论电荷运动与否）。但是，两者的区别是很大的。静电场是由电荷产生的，静电场的电场线有始点或终点，不是闭合曲线，它的始点或终点就是产生电场的电荷所在处，静电场是有源无旋场，可以引入电势概念。感生电场是由变化磁场产生的，而不是由电荷产生的，所以它的电场线没有始点和终点，是闭合曲线，感生电场是无源有旋场，不能引入电势概念。

从式（6.9）还可看出：感生电场 $\boldsymbol{E}_{\mathrm{k}}$ 的环流一般不为零，所以感生电场是涡旋场（又叫涡旋电场）。该式的另一意义是感生电场使单位正电荷沿闭合路径移动一周所做的功一般不为零，所以感生电场是非保守力场。

关于感生电场的假设已被近代科学实验所证实。例如电子感应加速器就是利用变化磁场所产生的感生电场来加速电子的。

电子感应加速器是利用变化磁场激发的感生电场来加速电子的一种装置，图 6.9 是其结构原理图。在圆形电磁铁的两极间有一环形真空室，电磁铁在交变电流激发下，两极间将产生具有对称分布的交变磁场，该交变磁场又在真空室中激发感生电场，其电场线是一系列同心圆（见图 6.9 中实线），若用电子枪把电子沿切线方向射入真空室，电子将同时受到感应电场力和洛伦兹力的作用，感应电场力使电子沿切线方向加速，洛伦兹力则使电子维持圆周运动。在磁场随时间做正弦变化的情况下，所激发的感生电场也随时间变化。图 6.10 标出了一个周期内磁场和感生电场变化情况。

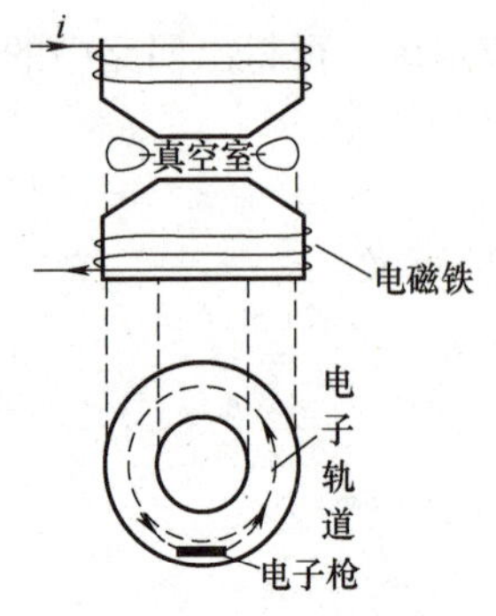

图 6.9　电子感应加速器结构

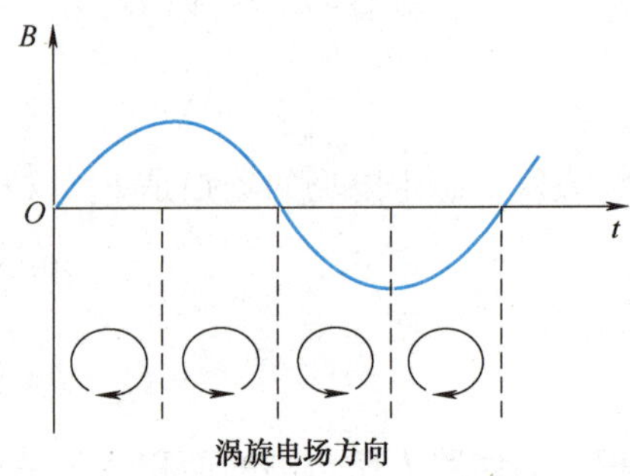

图 6.10　交变电磁场的变化

电子感应加速器主要用于核物理的研究，也用于工业探伤和医疗等方面。目前，利用电子感应加速器可把电子的能量加速到高达 100MeV 以上。

例 6.6 如图 6.11 所示，电阻为 R 的闭合线圈折成半径分别为 a 和 $2a$ 的两个圆，将其置于与两圆平面垂直的匀强磁场内，磁感应强度按 $B=B_0\sin\omega t$ 的规律变化。已知 $a=10\text{cm}$，$B_0=2\times10^{-2}\text{T}$，$\omega=50\text{rad}\cdot\text{s}^{-1}$，$R=10\Omega$，求线圈中感应电流的最大值。

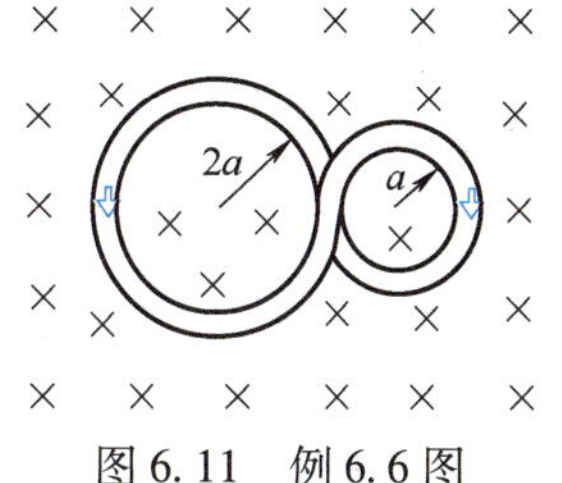

图 6.11 例 6.6 图

解 由于是一条导线折成的两个圆，所以，两圆的绕向相反。

$$\mathscr{E}_i=-\frac{\mathrm{d}\Phi}{\mathrm{d}t}=-\frac{\mathrm{d}B}{\mathrm{d}t}(-\pi\cdot4a^2+\pi a^2)=3\pi a^2B_0\omega\cos\omega t$$

所以

$$I=\frac{\mathscr{E}_i}{R}=\frac{3\pi a^2B_0\omega\cos\omega t}{R}$$

$$I_{\max}=\frac{3\pi a^2B_0\omega}{R}=\frac{3\pi\times0.1^2\times2\times10^{-2}\times50}{10}\text{A}=9.42\times10^{-3}\text{A}$$

例 6.7 如图 6.12 所示，真空中矩形回路与无限长直导线共面，且矩形一边与直导线平行，导线中通过电流 $I=I_0\cos\omega t$。其中 I_0、ω 为正常数，起始时回路左边与导线重合，并以匀速率 v 垂直于导线运动。求：（1）任意时刻通过回路的磁通量 Φ；（2）任意时刻回路中动生电动势 $\mathscr{E}_1$ 和感生电动势 $\mathscr{E}_2$；（3）$\omega t=\pi/2$ 时，回路中感应电动势的方向。

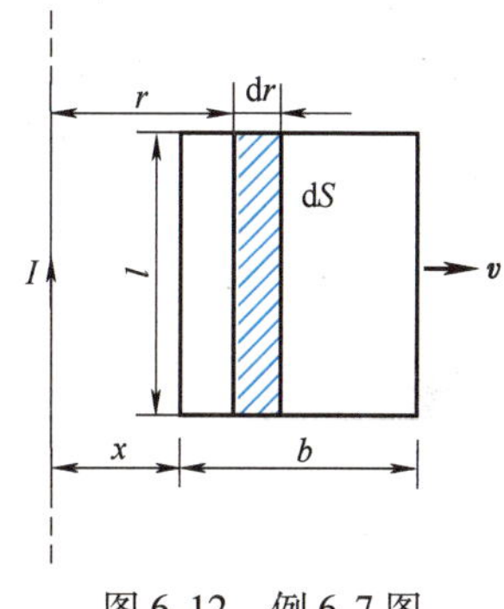

图 6.12 例 6.7 图

解 （1）通过任一面积元 dS 的磁通量为

$$\mathrm{d}\Phi=\boldsymbol{B}\cdot\mathrm{d}\boldsymbol{S}=\frac{\mu_0Il}{2\pi r}\mathrm{d}r$$

穿过矩形回路的磁通量为

$$\Phi=\int_S\boldsymbol{B}\cdot\mathrm{d}\boldsymbol{S}=\int_x^{x+b}\frac{\mu_0Il}{2\pi r}\mathrm{d}r=\frac{\mu_0I_0l}{2\pi}\cos\omega t\ln\frac{x+b}{x}$$

注意图中所示电流方向向上和回路方向为顺时针方向。

（2）由电磁感应定律，有

$$\mathscr{E}=-\frac{\mathrm{d}\Phi}{\mathrm{d}t}=\frac{\mu_0}{2\pi}lI_0\left[\omega\sin\omega t\ln\frac{x+b}{x}+\frac{bv}{x(x+b)}\cos\omega t\right]$$

显然

$$\mathscr{E}_1=\frac{\mu_0}{2\pi}lI_0\cos\omega t\frac{bv}{x(x+b)},\qquad \mathscr{E}_2=\frac{\mu_0}{2\pi}lI_0\omega\sin\omega t\ln\frac{x+b}{x}$$

$\mathscr{E}_1$ 和 $\mathscr{E}_2$ 可视为电流不变（动生）和回路不动（感生）单独求出。

（3）当 $\omega t=\dfrac{\pi}{2}$ 时，$\mathscr{E}_1=0$，$\mathscr{E}=\mathscr{E}_2=\dfrac{\mu_0}{2\pi}lI_0\omega\ln\dfrac{x+b}{x}>0$，为顺时针方向。

例 6.8 如图 6.13 所示，在半径为 R 的圆柱形螺线管中有一匀强磁场 $\boldsymbol{B}$，假定磁场大小随时间增长，且 $\dfrac{\mathrm{d}B}{\mathrm{d}t}=$ 常量，求螺线管内、外感生电场 E_k 的分布。

解 由对称性可知，变化磁场所产生的涡旋电场是围绕着磁场的同心圆，用楞次定律可以判断，涡旋电场的方向是逆时针的，而且在 r 相同处的 E_k 值相等。

根据感生电场的对称性，取 O 为圆心、r 为半径的圆形回路 L，当 $r<R$ 时，由

$$\oint_L\boldsymbol{E}_k\cdot\mathrm{d}\boldsymbol{l}=-\frac{\mathrm{d}\Phi}{\mathrm{d}t}$$

可得

$$E_k \cdot 2\pi r = -\frac{d}{dt}(B\pi r^2) = -\frac{dB}{dt} \cdot \pi r^2$$

所以

$$E_k = -\frac{r}{2}\frac{dB}{dt}$$

当 $r>R$ 时，有

$$E_k \cdot 2\pi r = -\frac{dB}{dt}\pi R^2$$

所以

$$E_k = -\frac{R^2}{2r}\frac{dB}{dt}$$

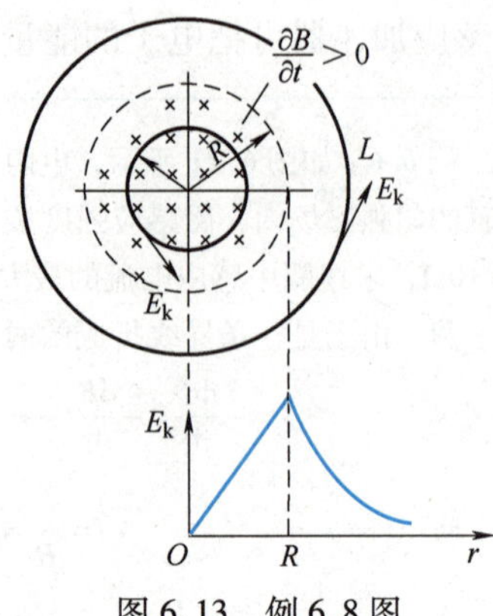

图 6.13　例 6.8 图

思考题

6.2.1　动生电动势和感生电动势是怎样产生的？当一段非导体在恒定磁场中运动时，非导体上有感应电动势吗？把一段非导体放在变化的磁场中，非导体上有感应电动势产生吗？为什么？

6.2.2　一段直导线在均匀磁场中做如思考题 6.2.2 图所示的四种运动。在哪种情况下导线中有感应电动势？为什么？感应电动势的方向是怎样的？

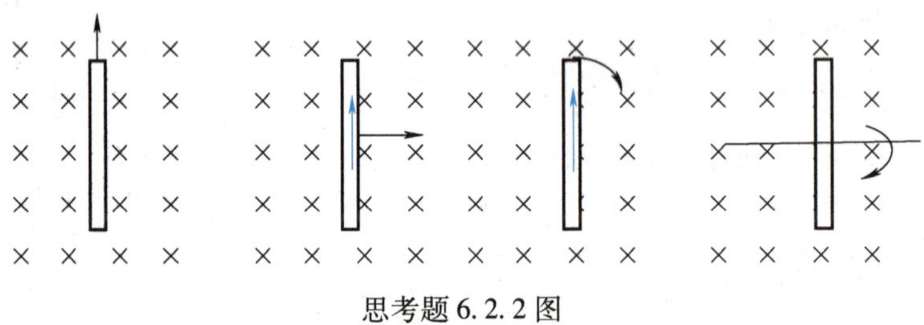
思考题 6.2.2 图

6.2.3　一个任意形状的导线在磁场中运动或改变形状，但两端点的相对位置不变，现用直导线连接该导线两端成闭合回路。试证明：如果保持穿过闭合回路的磁感线数不变，则该导线上的感应电动势与直导线上的电动势在数值上相等。

6.2.4　如思考题 6.2.4 图所示一随时间变化的匀强磁场分布在长圆柱体内，导线 AB 恰在直径上。问 $\mathscr{E}_{AB}$、$\mathscr{E}_{CD}$、i_1、i_2 是否为零，为什么？

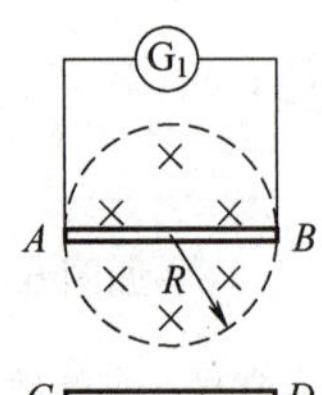
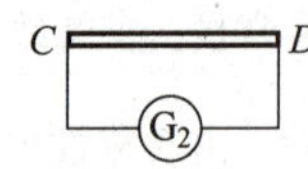

思考题 6.2.4 图

6.2.5　感生电场与静电场有什么相同之处，又有什么不同？

6.2.6　在电子感应加速器中，电子加速所得到的能量是哪里来的？试定性解释之。

6.2.7　当汽车在北极附近的水平路上行驶时，如果考虑到地磁场的作用，问：

（1）它的轮子上的钢轴为什么能产生感应电动势？

（2）当汽车以相同的速率向不同方向行驶时，感应电动势的大小是否相同？

（3）当汽车沿同一方向以不同速率行驶时，感应电动势的大小是否相同？

6.3　自感　磁场的能量

6.3.1　自感

通电线圈电流发生变化时，穿过该线圈自身所包围的面积的磁通量也随着变化，从而在线圈中产生感应电动势。这种因线圈中电流变化而在自身线圈中产生感应电动势的现象称为自感现象，所产生的电动势称为自感电动势。

如图 6.14 所示，有一回路 L，所围面积 S 的法线方向沿与 L 成右手的螺旋方向。若回路中有电流 I，则在回路周围存在一个磁场 $\boldsymbol{B}$，按毕奥-萨伐尔定律，任一点磁场 $\boldsymbol{B}$ 和电流 I 成正比，因此，通过该面积 S 的磁通量也和 I 成正比，即

$$\Phi = LI \tag{6.10}$$

式中，比例系数 L 称为回路的自感系数，简称自感。

由图 6.14 可知，若电流为正，则磁通量为正，电流为负，则磁通量也为负，故 L 是一个正值。自感系数可记作

$$L = \frac{\Phi}{I} \tag{6.11}$$

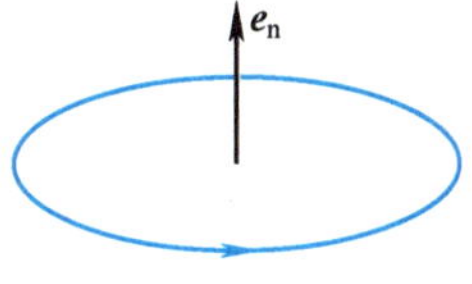

图 6.14　自感现象

其物理意义为：某回路的自感在数值上等于回路中的电流为一个单位值时穿过此回路所包围面积的磁通量。若回路是由 N 匝线圈串联而成的，则 Φ 应该理解为全磁通。全磁通与匝数相关，故自感系数 L 也与匝数相关。

在国际单位制中，自感系数的单位是 H（亨利）。

根据法拉第电磁感应定律，回路中自感电动势可写成

$$\mathscr{E}_L = -\frac{\mathrm{d}\Phi}{\mathrm{d}t} = -\left(L\frac{\mathrm{d}I}{\mathrm{d}t} + I\frac{\mathrm{d}L}{\mathrm{d}t}\right) \tag{6.12}$$

如果回路的形状、大小和周围介质的磁导率都不随时间变化，亦即 L 保持不变，$\frac{\mathrm{d}L}{\mathrm{d}t} = 0$。因而

$$\mathscr{E}_L = -L\frac{\mathrm{d}I}{\mathrm{d}t} \tag{6.13}$$

由于 L 是一正常量，故自感电动势与电流变化率反号，这表明自感电动势总是反抗电流的变化。因此，当电流增加时，自感电动势与原来电流的方向相反；当电流减小时，自感电动势与原来电流方向相同。由此可见，要使任何回路中的电流发生改变，必然会引起自感的作用，以反抗回路中电流的改变。回路中的自感系数越大，自感的作用也越大，回路中的电流也越不容易改变。换句话说，回路中的自感有使回路保持原有电流不变的性质，这一特性与力学中物体的惯性有些相似，因此自感系数也可看作电路本身的“电磁惯性”的量度。

在工程技术和日常生活中，自感现象有广泛的应用。无线电技术和电工中常用的扼流圈、日光灯上用的镇流器等，都是利用自感原理控制回路中电流变化的。在许多情况下，自感现象也会带来危害，在实际应用中应采取措施予以防止。如当无轨电车在路面不平的道路上行驶时，由于车身颠簸，车顶上的受电弓有时会短时间脱离电网而使电路突然断开。这时

由于自感而产生的自感电动势，在电网和受电弓之间形成较高电压，导致空气隙“击穿”产生电弧造成电网的损坏。人们可针对这种情况，采取一些措施避免电网出现故障。电机和强力电磁铁，在电路中都相当于自感很大的线圈，在起动和断开电路时，往往因自感在电路形成瞬时的过大电流，有时会造成事故。为减少这种危险，电机采用降压启动，断路时，增加电阻使电流减小，然后再断开电路。大电流电力系统中的开关，还附加有“灭弧”装置，如油开关及其稳压装置等。

6.3.2 磁场的能量

由于在建立磁场时总是伴随有电磁感应现象发生，所以我们可以从能量转换的角度分析电磁感应现象来进行探讨。

先考察一个具有电感的简单电路，如图 6.15 所示。考虑一个 *RL* 电路中电流增长的过程，在含有电阻和自感的电路中，当开关 S 未闭合时，线圈中的电流为零，这时线圈中没有磁场。当把开关闭合时，线圈中的电流由零逐渐增大，但是不能立即增大到它的稳定值 I，因为在电流的增长过程中，线圈中有自感电动势产生，它会阻止磁场的建立。因此，在建立磁场的过程中，外界（电源）必须供给能量来克服自感电动势做功。所以在含有电阻和自感的电路中，电源供给的能量分成两部分：一部分转换为热能，另一部分则转换为线圈中磁场的能量。

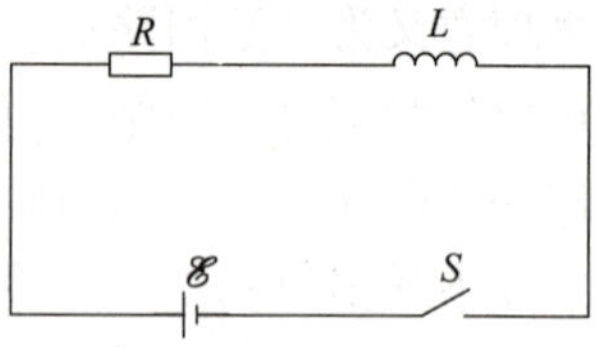

现在我们来定量研究自感电路中电流增长时能量的转换情况。由欧姆定律有

$$\mathscr{E}+\mathscr{E}_L=IR$$

式中，自感电动势 $\mathscr{E}_L$ 为负值。为便于分析，把上式改写为

$$\mathscr{E}=-\mathscr{E}_L+IR$$

图 6.15 *RL* 电路

式中，$-\mathscr{E}_L$ 为正值。此式表示电源电动势提供的电压，一部分用于克服自感电动势，另一部分用于克服电阻发出焦耳热。上式两边同乘以电流 I，得

$$I\mathscr{E}=-I\mathscr{E}_L+I^2R$$

设 $t=0$ 时 $I=0$，而任意时刻 t 时的电流为 I，把上式对电流增长过程积分，则有

$$\int_0^t I\mathscr{E}\mathrm{d}t=-\int_0^t I\mathscr{E}_L\mathrm{d}t+\int_0^t I^2R\mathrm{d}t$$

这个结果表示，电源对回路输入的能量，一部分储存在自感线圈之中，另一部分转化为焦耳热输出到外界。把储存在自感线圈中的能量积分出来，即得

$$W_{\mathrm{m}}=-\int_0^t I\mathscr{E}_L\mathrm{d}t=\int_0^t IL\frac{\mathrm{d}I}{\mathrm{d}t}\mathrm{d}t=\int_0^I IL\mathrm{d}I=\frac{1}{2}LI^2$$

即载流为 I 的自感线圈储存的能量为

$$W_{\mathrm{m}}=\frac{1}{2}LI^2 \tag{6.14}$$

载流线圈中的磁场能量通常又称为自感磁能。从式（6.14）中可以看出：在电流相同的情况下，自感系数 L 越大的线圈，回路储存的磁场能量越大。

若将回路中的电源 $\mathscr{E}$ 去掉但仍保持回路闭合，则回路中的电流将逐步衰减，其储存的能量将转变成焦耳热。这部分热量可以用积分算出，其值仍为 $LI^2/2$。显然，这部分能量是

自感中的磁场能量释放出来的。

按照场的观点，磁场是能量的携带者，能量储存在磁场中，因此，磁场的能量应该用描述磁场性质的物理量来表示。在式（6.14）中，并没有体现出磁场能量与磁场的直接关联，下面就来寻找这一关系。

为简单起见，我们以通有电流 I 的长直螺线管内的磁场能量为例讨论这个问题。按储能公式，螺线管的磁场能量为

$$W_m=\frac{1}{2}LI^2$$

对于长直螺线管有：$L=\mu n^2V$，$B=\mu nI$。故

$$W_m=\frac{1}{2}\mu n^2V\left(\frac{B}{\mu n}\right)^2=\frac{B^2}{2\mu}V$$

上式表示磁场能量与螺线管的体积（即磁场所填充的空间）成正比，这意味着能量确实是存在于磁场空间中的。

螺线管磁场所在的空间被认为是各向同性均匀的线性介质空间，故磁场能量也应是均匀分布的，由此可得到单位体积内的磁场能量即磁场能量密度为

$$w_m=\frac{W_m}{V}=\frac{B^2}{2\mu} \tag{6.15}$$

它也可以改写为其他形式：

$$w_m=\frac{B^2}{2\mu}=\frac{1}{2}BH=\frac{1}{2}\mu H^2 \tag{6.16}$$

式（6.15）、式（6.16）是从长直螺线管且各向同性均匀的线性介质空间这样的特殊情况导出的，即空间任一点的磁场能量密度只与该点的磁感应强度和介质的磁导率有关。在一般情况下，磁场能量密度的表达式为 $w_m=\frac{1}{2}\boldsymbol{B}\cdot\boldsymbol{H}$。由此可见，磁场能量存储于磁场之中，即磁场具有能量。

对于非均匀磁场，假设介质是各向同性的，从中取一合适的体积元 $\mathrm{d}V$，以致在 $\mathrm{d}V$ 内，磁场可以看作均匀的，则磁场能量密度也可以看作均匀的。若介质的磁导率为 μ（介质均匀时为常数），磁感应强度大小为 B。则体积元内的磁场能量是

$$\mathrm{d}W_m=w_m\mathrm{d}V=\frac{B^2}{2\mu}\mathrm{d}V$$

而空间中某一体积 V 中的磁场能量为

$$W_m=\int_V\mathrm{d}W_m=\int_V w_m\mathrm{d}V=\int_V\frac{B^2}{2\mu}\mathrm{d}V \tag{6.17}$$

例 6.9　一截面为长方形的螺绕环，其尺寸如图 6.16 所示，共有 N 匝，求此螺绕环的自感系数。

解　如果给螺绕环通电流，环内磁感应强度为

$$B=\frac{\mu_0NI}{2\pi r}\quad(R_1<r<R_2)$$

则由 $\Phi=\int_S\boldsymbol{B}\cdot\mathrm{d}\boldsymbol{S}$，穿过 N 匝回路的磁链为

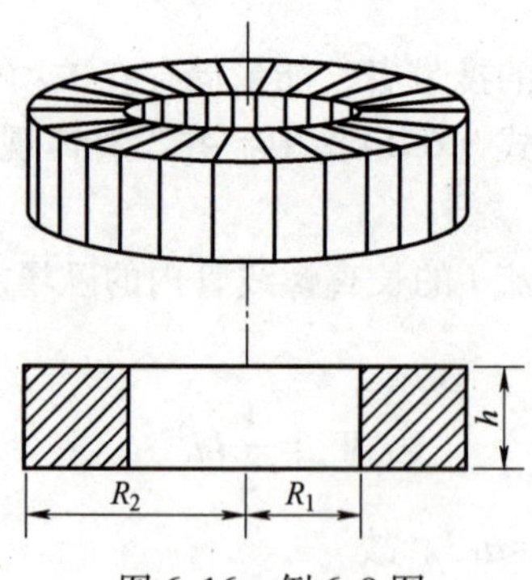

图 6.16 例 6.9 图

$$\Psi=N\Phi=N\int_{R_1}^{R_2}\frac{\mu_0 NI}{2\pi r}\cdot h\cdot \mathrm{d}r=\frac{\mu_0 N^2 Ih}{2\pi}\ln\frac{R_2}{R_1}$$

利用自感定义式 $L=\dfrac{\Psi}{I}$，有

$$L=\frac{\mu_0 N^2 h}{2\pi}\ln\frac{R_2}{R_1}。$$

例 6.10 同轴电缆由半径为 R_1 和 R_2，长度均为 l 的两个同轴的导体薄圆筒组成，其间充满磁导率为 μ 的磁介质。内外圆筒分别流过大小相等、方向相反的电流，其截面图如图 6.17 所示，求电缆中的磁场能量。

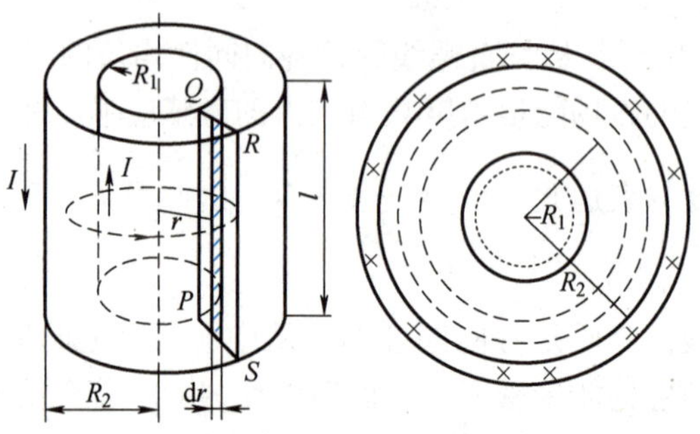

图 6.17 例 6.10 图

解 设电流为 I，忽略边缘效应，由安培环路定理可知，内外圆筒之间的磁感应强度为

$$B=\frac{\mu I}{2\pi r}\quad (R_1<r<R_2)$$

穿过矩形 $PQRS$ 的磁通量为

$$\Phi=\int_S \boldsymbol{B}\cdot \mathrm{d}\boldsymbol{S}=\int_r Bl\mathrm{d}r=\int_{R_1}^{R_2}\frac{\mu Il}{2\pi r}\mathrm{d}r=\frac{\mu Il}{2\pi}\ln\frac{R_2}{R_1}$$

故同轴电缆的自感系数为

$$L=\frac{\Phi}{I}=\frac{\mu l}{2\pi}\ln\frac{R_2}{R_1}$$

由载流自感线圈的储能公式直接得到电缆的磁场能量

$$W_\mathrm{m}=\frac{1}{2}LI^2=\frac{\mu I^2 l}{4\pi}\ln\frac{R_2}{R_1}$$

下面我们利用磁场能量密度来计算磁场能量。电缆的磁场集中在两个圆筒之间，故只需计算这个体积内的磁场能量。如图取一长度为 l、半径为 r、厚度为 $\mathrm{d}r$ 的圆柱壳，它的体积为

$$\mathrm{d}V=2\pi rl\mathrm{d}r$$

圆柱壳内磁场的大小是相同的，即

$$B=\frac{\mu I}{2\pi r}$$

故磁场能量密度是均匀的，即

$$w_{\mathrm{m}}=\frac{B^2}{2\mu}=\frac{\mu I^2}{8\pi^2r^2}$$

圆柱壳中的磁场能量为

$$\mathrm{d}W_{\mathrm{m}}=w_{\mathrm{m}}\mathrm{d}V=\frac{\mu I^2}{8\pi^2r^2}\cdot 2\pi rl\mathrm{d}r=\frac{\mu I^2 l}{4\pi r}\mathrm{d}r$$

电缆中的磁场能量为

$$W_{\mathrm{m}}=\int_V\mathrm{d}W_{\mathrm{m}}=\int_{R_1}^{R_2}\frac{\mu I^2 l}{4\pi r}\mathrm{d}r=\frac{\mu I^2 l}{4\pi}\ln\frac{R_2}{R_1}$$

这个结果与前面相同。这表明两种方法是完全等效的。

思考题

6.3.1　用金属丝绕制的标准电阻要求是无自感的，怎样绕制自感系数为零的线圈？

6.3.2　一个线圈的自感系数的大小由哪些因素决定？

6.3.3　自感系数的式子为 $L=\dfrac{\Phi}{I}$，能否说通过线圈中的电流 I 越小，线圈的自感系数 L 越大？

6.3.4　在如思考题 6.3.4 图所示的电路中，S_1、S_2 是两个相同的小灯泡，L 是一个自感系数相当大的线圈，其电阻数值与电阻 R 相同。由于存在自感现象，试推想开关 S 接通和断开时，灯泡 S_1、S_2 先后亮暗的顺序如何？

6.3.5　放在平滑桌面上的铁钉被一磁铁吸引而运动，其产生动能的来源是什么？

6.3.6　磁能的两种表示 $W_{\mathrm{m}}=\dfrac{1}{2}LI^2$ 和 $W_{\mathrm{m}}=\dfrac{1}{2}\dfrac{B^2}{\mu}V$ 的物理意义有何不同？

6.3.7　在环式螺线管（螺绕环）中，磁场能量密度较大的地方是在内半径附近，还是外半径附近？

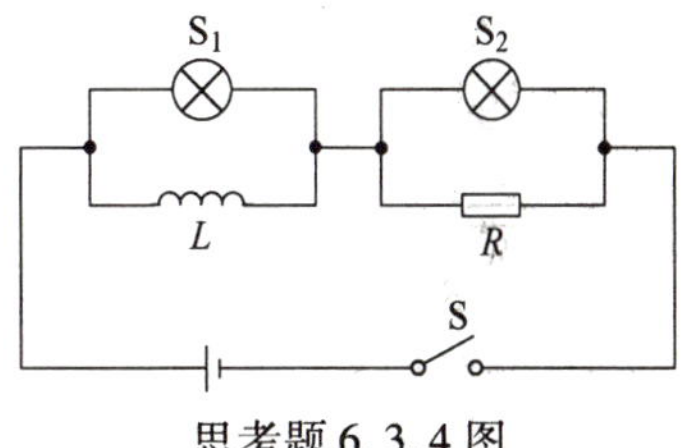

思考题 6.3.4 图

6.4　位 移 电 流

法拉第电磁感应定律告诉我们，变化的磁场要产生电场，人们自然要问变化的电场能不能产生磁场呢？本节就来回答这个问题。

先回顾一下前面学过的稳恒磁场的安培环路定理，可以得到下面的表达式：

$$\oint_L \boldsymbol{H}\cdot\mathrm{d}\boldsymbol{l}=\sum_{穿过L}I_i=\iint_{S_L}\boldsymbol{J}\cdot\mathrm{d}\boldsymbol{S}$$

式中，I 为传导电流；$\boldsymbol{J}$ 为传导电流密度；L 为任意闭合路径；S_L 为以 L 为边界的任意非闭合曲面。按稳恒磁场的安培环路定理的意义，要求上式右边的面积分与 S_L 的取法无关。如图 6.18 所示，设 S_1 和 S_2 都是以 L 为边界互不重合的曲面，则通过 S_1 的电流强度 I_1 和通过 S_2 的电流强度 I_2 应当相等。由于 S_1 和 S_2 构成一个闭合曲面，则上述要求等价于通过任意闭合曲面 $S=S_1+S_2$ 的净电流为零，即

$$\oint_S \boldsymbol{J} \cdot \mathrm{d}\boldsymbol{S}=0$$

上式是电流稳恒条件。对于非稳恒情况，一般 $\mathrm{d}q/\mathrm{d}t \neq 0$，故原来学过的安培环路定理不再成立，相应的安培环路定理需要修改。

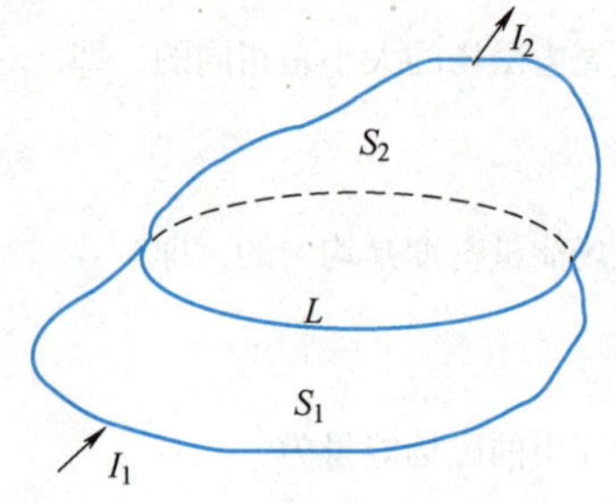

图 6.18　以 L 为边界的曲面 S_1 和 S_2

例如，图 6.19a、b 所示为平行板电容器充电和放电时的情况。我们注意到，由于电路中有电容器，所以不论是充电还是放电，在同一时刻通过电路中导体上任何截面的传导电流依然相等，但在电容器两极板之间传导电流 I 中断。也就是说，对于图 6.19a 中以闭合曲线 L 为边界的 S_1 和 S_2 两个曲面来说，电流 I 只穿过曲面 S_1 而不穿过曲面 S_2。通过由 S_1 和 S_2 构成的闭合曲面 S 的净电流 $I(t) \neq 0$，在稳恒情况下正确的安培环路定理，在非稳恒情况下失去了意义。

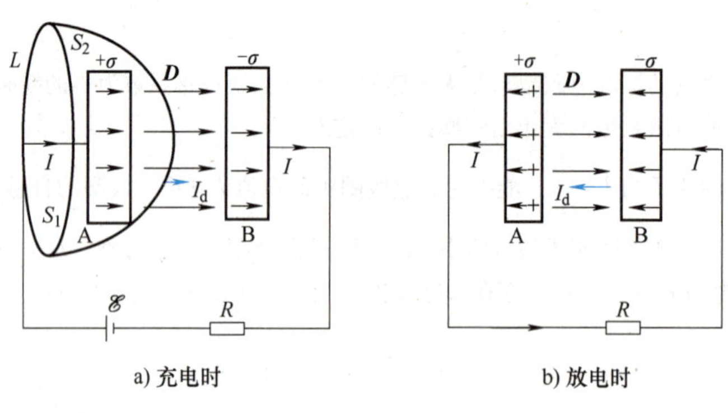

图 6.19　位移电流图示

为了解决电流的不连续问题，并在非稳恒电流产生的磁场中使安培环路定理也能成立，麦克斯韦提出了位移电流的概念。麦克斯韦设想：如果我们能在电容器的两板之间寻求到一个物理量，其大小和方向都等于电流 I，再假设这个物理量能如同电流一样激发磁场，那么电流就能借助于这个物理量而实现连续，这样，安培环路定理 $\oint_L \boldsymbol{H} \cdot \mathrm{d}\boldsymbol{l}=I$ 在非稳恒情况下仍然成立。

下面来寻求这个等于 I 的物理量。在前述问题中，电容器中虽无电流通过，但在充电和放电的过程中，电容器极板间的电场会随着极板上电量的变化而随时间变化。从电场变化的方向来看，在充电时（见图 6.19a），电场加强，电位移矢量随时间的变化率的方向向右与场的方向一致，也与导线中电流方向一致；当放电时（见图 6.19b），电场减小，电位移矢量随时间变化率的方向向左与场的方向相反，但仍与导线中电流方向一致。这提示我们，中断的电流是否可以由电场的变化率来接替？能否借助于变化的电场来实现电流的连续性。

考虑图 6. 19a 所示情况，我们把 S_1 和 S_2 组成一个闭合曲面 S。按电流的连续性（即电荷守恒定律），通过 S 面流出的电流应等于单位时间内 S 面内电量 q 的减少，即

$$\oint_S \boldsymbol{J} \cdot \mathrm{d}\boldsymbol{S} = -\frac{\mathrm{d}q}{\mathrm{d}t} \tag{6.18}$$

$\mathrm{d}\boldsymbol{S}$ 指向曲面外法线方向。麦克斯韦假设，静电场高斯定理对于变化电场依然成立：

$$\oint_S \boldsymbol{D} \cdot \mathrm{d}\boldsymbol{S} = q$$

将上式两边对时间求导得

$$\oint_S \frac{\partial \boldsymbol{D}}{\partial t} \cdot \mathrm{d}\boldsymbol{S} = \frac{\mathrm{d}q}{\mathrm{d}t}$$

再将其代入电流的连续性方程得

$$\oint_S \left(\boldsymbol{J} + \frac{\partial \boldsymbol{D}}{\partial t}\right) \cdot \mathrm{d}\boldsymbol{S} = 0$$

这个式子满足前面提出的“稳恒条件”，据此，麦克斯韦创造性地提出一个假说：变化的电场可以等效成一种电流，称为位移电流。并定义

$$\boldsymbol{J}_{\mathrm{d}} = \frac{\partial \boldsymbol{D}}{\partial t} \tag{6.19}$$

即电场中某点的位移电流密度等于该点电位移矢量随时间的变化率，而

$$I_{\mathrm{d}} = \int_S \boldsymbol{J}_{\mathrm{d}} \cdot \mathrm{d}\boldsymbol{S} \tag{6.20}$$

即通过电场中某截面的位移电流等于位移电流密度在该截面上的通量。

按位移电流的定义，流入闭合曲面 S 的电流（即通过图 6. 19a 中截面 S_1 的电流 I）等于流出闭合曲面的位移电流（即通过截面 S_2 的位移电流 I_{d}），我们看到，电流通过位移电流实现了连续。麦克斯韦进而假设，在磁效应方面位移电流与传导电流等效，即它们都按同一规律在周围空间激发磁场。其本质是变化电场也要产生磁场。

于是，他推广了电流的概念，将传导电流 I 和位移电流 I_{d} 的总和称为全电流，即

$$I_{全} = I + I_{\mathrm{d}} \tag{6.21}$$

对于任何回路，全电流是处处连续的。运用全电流的概念，可以自然地将安培环路定理推广到非稳恒磁场中去，从而解决了电容器充放电过程中电流的连续性问题。

引入了全电流的概念后，消除了非恒定电流磁场中安培环路定理失效的情况。一般情况下，空间可能同时存在着传导电流和位移电流，则安培环路定理为

$$\oint_L \boldsymbol{H} \cdot \mathrm{d}\boldsymbol{l} = I_{全} = I + I_{\mathrm{d}} = \int_S \left(\boldsymbol{J} + \frac{\partial \boldsymbol{D}}{\partial t}\right) \cdot \mathrm{d}\boldsymbol{S} \tag{6.22}$$

式（6. 22）为全电流定律，是安培环路定理向非稳恒情况的推广形式，它是电荷守恒定律和位移电流假设相结合的结果。

这说明变化的电场可以在空间激发涡旋状的磁场，并且 $\boldsymbol{H}$ 和回路中的电位移矢量的变化率 $\frac{\partial \boldsymbol{D}}{\partial t}$ 形成右旋关系。如果右手螺旋沿着 $\boldsymbol{H}$ 线绕行方向转动，那么，螺旋前进的方向就是 $\frac{\partial \boldsymbol{D}}{\partial t}$ 的方向，如图 6. 20 所示。

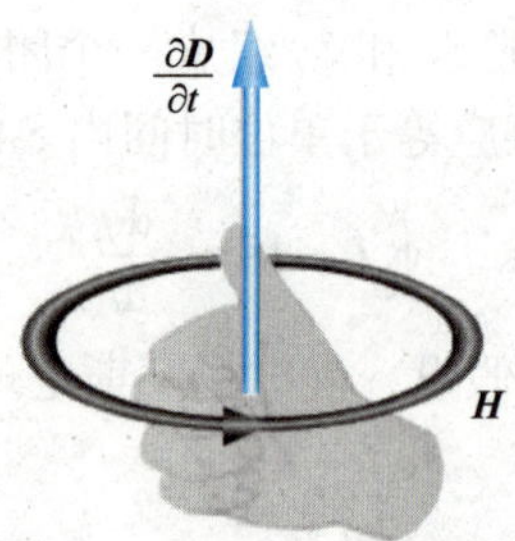

图 6.20　变化电场与磁场方向

由此可见，位移电流的引入，深刻地揭示了变化电场和磁场的内在联系。麦克斯韦对电磁场的重大贡献的核心是位移电流假说。

例 6.11　一平行板电容器的两极板都是半径为 5.0cm 的圆导体片，两边的圆导体片中心连接两根长直导线给电容器充电，如图 6.21 所示。在充电时，板间电场强度的变化率$\frac{\mathrm{d}E}{\mathrm{d}t}=1.0\times10^{12}\mathrm{V\cdot m^{-1}\cdot s^{-1}}$，略去边缘效应，求：(1) 两极板间的位移电流；(2) 距两板中心连线为 $r(r<R)$ 处的磁感应强度。

解　(1) 两极板间的位移电流为

$$I_{\mathrm{d}}=\frac{\mathrm{d}\Phi_{\mathrm{e}}}{\mathrm{d}t}=S\frac{\mathrm{d}D}{\mathrm{d}t}=\pi R^2\varepsilon_0\frac{\mathrm{d}E}{\mathrm{d}t}=7.0\times10^{-12}\mathrm{A}$$

(2) 由于位移电流相当于轴对称分布的电流，因此所产生的磁场也具有轴对称分布，即圆周上各点 H 的量值相等，其方向沿圆周切线方向，与位移电流成右旋系。故以两板圆心连线为轴，取半径为 r 的积分回路。根据安培环路定理有

$$\oint_L \boldsymbol{H}\cdot\mathrm{d}\boldsymbol{l}=\int_S\frac{\mathrm{d}\boldsymbol{D}}{\mathrm{d}t}\cdot\mathrm{d}\boldsymbol{S}$$

$$\frac{B}{\mu_0}\cdot2\pi r=\varepsilon_0\frac{\mathrm{d}E}{\mathrm{d}t}\pi r^2$$

$$B=\frac{1}{2}\varepsilon_0\mu_0 r\frac{\mathrm{d}E}{\mathrm{d}t}$$

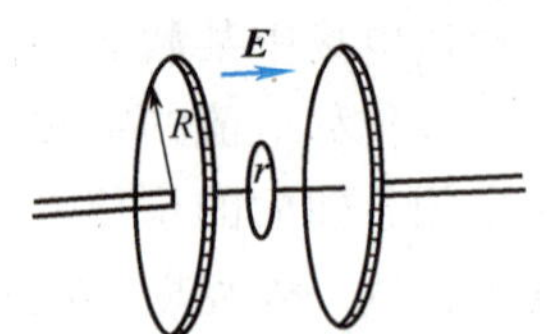

图 6.21　例 6.11 图

需要说明的是，虽然在上述计算中只用到了极板间的位移电流，然而它是导线中传导电流的延续，板外导线中的传导电流和两个极板间的位移电流构成连续的全电流，所以所求的磁感应强度 $\boldsymbol{B}$ 是位移电流和传导电流共同激发的总磁场。

思考题

6.4.1　位移电流是由什么产生的？位移电流密度是怎么定义的？它是标量还是矢量？

6.4.2　传导电流和位移电流有什么相同点和不同点？

6.4.3　变化电场所产生的磁场是否一定随时间变化？反之，变化磁场所产生的电场是否一定随时间变化？

6.4.4　一电容器接在振荡电路中，在其两极板之间放入一矩形的闭合线圈，线圈的面积与电容器的极板面积相等，并且位于两极板的中央并与之平行，如思考题 6.4.4 图所示。问：

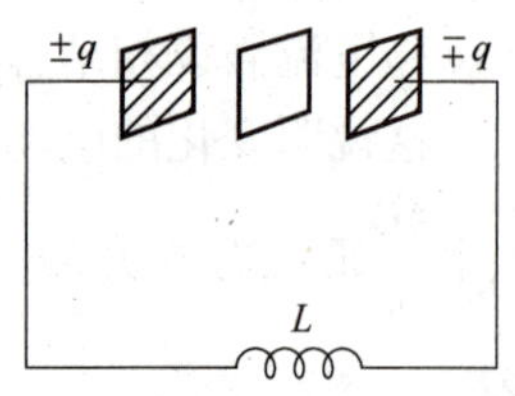

思考题 6.4.4 图

(1) 在线圈边缘放一小磁针，使小磁针与线圈平面垂直，磁针是否会转动？设磁针的转动惯量可忽略。

（2）线圈中有没有感应电流？

（3）如果把线圈平面转过 90°，使其平面与纸面平行，并位于两极板中央，此时有没有感应电流？

6.5　麦克斯韦方程组

麦克斯韦对电磁学的实验定律进行了多年研究，除提出感生电场概念外，又提出了位移电流的概念，于 1865 年建立了完整的电磁场理论——麦克斯韦方程组，并进一步指出电磁场能以波的形式传播，而且预言光是一定频率范围内的电磁波。

回顾前面所讨论的静电场和稳恒电流的磁场，有如下四个基本方程，即

$$\oint_S \boldsymbol{D}\cdot \mathrm{d}\boldsymbol{S}=q \tag{6.23}$$

$$\oint_L \boldsymbol{E}\cdot \mathrm{d}\boldsymbol{l}=0 \tag{6.24}$$

$$\oint_S \boldsymbol{B}\cdot \mathrm{d}\boldsymbol{S}=0 \tag{6.25}$$

$$\oint_L \boldsymbol{H}\cdot \mathrm{d}\boldsymbol{l}=\int_S \boldsymbol{J}\cdot \mathrm{d}\boldsymbol{S}=I \tag{6.26}$$

其中，式（6.23）和式（6.24）反映了静电场是有源场和保守力场；式（6.25）和式（6.26）反映了稳恒磁场是无源场和非保守力场。对于各向同性均匀介质，$\boldsymbol{D}$ 和 $\boldsymbol{E}$ 满足 $\boldsymbol{D}=\varepsilon\boldsymbol{E}$，$\boldsymbol{B}$ 和 $\boldsymbol{H}$ 满足 $\boldsymbol{B}=\mu\boldsymbol{H}$。

麦克斯韦提出“涡旋电场”和“位移电流”的基本假设，并在总结了电场和磁场之间互相依存的规律后，对静电场和稳恒磁场的方程进行了修改，归纳总结出描述统一电磁场的方程组，即

$$\begin{cases}\oint_S \boldsymbol{D}\cdot \mathrm{d}\boldsymbol{S}=q\\ \oint_L \boldsymbol{E}\cdot \mathrm{d}\boldsymbol{l}=-\int_S \dfrac{\partial \boldsymbol{B}}{\partial t}\cdot \mathrm{d}\boldsymbol{S}\\ \oint_S \boldsymbol{B}\cdot \mathrm{d}\boldsymbol{S}=0\\ \oint_L \boldsymbol{H}\cdot \mathrm{d}\boldsymbol{l}=\int_S\left(\boldsymbol{J}+\dfrac{\partial \boldsymbol{D}}{\partial t}\right)\cdot \mathrm{d}\boldsymbol{S}\end{cases} \tag{6.27}$$

这四个方程称为麦克斯韦方程组的积分形式。式中的电场量 $\boldsymbol{D}$、$\boldsymbol{E}$ 为电荷激发的电场和涡旋电场的总电场，磁场量 $\boldsymbol{B}$、$\boldsymbol{H}$ 为传导电流和位移电流激发的总磁场。从方程组我们可以看到，在电磁场中的电场和磁场是相互联系、不可分割的。

在麦克斯韦方程组中，描述电场和磁场的物理量为 $\boldsymbol{D}$、$\boldsymbol{E}$、$\boldsymbol{B}$、$\boldsymbol{H}$，一般说来，它们既是空间位置坐标的函数，又是时间的函数。特殊情况下，若它们不随时间变化，即 $\dfrac{\partial \boldsymbol{B}}{\partial t}=\boldsymbol{0}$，$\dfrac{\partial \boldsymbol{D}}{\partial t}=\boldsymbol{0}$，则麦克斯韦方程组就是静电场和稳恒磁场的基本方程。

从麦克斯韦方程组出发，通过数学运算，可以推测出电磁场的各种性质。在已知电荷和电流分布的条件下，由这组方程可唯一确定电磁场的分布，在给出初始条件后还可推断出电

磁场以后的变化情况。

电磁场的所有特性都可以由上述四个方程来确定。由高斯定理和斯托克斯定理可以求出其对应的微分形式是

$$\begin{cases}\nabla\cdot\boldsymbol{D}=\rho\\ \nabla\times\boldsymbol{E}=-\dfrac{\partial\boldsymbol{B}}{\partial t}\\ \nabla\cdot\boldsymbol{B}=0\\ \nabla\times\boldsymbol{H}=\boldsymbol{J}+\dfrac{\partial\boldsymbol{D}}{\partial t}\end{cases}\tag{6.28}$$

在有介质存在时，$\boldsymbol{E}$、$\boldsymbol{B}$ 都和介质的性质有关，要完整地说明宏观电磁现象，除了上述四个方程外，还要加上下面三个关系式，即

$$\begin{cases}\boldsymbol{D}=\varepsilon\boldsymbol{E}\\ \boldsymbol{B}=\mu\boldsymbol{H}\\ \boldsymbol{J}=\sigma\boldsymbol{E}\end{cases}\tag{6.29}$$

式（6.29）是对各向同性均匀电介质而言。其中第一个和第二个式子是电位移矢量和磁场强度的定义式，第三个式子是欧姆定律的微分形式。如果再加上电磁力的基本规律 $\boldsymbol{F}=q\boldsymbol{E}+q\boldsymbol{v}\times\boldsymbol{B}$，则麦克斯韦的电磁场理论就已经成为一个非常完备的理论体系。

从麦克斯韦方程组可以看出，在相对稳定的情况下，即只存在电荷和稳恒电流时，麦克斯韦方程组表现为静电场和稳恒磁场所遵从的规律。这时，电场和磁场都是静态的，它们之间没有联系。而在运动的情况下，即当电荷在运动，电流也在变化时，麦克斯韦方程组描述了变化着的电场和磁场之间的紧密关系。变化的电场要激发一个有旋磁场，变化的磁场又会激发一个有旋电场，电场和磁场就以这种互激的形式在同一空间相互依存并形成一个统一的电磁场整体，这就是麦克斯韦关于电磁场理论的基本概念。可以证明，电磁场一旦产生，即使场源电荷及电流不存在了，这种互激依然可以随着时间的流逝而在空间无限地延伸。在距离电荷和电流很远的空间，电磁场最终是以波动的形式在传播着，这就是电磁波。电磁波的波速，经麦克斯韦计算正好等于光速，于是麦克斯韦断言，光也是一种电磁波。光和电磁场在麦克斯韦理论中的统一，使得经典电磁学的发展到达顶峰，成为麦克斯韦最辉煌的成就。自此，电磁学已成为一门可与牛顿力学并立的完备的科学理论。

麦克斯韦方程组是对整个电磁场理论的总结，麦克斯韦方程组是宏观电磁场理论的基础，对许多工程实践都具有重要的指导作用，成为现代电工学、无线电电子学等学科不可缺少的理论基础。它形式上简洁优美，全面反映了电磁场的基本性质和规律。麦克斯韦电磁理论的建立是 19 世纪物理学史上的又一个重要里程碑。正如爱因斯坦在一次纪念麦克斯韦诞辰时所说：“这是自牛顿以来物理学上所经历的最深刻和最有成果的一次变革。”

思考题

6.5.1　一个做匀速运动的点电荷，能在空间产生哪些场？

6.5.2　麦克斯韦方程组的 4 个方程是相互独立的吗？试简要解释。

6.5.3　为什么说麦克斯韦方程组的积分形式和微分形式是等效的？为什么要写成两种形式？

本章知识网络图

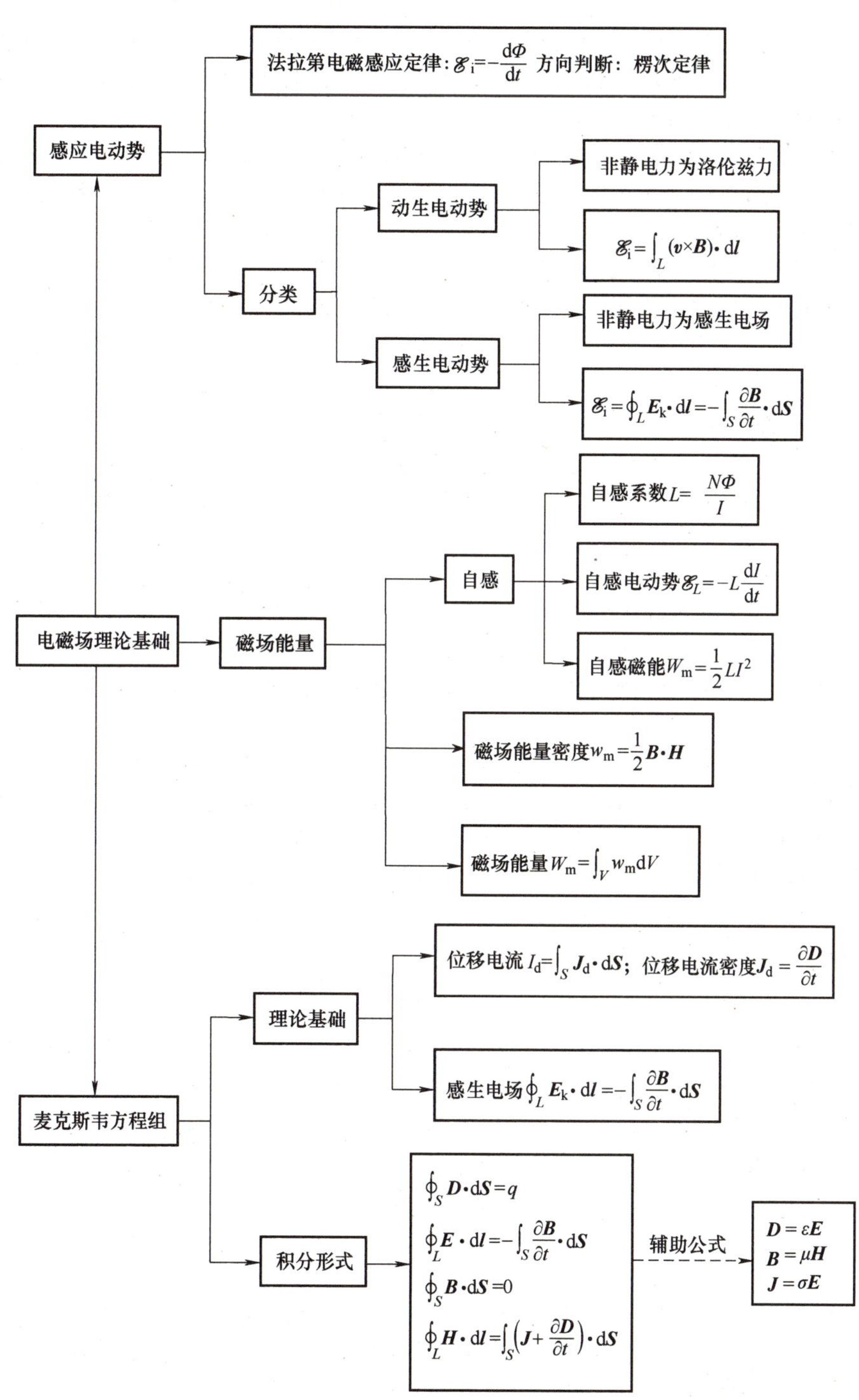

法拉第电磁感应定律：$\mathscr{E}_i=-\frac{d\Phi}{dt}$ 方向判断：楞次定律
感应电动势
非静电力为洛伦兹力
动生电动势
$\mathscr{E}_i=\int_L(\boldsymbol{v}\times\boldsymbol{B})\cdot d\boldsymbol{l}$
分类
非静电力为感生电场
感生电动势
$\mathscr{E}_i=\oint_L \boldsymbol{E}_k\cdot d\boldsymbol{l}=-\int_S\frac{\partial \boldsymbol{B}}{\partial t}\cdot d\boldsymbol{S}$
自感系数$L=\frac{N\Phi}{I}$
自感
自感电动势$\mathscr{E}_L=-L\frac{dI}{dt}$
电磁场理论基础
磁场能量
自感磁能$W_m=\frac{1}{2}LI^2$
磁场能量密度$w_m=\frac{1}{2}\boldsymbol{B}\cdot\boldsymbol{H}$
磁场能量$W_m=\int_V w_m dV$
位移电流 $I_d=\int_S \boldsymbol{J}_d\cdot d\boldsymbol{S}$；位移电流密度$\boldsymbol{J}_d=\frac{\partial \boldsymbol{D}}{\partial t}$
理论基础
感生电场$\oint_L \boldsymbol{E}_k\cdot d\boldsymbol{l}=-\int_S\frac{\partial \boldsymbol{B}}{\partial t}\cdot d\boldsymbol{S}$
麦克斯韦方程组
$\oint_S \boldsymbol{D}\cdot d\boldsymbol{S}=q$
$\oint_L \boldsymbol{E}\cdot d\boldsymbol{l}=-\int_S\frac{\partial \boldsymbol{B}}{\partial t}\cdot d\boldsymbol{S}$
积分形式
$\oint_S \boldsymbol{B}\cdot d\boldsymbol{S}=0$
$\oint_L \boldsymbol{H}\cdot d\boldsymbol{l}=\int_S\left(\boldsymbol{J}+\frac{\partial \boldsymbol{D}}{\partial t}\right)\cdot d\boldsymbol{S}$
辅助公式
$\boldsymbol{D}=\varepsilon\boldsymbol{E}$
$\boldsymbol{B}=\mu\boldsymbol{H}$
$\boldsymbol{J}=\sigma\boldsymbol{E}$

习　题

6.1　题 6.1 图为用冲击电流计测量磁极间磁场的装置。小线圈与冲击电流计相接，线圈面积为 A，匝数为 N，电阻为 R，其法向 $\boldsymbol{n}$ 与该处磁场方向相同，将小线圈迅速取出磁场时，冲击电流计测得感应电量为 q，试求小线圈所在位置的磁感应强度。

6.2　如题 6.2 图所示，金属圆环半径为 R，位于磁感应强度为 $\boldsymbol{B}$ 的均匀磁场中，圆环平面与磁场方向垂直。当圆环以恒定速度 $\boldsymbol{v}$ 在环所在平面内运动时，求：(1) 环中的感应电动势；(2) 环上位于与运动方向垂直的直径两端 a、b 间的电势差。

6.3　电流为 I 的无限长直导线旁有一弧形导线，圆心角为 120°，几何尺寸及位置如题 6.3 图所示。求当圆弧形导线以速度 $\boldsymbol{v}$ 平行于长直导线方向运动时，弧形导线中的动生电动势。

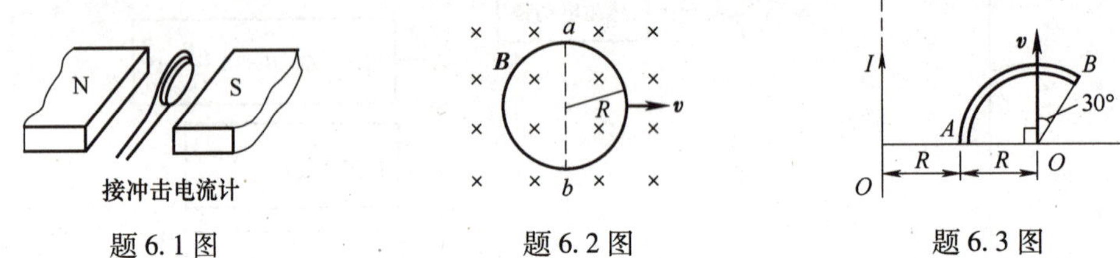

题 6.1 图　　题 6.2 图　　题 6.3 图

6.4　长为 L、质量为 m 的均匀金属细棒，以棒端 O 为中心在水平面内旋转，棒的另一端在半径为 L 的金属环上滑动，棒端 O 和金属环之间接一电阻 R，整个环面处于均匀磁场 $\boldsymbol{B}$ 中，$\boldsymbol{B}$ 的方向垂直纸面向外，如题 6.4 图所示。设 $t=0$ 时，初角速度为 ω_0，忽略摩擦力及金属棒、导线和圆环的电阻。求：(1) 当角速度为 ω 时金属棒内的动生电动势的大小；(2) 棒的角速度随时间变化的表达式。

6.5　如题 6.5 图所示，一内、外半径分别为 R_1、R_2 的带电平面圆环，电荷面密度为 σ，其中心有一半径为 r 的导体小环（$r \ll R_1$）两者同心共面如图，设带电圆环以变角速度 $\omega=\omega(t)$ 绕垂直于环面的中心轴旋转，导体小环中的感应电流 i 为多少？方向如何（已知小环电阻为 R'）。

6.6　法拉第圆盘发电机是一个在磁场中转动的导体圆盘。设圆盘的半径为 R，其轴线与均匀外磁场 $\boldsymbol{B}$ 平行，圆盘以角速度 ω 绕轴线转动，如题 6.6 图所示。(1) 求盘边与盘心间的电位差 U；(2) 当 $R=15\text{cm}$，$B=0.60\text{T}$，转速为 $30\text{r}\cdot\text{s}^{-1}$ 时，U 等于多少？

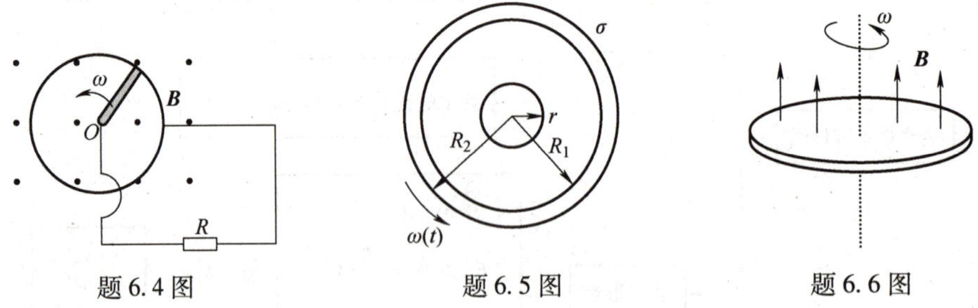

题 6.4 图　　题 6.5 图　　题 6.6 图

6.7　如题 6.7 图所示，金属导线 ABC 弯成直角处于磁感应强度为 $\boldsymbol{B}$ 的匀强磁场中，磁场方向垂直于线圈平面向里，$AB=2L$，$BC=L$，导线 ABC 在自身所在平面内绕 A 点在磁场中以角速度 ω 匀速转动，求导线 ABC 产生的感应电动势的大小。

6.8　如题 6.8 图所示，两相互平行无限长的直导线载有大小相等方向相反的电流，长度为 b 的金属杆 CD 与两导线共面且垂直，相对位置如图。CD 杆以速度 $\boldsymbol{v}$ 平行直线电流运动，求 CD 杆中的感应电动势，并判断 C、D 两端哪端电势高？

6.9 在题 6.9 图示的电路中，导线 AC 在固定导线上向右平移，设 $\overline{AC}=5\text{cm}$，均匀磁场随时间的变化率 $\mathrm{d}B/\mathrm{d}t=-0.1\text{T}\cdot\text{s}^{-1}$，某一时刻导线 AC 速度 $v_0=2\text{m}\cdot\text{s}^{-1}$，$B=0.5\text{T}$，$x=10\text{cm}$，求：(1) 这时动生电动势的大小为多少？(2) 这时总感应电动势的大小为多少？(3) 以后动生电动势的大小随着 AC 的运动如何变化。

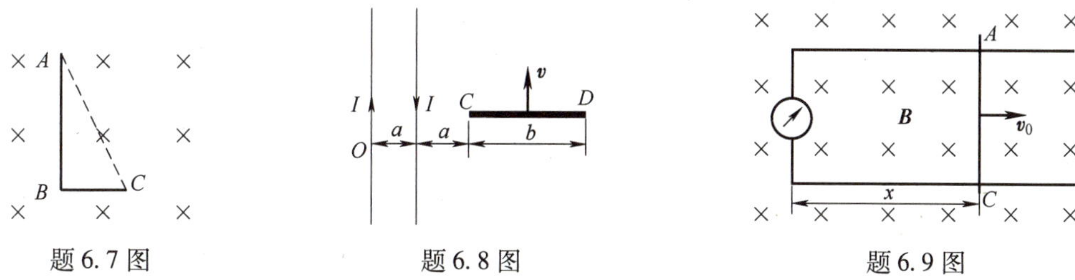

题 6.7 图　　题 6.8 图　　题 6.9 图

6.10 如题 6.10 图所示，在与均匀磁场垂直的平面内有一折成 α 角的 V 型导线框，其 MN 边可以自由滑动，并保持与其他两边接触。今使 $MN\perp ON$，当 $t=0$ 时，MN 由 O 点出发，以匀速 $\boldsymbol{v}_0$ 平行于 ON 滑动。已知磁场随时间的变化规律为 $B(t)=t^2/2$，求线框中的感应电动势与时间的关系。

6.11 载流长直导线与矩形回路 $ABCD$ 共面，且导线平行于 AB，如题 6.11 图所示，求下列情况下 $ABCD$ 中的感应电动势：(1) 长直导线中电流恒定，$ABCD$ 以垂直于导线的速度 $\boldsymbol{v}$ 从图示初始位置远离导线平移到任一位置时；(2) 长直导线中电流 $I=I_0\sin\omega t$，$ABCD$ 不动；(3) 长直导线中电流 $I=I_0\sin\omega t$，$ABCD$ 以垂直于导线的速度 $\boldsymbol{v}$ 远离导线运动，设初始位置也如题 6.11 图所示。

6.12 长直载流导线旁放一导体导轨。三者共面，A、B 端间接一电阻 R，如题 6.12 图所示。导轨上置一可在其上自由滑动的导体 CD，导轨与导体 CD 的电阻不计，CD 导体以 $\boldsymbol{v}$ 沿导轨匀速滑动，求：(1) 当 $BC=x$ 时，电流 I 的磁场穿过 $ABCD$ 回路的磁通量 Φ_m；(2) 此回路中的感应电流 I_i，方向如何？(3) CD 段受 I 的磁场的作用力。

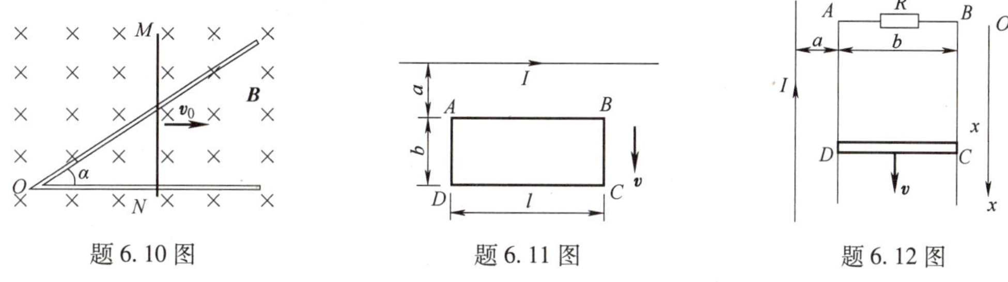

题 6.10 图　　题 6.11 图　　题 6.12 图

6.13 两根平行导线，横截面的半径都是 a，中心相距为 d，载有大小相等方向相反的电流，如题 6.13 图所示。设 $d\gg a$，且两导线内部的磁通量都可以略去不计。证明这样一对导线长为 l 的一段自感为 $L=\dfrac{\mu_0 l}{\pi}\ln\dfrac{d}{a}$。

6.14 两根长直导线平行放置，导线本身的半径为 a，两根导线间距离为 $b(b\gg a)$，两根导线中分别保持通有大小均为 I 但方向相反的电流。(1) 求这两导线单位长度的自感系数（忽略导线内的磁通）；(2) 若将导线间距离由 b 增到 $2b$，求磁场对单位长度导线做的功；(3) 导线间的距离由 b 增到 $2b$，则导线方向上单位长度的磁能改变了多少？是增加还是减少？说明能量的转换情况。

6.15 真空中两条相距 $2a$ 的平行长直导线，通以方向相同大小相等的电流 I，O、P 两点与两导线在同一平面内，与导线的距离如题 6.15 图所示，求：(1) O 点的磁场能量密度；(2) P 点的磁场能量密度。

6.16 平行板电容器的电容 C 为 $20\mu\text{F}$，两板上的电压变化率为 $\mathrm{d}U/\mathrm{d}t=1.50\times10^5\text{V}\cdot\text{s}^{-1}$，求该平行板电容器中的位移电流为多少？

6.17 在自感系数 $L=0.05\text{mH}$ 的线圈中，流过 $I=0.8\text{A}$ 的电流。在切断电路后经过 $t=100\mu\text{s}$ 的时间，电流强度近似变为零，求回路中产生的平均自感电动势。

6.18 题 6.18 图 a 为一量值随时间减小、方向垂直纸面向内的变化电场，均匀分布在圆柱形区域内，试在题 6.18 图 b 中画出：(1) 位移电流的大致分布和方向；(2) 磁场的大致分布和方向。

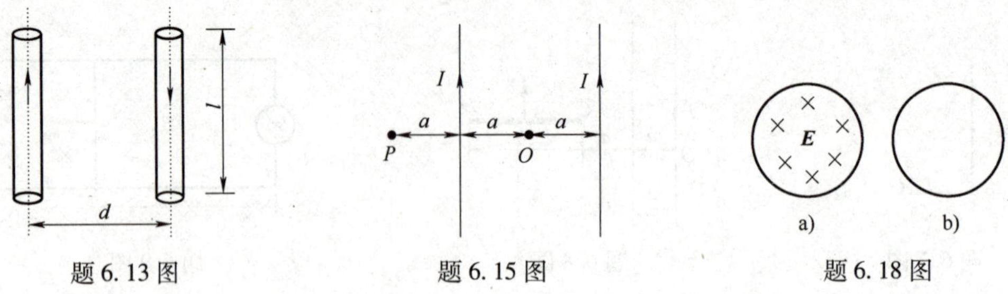

题 6.13 图　　题 6.15 图　　题 6.18 图

6.19 试证平行板电容器与球形电容器两极板间的位移电流均为 $I_d=C\dfrac{dU}{dt}$，其中 C 为电容器的电容，U 为两极板的电势差。

6.20 给电容为 C 的平行板电容器充电，电流为 $I=0.2e^{-t}(\text{SI})$，$t=0$ 时电容器极板上无电荷。求：(1) 极板间电压 U 随时间 t 而变化的关系；(2) t 时刻极板间总的位移电流 I_d（忽略边缘效应）。

6.21 一球形电容器，内导体半径为 R_1，外导体半径为 R_2，两球间真空。在电容器上加电压，内球对外球的电压为 $U=U_0\sin\omega t$。假设 ω 不太大，以致电容器电场分布与静态场情形近似相同，求两球间各处的位移电流密度，再计算通过半径为 $r(R_1<r<R_2)$ 的球面的总位移电流。

第 6 章习题答案

第 6 章习题详解

第 7 章　电　磁　波

我不相信一个人只由理论就可以知道实际。

——赫兹

1864 年，英国物理学家詹姆斯·克拉克·麦克斯韦（James Clerk Maxwell，1831—1879）在建立统一的电磁场理论时，提出了两个全新的概念：一是变化的电场在它周围空间产生磁场，并把这种变化电场中电位移通量对时间变化率命名为位移电流，从而引入了全电流的概念；二是变化的磁场在它周围空间产生一种与静电场性质不同的涡旋电场，即感生电场。这样，变化的电场（或磁场）在它周围空间产生变化的磁场（或电场），变化的电场和磁场交替地相互激发，并越来越广地向空间传播，这种不可分割的电场和磁场整体，叫电磁场。变化的电磁场以波动的形式运动，称为电磁波。它的传播速度在真空中等于光速 c，表明光也是一种电磁波。麦克斯韦的这些预言，在 1888 年由德国物理学家海因里希·鲁道夫·赫兹（Heinrich Rudolf Hertz，1857—1894）通过电火花实验得到了证实，宣告电磁理论作为一门完整学科被最终确立。麦克斯韦对电磁波的神奇预言为电磁学和其他领域的研究打下了基础，对电磁学、电子学、通信技术、天文学等领域都有着重要的影响。电磁波的诞生，点燃了人类文明的火花，从此，电磁波应用新技术（无线电通信、广播、电视、雷达、传真、遥测、遥感等）如雨后春笋般诞生，通信技术服务人类与社会由此起步，大大促进了人类文明的发展。

本章从麦克斯韦方程组出发，利用波动的概念来研究电磁波，揭示电磁场的波动特征，进而讨论电磁波的基本特征和规律。

通过本章学习，了解电磁波的理论基础，掌握平面电磁波的性质；理解坡印亭矢量的物理意义，了解振荡偶极子发射电磁波的特征。

7.1　电磁波及其性质

7.1.1　电磁波的预言

麦克斯韦的电磁场理论表明：只要存在变化的磁场，即 $\partial B/\partial t$，就会激发涡旋电场；而所激发的涡旋电场一般说来也是随时间变化的，即 $\partial D/\partial t$ 不等于零，因而它又反过来激发变化的涡旋磁场。如图 7.1 所示，可见变化的电场和变化的磁场是相互激发的。

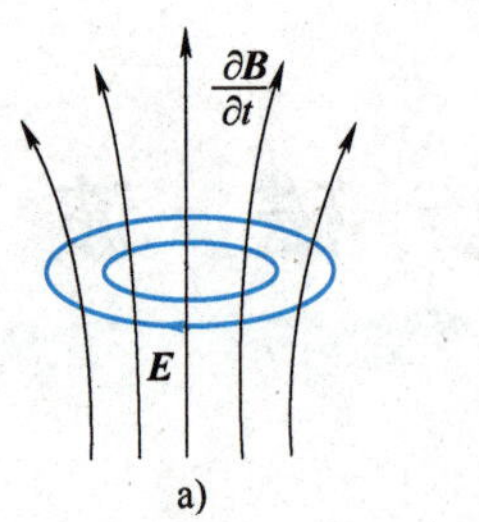

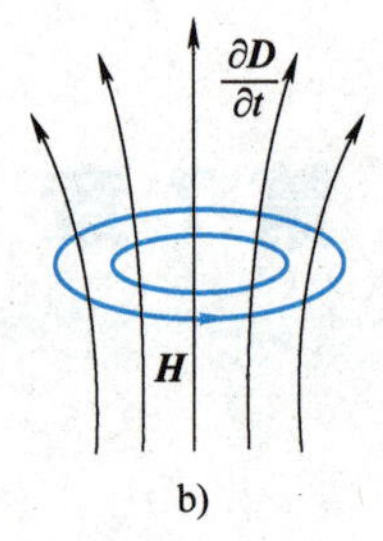

图 7.1　电场与磁场的相互激发

设想在空间某处有一个电磁振源，在这里有交变的电流或电场，它在自己周围激发涡旋磁场。由于这个磁场也是交变的，于是它又在自己周围激发涡旋电场。交变的涡旋电场和涡旋磁场相互激发，闭合的电场线和磁场线就像链条的环节一样一个个地套连下去，在空间传播开来，如图 7.2 所示。这种变化的电磁场以有限的速度在空间传播出去，形成电磁波。

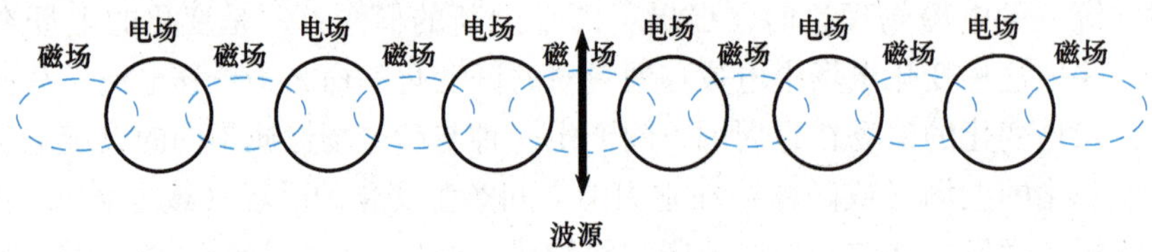

图 7.2　交变的电磁场形成电磁波

已发射出去的电磁波，即使在激发它的波源消失之后，仍然继续存在并向空间传播。电磁波可以脱离电荷和电流而单独存在，并在一般情况下以波的形式运动。同时，电磁波的传播不需要介质，即在真空中，通过交变电场和交变磁场的互相激发就可以使电磁波在空间传播开来，这与机械波完全不同。

7.1.2　自由空间中平面电磁波的波动方程

在自由空间中，既没有自由电荷，也没有传导电流和孤立的导体，电场和磁场互相激发，电磁场的运动规律可以用齐次的麦克斯韦方程组微分形式来描述。本节从麦克斯韦方程组出发，推导电场强度 $\boldsymbol{E}$ 和磁感应强度 $\boldsymbol{B}$ 所满足的微分方程，进而证明麦克斯韦关于电磁波的预言。按照激发和传播条件的不同，电磁波的电场强度 $\boldsymbol{E}$ 和磁感应强度 $\boldsymbol{B}$ 有各种不同的形式，为了简单，这里讨论一种最简单、最基本的电磁波即平面电磁波。为此，我们先假设在线性各向同性无限大的均匀介质中，电场强度 $\boldsymbol{E}$ 和磁感应强度 $\boldsymbol{B}$ 沿着 x 方向传播。设

$$\boldsymbol{E}=E_x(x,t)\boldsymbol{i}+E_y(x,t)\boldsymbol{j}+E_z(x,t)\boldsymbol{k}$$
$$\boldsymbol{B}=B_x(x,t)\boldsymbol{i}+B_y(x,t)\boldsymbol{j}+B_z(x,t)\boldsymbol{k}$$

则

$$\nabla\times\boldsymbol{E}=\frac{\partial}{\partial x}\boldsymbol{i}\times\boldsymbol{E}=\frac{\partial}{\partial x}\boldsymbol{i}\times(E_x\boldsymbol{i}+E_y\boldsymbol{j}+E_z\boldsymbol{k})=\frac{\partial E_y}{\partial x}\boldsymbol{k}-\frac{\partial E_z}{\partial x}\boldsymbol{j}$$

因为

$$\nabla\times\boldsymbol{E}=-\frac{\partial \boldsymbol{B}}{\partial t}=-\frac{\partial B_x}{\partial t}\boldsymbol{i}-\frac{\partial B_y}{\partial t}\boldsymbol{j}-\frac{\partial B_z}{\partial t}\boldsymbol{k}$$

所以，可得

$$\frac{\partial E_y}{\partial x}=-\frac{\partial B_z}{\partial t} \tag{7.1}$$

$$\frac{\partial E_z}{\partial x}=\frac{\partial B_y}{\partial t} \tag{7.2}$$

$$\frac{\partial B_x}{\partial t}=0 \tag{7.3}$$

同理

$$\nabla\times\boldsymbol{H}=\frac{1}{\mu}\nabla\times\boldsymbol{B}=\frac{1}{\mu}\frac{\partial B_y}{\partial x}\boldsymbol{k}-\frac{1}{\mu}\frac{\partial B_z}{\partial x}\boldsymbol{j}$$

又由于

$$\nabla\times\boldsymbol{H}=\frac{\partial\boldsymbol{D}}{\partial t}=\varepsilon\frac{\partial\boldsymbol{E}}{\partial t}=\varepsilon\left(\frac{\partial E_x}{\partial t}\boldsymbol{i}+\frac{\partial E_y}{\partial t}\boldsymbol{j}+\frac{\partial E_z}{\partial t}\boldsymbol{k}\right)$$

可得

$$\frac{\partial B_z}{\partial x}=-\varepsilon\mu\frac{\partial E_y}{\partial t} \tag{7.4}$$

$$\frac{\partial B_y}{\partial x}=\varepsilon\mu\frac{\partial E_z}{\partial t} \tag{7.5}$$

$$\frac{\partial E_x}{\partial t}=0 \tag{7.6}$$

由式（7.3）和式（7.6）可知，B_x 和 E_x 不随时间变化，将式（7.1）对 x 求导、式（7.4）对 t 求导，联立可得

$$\frac{\partial^2 E_y}{\partial x^2}=\varepsilon\mu\frac{\partial^2 E_y}{\partial t^2} \tag{7.7a}$$

这是 E_y 的波动方程，同样可以得到 E_z 的波动方程为

$$\frac{\partial^2 E_z}{\partial x^2}=\varepsilon\mu\frac{\partial^2 E_z}{\partial t^2} \tag{7.7b}$$

将式（7.1）对 t 求导和式（7.4）度 x 求导，联立可得

$$\frac{\partial^2 B_z}{\partial x^2}=\varepsilon\mu\frac{\partial^2 B_z}{\partial t^2} \tag{7.8a}$$

这是 B_z 的波动方程，同样可以得到 B_y 的波动方程为

$$\frac{\partial^2 B_y}{\partial x^2}=\varepsilon\mu\frac{\partial^2 B_y}{\partial t^2} \tag{7.8b}$$

把上面的结论，即式（7.7）和式（7.8），与前面学习过的沿 x 轴方向传播的机械波满足的波动微分方程

$$\frac{\partial^2 y}{\partial x^2}=\frac{1}{u^2}\frac{\partial^2 y}{\partial t^2} \tag{7.9}$$

相比较可知，相互激发的电磁场在空间是以波动的形态出现的。式（7.7a）和式（7.8a），

或者式（7.7b）和式（7.8b），是电磁波满足的波动微分方程。进一步比较可得到电磁波的传播速度

$$u=\frac{1}{\sqrt{\varepsilon\mu}} \tag{7.10}$$

式（7.10）为电磁波在线性各向同性均匀介质中的传播速度。在真空中有

$$c=1/\sqrt{\varepsilon_0\mu_0}$$

将 $\varepsilon_0=8.9\times10^{-12}\text{F}\cdot\text{m}^{-1}$、$\mu_0=4\pi\times10^{-7}\text{H}\cdot\text{m}^{-1}$代入上式可得

$$c\approx3\times10^{8}\text{m}\cdot\text{s}^{-1}$$

可见电磁波在真空中传播的速度等于光速。麦克斯韦由此预言了电磁波的存在，且其波速等于光速，所以光波也是电磁波。由上可知：在介质中电磁波的速度 u 是在真空中速度 c 的 $1/\sqrt{\varepsilon_r\mu_r}$ 倍，即

$$u=\frac{c}{\sqrt{\varepsilon_r\mu_r}} \tag{7.11}$$

式中，ε_r 为介质的相对介电常数；μ_r 为相对磁导率。

当光在透明介质里传播时，光的折射率 n 是光在真空中的传播速度 c 与光在该介质中的传播速度 u 之比，即

$$n=\frac{c}{u} \tag{7.12}$$

由式（7.12）可得透明介质的折射率为

$$n=\sqrt{\varepsilon_r\mu_r} \tag{7.13}$$

对于非铁磁性介质，$n\approx\sqrt{\varepsilon_r}$。

7.1.3 平面电磁波的性质

按照激发和传播条件的不同，电磁波的场强 $\boldsymbol{E}(\boldsymbol{r})$ 有各种不同的形式，为了简单，这里讨论一种最基本的情况，即前面介绍的自由空间中的平面电磁波。

由微分方程的理论及物理的边值条件解微分方程，即式（7.7a）与式（7.8a），可求出沿 x 轴正方向传播的平面电磁波的波函数解分别为

$$E_y=E_0\cos\omega\left(t-\frac{x}{u}\right) \tag{7.14}$$

$$H_z=H_0\cos\omega\left(t-\frac{x}{u}\right) \tag{7.15}$$

式（7.14）与式（7.15）称为平面电磁波的波函数。

平面电磁波具有如下性质：

1）电场强度矢量 $\boldsymbol{E}$ 与磁场强度矢量 $\boldsymbol{H}$ 都垂直于波的传播方向（x 轴），在任何时刻、任何地点，$\boldsymbol{E}$、$\boldsymbol{H}$ 和波的传播方向构成一右旋的直角坐标关系，如图 7.3 所示。根据矢量的矢积概念，$\boldsymbol{E}\times\boldsymbol{H}$ 的方向总是沿着波的传播方向，所以电磁波是横波。

2）由式（7.14）和式（7.15）可知，$\boldsymbol{E}$ 和 $\boldsymbol{H}$ 都做简谐变化，两者的相位相同，同时达到最大值，同时达到最小值。

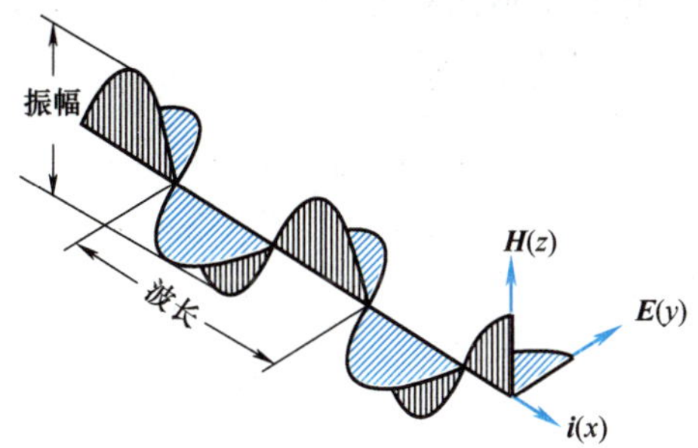

图 7.3 **E**、**H**、**i** 的方向关系

在任何时刻、任何地点，电场强度矢量 **E** 与磁场强度矢量 **H** 在量值上有如下关系：

$$\sqrt{\mu}H=\sqrt{\varepsilon}E \tag{7.16}$$

在真空中满足

$$\sqrt{\varepsilon_0}E=\sqrt{\mu_0}H \tag{7.17}$$

式（7.16）和式（7.17）也可以写成

$$E=cB,\quad E_0=cB_0 \tag{7.18}$$

3）由式（7.16）和式（7.17）可知，**E** 和 **H** 的振幅成比例，且有 $\varepsilon E^2=\mu H^2$，说明介质中任一时刻、任一地点，其电场能量密度与磁场能量密度相等。

4）电磁波具有反射、折射、干涉、衍射、偏振等性质。**E** 或 **H** 分别在各自的平面上振动，如电磁波沿 z 轴传播，**E** 在 xoz 平面上振动，**H** 在 yoz 平面上振动，这种性质称为偏振性。

7.1.4 电磁波的能量

任何波动的过程都是能量传播的过程，电磁波的传播伴随着电磁能量的传播，以电磁波形式传播出去的能量称为辐射能。波动过程一般用平均能流密度来描述，这时在机械波中描述波的能量传播特性的物理量——能流密度的概念仍然适用。

$$S=wu \tag{7.19}$$

由电磁学知识可知，电磁场的总能量密度为

$$w=w_e+w_m=\frac{1}{2}(\varepsilon E^2+\mu H^2)$$

代入式（7.19）中，得

$$S=\frac{1}{2}u(\varepsilon E^2+\mu H^2)$$

再把 $u=1/\sqrt{\varepsilon\mu}$ 和 $\sqrt{\mu}H=\sqrt{\varepsilon}E$ 代入上式，得

$$S=\frac{1}{2\sqrt{\varepsilon\mu}}(\sqrt{\varepsilon}E\sqrt{\mu}H+\sqrt{\mu}H\sqrt{\varepsilon}E)=EH$$

由于 **E**、**H** 和电磁波的传播方向三者相互垂直，并且组成一个右手螺旋系，所以上式可用矢量式表示为

$$\boldsymbol{S}=\boldsymbol{E}\times\boldsymbol{H} \tag{7.20}$$

$\boldsymbol{S}$ 为电磁波的能流密度矢量，也称为坡印亭矢量。

将 $\boldsymbol{S}$ 对时间取平均值，并以 I 表示，即

$$I=\overline{S}=\overline{EH}=\sqrt{\frac{\varepsilon}{\mu}}\,\overline{E^2} \tag{7.21}$$

式中，I 称为电磁波的强度。

对于平面电磁波，将式（7.14）、式（7.15）代入式（7.21）中，得到平面电磁波强度的表示式

$$I=\frac{1}{T}\int_0^T E_0H_0\cos^2\omega\left(t-\frac{z}{u}\right)\mathrm{d}t=\frac{1}{2}E_0H_0=\frac{1}{2}\sqrt{\frac{\varepsilon}{\mu}}E_0^2 \tag{7.22}$$

例 7.1　如图 7.4 所示，一个平面电磁波在真空中沿 z 轴的正方向传播，设某点的电场强度为 $E_x=900\cos\left(\omega t+\dfrac{\pi}{6}\right)\text{V}\cdot\text{m}^{-1}$，试求该点的磁场强度表示式。在该点的前方 a 处和后方 a 处（a 的单位为 m），电场强度和磁场强度的表达式中的相位如何？

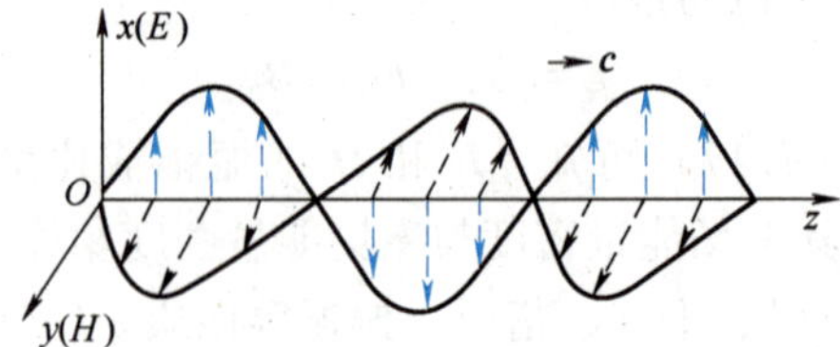

图 7.4　例 7.1 图

解　由已知，平面电磁波沿 z 轴正方向传播，已知在某点处电场强度的振动方向沿 x 轴正方向，则该点磁场强度的振动方向沿 y 轴正方向。根据平面电磁波 E 和 H 的量值关系可知，在真空中有

$$H_0=\sqrt{\frac{\varepsilon_0}{\mu_0}}E_0=\sqrt{\frac{8.85\times10^{-12}}{4\pi\times10^{-7}}}\times900\text{A}\cdot\text{m}^{-1}=2.39\text{A}\cdot\text{m}^{-1}$$

则该点磁场强度的表达式为

$$H_y=H_0\cos\left(\omega t+\frac{\pi}{6}\right)=2.39\cos\left(\omega t+\frac{\pi}{6}\right)\text{A}\cdot\text{m}^{-1}$$

则在该点前方 a 处：E_x 和 H_y 的相位滞后 $\omega a/c$，有

$$E_x=900\cos\left[\omega\left(t-\frac{a}{c}\right)+\frac{\pi}{6}\right]\text{V}\cdot\text{m}^{-1}$$

$$H_y=2.39\cos\left[\omega\left(t-\frac{a}{c}\right)+\frac{\pi}{6}\right]\text{A}\cdot\text{m}^{-1}$$

则在该点后方 a 处：E_x 和的相位超前 $\omega a/c$，有

$$E_x=900\cos\left[\omega\left(t+\frac{a}{c}\right)+\frac{\pi}{6}\right]\text{V}\cdot\text{m}^{-1}$$

$$H_y=2.39\cos\left[\omega\left(t+\frac{a}{c}\right)+\frac{\pi}{6}\right]\text{A}\cdot\text{m}^{-1}$$

例 7.2　有一个氦-氖激光管，它所发射的激光功率为 10mW。设发出的激光为圆柱形光束，圆柱截面的直径为 2mm。试求此激光的电场强度振幅 E_0 和磁感应强度振幅 B_0。

解　已知激光发射功率 $\overline{P}=10^{-3}\text{W}$，$d=2.0\times10^{-3}\text{m}$，则激光的平均辐射强度为

$$\bar{S}=\frac{\bar{P}}{\pi r^2}=\frac{4\bar{P}}{\pi d^2}\approx 3.18\times10^3\,\mathrm{W\cdot m^{-2}}$$

由 $\bar{S}=\frac{1}{2}E_0H_0=\frac{1}{2}\varepsilon_0cE_0^2$，可得激光的电场强度振幅 E_0 和磁感应强度振幅 B_0 分别为

$$E_0=\sqrt{\frac{2\bar{S}}{\varepsilon_0 c}}\approx 1.55\times10^3\,\mathrm{V\cdot m^{-1}},\quad B_0=E_0/c\approx 5.17\times10^{-6}\,\mathrm{T}$$

例 7.3 真空中沿 x 正方向传播的平面余弦波，其磁场分量的波长为 λ，幅值为 H_0。在 $t=0$ 时刻的波形如图 7.5 所示。(1) 写出磁场分量的波动表达式；(2) 写出电场分量的波动表达式；(3) 计算 $t=0$ 时，$x=0$ 处的坡印亭矢量。

解 (1) 设磁场强度分量的表达式为

$$H_z=H_0\cos\left(\omega t-\frac{2\pi}{\lambda}x+\varphi\right)$$

由图可以看出，当 $t=0$、$x=0$ 时，$H=-\frac{H_0}{2}$，代入磁场强度表达式可得

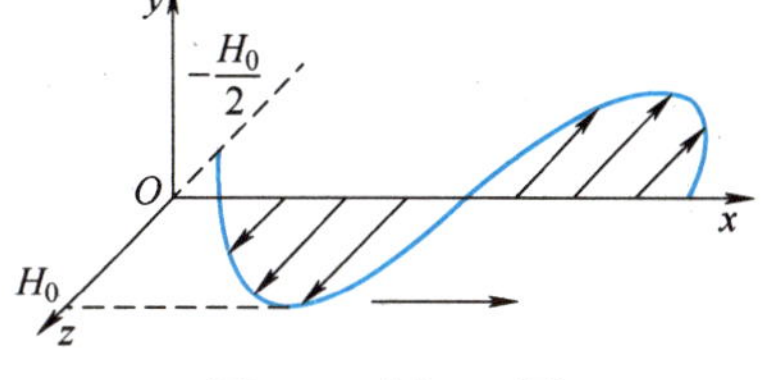

图 7.5 例 7.3 图

$$\cos\varphi=-\frac{1}{2},\quad \varphi=\pm\frac{2\pi}{3}$$

根据波形曲线可以判断 $\varphi=\frac{2\pi}{3}$，则

$$H_z=H_0\cos\left(\omega t-\frac{2\pi}{\lambda}x+\frac{2\pi}{3}\right)=H_0\cos\left[\frac{2\pi}{\lambda}(ct-x)+\frac{2\pi}{3}\right]$$

(2)
$$E_y=\sqrt{\frac{\mu_0}{\varepsilon_0}}H=\mu_0cH=\mu_0cH_0\cos\left[\frac{2\pi}{\lambda}(ct-x)+\frac{2\pi}{3}\right]$$

(3) $t=0$、$x=0$ 时，$H=-\frac{H_0}{2}$，$E=-\frac{\mu_0cH_0}{2}$，所以

$$S=EH=\frac{\mu_0cH_0^2}{4}\quad（方向沿 x 轴正向）$$

思考题

7.1.1 光是电磁波有什么依据？

7.1.2 光波从水（$n=4/3$）传播到空气中，它在水中的波长是 480nm，则它在空气中的波长是多少？

7.1.3 什么是平面电磁波，平面电磁波有哪些性质？

7.1.4 坡印亭矢量是怎样定义的，其物理意义是什么？

7.2 电磁波的产生与传播 偶极振子辐射电磁波

7.2.1 电磁波的产生与传播

电磁波是电磁振荡在空间的传播，若要产生电磁波，应当建立适当的波源。原则上，任

何 LC 振荡电路都可以作为发射电磁波的波源。但要想有效地把电路中的电磁能量发射出去，除了给电路持续不断地补充能量以产生持续的电磁振荡外，还必须具有以下条件。

(1) 必须有足够高的频率 在 7.2.2 节将会看到，电磁波的辐射功率与频率的 4 次方成正比，振荡电路的固有频率越高，越能有效地把能量发射出去。由 LC 振荡电路的固有频率 $\nu_0=1/(2\pi\sqrt{LC})$ 可知，要加大 ν_0，必须减小电路中的 L 和 C 的值。

(2) 必须有开放的电路 LC 振荡电路是集中性元件的电路，电磁场和电磁能绝大部分都集中在电感线圈和电容元件中，为了把电磁场和电磁能有效发射出去，必须把电路加以改造，使其尽可能开放。为此，设想把 LC 振荡电路按图 7.6a、b、c、d 的顺序逐步加以改造，改造的趋势是使电容器的极板面积越来越小，间隔越来越大，并使自感线圈的匝数越来越少。这样，一方面可以使 C 和 L 的数值减小，以提高固有频率 ν_0；另一方面是电路越来越开放，使电场和磁场分布到空间中去。最后振荡电路完全演变为一根直导线，电流在其中往复振荡，两端出现正负交替的等量异号电荷。这样的电路形成了一个偶极振子，适合于有效地发射电磁波。广播电台或电视台的天线都可以看成是这类偶极振子。

可见，开放的 LC 电路就是大家熟悉的天线！当有电荷（或电流）在天线中振荡时，就激发出变化的电磁场在空中传播。在实际应用中，开放电路的下部分导线通常接地，叫作地线，上部分导线尽可能分散到高处，叫作天线。电磁波就是通过天线和地线所组成的开放电路发射出去的，如图 7.7 所示。

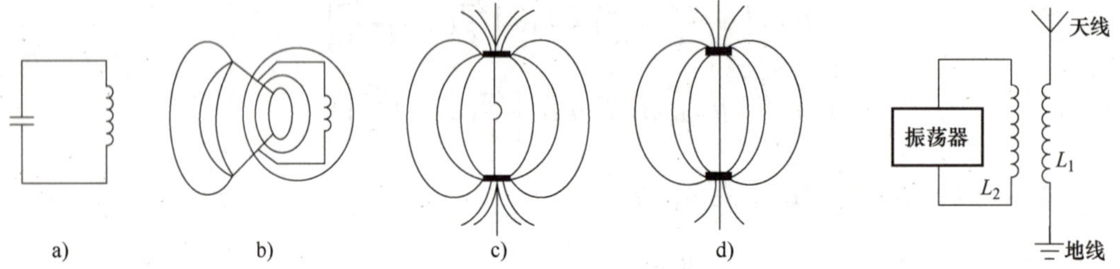

图 7.6 LC 振荡电路由闭合变为开放

图 7.7 电磁波发射示意图

7.2.2 偶极振子辐射电磁波

电磁波辐射源可以等效一个偶极振子，偶极振子周围的电磁场，可以通过麦克斯韦方程组严格计算得到，这里我们只对结果做定性的讨论。假设偶极振子的电偶极矩 $\boldsymbol{p}$ 的大小随时间按正弦或余弦规律变化，即

$$p=p_0\cos\omega t \tag{7.23}$$

这样的电偶极子称为振荡电偶极子。设 $t=0$ 时偶极子的正负电荷都在中心，然后分别做简谐振动，则起始于正电荷终止于负电荷的电场线的形状也随时间变化。图 7.8 是定性地画出了在偶极振子附近，一条电场线从出现到形成闭合圈，然后脱离电荷并向外扩张的过程。而且在电场变化的同时也有磁场产生，磁场线是以偶极振子为轴的疏密相间的同心圆。电场线与磁场线相互套连，以一定的速度由近及远向外传播。

在振荡电偶极子中，正负点电荷都在做加速运动，所以都要发射电磁波，在离偶极振子足够远的地方，即在 $r\gg\lambda$ 的波场区，波阵面逐渐趋于球形，电偶极子周围电磁场的电场线

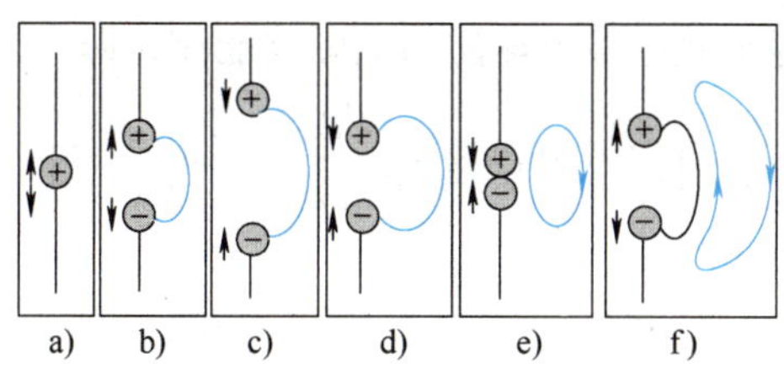

图 7.8 偶极振子附近电场线

和磁感应线的大致分布如图 7.9 所示。实线为电场线，圆点和十字叉号为与页面相交的磁感应线。由于偶极振子的电偶极矩呈周期性变化，其周围产生涡旋电场的场强必然是周期性变化的。根据麦克斯韦电磁理论，变化的涡旋电场的周围要产生磁场，这种磁场也必然呈周期性变化，而周期性变化的磁场又要产生新的周期性变化的涡旋电场。如此交替激发，电磁场便由近及远地传播出去，在振荡电偶极子的周围空间形成了电磁波。

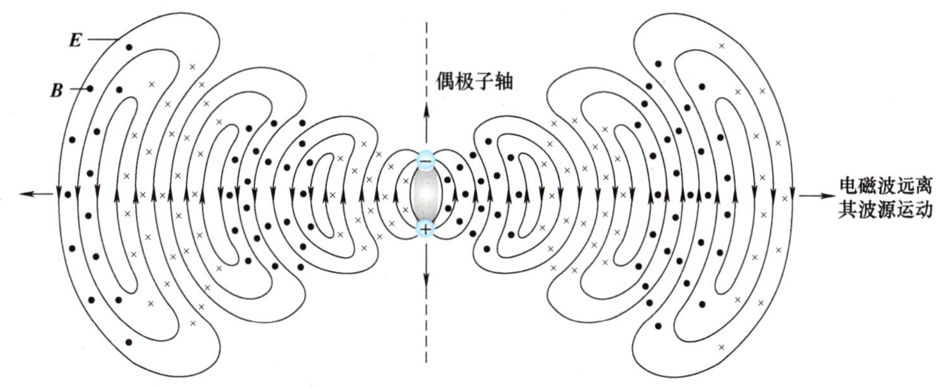

图 7.9 振荡偶极振子的电磁场分布

若以偶极振子中心为原点，以偶极振子的轴线为极轴取球坐标，即取电偶极矩沿 z 轴方向，如图 7.10 所示。电场强度 $\boldsymbol{E}$ 趋于平行于 $\boldsymbol{e}_\theta$ 方向，磁场强度 $\boldsymbol{H}$ 平行于 $\boldsymbol{e}_\varphi$ 方向，磁场线是绕极轴的同心圆，$\boldsymbol{E}$ 与 $\boldsymbol{H}$ 同相位且互相垂直，$\boldsymbol{E}\times\boldsymbol{H}$ 的方向指向波的传播方向 $\boldsymbol{e}_r$。

严格说来，只有根据麦克斯韦方程组才能确切地计算出偶极振子周围电磁场的分布和变化的情况，但这种计算很复杂，这里只给出计算结果，并做一些说明。如图 7.10 所示，在 $r\gg\lambda$ 的波场区，在时刻 t，坐标为 (r,θ) 点的电场强度和磁场强度分别为

$$E=\frac{\omega^2 p_0\sin\theta}{4\pi\varepsilon u^2 r}\cos\omega\left(t-\frac{r}{u}\right) \tag{7.24}$$

$$H=\frac{\omega^2 p_0\sin\theta}{4\pi u r}\cos\omega\left(t-\frac{r}{u}\right) \tag{7.25}$$

式中，u 为电磁波的传播速度；ε 为传播介质的介电常数。显然，E 和 H 都和距离 r 成反比，与振荡偶极子的圆频率 ω 的平方成正比。由于出现 $\sin\theta$ 因子，在辐射场中 $\theta=\pi/2$ 的地方，即与偶极子垂直的方向上，电磁辐射最强，沿偶极子方向上辐射为零。

空间任一点的能流密度大小为

$$S=EH=\frac{\omega^4 p_0^2\sin^2\theta}{16\pi^2\varepsilon u^3 r^2}\cos^2\omega\left(t-\frac{r}{u}\right) \tag{7.26}$$

振荡偶极子的辐射功率应等于通过整个球面的电磁波能流，即

$$P=\int Sr^2\sin\theta \mathrm{d}\theta \mathrm{d}\varphi=\frac{\omega^4 p_0^2}{6\pi\varepsilon u^3}\cos^2\omega\left(t-\frac{r}{u}\right) \tag{7.27}$$

而在一个周期内的平均辐射功率为

$$\overline{P}=\frac{\omega^4 p_0^2}{12\pi\varepsilon u^3} \tag{7.28}$$

可见，电偶极子的辐射功率与其振荡频率的 4 次方成正比。

若在远离波源的极远区（r 很大），在一定范围内 θ 变化很小，此时的电磁场的波可以视为平面波。则式（7.24）和式（7.25）可写作

$$E=E_0\cos\omega\left(t-\frac{r}{u}\right)$$

$$H=H_0\cos\omega\left(t-\frac{r}{u}\right)$$

这正是平面简谐电磁波的表示式。

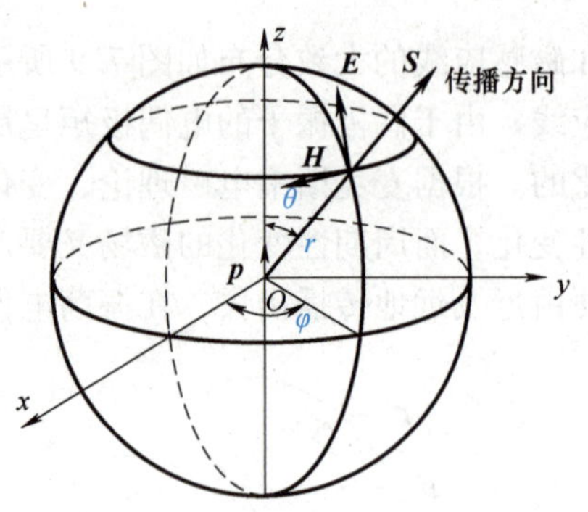

图 7.10　球坐标

思考题

7.2.1　为什么直线型的振荡电路比一般振荡电路（由线圈和电容器组成）能更好地辐射电磁波？

7.2.2　电磁波能量密度是怎样定义的？为什么引入平均能流密度的概念？

7.2.3　电磁辐射的强弱取决于什么？

7.2.4　如果将电偶极子天线（被用作接收器）垂直于电场强度 **E** 方向放置，会发生什么情况？

7.2.5　指出电荷做下述的两种运动，能否辐射电磁波？

（1）电荷在空间做简谐振动。

（2）电荷做圆轨道运动。

7.3　电 磁 波 谱

所有电磁波波长（或频率）的集合称为电磁波谱。

自从赫兹利用电磁振荡的方法产生电磁波并证明电磁波的性质与光波相同后，人们通过许多实验，不仅证明光是电磁波，后来陆续发现了伦琴射线（X 射线）、γ 射线等也都是电磁波。各种不同的电磁波具有不同的频率或波长。电磁波的性质及其与物质的相互作用取决于电磁波的频率（或波长）。这些电磁波在本质上虽然相同，但其频率和波长的范围很广，各种不同频率和不同波长范围的电磁波的产生方法以及它们与物质间的相互作用是各不相同的，具有不同的用途以及不同的特征。

本书按照频率由小到大或者波长由大到小的顺序将电磁波分为无线电波（含微波）、红外线、可见光、紫外线、X 射线和 γ 射线六个波段的电磁波谱，如图 7.11 所示。现将各波段的电磁波简介如下。

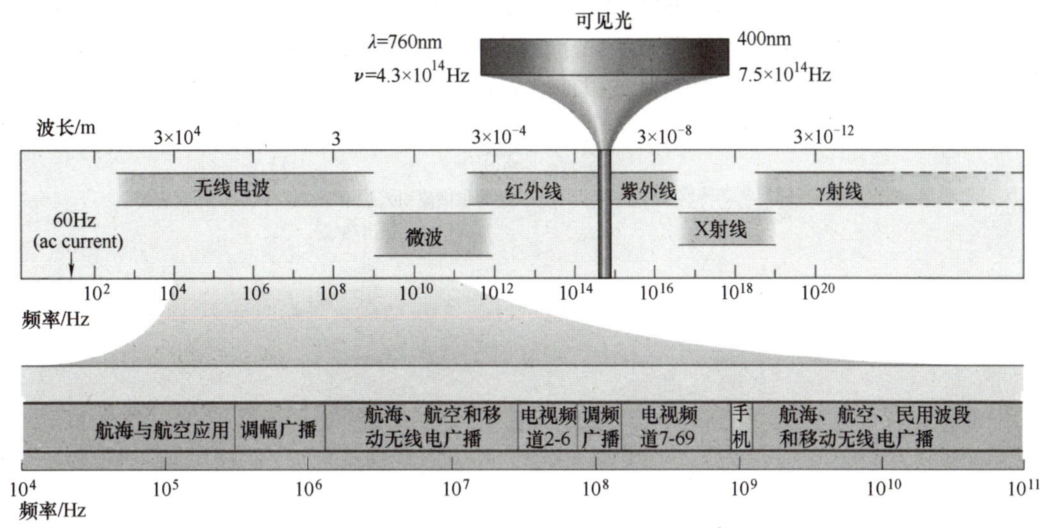

图 7.11 电磁频谱区

1. 无线电波

无线电波的波长范围是 $10^4 \sim 10^{-3}$m，一般的无线电波是由电磁振荡电路通过天线发射的，根据波长或频率把无线电波分成几段，表 7.1 列出了各种无线电波的范围和用途。

表 7.1 各种无线电波的范围和用途

名称	长波	中波	中短波	短波	米波	微波		
						分米波	厘米波	毫米波
波长	30000～3000m	3000～200m	200～50m	50～10m	10～1m	100～10cm	10～1cm	1～0. 1cm
频率	10～100kHz	100～1500kHz	1. 5～6MHz	6～30MHz	30～300MHz	300～3000MHz	3000～30000MHz	30000～300000MHz
主要用途	长距离通信和导航	无线电广播	电报通信、无线电广播	无线电广播、电报通信	调频无线电广播、电视广播、无线电导航	电视、雷达、无线电导航及其他专门用途		

不同波段的无线电波，其传播特性各有不同。长波、中波的波长很长，衍射现象显著，能绕过高山、建筑物而传播；短波的波长较短，衍射能力减弱，主要靠大气中的电离层与地面间的反射传播；超短波和微波由于波长更短，几乎只能沿直线在空间传播，而且容易被障碍物反射，所以远距离的微波通信和传送电视节目等需设中继站。微波是电磁波谱位于无线电波和红外之间的部分，一般也将其归为无线电波。微波首先由赫兹于 1888 年在实验室里产生并检测出。微波应用于通信和雷达。在第二次世界大战期间发明了雷达之后，寻求和平时期微波的使用导致了微波炉的发明。微波炉将食物置于微波炉发出的微波中，水是微波的良好吸收体，因为水分子是极性分子，电偶极子在电场中受到使偶极子趋向于场的力矩，正负电荷被拉向相反的方向。作为微波迅速振荡电场的结果，水分子来回转动，于是该转动的

能量传播到整个食物。图 7. 12 是微波炉的结构图，微波产生于磁控管的谐振腔中，谐振腔产生振荡电流，导致所需频率的微波。由于金属反射微波好，金属波导把微波引向旋转的金属搅拌器，它在多个不同方向反射微波以使它们在整个炉中分布。

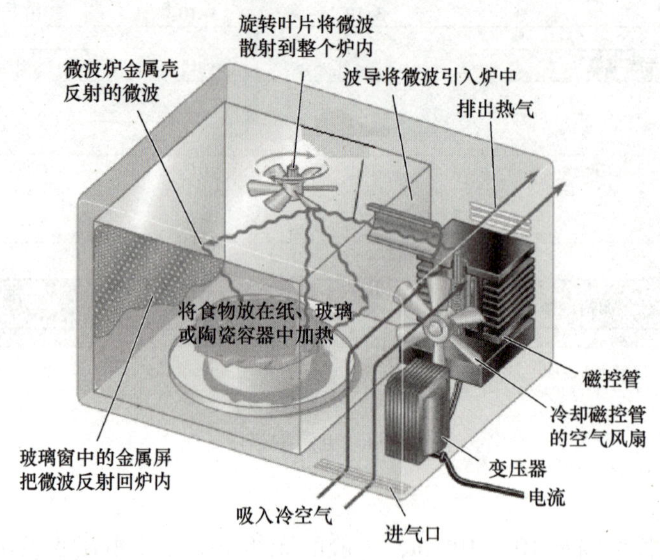

图 7. 12　微波炉结构图

电视信号、短波、雷达、调幅和调频无线电信号是特殊种类的无线电波，它们由电子电路产生，电子电路使电荷加速运动时发生振荡并辐射能量。

2. 红外线

红外线的波长范围为 10^{-3} ~ 7.6×10^{-7} m，由英国物理学家约翰·赫歇尔（John Herschel，1792—1871）于 1800 年首次发现。一切物体都在不停地辐射红外线，物体温度越高，辐射红外线的本领越强。红外辐射的特点是热效应明显，能通过浓雾或较厚的气层，而不易被吸收。主要用于红外线加热、红外线摄影、红外线成像和红外遥感等。

红外线在生产和国防上都有重要的应用。在生产上用红外线烘干油漆，不但干得快而且质量好。在国防上，由于坦克、人体、舰艇等大部分物体都会发射红外线，因此在夜间或浓雾天气可通过红外线接收器侦察这些目标信号。此外，也可以用红外线敏感的照相底片来摄影侦察敌情。

红外线感应防盗报警器是将红外线遥感探测技术和无线数码遥控技术结合的高科技新型产品，利用人体所产生的微弱红外线而触发。当有人试图进入它的探测范围时，它就会发出警报声，直到人离开才停止。利用红外线也可以检测人体的健康状态，可以根据红外照片的不同颜色判断病变区域，图 7. 13 是人体的背部红外图，可以看出背部右上侧热区明显。

3. 可见光

波长为 7.6×10^{-7} ~ 4.0×10^{-7} m 之间的电磁辐射称为可见光。可见光是人眼可以检测到的光谱部分。顾名思义，这部分波段的电磁波能使人的眼睛产生感光。这是人们所能感光的极狭窄的一个波段。人类的眼睛进化到对太阳光中最强的电磁波段最敏感，如图 7. 14 所示。

灯泡、太阳、萤火虫和火等是一些可见光的光源。不同颜色的光，实际上是不同波长的电磁波。白光是多种不同颜色的光（红、橙、黄、绿、青、蓝、紫）按一定的比例混合的结果，用棱镜可以将白光分成各种颜色的光。

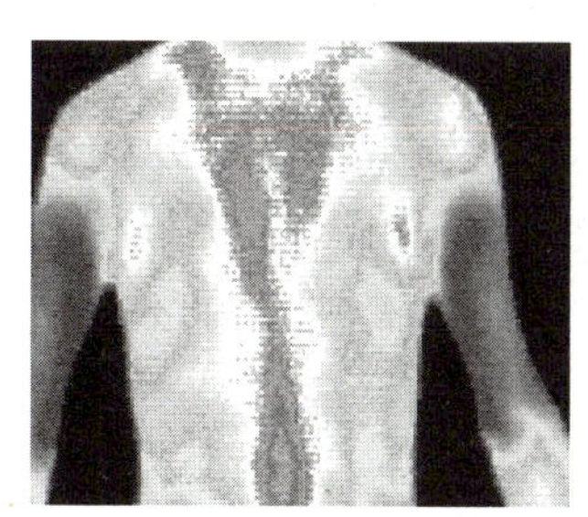

图 7.13 红外线照片

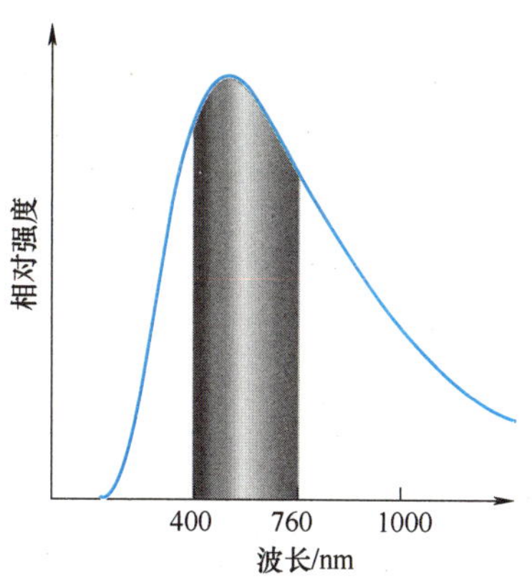

图 7.14 入射到地球大气中的太阳光相对强度

4. 紫外线

波长为 $4.0\times10^{-7}\sim10\times10^{-8}$m 的电磁辐射称为紫外线，由德国物理学家里特（Johann Wilhelm Ritter，1776—1810）于 1801 年首先发现。一切高温物体发出的光中，都有紫外线。它有显著的化学效应和荧光效应。紫外线由原子或分子的振荡所激发，不能引起人的视觉反应，只能由特殊的仪器探测到。太阳辐射中有大量紫外线，穿透大气层的紫外线大多在 300~400nm 的范围。紫外线具有显著的生理作用，紫外线摄入人体皮肤导致维生素 D 产生。来自太阳的紫外线几乎被大气中的臭氧完全吸收，臭氧保护着地球上的生命，少量透过大气的紫外线会晒黑皮肤或使皮肤表面的真菌异常活跃。过多的紫外线照射会导致晒黑，甚至会晒伤和引发皮肤癌。防晒霜的原理是在紫外线到达皮肤之前吸收它。紫外线射入眼睛可引起白内障，所以当外出在阳光下时戴上防紫外线的优质太阳镜是很重要的。利用紫外线的荧光作用可检验人民币的真伪，画面上可以清晰地看到钱币上的防伪标记。

5. X 射线

波长在 $10^{-8}\sim10^{-12}$m 的电磁辐射称为 X 射线，也称为伦琴射线。X 射线是德国物理学家伦琴（Wilhelm Conrad Röntgen，1845—1923）在 1895 年发现的，为此，伦琴获得首届诺贝尔物理学奖。产生 X 射线的装置是 X 射线管，高速带电粒子轰击某些材料时，如快速电子轰击金属靶，将产生 X 射线。X 射线的能量很大，具有很强的穿透能力，可使照相底片感光。在医疗上，可用于透视和病理检查。图 7.15 是计算机断层 CT 扫描装置给予人体的 CT 图像，X 射线源在平面内绕身体转动，而计算机测量多个不同角度的 X 射线透射，计算机利用此信息构建人体图像。

工业上，X 射线可用于检查金属部件内的缺陷和分析晶体结构等。随着 X 射线技术的发展，它的波长范围也不断朝着两个方向扩充，在长波段已与紫外线有所重叠，短波段已进入 γ 射线领域。

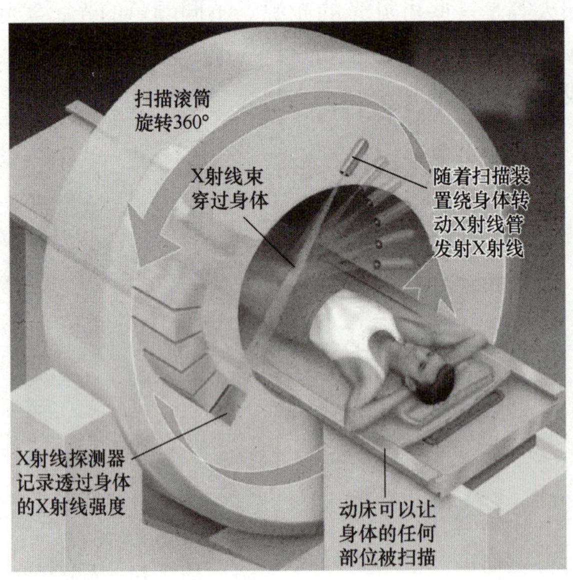

图 7.15 CT 扫描装置

6. γ 射线

波长小于 10^{-12}m 的电磁辐射称为 γ 射线。γ 射线在电磁波谱中波长最短；波长尺度约为原子核大小的量级。γ 射线最初是在地球上放射性原子核的衰变过程中观察到的。脉冲星、中子星、黑洞和超新星爆炸是飞向地球 γ 射线的来源，但比较幸运的是 γ 射线能够被大气吸收。γ 射线能量和穿透能力比 X 射线更大、更强，可用于金属探伤等。γ 射线也有多方面的应用，它是研究物质微观结构的有力武器。在医疗上，利用伽马刀，可以切除肿瘤，治疗癌症。

电磁波在我们的生活中那么重要，它甚至改变了我们的生活方式，假如没有电磁波我们的生活将无法想象。电磁波和机械波一样也有多普勒效应，星系光谱的红移、蓝移实际就是光波的多普勒效应，即如果恒星远离我们而去，则光的谱线就向红光方向移动，称为红移；如果恒星朝向我们运动，光的谱线就向紫光方向移动，称为蓝移。由此将电磁波的多普勒效应与宇宙大爆炸理论联系了起来。这是大爆炸理论最早也是最直接的观测证据。

尽管电磁波为人类造福，但也给人类带来某些害处，它会干扰人体生理节律，破坏免疫机能，引起头疼、失眠等症状，常被人们称为“无形杀手”。1995 年 4 月，美国一架飞机在航行中，由于有人使用手机，使机上的电子设备全部失灵，飞机偏离了航线。所以，在未来的生活中预防和解决电磁污染对人类生存环境的干扰已成为环境科学中的新课题。

思考题

7.3.1 电磁波谱中波长最短的成分是什么？

7.3.2 为什么不用金属而用瓷器盛食物在微波炉中加热？

7.3.3 人能发射红外线吗？红外线测温仪是利用红外线的哪个特性？

7.3.4 紫外线和紫光相比较，谁的频率更高？紫外线消毒器是利用紫外线的哪个作用？

7.3.5 X 射线和 γ 射线是怎样产生的？X 射线和 γ 射线谁的穿透性更强？

7.3.6 我国进行第三次大熊猫普查时，首次使用了全球卫星定位系统和 RS 卫星红外遥感技术，详细调查了珍稀动物大熊猫的种群、数量、栖息地周边情况等，红外遥感利用了红外线的什么性质？

7.3.7 为什么电磁波被誉为当今社会的“隐形杀手”？

本章知识网络图

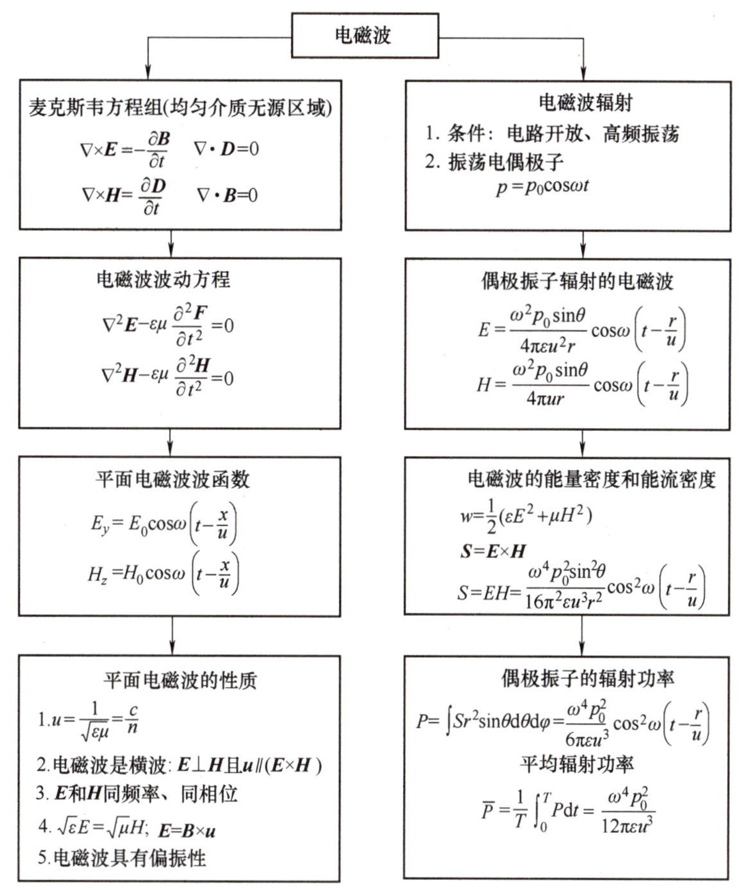

习 题

7.1 平面波的场强振幅 $E_0=10^{-3}\mathrm{V\cdot m^{-1}}$，试计算：(1) 磁场振幅 B_0；(2) 平均辐射强度 $\overline{S}$。

7.2 真空中一平面电磁波的电场由下式给出：$E_x=0$，$E_y=60\times10^{-2}\cos[2\pi\times10^8(t-x/c)]$(SI)，$E_z=0$，其中 c 为真空中光速。求：(1) 波长和频率；(2) 传播方向；(3) 磁场的大小和方向。

7.3 已知在某一线性各向同性介质中传播的线偏振光，其电场分量为

$$E_x=E_0\cos\pi\times10^{15}\left(t+\frac{x}{0.8c}\right)\ \text{(SI)}$$

式中，$E_0=0.08\mathrm{V\cdot m^{-1}}$；$c$ 为真空中光速。试求：(1) 介质的折射率 n；(2) 磁场分布的幅值；(3) 平均辐射强度 $\overline{S}$。

7.4 一平面电磁波的波长为 3.0m，在自由空间中沿 x 轴的正方向以波速 $u\approx c=3.0\times10^8\mathrm{m\cdot s^{-1}}$ 传播，

其电场强度 $\boldsymbol{E}$ 沿 y 轴正方向，振幅为 $300\text{V}\cdot\text{m}^{-1}$，试求：(1) 电磁波的频率 ν；(2) 磁感应强度 $\boldsymbol{B}$ 的方向和振幅；(3) 电磁波的平均能流密度。

7.5 一电台辐射电磁波，若电磁波的能流均匀分布在地面上以电台为球心的半球面内，功率为 10^5W，求离电台 10 km 处电磁波的坡印亭矢量和电场分量的幅值。

7.6 设 100W 的电灯泡将所有能量以电磁波的形式沿各方向均匀地辐射出去。求 20m 以外的地方电场强度和磁场强度的方均根值。

7.7 在地球上测得太阳的平均辐射强度为 $\overline{S}=1.4\times10^3\text{W}\cdot\text{m}^{-2}$。设太阳到地球的平均距离为 $d\approx1.5\times10^{11}\text{m}$，求太阳的平均辐射功率。

7.8 一个振荡电偶极子的电偶极矩为 $p_e=10^{-6}\cos(2\pi\times10^{10}t)\text{C}\cdot\text{m}$，试求它的平均辐射功率。

第 7 章习题答案

第 7 章习题详解

第3篇　光　　学

光学在我们的生活和科学技术领域占有非常重要的地位。它和天文学、几何学、力学一样，是一门最早发展起来的学科。

17 世纪中叶以前，人类的光学知识仅限于一些现象和简单规律的描述。

17 世纪下半叶，牛顿（Isaac Newton，1643—1727）提出了微粒理论。他认为这些微粒从光源飞出来，在真空或均匀物质内由于惯性而做匀速直线运动。惠更斯（Christiaan Huygens，1629—1695）提出了波动理论，他从声和光的某些现象的相似性出发，认为光是在“以太”中传播的波，所谓“以太”则是一种假想的弹性介质，充满整个宇宙空间，光的传播取决于“以太”的弹性和密度。

1801 年，托马斯·杨（T·Young，1773—1829）最先用干涉原理令人满意地解释了白光照射下薄膜颜色的由来并做了著名的“杨氏双缝干涉实验”，还第一次成功地测定了光的波长。1815 年，菲涅耳（Augustin-Jean Fresnel，1788—1827）用杨氏干涉原理补充了惠更斯原理，形成了人们所熟知的惠更斯-菲涅耳原理。为了解释光的偏振现象，杨氏在 1817 年提出光波是一种横波。菲涅耳进一步完善了这一观点并导出了菲涅耳公式。至此，光的弹性波动理论看来一切似乎十分圆满了，但这时仍把光的波动看作在“以太”中的机械弹性波动。至于“以太”究竟是怎样的物质，尽管人们赋予它许多附加的性质，仍难自圆其说。这样，光的弹性波动理论存在的问题也就暴露出来了。此外，这个理论既没有指出光学现象和其他物理现象间的任何联系，也没能把表征介质特性的各种光学常数和介质的其他参数联系起来。

1845 年，法拉第（Michael Faraday，1791—1867）发现了光的振动面在强磁场中的旋转。1856 年，韦伯（W·Weber，1864—1891）和柯尔劳斯（Kohlerausch，1809—1856）通过在莱比锡做的电学实验发现了电荷的电磁单位和静电单位的比值等于光在真空中的传播速度，即 $3\times10^{8}\mathrm{m}\cdot\mathrm{s}^{-1}$。从这些发现中，人们得到了启示，即在研究光学现象时，必须把光学现象和其他物理现象联系起来考虑。

1865 年，麦克斯韦（James Clerk Maxwell，1831—1879）在理论研究中指出，电场和磁场的改变不会局限在空间的某一部分，而是以光的速度传播，这说明光是一种电磁现象。1888 年，赫兹（Heinrich Rudolf Hertz，1857—1894）用实验证实了这个理论。光的电磁理论以大量无可辩驳的事实赢得了普遍的公认。

19 世纪末到 20 世纪初，光学的研究深入到光的发生、光和物质相互作用的微观机制中。光的电磁理论的主要困难是不能解释光和物质相互作用的某些现象。例如炽热黑体辐射中能量按波长分布的问题，特别是 1887 年赫兹发现的光电效应。

1900 年，普朗克（Max Karl Ernst Ludwig Planck，1858—1947）提出了辐射的量子论，成功地解释了黑体辐射问题。1905 年，爱因斯坦（Albert Einstein，1879—1955）发展了普朗克的能量子假设，提出了杰出的光量子（光子）理论，圆满地解释了光电效应，并被后来的许多实验（例如康普顿效应）证实。但这里所说的光子不同于牛顿的微粒说中的粒子，光子是和光的频率（波动特性）联系着的，光同时具有微粒和波动两种属性。这就是所谓“光的波粒二象性”。

1917 年，爱因斯坦在研究原子辐射时曾详细地论述过自发和受激两种物质辐射形式，并预见到受激辐射可产生沿一定方向传播的亮度非常高的单色光。20 世纪 60 年代，激光器的发明带来了一场新的光学革命，促进了光学与光电子学相结合，开辟了一批与激光本身紧密相关的新兴分支学科，现代光学得到迅速发展。

光学通常分为几何光学、波动光学、量子光学和现代光学四部分。几何光学以光的直线传播规律为基础，研究光的反射和折射以及光学系统成像规律；波动光学研究光的电磁性质和传播规律，特别是光的干涉、衍射和偏振的规律；量子光学以近代量子理论为基础，研究光与物质相互作用的规律；现代光学则是指以激光技术为基础，派生出的非线性光学、全息术、光纤通信等一系列应用背景较强的分支学科。

第8章　光 的 干 涉

固执于光的旧有理论的人们，最好是从它自身的原理出发，提出实验的说明。并且，如果他的这种努力失败的话，他应该承认这些事实。

——托马斯·杨

17 世纪以后，人们相继发现自然界中存在着与光的直线传播现象不完全符合的事实，这就是光的波动性的表现。满足一定条件的两束或多束光叠加时，在叠加区域光的强度或明暗重新分布即光的干涉现象。光的干涉现象是光的波动性的重要特征之一。自从 1881 年迈克耳孙（Albert Abraban Michelsom，1852—1931）发明干涉仪以来，利用光的干涉进行精密测量的技术逐步得到了广泛应用。本章讨论光的干涉现象，包括干涉的条件和明暗条纹分布的规律。

通过本章的学习，了解原子或分子发光特点，理解相干光源和非相干光源，理解获得相干光的方法；掌握光程的概念以及光程差和相位差的关系，理解杨氏双缝干涉和薄膜干涉条纹的特征及规律；了解迈克耳孙干涉仪的工作原理。

8.1　光的相干性

8.1.1　光的干涉　相干条件

由于光波对物质的磁场作用远比电场作用弱，而且产生感光作用与生理作用的主要是电场强度 $\boldsymbol{E}$，所以讨论光矢量振动性质时，通常只考虑电场强度矢量 $\boldsymbol{E}$，将电场强度矢量 $\boldsymbol{E}$ 称为光矢量，用 $\boldsymbol{E}$ 矢量代表光的振动。

在讨论机械波时已经知道，在波的强度不是很大时，遵守波的叠加原理，满足相干条件的两列波相遇时会产生干涉现象。实验证明光波也有类似情形，在光强不是很大时，光波的叠加也遵从波的叠加原理。在满足光波相干条件时，光波也会产生干涉现象，即频率相同、光矢量振动方向平行、相位差恒定的两列光波相遇时，在光波重叠的区域内，光强在空间形成强弱相间的稳定分布，并在光屏上呈现出明暗相间的干涉条纹，称为光的干涉现象。光波的这种叠加称为相干叠加。

频率相同、光矢量存在相互平行振动分量和相位差恒定是产生光的干涉的三个必要条件，称为相干条件，而满足相干条件的两束光称为相干光，相应的光源称为相干光源。

下面将说明相干光的三个相干条件是缺一不可的。

设光矢量为 $\boldsymbol{E}_1$ 和 $\boldsymbol{E}_2$ 的两列光波在空间某点 P 相遇，则在 P 点合成光矢量为

$$\boldsymbol{E}=\boldsymbol{E}_1+\boldsymbol{E}_2$$

并有

$$\boldsymbol{E}^2=\boldsymbol{E}_1^2+\boldsymbol{E}_2^2+2\boldsymbol{E}_1\cdot\boldsymbol{E}_2$$

根据电磁波的强度（平均能流密度）公式，P 点的光强度为

$$I=\overline{S}=\sqrt{\frac{\varepsilon}{\mu}}\,\overline{E^2}$$

在光的叠加过程中，我们关注的是空间各处光强的相对分布，因而通常只需计算光波在各处的振幅的平方值，而不需要计算各处光强的绝对值。所以，可直接用振幅平方的平均值即$\overline{E^2}$代表光强，即

$$I_1=\overline{E_1^2},\ I_2=\overline{E_2^2}$$

则 P 点的合光强为

$$I=I_1+I_2+I_{12} \tag{8.1}$$

而

$$I_{12}=2\overline{\boldsymbol{E}_1\cdot\boldsymbol{E}_2}$$

称为相干项，它决定两光波叠加的性质。当 $I_{12}=0$ 时，$I=I_1+I_2$，即空间各点的合光强均为分光强之和，没有干涉现象发生，称为光的非相干叠加，两个普通光源发出的光叠加时就是这种情形。只有当 $I_{12}\neq 0$ 时，$I\neq I_1+I_2$，空间各点的光强才会出现差异，即光的相干叠加。

显然，如果两光波矢量 $\boldsymbol{E}_1$ 和 $\boldsymbol{E}_2$ 振动方向互相垂直，则 $I_{12}=2\overline{\boldsymbol{E}_1\cdot\boldsymbol{E}_2}=0$，即两光波为非相干叠加，不发生干涉现象。在一般情况下，两光波矢量 $\boldsymbol{E}_1$ 和 $\boldsymbol{E}_2$ 的振动方向成一定角度，可将它们做正交分解，只有平行分量间才可能发生干涉现象。

如果假设两光矢量 $\boldsymbol{E}_1$ 和 $\boldsymbol{E}_2$ 的振动方向相同，但频率不同，相位差也不恒定，这时可将两列简谐光波用标量形式表示为

$$E_1=E_{10}\cos\left(\omega_1 t-\frac{2\pi r_1}{\lambda_1}+\varphi_1\right)$$

$$E_2=E_{20}\cos\left(\omega_2 t-\frac{2\pi r_2}{\lambda_2}+\varphi_2\right)$$

式中，ω_1、ω_2、φ_1、φ_2、λ_1、λ_2 分别为两光波的角频率、初相位和波长；r_1 和 r_2 则是空间某点 P 分别到两个光源的距离。由矢量加法可得出 P 点合光矢量 $\boldsymbol{E}$ 满足

$$E^2=E_{10}^2+E_{20}^2+2E_{10}E_{20}\cos\Delta\varphi$$

其中

$$\Delta\varphi=(\omega_1-\omega_2)t+(\varphi_1-\varphi_2)-2\pi\left(\frac{r_1}{\lambda_1}-\frac{r_2}{\lambda_2}\right)$$

为两光波在 P 点的相位差。对上式各项取时间平均值，即得到合光强

$$I=I_1+I_2+2\sqrt{I_1I_2}\ \overline{\cos\Delta\varphi} \tag{8.2}$$

其中干涉项为

$$I_{12}=2\sqrt{I_1I_2}\ \overline{\cos\Delta\varphi}$$

由于测量光的各种探测器的响应时间远大于光矢量的振动周期，所以当 $\omega_1\neq\omega_2$ 时，在

观测的时间内（$\omega_1-\omega_2$）t 可取各种任意值，从而使$\overline{\cos\Delta\varphi}=0$，导致 $I_{12}=0$，因此不同频率的光波之间不发生干涉。又若初相差（$\varphi_1-\varphi_2$）不是恒定的，例如无规则的随机分布，（$\varphi_1-\varphi_2$）可取任意值，也将使$\overline{\cos\Delta\varphi}=0$，导致 $I_{12}=0$，使两列光波不发生干涉。

在满足上面三个相干条件时，两相干光叠加干涉场中各点的光强为

$$I=I_1+I_2+2\sqrt{I_1I_2}\cos\Delta\varphi \tag{8.3}$$

式中，相位差

$$\Delta\varphi=(\varphi_1-\varphi_2)-2\pi\left(\frac{r_1}{\lambda_1}-\frac{r_2}{\lambda_2}\right) \tag{8.4}$$

由式（8.4）可知，相位差只是位置的函数。空间中一定的点，它的相位差保持恒定而不会随时间变化，因此波的强度是一定的。对于不同的点，因为位置不同，$\Delta\varphi$ 的值不同，使得光的强度也不同。若 $I_1=I_2=I_0$，则

$$I=2I_0(1+\cos\Delta\varphi)=4I_0\cos^2\frac{\Delta\varphi}{2} \tag{8.5}$$

式（8.5）表明，叠加光强具有如下特点：

1）当 $\Delta\varphi=\pm 2k\pi(k=0,1,2,\cdots)$ 时，$I=4I_0$，干涉极大。

2）当 $\Delta\varphi=\pm(2k+1)\pi(k=0,1,2,\cdots)$ 时，$I=0$，干涉极小。

3）当 $\Delta\varphi$ 为其他值时，光强介于 $0\sim 4I_0$ 之间。相干光的强度分布如图 8.1 所示。

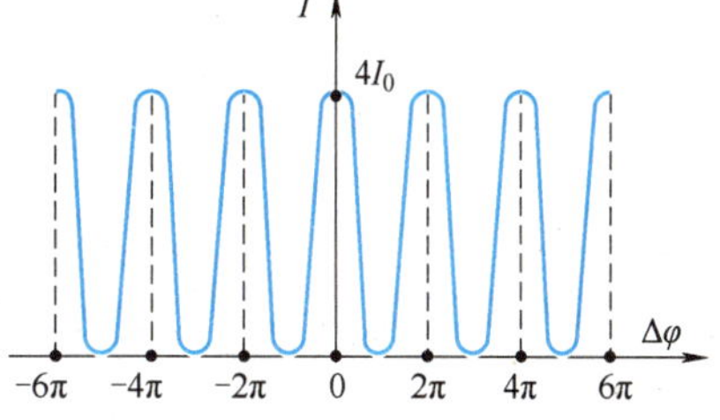

图 8.1 两光波干涉的光强分布曲线

8.1.2 光程 光程差

设光在真空中速度为 c，频率为 ν，波长为 λ。它在折射率为 n 的介质中传播时，速度为 u，波长为 λ_n（频率不变），则有

$$\lambda_n=\frac{u}{\nu}=\frac{c/n}{\nu}=\frac{\lambda}{n}$$

由于折射率 $n>1$，因此同一光波在介质中的波长要比在真空中的波长短。并且，因不同介质 n 不同，故单色光的波长并非定值。

光波在传播的过程中，相位的变化与介质的性质以及传播距离有关。无论是在真空中还是在介质中，光波每传播一个波长的距离，相位都要改变 2π。如果光波通过几种不同的介质，则因波长的改变而给相位变化的计算增加麻烦。为了避免麻烦，下面引入光程和光程差的概念。

1. 光程

光程等于介质折射率与光在该介质中传播的几何路程的乘积。若光波在折射率为 n 的介质中传播的几何路程为 r，则光程为

$$L=nr \tag{8.6}$$

利用折射率的定义 $n=c/u$，有 $L=\frac{c}{u}r=ct$，这表明，光程是一个折合量，光在介质中的

光程等于光在同一时间内在真空中传播的几何路程的长度。当一束光连续通过几种介质时，总光程为

$$L=\sum_i n_i r_i \tag{8.7}$$

2. 光程差

如图 8.2 所示，两相干光源 S_1 和 S_2 发出的两相干光，分别在折射率为 n_1 和 n_2 的介质中传播，经过了几何路程 r_1 和 r_2 在 P 点相遇。显然，两相干光在 P 点的相位差为

$$\begin{aligned}\Delta\varphi&=\left(2\pi\nu t-\frac{2\pi r_2}{\lambda_{n2}}+\varphi_2\right)-\left(2\pi\nu t-\frac{2\pi r_1}{\lambda_{n1}}+\varphi_1\right)\\&=\varphi_2-\varphi_1-\left(\frac{2\pi n_2 r_2}{\lambda}-\frac{2\pi n_1 r_1}{\lambda}\right)\\&=\varphi_2-\varphi_1-\frac{2\pi}{\lambda}(n_2 r_2-n_1 r_1)\end{aligned}$$

令

$$\delta=n_2 r_2-n_1 r_1 \tag{8.8}$$

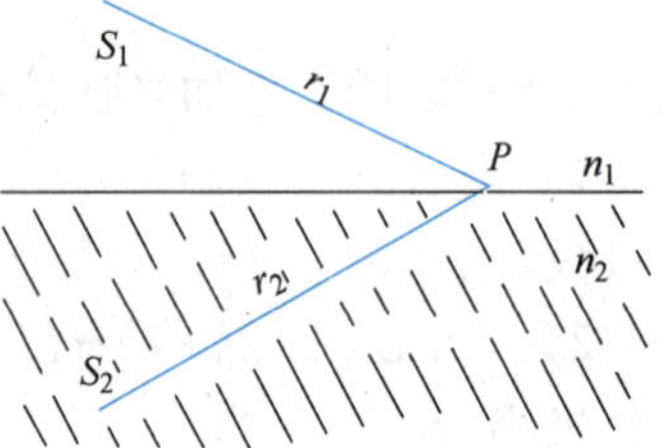

图 8.2 光程差的计算

则 δ 称为光程差。当 $n_1=n_2=1$，即两束光在真空中传播时，可得

$$\delta=r_2-r_1$$

这是波程差的表达式。所以，波程差是光程差的特殊情况。

当两光源初相相同，即 $\varphi_1=\varphi_2$ 时，则有

$$\Delta\varphi=-\frac{2\pi}{\lambda}(n_2 r_2-n_1 r_1)=-\frac{2\pi}{\lambda}\delta \tag{8.9}$$

由此可见，引入光程的概念后，两束相干光分别在折射率为 n_1、n_2 的介质中传播，传至 P 点相遇时，相位差可以用它们在真空中的路径（光程）以及它们在真空中的波长表示出来，这就为计算提供了方便。不管两束光在什么介质中传播，讨论干涉条件时，我们都可以将光在介质中的波长和传播的路径折合为光在真空中的波长和传播的相应路径。

此时，两束光干涉加强与减弱的条件为

$$\Delta\varphi=2\pi\frac{\delta}{\lambda}=\begin{cases}\pm 2k\pi & (k=0,1,2,\cdots)\quad\text{加强}\\ \pm(2k+1)\pi & (k=0,1,2,\cdots)\quad\text{减弱}\end{cases}$$

用光程差表示为

$$\delta=\begin{cases}\pm k\lambda & (k=0,1,2,\cdots)\quad\text{加强}\\ \pm(2k+1)\dfrac{\lambda}{2} & (k=0,1,2,\cdots)\quad\text{减弱}\end{cases} \tag{8.10}$$

由此可见，两束相干光在不同介质中传播时，对干涉加强和减弱条件起决定作用的不是这两束光的几何路程差，而是两者的光程差。

3. 薄透镜不引起附加光程差

在观察光的干涉和衍射现象时，常用到薄透镜。下面简单说明光通过薄透镜时的光程情况。如图 8.3a 所示，一束平行于主光轴的平行光正入射通过薄透镜后，会聚在焦点 F 形成亮点。这说明在平行光束的波阵面上各点（图中 A、B、C、D、E 各点）的相位相同，到达焦平面后相位仍然相同，因而相互加强。所以，从 A、B、C、D、E 各点到达点 F 的每一条

光线的光程都是相等的。对这个实验事实还可以这样来理解，图 8.3a 中，虽然光线 *AaF* 比光线 *CcF* 经过的几何路程长，但是光线 *CcF* 在透镜中经过的几何路程比光线 *AaF* 在透镜中经过的几何路程长，而透镜的折射率 n 大于 1，因此，折算成光程后，*AaF* 的光程与 *CcF* 的光程相等。对于斜入射的、会聚在焦平面上 F' 点的平行光，通过完全类似的讨论可知，AaF'、BbF'等各光线的光程均相等，如图 8.3b 所示。这就是说，使用薄透镜可以改变光线的传播方向，但在傍轴条件下，引起附加的光程差可以忽略。

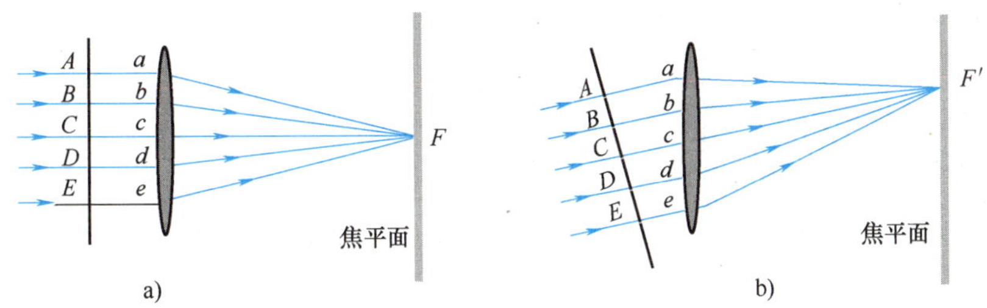

图 8.3　光通过薄透镜的光程

8.1.3　相干光的获得方法

要实现光的干涉就要保证两列光波满足相干条件，而通常的两个普通光源是不相干的。一般普通光源（太阳、白炽灯等）发光是由光源中大量原子或分子从较高的能量状态向较低的能量状态跃迁过程中对外辐射电磁波，从而发光。这种辐射有两个特点：一是各原子或分子辐射是间歇的、无规则的。每次辐射持续的时间只有 10^{-8}s 左右，也就是说，原子或分子每次所发出的光是一个很短的波列。二是大量原子或分子发光是各自独立进行的，彼此之间没有什么联系，在同一时刻各原子或分子、同一原子或分子在不同时刻所发光的频率、振动方向、相位都各不相同，千差万别，是随机分布的。所以一般的两个独立光源发出的光不满足相干条件，不能发生干涉，即使是同一光源上两个不同部分发出的光，也同样不会发生干涉。

利用普通光源获得相干光的方法的基本原理是：把由光源上同一点发出的光波设法分成两部分，使它们经过不同的路径传播，在空间相遇叠加起来。由于这两部分光实际上都是来自同一发光原子的同一次发光，即每一个光波列都分成两个频率相同、振动方向相同、相位差恒定的波列，因而这两部分光也是相干光，在相遇区域中能产生干涉现象。简而言之：此可谓同出一点，一分为二，各行其路，合二而一，这是实现光干涉的基本原则。根据这一原则，通常用下面两种方法来获得相干光。

1. 分波阵面法

在图 8.4 中，S 为单色点光源，AB 是挡板，其上开两个针孔 S_1 和 S_2，S_1 和 S_2 相对 S 处于对称的位置上，即 $SS_1=SS_2$。当光波传到 S_1、S_2 处时，根据惠更斯原理，S_1 和 S_2 可以看作发射子波的两个新波源。由于二者处于同一波面上，所以 S_1 和 S_2 是两个相干波源，从它们发出的光满足相干条件。这种从一点光源发出的同一波面上取出两部分作为相干光源的方法，称为分波阵面法。下面将要讨论的杨氏双缝干涉实验就是用分波阵面法来获得相干光的。

2. 分振幅法

利用光的反射和折射可以将一束光分成两束相干光，如图 8.5 所示。当一束光 a 入射到一透明介质（薄膜）分界面时分成两部分，一部分在薄膜上表面被反射形成光束 a'，另一部分射入膜内，在下表面反射经上表面折射出形成光束 a''。由于光束 a'、a''都是从 a 光束分出来的，因此满足相干条件，是相干光。又由于 a'和 a''两光束的强度都是从光束 a 的强度中分出来的，都只占入射光强的一部分，且光强又和振幅的平方成正比，所以这种获得相干光的方法称为分振幅法。

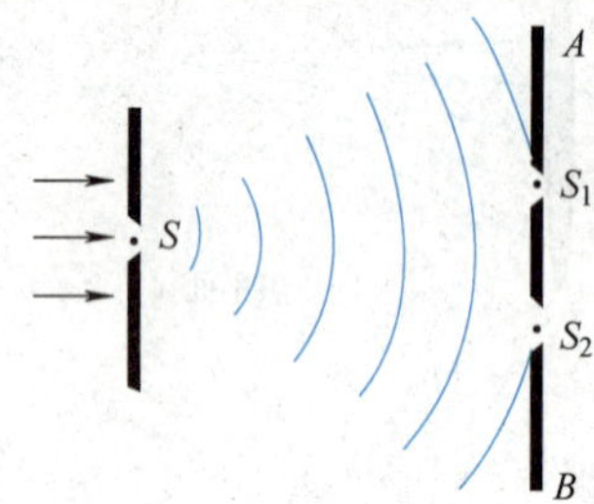

图 8.4　分波阵面法获得相干光

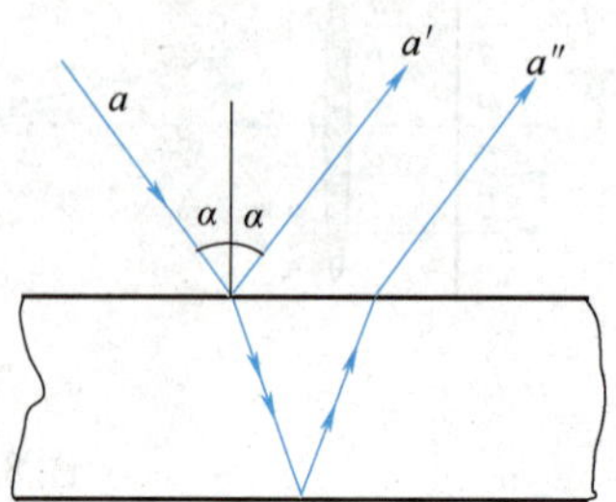

图 8.5　分振幅法获得相干光

我们在日常生活中看到油膜、肥皂膜上呈现五颜六色的花纹、彩色绚丽的图样，这是光在薄膜上干涉的结果，也是用分振幅法获得相干光的例子。

还需指出，两束光相干除满足上述干涉的必要条件，即频率相同、振动方向相同、相位差恒定之外，还必须满足两个附加条件：

1）两相干光的振幅不可相差太大，否则会使加强 A_1+A_2 与减弱 $|A_1-A_2|$ 效果不悬殊，显示不出明显的明暗区别。

2）两相干光的光程差不能太大。我们知道，原子发光是断续的，每次发光只能延续一小段时间，因此每次发出的光波都是长度有限的波列。只有在同一时刻发出的光波列相遇才能干涉，若光程差太大，某一时刻从 S 发出的两个光波列不能在观察屏相遇，因此不能产生干涉。

思考题

8.1.1　什么是光的干涉？光的干涉实验现象是什么？由普通光源怎样获得相干光？

8.1.2　对于杨氏双缝干涉，把单缝上某点作为光源，它发出的光的相位随时间随机变化，那么为什么能在观察屏上产生干涉图样？

8.1.3　相干光的必要条件是什么？两个普通的灯泡发出的光能产生干涉现象吗？为什么？

8.1.4　要产生干涉，并观察到清晰的干涉图样，除了相干的必要条件外，还需要哪些补充条件？

8.1.5　如果两束光是相干的，在两束光重叠处总光强如何计算？如果两束光是不相干的，重叠处总光强又怎样计算？

8.1.6　两束相干光在重叠处干涉加强和减弱的条件分别是什么？

8.1.7　什么是光程？在不同的均匀介质中，若单色光通过的光程相等，其几何路程是否相同？其所需时间是否相同？

8.1.8　在光程差与位相差的关系式 $\Delta\varphi=2\pi\delta/\lambda$ 中，光波的波长要用真空中的波长，为什么？

8.2 分波阵面干涉——杨氏双缝干涉实验

1801年，英国物理学家托马斯·杨（Thomas Young，1773—1829）用实验证实了光的波动性，具有历史性意义。杨氏双缝干涉实验是最早利用单一光源形成两束相干光，从而获得干涉现象的典型实验。实验结果为光的波动说提供了重要的依据。

1. 杨氏双缝实验装置

杨氏双缝干涉实验装置如图8.6所示。由光源发出的单色光通过足够窄的狭缝 S，形成缝光源。在单缝的后面放置一个有相距很近的两个平行狭缝 S_1 与 S_2 的挡板，且使 $SS_1=SS_2$，则 S_1 和 S_2 两狭缝恰好处在缝光源 S 发出光的同一波阵面上。根据惠更斯-菲涅耳原理，S_1、S_2 相当于两个振动方向相同、频率相同、相位相同的相干光源。这样，由 S_1 和 S_2 发出的光在它们相遇的区域内将产生干涉。若在 S_1 和 S_2 的后面放置一观察屏E，则屏上将出现一系列平行于狭缝的明暗相间的直干涉条纹。

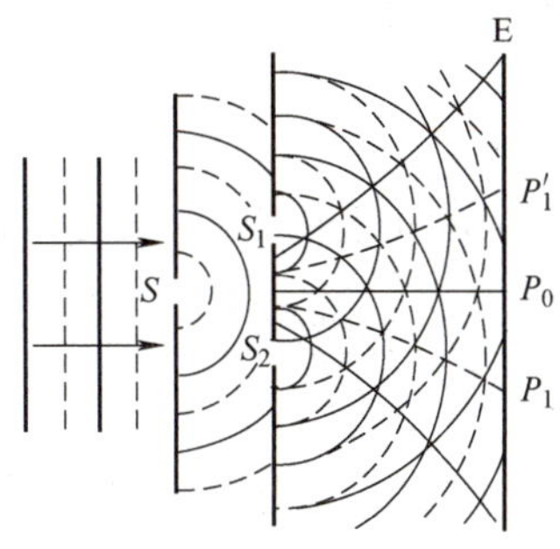

图8.6 杨氏双缝干涉实验

2. 干涉加强、减弱的条件

下面分析屏幕上干涉明、暗条纹应满足的条件，如图8.7所示。设狭缝 S_1 和 S_2 间的距离为 a，双缝所在平面与屏E平行，两者之间的垂直距离为 D。今在屏上任取一点 P，它与 S_1 和 S_2 的距离分别为 r_1 和 r_2，则由 S_1 和 S_2 发出的光到达点 P 的光程差为 $\delta=r_2-r_1$。若 O_1 为 S_1 和 S_2 的中点，O 与 O_1 正对。建立如图8.7所示的坐标系，当点 P 的坐标为 x 时，则由图中几何关系可得到

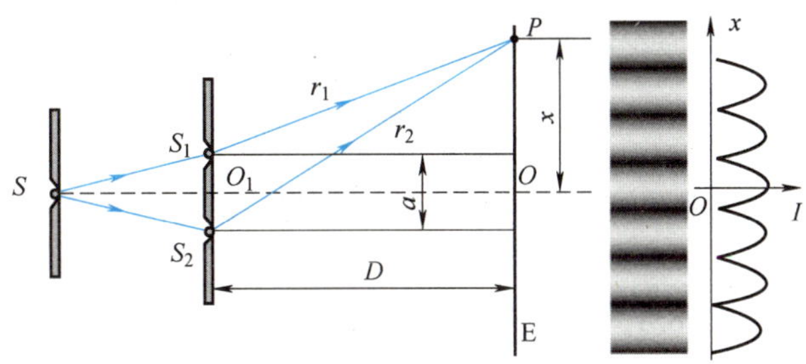

图8.7 杨氏双缝干涉条纹的计算

$$r_1^2=D^2+\left(x-\frac{a}{2}\right)^2$$

$$r_2^2=D^2+\left(x+\frac{a}{2}\right)^2$$

将上两式相减，得

$$r_2^2-r_1^2=(r_2+r_1)(r_2-r_1)=2ax$$

在通常观测的情况，$D\gg a$，且 $D\gg x$，故 $r_2+r_1\approx 2D$，由上式得

$$\delta=r_2-r_1=\frac{ax}{D} \tag{8.11}$$

若入射光的波长为 λ，则根据干涉加强和减弱的条件，可得 P 点光波干涉加强形成明条纹的条件为

$$\delta=\frac{ax}{D}=\pm k\lambda \tag{8.12}$$

而明条纹的位置

$$x=\pm k\frac{D}{a}\lambda \quad (k=0,1,2,\cdots) \tag{8.13}$$

式中，正负号表示干涉条纹在 O 点两侧是对称分布的。由式（8.13）可知，当 $k=0$ 时，$x=0$，则屏上 O 点处呈明纹，称为中央明纹（又称为零级明条纹）。$k=1,2,\cdots$相应的 x 分别为$\pm\frac{D}{a}\lambda$，$\pm\frac{2D}{a}\lambda,\cdots$，对应的明纹分别为第一级、第二级……明条纹，它们对称地分布在中央明条纹的两侧。

P 点光波干涉减弱，即形成暗条纹的条件为

$$\delta=\frac{ax}{D}=\pm(2k-1)\frac{\lambda}{2} \tag{8.14}$$

暗条纹的位置为

$$x=\pm(2k-1)\frac{D\lambda}{2a} \quad (k=1,2,\cdots) \tag{8.15}$$

由式（8.15）可知，$k=1,2,\cdots$相应的 x 为$\pm\frac{D}{2a}\lambda$，$\frac{3D}{2a}\lambda$，…处为暗条纹。若从 S_1 和 S_2 发出的两相干光到 P 点的光程差既不满足式（8.12）也不满足式（8.14），则 P 点处既不呈现最明，也不呈现最暗。

3. 条纹特征

1）杨氏双缝实验的干涉条纹是明暗相间的直条纹，对称分布在中央明条纹两侧，且中间级次低，两边级次高。

2）由式（8.13）、式（8.15）可以算出两相邻明条纹（或暗条纹）间的距离，均为

$$\Delta x=x_{k+1}-x_k=\frac{D}{a}\lambda \tag{8.16}$$

这表明干涉明、暗条纹是等间距分布的。

3）$\Delta x\propto D$，屏离双缝 S_1、S_2 越远，则 Δx 越大，条纹分得越开；而 $\Delta x\propto 1/a$，所以 a 越小，则 Δx 就越大，条纹越稀疏；反之 a 越大，则 Δx 就越小，条纹密集，以致肉眼分辨不出干涉条纹。

4）当 D、a 固定不变时，条纹间距 Δx 与入射光波长 λ 成正比，即入射光波长越大，条纹间距也就越大。

5）若用白光照射，中央是白色明纹，其他各级明纹因入射波长不同其明纹间距不等而彼此错开，结果在中央白色明纹两侧形成一系列从紫到红的彩色条纹。同一级条纹中，波长

小的离中央明纹近，波长大的离中央明纹远，即内紫外红。

例 8.1　用单色光照射相距 0.4mm 的双缝，双缝与屏幕的垂直距离为 1m。（1）若从第一级明纹到同侧第 5 级明纹的距离为 6mm，求此单色光的波长。（2）若入射的单色光是波长为 400nm 的紫光，求相邻两明纹间的距离。（3）若上述两种波长的光同时照射，求两种波长的明条纹第一次重合在屏幕上的位置，以及这两种波长的光从双缝到该位置的光程差。

解　（1）由双缝干涉明纹条件

$$x=\pm k\frac{D}{a}\lambda \quad (k=0,1,2,\cdots)$$

把 $k=1$ 和 $k=5$ 代入上式，得

$$\Delta x=x_5-x_1=\frac{D}{a}(k_5-k_1)\lambda$$

$$\lambda=\frac{a}{D}\frac{\Delta x}{k_5-k_1}=\frac{4\times10^{-4}\times6\times10^{-3}}{1\times(5-1)}\text{m}=6.0\times10^{-7}\text{m}(\text{橙色})$$

（2）当 $\lambda=400\text{nm}$ 时，相邻两明纹间距为

$$\Delta x=\frac{D}{a}\lambda=\frac{1\times400\times10^{-9}}{4\times10^{-4}}\text{m}=1\times10^{-3}\text{m}$$

（3）设两种波长光的明条纹重合处离中央明纹的距离为 x，则有

$$x=k_1\frac{D}{a}\lambda_1=k_2\frac{D}{a}\lambda_2$$

$$\frac{k_1}{k_2}=\frac{\lambda_2}{\lambda_1}=\frac{400}{600}=\frac{2}{3}$$

由此可见，波长为 400nm 的紫光的第 3 级明条纹与波长为 600nm 的橙光的第 2 级明条纹第 1 次重合。重合的位置为

$$x=k_1\frac{D}{a}\lambda_1=\frac{2\times1\times6\times10^{-7}}{4\times10^{-4}}=3\times10^{-3}\text{m}=3\text{mm}$$

双缝到重合处的光程差为

$$\delta=k_1\lambda_1=k_2\lambda_2=1.2\times10^{-6}\text{m}$$

例 8.2　杨氏双缝实验装置中，光源波长 $\lambda=640\text{nm}$，两缝间距 a 为 0.4mm，光屏离狭缝距离为 50cm，试求：（1）两个第 3 级明纹中心之间的距离；（2）若屏上 P 点离中央明纹的中心距离 x 为 0.1mm，则从双缝发出的两束光传到屏上 P 点的相位差是多少？

解　（1）根据双缝干涉明纹位置公式

$$x=\pm k\frac{D}{a}\lambda \quad (k=0,1,2,\cdots)$$

则第 3 级明纹位置为

$$x=\pm3\times\frac{50\times10^{-2}}{0.4\times10^{-3}}\times640\times10^{-9}\text{m}=\pm2.4\times10^{-3}\text{m}$$

故两个第 3 级明纹间距为

$$\Delta x=2\times2.4\times10^{-3}\text{m}=4.8\times10^{-3}\text{m}$$

（2）两光束到达屏上 P 点的光程差为

$$r_2-r_1=\frac{a}{D}x=\frac{0.4\times10^{-3}}{50\times10^{-2}}\times0.1\times10^{-3}\text{m}=8\times10^{-8}\text{m}$$

再根据相位差与光程差的关系，得

$$\Delta\varphi=\frac{2\pi}{\lambda}(r_2-r_1)=\frac{2\pi}{640\times10^{-9}}\times8\times10^{-8}=\frac{\pi}{4}$$

例 8.3 用折射率 $n=1.5$ 的透明膜覆盖在一单缝上，双缝间距 $a=0.5\text{mm}$，$D=2.5\text{m}$，当用 $\lambda=500\text{nm}$ 的光垂直照射双缝，观察到屏幕上方第 5 级明纹移到未盖薄膜时的中央明纹位置，求：(1) 膜的厚度及第 10 级干涉明纹的宽度；(2) 放置膜后，零级明纹和它的上下方第一级明纹的位置分别在何处？

解 (1) 设膜的厚度为 d，由题知条纹移动的数目是 5，则在覆盖薄膜前的中央明纹位置处光程差满足

$$\delta=(r_2-d+nd)-r_1=(n-1)d=5\lambda$$

$$d=\frac{5\lambda}{n-1}=\frac{5\times500\times10^{-9}}{1.5-1}\text{m}=5\times10^{-6}\text{m}$$

第 10 级干涉明纹的宽度为

$$\Delta x=\frac{D}{a}\lambda=\frac{2.5\times500\times10^{-9}}{0.5\times10^{-3}}\text{m}=2.5\times10^{-3}\text{m}$$

(2) 由于放置膜后，屏幕上方第 5 级明纹移到原中央明纹处，则放置膜后的零级明纹移到原来下方第 5 级明纹处，上下方第一级明纹分别移到下方第 4 级和下方第 6 级明纹处，所以有

$$x_0'=x_{-5}=-5\frac{D}{a}\lambda=-5\frac{2.5\times500\times10^{-9}}{0.5\times10^{-3}}\text{m}=-1.25\times10^{-2}\text{m}$$

$$x_1'=x_{-4}=-4\frac{D}{a}\lambda=-4\frac{2.5\times500\times10^{-9}}{0.5\times10^{-3}}\text{m}=-1.00\times10^{-2}\text{m}$$

$$x_{-1}'=x_{-6}=-6\frac{D}{a}\lambda=-6\frac{2.5\times500\times10^{-9}}{0.5\times10^{-3}}\text{m}=-1.50\times10^{-2}\text{m}$$

思考题

8.2.1 在双缝干涉实验中，(1) 当缝间距 a 不断增大时，干涉条纹如何变化？为什么？(2) 当缝光源 S 在平行于双缝屏面向下或向上移动时，干涉条纹如何变化？(3) 把缝光源 S 逐渐加宽时，干涉条纹将如何变化？(4) 将装置置于水中，条纹间距如何变化，为什么？

8.2.2 在双缝干涉实验中，如果在上方的缝后面贴一片薄的透明云母片，干涉条纹的间距有无变化？中央条纹的位置有无变化？为什么？

8.2.3 用白色线光源做双缝干涉实验时，若在缝 S_1 后面放一红色滤光片，S_2 后面放一绿色滤光片，问能否观察到干涉条纹？为什么？

8.2.4 在杨氏双缝干涉实验中，若两缝的宽度稍微有点不等，则在屏幕上的干涉条纹有什么变化？

8.3 分振幅干涉

薄膜干涉是利用薄膜上下两个表面对入射光的反射和折射而形成相干光束，是利用分振幅法获得相干光的。

在日常生活中，常常看到水面上的油膜或肥皂泡等在日光照射下呈现美丽的花纹，这些都是最典型的薄膜干涉现象。薄膜干涉原理在实际中的应用非常广泛，例如全反射膜、增透膜、干涉仪等都是利用薄膜干涉现象制成的。下面应用光程差概念，讨论薄膜等倾干涉和薄

膜等厚干涉。

8.3.1 薄膜等倾干涉

1. 反射光的干涉

图 8.8 为一厚度为 e、折射率为 n_2 的平行平面薄膜，与薄膜接触的上下方介质的折射率分别为 n_1 和 n_3，设 $n_1<n_2$，$n_2>n_3$。从单色面光源上一点 S 发出波长为 λ 的一束光线，以入射角 i 投射到薄膜上表面 A 点后分为两部分：一部分在上表面反射成为光束①；另一部分是以折射角 r 折射进入薄膜后，在下表面 B 点反射后到达上表面 C 点再折射进入原介质中，成为光束②。显然，光束①和光束②平行，经透镜 L 会聚于处在焦平面的屏幕 P 点。由于光线①和光线②是同一入射光的两部分，只是经历了不同的路径而有恒定的相位差，因此它们是相干光，可在屏幕上产生干涉图样。

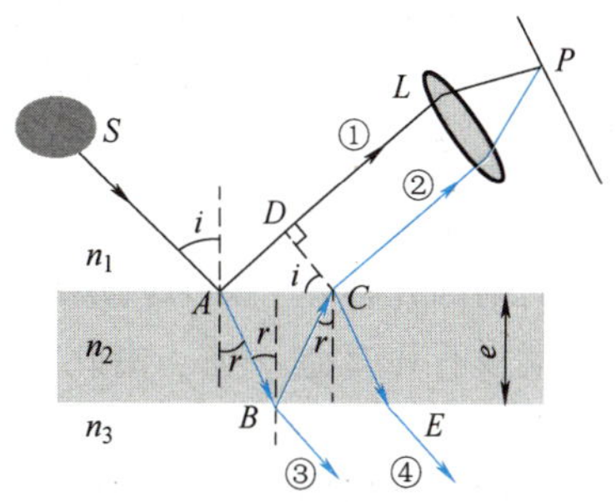

图 8.8 薄膜等倾干涉

现在我们计算光束①和光束②的光程差。为此，由 C 点作光束①的垂线，垂足为 D。由于透镜不产生附加的光程差，则 CP 和 DP 的光程相等，所以光束①和②的光程差仅为①从 A 点反射后到 D 的光程和②从 A 点到 B 再到 C 的光程之差，即

$$\delta=n_2(AB+BC)-n_1AD+\frac{\lambda}{2}$$

式中，$\lambda/2$ 是因为光束①在 A 点反射时存在半波损失而另外计入的附加光程差，由图中几何关系，有

$$AB=BC=\frac{e}{\cos r}$$

$$AD=AC\cdot\sin i=2e\tan r\sin i$$

把以上两式代入光程差计算式可得

$$\delta=2\,\frac{e}{\cos r}(n_2-n_1\sin r\sin i)+\frac{\lambda}{2}$$

根据折射定律 $n_1\sin i=n_2\sin r$，上式可写成

$$\delta=\frac{2e}{\cos r}n_2(1-\sin^2 r)+\frac{\lambda}{2}=2n_2e\cos r+\frac{\lambda}{2}$$

最后得到①和②两束光的光程差

$$\delta=2n_2e\cos r+\frac{\lambda}{2} \tag{8.17}$$

于是，薄膜反射光干涉加强、减弱条件为

$$\delta=2n_2e\cos r+\frac{\lambda}{2}=\begin{cases}k\lambda & (k=1,2,3,\cdots)\quad 加强\\(2k+1)\dfrac{\lambda}{2} & (k=0,1,2,\cdots)\quad 减弱\end{cases} \tag{8.18}$$

若光线垂直照射（即 $i=0$）时

$$\delta=2n_2e+\frac{\lambda}{2}=\begin{cases}k\lambda & (k=1,2,3,\cdots) \quad 加强 \\ (2k+1)\dfrac{\lambda}{2} & (k=0,1,2,\cdots) \quad 减弱\end{cases} \tag{8.19}$$

式（8.18）表明，当 n_1、n_2、λ 一定时，对于厚度 e 均匀的薄膜，光程差取决入射角 i（或者说折射角 r）。凡以相同倾角 i 入射的光，经薄膜的上、下表面反射后产生的相干光束有相同的光程差，对应于同一条干涉条纹。不同倾角的入射光，经薄膜的上、下表面反射后产生的相干光束的光程差不同，将形成不同级次的干涉条纹。这种干涉称为等倾干涉，形成的条纹称为等倾干涉条纹。等倾干涉条纹图样为一组内疏外密的明暗相间圆环。这里发生等倾干涉的光源必须是面光源即扩展光源，而不是前面所用的缝光源（线光源）或点光源。本章对等倾干涉不做深入讨论。

需要指出的是，在式（8.18）光程差 δ 中的 $\lambda/2$ 这一项是在一个反射点有半波损失时产生的附加光程差。如果两束相干光在反射点都有或都没有半波损失，那么在计算光程差 δ 时，就没有 $\lambda/2$ 这一项。由此，可以总结出如下规律：

1）当 $n_1<n_2<n_3$ 或 $n_1>n_2>n_3$时，光程差 δ 中没有 $\lambda/2$ 项。

在这两种情况下，两束光都是从光疏到光密介质界面上反射，或者都是从光密到光疏介质界面上反射，反射条件相同，两束光要么都有半波损失，要么都没有半波损失，显然 δ 中没有 $\lambda/2$ 项。

2）当 $n_1<n_2>n_3$ 或 $n_1>n_2<n_3$ 时，光程差 δ 中有 $\lambda/2$ 项。

在这两种情况下，两束光中如果一束是从光疏到光密介质界面反射，则另一束一定是从光密到光疏介质界面反射，反射条件不同，一个反射点上有半波损失时，另一个反射点上一定没有半波损失，因此光程差 δ 中必然有 $\lambda/2$ 项。

2. 透射光的干涉

薄膜透射光也有干涉现象。在图 8.8 中，光线 AB 中有一部分直接从点 B 折射出光束③，还有一部分经点 B 和点 C 两次反射后再由点 E 折射出光束④。③和④也是相干光，也能产生干涉。

由透射光的光程差以及半波损失的判断方法可以得到与式（8.18）类似的公式，只不过在反射光干涉中，一次在 A 点反射，另一次在 B 点反射；而透射光则分别在 B 点和 C 点反射。由于 A 点和 C 点的反射条件总是不同的，即在 A 点的反射如果是由光疏介质到光密介质，则在 C 点的反射必然是由光密介质到光疏介质，因此，如果在反射光的光程差中出现 $\lambda/2$ 项，则在透射光的光程差中必然不出现 $\lambda/2$ 项，反之亦然。

因此透射光的总光程差为

$$\delta=2n_2e\cos r$$

薄膜透射光干涉加强、减弱的条件为

$$\delta=2n_2e\cos r=\begin{cases}k\lambda & (k=0,1,2,\cdots) \quad 加强 \\ (2k+1)\dfrac{\lambda}{2} & (k=0,1,2,\cdots) \quad 减弱\end{cases} \tag{8.20}$$

比较式（8.18）和式（8.20）可以看出，当反射光的干涉加强时，透射光的干涉将减弱；当反射光的干涉减弱时，透射光的干涉将加强，这意味着反射光和透射光的干涉图样是互补的，这是符合能量守恒定律的。因此，若薄膜上表面出现明纹，则在下表面对应位置一定出现暗纹。

3. 增透膜与增反膜

薄膜干涉原理在镀膜技术中的应用主要有两个方面，一方面是利用薄膜反射时，使某些波长的光因干涉而减弱，以增加透射光的强度，这种薄膜称为增透膜。如照相机镜头或其他光学元件，常用组合透镜。对于一个具有 4 个玻璃-空气界面的透镜组来说，由于反射损失的光能约为入射光的 20%，为了减少这种反射损失，常在透镜表面镀一层薄膜。

例如在折射率为 n_1 的介质表面镀一层厚度为 e、折射率为 n 的透明薄膜，且 $n<n_1$，当光垂直入射时，如果满足

$$2ne=(2k+1)\frac{\lambda}{2}\quad(k=0,1,2,\cdots)$$

则对波长为 λ 的光，反射少，透射多，故叫增透膜。此时

$$ne=(2k+1)\frac{\lambda}{4}=\frac{\lambda}{4},\frac{3\lambda}{4},\cdots$$

ne 叫光学厚度。

另一方面是利用薄膜表面反射时，使某些波长的光因干涉而加强，以减少透射光的强度，这种薄膜称为增反膜。例如在折射率为 n_1 的介质表面镀一层厚度为 e、折射率为 n 的透明薄膜，且 $n>n_1$，当光垂直入射时，如果满足

$$2ne+\frac{\lambda}{2}=k\lambda\quad(k=1,2,3,\cdots)$$

则反射光干涉加强——增反膜。实际是在玻璃片上依次喷镀多层高、低折射率薄膜可以达到高反射的目的。例如，He-Ne 激光器中的谐振腔的反射镜就是采用镀多层膜（15～17 层）的办法，使它对 632.8nm 的激光的反射率达到 99%以上。

对于均匀的薄膜干涉需要注意的是：薄膜干涉要求薄膜要薄。这是因为原子发出的波列有一定的长度，波列的长度称为相干长度，它是能看到干涉现象的最大光程差。如果膜太厚，则图 8.8 中的①、②两束光到达 P 点时不能相遇，这就谈不上干涉。我们说的薄膜的厚度是相对的，它取决于光的相干长度。例如，一块较厚的玻璃板，对普通光（灯光、日光等）不能看作“薄膜”，也不能发生干涉；但对激光却可以看作薄膜，能够发生干涉。

例 8.4　空气中的水平肥皂膜厚度 $e=0.32\mu m$，折射率 $n_2=1.33$，当白光垂直照射时，肥皂膜呈现什么色彩？

解　由于空气的折射率 $n_1=1$，则有 $n_1<n_2$，所以由肥皂膜上、下两表面反射形成的相干光的光程差为

$$\delta=2n_2e+\frac{\lambda}{2}$$

当反射光因干涉而加强时，则有

$$2n_2e+\frac{\lambda}{2}=k\lambda\quad(k=1,2,\cdots)$$

由上式得

$$\lambda=2n_2e\Big/\left(k-\frac{1}{2}\right)$$

把 $n_2=1.33$，$e=0.32\mu m$ 代入，得到干涉加强的光波波长为

$$k=1\text{ 时，}\lambda_1=4n_2e=1700\text{nm}$$

$$k=2\text{ 时，}\lambda_2=\frac{4}{3}n_2e=567\text{nm}$$

$$k=3\text{ 时，}\lambda_3=\frac{4}{5}n_2e=340\text{nm}$$

其中，波长 $\lambda_2=567$nm 的绿光在可见光范围内，所以肥皂膜呈现绿色。

例 8.5 为了增加照相机镜头的透射光强度，往往在镜头（$n_3=1.52$）上镀一层 MgF_2 薄膜（$n_2=1.38$），使对人眼和照相底片最敏感的 $\lambda=550$nm 的光反射最小，试求 MgF_2 的最小厚度。

解 由于满足 $n_1<n_2<n_3$，故无半波损失 $\lambda/2$，则 MgF_2 上、下表面反射光的光程差为

$$\delta=2n_2e$$

因为镀的是增透膜，所以上、下表面反射光的光程差应满足干涉减弱条件，有

$$\delta=2n_2e=(2k+1)\frac{\lambda}{2}\quad(k=0,1,2,\cdots)$$

则有

$$e=\frac{2k+1}{4n_2}\lambda$$

当 $k=0$ 时，e 最小，得

$$e_{\min}=\frac{\lambda}{4n_2}=\frac{5.5\times10^{-7}}{4\times1.38}\text{m}=1.00\times10^{-7}\text{m}$$

8.3.2 薄膜等厚干涉

由薄膜干涉加强、减弱条件，即式（8.18）可知，当入射角 i 保持不变时，光程差仅与膜的厚度有关。凡厚度相同的地方，光程差相同，从而对应于同一条干涉条纹。这种干涉称为等厚干涉，形成的干涉条纹称为等厚干涉条纹。等厚干涉条纹的形状取决于膜层薄厚的分布情况。在实验室中观察等厚条纹的常见装置是劈尖和牛顿环，下面以劈尖干涉为例来讨论薄膜等厚干涉。

1. 劈尖干涉

如图 8.9a 所示，两块平板玻璃一端接触，另一端夹一薄纸片，中间充满折射率为 n_2 的介质，这样在两块玻璃板之间形成一劈尖状的介质膜，这样的结构称为劈尖。两玻璃片接触处称为棱边，与棱边平行的线上劈尖的厚度相等。两玻璃片的夹角称为劈尖角，一般劈尖角很小。当波长为 λ 的平行光垂直入射（$i=0$）在折射率为 n_2 劈尖上时，在劈尖的上、下表面反射的光线将发生干涉。由于图 8.9a 所示的劈尖两侧介质相同，折射率满足 $n_1<n_2>n_3$ 或 $n_1>n_2<n_3$ 情况，则光程差 δ 中有 $\lambda/2$ 项，所以在劈尖厚度为 e 处，两条光线的光程差为

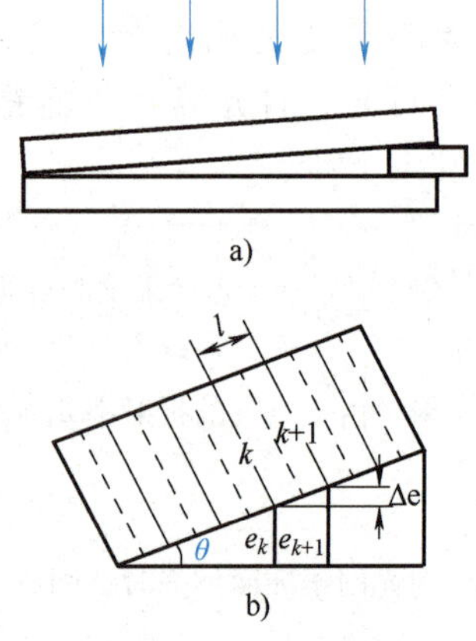

图 8.9 劈尖干涉

$$\delta=2n_2e+\frac{\lambda}{2}=\begin{cases}k\lambda & (k=1,2,3,\cdots) \quad 明条纹\\(2k+1)\dfrac{\lambda}{2} & (k=0,1,2,\cdots) \quad 暗条纹\end{cases} \tag{8.21}$$

2. 干涉条纹特征

从式（8.21）可以看出，劈尖厚度相同处的光程差都相同，从而对应同一条干涉条纹，所以，劈尖的干涉条纹是一系列平行于棱边的明暗相间的直条纹，这种与劈尖厚度相对应的干涉条纹就是等厚干涉条纹。

在劈尖棱边处，由于 $e=0$，$\delta=\lambda/2$，所以为一条暗纹。由式（8.21）可求得任意两相邻明条纹或暗条纹对应的劈尖厚度差为

$$\Delta e=e_{k+1}-e_k=[(k+1)-k]\frac{\lambda}{2n_2}=\frac{\lambda}{2n_2} \tag{8.22}$$

若设相邻明条纹（或暗条纹）中心间的距离为 l，由图 8.9b 有几何关系

$$l\sin\theta=e_{k+1}-e_k$$

于是可得

$$l=\frac{\lambda}{2n_2\sin\theta}$$

一般劈尖角 θ 很小，故 $\sin\theta\approx\theta$，代入上式，则有

$$l=\frac{\lambda}{2n_2\theta} \tag{8.23}$$

如果两块平板玻璃之间是空气，则称为空气劈尖。对于空气劈尖，$n_2=1$，则由式（8.22）可以得到相邻明条纹或暗条纹对应空气劈尖的厚度差为

$$\Delta e=\frac{\lambda}{2}$$

这表明空气劈尖的相邻明条纹或暗条纹处的劈尖厚度为入射光波长的一半。由式（8.23）可以得到空气劈尖的相邻明条纹或暗条纹中心间的距离（条纹的宽度）为

$$l=\frac{\lambda}{2\theta}$$

由此可见，劈尖干涉条纹是等间距的，而且劈尖角 θ 越小，条纹间距 l 越大，干涉条纹越疏；反之，θ 越大，则 l 越小，干涉条纹越密。如果 θ 角过大，则条纹将密得无法分辨，因此干涉条纹只能在 θ 角很小的劈尖上看到。利用劈尖干涉，若能测得相邻条纹间距离 l，便可以由式（8.23）求出入射光的波长 λ 或微小角度 θ。工程上常利用这一原理测细丝直径和薄片厚度。另外，利用空气劈尖干涉原理可以制成干涉膨胀仪，用来测定样品的热膨胀系数。

例 8.6　把金属细丝夹在两块平板玻璃之间，形成空气劈尖，如图 8.10 所示。金属丝和棱边间距为 $D=28.880\text{mm}$。用波长 $\lambda=589.3\text{nm}$ 的钠黄光垂直照射，测得 30 条明条纹之间的总距离为 4.295mm，求金属丝的直径 d。

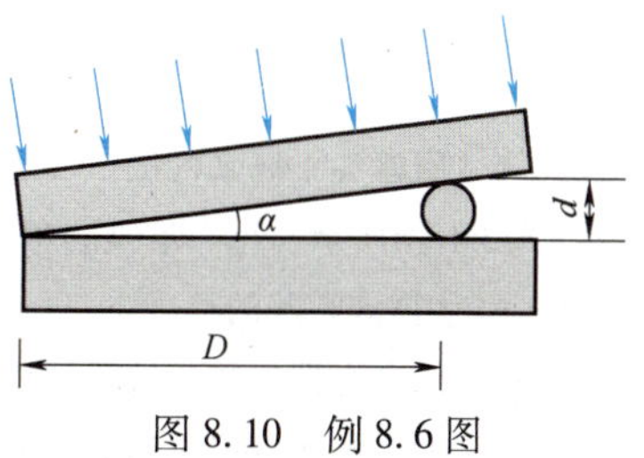

图 8.10　例 8.6 图

解　设相邻两明条纹间距为 l，由图示的几何关系可得

$$l=\frac{\lambda}{2\sin\alpha},\quad d=D\tan\alpha$$

由于α很小，则

$$\tan\alpha \approx \sin\alpha = \frac{\lambda}{2l}$$

根据题意，有 $l=\frac{4.295}{30-1}$mm，所以

$$d = D\frac{\lambda}{2l} = 28.880 \times \frac{589.3\times10^{-9}}{2\times4.295/29} = 5.746\times10^{-5}\,\text{m}$$

例 8.7 在半导体元件生产中，为测定硅（Si）片上 SiO_2 薄膜的厚度，将该膜一端削成劈尖状，如图 8.11 所示。已知 SiO_2 折射率 $n_2=1.46$，Si 的折射率 $n_3=3.42$。若用波长 $\lambda=546.1$nm 的绿光照射，观察到 SiO_2 劈尖薄膜上出现 7 条暗纹，且第 7 条在斜坡的起点 M 处。试求：（1）SiO_2 的薄膜厚度是多少？（2）劈尖棱边 N 处是明纹还是暗纹？

解 （1）两相干光为 SiO_2 劈尖上、下两表面的反射光，均有半波损失。在这种情况下，光程差 δ 中无半波损失 $\lambda/2$，于是，两反射光的光程差为

$$\delta = 2n_2e$$

应用暗条纹公式得

$$2n_2e = (2k+1)\frac{\lambda}{2} \quad (k=0,1,2,\cdots)$$

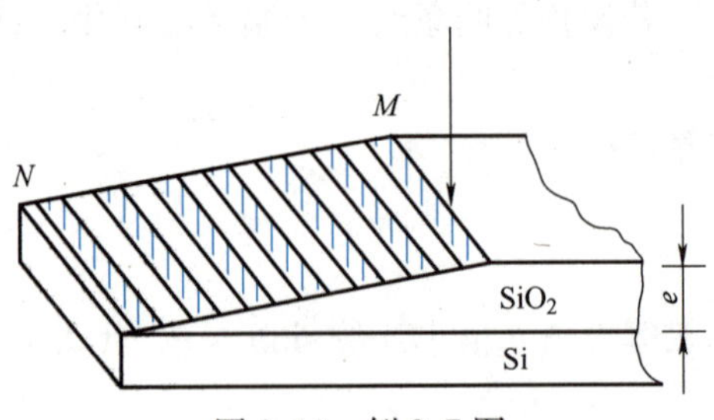

图 8.11 例 8.7 图

由于 M 处为第 7 条暗纹，对应于 $k=6$，所以有

$$e = \frac{13\lambda}{4n_2} = \frac{13\times546.1\times10^{-9}}{4\times1.46} = 1.22\times10^{-6}\,\text{m}$$

（2）棱边 N 处，$e=0$，对应 $\delta=0$，则 N 处为明条纹。

思考题

8.3.1 什么是等倾干涉？什么是等厚干涉？这两种干涉对光源有什么要求？

8.3.2 薄膜干涉的膜为什么要薄？为什么厚的薄膜观察不到干涉条纹？如果薄膜厚度很薄，比入射光的波长小得多，又能否看到干涉条纹？劈尖干涉的劈尖角为什么要小？

8.3.3 增反膜和增透膜的原理是什么？

8.3.4 隐形飞机之所以很难被敌方雷达发现，可能是由于飞机表面涂敷了一层电介质（如塑料或橡胶）从而使入射的雷达波反射极微。试说明这层电介质可能是怎样减弱反射波的？

8.3.5 用两块平玻璃构成的劈尖观察干涉条纹时，若把劈尖上表面向上缓慢地平移，如思考题 8.3.5 图 a 所示，干涉条纹有什么变化？若把劈尖角逐渐增大，如图思考题 8.3.5b 所示，干涉条纹又有什么变化？为什么？

8.3.6 用劈尖干涉来检测工件表面的平整度，当波长为 λ 的单色光垂直入射时，观察到的干涉条纹如思考题 8.3.6 图所示，每一条纹的弯曲部分的顶点恰与左邻的直线部分的连线相切。试说明工件缺陷是凸还是凹？并估算该缺陷的程度。

8.3.7 用白光照射竖直放置的铅丝围成的薄肥皂水膜时，将会看到怎样的现象？

8.3.8 如何利用等厚干涉原理来检验轴承滚珠的直径误差？

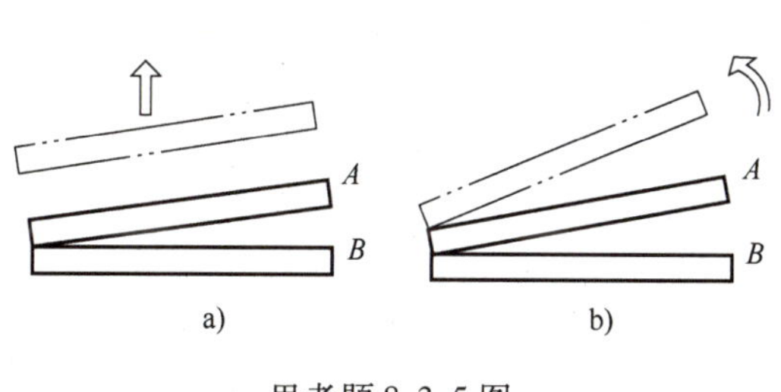

思考题 8.3.5 图

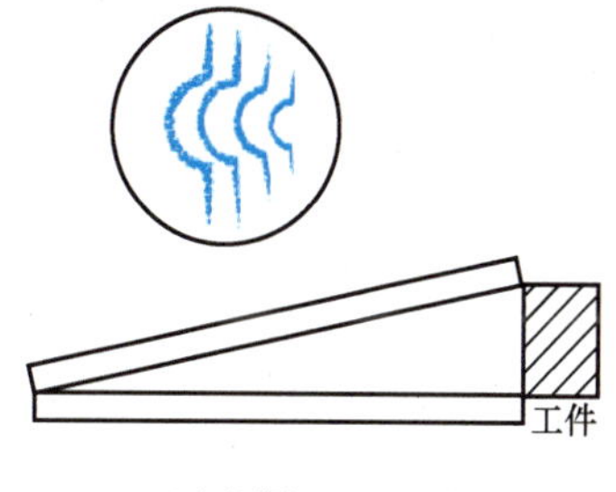

思考题 8.3.6 图

8.4 迈克耳孙干涉仪

迈克耳孙干涉仪是根据分振幅干涉原理，利用干涉条纹的位置取决于光程差并随光程差的改变而移动的现象制成的一种精密测量仪器。它可精密地测量长度以及长度的微小变化等，是许多近代干涉仪的原型，在科学技术中有着广泛的应用，在物理学发展史上也起过重要作用。

迈克耳孙干涉仪的基本结构和光路如图 8.12 所示。M_1 和 M_2 是两块精细磨光的平面反射镜，M_1 是固定的，M_2 用螺旋控制，可做微小的移动。G_1 和 G_2 是两块材料相同、厚度均匀且相等的平行玻璃片。在 G_1 的背面上镀有半透明的薄银层（图中用粗线标出），使照射在 G_1 上的光一半反射，一半透射。G_1、G_2 与 M_1、M_2 成 45°角。

来自光源 S 的光线，经过透镜 L 后变成平行光线，射向 G_1。折入 G_1 的光线，一部分由银层反射后从 G_1 折出射向 M_2，再经 M_2 反射回来后透过 G_1 向 E 方向传播而进入眼睛，记作①光。另一部分透过银层，穿过 G_2 射向 M_1。此光线经 M_1 反射回来后，再一次穿过 G_2 射向 G_1，由银层反射后也向 E 方向传播而进入眼睛，记作②光。显然，到达 E 处的①光和②光是相干光，所以在 E 处可观察到干涉条纹。G_2 的作用是使②光同①光一样三次穿过玻璃片，从而避免二者之间有较大的光程差。因此，一般称 G_2 为补偿板。

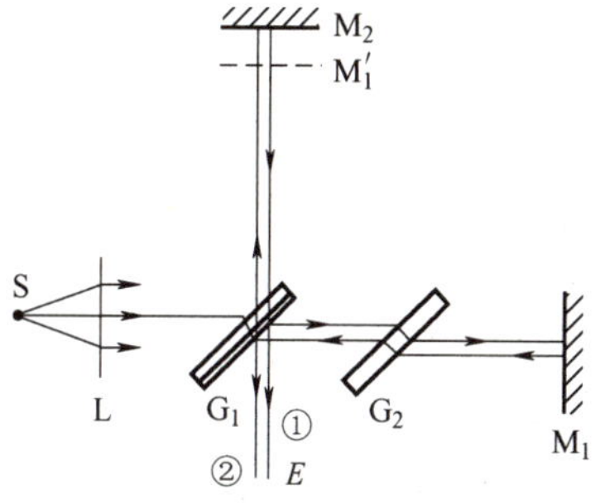

图 8.12 迈克耳孙干涉仪基本结构和光路图

图 8.12 中 M_1' 为 M_1 经 G_1 所成的虚像，所以从 M_1 上反射的光，可看成是从虚像 M_1' 处发出来的，于是，在 M_2 和 M_1' 之间就形成了一个等效的空气膜。这样，进入眼中的①光和②光可以看成是等效空气膜两个表面 M_2 和 M_1' 上的反射光，因此在迈克耳孙干涉仪中所看到的干涉条纹应属于薄膜干涉的范畴。如果 M_1 与 M_2 不严格垂直，那么 M_2 与 M_1' 就不严格平行，于是它们之间的空气薄层就形成一个劈尖，这时在 E 处视场中可观察到一系列平行等距、明暗相间的等厚干涉条纹。若 M_1 与 M_2 严格地相互垂直，则 M_1' 和 M_2 严格地相互平行，它们之间形成一等厚的空气层，在 E 处视场中观察到的干涉条纹是明暗交替环形的等倾干涉条纹。

若入射单色光波长为 λ，则每当 M_2 向前或向后移动 $\lambda/2$ 的距离，就可看到干涉条纹平

移过一条。如在视场中有 ΔN 条干涉条纹移过，就可以算出 M_2 移动的距离为

$$\Delta d=\Delta N\frac{\lambda}{2} \tag{8.24}$$

可见，如已知入射光的波长，利用式（8.24）就可以测定长度。反之，若已知长度，则可用式（8.24）来测定光的波长。迈克耳孙（Albert Abraham Michelson，1852—1931）曾用自己的干涉仪测定了红镉线的波长，同时也用红镉线的波长作单位，表示出标准尺“米”的长度。

此外，迈克耳孙还用他的干涉仪来研究光谱线的精细结构，大大推动了原子物理学的发展。利用这种干涉仪所做的著名的“迈克耳孙-莫雷实验”，它的否定结果是相对论的实验基础之一。迈克耳孙因发明干涉仪和测定光速而获得 1907 年诺贝尔物理学奖。

激光干涉仪引力波天文台（Laser Interferometry Gravitational-wave Observatory，LIGO）就是由两个改进的大型迈克耳孙干涉仪组成，每一个都带有两个 4km 长的臂并组成 L 型，它们分别位于相距 3000km 的美国南海岸 Livingston 和美国西北海岸 Hanford。每个臂由直径为 1.2m 的真空钢管组成。LIGO 的工作原理就是通过引力波引起微小光程的变化来探测引力波，激光束沿不同管道传播再反射回来，汇聚后发生干涉。当引力波出现时，它会把一个方向的空间拉伸，另一个方向的空间压缩，导致两个方向光程变化，从而形成干涉条纹的移动，进而证实引力波的存在。2018 年 12 月 3 日，据物理学家组织网报道，一个国际科学家团队通过分析高新激光干涉仪引力波天文台（Advanced LIGO）获得的观测数据，发现了迄今最大的黑洞合并事件和另外三起黑洞合并事件产生的引力波。最大黑洞合并成了一个约为太阳 80 倍大小的新黑洞，也是迄今距离地球最远的黑洞合并。从 2015 年至今，LIGO 已经多次探测到引力波信号，不仅证实了爱因斯坦 100 多年前广义相对论的预言，还为观测宇宙及起源打开了新的窗口。为此，北京时间 10 月 3 日下午 5 点 45 分，诺贝尔奖委员会宣布，将 2017 年诺贝尔物理学奖授予雷纳·韦斯（Rainer Weiss，1932—）、巴里·巴里什（Barry Clark Barish，1936—）和基普·索恩（Kip Stephen Thorne，1940—），以表彰他们发起和领导了“激光干涉引力波天文台”项目，并在将理论及实验物理学应用于宇宙研究领域做出的重大贡献。

例 8.8 利用迈克耳孙干涉仪可测量单色光的波长。当 M_1 移动距离为 0.322mm 时，观察到干涉条纹移动的数目为 1024 条，求所用单色光的波长。

解 由 $\Delta d=\Delta N\frac{\lambda}{2}$，可得

$$\lambda=\frac{2\Delta d}{\Delta N}=\frac{2\times0.322\times10^{-3}}{1024}=6.289\times10^{-7}\,\mathrm{m}=628.9\,\mathrm{nm}$$

思考题

8.4.1 迈克耳孙干涉仪是采用何种方法获得干涉的？

8.4.2 迈克耳孙干涉仪的原理是什么？测量单色光的波长有什么优越性？

8.4.3 迈克耳孙干涉仪中补偿板的作用是什么？取消补偿板还能实现光的等倾干涉现象吗？为什么？

8.4.4 迈克耳孙干涉仪可以在观测屏出现明暗相间的等倾干涉同心圆环。这说明形成干涉的两束光是平行光会聚同一圆环，为什么？这两束光与各自的反射镜法线形成的反射角是什么状态？如果不平行会出现什么实验现象？为什么？

本章知识网络图

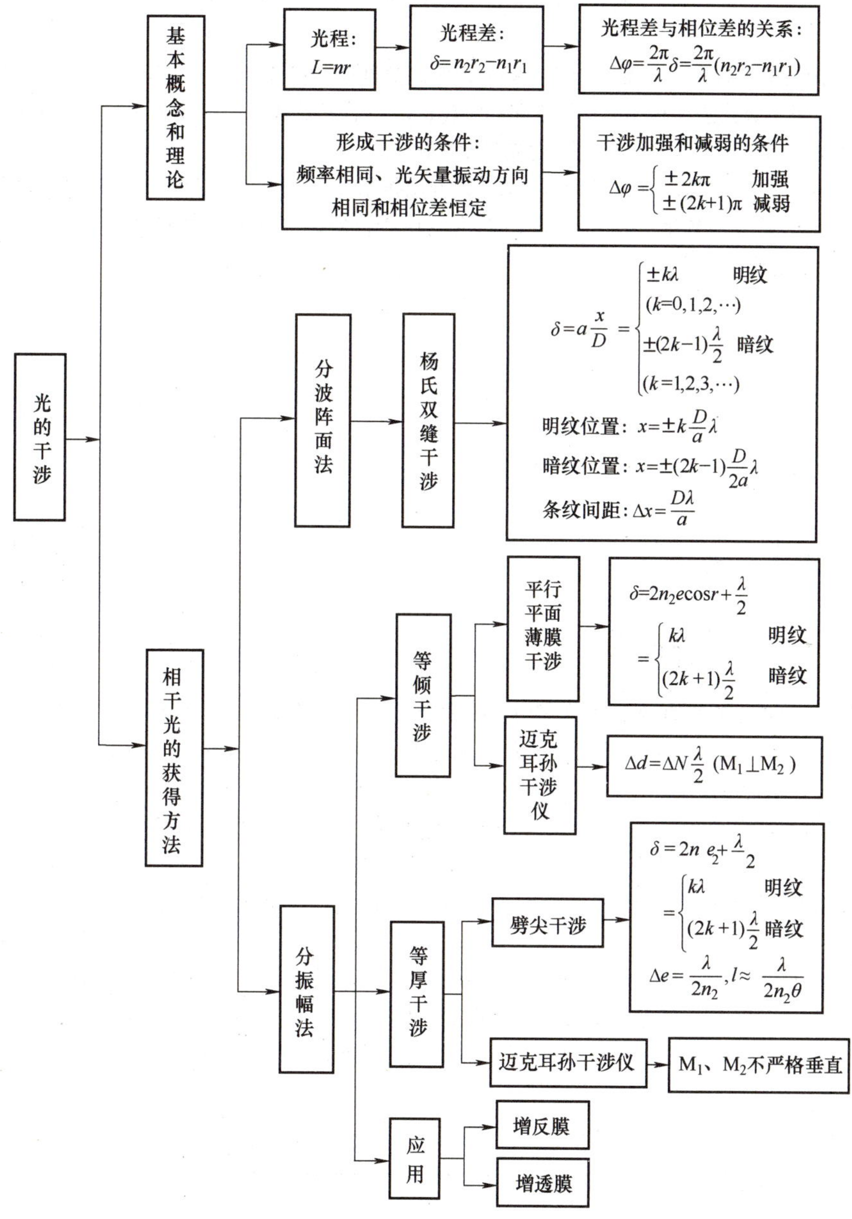

习 题

8.1 在双缝装置中，用一很薄的云母片（$n=1.58$）覆盖其中的一条缝，结果使屏幕上的第 7 级明条纹恰好移到屏幕中央原零级明纹的位置。若入射光的波长为550nm，求此云母片的厚度。

8.2 双缝干涉实验装置如题8.2图所示，双缝与屏之间的距离 $D=120\text{cm}$，两缝之间的距离 $d=0.50\text{mm}$，用波长 $\lambda=500\text{nm}$ 的单色光垂直照射双缝。(1) 求原点 O（零级明条纹所在处）上方的第5级明条纹的坐标 x；(2) 如果用厚度 $l=1.0\times10^{-2}\text{mm}$、折射率 $n=1.58$ 的透明薄膜覆盖在题8.2图中的 S_1 缝后面，求上述第5级明条纹的坐标 x'。

8.3 在杨氏干涉实验中，两缝的距离为1.5mm，观察屏离缝的垂直距离为1m，若所用光源发出波长 $\lambda_1=650\text{nm}$ 和 $\lambda_2=532\text{nm}$ 的两种光波，试求两光波分别形成的条纹间距以及两组条纹的第8级亮纹之间的距离。

8.4 在杨氏实验装置中，光源波长为640nm，两狭缝间距为0.4mm，光屏离狭缝的距离为50cm，试求：(1) 光屏上第1级亮条纹和中央亮纹之间的距离；(2) 若 P 点离中央亮纹为0.1mm，问两束光在 P 点的相位差是多少？(3) 求 P 点和中央亮点的光强度之比。

8.5 在杨氏双缝干涉实验中（见题8.5图），若用折射率分别为1.5和1.7的两块透明薄膜覆盖双缝（膜厚度相同），则观察到第7级明纹移到了屏幕的中心位置，即原来零级明纹的位置。已知入射光的波长为500nm，求透明薄膜的厚度。

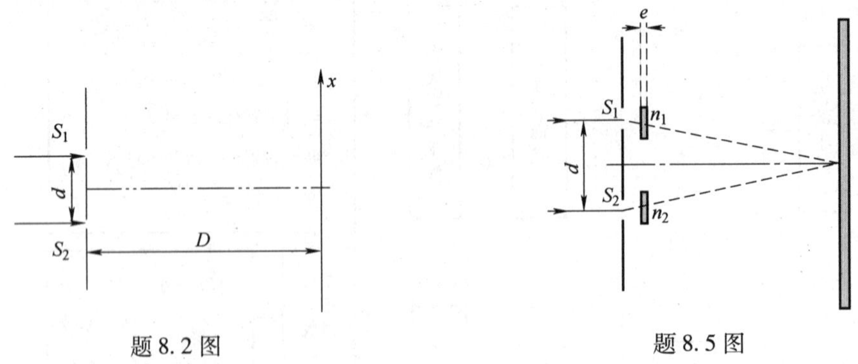

题8.2图　　　　题8.5图

8.6 一平面单色光波垂直照射在厚度均匀的薄油膜上，油膜覆盖在玻璃板上。油的折射率为1.30，玻璃的折射率为1.50，若单色光的波长可由光源连续可调，可观察到500nm与700nm这两个波长的单色光在反射中消失，试求油膜层的厚度。

8.7 白光垂直照射到空气中一厚度为380nm的肥皂膜上，设肥皂膜的折射率为1.33，试问该膜的正面呈现什么颜色？背面呈现什么颜色？

8.8 在照相物镜上镀一层光学厚度为 $6\lambda_0/5(\lambda_0=0.5\mu\text{m})$ 的低折射率膜，试求在可见光区内反射率最大的波长为多少？

8.9 集成光学中的楔形薄膜耦合器如题8.9图所示。楔形端从 A 到 B 厚度逐渐减小到零。为测定薄膜的厚度，用波长 $\lambda=632.8\text{nm}$ 的He-Ne激光垂直照明，观察到楔形端共出现11条暗纹，且 A 处对应一条暗纹。已知薄膜对632.8nm激光的折射率为2.21，求薄膜的厚度。

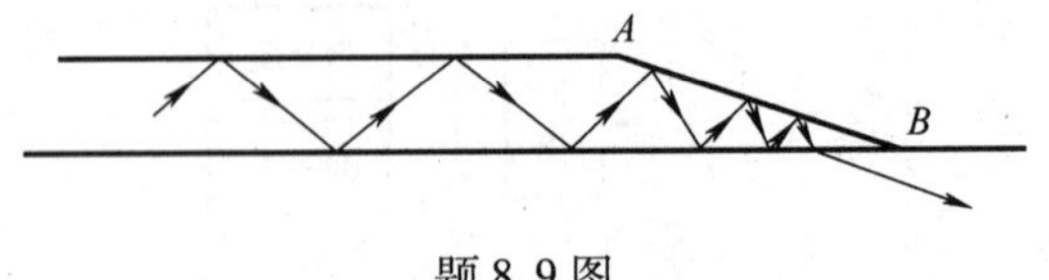

题8.9图

8.10 如题8.10图所示，G_1 是待检物体，G_2 是一标定长度的标准物，T是放在两物体上的透明玻璃板。假设在波长 $\lambda=550\text{nm}$ 的单色光垂直照射下，玻璃板和物体之间的楔形空气层产生间距为1.8mm的条纹，两物体之间的距离 d 为80mm，问两物体的长度之差 Δh 为多少？

8.11 如题8.11图所示，一射电望远镜的天线架设湖岸上，距离湖面高度为 h，对岸地平线上方有一恒星正在升起，恒星发出的光波长为 λ。试求当天线测得第一次干涉极大时，恒星所在的位置最小角 θ 是多少？

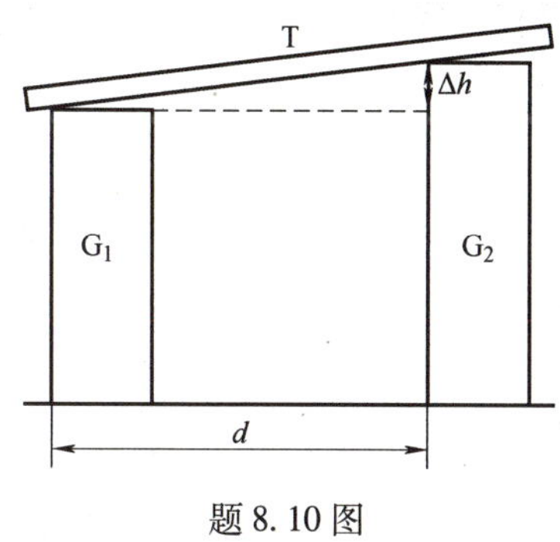

题8.10图

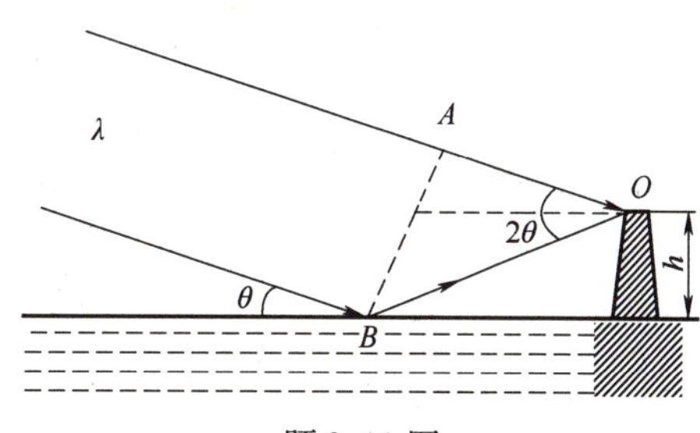

题8.11图

8.12 用 $\lambda=500\text{nm}$ 的平行光垂直入射劈形薄膜的上表面，从反射光中观察，劈尖的棱边是暗纹。若劈尖上面媒质的折射率 n_1 大于薄膜的折射率 n（$n=1.5$）。求：（1）膜下面媒质的折射率 n_2 与 n 的大小关系；（2）第10条暗纹处薄膜的厚度；（3）使膜的下表面向下平移一微小距离 Δe，干涉条纹有什么变化？若 $\Delta e=2.0\mu\text{m}$，原来的第10条暗纹处将被哪级暗纹占据？

8.13 迈克耳孙干涉仪的反射镜 M_2 移动0.25mm时，看到条纹移过的数目为909个，设光为垂直入射，求所用单色光的波长。

8.14 把折射率为 $n=1.632$ 的玻璃片放入迈克耳孙干涉仪的一条光路中，观察到有150条干涉条纹向一方移过。若所用单色光的波长为 $\lambda=500\text{nm}$，求此玻璃片的厚度。

第8章习题答案

第8章习题详解

第9章 光的衍射

我的工作属于玻璃，但我的心属于光学。

——约瑟夫·冯·夫琅禾费

衍射和干涉一样，是波动的基本特征。本章以惠更斯-菲涅耳原理为基础，介绍光的衍射现象，着重讨论单缝衍射和光栅衍射的特点和规律。了解用振幅矢量合成分析夫琅禾费单缝衍射条纹分布规律的方法；掌握半波带法分析单缝衍射明暗条纹公式、明暗条纹的位置；简要介绍圆孔的夫琅禾费衍射、光学仪器的分辨本领；掌握光栅衍射公式，会确定光栅衍射谱线的位置。

9.1 光的衍射现象 惠更斯-菲涅耳原理

9.1.1 光的衍射现象

一束平行光通过一个宽度可以调节的狭缝 K 后，在其后的屏幕 E 上将呈现光斑。若狭缝的宽度比光的波长大得多，则屏幕 E 上将呈现出与缝等宽且边界清晰的光斑，两侧是几何阴影，如图 9.1a 所示，这是光的直线传播性质的表现。若逐渐减小狭缝的宽度进而使它可与光波波长相比拟时，光将进入几何阴影区域，这时光斑亮度降低而范围扩大，并且在中央亮斑两侧形成如图 9.1b 所示的明暗相间的条纹，这种光波遇到障碍物时偏离直线传播，进入几何阴影区域，使光强重新分布的现象称为光的衍射现象。在光的衍射现象中，光不仅“绕弯”传播，而且还能产生明暗相间的条纹。

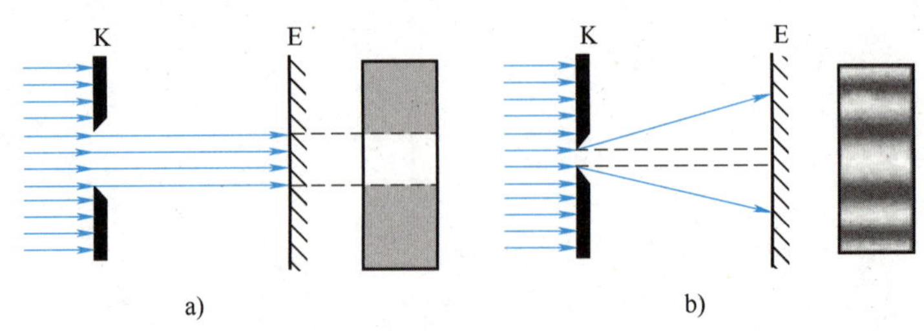

图 9.1 光通过狭缝

光的衍射理论对光学仪器的成像理论（包括像差）、光学信息的传播、记录和处理以及色散元件（光栅）的制作等均有重要意义。

9.1.2 衍射的分类

按照光源、障碍物（又称衍射物）、观察屏三者的相对位置，可将光的衍射分为两类：当光源和观察屏（或两者之一）与障碍物之间的距离为有限远时，所产生的衍射称为菲涅耳衍射或近场衍射，如图 9.2a 所示。当光源和观察屏与障碍物之间均为无限远时，所产生的衍射称为夫琅禾费衍射或远场衍射，如图 9.2b 所示。这时，障碍物之前的入射光和之后的衍射光都是平行光。夫琅禾费衍射的条件，在实验室中可借助于两个会聚透镜来实现，如图 9.2c 所示。

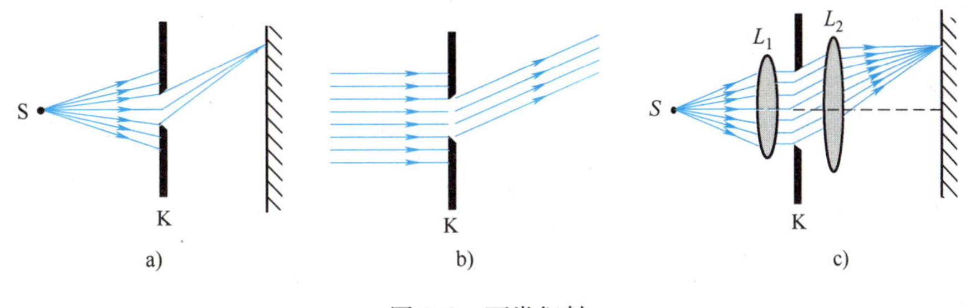

图 9.2　两类衍射

由于夫琅禾费衍射在实际应用和理论上都十分重要，而且这类衍射的数学处理较菲涅耳衍射简单，且有一定的实用价值。因此，本章只讨论夫琅禾费衍射。

9.1.3 惠更斯-菲涅耳原理

应用惠更斯原理，可以定性地从某时刻已知的波阵面求出其后另一时刻的波阵面。惠更斯原理可以成功解释光的直线传播、反射和折射定律。但因为惠更斯原理的子波假设不涉及波的强度和相位，所以无法定量解释衍射现象形成光强不均匀分布的现象。法国科学家菲涅耳（Augustin-Jean Fresnel，1788—1827）吸取了惠更斯原理中子波的概念，在此基础上引入了子波相干的思想，提出“子波相干叠加”的概念，补充、发展了惠更斯原理，并用数学的方法解释了光的衍射现象。相应的惠更斯-菲涅耳原理表述如下：在给定时刻，波阵面上每一未被阻挡的点起着次级球面子波（频率与初波相同）波源的作用，障碍物外任意一点上光场的振幅是所有这些子波的相干叠加（考虑它们的振幅和相对相位）。惠更斯-菲涅耳原理是研究衍射现象的理论基础。

根据惠更斯-菲涅耳原理，将波阵面 S 分成许多小面元 $\mathrm{d}S$，如图 9.3 所示，每一个 $\mathrm{d}S$ 面元都是一个子波源，P 点的光振动取决于 S 面上所有 $\mathrm{d}S$ 面元发出的子波在该点的相干叠加。

对于任一面元 $\mathrm{d}S$ 发出的子波在 P 点引起的光振动的振幅和相位，菲涅耳做出如下假设：

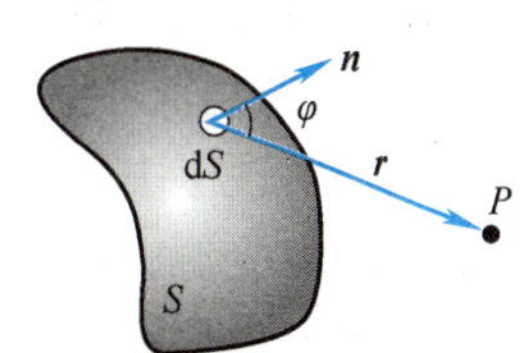

图 9.3　子波相干叠加

1）面元 $\mathrm{d}S$ 发出的子波在 P 点引起的光振动的振幅与面元 $\mathrm{d}S$ 的大小成正比，与面元到 P 点的距离 r 成反比；子波在 P 点引起的振幅还与夹角 φ（$\mathrm{d}S$ 的法线方向 $\boldsymbol{n}$ 与矢径 $\boldsymbol{r}$ 间的夹角）有关，φ 越大，振幅越小。

2）因为波阵面 S 是同相面，所以任一面元 $\mathrm{d}S$ 在 P 点引起的光振动的相位由 r 决定。

若取 dS（即波阵面 S 上）的初相为零，根据以上假设，则面元 dS 发出的子波在 P 点引起的光振动可写成

$$dE_P = CK(\varphi)\frac{\mathrm{d}S}{r}\cos\left(\omega t - \frac{2\pi r}{\lambda}\right) \tag{9.1}$$

式中，C 是比例系数；$K(\varphi)$ 称为倾斜因子，它是随 φ 角的增大而减小的函数。

对式（9.1）积分，可得到整个波阵面 S 在 P 点引起的合光振动，即

$$E_P = \int_S \mathrm{d}E_P = C\int_S \frac{K(\varphi)}{r}\cos\left(\omega t - \frac{2\pi r}{\lambda}\right)\mathrm{d}S \tag{9.2}$$

这就是惠更斯-菲涅耳原理的数学表达式，称为菲涅耳衍射积分。这个公式虽然是菲涅耳在假设的基础上提出来的，没有经过严格的数学证明，但其基本物理思想是合理的，在形式上也是正确的，为定量计算衍射场的分布打下了理论基础。原则上可定量地描述光通过各种障碍物所产生的衍射现象，但对一般的衍射问题，积分计算相当复杂，因此只有对某些简单情况或特定的位置才能给出精确的解，在多数情况下只能给出近似数值解。下面我们使用相对简单的半波带法和振幅矢量法来研究衍射现象。

思考题

9.1.1　衍射和干涉是否有实质性差别？一般在什么情况下称为衍射？

9.1.2　用眼睛直接通过一单缝观察远处与缝平行的线状灯光，看到的衍射图样是菲涅耳衍射，还是夫琅禾费衍射？

9.1.3　为什么声波的衍射比光波的衍射更加显著？

9.1.4　电视信号很容易被大山或者高大的建筑物挡住，但是隔着山却可以听到中波段的电台广播，这是什么原因？

9.1.5　用普通单色光源做衍射实验时，为什么要将该光源放在距观察屏较远的地方来照射？

9.2　夫琅禾费单缝衍射

9.2.1　实验装置

宽度远小于长度的矩形单一开口称为单缝。实验室为了在有限的距离内实现夫琅禾费单缝衍射，通常在单缝前后各放置一个透镜，如图 9.4 所示。单缝垂直于纸面，光源放在透镜 L_1 的焦点上，观察屏位于透镜 L_2 的焦平面上。穿过透镜 L_1 的光线成为一束平行光。平行光线垂直射到单缝后，将沿各个方向发射子波，设衍射光线和衍射屏法线方向之间的夹角为 φ，φ 称为衍射角。在某一特定的衍射角 φ 下，一束平行光线通过透镜 L_2 将会聚到它的焦平面上，从而实现了夫琅禾费单缝衍射。

若 S 为点光源，则在屏幕上形成如图 9.4a 所示的衍射图样；若 S 为平行于狭缝的单色线光源，则形成如图 9.4b 所示的衍射图样。衍射图样明暗相间，中央明纹最宽最亮，其他明纹的光强随级次的增大而迅速减小。以下我们以 S 为单色线光源为例来讨论。

为了研究单缝衍射条纹形成的条件及条纹特点，我们采用振幅矢量法和半波带法来代替烦琐的积分计算。

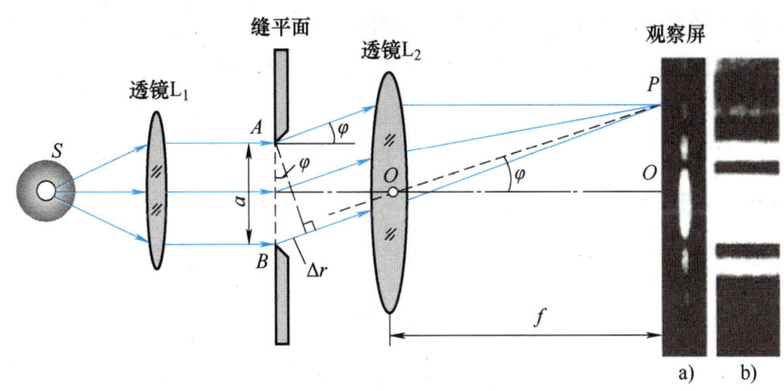

图 9.4 单缝衍射实验装置示意图

9.2.2 单缝衍射强度

为了清楚起见，把夫琅禾费单缝衍射（以下简称单缝衍射）实验装置简化为图 9.5。AB 为单缝的截面，其宽度为 a。按照惠更斯-菲涅耳原理，AB 上各点都可以看成是新的子波源，它们各自发出子波形成衍射光，这些衍射光线在空间某处相遇时产生相干叠加。经透镜会聚后，凡有相同衍射角的光线将会聚于屏上的同一点。

首先考虑沿入射方向（$\varphi=0$）传播的一束平行光（见图 9.5 中光束①），它们从同一波阵面 AB 上各点发出时具有相同的相位，由于透镜不会产生附加的光程差，所以这些平行光经过透镜 L_2 后会聚 O 点时仍有相同的相位，因而互相加强。这样，在透镜的焦点 O 点处出现一条平行于狭缝的亮纹，叫作中央明纹。

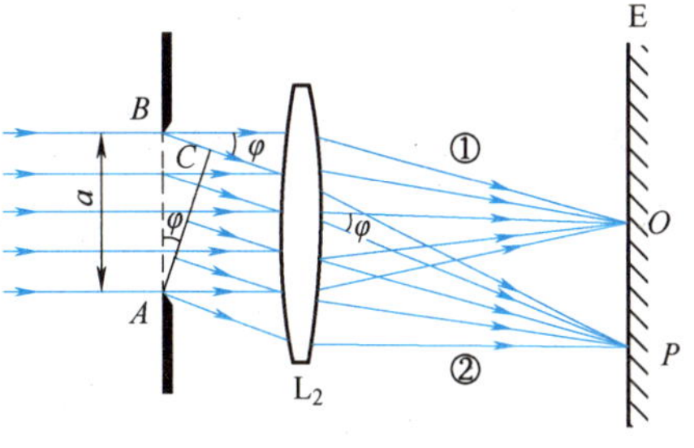

图 9.5 单缝衍射

其次考虑沿衍射角 φ 传播的平行光（见图 9.5 中光束②），它们经过透镜会聚于屏幕上的 P 点，这束光中各子波射线到达 P 点时的光程并不相等，因而它们在 P 点的相位各不相同。如果过缝的下端点 A 作一平面 AC 与衍射角为 φ 的衍射光线相垂直，由于透镜的等光程性，则 AC 面上所有点到 P 点的光程相等。因此波面 AB 上各点到 P 点的光程差，就等于 AB 波面到 AC 面之间的光程差。该光束中最大的光程差就是从单缝的 A、B 两端点发出的两条光线的光程差。其大小为

$$\delta=BC=a\sin\varphi \tag{9.3}$$

对应的相位差是

$$2\alpha=\frac{2\pi}{\lambda}\delta=\frac{2\pi}{\lambda}a\sin\varphi \tag{9.4}$$

式中，α 的引入是为了表示方便，是从单缝两端处子波到达 P 点相位差的半值，P 点处光强大小由这个最大的光程差决定。

将单缝 AB 处的波阵面沿着单缝长边方向分成 N 个等宽的窄条，它们是振幅相等的相干子波源，朝各个方向发出子波。任意相邻两个子波在 P 点产生振动的相位差相同，都是

$$\frac{2\alpha}{N}=\frac{2\pi}{\lambda}\frac{a\sin\varphi}{N}$$

根据振幅矢量合成，单缝上所有子波在 P 点产生的合振动的振幅矢量是每个子波在该点振幅矢量的矢量和，如图 9.6 所示，它是相位依次落后一个常数的 N 个子波振幅矢量的合成。当 $N\to\infty$ 时，从 A 到 B 子波振幅矢量依次衔接的等边折线就转化为一段圆弧。设 C 点是圆心，R 是半径，A_0 是整个圆弧的弧长，而从 A 引向 B 的矢量就是所有子波在 P 点贡献的振动矢量 $\boldsymbol{A}$。从图 9.6 可以得出

$$A=2R\sin\alpha$$

$$A_0=R\cdot 2\alpha$$

由此可得

$$A=A_0\frac{\sin\alpha}{\alpha} \tag{9.5}$$

因而 P 点的光强是

$$I=A^2=I_0\frac{\sin^2\alpha}{\alpha^2} \tag{9.6}$$

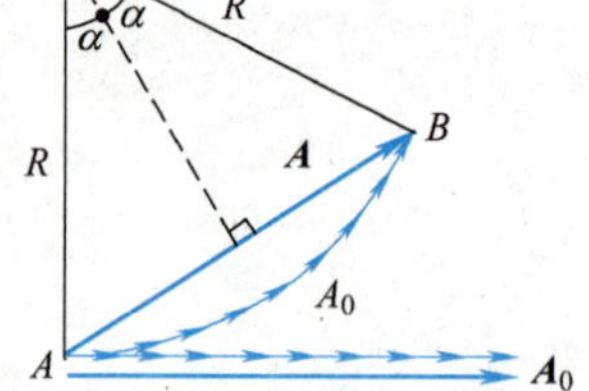

图 9.6 单缝子波振幅矢量合成

式中，$I_0=A_0^2$，是衍射角 $\varphi=0$ 的光线在接收屏幕 O 点产生的强度。

下面我们来讨论衍射强度极值的位置。

1）当 $\alpha=0$ 时，$I=I_0$。在屏幕上 O 点有强度的最大值，一般称为中央极大值，也称为零级极大值。

2）当 $\alpha=\pm k\pi$，$k=1,2,3,\cdots$时，$I=0$。这时对应各级极小值的情况，其位置满足

$$a\sin\varphi=\pm k\lambda\quad(k=1,2,3,\cdots) \tag{9.7}$$

式中，φ 角为暗纹中心角位置，对应于 $k=1,2,3,\cdots$，分别叫作第一级暗纹、第二级暗纹……

3）次级明条纹的中心位置确定比较复杂，需要对式（9.6）求极值，即$\dfrac{\mathrm{d}}{\mathrm{d}\alpha}\left(\dfrac{\sin\alpha}{\alpha}\right)^2=0$，得到 $\alpha=\tan\alpha$，再通过图解法得到满足该方程的 α 值，求得

$$\alpha=\pm1.4303\pi,\ \pm2.4560\pi,\ \pm3.4707\pi,\ \cdots$$

对应的衍射角 φ 满足

$$\sin\varphi=\pm1.43\frac{\lambda}{a},\pm2.46\frac{\lambda}{a},\pm3.47\frac{\lambda}{a},\cdots \tag{9.8}$$

这就是在中央明纹两侧次级明纹中心线的位置。很明显，用振幅矢量法确定次级明条纹中心的位置有些复杂，菲涅耳还提出了将波阵面分割成许多等面积的半波带作图法。下面介绍半波带法确定条纹的中心位置。

如果 BC 正好是 $\lambda/2$ 的整数倍，可以作若干个彼此相距 $\lambda/2$、平行于 AC 的平面，这些平面将单缝处波面 AB 分成相同数目的面积相等的部分，称为半波带，如图 9.7 所示。由于观察点 P 到单缝中心的距离远大于缝的宽度，所以从每个半波带发出的子波在 P 点的强度可近似认为相等。由于相邻两半波带的任意两个对应点所发出的子波光线达到 P 点的光程差均为 $\lambda/2$，发生干涉而相消。因此，对于一给定的衍射角 φ，若 BC 恰好等于半波长的偶数倍，即单缝处波面 AB 恰好分割成偶数个半波带，因所有半波带的衍射光线将成对地一一对应相消，所以 P 点将出现暗纹。暗条纹的中心位置满足

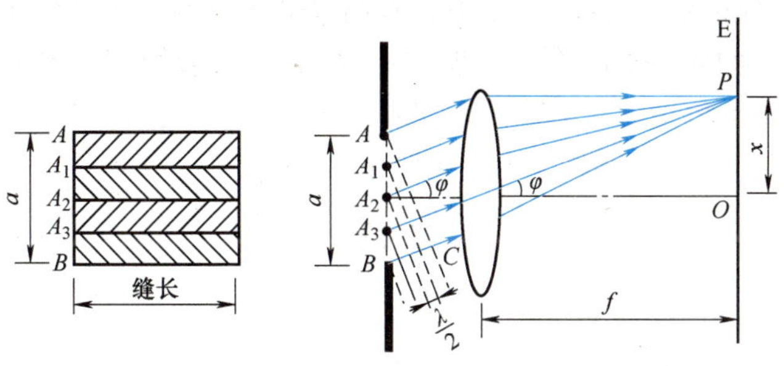

图 9.7　单缝的半波带

$$a\sin\varphi=\pm k\lambda \quad (k=1,2,3,\cdots)$$

与前面的结果相同。

若 BC 恰好等于半波长的奇数倍，即单缝处波面 AB 恰好能分割成奇数个半波带，前面偶数个半波带对应子波光线彼此干涉相消，最后还剩下一个半波带的子波没有被相消，结果在屏幕上 P 点处出现明纹。所以次级明条纹中心的位置满足

$$a\sin\varphi=\pm(2k+1)\frac{\lambda}{2} \quad (k=1,2,3,\cdots) \tag{9.9}$$

对应于 $k=1$，2，⋯分别叫作第一级明纹、第二级明纹……

由以上讨论可知，半波带法和矢量合成法确定暗条纹中心位置相同；而明条纹的中心位置略有不同，式（9.9）是次级极大值的近似结果。由结果可以看出：次级明条纹中心位置差不多在相邻暗纹的中点，朝中央明纹中心方向稍偏远一点。这样的结果虽然没有矢量合成方法得到的结果精确，但是它要简便得多。以后，相关的计算默认使用这一结果。

对于其他 φ 值，BC 不恰好等于半波长的整数倍，即单缝处波面 AB 不能恰好分割成整数个半波带，则会聚点 P 的光强将介于最明与最暗之间。

综上所述，单缝衍射明暗条纹的条件为

$$\delta=a\sin\varphi=\begin{cases}0 & \text{中央明纹}\\ \pm 2k\dfrac{\lambda}{2} & \text{暗纹}\\ \pm(2k+1)\dfrac{\lambda}{2} & \text{明纹}\end{cases} \quad (k=1,2,3,\cdots) \tag{9.10}$$

值得注意的是，单缝衍射明暗纹的条件从形式上看刚好与双缝干涉的条件相反，两者似乎有矛盾，这一矛盾的产生在于光程差的含义不同。在双缝干涉中的光程差是指两缝所发出的光波在相遇点的光程差，而在单缝衍射中的光程差，是指衍射角为 φ 的一组平行光中的最大光程差，即单缝两个边缘光线的光程差。我们在分析杨氏双缝干涉时，实际上是两个缝发出的光束的干涉和每个缝自身发出的光的衍射的综合效果，只是我们仅考虑了“两个缝”，而没有考虑缝宽，即只考虑了干涉，而没有考虑单缝衍射。其实，干涉和衍射的本质都是波相干叠加的结果，但是干涉是有限个分立光束的相干叠加，而衍射则是无限多个子波相干叠加的结果。干涉强调的是不同光束相互影响而形成加强和减弱的现象，衍射强调的是光偏离直线传播而能进入阴影区域。事实上，干涉和衍射往往是同时存在的。

现在讨论单缝衍射的强度分布，这有助于更好地理解单缝衍射的条纹分布的特点。从式（9.6）知，强度分布是 sin 函数的平方，其结果如图 9.8 所示。由图可以看出中央明纹最亮，其他明纹的光强随级次的增大而迅速减小。通过计算可以得到各次级极大的近似值为：$k=1,2,3,\cdots$，强度分别为 $4.7\%I_0, 1.7\%I_0, 0.8\%I_0, \cdots$，都比 I_0 小得多。因此，经过衍射后，绝大部分光能都集中在零级，即中央明条纹处。

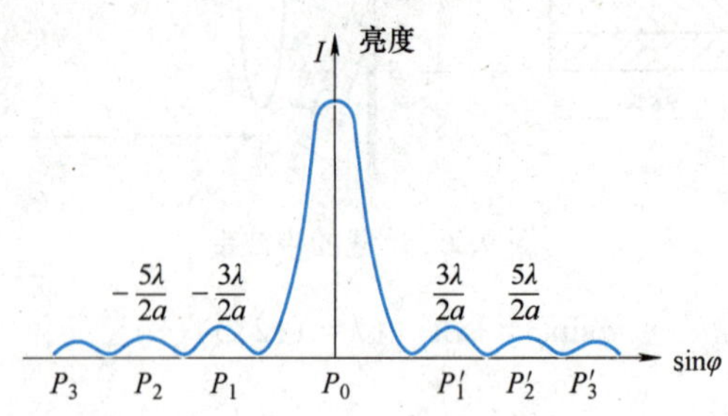

图 9.8　单缝衍射条纹的强度分布

9.2.3　单缝衍射条纹的特点

（1）条纹形状　光源 S 若为平行于狭缝的单色线光源，得到的单缝衍射条纹是一系列平行于狭缝的明暗相间的直条纹，它们对称地分布在中央明纹两侧。

（2）明纹亮度　中央明纹最亮，其他各级明纹的亮度将随着级数的增高而逐步减弱，如图 9.8 所示。这是由于明纹级数越高，对应的衍射角就越大，单缝处波面分成的半波带数目就越多，未被抵消的半波带面积也就越小，所以明纹的强度就越弱。

（3）条纹宽度　因为屏幕 P 点处在透镜 L_2 的焦平面上，由图 9.4 可见，在衍射角很小时，$\sin\varphi\approx\varphi$，于是 φ 和透镜焦距 f 以及条纹在屏上距中心 O 的距离 x 之间的关系是 $x=\varphi f$，于是有

$$x=\begin{cases}\pm 2k\dfrac{f\lambda}{2a} & \text{暗纹}\\[2ex] \pm(2k+1)\dfrac{f\lambda}{2a} & \text{明纹}\end{cases}\qquad (k=1,2,3,\cdots) \tag{9.11}$$

由式（9.11）可得第一级暗纹在屏幕上的中心位置为

$$x_1=\pm\frac{f\lambda}{a}$$

所以中央明纹宽度（即两个第一级暗纹之间距离）为

$$l_0=2x_1=\frac{2f\lambda}{a} \tag{9.12}$$

其他各级明纹的宽度（即任意两相邻暗纹之间的距离）为

$$l=x_{k+1}-x_k=\frac{(k+1)f\lambda}{a}-\frac{kf\lambda}{a}=\frac{f\lambda}{a} \tag{9.13}$$

可见，中央明纹宽度为其他各级明纹宽度的两倍。

由式（9.13）看出，条纹间距与波长 λ 成正比，与单缝宽度 a 成反比。单缝宽度越小，条纹间距就越大，衍射现象就越明显，这正反映了“限制”与“扩展”的辩证关系。

但当 $a \ll \lambda$ 时，中央明纹宽度过大而在观察屏上观察不到明暗相间的条纹。反之，当 $a \gg \lambda$ 时，则 $l \to 0$，条纹间距非常小，且各级衍射条纹都密集于中央明纹附近而分辨不清，于是在屏幕上只形成单缝的像，这时光便可视为直线传播，波动光学就转变为几何光学了。由式（9.10）可知，当 a 一定时，同一级衍射光谱明纹所对应的衍射角与波长成正比。因此，若用白光照射单缝，衍射图样的中央仍为白色亮纹，而其两侧则呈现出一系列由紫到红的彩色条纹。

例 9.1 用平行单色可见光垂直照射到宽度为 $a=0.5\text{mm}$ 的单缝上，在缝后放置一个焦距 $f=100\text{cm}$ 的透镜，则在焦平面的屏幕上形成衍射条纹。若在屏上离中央明纹中心距离为 1.5mm 处的 P 点为一亮纹，试求：（1）入射光的波长；（2）P 点条纹的级数、该条纹对应的衍射角和狭缝波面可分成的半波带数目；（3）中央明纹的宽度。

解 （1）根据单缝衍射明纹的位置公式

$$x=(2k+1)\frac{f\lambda}{2a}$$

则

$$\lambda=\frac{2ax}{(2k+1)f}$$

当 $k=1$，2 时，有

$$\lambda_1=500\text{nm},\qquad \lambda_2=300\text{nm}$$

可见光波长范围为 400~760nm，$k \geqslant 2$ 时算得的波长不在可见光范围内，所以入射光波长为

$$\lambda=500\text{nm}$$

（2）P 点处明纹对应的级数为 $k=1$，所对应的衍射角为

$$a\sin\varphi=(2k+1)\frac{\lambda}{2}$$

$$\sin\varphi=\frac{3\lambda}{2a}=1.5\times10^{-3}$$

得

$$\varphi=1.5\times10^{-3}\text{rad}$$

狭缝处波面所分成的半波带数 N 与明纹对应级数 k 的关系为 $N=2k+1$，把 $k=1$ 代入，得 $N=3$。

（3）中央明纹的宽度

$$l_0=\frac{2f\lambda}{a}=\frac{2\times1.0\times5\times10^{-7}}{0.5\times10^{-3}}\text{m}=2\times10^{-3}\text{m}=2\text{mm}$$

例 9.2 用橙黄色的平行光垂直照射一缝宽为 0.60mm 的单缝，缝后凸透镜的焦距为 40.0cm，在观察屏幕上形成衍射条纹。若屏上离中央明纹中心 1.40mm 处的 P 点为一明纹。求：（1）入射光的波长；（2）P 点处条纹的级数；（3）从 P 点看，对该光波而言，狭缝处的波阵面可分成几个半波带？

解 （1）由于 P 点是明纹，故有

$$a\sin\varphi=(2k+1)\frac{\lambda}{2},\quad k=1,2,3\cdots$$

$$\frac{x}{f}=\frac{1.40\times10^{-3}\text{m}}{40.0\times10^{-2}\text{m}}=3.5\times10^{-3}=\tan\varphi\approx\sin\varphi$$

故

$$\lambda=\frac{2a\sin\varphi}{2k+1}=\left(\frac{2\times0.6\times10^{-3}}{2k+1}\times3.5\times10^{-3}\right)\text{m}=\frac{1}{2k+1}\times4.2\times10^{-6}\text{m}$$

当 $k=3$ 时，得

$$\lambda=600\text{nm}$$

(2) $k=3$，故 P 点是第 3 级明纹。

(3) 由

$$a\sin\varphi=(2k+1)\frac{\lambda}{2}$$

可知，当 $k=3$ 时，单缝处的波面可分成 $2k+1=7$ 个半波带。

例 9.3 单缝宽 0.40mm，透镜焦距为 1m，用 $\lambda=600\text{nm}$ 的单色平行光垂直照射单缝。求：(1) 屏上中央明纹的角宽度和线宽度；(2) 单缝上、下端光线到屏上的相位差恰为 4π 的 P 点距离中央明纹中心的距离；(3) 屏上第 1 级明纹的线宽度。

解 (1) 第 1 级暗条纹中心对应的衍射角 φ_1 为

$$\varphi_1\approx\sin\varphi_1=\frac{\lambda}{a}=\frac{6\times10^{-7}}{0.40\times10^{-3}}\text{rad}=1.5\times10^{-3}\text{rad}$$

故中央明纹的角宽度为

$$\Delta\varphi_0=2\varphi_1=3\times10^{-3}\text{rad}$$

而中央明纹的线宽度为

$$l_0=2f\tan\varphi_1\approx2f\varphi_1=(2\times1\times1.5\times10^{-3})\text{m}=3\text{mm}$$

(2) 相位差为 4π，则对应的光程差为 2λ，即

$$a\sin\varphi=2\lambda$$

故屏上 P 点应形成第 2 级暗纹，它到中央明纹中心的距离为

$$x=f\tan\varphi\approx f\sin\varphi=f\frac{2\lambda}{a}=3\text{mm}$$

(3) 屏上第 1 级明纹的线宽度为中央明纹线宽度的 1/2，故

$$l=f\frac{\lambda}{a}=1.5\times10^{-3}\text{m}=1.5\text{mm}$$

思考题

9.2.1 什么叫半波带？单缝衍射中怎样划分半波带？对应于单缝衍射第 3 级明条纹和第 4 级暗条纹，单缝处波面各可分成几个半波带？

9.2.2 在单缝衍射中，为什么衍射角 φ 越大的那些明条纹的亮度越小？

9.2.3 若把单缝衍射实验装置全部浸入水中，衍射图样将发生怎样的变化？如果此时用公式 $a\sin\varphi=\pm(2k+1)\frac{\lambda}{2}(k=1,2,\cdots)$ 来测定光的波长，问测出的波长是光在空气中的还是在水中的？

9.2.4 如果将单缝衍射屏的缝宽缩小一半，衍射条纹会发生什么变化？

9.2.5 在单缝夫琅禾费衍射实验中，若在垂直于透镜主光轴的平面内上下移动缝屏，其衍射图样的位置是否有变化？若在垂直于透镜主光轴的平面内上下移动透镜，其衍射图样的位置是否有变化？

9.2.6 在双缝干涉实验中，如果遮住其中一条缝，在屏幕上是否还能看到条纹？每一条缝的衍射对干涉花样有什么影响？

9.2.7 为什么用单色光做单缝衍射实验时，当缝的宽度比单色光的波长大很多或者比单色光的波长小很多时都观察不到衍射条纹？

9.3　夫琅禾费圆孔衍射　光学仪器的分辨本领

大多数光学仪器的成像系统使用圆形光瞳，对外界远方射来的平行光或近似平行光的波前进行了限制，所以光穿过光瞳后不可避免会发生衍射，这会对最后成像的质量造成影响，因此，研究夫琅禾费圆孔衍射及该衍射对光学仪器分辨率的影响具有重要的实际意义。

9.3.1　夫琅禾费圆孔衍射

在图9.4的单缝夫琅禾费衍射的实验装置中，若用一小圆孔代替单缝，用点光源代替线光源，在透镜L_2的后焦平面的屏幕上就可得到圆孔的夫琅禾费衍射图样，它的中心为一明亮的圆斑，称为艾里斑，外围是明暗相间的圆环，如图9.9a所示，这种现象称为夫琅禾费圆孔衍射。

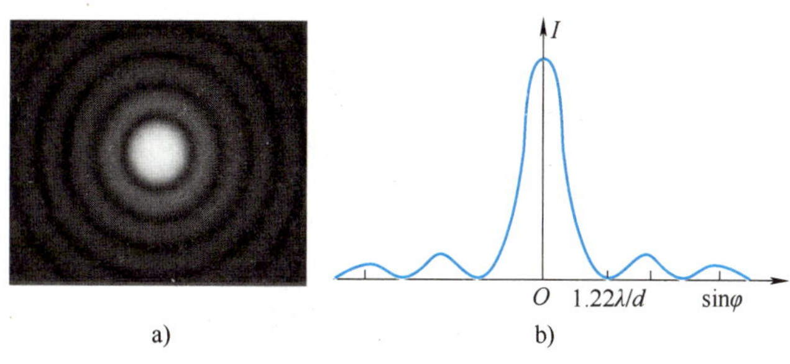

图9.9　圆孔衍射图样及强度分布

图9.9b是夫琅禾费圆孔衍射的光强分布曲线。理论计算表明，艾里斑约集中了衍射光能量的84%，第一亮环和第二亮环的强度分别是中央亮斑强度的1.74%和0.41%，其余亮环的强度更弱。艾里斑的大小由第一暗环的角位置θ_1来衡量，由理论计算可知，它与圆孔直径D、单色入射光波长λ满足关系式

$$D\sin\theta_1=1.22\lambda \tag{9.14}$$

由于θ_1很小，有

$$\theta_1=1.22\frac{\lambda}{D} \tag{9.15}$$

式中，θ_1为艾里斑的半径对透镜L_2中心的张角，称艾里斑的半角宽度。若透镜L_2的焦距为f，则艾里斑的直径d为

$$d=2\theta_1 f=2.44\frac{\lambda}{D}f \tag{9.16}$$

由此可见，圆孔直径D越小，或光波波长λ越大，衍射现象就越明显。当$\lambda/D\ll1$时，衍射现象可忽略。

9.3.2　光学仪器的分辨本领

大多数光学仪器，如望远镜、照相机等，都是由一些透镜组成的光学系统，透镜的边框对光有限制作用，可看成一个圆孔。由于光的衍射，透镜成的像并不是由理想的几何光学像

点组成，而是由许多艾里斑组成。这种由衍射引起的“像差”是不能通过调整仪器或改变透镜的曲率等方法去消除的。若两个物点相距很近，它们通过透镜成的像斑将重叠起来以致分辨不清。图 9. 10 画的是两个等强度的非相干的物点在像平面上形成的两个衍射图样（艾里斑）的情况。其中图 9. 10a 表明两个艾里斑能完全分开，即能分辨出是两个点；图 9. 10c 表明两个艾里斑重叠在一起不能分辨。那么在什么条件下，两个物点所成的像恰好能分辨呢？为了建立一个较客观的标准，瑞利提出一个判据——瑞利判据：如果一个衍射图样的主极大正好与另一个衍射图样的第一级极小重合，就认为这两个像点（艾里斑）刚好能被分辨，如图 9. 10b 所示。计算表明：满足瑞利判据时，两个艾里斑重叠区中心的光强约为每个艾里斑中心最亮处光强的 80%，一般人眼刚刚能够分辨光强的这种差别。此时，两物点在透镜中心处的张角称为最小分辨角，用 $\delta\theta$ 表示。最小分辨角的倒数称为分辨本领或分辨率，用 R 表示。

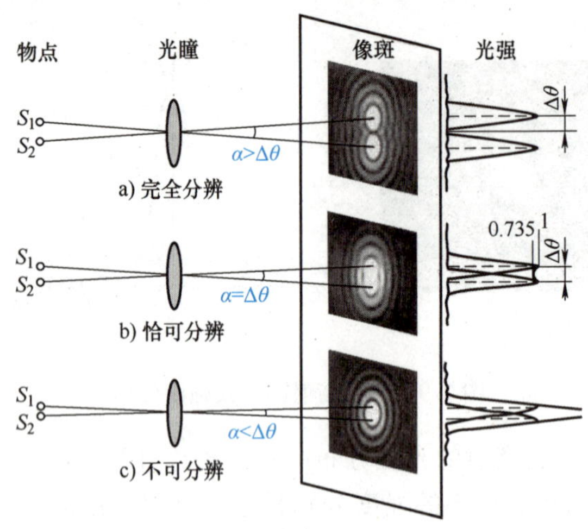

图 9. 10　两个物点的衍射像斑分辨

以透镜为例，在满足瑞利判据的条件下，两个衍射极大，即两个像点之间的角距离正好等于艾里斑的角半径，如图 9. 11 所示，最小分辨角为

$$\delta\theta=\theta_1=1.22\frac{\lambda}{D} \tag{9.17}$$

相应的分辨本领为

$$R=\frac{1}{\delta\theta}=\frac{D}{1.22\lambda} \tag{9.18}$$

S_1　S_2　D　L　$\delta\theta$　$\delta\theta$

图 9. 11　透镜最小分辨角

式（9.18）表明，光学仪器的分辨本领的大小与仪器的孔径 D 和光波波长 λ 有关。

对于望远镜来说，增大其物镜的直径 D，可以增大其分辨本领。目前科学家正在设计制造的巨型太空望远镜，其凹面物镜的直径长为 8m。1990 年发射的哈勃太空望远镜的凹面物镜的直径为 2.4m，角分辨率约为 0.1″。同样为了增大分辨本领，显微镜则需减小照射光的波长，如用紫外光。紫外光显微镜的分辨本领比普通光学显微镜可提高一倍，但不能用眼直接观察，而要通过显微照相显示出像来。利用电子的波动性制成的电子显微镜（波长约为 10^{-10}m），其分辨本领可提高几千倍，为研究分子、原子的结构提供了有力的工具。

例 9.4 已知天空中两颗星相对于一望远镜的角距离为 4.84×10^{-6}rad，它们都发出波长为 550nm 的光，试问望远镜的口径至少要多大，才能分辨出这两颗星？

解 由最小分辨角公式

$$\delta\theta=1.22\frac{\lambda}{D}$$

$$D=1.22\frac{\lambda}{\delta\theta}=1.22\times\frac{550\times10^{-9}}{4.84\times10^{-6}}\text{m}=0.1386\text{m}=13.86\text{cm}$$

例 9.5 在正常照明下，人眼瞳孔直径约为 3mm，问人眼的最小分辨角是多大？远处两根细丝之间的距离为 2.0mm，问人离开细丝多远处恰能分辨清楚？

解 以视觉感受最灵敏的黄绿光来讨论，波长 $\lambda=550$nm。根据式（9.17）求得人眼的最小分辨角为

$$\delta\theta=1.22\frac{\lambda}{D}=1.22\times\frac{550\times10^{-9}}{3\times10^{-3}}\text{rad}=2.24\times10^{-4}\text{rad}\approx1'$$

设人离开细丝的距离为 L，两根细丝间距离为 d，则两细丝对人眼的张角 θ 为

$$\theta=\frac{d}{L}$$

恰能分辨时应有

$$\theta=\delta\theta$$

所以

$$L=\frac{d}{\delta\theta}=\frac{2.0\times10^{-3}}{2.24\times10^{-4}}\text{m}=8.9\text{m}$$

如超过上述距离，则人眼不能分辨。

思考题

9.3.1 假如人眼感知的电磁波段不是 500nm 附近，而是移到毫米波段，人眼的瞳孔仍保持 4mm 左右的孔径，那么人们看到的外部世界将是一幅什么景象？

9.3.2 要分辨出天空遥远的双星，为什么要用直径很大的天文望远镜？

9.3.3 孔径相同的微波望远镜和光学望远镜相比较，哪个分辨本领大？为什么？

9.3.4 使用蓝色激光在光盘上进行数据读写较红色激光有何优越性？

9.3.5 用显微镜对物体做显微摄影时，为什么用波长较短的光照射较好？

9.4 光栅衍射

在单缝衍射中，若缝较宽，明纹虽然较亮，但相邻明纹的间隔很小而不易分辨；若缝很窄，间隔虽可加大，条纹分得很开，但明纹的亮度却显著减小。在这两种情况下，都很难精确地测定条纹间距，所以用单缝衍射不能准确地测定光波波长。为了提高测量精度，必须提供一种又亮又窄、间隔又很大的明条纹。然而，对单缝衍射来说，不能同时满足上述要求。实验表明，衍射光栅可以做到这一点。

利用多缝衍射原理使光发生色散的元件称为衍射光栅。它是光谱仪、单色仪及许多光学精密测量仪器的重要元件，广泛应用于物理学、天文学、化学等基础学科和近代生产技术的许多部门。

9.4.1 衍射光栅

由大量等宽度、等间距的平行狭缝构成的光学器件就是光栅。广义地说，具有周期性的空间结构或光学性能（如透射率、折射率）的衍射屏统称光栅。

在一块很平的玻璃上，用金刚石刀尖刻出一系列等距等宽的平行刻痕，如图 9.12a 所示，每条刻痕处相当毛玻璃不透光，而两条刻痕间可以透光，相当于一个单缝。这样平行排列的大量等距等宽的狭缝就构成了平面透射光栅。在光洁度很高的金属表面刻出一系列等间距的平行细槽，就做成了反射光栅，如图 9.12b 所示。设透光的宽度为 a，不透光的宽度为 b，则 $a+b$ 叫作光栅常数。一般光栅常数的数量级为 $10^{-5} \sim 10^{-6}$m。实际光栅上每毫米内有几十条乃至上千条刻痕，一块 100×100mm^2 的光栅上可能刻 6 万条到 12 万条刻痕。这样的光栅是非常贵重的，它是近代物理实验中时常用到的一种重要光学元件，是一种分光装置，主要用来形成光谱。本节讨论平面透射光栅衍射的基本规律。

图 9.13 表示光栅的一个截面。平行光线垂直地照射在光栅上，在光栅的另一面置一透镜 L，并在 L 的焦平面上放置一屏幕 E。衍射光线经过透镜 L 后，聚焦于屏幕 E 上而呈现各级衍射条纹。图 9.14、图 9.15 是衍射屏的缝数为 $N=1 \sim 6$ 时的衍射条纹以及发光强度分布，可见，光栅衍射条纹的分布与单缝的情况明显不同。在单缝衍射条纹中，中央明纹宽度很大，其他各级明纹的宽度较小，且强度随级数增高而递减。而在光栅衍射中，随狭缝数目的增多，明纹亮度增加而条纹变细，且互相分离得越开，在明纹之间形成大片暗区。

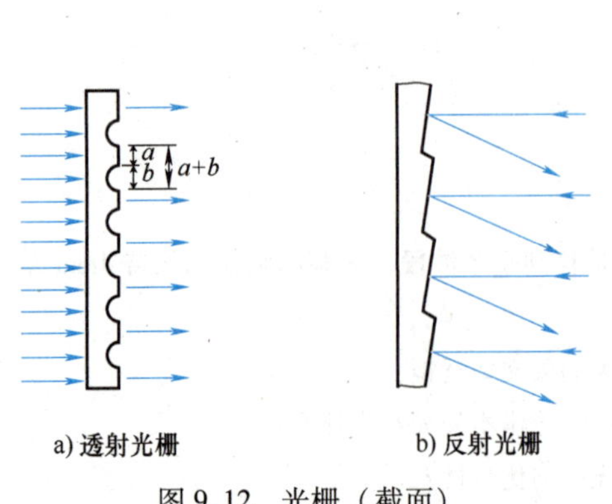

图 9.12 光栅（截面）

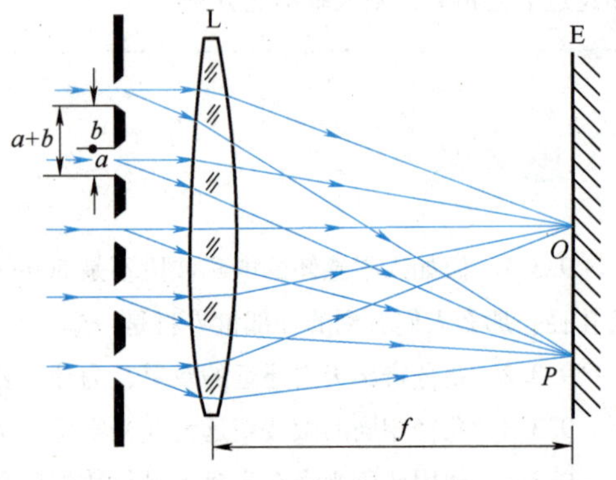

图 9.13 透射平面衍射光栅截面示意图

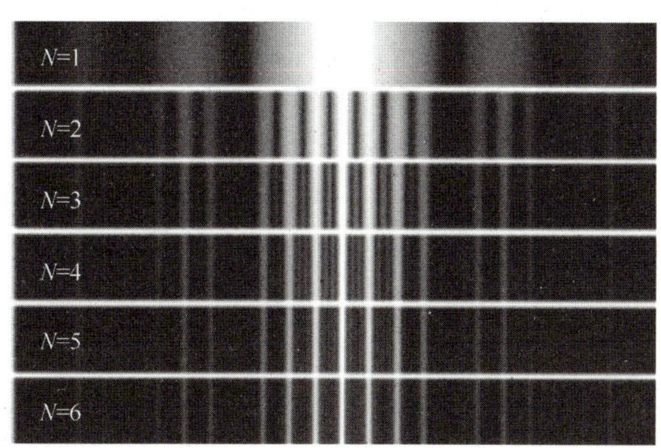

图 9.14　衍射屏的缝数为 $N=1\sim6$ 时的衍射条纹

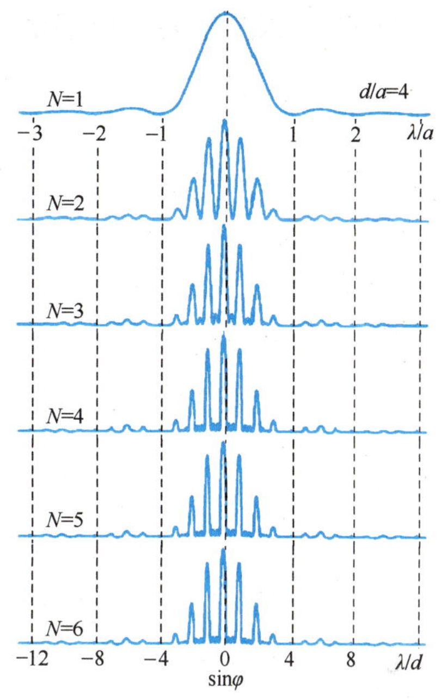

图 9.15　$N=1\sim6$ 时衍射发光强度分布

9.4.2　光栅衍射条纹的形成

对于光栅每一条透光缝来说，相当于一个单缝，由于每一个缝发出的光本身会发生衍射，都将在屏幕上形成单缝衍射图样，但是光栅含有一系列平行狭缝，由于各缝发出的衍射光都是相干光，所以它们彼此之间还要发生干涉。因此说，光栅每个缝的自身衍射和各缝之间的干涉共同决定了光通过光栅后的光强分布，即光栅衍射条纹是单缝衍射和多缝干涉的总效果。下面就基于这一思想来讨论光栅衍射条纹满足的条件及特点。

1. 多缝干涉的影响

如图 9.16 所示，设单色平行光垂直入射到有 N 条狭缝的光栅平面上，每个缝发出的光在屏上 P 点都有一个光振动振幅矢量。由于各缝宽度相同，因而可以认为这些振幅矢量大小相等（设为 A_1）。它们沿每一方向都发出频率相同、振幅相同的光波。这些光波在 P 点叠加，形成多光束干涉。在衍射角为 φ 时，相邻两缝发出的光束间的光程差是

$$\delta=(a+b)\sin\varphi \tag{9.19}$$

对应的相位差用 2β 表示：

$$2\beta=\Delta\varphi=\frac{2\pi}{\lambda}\delta=\frac{2\pi}{\lambda}(a+b)\sin\varphi \tag{9.20}$$

根据振幅矢量合成方法，光栅上所有单缝在 P 点产生的振幅矢量是各个单缝在该点振幅矢量的合成。如图 9.17 所示是狭缝数 $N=5$ 的光栅，相位依次落后一个常数 2β 的 5 个单缝振幅矢量的合成。A_1 是每个缝在 P 点的振幅矢量的大小，A 是振幅合矢量大小，折线是多边形的一部分。

设 C 点是多边形的中心，R 是半径。从图 9.17 可以看出，这 N 个振幅矢量所对应的顶

角是 $N\cdot 2\beta$，因此合成振幅矢量的大小是

$$A=2R\sin(N\beta)$$

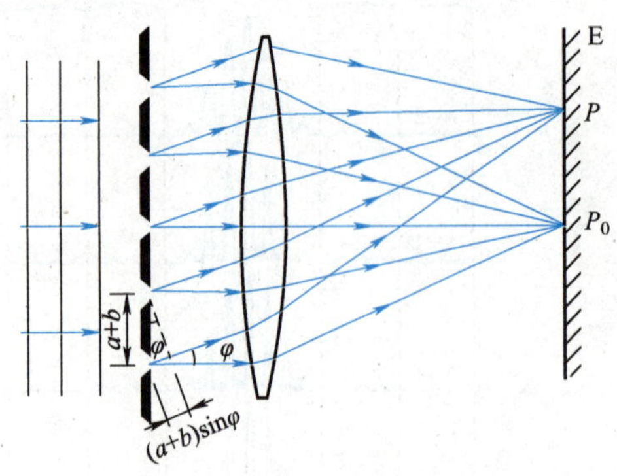

图 9.16　光栅的多光束干涉

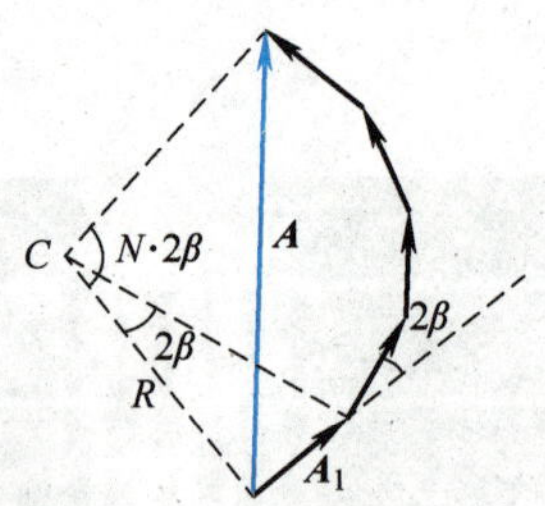

图 9.17　光栅振幅矢量合成（$N=5$）

而每个缝的振幅矢量大小 A_1 对应的顶角是 2β，则

$$A_1=2R\sin\beta$$

上述两式合并，可得

$$A=A_1\frac{\sin(N\beta)}{\sin\beta}\tag{9.21}$$

所以，P 点的光强度是

$$I=A^2=I_1\frac{\sin^2(N\beta)}{\sin^2\beta}\tag{9.22}$$

式中，$I_1=A_1^2$ 是单个狭缝的光在接收屏幕的 P 点产生的强度；β 是相邻两缝子波到达 P 点的相位差的半值，由式（9.20）决定。

下面来分析光栅衍射条纹的分布。

（1）主极大　若 2β 等于零或 2π 的整数倍时，则 N 个缝的光束在 P 点光强有极大值 N^2I_1，干涉加强，合振动的振幅最大，等于 NA_1，如图 9.18a 所示，产生明纹。因此明纹的条件为

$$\frac{2\pi(a+b)\sin\varphi}{\lambda}=\pm 2k\pi\quad(k=0,1,2,\cdots)$$

或者写成

$$(a+b)\sin\varphi=\pm k\lambda\quad(k=0,1,2,\cdots)\tag{9.23}$$

式（9.23）称为光栅方程。满足光栅方程的明纹又称为主极大。

（2）极小（暗纹）　如果在 P 点处光振动的合振幅等于零，则光强等于零，将出现暗纹。这时，各分振动的振幅矢量应组成一闭合多边形，如图 9.18b 所示。由式（9.22）可以看出，从相邻两缝发出的光束间的相位差满足

$$N\cdot 2\beta=\pm 2k'\pi$$

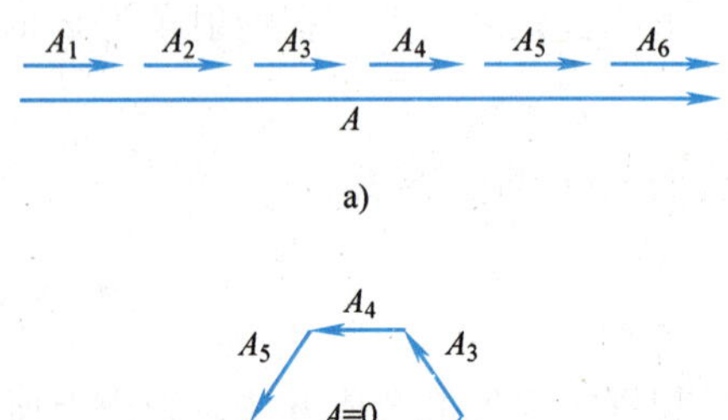

a)

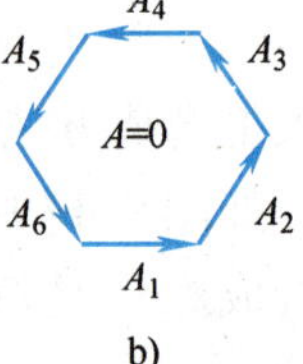

b)

图 9.18　多缝光振动的合成（$N=6$）

或者写成

$$(a+b)\sin\varphi=\pm\frac{k'}{N}\lambda \quad (k'=1,2,3,\cdots 且\ k'\neq kN) \tag{9.24}$$

此时出现暗条纹，故式（9.24）为产生暗纹的条件。

应该注意，式（9.24）中 k'的取值去掉了 $k'=kN$ 的情况，因为这属于出现主极大的情况，即 k'应取如下数值：

$$k'=1,2,\cdots N-1,N+1,N+2,\cdots 2N-1,2N+1,\cdots$$

可见在两个相邻的主极大之间有 $N-1$ 条暗纹。

（3）次极大 由于两相邻主极大之间有 $N-1$ 条暗纹，而两暗条纹之间应为明条纹，所以两主极大间还有 $N-2$ 条明纹。计算表明，这些明纹的强度仅为主极大的4%，故称为次极大。如图 9.19 所示是狭缝数 $N=4$ 的光栅衍射的光强分布，可以看出在两个相邻的主极大之间有 3 条暗纹，有 2 条次明纹。这些地方虽然光振动没有全部抵消，却是部分抵消。在实验中次极大几乎观察不到。

由于光栅的缝数很多，其结果是在两相邻主极大明条纹之间，布满了暗条纹和较弱的次极大。因此在主极大之间实际是一暗区，明条纹分得很开，细窄而又明亮。这样多光束干涉的结果就是：在几乎黑暗的背景上出现了一系列又细又亮的明条纹。这一结果的强度分布曲线如图 9.19b 所示。

2. 单缝衍射的影响

在式（9.21）中，$I_1=A_1^2$，是单个狭缝的光在接收屏幕的 P 点产生的强度，其数值由式（9.6）$I=A^2=I_0\dfrac{\sin^2\alpha}{\alpha^2}$决定，所以有

$$I_1=A_1^2=I_0\frac{\sin^2\alpha}{\alpha^2} \tag{9.25}$$

于是，由式（9.21）可以得到 P 点衍射强度是

$$I=I_0\frac{\sin^2\alpha}{\alpha^2}\frac{\sin^2(N\beta)}{\sin^2\beta} \tag{9.26}$$

式中，I_0 是满足 α 和 β 均为零时单个缝在考察点产生的强度，即屏幕中心 O 点处的光强度。

当 $\alpha\to 0$、$\beta\to 0$ 时，由式（9.26）可得

$$I=I_0\frac{\sin^2\alpha}{\alpha^2}\frac{\sin^2(N\beta)}{\sin^2\beta}=I_0\frac{\sin^2\alpha}{\alpha^2}\frac{\sin^2(N\beta)}{(N\beta)^2}\cdot\frac{N^2\beta^2}{\sin^2\beta}=N^2I_0 \tag{9.27}$$

由式（9.27）可知，对于透光缝数为 N 的平面衍射光栅，当 α 和 β 均为零时，衍射光栅中央主极大强度 $I=N^2I_0$。

由于光栅的多光束干涉要受到单缝衍射光强分布的影响，或者说，各主极大要受到单缝衍射的调制作用，所以原先等强度的多光束干涉条纹将随单缝衍射条纹强度而变化，如图 9.19c 所示。这就是说，光栅衍射图样的光强分布是多光束干涉和单缝衍射的综合效果。

应当指出，光栅上每一狭缝都要在屏上产生衍射图样，但每一条纹只取决于衍射角 φ，与缝的上下位置无关，这是由透镜会聚规律决定的，N 个单缝在屏上形成的衍射图样相互重合，使得衍射图样更加明亮。

3. 缺级现象

由式（9.27）可以看出，当$\frac{\sin^2\alpha}{\alpha^2}=0$，而$\frac{\sin^2(N\beta)}{\sin^2\beta}$为极大值时，两者相乘，光强认为是零。也就是说如果对应某一衍射角 φ，既满足光栅方程

$$(a+b)\sin\varphi=\pm k\lambda \quad (k=0,1,2,\cdots) \quad \text{明纹}$$

又满足单缝衍射暗条纹条件

$$a\sin\varphi=\pm k'\lambda \quad (k'=1,2,\cdots) \quad \text{暗纹}$$

那么，由于所有光强为零的叠加必为零，所以对应的第 k 级主极大明纹不再出现，这种现象称为光栅的缺级现象。由上面两式可得缺级的级数为

$$k=\frac{a+b}{a}k' \tag{9.28}$$

例如，当 $a+b=3a$ 时，则 $k=3k'$，即 $k=\pm3$，±6，±9，…主极大缺级。

在图 9.19 光栅衍射的光强分布图中，$N=4$，$d=a+b=4a$。其中图 9.19a 和图 9.19b 分别表示单缝衍射和多缝干涉形成的光强分布；图 9.19c 则为多缝衍射即光栅衍射的光强分布，它综合反映了光栅衍射所形成条纹的主要特点和性质：

1）主极大明纹的位置与缝数 N 无关，它们对称地分布在中央明纹两侧，且中央明纹的光强最大。

2）在相邻的两个主极大之间，有 $N-1=3$ 条暗纹（极小）和 $N-2=2$ 个次极大。当缝数 N 很大时，在相邻的主极大明纹之间实际上会形成一片暗区，从而形成的衍射条纹具有亮、细、疏的特点。

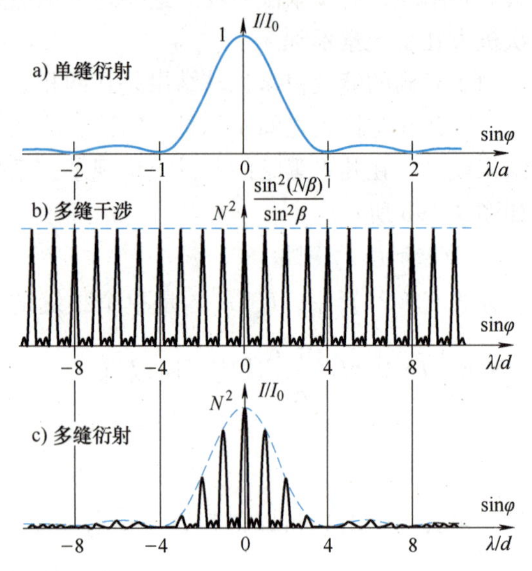

图 9.19　光栅衍射强度分布

3）单缝衍射限制了光栅衍射中光强分布曲线的外部轮廓，如在图 9.19 中，第 4、第 8 级主极大明纹没有出现。

9.4.3　光栅光谱

以上的讨论都只限于单色光的情况。根据光栅方程 $(a+b)\sin\varphi=k\lambda$ 可知，若光栅常数 $(a+b)$ 一定，如果入射光是包含几种不同波长的复色光，则除零级以外，各级主极大的位置各不相同，因此我们将看到在衍射图样中有几组颜色不同的谱线分别对应于不同的波长，我们把波长不同的同级谱线集合起来构成的一组谱线称为光栅光谱。光栅可以将光源中不同波长的光分开，这种性质称为色散。通常用色散本领反映光栅使不同波长的谱线分开的能力。如果是白光入射，则由于波长越短，谱线的衍射角就越小，故在同一级光谱中，紫色的谱线在光谱的内边缘，红色的谱线在外边缘，零级光谱（中央主极大）仍为白色亮纹，位置居中且无色散，其余各级明纹将按由紫到红的顺序依次分开排列，形成彩色光带，对称地排列在中央明纹两侧。随着级数的增大，相邻级之间的光谱将会发生重叠，如图 9.20 所示的光谱中第 2 级和第 3 级光谱相互重叠，级次越高，重叠情况越复杂。故在实际使用时，

常将滤光片置于光路中，以滤去不需要观察的谱线。

光栅作为分光仪器，它能够将白光分解为不同的色光，同时还可以分离出不同波长的单色光，在光谱分析、光学通信和激光技术中有广泛应用。例如可根据实验测定光谱线的波长和光谱线的强度，确定发光物质的成分及其含量，在物质结构研究中起着重要的作用。

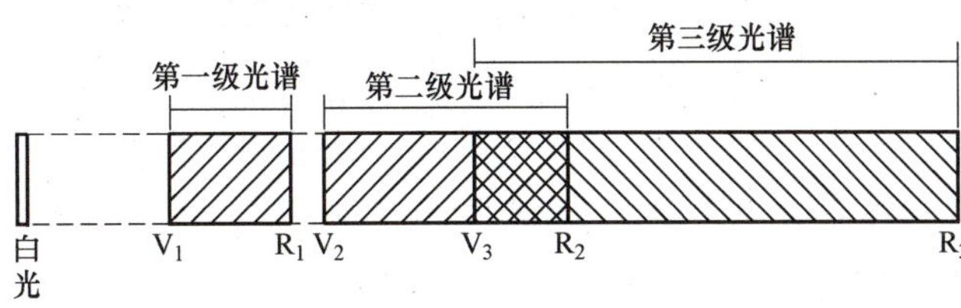

图 9.20 光栅光谱

例 9.6 波长 $\lambda=600\text{nm}$ 的单色平行光垂直入射到一光栅上，第 2、3 级明纹分别出现在 $\sin\varphi=0.20$ 与 $\sin\varphi=0.30$ 处，第 4 级缺级。求：(1) 光栅常数 d；(2) 光栅上狭缝的最小宽度 a；(3) 在 $-90°<\varphi<90°$ 范围内，实际呈现的全部级数。

解 (1) 由光栅方程 $(a+b)\sin\varphi=k\lambda$，可知在 $\sin\varphi_1=0.20$ 与 $\sin\varphi_2=0.30$ 处满足：

$$0.20(a+b)=2\times600\times10^{-9}\text{m}$$

$$0.30(a+b)=3\times600\times10^{-9}\text{m}$$

由以上两式均可得

$$d=a+b=6.0\times10^{-6}\text{m}$$

(2) 因第 4 级缺级，故必须同时满足

$$(a+b)\sin\varphi=k\lambda,\ a\sin\varphi=k'\lambda$$

解得

$$a=\frac{a+b}{4}k'=1.5\times10^{-6}k'$$

取 $k'=1$，得光栅狭缝的最小宽度为 $1.5\times10^{-6}\text{m}$。

(3) 由 $(a+b)\sin\varphi=k\lambda$ 有

$$k=\frac{(a+b)\sin\varphi}{\lambda}$$

当 $\varphi=\frac{\pi}{2}$，对应 $k=k_{\max}$，所以

$$k_{\max}=\frac{a+b}{\lambda}=\frac{6.0\times10^{-6}}{600\times10^{-9}}=10$$

因 ±4 和 ±8 缺级，所以在 $-90°<\varphi<90°$ 范围内实际呈现的全部级数为 $k=0,\pm1,\pm2,\pm3,\pm5,\pm6,\pm7,\pm9$，共 15 条明纹（$k=\pm10$ 在 $k=\pm90°$ 处看不到）。

例 9.7 用白光垂直照射在每厘米中有 6500 条刻线的平面透射光栅上，求第 3 级光谱的张角。

解 光栅常数为

$$a+b=\frac{L}{N}=\frac{1.0\times10^{-2}}{6500}\text{m}$$

设第 3 级（$k=3$）紫光和红光的衍射角分别为 φ_1 和 φ_2，由光栅方程 $(a+b)\sin\varphi=k\lambda$，可得

$$\sin\varphi_1=\frac{k\lambda_1}{a+b}=\frac{3\times4.0\times10^{-7}\times6500}{1.0\times10^{-2}}=0.78$$

所以

$$\varphi_1=51.26°$$

又因

$$\sin\varphi_2=\frac{k\lambda_2}{a+b}=\frac{3\times7.6\times10^{-7}\times6500}{1.0\times10^{-2}}=1.48$$

这说明不存在第 3 级的红光明纹，即第 3 级光谱只能出现一部分光谱。这一部分光谱张角为

$$\Delta\varphi=90.0°-51.26°=38.74°$$

设这时第 3 级光谱所能出现的波长为 λ'（其对应的衍射角 $\varphi'=90°$），所以

$$\lambda'=\frac{(a+b)\sin\varphi}{k}=\frac{(a+b)\sin 90°}{k}=\frac{a+b}{3}$$
$$=\frac{1.0\times10^{-2}}{6500\times3}\text{m}=5.13\times10^{-7}\text{m}=513\text{nm}$$

即 λ' 光为绿光。可见第 3 级光谱只能出现紫、蓝、青、绿等色的光，波长比 513nm 长的黄、橙、红等色的光则看不到。

例 9.8 用波长为 589.3nm 的钠黄光垂直照射在每毫米有 500 条刻痕的光栅上，在光栅后放一焦距为 $f=20$cm 的凸透镜，试求：（1）第 1 级与第 3 级条纹的距离；（2）最多能看到几条明条纹；（3）若光线以 30°角斜入射时，最多看到第几级条纹。

解 （1）光栅常数为

$$a+b=\frac{L}{N}=\frac{1\times10^{-3}}{500}\text{m}=2\times10^{-6}\text{m}$$

根据光栅方程 $(a+b)\sin\varphi=k\lambda$，得

$$k=1:\ \sin\varphi_1=\frac{\lambda}{a+b}=0.2947,\ \varphi_1=17.14°$$

$$k=3:\ \sin\varphi_3=\frac{3\lambda}{a+b}=0.8840,\ \varphi_1=62.12°$$

又因 $x=f\tan\varphi$，所以第 1 级与第 3 级之间的距离为

$$\Delta x=x_3-x_1=f(\tan\varphi_3-\tan\varphi_1)=0.2\times(1.89-0.31)\text{m}=0.316\text{m}$$

（2）由光栅方程可得

$$k=\frac{a+b}{\lambda}\sin\varphi$$

由上式可见，k 的可能最大值相应于 $\sin 90°=1$，所以 k 的最大值为

$$k=\frac{a+b}{\lambda}=\frac{2\times10^{-6}}{5.893\times10^{-7}}=3.4$$

因为 k 只能取小于 3.4 的整数，故最多只能看到中央明条纹两侧三级明纹，加上中央明纹，共可看到 7 条明纹。

（3）图 9.21 表示入射线与光栅面的法线成 θ 角，由图可知，1、2 两条光线的光程差除 BC 外，还有入射前的光程差 AB，因此，总光程差是

$$\delta=\overline{AB}+\overline{BC}$$
$$=(a+b)\sin\theta+(a+b)\sin\varphi$$
$$=(a+b)(\sin\theta+\sin\varphi)$$

这时光栅方程应为

$$(a+b)(\sin\theta+\sin\varphi)=k\lambda\quad(k=0,1,2,\cdots)\qquad(*)$$

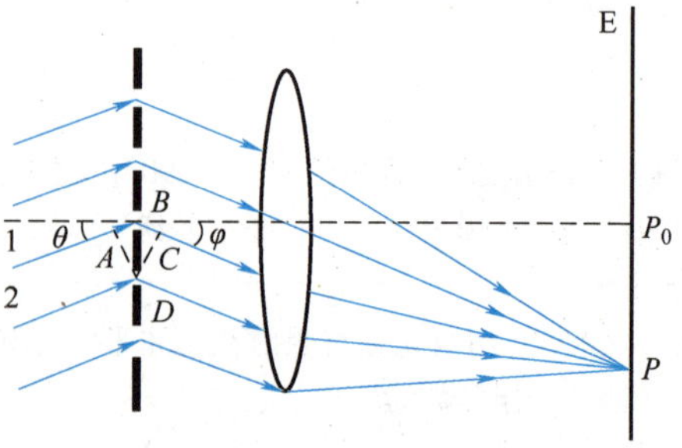

图 9.21 例 9.8 图

当入射光线与衍射光线在光栅面法线两侧时，1、2 两光线的总光程差为 $\overline{AB}-\overline{BC}$，在上式中，$\varphi$ 相应地取负值。式（*）称为斜入射光栅方程。

按题意 $\theta=30°$，这时，k 的可能的最大值相应于 $\varphi=90°$，即 $\sin\varphi=1$，因此

$$k=\frac{(a+b)(\sin\theta+\sin\varphi)}{\lambda}$$
$$=\frac{2\times10^{-6}(\sin30°+1)}{5.893\times10^{-7}}=5.09$$

最多可看到第 5 级明纹。

思考题

9.4.1 若以白光垂直入射光栅，不同波长的光将会有不同的衍射角。问

(1) 零级明条纹能否分开不同波长的光？

(2) 在可见光中哪种颜色的光衍射角最大？不同波长的光分开程度与什么因素有关？

9.4.2 一衍射光栅对某一波长在宽度有限的屏幕上只出现中央亮条纹和第1级亮条纹。欲使屏幕上出现高一级的亮条纹，应换一个光栅常数较大的还是较小的光栅？

9.4.3 光栅衍射与单缝衍射有何区别？为何光栅衍射的明条纹特别明亮而暗区很宽？

9.4.4 为什么光栅中透明缝的宽度与不透明间隔的宽度相等时，除中央亮条纹外，所有偶数级的亮条纹都不出现？

9.4.5 一束平行光垂直入射在衍射光栅上，若把光栅垂直于光的入射方向稍微移动一下，谱线是否移动？若入射光线相对光栅转动一个角度 φ，谱线是否改变？

9.4.6 光栅形成的光谱线随波长的展开与玻璃棱镜的色散有什么不同？

本章知识网络图

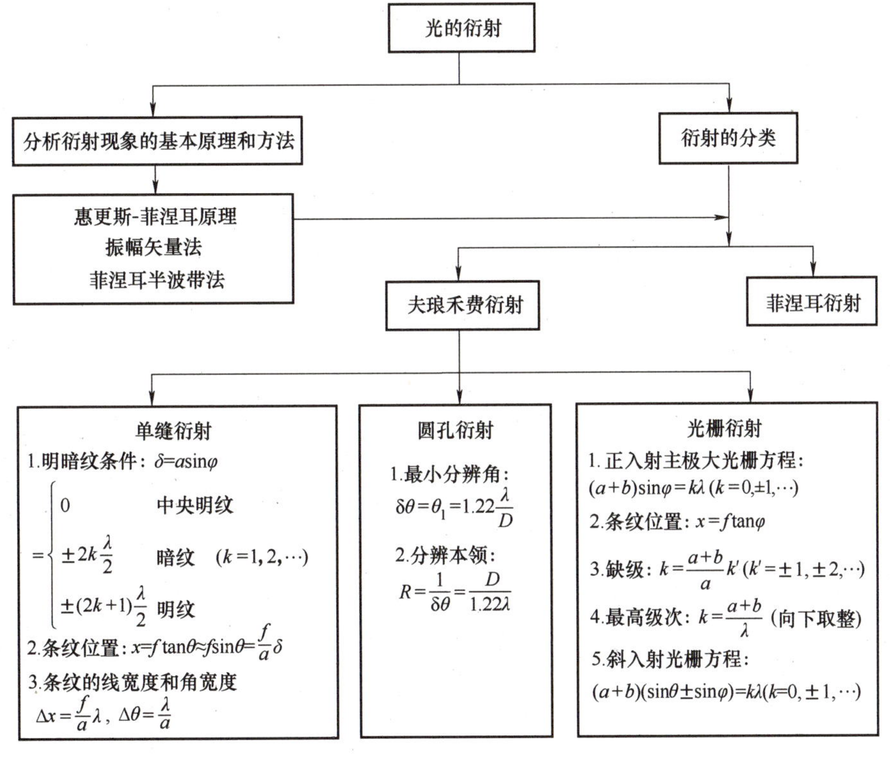

习　题

9.1 波长为546nm的平行光垂直照射在缝宽为0.437mm的单缝上，缝后有焦距为40cm的凸透镜，求透镜焦平面上出现的衍射中央明纹的线宽度。

9.2 用波长 $\lambda=632.8\text{nm}$ 的平行光垂直照射单缝，缝宽 $a=0.15\text{mm}$，缝后用凸透镜把衍射光会聚在焦

平面上，测得第2级与第3级暗条纹之间的距离为1.7mm，求此透镜的焦距。

9.3 在单缝夫琅禾费衍射实验中，用波长 $\lambda_1=650\text{nm}$ 的单色平行光垂直入射单缝，已知透镜焦 $f=2.00\text{m}$，测得第2级暗纹距中央明纹中心距离为 $3.20\times10^{-3}\text{m}$。现用波长为 λ_2 的单色平行光做实验，测得第3级暗纹距中央明纹中心距离为 $4.50\times10^{-3}\text{m}$。求缝宽 a 和波长 λ_2。

9.4 用橙黄色的平行光垂直照射一宽为 $a=0.60\text{mm}$ 的单缝，缝后凸透镜的焦距 $f=40.0\text{cm}$，观察屏幕上形成的衍射条纹。若屏上离中央明条纹中心1.40mm处的 P 点为一明条纹，求：（1）入射光的波长；（2）P 点处条纹的级数；（3）从 P 点看，对该光波而言，狭缝处的波面可分成几个半波带？

9.5 在迎面驶来的汽车上，两盏前灯相距1.2m。试问汽车离人多远时，眼睛才能分辨这两盏灯？设夜间人眼的瞳孔直径为5.0mm，入射光波长为550nm。

9.6 一个平面透射光栅，当用光垂直入射时，能在30°角的衍射方向上得到600nm的第2级主极大，并且第2级主极大能分辨 $\Delta\lambda=0.05\text{nm}$ 的两条光谱线，但不能得到400nm的第3级主极大，求：（1）此光栅的透光部分的宽度 a 和不透光部分的宽度 b；（2）此光栅的总缝数 N。

9.7 波长范围在450~650nm之间的复色平行光垂直照射在每厘米有5000条刻线的光栅上，屏幕放在透镜的焦面处，屏上第2级光谱各色光在屏上所占范围的宽度为35.1cm。求透镜的焦距 f。

9.8 一束平行光垂直入射到某个光栅上，该光束有两种波长的光，$\lambda_1=440\text{nm}$，$\lambda_2=660\text{nm}$，实验发现，两种波长的谱线（不计中央明纹）第二次重合于衍射角 $\varphi=60°$ 的方向上。求此光栅的光栅常数 d。

9.9 波长为500nm的平行单色光垂直照射到每毫米有200条刻痕的光栅上，光栅后的透镜焦距为60cm。求：（1）屏幕上中央明条纹与第1级明条纹的间距；（2）当光线与光栅法线成30°斜入射时，中央明条纹的位移为多少？

9.10 波长为600nm的单色光垂直入射在一光栅上，其透光和不透光部分的宽度比为1∶3，第2级主极大出现在 $\sin\varphi=0.20$ 处。试问：（1）光栅上相邻两缝的间距是多少（2）光栅上狭缝的宽度多大？（3）在 $-90°<\varphi<90°$ 范围内，呈现全部明条纹的级数为哪些？

9.11 用一束具有两种波长的平行光垂直入射在光栅上，$\lambda_1=600\text{nm}$，$\lambda_2=400\text{nm}$，发现距中央明纹5cm处 λ_1 光的第 k 级主极大和 λ_2 光的第 $k+1$ 级主极大相重合，放置在光栅与屏之间的透镜焦距 $f=50\text{cm}$，试问：（1）$k=$？（2）光栅常数 $d=$？

9.12 一光栅在正入射条件下，考察波长范围400~760nm的白光的光栅光谱，试证明1、2级光谱不发生重叠，并求出2、3级光谱的重叠范围。

9.13 波长范围为400~760nm的白光垂直入射某光栅，已知该光栅每厘米刻有5000条透光缝，在位于透镜焦平面的显示屏上，测得光栅衍射第1级光谱的宽度约为56.5mm，求透镜的焦距。

9.14 一缝间距 $d=0.1\text{mm}$、缝宽 $a=0.02\text{mm}$ 的双缝，用波长 $\lambda=600\text{nm}$ 的平行单色光垂直入射，双缝后放一焦距为 $f=2.0\text{m}$ 的透镜，求：（1）单缝衍射中央亮条纹的宽度内有几条干涉主极大条纹？（2）在这双缝的中间再开一条相同的单缝，中央亮条纹的宽度内又有几条干涉主极大？

9.15 波长400~750nm的白光垂直照射到某光栅上，在离光栅0.50m处的光屏上测得第1级彩带离中央明条纹中心最近的距离为4.0cm，求：（1）第1级彩带的宽度；（2）第3级的哪些波长的光与第2级光谱重合？

9.16 已知氯化钠晶体的晶面距离 $d=0.282\text{nm}$，现用波长 $\lambda=0.154\text{nm}$ 的X射线射向晶体表面，观察到第一级反射极大，求X射线与晶体所成的掠射角。

第9章习题答案

第9章习题详解

第 10 章　光的偏振

光学老又新，前程端似锦。

——王大珩

光的干涉和衍射现象揭示了光的波动性，光的偏振现象证实了光的横波性，同时有力地证明了光的电磁理论的正确性。本章首先介绍光的各种偏振态，然后主要讨论如何获得和检验线偏振光等。

通过本章学习，理解自然光和偏振光的概念，掌握马吕斯定律及布儒斯特定律；理解线偏振光的获得和检验方法。

10.1　光的偏振态

光的横波性只表明光矢量 $\boldsymbol{E}$ 的振动方向与光的传播方向垂直，在与传播方向垂直的二维空间里，光矢量还可能有各种各样的振动状态，若光矢量对传播方向具有不对称性，我们称之为光的偏振。光的偏振态有以下四种：部分偏振、线偏振、椭圆偏振和圆偏振。

10.1.1　自然光

普通光源中大量的原子或分子发光是一个瞬息万变、无序间歇的随机过程，所以各个波列的光矢量可以分布在一切可能的方位。在垂直于传播方向的平面内，沿各个方向振动的光矢量都有，没有固定相位关系，平均来看，光矢量的分布各向均匀，而且各方向光振动的振幅都相同，这种光称为自然光，如图 10.1a 所示。

自然光各个方向的光矢量可以在垂直于传播方向的平面内正交分解，得到的两个分量相互垂直、振幅相等，并且相互独立（无固定的相位关系）。因此，自然光可以用任意两个相互垂直的光振动来表示。如图 10.1b 所示。

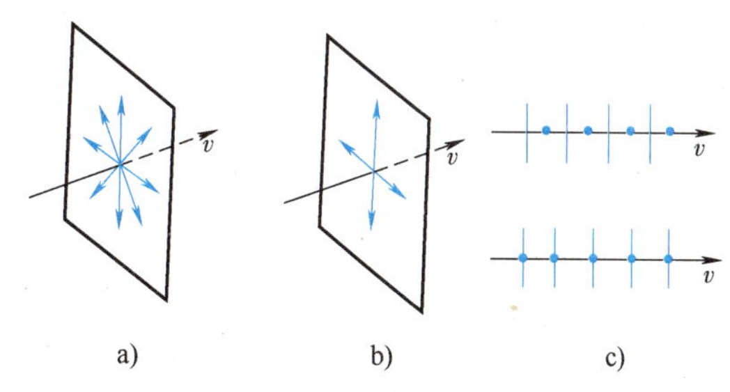

图 10.1　自然光及其图示法

图 10.1c 所示是自然光的表示方法，用短线和点分别表示平行于纸面和垂直于纸面的光振动。短线和点相互做等距分布，表示这两个光振动振幅相等，各具有自然光总能量的一半。

10.1.2 线偏振光

在垂直于传播方向的平面内，若光矢量只沿一个固定的方向振动，这种光称为线偏振光。光矢量的振动方向与光的传播方向构成的平面称为线偏振光的振动面，如图 10.2a 所示，线偏振光的振动面是固定不变的，光矢量始终在振动面内振动，因此线偏振光也叫平面偏振光或完全偏振光。

图 10.2b 所示是线偏振光的表示方法，图中短线表示光振动平行于纸面，点表示光振动垂直于纸面。

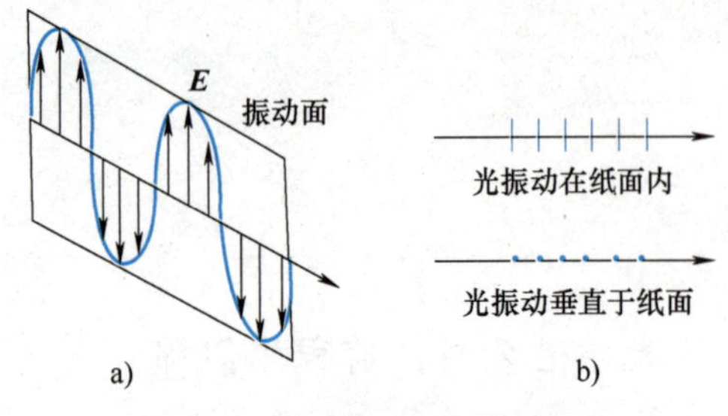

图 10.2　线偏振光及其图示法

10.1.3 部分偏振光

若在垂直于光传播方向的平面内，各个方向的光振动都存在，像自然光那样，没有固定的相位关系，但各个振动方向上的振幅不等，这种光称为部分偏振光，如图 10.3a 所示。部分偏振光的偏振性介于线偏振光和自然光之间，可看成自然光和线偏振光的混合。

部分偏振光也可以用两个相互垂直的、彼此相位无关的光振动来代替，但与自然光不同，这两个互相垂直的光振动的强度不等，如图 10.3b 所示。

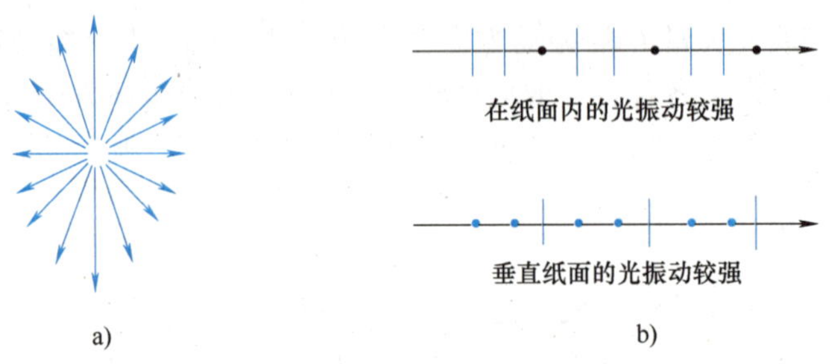

图 10.3　部分偏振光及其图示法

10.1.4 椭圆偏振光和圆偏振光

这两种光的特点是光矢量 $\boldsymbol{E}$ 在沿着光的传播方向前进的同时，还绕着传播方向按一定频率转动，如图 10.4 所示。在垂直于光传播方向的平面内，光矢量矢端轨迹为圆的叫作圆偏振光，轨迹为椭圆的叫作椭圆偏振光，如图 10.5 所示。根据光矢量的旋转方向不同，可分为右旋和左旋偏振光。右手四指环绕旋转方向，拇指指向光的传播方向，服从右手法则的叫右旋光，否则叫左旋光。

两个频率相同、相互垂直的简谐振动，合运动的轨迹随相位差的变化将不断按图 10.6 所示的顺序，由直线逐渐变为椭圆，又由椭圆逐渐变为直线，并不断重复进行下去。当两个分振动的相位差不等于 0 或 $\pm\pi$ 时，其合成运动的轨迹为一椭圆。所以椭圆偏振光和圆偏振光可以看成是两个相互垂直、相位差恒定的线偏振光叠加而成。

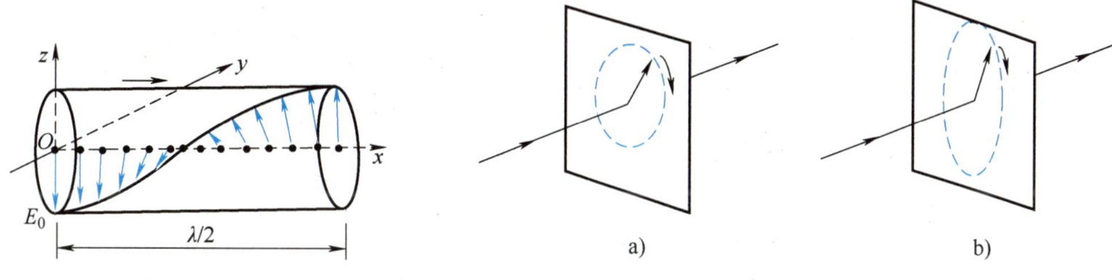

图 10.4　左旋偏振光中光矢量旋转示意图

图 10.5　椭圆偏振光和圆偏振光示意图

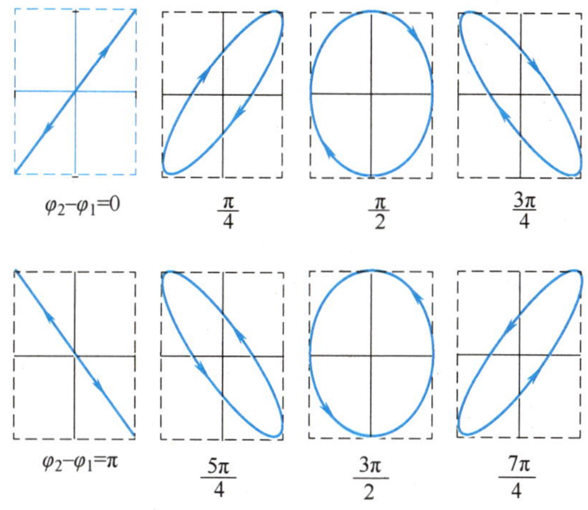

图 10.6　几种相位差不同的合运动轨迹

应当注意，用两个相互垂直的光振动表示椭圆偏振光或圆偏振光时，这两个分振动是有确定的相位关系的。

思考题

10.1.1　自然光是否一定不是单色光？线偏振光是否一定是单色光？

10.1.2　既然根据振动分解的概念可以把自然光看成是两个相互垂直振动的合成，而一个振动的两个分振动又是相同的，那么，为什么说自然光分解成的两个垂直的振动之间没有确定的相位关系呢？

10.1.3　最常见的光的偏振态可分为几种？

10.2　线偏振光的获得与检验　马吕斯定律

10.2.1　偏振片

自然光通过某些晶体（如天然的电气石晶体）时，晶体对两个相互垂直的特定方向的光振动吸收的程度不同，它能强烈地吸收某一方向的光振动，而对与之垂直方向的光振动几乎不吸收。这样，没有被吸收的光振动透过晶体就形成了线偏振光。具有这种性质的晶体称为二向色性晶体。

把具有二向色性晶体的细微晶粒涂在聚氯乙烯膜上，并沿某一方向拉伸薄膜，使细微晶粒沿拉伸方向整齐排列，然后将薄膜夹在两玻璃片之间，便制成了偏振片。为了便于说明，也便于使用，在偏振片上标出记号“↕”表明该偏振片允许通过的光振动方向，这个方向称为偏振化方向，也叫透光轴。

10.2.2 线偏振光的获得与检验

普通光源发出的光是自然光，用于从自然光获得线偏振光的器件称为起偏器，常用的起偏器有偏振片、尼科耳棱镜等。用于鉴别光的偏振状态的器件称为检偏器。本节以偏振片为例，介绍线偏振光的获得与检验，即起偏和检偏过程。

从自然光获得线偏振光的过程叫起偏。最简单的起偏方法是让自然光通过一块偏振片 P_1，其透过的光就成为线偏振光，如图 10.7a 所示，这块偏振片叫起偏器。当入射的自然光光强为 I_0 时，若不考虑起偏器对平行于偏振化方向光振动分量的吸收和介质表面的反射，则从起偏器出射的线偏振光的光强为 $I_0/2$。

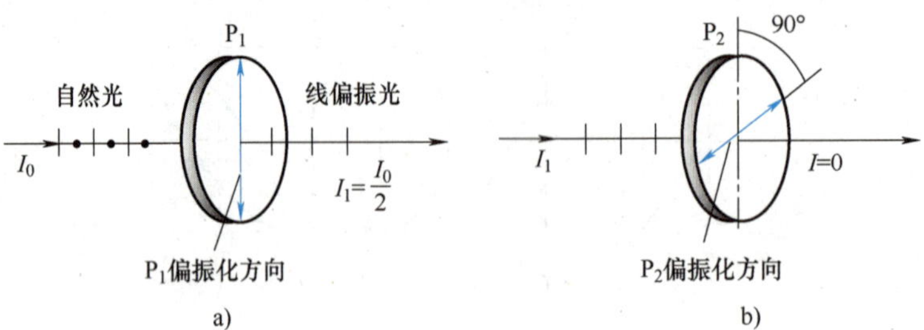

图 10.7 偏振片的起偏和检偏

偏振片不但能使自然光变为线偏振光，还可用来检查入射光是否为线偏振光。如图 10.7 所示，若偏振片 P_1、P_2 的偏振化方向相互平行，则透过 P_1 的线偏振光将全部透过 P_2，透射光强最强，照射到 P_2 后面的屏幕上则为最亮；若 P_1、P_2 的偏振化方向相互垂直，则透过 P_1 的线偏振光完全不能透过 P_2，透射光强为零（无光，称为消光现象）。将 P_2 以光的传播方向为轴旋转，如果透过 P_2 的光强呈现出“最亮—消光—最亮—消光—最亮”交替变化，那么，照射到 P_2 上的光就是线偏振光，否则就不是线偏振光。

10.2.3 马吕斯定律

如图 10.8a 所示，P_1 为起偏器，P_2 为检偏器，它们的偏振化方向分别为 MM' 和 NN'，两者间的夹角为 α。自然光通过 P_1 后成为线偏振光。设入射到检偏器 P_2 的线偏振光的振幅矢量为 $\boldsymbol{A}_0$，则 $\boldsymbol{A}_0$ 可分解为平行和垂直于 NN' 的两个分量 $A_0\cos\alpha$ 和 $A_0\sin\alpha$，如图 10.8b 所示。

由于只有平行分量可以通过检偏器，故通过 P_2 的透射光的振幅为 $A_0\cos\alpha$。由于光强正比于振幅平方，所以透射光的光强 I 和入射线偏振光的光强 I_0 之比为

$$\frac{I}{I_0}=\frac{(A_0\cos\alpha)^2}{A_0^2}=\cos^2\alpha$$

因此

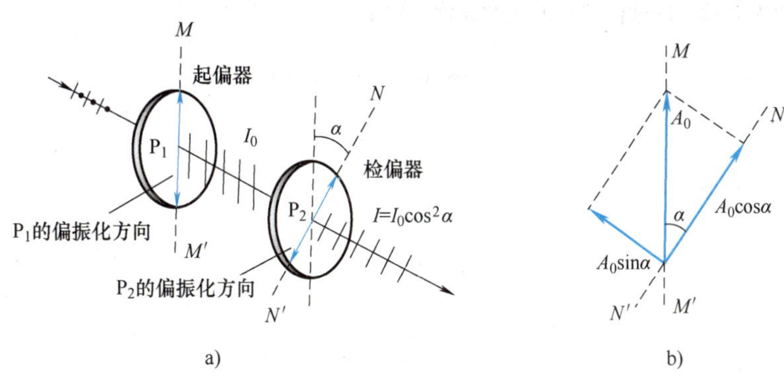

图 10.8　马吕斯定律

$$I=I_0\cos^2\alpha \tag{10.1}$$

式（10.1）为马吕斯（Malus）定律的数学表达式。

马吕斯定律表明：若 $\alpha=0$，则 $I=I_0$，透射光强最大；若 $\alpha=\pi/2$，则 $I=0$，透射光强为零；若 $0<\alpha<\pi/2$，则 I 介于 0 和 I_0 之间。

随着科学技术的发展，偏振片在现代生活中的应用越来越多。比如拍摄表面光滑的物体（如玻璃器皿、水面）时，在镜头上加偏振片作为滤光片，借以消除或减弱这些光滑物体表面的亮斑。因此，在摄影中，偏振片经常被用于控制天空的亮度、调整植物的颜色以及减少水面的反射等。看立体电影时所戴 3D 眼镜的左右眼镜片就是由一对偏振化方向互相垂直的偏振片构造而成的，偏振片被用来控制左右眼的图像分离，以实现立体视觉效果。汽车夜间行车时为了避免对面车的灯光晃眼，在驾驶室的前窗玻璃和车灯的玻璃罩上可以装上与水平方向成 45°，而且向同一方向倾斜的偏振片来减弱对面车的灯光，以保证行车安全。偏振片在液晶显示方面也有非常重要的应用，小到计算器，大到电视机、电脑等都在用液晶显示屏代替显像管，液晶显示器（LCD 显示屏）采用液晶材料来控制光的偏振方向，实现图像显示。液晶材料在不同的电压下，液晶分子的取向会发生变化，进而改变光的偏振态。通过使用上偏振片和下偏振片的结构，可以实现像素点的亮度调节，最终呈现出图像。

例 10.1　从起偏器 P_1 获得的线偏振光，强度为 I_0，入射到检偏器 P_2 上。要使透射光的强度降低为原来的 1/4，问检偏器与起偏器两者偏振化方向之间的夹角应为多少？

解　根据题意，由马吕斯定律得

$$I=I_0\cos^2\alpha=\frac{1}{4}I_0$$

于是有

$$\cos^2\alpha=\frac{I}{I_0}=\frac{1}{4}，\ \cos\alpha=\pm\frac{1}{2}$$

所以

$$\alpha=\pm60°，\ \pm120°$$

例 10.2　用两块偏振片装成起偏器和检偏器。在它们的偏振化方向成 $\alpha_1=30°$ 角时，观测一束单色自然光。又在 $\alpha_2=60°$ 角时，观测另一束单色自然光。设两次所测得的透射光强度相等，求两束光的强度之比。

解　令 I_1 和 I_2 分别为两束自然光的强度，透过起偏器后，光的强度分别为 $I_1/2$ 和 $I_2/2$。按马吕斯定

律，在先后观测两光束时，透过检偏器的光的强度分别是

$$I_1'=\frac{I_1}{2}\cos^2\alpha_1,\ I_2'=\frac{I_2}{2}\cos^2\alpha_2$$

按题意

$$I_1'=I_2'$$

于是

$$\frac{I_1}{2}\cos^2\alpha_1=\frac{I_2}{2}\cos^2\alpha_2$$

所以

$$\frac{I_1}{I_2}=\frac{\cos^2\alpha_2}{\cos^2\alpha_1}=\frac{\cos^2 60°}{\cos^2 30°}=\frac{\frac{1}{4}}{\frac{3}{4}}=\frac{1}{3}$$

思考题

10.2.1 怎样利用偏振片区分自然光、部分偏振光和线偏振光？

10.2.2 通常偏振片的偏振化方向是没有标明的，你有什么简易的方法将它确定下来？

10.3 反射和折射时光的偏振 布儒斯特定律

10.3.1 反射时光的偏振 布儒斯特定律

实验表明，自然光在两种各向同性介质的分界面上反射和折射时，反射光和折射光都成为部分偏振光，不过反射光中垂直于入射面的振动（简称垂直振动）较强；而折射光中平行于入射面的振动（简称平行振动）较强，如图 10.9 所示。

1812 年，布儒斯特（D. Brewster）在实验中发现：反射光的偏振化程度与入射角有关。当入射角等于某一特定值 i_0 时，如图 10.10 所示，有如下现象：

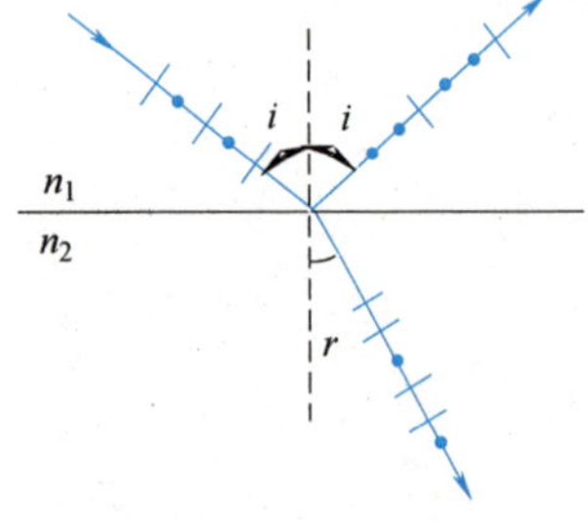

图 10.9 自然光反射和折射后产生部分偏振光

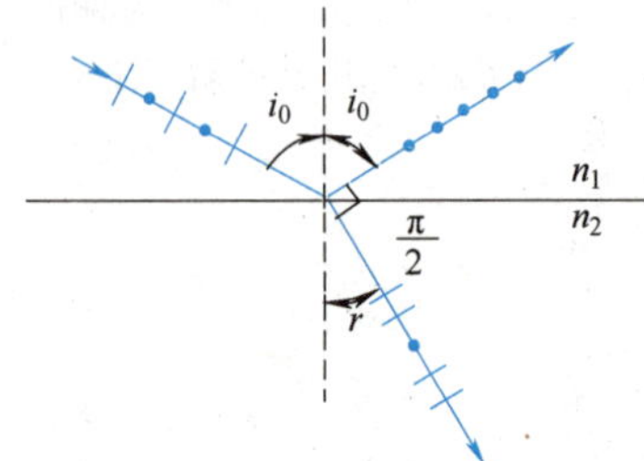

图 10.10 布儒斯特角

1）反射光是光振动垂直于入射面的线偏振光；

2）折射光和反射光的传播方向相互垂直。

设入射角为 i_0 时折射角为 r，则 $i_0+r=90°$。根据折射定律，有

$$n_1\sin i_0=n_2\sin r=n_2\cos i_0$$

于是得

$$\tan i_0=\frac{n_2}{n_1}=n_{21} \tag{10.2}$$

式中，$n_{21}=n_2/n_1$ 为介质 2 对介质 1 的相对折射率。式（10.2）称为布儒斯特定律。i_0 叫作起偏角，或称为布儒斯特角。

实验还表明，无论入射角怎样改变，折射光都不会成为线偏振光。

10.3.2　折射时光的偏振　玻璃片堆

自然光以起偏角入射到两种介质界面时，反射光为线偏振光，但其强度只是入射光强度的很小一部分，光强很弱。而折射光是以平行振动为主的部分偏振光。为了增加反射光的强度和折射光的偏振化程度，实验中可采用玻璃片堆，它由多片平行玻璃片叠合在一起构成。

为了分析玻璃片堆产生线偏振光的原理，我们先讨论光通过一片玻璃片的情况，如图 10.11 所示（设玻璃折射率为 n_2）。一束光以布儒斯特角 i_0 入射，上表面反射的是线偏振光，只含有垂直振动成分。折射角 r 是下表面的入射角，而下表面的折射角恰是 i_0，光线仍与上表面的入射光平行。又因为

$$i_0+r=90°$$

由折射定律得

$$n_2\sin r=n_1\sin i_0=n_1\sin(90°-r)=n_1\cos r$$

所以

$$\tan r=\frac{n_1}{n_2}=n_{12}$$

因此下表面的入射角也是布儒斯特角，其反射光也只有垂直振动成分，折射光中垂直分量进一步减少。

当自然光连续通过许多平行玻璃片（玻璃片堆）时，经过多次反射和折射，最后透过的光中，垂直分量几乎被反射掉，剩下的也几乎是平行分量的线偏振光，如图 10.12 所示。玻璃片越多，透射光的偏振化程度越高。如果不考虑吸收，最后透过的平行分量与反射的垂直分量光强各占入射自然光光强的一半。

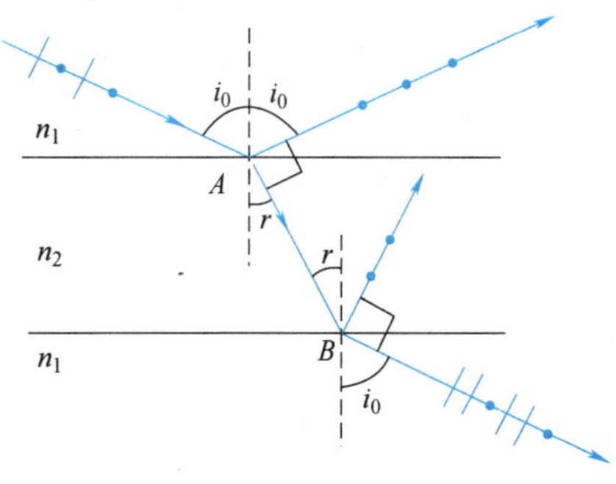

图 10.11　折射起偏

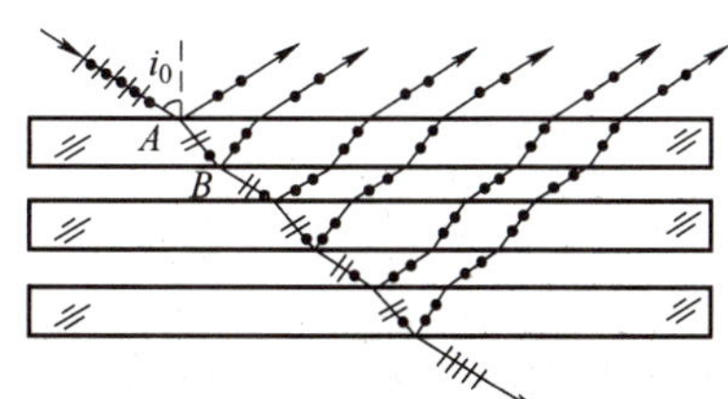

图 10.12　玻璃片堆产生线偏振光

思考题

10.3.1 一束光入射到两种透明介质的分界面上时，发现只有透射光而无反射光，试说明这束光是怎样入射的？其偏振状态如何？

10.3.2 入射光线以起偏角 i_0 入射在折射率为 n_1 和 n_2 的分界面上，此时折射角为 r_0，请问：沿折射光线逆向入射的光线，其入射角 r_0 是不是起偏角？

10.3.3 自然光入射到两个偏振片上，这两个偏振片的取向使得光不能透过。如果在这两个偏振片之间插入第三个偏振片后，有光透过，那么这第三块偏振片是怎么放置的？如果仍然无光透过，又是怎样放置的？

10.4 光的双折射 尼科耳棱镜

10.4.1 光的双折射现象

一束自然光在两种各向同性介质的分界面上折射时遵守折射定律，这时只有一束折射光线。但是，当一束自然光射入各向异性晶体时，例如光线进入方解石晶体（即 $CaCO_3$ 的天然晶体）后，会分裂成为两束折射光线，它们沿不同方向折射，称为双折射现象。因此，通过方解石观察物体时，就能看到物体的像会成为双重的像了，除立方系晶体（如 NaCl）外，光线进入一般晶体时，都将产生双折射现象。

实验表明，由双折射产生的两束折射光性质很不同。对于方解石这样的晶体，其中一束折射光完全遵循折射定律，位于入射面内，入射角 i 和折射角 r 满足

$$\frac{\sin i}{\sin r}=\frac{n_2}{n_1}=n_{21}$$

折射率 n_{21} 是恒量，与 i、r 无关，这束光称为寻常光线，用 o 表示，简称 o 光；另一束折射光不满足折射定律，即当入射角 i 改变时

$$\frac{\sin i}{\sin r}\neq\text{恒量}$$

且该折射光线一般也不在入射面内，这束光称为非常光线，用 e 表示，简称 e 光。当入射光垂直于晶体表面入射（$i=0$）时，寻常光线沿原方向前进，而非常光线一般不沿原方向前进，如图 10.13a 所示。这时如果把方解石晶体旋转，将发现 o 光不动，而 e 光却随着晶体的旋转而绕 o 光转动起来，如图 10.13b 所示。

产生双折射现象的原因是 o 光和 e 光在晶体内有不同的传播速度。o 光在晶体中沿各个方向的传播速度相同，而 e 光的传播速度却随方向而改变。

实验发现，在晶体内，存在着特殊方向，当光在晶体中沿这个方向传播时不发生双折射，这个特殊方向叫作晶体的光轴。图 10.14 表示的是方解石（又称冰洲石）晶体的光轴，其方向平行于 A、B 两顶点的连线。这里需强调指出：光轴是晶体内部的一个特定方向，而不限于一条特定直线。因此在晶体内任何一条与上述光轴方向平行的直线都是晶

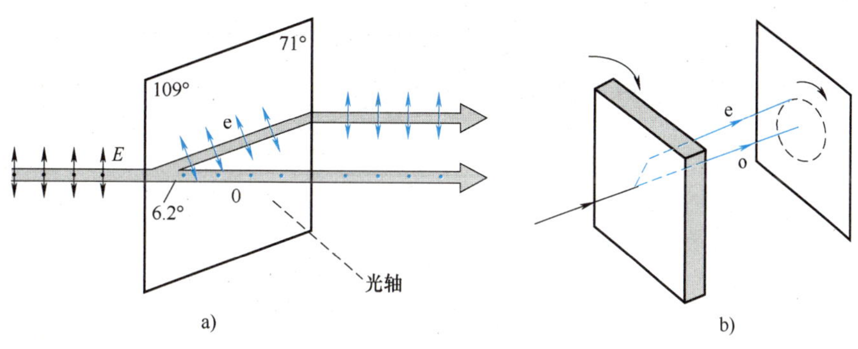

图 10.13 双折射现象

体的光轴。

方解石、石英、红宝石等晶体只有一个光轴方向，它们被称为单轴晶体。而自然界中大多数晶体，如云母、硫黄、蓝宝石等都有两个光轴方向，它们被称为双轴晶体。下面只讨论单轴晶体的情况。

晶体中任一光线的传播方向和光轴方向构成的平面叫作该光线的主平面。o 光和光轴构成的平面就是 o 光的主平面，同样，e 光和光轴构成的平面就是 e 光的主平面。

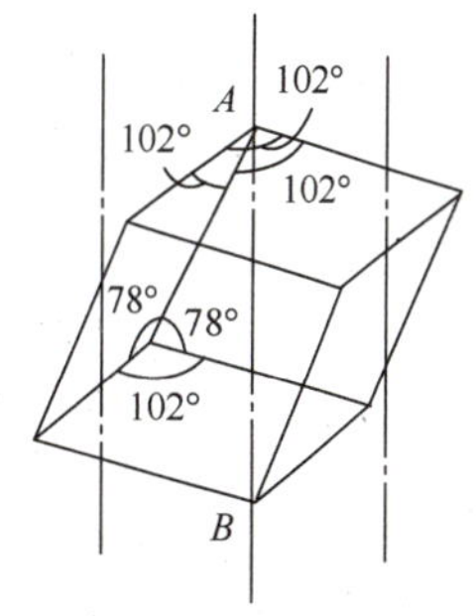

图 10.14 方解石晶体

实验表明，o 光和 e 光都是线偏振光，所以一束自然光进入各向异性晶体发生双折射即可得到线偏振光。实验还发现，o 光的振动方向恒垂直于其主平面，而 e 光的振动却在其主平面内。一般情况下，o 光和 e 光的主平面间有一不大的夹角，因而 o 光和 e 光的振动面不完全互相垂直。但在特殊情况下，即当晶体的光轴在入射面内时，o 光和 e 光以及它们的主平面都与入射面重合，这时两者光矢量的振动方向相互垂直。

10.4.2 尼科耳棱镜

除了前面提到的偏振片、玻璃片堆外，利用晶体双折射现象也可以由自然光获得偏振光。由于 o 光和 e 光都是线偏振光，只要设法将它们分开或除去一束，就可以制成性能良好的偏振元件。尼科耳棱镜就是利用这个原理获得线偏振光的。

图 10.15 是尼科耳棱镜的示意图。它是由两块按一定要求磨研的方解石棱镜 *ABD* 和 *ACD* 用加拿大树胶黏合而成的，*QQ′* 为光轴方向。当自然光平行于棱 *AC* 入射到端面 *AB* 后，由双折射产生 o 光和 e 光。o 光约以 76°的入射角射向加拿大树胶层。已知加拿大树胶的折射率 $n=1.550$，较之方解石对 o 光的折射率 $n_0=1.658$ 小，且入射角 $i=76°$，已超过临界角（约为 69°15′），o 光将发生全反射不能穿过树胶层，全反射的光线被棱镜涂黑的侧面所吸收。在这种情况下，e 光因折射率（$n_e=1.486$）小于树胶的折射率，所以 e 光不会发生全反射，而能穿过树胶层从棱镜右端面射出。射出的线偏振光的振动方向在棱镜的 *ABCD* 平面内。

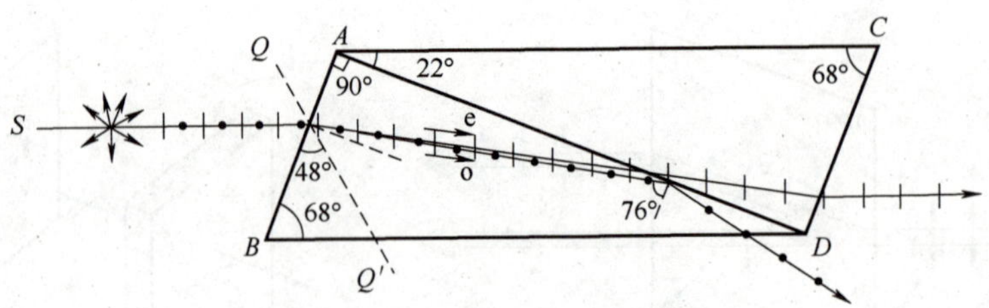

图 10.15　尼科耳棱镜示意图

本章知识网络图

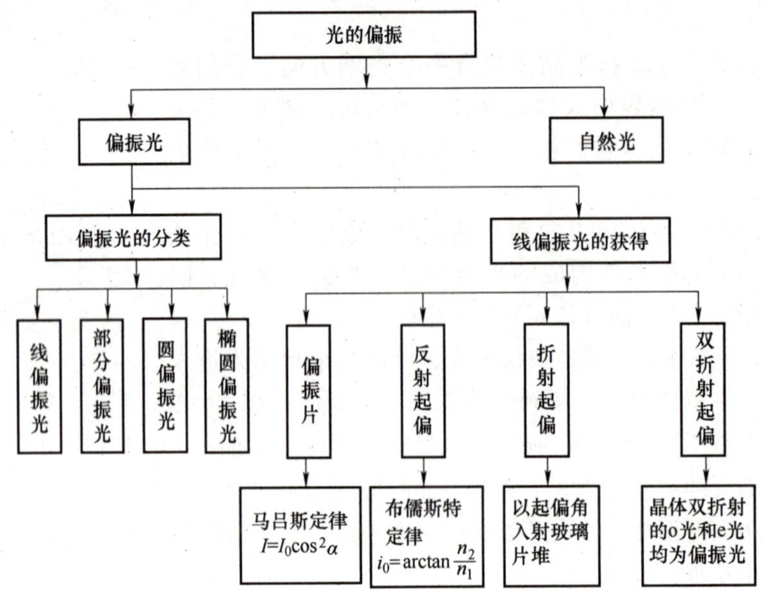

习　题

10.1　使自然光通过两个偏振化方向夹角为60°的偏振片时，透射光强为 I_1，今在这两个偏振片之间再插入一偏振片，它的偏振化方向与前两个偏振片均成 30°，问此时透射光 I 与 I_1 之比为多少？

10.2　自然光入射到两个重叠的偏振片上，如果透射光强为（1）透射光最大强度的 1/3；（2）入射光强的 1/3，则这两个偏振片透光轴方向间的夹角为多少？

10.3　一束光是自然光和线偏振光的混合光，让它垂直通过一偏振片。若以此入射光束为轴旋转偏振片，测得透射光强度最大值是最小值的 5 倍，那么入射光束中自然光与线偏振光的光强比值为多少？

10.4　两个偏振片 P_1、P_2 叠在一起，由强度相同的自然光和线偏振光混合而成的光束垂直入射在偏振片上。已知穿过 P_1 后的透射光强为入射光强的 1/2；连续穿过 P_1、P_2 后的透射光强为入射光强的 1/4。则：（1）若不考虑 P_1、P_2 对可透射分量的反射和吸收，入射光中线偏振光的光矢量振动方向与 P_1 的偏振化方向夹角 θ 为多大？P_1、P_2 的偏振化方向间的夹角 α 为多大？（2）若考虑每个偏振光对透射光的吸收率为 5%，且透射光强与入射光强之比仍不变，此时 θ 和 α 应为多大？

10.5　一束自然光从空气入射到折射率为 1.40 的液体表面上，其反射光是完全偏振光。试求：（1）入射角等于多少？（2）折射角为多少？

10.6 某种透明媒质对于空气的临界角（指反射）等于45°，光从空气射向此媒质时的布儒斯特角是多少？

10.7 有一平面玻璃板放在水中，板面与水面夹角为θ（见题10.7图）。设水和玻璃的折射率分别为1.333和1.681。欲使图中水面和玻璃板面的反射光都是完全偏振光，θ角应是多大？

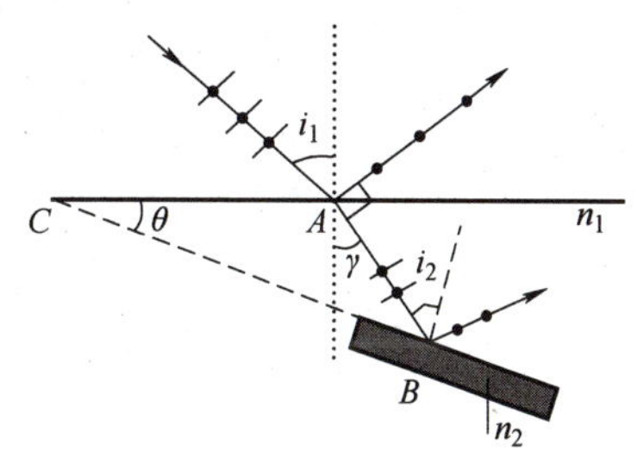

题10.7图

10.8 一束光强为I_0的自然光通过两块偏振化方向正交的偏振片M与N。如果在M与N之间平行地插入另一块偏振片C，设C与M偏振化方向夹角为θ，试求：（1）透过偏振片N后的光强为多少？（2）定性画出光强随θ变化的函数曲线，并指出转动一周，通过的光强出现几次极大和极小值。

第10章习题答案

第10章习题详解

第 11 章　现代光学基础

我已经迈开步子了，而且知道前进目标，那就一定要到达目的。

——梅曼

激光的出现和发展引起了现代光学技术的巨大变革，现代光学中的激光技术及相关学科已经成为推动人类社会发展的重要力量。本章主要从激光原理和应用出发，重点阐明激光的物理学基础及相关典型的分支学科，首先讨论了激光器的基本组成、工作原理、分类和特点；然后引入全息技术、非线性光学、光纤通信、集成光学等领域相关内容，为了避免过多的理论计算，这部分主要以概念性介绍为主。

11.1　激　　光

激光，是受激辐射光放大的简称，它是一种性能十分优越的新型光源。1960 年，美国科学家梅曼（T. H. Maiman，1927—2007）研制成功世界上第一台可实际应用的红宝石激光器。此后，激光器件、激光技术和它们的应用均以很快的速度发展，目前已渗透到所有的学科和应用领域。

11.1.1　激光器的基本组成

尽管激光器种类繁多，结构各异，但其基本组成大都包括工作物质、谐振腔和泵浦系统三大部分。图 11.1 所示为典型激光器的结构简图。工作物质是激光器的核心，可以是气体、液体、固体或半导体。气体又可以是原子、分子、准分子或离子气体。在气体激光器中，产生激光的粒子在激光器的毛细管中。在固体激光器中，产生激光的粒子是激活离子。固体工作物质通常加工成圆柱形，所以习惯称为激光棒。谐振腔由全反射镜和部分反射镜（或称输出反射镜）组成，激光由部分反射镜输出。谐振腔是激光器的重要部件，它不仅是形成激光振荡的必要条件，而且还对输出的模式、功率、束散角等均有很大影响。泵浦系统是为实现粒子数反转提供外界能量的系统。

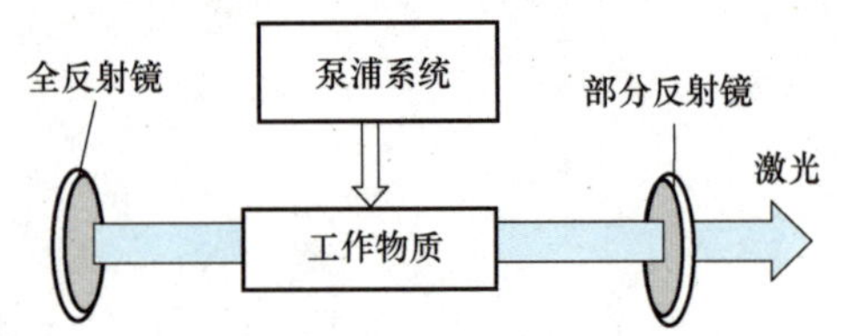

图 11.1　典型激光器结构简图

除了上述三大基本组成外，不同用途的激光器还要加上不同的具有特殊用途的部件，如调 Q 激光器要加 Q 开关，倍频激光器要加倍频晶体，锁模激光器要加锁模装置，等等。大功率、大能量的激光器还应有冷却系统，以消除热效应带来的阈值升高、效率降低、光束质量变坏等不良影响。

11.1.2　激光器的工作原理

1. 能级跃迁

每种原子不同能级间的能量不连续。当原子从某一能级吸收或释放了能量，转移到另一能级时，就是能级跃迁。凡是吸收能量后从低能级到高能级的跃迁称为吸收跃迁；释放能量后从高能级到低能级的跃迁称为辐射跃迁。激光的产生是光和物质原子共振相互作用的结果，这个相互作用包括原子的自发辐射跃迁、受激辐射跃迁和受激吸收跃迁三种过程。

设原子的两个能级为 E_1 和 E_2，并且 $E_1<E_2$。当能量为 $h\nu=E_2-E_1$ 的光子照射到原子上时，原子就有可能吸收此光子的能量，从低能级 E_1 跃迁到高能级 E_2，这个过程称为受激吸收跃迁，如图 11.2a 所示。

受激发后处于高能级 E_2 的原子是不稳定的，一般只能停留 10^{-8}s 左右。它会在没有外界影响的情况下自发地返回到低能级 E_1，同时向外辐射一个能量为 $h\nu=E_2-E_1$ 的光子，这种辐射称为自发辐射跃迁，如图 11.2b 所示。自发辐射的特点是：各个原子的跃迁都是自发、独立地进行的，与外界作用无关。他们所发出的光的振动方向、相位都不一定相同，因此自发辐射发出的光是非相干光。例如，太阳、白炽灯、高压汞灯等普通光源的发光过程都是自发辐射。

如果处于高能级 E_2 的原子在自发辐射之前，受到能量为 $h\nu=E_2-E_1$ 的光子的刺激作用，就有可能从高能级 E_2 向低能级 E_1 跃迁，并且向外辐射一个与外来光子一样特征的光子，这种辐射称为受激辐射跃迁，如图 11.2c 所示。实验表明，受激辐射产生的光子与外来光子具有相同的频率、相位及偏振方向。而且，由于输入一个光子，可以同时得到两个特征完全相同的光子，这两个光子又可以再刺激其他原子引起受激辐射，产生四个完全相同的光子。以此类推，就能在一个入射光子的作用下，获得大量特征完全相同的光子，这种现象称为光放大。由此可见，在受激辐射中，各原子所发出的光同频率、同相位、同偏振态，因此由受激辐射得到的放大了的光是相干光，称之为激光。

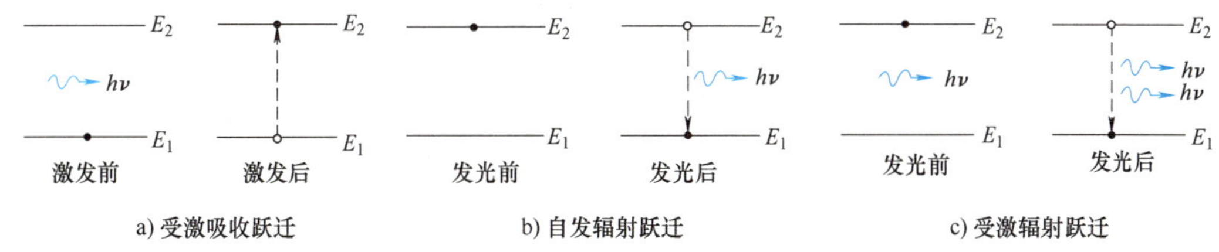

图 11.2　光与原子作用的能级跃迁过程

2. 粒子数布居反转分布

光与物质原子相互作用时，总是同时存在着受激吸收跃迁、自发辐射跃迁和受激辐射跃迁这三个过程。爱因斯坦从理论上证明，在两个能级之间，受激吸收跃迁和受激辐射跃迁具有相同的概率。并且在通常的情况下，原子体系总是处于热平衡状态，热平衡状态下原子数

目按能级的分布遵从玻尔兹曼分布。处于高能级 E_2 和低能级 E_1 的原子数目之比为

$$\frac{N_2}{N_1}=\mathrm{e}^{-\frac{E_2-E_1}{kT}}<1 \tag{11.1}$$

式（11.1）表明，温度 T 一定时，处在低能级的原子数总是多于处在高能级的原子数。因此，在平衡状态下光吸收过程比受激辐射过程占优势。在正常情况下，难以产生连续受激辐射。显然，要获得光放大，必须使处在高能级的原子数大于处在低能级的原子数，即 $N_2>N_1$。这种分布与正常分布相反，称为粒子数布居反转，简称粒子数反转。

并非各种物质都能实现粒子数反转，即便在能实现粒子数反转的物质中，也不是在该物质的任意两个能级间都能实现粒子数反转。为了方便实现粒子数反转，常规激光多采用三能级或四能级系统，如图 11.3 所示。三能级系统（见图 11.3a）中参与激光产生过程的有三个能级。产生激光的下能级 E_1 是基态能级，激光的上能级 E_2 是亚稳态能级，E_3 为抽运高能级。在泵浦源作用下，将下能级的粒子抽运到 E_3 能级。E_3 能级上粒子寿命很短，会通过非辐射跃迁转移到激光的上能级 E_2 上。处于 E_2 能级上的粒子比较稳定，寿命较长。当一半多的下能级 E_1 的粒子被抽运到上能级 E_2 后，就在 E_2、E_1 之间产生粒子数反转分布。三能级系统的主要特征是激光的下能级为基态，通常情况下，基态是充满粒子的，亚稳态实际上是空的。而且在激光的发光过程中，下能级的粒子数一直保存有相当的数量。要实现这两个能级间的粒子数反转，需要相当强的外界激励。

四能级系统（见图 11.3b）中产生激光的下能级 E_1 不是基态能级，粒子抽运是从比下能级 E_1 更低的基态能级 E_0 上进行的。粒子抽运到高能级 E_3 上以后，同样由于非辐射跃迁转移到亚稳态的激光上能级 E_2 上。激光的下能级 E_1 是个激发态能级，在常温下基本是空的，粒子在能级 E_1 上的寿命极短，很容易在 E_2、E_1 之间产生粒子数反转分布。因此，四能级系统所需要的激励能量要比三能级系统小得多，产生激光比三能级系统容易得多。

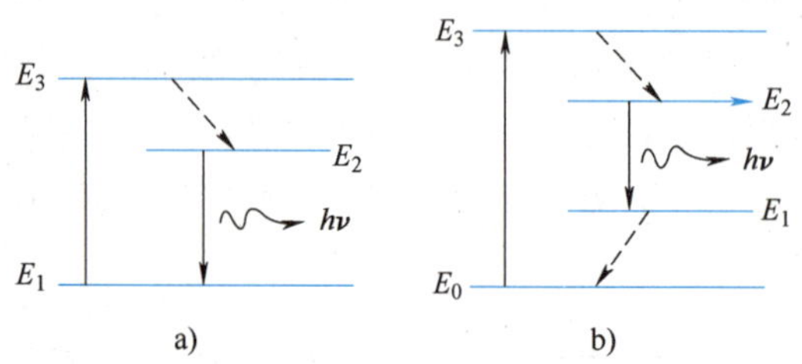

图 11.3　激光的三能级和四能级系统

不论三能级还是四能级系统，要实现粒子数反转，必须内有亚稳态能级，外有激励能源，粒子的整个输运过程必定是一个循环往复的非平衡过程。一方面要求这种物质具有合适的能级结构，另一方面还必须从外界输入能量，使物质中尽可能多的粒子吸收能量后跃迁到高能级上去，这种过程叫“激励”、“泵浦”或“抽运”。激励的方法有光激励、气体放电激励、化学激励、核能激励等。

3. 光学谐振腔

当高能态粒子从高能态跃迁到低能态而产生辐射后，它通过受激原子时会感应出同相位、同频率的辐射，但还不能产生有一定强度的激光。要产生激光，还必须设计一种装置，使在某一方向的受激辐射得到不断的放大和加强，这种装置称为光学谐振腔。在激活物质的

两端安置两面相互平行的反射镜 M_1、M_2，其中一面是全反射镜，另一面是部分反射镜，这两面反射镜及它们之间的空间就是光学谐振腔，如图 11.4 所示。当工作物质在外界激励下实现了粒子数反转时，它会同时产生自发辐射和受激辐射。源于自发辐射的光子的方向是杂乱无章的，其中偏离轴线的光子很快都逸出谐振腔，沿轴线的来回反射次数最多，它会激发出更多的辐射，从而使辐射能量雪崩似的获得放大。这样，受激和经过放大的辐射通过部分透射的平面镜输出到腔外，产生激光。

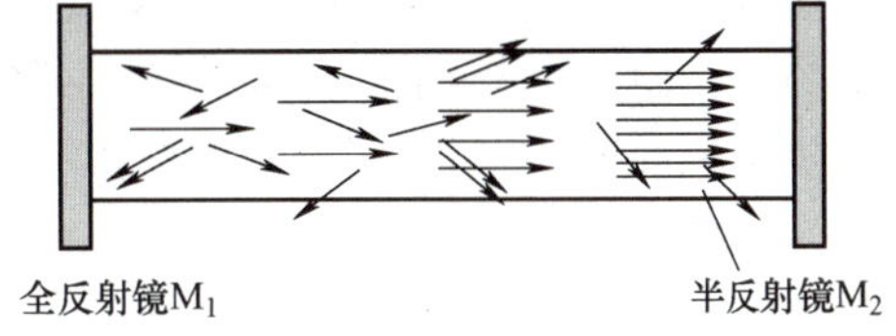

图 11.4　光学谐振腔

再则，根据波动理论，光在谐振腔中传播时，形成以反射镜为节点的驻波。由驻波条件可得，加强的光必须满足

$$2nL = m\lambda \tag{11.2}$$

式中，L 是谐振腔的长度；λ 是光的波长；m 是正整数；n 为工作物质的折射率。波长不满足上述条件的光，会很快减弱而被淘汰。如果用频率来表示，可得

$$\nu = \frac{mc}{2nL} \tag{11.3}$$

式中，c 是真空光速。谐振腔中每个 λ 或 ν 称为一个纵模。相邻的两个纵模之间的频率间隔可以表示为

$$\delta\nu = \frac{c}{2nL} \tag{11.4}$$

所以谐振腔又起到了选频的作用，使输出的激光频率宽度很窄，即激光的单色性很好。

另外，从能量的观点分析，虽然在谐振腔内光受到两端反射镜的反射在腔内往返形成振荡，使光强增加，但同时光在两端面及介质中的吸收、透射等，又会使光强减弱。只有当光的增益大于损耗时，才能输出激光。这就要求工作物质和谐振腔必须满足一定的条件，称为谐振腔的阈值条件。可以证明，这个阈值条件

$$R_1 R_2 \mathrm{e}^{2GL} = 1 \tag{11.5}$$

式中，L 为谐振腔长度；R_1、R_2 分别为两镜的反射率（反射能量与入射能量之比）；G 为光束传播方向上单位长度内光强的增长率，称为增益系数。从式（11.5）解出增益系数的阈值 G_{m} 为

$$G_{\mathrm{m}} = \frac{1}{2L}\ln\frac{1}{R_1 R_2} \tag{11.6}$$

若 R_1、R_2 和 L 一定，只有当 G 大于 G_{m} 时，才能输出激光。

概括起来，形成激光的基本条件：①工作物质在泵浦源的激励下实现粒子数反转分布；②光学谐振腔要精心设计，反射镜的镀层对激发波长要有很小的吸收、很高的反射率和波长稳定性；③满足阈值条件。

11.1.3　典型激光器

1. 气体激光器

气体激光器以气体或金属蒸气为发光粒子，它是目前种类最多、激励方式最多样化、

激光波长分布区域最宽、应用最广泛的一类激光器。自从 1961 年氦-氖激光器问世以来，相继出现了各种类型的气体激光器。气体激光器结构简单，由放电管内的激活气体、一对反射镜构成的谐振腔和泵浦源等三个主要部分组成，如图 11.5 所示。其中，激活气体可以是纯气体，也可以是混合气体；可以是原子气体，也可以是分子气体；还可以是离子气体、金属蒸气等。多数采用高压放电方式泵浦。最常见的有氦-氖激光器、二氧化碳激光器、氮分子激光器、氩离子激光器和氦-镉离子激光器等。气体激光器被广泛应用于准直导向、计量、材料加工、全息照相以及医学、育种等各个方面。

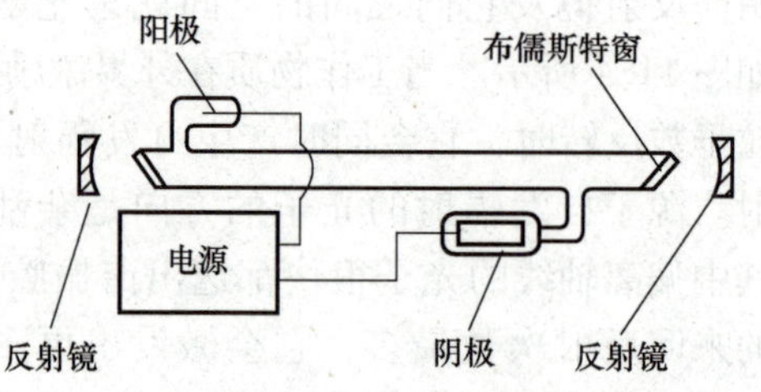

图 11.5　典型气体激光器的结构示意图

2. 固体激光器

固体激光器是将产生激光的粒子掺于固体基质中。固体激光器的工作物质，由光学透明的晶体或玻璃作为基质材料，掺以激活离子或其他激活物质构成。这种工作物质一般应具有良好的物理-化学性质、窄的荧光谱线、强而宽的吸收带和高的荧光量子效率。产生激光的粒子掺于固体物质中，其浓度比气体大，因而可获得大的激光能量输出，单个脉冲输出能量可达万焦耳，脉冲峰值功率可达几十太瓦。但因固体热效应严重，连续输出功率不如气体高，可达千瓦级水平。固体激光器具有能量大、峰值功率高、结构紧凑、牢固耐用等优点，广泛应用于工业、国防、医疗、科研等方面。

3. 半导体激光器

半导体激光器是以半导体为工作物质。常用的半导体激光器材料是砷化镓（GaAs）、硫化镉（CdS）、碲锡铅（PbSnTe）等。半导体激光器体积小，重量轻，寿命长，具有高的转换效率，如砷化镓激光器的效率可达 20%，寿命超过一万小时。还具有结构简单、价格便宜等特点。半导体激光器是目前最被重视的激光器，其商品化程度很高。目前可制成单模或多模、单管或列阵，波长可从 0.4μm 到几十微米，功率可由 mW 到 W 的多种类型半导体激光器。在激光通信、光存储、光陀螺、激光打印、测距以及雷达等领域得到广泛应用。

4. 液体激光器

液体激光器也称染料激光器，因为这类激光器的激活物质是某些有机染料溶解在乙醇、甲醇或水等溶剂中形成的溶液。液体激光器可分为两类：有机化合物液体（染料）激光器（简称染料激光器）和无机化合物液体激光器（简称无机液体激光器）。虽然都是液体，但它们的受激发光机理和应用场合却有着很大的差别。由于染料激光器已获得了越来越广泛的应用，已发现的有实用价值的染料约有上百种，最常用的有若丹明 6G、隐花青、豆花素等。染料激光器的波长可调谐且调谐范围宽广，可产生极短的超短脉冲，可获得窄的谱线宽度，这些可贵的特性使染料激光器获得了迅速发展，并广泛应用到光生物学、光谱学、光化学、同位素分离、全息照相等技术中。

5. 化学激光器

化学激光器是基于化学反应来建立粒子数反转的，例如氟化氢（HF）、氟化氘（DF）等化学激光器。化学激光器的主要优点是能把化学能直接转换成激光，不需要外加电源或光源作为泵浦源，在缺乏电源的地方能发挥其特长。在某些化学反应中可获得很大的能量，因此可得到高功率的激光输出。

6. 自由电子激光器

自由电子激光器不是利用原子或分子受激辐射，而是利用电子运动的动能转换为激光辐射的，因此它的辐射波长可以在很宽的范围内（从毫米到纳米）连续调谐，而且转换效率高（可达 50%）。自由电子激光器在短波长、大功率、高效率和波长可调节这四大主攻方向上，为激光的研究开辟了一条新途径，在通信、激光推进器、光谱学、激光分子化学、光化学、同位素分离、遥感等领域应用前景非常可观。

11.1.4　激光的特点

与普通光源相比，激光具有高亮度，方向性、单色性和相干性好，辐射密度高，很强的光脉冲或连续辐射等特点。

1. 单色性好

普通光源发射的光，即使是单色光也有一定的波长范围。这个波长范围即谱线宽度，谱线宽度越窄，单色性越好。例如，目前普通单色气体放电光源中，单色光最好的同位素氪灯，它的谱线宽度约 5×10^{-2}nm，而氦-氖气体激光器产生的激光谱线宽度小于 10^{-6}nm，可见它的单色性要比氪灯高几万倍，是理想的单色光源。

2. 方向性强

普通光源的光是均匀射向四面八方的，因此照射的距离和效果都很有限，即使是定向性比较好的探照灯，它的照射距离也只有几千米。另外，由于衍射效应的影响，直径 1mm 左右的光束，不出 10km 就扩大为直径几十米的光斑了。而氦-氖激光器发射的光，可以得到一条细而亮的笔直光束。激光器的方向性一般用光束的发散角表示。氦-氖激光器的发散角可达到 3×10^{-4}rad；固体激光器的方向性较差，发散角一般为 10^{-2}rad；半导体激光器的发散角一般为 $5°\sim10°$。

3. 亮度高

激光器由于发光面小，发散角小，因此可获得高的光谱辐射亮度。与太阳相比可高出几个乃至十几个数量级。太阳的亮度值约为 2×10^{3}W·cm^{-2}·sr^{-1}，常用的气体激光器的亮度为 $10^{4}\sim10^{8}$W·cm^{-2}·sr^{-1}，固体激光器可达 $10^{7}\sim10^{11}$W·cm^{-2}·sr^{-1}。用这样的激光器代替其他光源可解决由于弱光照明带来的低信噪比问题，也为非线性光学创造了前提。

4. 相干性好

普通光源所发出光子彼此是独立的，很难有稳定的相位差，因而难以获得好的相干光。由于激光器的发光过程是受激辐射，单色性好，发射角小，因此有很好的空间和时间相干性。如果采用稳频技术，氦-氖稳频激光的线宽可压缩到 10kHz，相干长度达 30km。因此激光的出现就使相干计量和全息术获得了革命性变化。这个特性在通信中也发挥了越来越大的作用。对具有高相干性的激光，可以进行调制、变频和放大等，由于激光的频率一般都很高，因此可以提高通信频带，能够同时传送大量信息。用一束激光进行通信，原则上可以同时传递几亿路电话信息，且通信距离远，保密性和抗干扰性强。

思考题

11.1.1　激光和普通光有什么差别？造成这一差别的物理本质是什么？

11.1.2　举出几种形成粒子数反转的方法。

11.1.3　如何提高激光的亮度？

11.2　全息技术

11.2.1　全息

全息是匈牙利物理学家盖伯（D. Gabor，1900—1979）在1947年发明的，盖伯设想：记录一张不经任何透镜成像，而是用物体衍射的电子波制作曝光照片，即全息图，使它能保持物体的振幅和相位的全部信息，然后用可见光照明全息图来得到放大的物体像。由于光波波长是电子波长的10^5倍，这样，再现时物体的放大率就可提高5个数量级而不会出现任何像差，所以这种无透镜两步成像的过程可能获得更高的分辨率。根据这一设想，他在1948年提出了一种用光波记录物光波的振幅和相位的方法，并用实验证实了这一想法，从而开辟了光学中的一个崭新领域，他也因此贡献而获得了1971年的诺贝尔物理学奖。

全息技术第一步是利用干涉原理记录物体光波信息，即拍摄过程：被拍摄物体在激光辐照下形成漫射式的物光束；另一部分激光作为参考光束射到全息底片上，和物光束叠加产生干涉，把物体光波上各点的相位和振幅转换成在空间上变化的强度，从而利用干涉条纹间的反差和间隔将物体光波的全部信息记录下来。记录着干涉条纹的底片经过显影、定影等处理程序后，便成为一张全息图，或称全息照片。其第二步是利用衍射原理再现物体光波信息，这是成像过程：全息图犹如一个复杂的光栅，在相干激光照射下，一张线性记录的正弦型全息图的衍射光波一般可给出两个像，即原始像（又称初始像）和共轭像。再现的图像立体感强，具有真实的视觉效应。全息图的每一部分都记录了物体上各点的光信息，故原则上它的每一部分都能再现原物的整个图像，通过多次曝光还可以在同一张底片上记录多个不同的图像，而且能互不干扰地分别显示出来。

全息图具有的一个非常有趣的性质是，即使它破裂成许多不同的碎块，每个分离的块仍能产生物体完整的虚像。这个性质可以从以下事实来理解：对于漫反射的物体，物体上的每一点都能照明整个全息图，因此，全息图上的每一点接收到的是来自整个物体的波。不过，像的分辨率会随着碎块尺寸的减小而降低。当物体是非漫反射的反射体，或者物体是透明片时，可以通过附加一个漫射屏来照明物体。

11.2.2　全息理论

任何普通物体都可以看作由大量的点组成，而被物体反射的合成波则是这些点所散射物光波的矢量和。全息术的本质就是记录这束物波，特别是记录其相位分布。然而，现有的记录介质只对光强产生响应，所以，需要把相位信息转变成强度信号才能记录下来。波前记录和重现过程如图11.6所示。

设位于记录平面（$z=0$）处的物光波为

$$U_o(x,y)=a(x,y)\cos[\omega t-\phi(x,y)] \tag{11.7}$$

假设参考波为一列传播方向在x-z平面内且与z轴之间的夹角为θ的平面波，则其在记录平面可表示为

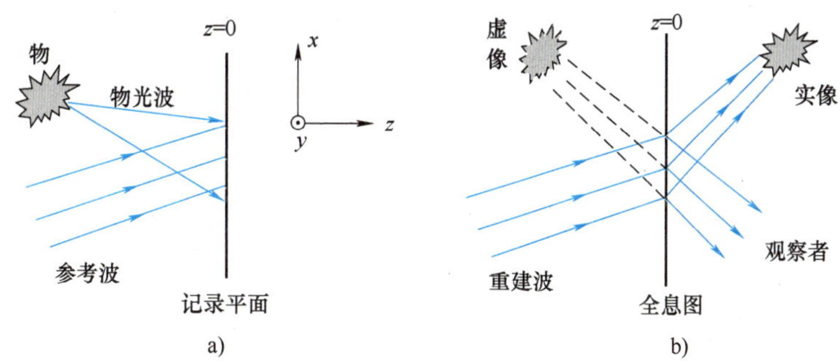

图 11.6 波前记录和重现过程

$$U_R(x,y)=A\cos(\omega t-kx\sin\theta) \tag{11.8}$$

它们所叠加的总场由下式给出：

$$U(x,y,t)=a(x,y)\cos[\omega t-\phi(x,y)]+A\cos(\omega t-kx\sin\theta) \tag{11.9}$$

记录介质只对强度有反应，而强度正比于 $[U(x,y,t)]^2$ 的时间平均值。因此，记录的强度分布为

$$I(x,y)=\frac{1}{T}\int_0^T\{a(x,y)\cos[\phi(x,y)-\omega t]+A\cos(\omega t-kx\sin\theta)\}^2\mathrm{d}t \tag{11.10}$$

整理式（11.10）可得

$$I(x,y)=\frac{1}{2}a^2(x,y)+\frac{1}{2}A^2+a(x,y)A\cos[\phi(x,y)-kx\sin\theta] \tag{11.11}$$

式（11.11）中前两项分别为物光和参考光的强度分布，第三项则为干涉项，包含有物光波的振幅和相位信息，其中物光波中相位信息 $\phi(x,y)$ 已被记录在强度图样中，全息图实际上就是一幅干涉图。

全息图的透射率，即透射场与入射场之比，依赖于 $I(x,y)$。如果考虑振幅透射率与 $I(x,y)$ 呈线性关系的条件下，用 $U_c(x,y)$ 表示重建波在全息图平面处的场，则透射场为

$$\begin{aligned}V(x,y)&=U_c(x,y)I(x,y)\\&=\left[\frac{1}{2}a^2(x,y)+\frac{1}{2}A^2\right]U_c(x,y)+Aa(x,y)U_c(x,y)\cos[\phi(x,y)-kx\sin\theta]\end{aligned} \tag{11.12}$$

考虑重建波与参考波 $U_R(x,y)$ 完全相同的情况，可得在平面 $z=0$ 处的透射场为

$$\begin{aligned}V(x,y)&=\left[\frac{1}{2}a^2(x,y)+\frac{1}{2}A^2\right]A\cos(\omega t-kx\sin\theta)+\\&\quad A^2a(x,y)\cos(\omega t-kx\sin\theta)\cos[\phi(x,y)-kx\sin\theta]\\&=\left[\frac{1}{2}a^2(x,y)+\frac{1}{2}A^2\right]A\cos(\omega t-kx\sin\theta)+\frac{1}{2}A^2a(x,y)\cos[\omega t-\phi(x,y)]+\\&\quad\frac{1}{2}A^2a(x,y)\cos[\omega t+\phi(x,y)-2kx\sin\theta]\end{aligned} \tag{11.13}$$

分别分析式（11.13）等号右边三项中的每一项。第一项可理解为振幅受到 $a^2(x,y)$ 调制的重建波本身，总波场的这一部分沿着重建波的方向传播。第二项几乎与式（11.7）的右边完全相同，因此，它表示原物光波将产生一个虚像。观察此波的效果与观察物体本身

是一样的。重建的物光波将沿着与原始物光波相同的方向传播。对于最后一项，相位中的 $\phi(x,y)$ 与原物光波符号相反，表示这列波具有与物光波的波面相反的波面。如果物光波是发散的球面波，那么它就表示会聚的球面波。而 $-2kx\sin\theta$ 这一项则表示沿 $\arcsin(2\sin\theta)$ 方向传播的平面波（设 $\phi(x,y)=0$），即 $-2kx\sin\theta$ 这一项的效果是旋转了波的传播方向。因此，最后一项表示物光波的共轭波，将沿着与重建波和物光波都不同的方向传播，形成物体的实像。式（11.13）表明，这三项所代表的波是经重建波照明全息图后得到的沿不同方向传播的重建波、物光波及其共轭波，当传播一段距离后，它们就会分离开来，使得观察者能够不受干扰地进行观察。

全息图是物光波与参考波的干涉记录，它使振幅和相位调制的信息变成干涉图的强度调制。这种全息图被再现光波照射时，它又起一个衍射光屏的作用，正是由于光波通过这种衍射光屏而产生的衍射效应，使全息图上的强度调制信息还原为波前的振幅和相位信息，再现了物光波。因此，全息图记录和物体再现的过程，实质上是光波干涉和衍射的结果。

11.2.3 全息技术的应用

1. 全息干涉计量

全息干涉计量是全息应用的一个重要领域，干涉计量的基础是波前比较，全息术是唯一能记录和再现波前的技术，这使我们有可能用一个标准波前与一个变形物体产生波前相比较而实现干涉计量，由于标准波前和变形波前是通过同一光路来产生的，因而可以消除系统误差，这样对光学元件的精度要求可以降低，这是其他干涉计量方法不容易做到的。最常用的全息干涉方法是单次曝光法、二次曝光法和时间平均法。

在单次曝光法中，实验物体在整个过程中留在原来的位置上，生成一张处理过的全息图，使所得的虚像精确地与物重合（见图 11.7）。在随后的检验期间产生的任何形变，在通过全息图观察时，显示为一组条纹，可用来研究它们的实时演变。这个方法既适用于不透明物体，也适用于透明物体。

在二次曝光法中，我们只是先制作一张未受扰动的物体的全息图，然后在照相底片未处理之前，使全息图再次对已形变的物体曝光。最终结果是两组重叠的重建波，这两个波将形成干涉条纹，条纹表示物体受到的位移，即光程差的变化。

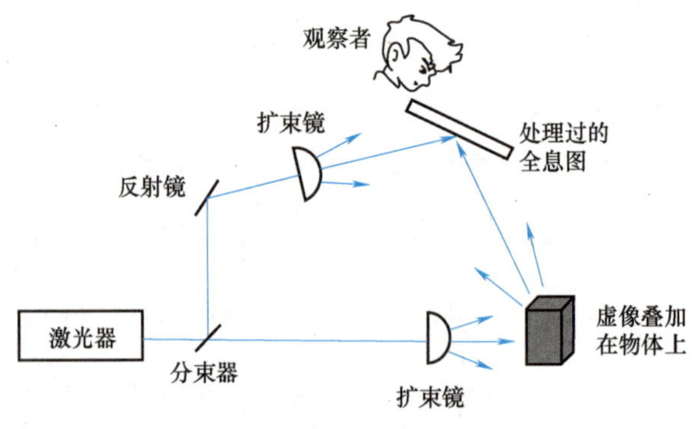

图 11.7　单次曝光法全息干涉计量

第三种方法是时间平均法，特别适用于以小振幅快速振动的系统。这时底片曝光一段比较长的时间，在这段时间里振动物体已经完成了许多次振动。所得到的全息图可以看作大量的像的叠加，其效果是出现一个驻波图样。

2. 全息光学元件

全息光学元件是根据全息原理制成的光学元件，通常做在感光薄膜材料上，作用基于衍射原理，是一种衍射光学元件。它可以直接由干涉量度产生，也可以由计算机模拟产生。全息光栅是两相干平面波干涉制得的全息图。与刻划光栅相比较，全息光栅不存在周期误差，因而不产生“鬼线”。有杂散光少、分辨率高、有效孔径大、适用光谱范围宽、便于制作等优点。

全息透镜是通过两球面波干涉或者一平面波与一球面波干涉制得的全息图，能会聚或发散光波。这样的全息光学元件不仅能够实现复杂透镜的功能，同时还具有重量轻、系统设计紧凑、价格便宜等优点。

思考题

11.2.1　全息图上局部受损并不影响像的重现。你能利用全息照相的基本原理解释这种现象吗？

11.2.2　比较几种常用全息干涉计量方法的优缺点。

11.3　非线性光学

非线性光学是现代光学的重要组成部分，是系统地研究光与物质的非线性相互作用的一门分支学科。激光问世之前，基本上是研究弱光束在介质中的传播，描述电磁辐射场在介质中传播规律的麦克斯韦方程仅与场强的一次项有关，这属于线性光学范畴。而对很强的激光，例如当光波的电场强度可与原子内部的库仑场相比拟时，介质产生的极化强度与入射辐射场强之间不再是简单的线性关系，而是与场强的二次幂、三次幂甚至更高次幂项有关，因而出现了各种非线性光学现象。

11.3.1　非线性极化率

光的电磁理论认为，光和物质相互作用的微观机理是光波电场引起介质极化，介质的极化强度矢量 $\boldsymbol{P}$ 与入射光波场 $\boldsymbol{E}$ 呈线性关系，即

$$\boldsymbol{P}=\varepsilon_0\chi\boldsymbol{E} \tag{11.14}$$

式中，χ 为极化率；ε_0 为真空介电常数。由此得到均匀光学介质中的波动方程，然后可推导出许多光学定律并解释一些基本光学现象。

当 $\boldsymbol{E}$ 较小时，式（11.14）与实验非常吻合，但当 $\boldsymbol{E}$ 大时，$\boldsymbol{P}$ 和 $\boldsymbol{E}$ 就偏离线性关系，而呈现出一种非线性关系。这种非线性关系一般无法用函数形式表示出来，通常可将其展成 $\boldsymbol{E}$ 的幂级数形式：

$$\boldsymbol{P}=\varepsilon_0(\chi^{(1)}\boldsymbol{E}+\chi^{(2)}\boldsymbol{EE}+\chi^{(3)}\boldsymbol{EEE}+\cdots) \tag{11.15}$$

式中，$\chi^{(1)}$ 为原来的线性极化率；$\chi^{(2)},\chi^{(3)},\cdots$ 分别称为二阶、三阶……非线性极化率。基于此则得到一个含有 $\boldsymbol{E}$ 的二次项、三次项……的非线性波动方程，从而出现许多不同于线性光学的新效应、新现象。

11.3.2　非线性光学现象

1. 光学混频和谐波

当两束频率为 ω_1 和 $\omega_2(\omega_1>\omega_2)$ 的激光同时射入介质时，如果只考虑极化强度 $\boldsymbol{P}$ 的二

次项，将产生频率为（$\omega_1+\omega_2$）的和频项与频率为（$\omega_1-\omega_2$）的差频项。利用光学混频效应可制作光学参量振荡器，这是一种可在很宽范围内调谐的类似激光器的光源，可发射从红外到紫外的相干辐射。当两个入射光波场的频率相同，即 $\omega_1=\omega_2=\omega$ 时，它们和频作用的结果，将产生一频率为二倍于入射光波场的电磁波，这就是倍频效应，入射波称基波，产生的倍频波称谐波。1961 年美国的弗兰肯（Franken，1928—1999）和他的同事们首次在实验上观察到二次谐波。他们把红宝石激光器发出的 3kW 红色（694.3nm）激光脉冲聚焦到石英晶片上，观察到了波长为 347.2nm 的紫外二次谐波。非线性介质的这种倍频效应在激光技术中有重要应用。

2. 四波混频

四波混频是在介质中四个电磁波相互作用所引起的非线性光学过程，它来源于介质的三阶非线性极化。四波相互作用的方式一般可分成如图 11.8 所示的三类：①作用的波 ω_1、ω_2 和 ω_3，得到的信号波 ω_s；②$\omega_3=\omega_s$，并且 $\boldsymbol{E}(\omega_s)=\boldsymbol{E}(\omega_3)$，此时由于三阶非线性相互作用的结果，$\boldsymbol{E}_3$ 获得增益或衰减；③四波相互作用中，两个强的波作泵浦场，而两个反向传播的弱波得到放大。四波混频有很多实际应用：用它可把可调谐相干光源的频率范围扩展到红外和紫外；在简并情形（四波频率相同），可以在自适应光学系统中做波前修正；在材料研究中，共振四波混频技术是强有力的光谱分析工具。

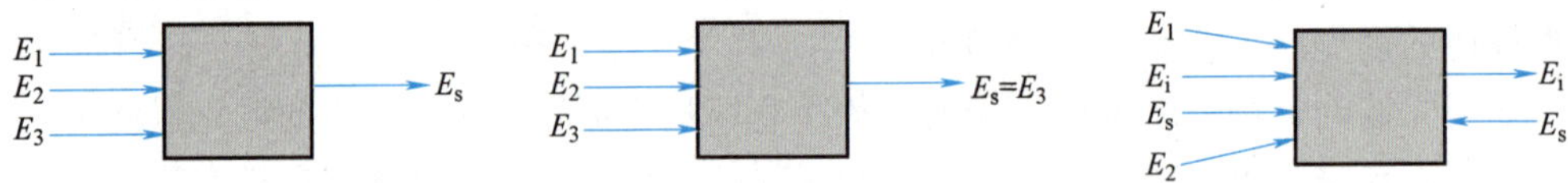

图 11.8　四波混频的三种作用类型

3. 自聚焦

自聚焦是感生的透镜效应，当激光束通过介质时，由于光束的自作用使其波面发生畸变所致。介质在强光作用下折射率将随光强的增加而增大。激光束的强度呈高斯分布，光强在中轴处最大，并向外围递减，于是激光束的轴线附近有较大的折射率，像凸透镜一样光束将向轴线自动会聚，直到光束达到一细丝极限（直径约 5×10^{-6}m），并可在该细丝范围内产生全反射，犹如光在光纤中传播一样。

现假设一个具有高斯横向分布的单模激光束在介质中传播，此时光场会引起介质的折射率改变。由于光束中心部分光强较强，则中心部分的折射率变化较光束边缘部分的折射率变化要大，因此，中心的光束较边缘的传播速度慢，结果，在介质中传播的光束波面越来越畸变，如图 11.9 所示。这种畸变好像光束通过正透镜一样。因为光线总是垂直于波面，因此光线本身呈现自聚焦现象。

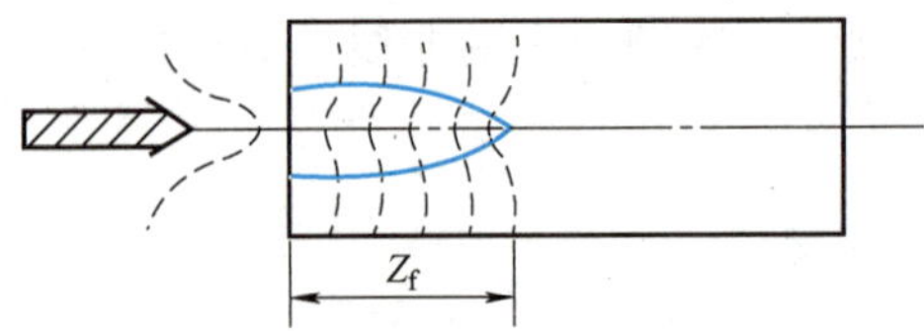

图 11.9　非线性介质中波前畸变导致自聚焦（Z_f 为焦距）

4. 受激拉曼散射

拉曼散射现象通常发生在由分子组成的纯净介质中。构成分子的原子和离子在分子内部按一定方式运动（振动或转动），导致分子感生电偶极矩随时间的周期性调制，从而可以产生对入射光的散射作用。当一束频率 ω_p 的光射入共振频率为 ω_v 的介质时，则散射光的频率 $\omega_s=\omega_p\pm\omega_v$，$\omega_s=\omega_p-\omega_v$ 时称作斯托克斯散射，$\omega_s=\omega_p+\omega_v$ 时称作反斯托克斯散射。普通光源产生的拉曼散射是自发拉曼散射，散射光是不相干的。当入射光采用很强的激光时，由于激光辐射与物质分子的强烈作用，使散射过程具有受激辐射的性质，称受激拉曼散射。所产生的斯托克斯和反斯托克斯拉曼散射光具有很高的相干性，其强度也比自发拉曼散射光强得多。利用受激拉曼散射可获得多种新波长的相干辐射，并为深入研究强光与物质相互作用的规律提供手段。

思考题

11.3.1　试描述二次谐波产生的物理过程。

11.3.2　什么是拉曼散射？受激拉曼散射和自发拉曼散射的区别是什么？

11.4 光纤通信

通信是信息的交流，是人类最基本需求之一。任何一个通信系统均包括三个主要的组成部分，即发送、传输和接收，光纤通信也不例外。需要传送的信息在发送端输入发送机中，将信息叠加或调制到作为信息信号载体的一个正弦电磁波（即所谓的载波）上，然后将已调制的载波通过传输媒质传送到远处的接收端，由接收机解调出原来的信息。通常，信息的载波有射频波、微波、毫米波等，传输媒质有金属导线、同轴电缆、金属波导管或大气等。但以光波为载波、光纤作为传输媒质的光纤通信异军突起，发展最为迅速，已成为现代通信产业的支柱，是通信史上的一次革命。

光纤是光信号传输的媒介，它具有束缚和传播光能量的作用。单根光纤的典型结构如图 11.10 所示，从内向外依次为纤芯、包层和涂覆层。描述光纤特性的两个参量是纤芯-包层相对折射率差 Δ，定义为

$$\Delta=\frac{n_1^2-n_2^2}{2n_1^2} \tag{11.16}$$

以及归一化频率 V，表达式为

$$V=k_0a(n_1^2-n_2^2)^{1/2} \tag{11.17}$$

式中，n_1、n_2 分别为纤芯和包层的折射率；$k_0=2\pi/\lambda$；a 为纤芯半径；λ 为光波波长。可见，归一化频率 V 综合了光纤的工作波长、芯径、芯折射率和芯包折射率差等物理量。在弱导条件下，$\Delta\approx\frac{n_1-n_2}{n_1}\ll1$，其典型值为 0.003，则

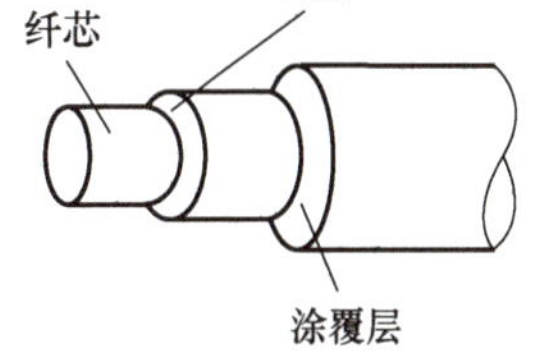

图 11.10　光纤的典型结构

$$V\approx k_0an_1\sqrt{2\Delta} \tag{11.18}$$

通信光纤的纤芯通常是有掺杂少量 GeO_2 的 SiO_2，芯径一般为几微米到几百微米。纤芯外面的包层折射率略低（SiO_2），包层的厚度为 100μm 左右。包层除了束缚光波（使光波在纤芯内传播）的作用之外，还可以减少由于纤芯表面处介质的不连续性产生的散射损耗，增加光纤的机械强度，并且保护纤芯以避免吸收可能接触到的表面沾染物质。涂敷层的作用是保护光纤不受水汽的侵蚀和机械擦伤，同时还增加光纤的柔韧性。

光纤传输是以激光光波作为信号载体，以光纤作为传输媒介的传输方式。用于通信的光纤，必须要满足低传输损耗、高带宽和高数据传输速率、与系统元件（光源、光检测器等）的耦合损耗低、高的机械稳定性、在工作条件下光和机械性能的退化慢、容易制造等要求。目前，用石英及塑料制造的各种光纤，能很好地满足上述要求，适合各种光纤传输系统的应用。

图 11.11 所示为光纤通信系统示意图。其关键部分有：由光源和驱动电路组成的光发射机；将光纤包在其中以对光纤起到机械加固和保护作用的光缆；由光检测器、放大电路和信号恢复电路组成的光接收机。此外还包括一些互连与光信号处理器件，如光纤连接器、隔离器、调制器、滤波器、光开关、路由器、分插复用器等。

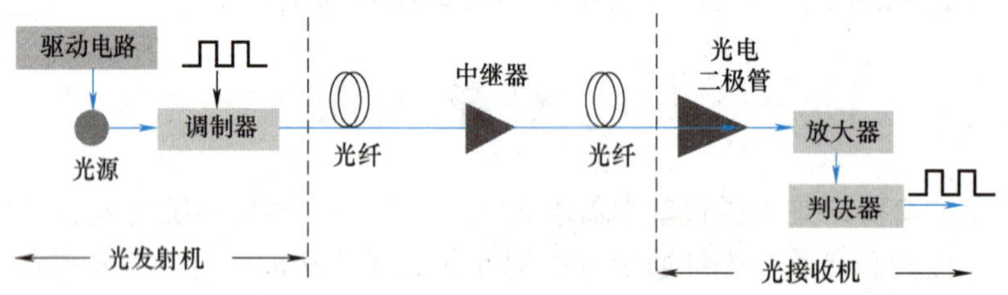

图 11.11　光纤通信系统示意图

在光纤通信系统中，作为载波的光波频率比电波频率高得多，而作为传输介质的光纤又比同轴电缆或波导管的损耗低得多，因此，相对于电缆通信或微波通信，光纤通信是利用光纤传输光信号来实现通信的，比起其他通信方式来说有其明显的优越性。

1. 传输容量大

马路越宽，容许通过的车辆越多，交通运输能力也越大。如果把通信线路比作马路，那么应该说是通信线路的频带越宽，容许传输的信息越多，通信容量就越大。表 11.1 给出了几种主要传输方式的容量比较，从中可以看出，光纤光缆的传输容量远远大于其他的传输方式，目前的光纤容量已经超过 $10\mathrm{Tb}\cdot\mathrm{s}^{-1}$。

表 11.1　几种主要传输方式的容量比较

传输方式	可传输的话路数
对称电缆	1~3000
无线电微波	5000~2.2 万
同轴电缆	1000~5.2 万
毫米波波导	30 万
光缆	100 万~1000 万以上

2. 损耗低，中继距离长

石英光纤在 1.31μm 和 1.55μm 波长，传输损耗分别为 0.50dB · km^{-1}和 0.20dB · km^{-1}，甚至更低。因此，用光纤比用同轴电缆或波导管的中继距离长得多。目前，采用外调制技术，波长为 1.55μm 的色散移位单模光纤通信系统，若其传输速率为 25Gb · s^{-1}，则中继距离可达 150km；若其传输速率为 10Gb · s^{-1}，则中继距离可达 100km。采用光纤放大器、色散补偿光纤，中继距离还可增加。而且，传输的误码率极低（10^{-9}甚至更小）。

传输容量大、传输误码率低、中继距离长的优点，使光纤通信系统不仅适合于长途干线网，而且适合于接入网的使用，这也是降低每千米话路的系统造价的主要原因。

3. 保密性强

通信用的光纤由电绝缘的石英材料制成，信号载体是光波，有很强的抗电磁干扰能力。光波导结构使光波能量基本上限制在光纤纤芯中传输，在纤芯外很快地衰减，光纤光缆密封性好，若在光纤或光缆的表面涂上一层消光剂则效果更好，因而信息不易泄露和被窃听。另外，光纤材料是石英（SiO_2）介质，具有耐高温、耐腐蚀的性能，因而可抵御恶劣的工作环境。

4. 材料资源丰富，可节约金属材料

制造通常的电缆需要消耗大量的铜和铅等有色金属。以四管中同轴电缆为例，1km 四管中同轴电缆约需用 460kg 铜，而制造 1km 光纤仅需几十克石英。同时，制造光纤的石英丰富而便宜，取之不竭。用光纤取代电缆，可节约大量的金属材料，具有合理使用地球资源的重大意义。

5. 重量轻，可挠性好，敷设方便

光纤重量很轻，直径很小。即使做成光缆，在芯数相同的条件下，其重量还是比电缆轻得多，体积也小得多。相同话路的光缆要比电缆轻 50%~90%，而光缆重量仅为电缆重量的 1/20~1/10，直径不到电缆的 1/5。另外，经过表面涂覆的光纤具有很好的可挠性，便于敷设，可架空、直埋或置入管道中。

总之，光纤通信不仅在技术上具有很大的优越性，而且在经济上具有巨大的竞争能力，因此其在信息社会中将发挥越来越重要的作用。

思考题

11.4.1 简述光纤通信系统的基本结构。

11.4.2 光纤通信主要有哪些优点？

11.5 集成光学

20 世纪 60 年代末，在激光技术发展过程中，由于传统的光学系统体积大、稳定性差、光束的对准和准直困难，不能适应光通信、光学信息处理等的需要，人们开始希望像集成电路一样实现光路集成，通过近几十年的努力，一些研究成果已经在通信、军事、电力、天文、传感等应用领域中发挥着重要作用，并形成了一门光学和薄膜电子学交叉的新学科——集成光学。集成光学的应用领域是多方面的，除了光纤通信、光纤传感器、光学信息处理和

光计算机外，导波光学原理、薄膜光波导器件，还在向其他领域，如材料科学研究、光学仪器、光谱研究等方面渗透。由于集成电子学的示范效应，使得各国科学家纷纷选择最有潜力的发展方向，不断地发展和完善各种集成光学器件。人们预计，集成光学会像集成电子学一样，将引起信息技术发展的深刻变革。

不少人认为用集成光路来取代集成电路中的电子电路，仅是由于光路处理信号的速度要远快于电路对于信号的处理速度，其实并非如此。集成光路真正的优势不只是传输光脉冲能量，更主要的是它可以处理电子流所不具备的、只有光波才有的波动特性所携带的形态信息。

集成光学主要研究在微纳尺度下光与物质相互作用的规律及其光的产生、传输、调控、探测和传感等方面的应用。其中，微光学是研究微米量级尺寸光学元件和系统的现代光学分支。微型光学元器件的加工，是在一些特殊基底材料上利用光刻技术、波导技术和薄膜技术等，制成微型光学器件。纳米光子学主要研究金属纳米结构中光与物质的相互作用，具有尺寸小、速度快和克服传统衍射极限等特点。纳米等离子体波导结构，具有良好的局域场增强和共振滤波特性，是制作纳米滤波器、波分复用器、光开关、激光器等纳光器件的基础。

集成光学通过集成化，实现光学系统的小型化、轻量化、稳定化、高性能化，除了体积小、重量轻，其他特点可列举如下：

1）器件中传输的是单模光波，可以用波动光学的方式进行处理。与射线光学所处理的传统光学器件相比，集成光学的形态是波动光学携带的光学信息，从波动方程和电磁场的边界条件出发，可以得到全面、正确的解析或数字结果。

2）集成光学器件可以保持稳定的组合，对外界的振动和温度变化适应性强。这种器件是在同一块衬底上制作若干个器件，因而不存在各个器件之间相对位置的调整和变化问题，可以非常稳定。

3）集成光学中容易利用电光效应、声光效应、热光效应等原理很好地实现光的调制。单模光波导控制电极之间的距离非常小，可以实现低电压、高强度的控制。随着电极尺寸的减小，分布电容也会大大减小，从而实现开关和调制的高速化。

4）沿单模波导传输的光被限制在狭小的局部空间，其光功率密度可以远大于光束的功率密度，容易达到必要的器件工作阈值和利用非线性光学效应工作。

虽然集成光路已经处在高速的发展阶段，但是它目前还不算是一种成熟的产品，其理论上的探讨领先于制作技术。在基本上完成了作为集成光路初期阶段的单个器件的研究工作后，现在终于迎来了光路集成化的实质性阶段，相信今后会逐步走向广泛的实用化。

思考题

11.5.1　与体型光学系统相比，制造集成光学器件的难点是什么？

11.5.2　集成光路技术的优势有哪些？

本章知识网络图

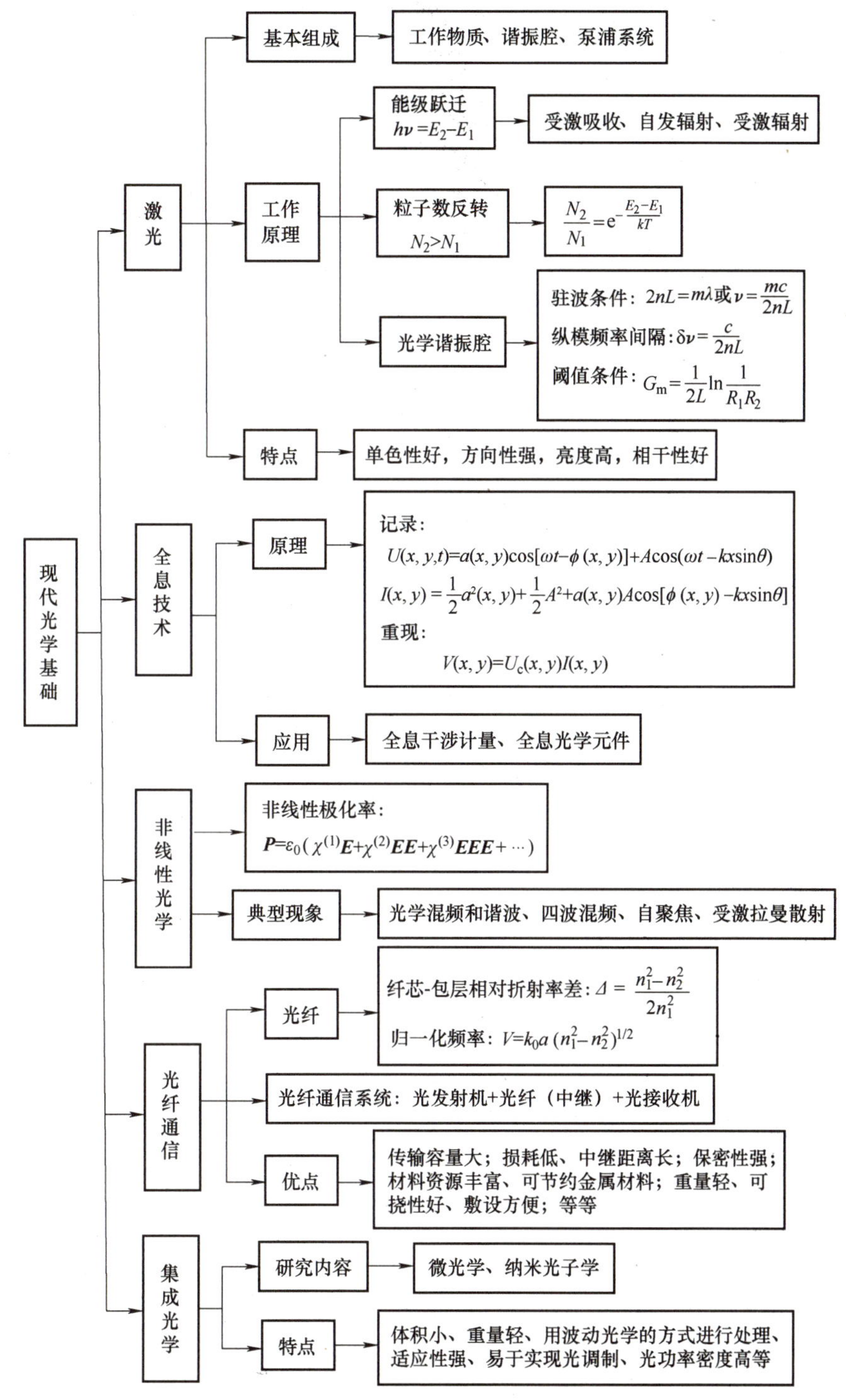
现代光学基础
激光
基本组成
工作物质、谐振腔、泵浦系统
工作原理
能级跃迁 $h\nu=E_2-E_1$
受激吸收、自发辐射、受激辐射
粒子数反转 $N_2>N_1$
$\frac{N_2}{N_1}=e^{-\frac{E_2-E_1}{kT}}$
光学谐振腔
驻波条件：$2nL=m\lambda$或$\nu=\frac{mc}{2nL}$
纵模频率间隔：$\delta\nu=\frac{c}{2nL}$
阈值条件：$G_m=\frac{1}{2L}\ln\frac{1}{R_1R_2}$
特点
单色性好，方向性强，亮度高，相干性好
全息技术
原理
记录：
$U(x,y,t)=a(x,y)\cos[\omega t-\phi(x,y)]+A\cos(\omega t-kx\sin\theta)$
$I(x,y)=\frac{1}{2}a^2(x,y)+\frac{1}{2}A^2+a(x,y)A\cos[\phi(x,y)-kx\sin\theta]$
重现：
$V(x,y)=U_c(x,y)I(x,y)$
应用
全息干涉计量、全息光学元件
非线性光学
非线性极化率：
$\boldsymbol{P}=\varepsilon_0(\chi^{(1)}\boldsymbol{E}+\chi^{(2)}\boldsymbol{EE}+\chi^{(3)}\boldsymbol{EEE}+\cdots)$
典型现象
光学混频和谐波、四波混频、自聚焦、受激拉曼散射
光纤通信
光纤
纤芯-包层相对折射率差：$\Delta=\frac{n_1^2-n_2^2}{2n_1^2}$
归一化频率：$V=k_0a(n_1^2-n_2^2)^{1/2}$
光纤通信系统：光发射机+光纤（中继）+光接收机
优点
传输容量大；损耗低、中继距离长；保密性强；材料资源丰富、可节约金属材料；重量轻、可挠性好、敷设方便；等等
集成光学
研究内容
微光学、纳米光子学
特点
体积小、重量轻、用波动光学的方式进行处理、适应性强、易于实现光调制、光功率密度高等

习 题

11.1 设一对激光能级为 E_2 和 E_1，相应的频率为 ν（波长为 λ），能级上的粒子数密度分别为 N_2 和 N_1，求：(1) 当 $\nu=3000\text{MHz}$，$T=300\text{K}$ 时，N_2/N_1 为多少？(2) 当 $\lambda=1\mu\text{m}$，$N_2/N_1=0.1$ 时，温度 T 为多少？

11.2 半导体激光器的光子能量近似等于材料的禁带宽度，某一 InGaAs 材料的 $E_g=0.96\text{eV}$，求这种激光器的发射波长。

11.3 中心频率为 $3\times10^{14}\text{Hz}$、频谱宽度为 4000MHz 的光，正入射在一腔内折射率为 1、腔长为 10cm 的光学谐振腔（见图 11.4）上，求：(1) 相邻两个模式的频率间隔；(2) 从该谐振腔输出光的频率及相应模序数有哪些？

11.4 假设照相底片与 $z=0$ 平面重合，现有一物点 Q 在 z 轴上距坐标原点为 a 处，参考光波平行光正入射到底片上。试求出由全息图记录下来的干涉图样。

11.5 设光纤纤芯和包层的折射率分别为 n_1 和 $n_2(n_1>n_2)$，垂直端面外介质的折射率为 n_0，试证明，能使光线在光纤内发生全反射的入射光束的最大孔径角 θ_0 满足

$$n_0\sin\theta_0=\sqrt{n_1^2-n_2^2}$$

11.6 有一根纤芯-包层相对折射率差 $\Delta=0.003$ 的单模光纤，其工作波长为 $1.55\mu\text{m}$，纤芯折射率为 1.45，归一化频率 V 的值为 2，计算纤芯半径。

第 11 章习题答案

第 11 章习题详解

第 4 篇　量子理论基础

量子力学提供了一个理论框架，这使得在微观（原子和亚原子）水平上以相当好的精度描述辐射和物质的行为成为可能。量子力学的创立就像一场革命，在许多方面改变了对现实的旧观念。正如伟大的数学家亨利·庞加莱（Henri Poincare，1854—1912）所说：“几乎没有必要指出量子理论与人们迄今为止所想象的一切有多大的偏离。毫无疑问，它是自牛顿以来自然哲学所经历的最伟大、最深刻的革命。”

19 世纪末，物理学家开始相信，几乎所有的基本自然定律都已被发现，因此，物理学的主要任务已经结束。物理学的各个分支被统一在一个普遍的理论框架中，现在被称为经典物理学，人们认为所有已知的或待发现的物理现象都可以在这个框架中解释。

宇宙由两种实体组成——物质和辐射。物质是由粒子组成的，由牛顿提出并由哈密顿（William Rowan Hamilton，1805—1865）、拉格朗日（Joseph Louis Lagrange，1736—1813）和其他许多人进一步发展的经典力学成功地解释了物质粒子在各种力作用下的运动。麦克斯韦（James Clerk Maxwell，1831—1879）在 1855 年发展了电磁理论，将电、磁和光学整合到一个单一的框架中。他证明了所有的辐射都是电磁波。1887 年，赫兹（Heinrich Rudolf Hertz，1857—1894）通过实验证实了这种波的存在。所有的波都表现出理论上可以理解的干涉和衍射现象。

在 19 世纪末和 20 世纪初，物理学家把注意力转向了物质的微观结构，研究物质、电磁辐射的本质以及辐射与物质之间的相互作用。在这些研究中，得到了许多不能用经典物理学解释的实验结果。这些令人困惑的结果造成了理论物理学的危机。量子理论起源于解释这些结果的尝试。需要与经典物理学完全不相容的全新概念（这些新概念是辐射的粒子性质、物质的波动性质和物理量的量子化）。

“量子革命”起始于马克斯·普朗克（Max Planck，1858—1947）1900 年的工作，当时他发现了一个方程，可以解释黑体辐射规律。普朗克当时已经 42 岁了，是个非常保守的人，不容易接受新思想。对认识他的人，包括他的学生来说，普朗克能引领这样一场革命似乎是不可思议的。

阿尔伯特·爱因斯坦（Albert Einstein，1879—1955）意识到了普朗克工作的重要性，他注意到：普朗克没有量子化辐射。他只是简单地提出，辐射能是被物质以离散的量子吸收或发射的，而辐射本身是一种连续波现象。1905 年，爱因斯坦提出了“革命性”的建议，认为电磁辐射是以量子的形式传播的。这些量子后来被命名为光子。他应用光子假说来解释光电效应。他的光电效应方程是物理学中最优美、最简单的方程之一。

尼尔斯·玻尔（Niels Bohr，1885—1962）在 1913 年迈出了发展量子理论的重要一步。为了挽救卢瑟福的原子理论，他将电子轨道“量子化”，认为原子中的电子只能占据一些特定的轨道，他称之为定态。玻尔提出了第一个成功解释类氢原子光谱的理论。但人们很快认识到玻尔模型有严重的局限性和缺点。

1923 年，康普顿（Arthur Holly Compton，1892—1962）做出了一项重要发现，对光的粒子性给出了最确凿的证实。通过用电子散射 X 射线，他证实了 X 射线光子的行为像动量为 $p=h/\lambda$ 的粒子，其中 h 为普朗克常数，λ 为 X 射线的波长。

普朗克、爱因斯坦、玻尔和康普顿的这一系列突破为波的粒子性提供了理论基础和结论性的实验证实；也就是说，波在微观尺度上表现出粒子行为。在微观尺度上，经典物理学从根本上来说上是失败的，这种经典物理学和量子物理学的“鸡尾酒”不会走得太远。人们所需要的是一个基于合理原理的、逻辑一致的量子理论。

德布罗意（Louis Victor de Broglie，1892—1987）在 1923 年引入了另一个经典物理学无法调和的、强有力的新概念：他假设不仅辐射表现出类似粒子的行为，相反，物质粒子本身也表现出类似波的行为。这个概念在 1927 年由戴维孙（Clinton Joseph Davisson，1881—1958）和革末（Lester Germer，1896—1971）实验证实。实验表明，可以使用电子等物质粒子来获得干涉图样——波的一种特性。

1925 年，海森堡（Werner Karl Heisenberg，1901—1976）、玻恩（Max Born，1882—1970）和约当（Ernst Pascual Jordan，1902—1980）建立了矩阵力学。在矩阵力学中，每一个物理量（粒子的坐标、能量、动量和角动量等动力学量）都对应一个矩阵（算符），它们的代数运算规则与经典物理量不同，两个量的乘积一般不满足交换律。量子体系中各个力学量之间的关系用矩阵方程或算符方程表述，虽然形式上与经典力学相似，但运算规则不同。矩阵力学非常成功地解决了谐振子、转子、氢原子等的离散能级、光谱线频率和强度等问题，引起物理学界普遍重视。

1926 年，在德布罗意波假设基础上，薛定谔（Erwin Schrödinger，1887—1961）建立了波函数的波动方程（薛定谔方程）。薛定谔把原子的离散能级与微分方程在一定的边界条件下的本征值问题联系在一起，成功地说明了氢原子、谐振子等的能级和光谱规律，从而建立起波动力学。

海森堡的矩阵力学是高度抽象的，缺乏物理可视化。它处理的是被称为矩阵的神秘实体，当时物理学家对这些实体并不十分熟悉。而且，它很难应用到实际问题中。相反，薛定谔的波动力学处理的是微分方程，这是每个物理学家数学背景的重要组成部分，自然地受到了大多数物理学家的热烈欢迎。

1927 年，玻恩将薛定谔方程解的波函数模的平方解释为概率密度，提出了他对波动力学的概率解释。

波动力学和矩阵力学在表面上似乎不同。1926 年，薛定谔证明了矩阵力学和波动力学的等价性，它们只是用了不同的数学语言。后来，狄拉克（Paul Adrien Maurice Dirac，1902—1984）建立了一个更一般的量子力学形式，它处理的抽象对象是状态矢量和算子，在连续基的情况下会得到波动方程，在离散基情况下将得到矩阵方程。

量子力学是现代物理学基础之一，在现代科学技术中的表面物理、半导体物理、凝聚态物理、粒子物理、超导物理、量子化学以及分子生物学等学科的发展中，具有重要的理论意义。

自从量子力学建立起，其在许多领域都获得广泛应用，其中量子信息学是其重要的应用学科之一。量子信息学是指研究应用量子系统进行信息编码、传输、处理和提取的一门学科。具体来说，在量子信息学中，信息由量子态进行表征，信息传输是指在量子信道中传送量子态，信息处理量子态的受控演化，信息提取则需要通过对量子系统执行量子测量。量子信息学主要包含量子通信和量子计算两个研究领域。在新一轮信息科技革命和产业革命的背景下，量子信息已成为世界各国抢占经济、军事、安全、科研等领域全方位优势的战略制高点。

第 12 章　量子力学基础

科学可以给知识设限，但不应该给创造力设限。

——伯特兰·罗素

前面讲过，量子概念是普朗克于 1900 年提出的，距今已经一百多年了。在这期间，经过许多物理学家的创新研究，到 20 世纪 30 年代，已经建成了一套体系完整的量子力学理论。量子力学在现代科学和技术的应用中获得极大的成功，令人震惊。尽管如此，它仍然是一门神奇玄妙的理论，它的许多基本概念、规律与方法都会与经典物理迥然不同。波粒二象性、互补性、测量的概率性、量子干涉和量子纠缠的概念等仍然受到热烈讨论。本章按照量子力学建立的历史脉络介绍波粒二象性、玻尔氢原子理论和量子力学基本内容。这些内容的理解和掌握也为学习下一章量子信息做必要的准备。

12.1　波粒二象性

12.1.1　热辐射和普朗克量子假说

1. 热辐射和黑体

任何宏观物体都以电磁波的形式向外辐射能量，此能量称为辐射能。在一般温度下，物体主要辐射出波长较长的不可见光，因此我们看不到它们在发光。当把物体逐渐加热时，辐射能中短波成分越来越多，达到一定温度时，我们会看到物体发光，而且随着温度的升高，颜色由红变白，当温度很高时则变为青白色。这说明，物体在一定时间内辐射能量的多少以及辐射能按波长的分布与温度密切相关，这种与温度有关的辐射称为热辐射。

所有物体在向外辐射能量的同时，也在从周围环境吸收能量。当物体因辐射而消耗的能量恰好等于从外界吸收的能量时，该物体的热辐射过程达到平衡。这时物体有确定的温度，这种热辐射称平衡热辐射。本节所讨论的只限于平衡热辐射。

实验表明，在一定温度和时间内，从物体表面的一定面积上发射出来的辐射能是按波长分布的。设在单位时间内，从物体表面单位面积上发射出来的波长在 $\lambda \sim \lambda+\mathrm{d}\lambda$ 范围内的辐射能 $\mathrm{d}E_{\lambda}(T)$ 与波长间隔 $\mathrm{d}\lambda$ 的比值称为光谱辐射出射度，用 $e(\lambda,T)$ 表示，即

$$e(\lambda,T)=\frac{\mathrm{d}E_{\lambda}}{\mathrm{d}\lambda} \tag{12.1}$$

可见，$e(\lambda,T)$ 是指从物体表面单位面积所发射的、波长在 λ 附近的单位波长间隔的辐射功率，$e(\lambda,T)$ 的单位是 $\mathrm{W\cdot m^{-3}}$（瓦每三次方米）。

如果用 $E(T)$ 表示温度 T 时，在单位时间内从物体表面单位面积上所发射的各种波长的辐射能量，则有

$$E(T)=\int_0^{\infty}e(\lambda,T)\,\mathrm{d}\lambda \tag{12.2}$$

$E(T)$ 称为辐射出射度，其单位为单位是 $\mathrm{W\cdot m^{-2}}$（瓦每平方米）。对给定物体，$E(T)$ 仅仅是温度的函数。

任一物体向周围放出辐射能的同时，也吸收周围物体发射的辐射能。当辐射能入射到某不透明的物体表面时，一部分能量被吸收，另一部分能量从表面反射，吸收的能量和入射总能量的比值，称为该物体的吸收比。吸收比为 1 的物体叫作黑体。在自然界中，真正的黑体是不存在的。但现实世界中的许多物体都接近表现出黑体的性能。在实验室中，我们可以用开一小孔的空腔制成黑体模型。19 世纪末，人们对黑体的研究，直接导致了量子力学的诞生。

2. 黑体辐射的实验规律

根据黑体辐射实验曲线，如图 12.1 所示，可以得到关于黑体辐射的两条普遍规律：

（1）斯特藩-玻尔兹曼定律 黑体的辐射出射度 $E(T)$ 和热力学温度 T 的 4 次方成正比，即

$$E(T)=\sigma T^4 \tag{12.3}$$

式中，σ 称为斯特藩-玻尔兹曼常量，其值为 $\sigma=5.67\times10^{-8}\,\mathrm{W\cdot m^{-2}\cdot K^{-4}}$。从式（12.3）可以看出，辐射能随温度的升高而迅速地增大。

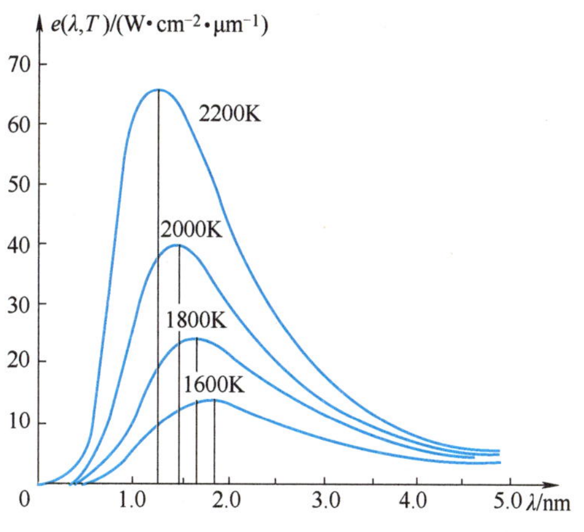

图 12.1 黑体光谱辐射实验曲线

（2）维恩位移定律 由图 12.1 可见，每一曲线都有一个峰值，即在一定温度下，有一波长对应着最大的光谱辐射出射度，这一波长称峰值波长，用 λ_m 表示。峰值波长 λ_m 热力学温度 T 成反比，即

$$T\lambda_m=b \tag{12.4}$$

式中，$b=2.897\times10^{-3}\,\mathrm{m\cdot K}$。式（12.4）称为维恩位移定律。

维恩位移定律表明，随着黑体温度升高，峰值波长向短波方向移动，这说明黑体的温度越高，热辐射中最强辐射的频率越大。但是，光谱辐射出射度在一定温度下只是出现在某一波长（频率）处，然后随着波长减小，光谱辐射出射度在下降，在高频下几乎为零，这一点，经典物理学是无法解释的。

1900 年，瑞利（L. Rayleigh，1842—1919）根据经典电动力学和统计物理中的能量按自由度均分定理得出一个黑体辐射公式，并由金斯（H. J. Jeans，1877—1946）于 1905 年进行了修正，得到下面的理论公式：

$$e(\lambda, T) = 2\pi c \frac{kT}{\lambda^4} \tag{12.5}$$

式中，c 为真空中光速；k 为玻尔兹曼常量。式（12.5）称瑞利-金斯公式。它在波长很长和温度较高时与实验结果相符，但在短波段则与实验结果完全不符，特别当波长很短时，e 将趋于无穷大，如图 12.2 所示。经典理论与实验结果在短波段的这一严重偏离现象，物理学史上称为“紫外灾难”，这引起了人们对经典物理学的质疑。

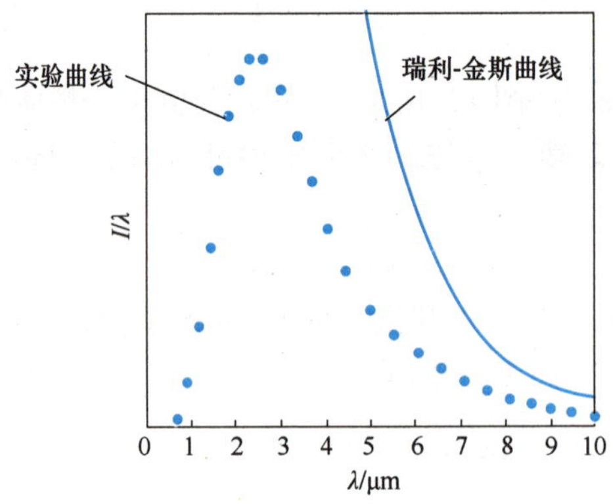

图 12.2 瑞利-金斯公式给出的黑体辐射曲线与实验结果的对比

例 12.1 宇宙大爆炸遗留在宇宙空间的均匀背景热辐射相当于 3K 的黑体辐射。问：（1）此辐射的单色辐出度（单色发射强度）在什么波长下有极大值？（2）地球表面接收此辐射的功率是多大？

解 （1）由维恩位移定律

$$T\lambda_m = b$$

可知

$$\lambda_m = \frac{b}{T} = \frac{2.897\times10^{-3}}{3}\text{m} = 9.66\times10^{-4}\text{m}$$

（2）根据斯特藩-玻尔兹曼定律，黑体的总辐出度

$$E = \sigma T^4$$

又

$$P = E\cdot 4\pi R^2,\ R_{地} = 6.37\times10^6\text{m}$$

则

$$P = \sigma T^4\cdot 4\pi R^2 = 5.67\times10^{-8}\times3^4\times4\times3.14\times(6.37\times10^6)^2\text{W} = 2.34\times10^9\text{W}$$

例 12.2 在天文学中常用斯特藩-玻尔兹曼定律来确定恒星的半径。已知某恒星到达地球的每单位面积上的辐射功率为 $1.2\times10^{-8}\text{W}\cdot\text{m}^{-2}$，恒星离地球 4.3×10^{17}m，表面温度为 5200K，若恒星的辐射与黑体相似，试求该恒星的半径。

解 设恒星的半径为 R，则恒星总辐射功率为 $4\pi R^2\sigma T^4$。依题意

$$4\pi R^2\sigma T^4 = 4\pi\times(4.3\times10^{17})^2\times1.2\times10^{-8}$$

由此可得

$$R=\frac{4.3\times10^{17}\times\sqrt{1.2}\times10^{-4}}{\sqrt{5.67}\times10^{-4}\times5200^2}\text{m}=7.3\times10^9\text{m}$$

该恒星的半径比太阳约大 10 倍。

3. 普朗克能量子假说

鉴于已有的经典理论不能完全解释黑体热辐射规律，普朗克对此问题重新进行了仔细研究。他发现，如果采用一个与经典观念迥然不同的新概念，问题就可迎刃而解。这一概念就是他在 1900 年发表的能量子假说。普朗克假设：对于频率为 ν 的电磁辐射，物体只能以 $h\nu$ 为单位发射或吸收它，其中 h 称为普朗克常量。换言之，物体发射或吸收的电磁辐射只能以量子的方式进行，每个量子的能量为

$$\varepsilon=h\nu \tag{12.6}$$

式中，$h=6.63\times10^{-34}\text{J}\cdot\text{s}$。

普朗克从上述假设出发，用统计理论导出了如下黑体辐射公式：

$$e(\lambda,T)=2\pi hc^2\lambda^{-5}\frac{1}{e^{\frac{hc}{\lambda kT}}-1} \tag{12.7}$$

这就是著名的普朗克黑体辐射公式。这个公式与实验符合得很好。瑞利-金斯公式只不过是普朗克公式在低频段上的近似。

普朗克假说与经典物理思想具有很大不同。首先，它假设能量与频率成比例，而不是像经典物理学所期望的那样，与波的强度成比例。其次，对于给定的频率 ν，能量是量子化的，只能是能量子 $h\nu$ 的整数倍。

普朗克的能量量子化假说绝不只是解释黑体辐射的规律，而是有着深刻和普遍的意义，它第一次向人们揭示了微观运动规律的基本特征。在这之前，人们都认为一切物理量都是连续变化的，由宏观过渡到微观只不过是物理量的数量变化而已，并认为宏观现象所遵从的规律可一成不变地适用于微观领域。正是普朗克假说第一次冲击了这种传统观念，从而开创了物理学的新领域——量子理论。

12.1.2 光电效应 爱因斯坦光子假说

1. 光电效应

1887 年，赫兹发现当光照射到金属表面时，金属中的电子吸收光的能量，可以逸出金属表面。这一现象称为光电效应，逸出电子称为光电子。光电效应示意图及研究光电效应的实验装置如图 12.3 所示。

光电效应的实验结果直到 1902 年才广为人知。实验发现，光电效应有如下规律：

1）饱和光电流 I_m 与入射光的光强成正比。或者说，单位时间内自金属表面逸出的光电子数与入射光的强度成正比。

2）反向截止电压 U_a 与入射光的强度无关，只与入射光的频率有关，$|U_a|$随频率 ν 的增大而线性增加。这表明光电子的最大初动能随入射光的频率线性增加，而与入射光的强度无关。

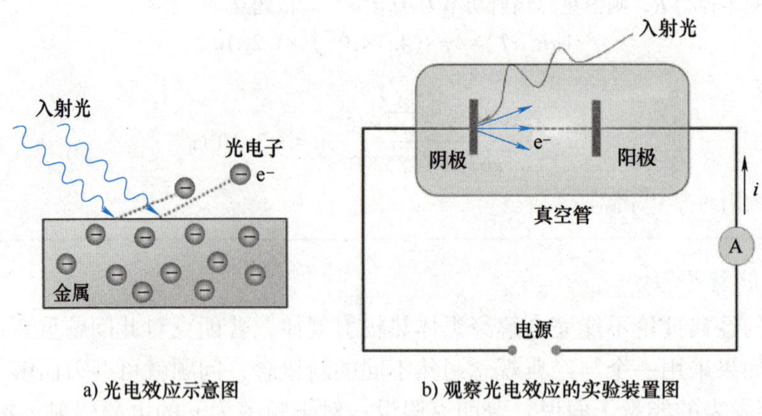

图 12.3　光电效应

3）对于一定的金属，存在着一个极限频率 ν_0，当入射光的频率低于 ν_0 时，无论光有多强，照射时间有多长，都不产生光电效应。ν_0 称为红限或截止频率。

4）当入射光的频率大于红限时，不管光强如何，一经照射就立刻产生光电子，时间的滞后不超过 10^{-9}s。

以上这些实验结果无法完全用经典光的波动理论来解释。按照经典理论：①光电子的最大初动能应该与入射光强度成正比；②不应该存在红限，只要入射光强度足够大或照射时间足够长，电子就可获得足够的能量而逸出；③金属中电子从光波中吸收能量时，需要时间积累。按照经典理论计算，发生光电效应的时间远远大于 10^{-9}s。

2. 爱因斯坦光子假说

为了解释光电效应，1905 年，爱因斯坦把普朗克能量子思想引申，发展为光子的概念。他假定光不仅在吸收、辐射时是以能量子的微粒形式出现，而且在传播中也是以光速 c 运动的微粒，这种微粒称为光量子，简称光子。每个光子的能量为

$$E=h\nu \tag{12.8}$$

式中，h 为普朗克常量；ν 为光的频率。

按照光子假说，当光入射到金属表面时，一个光子把它的能量 $h\nu$ 全部交与电子，其中一部分能量用于克服电子的结合能 W，剩余的能量转化为电子的初动能 $mv^2/2$，电子便以速度大小 v 从金属表面逸出。根据能量转换和守恒定律得

$$h\nu=\frac{1}{2}mv^2+W \tag{12.9}$$

金属中不同电子的结合能是不同的，其中最小的结合能叫作逸出功。于是式（12.9）又可写成

$$h\nu=\frac{1}{2}mv_{\mathrm{m}}^2+W_{\mathrm{m}} \tag{12.10}$$

式中，v_{m} 是逸出电子的最大速度；W_{m} 是逸出功。式（12.10）称为爱因斯坦光电效应方程。

采用光子概念，光电效应的实验规律随即迎刃而解。

爱因斯坦的光子概念，不仅解释了光电效应问题，而且对于光的本性也做了更深入的揭

示。既然光子的能量为 $h\nu$，那么按照相对论的质能关系 $E=mc^2$，光子应具有质量

$$m=\frac{h\nu}{c^2} \tag{12.11}$$

因为光子以速度 c 运动，所以光子也具有动量

$$p=mc=\frac{h}{\lambda} \tag{12.12}$$

式（12.8）和式（12.12）把描写粒子特性的能量 E、动量 p 和描写波动特性的频率 ν、波长 λ 统一于其中。这说明光既具有波动性又具有粒子性，即具有波粒二象性。

由于对光电效应的研究和数学物理理论的卓越贡献，爱因斯坦获得了 1921 年诺贝尔物理学奖。光量子的概念不仅发展了普朗克能量子假说，而且对量子理论的发展起了重要作用，玻尔在建立原子结构理论中也引入了量子化思想。

例 12.3　求出 1.0keV 光子的波长、频率和动量的大小。

解　由爱因斯坦的光子理论，每个光子的能量为

$$E=h\nu$$

则

$$\nu=\frac{E}{h}=\frac{1.0\times10^3\times1.6\times10^{-19}}{6.63\times10^{-34}}\text{Hz}=2.42\times10^{17}\text{Hz}$$

$$\lambda=\frac{c}{\nu}=\frac{3\times10^8}{2.42\times10^{17}}\text{m}=1.24\times10^{-9}\text{m}$$

$$p=\frac{h}{\lambda}=\frac{6.63\times10^{-34}}{12.4\times10^{-10}}\text{kg}\cdot\text{m}\cdot\text{s}^{-1}=5.35\times10^{-25}\text{kg}\cdot\text{m}\cdot\text{s}^{-1}$$

例 12.4　光电管的阴极用逸出功为 $W_m=2.2\text{eV}$ 的金属制成，今用一单色光照射此光电管，阴极发射出光电子，测得截止电压为 $|U_a|=5.0\text{V}$。试求：（1）光电管阴极金属的光电效应红限波长；（2）入射光波长。

解　（1）由 $W_m=h\nu_0=\dfrac{hc}{\lambda_0}$ 得

$$\lambda_0=\frac{hc}{W_m}=\frac{6.63\times10^{-34}\times3\times10^8}{2.2\times1.6\times10^{-19}}\text{m}=5.65\times10^{-7}\text{m}$$

（2）由 $\dfrac{1}{2}mv_m^2=e|U_a|$ 和 $h\nu=\dfrac{hc}{\lambda}=\dfrac{1}{2}mv_m^2+W_m$ 得

$$\lambda=\frac{hc}{e|U_a|+W_m}=\frac{6.63\times10^{-34}\times3\times10^8}{1.6\times10^{-19}\times5+2.2\times1.6\times10^{-19}}\text{m}=1.73\times10^{-7}\text{m}$$

12.1.3　康普顿效应

除了光电效应之外，在 20 世纪初进行的许多其他实验也支持光子理论，其中之一是康普顿效应。1923 年，美国物理学家康普顿在研究 X 射线散射时发现，散射线中除有与入射线波长相同的成分外，还出现波长大于入射线波长的成分。这种现象称为康普顿散射，也叫康普顿效应。康普顿效应有力地证明了光子假说。

康普顿实验装置如图 12.4 所示。R 为 X 射线源，A 为散射物，B_1 和 B_2 为光阑系统，

晶体 C 和游离室 D 构成光谱仪。穿过光阑的散射 X 射线的波长可由光谱仪测定。调节 A 和 R 的位置，可使不同方向的散射线通过光阑系统而进入光谱仪。实验结果指出：①散射线中有两种成分，一种是与入射线的波长相同的散射线，称为不变线，另一种是比入射线波长更长的散射线，称为变线；②波长偏移 $\Delta\lambda=\lambda-\lambda_0$ 随散射角 φ 的增加而增加，而与散射物质无关；③对不同的散射物质，在同一散射角时，不变线的强度随散射物质的原子序数的增加而增加，变线的强度则随原子序数的增加而减小。

按照经典电磁理论，当 X 射线入射到散射物质上时，物质内原子中的电子将在 X 光的电场作用下做受迫振动，其振动频率应该与入射 X 射线的频率一致，因此只能辐射与入射线同频率的光，而对散射线中出现的变线就不能解释。

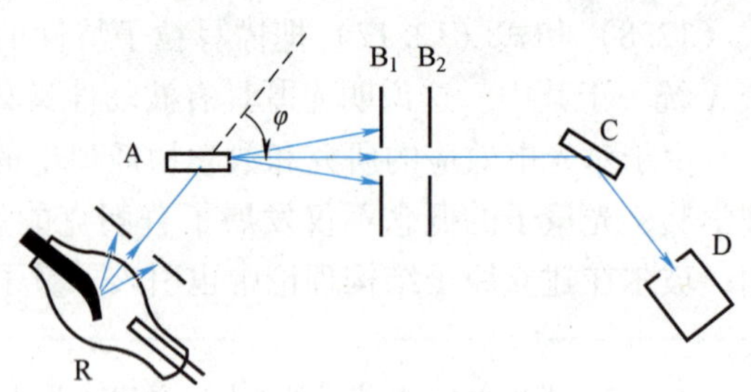

图 12.4 康普顿实验装置

根据光子理论，X 射线是大量运动着的光子流，当光子通过物质时将与物质中电子相互作用，发生弹性碰撞。当光子与散射物质中的自由电子或束缚较弱的电子发生碰撞时，将部分能量转移给电子，频率降低，这就产生了变线。当光子与被原子束缚较紧的电子相碰撞时，相当于与整个原子碰撞，光子能量没有损失，这就形成了不变线。另外，随着散射物质原子序数的增加，原子中有更多的电子和原子核有较强的结合，可以近似地看作自由电子的只是最外层的几个，在电子总数中相对地减少了，因此变线的强度减小而不变线的强度增加。

由于散射物中存在许多束缚不紧的电子，它们在原子中的束缚能比 X 射线光子的能量小得多，故可略去而看成自由电子。同样，电子热运动的能量比 X 射线光子的能量也小得多，也可认为电子是静止的。考虑入射光子的能量很大（约为 10^4eV），碰撞后反冲电子速度可能很大，应该按照相对论力学来处理。如图 12.5 所示，频率为 ν_0 的光子沿 x 轴方向入射，与静止的自由电子发生弹性碰撞。碰撞前，光子的能量为 $h\nu_0$，动量为 $h/\lambda_0=h\nu_0/c$，电子的能量为 m_0c^2（m_0 为电子的静止质量），动量为 0；碰撞后，散射光子的能量为 $h\nu$，动量为 $h/\lambda=h\nu/c$，反冲电子的能量为 mc^2（m 为电子的运动质量），动量为 mv。

根据能量守恒和转换定律，有

$$m_0c^2+h\nu_0=mc^2+h\nu \tag{12.13}$$

根据动量守恒定律，分别得 x、y 轴方向的分量守恒关系式

$$\frac{h\nu_0}{c}=\frac{h\nu}{c}\cos\varphi+mv\cos\theta \tag{12.14}$$

$$0=-\frac{h\nu}{c}\sin\varphi+mv\sin\theta \tag{12.15}$$

由狭义相对论的质速关系

$$m=m_0/\sqrt{1-v^2/c^2} \tag{12.16}$$

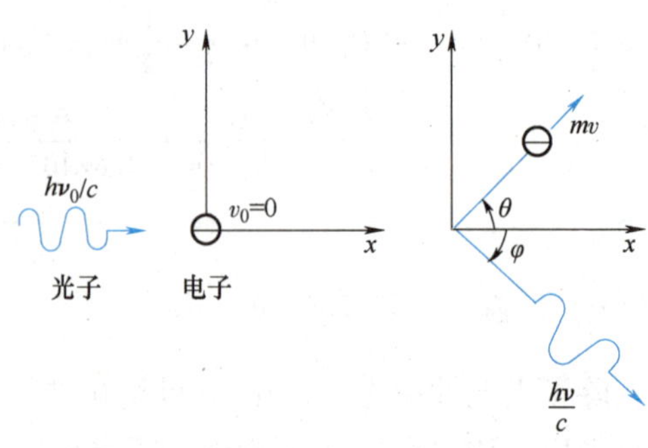

图 12.5 康普顿散射

联立以上 4 个方程解得

$$\lambda-\lambda_0=\frac{h}{m_0 c}(1-\cos\varphi) \tag{12.17}$$

式（12.17）称为康普顿散射公式。式中，$h/m_0 c$ 具有长度的量纲，称为电子的康普顿波长，以 λ_c 表示，经计算得 $\lambda_c=0.0243\times10^{-10}$m。式（12.17）给出的结果与实验完全相符。

康普顿效应的发现进一步揭示了光的粒子性。康普顿效应在理论解释和实验结果上的一致，直接证实了光子具有一定的质量、能量和动量，再一次验证了爱因斯坦光子假说的正确性；并且也证实了在微观粒子相互作用过程中，能量守恒定律和动量守恒定律依然成立。

例 12.5 用波长 $\lambda_0=1\text{Å}$ 的光子做康普顿实验。求：（1）散射角 $\varphi=90°$ 的康普顿散射波长；（2）分配给反冲电子的动能。

解 （1）康普顿散射波长改变

$$\Delta\lambda=\frac{h}{m_0 c}(1-\cos\varphi)=\frac{h}{m_0 c}=0.024\times10^{-10}\text{m}$$

$$\lambda=\lambda_0+\Delta\lambda=1.024\times10^{-10}\text{m}$$

（2）根据能量守恒

$$h\nu_0+m_0c^2=h\nu+mc^2$$

所以

$$E_k=mc^2-m_0c^2=h(\nu_0-\nu)=\frac{hc\Delta\lambda}{\lambda\lambda_0}=\frac{6.63\times10^{-34}\times3\times10^8\times0.024\times10^{-10}}{1.024\times10^{-10}\times1\times10^{-10}}\text{J}=4.66\times10^{-17}\text{J}$$

例 12.6 在一个康普顿实验中，能量为 0.500MeV 的 X 射线撞击一个电子后，电子的动能是 0.100MeV，如果电子初始时静止，求出散射光子的波长及散射角。

解 利用能量守恒定律

$$E_0+m_0c^2=E+(m_0c^2+E_k)$$

$$E=E_0-E_k=0.500\text{MeV}-0.100\text{MeV}=0.400\text{MeV}$$

散射光波长

$$\lambda=\frac{hc}{E}=\frac{6.63\times10^{-34}\times3\times10^8}{0.400\times10^6\times1.6\times10^{-19}}\text{m}=31.1\times10^{-3}\text{Å}$$

入射光波长

$$\lambda_0=\frac{hc}{E_0}=\frac{6.63\times10^{-34}\times3\times10^8}{0.500\times10^6\times1.6\times10^{-19}}\text{m}=24.9\times10^{-3}\text{Å}$$

利用康普顿散射公式

$$\lambda-\lambda_0=\frac{h}{m_0c}(1-\cos\varphi)$$

得

$$\varphi=42°$$

12.1.4 原子结构和原子光谱 玻尔的量子论

1. 原子核式结构

1911 年，卢瑟福（Ernest Rutherford，1871—1937）提出了原子有核模型，即原子核式结构：原子中正电荷全部集中在很小的区域（小于 10^{-14}m）中，原子质量主要集中正电荷部分，形成原子核，而电子则围绕着它运动。

然而，按照经典电动力学，如果电子绕原子核做旋转运动，电子将不断地辐射能量而减速，其运动轨道半径将不断缩小，最后将掉到原子核上，原子随之坍塌。但是，现实世界大量原子却稳定地存在着，因此，经典物理学无法解释原子的稳定性问题。

2. 原子光谱

原子发光是重要的原子现象之一，它反映了原子内部结构或能态的变化。用光谱仪把原子发射的波长（或频率）和强度分布记录下来，便得到原子的光谱。原子光谱是研究原子结构的一种重要手段。

1885 年，巴尔末（Johann Jakob Balmer，1825—1898）得到氢原子的可见光谱，共有 4 种波长，即 410nm、434nm、486nm 和 656nm，如图 12.6 所示。巴尔末使用这些数据，拟合成一个经验公式

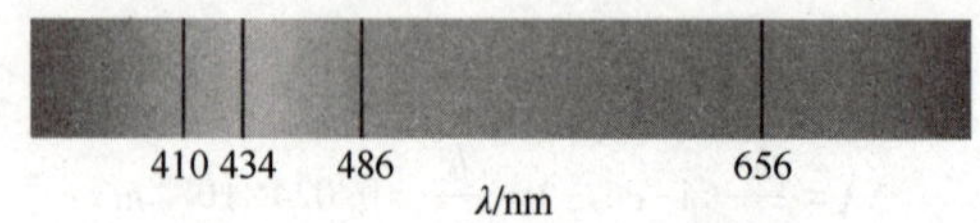

图 12.6　氢原子的可见光谱谱线

$$\lambda = B\frac{n^2}{n^2-4} \quad (n=3,4,5,6) \tag{12.18}$$

式中，$B=3645.6\times10^{-10}$m。式（12.18）称为巴尔末公式。后来，人们采用波数 $\tilde{\nu}=1/\lambda$ 来表征，巴尔末公式被改写成简单的形式

$$\tilde{\nu} = R\left(\frac{1}{2^2}-\frac{1}{n^2}\right) \quad (n=3,4,5,6,\cdots) \tag{12.19}$$

式中，$R=4/B=1.0967758\times10^7\text{m}^{-1}$，称为里德伯常量。式（12.19）所表示的谱线系称为巴尔末线系。

巴尔末系发现后，又相继在氢原子光谱的紫外光区，红外光区和远红外光区发现了与巴尔末系类似的谱线系，其波数可用一个统一的公式表示

$$\tilde{\nu} = R\left(\frac{1}{m^2}-\frac{1}{n^2}\right) \tag{12.20}$$

式中，$m=1,2,3,\cdots$。对于每一个 m，$n=m+1,m+2,\cdots$构成一个谱线系。式（12.20）称为广义巴尔末公式，m=1、3、4、5 的谱线分别称为赖曼系、帕邢系、布喇开系和普芳德系。

3. 玻尔的量子论

1913 年，玻尔在卢瑟福的有核模型基础上，将普朗克的能量子概念和爱因斯坦的光子概念应用于原子系统，提出了三条基本假设。即

（1）定态假设　原子能够，而且只能够存在于一些离散能量状态中，这些状态称为定态。相应的能量分别为 $E_1,E_2,E_3,\cdots(E_1<E_2<E_3\cdots)$。

（2）量子跃迁假设　原子能量的任何变化，包括发射或吸收光，都只能在两个定态之间以跃迁的方式进行。设原子在两个定态分别为 E_n 和 E_m（$E_n>E_m$）之间跃迁时，发射或吸收的光子的频率为 ν，则有频率条件

$$\nu = \frac{E_n-E_m}{h} \tag{12.21}$$

（3）角动量量子化假设　为了把原子的离散能级定量地确定下来，玻尔根据对应原理，

导出了一个轨道角动量量子化条件，即处于定态的电子绕核做圆周运动的轨道角动量

$$L=n\frac{h}{2\pi}=n\hbar \tag{12.22}$$

式中，n 为不为零的正整数，称为量子数。

根据玻尔的原子模型，设氢原子核为静止，质量为 m、电量为 $-e$ 的电子绕核以速度 v 做半径为 r 的匀速圆周运动（定态），可列出如下方程：

$$\frac{mv^2}{r}=\frac{e^2}{4\pi\varepsilon_0 r^2} \tag{12.23}$$

$$rmv=n\hbar \tag{12.24}$$

$$E=\frac{1}{2}mv^2-\frac{e^2}{4\pi\varepsilon_0 r}=\frac{e^2}{8\pi\varepsilon_0 r}-\frac{e^2}{4\pi\varepsilon_0 r}=-\frac{e^2}{8\pi\varepsilon_0 r} \tag{12.25}$$

由式（12.23）~式（12.25）联立解得

$$r=\frac{4\pi\varepsilon_0\hbar^2}{me^2}n^2=r_1 n^2 \quad (n=1,2,3,\cdots) \tag{12.26}$$

式中，r_1 是氢原子中电子的最小轨道半径，称为玻尔半径，其值为 $r_1=0.529\times10^{-10}$m。

$$v=\frac{e^2}{4\pi\varepsilon_0\hbar}\frac{1}{n} \quad (n=1,2,3,\cdots) \tag{12.27}$$

$$E=-\frac{me^4}{2(4\pi\varepsilon_0\hbar)^2}\frac{1}{n^2} \quad (n=1,2,3,\cdots) \tag{12.28}$$

结果表明，氢原子中电子的轨道半径、速度和氢原子能量都是量子化的。

最后，根据量子跃迁频率条件，当原子中的电子由定态 E_n 跃迁到定态 E_m（假设 $E_n>E_m$）时所发射或吸收光子的频率为

$$\nu=\frac{E_n-E_m}{h}=\frac{me^4}{4(4\pi\varepsilon_0)^2\hbar^3}\left(\frac{1}{m^2}-\frac{1}{n^2}\right) \tag{12.29}$$

以波数表示为

$$\tilde{\nu}=R\left(\frac{1}{m^2}-\frac{1}{n^2}\right) \tag{12.30}$$

其中

$$R=\frac{me^4}{(4\pi\varepsilon_0)^2 4\pi\hbar^3 c} \tag{12.31}$$

经计算，$R=1.0973731\times10^7\text{m}^{-1}$，和实验中精确测得的值符合得相当好。所以玻尔的理论能够相当高地精度解释实验上观察到的氢原子光谱。图 12.7 表示氢原子的能级和不同光谱线系的产生。

4. 玻尔理论的局限性

玻尔模型解决了卢瑟福原子模型的稳定性问题，解释了氢和其他类氢原子的发射和吸收谱线。玻尔理论中的离散能级在弗兰克-赫兹实验中得到验证。尽管如此，玻尔的原子理论仍有一些局限性。

其一，玻尔理论正确地预测了原子跃迁中释放的光子能量，但它没有预测原子在激发态中保持多长时间，也没有预测原子在衰变时最有可能进入哪一个较低的状态。这些值可以通

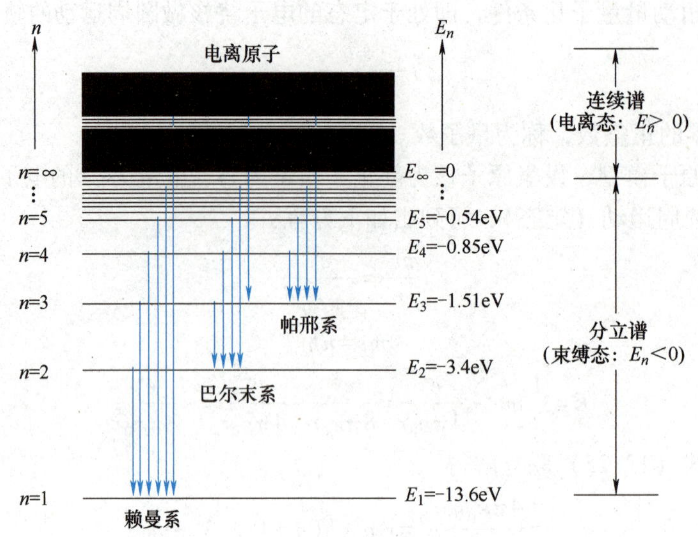

图 12.7　氢原子的能级及其跃迁

过不同光谱线的强度来测量，但玻尔理论对此没有解释。

其二，对光谱的精细测量表明，每条谱线被分成多个波长几乎相同的谱线。这表明玻尔模型中的每个能级实际上代表了几个可能的、能量非常接近的能级。玻尔模型不能解释光谱线的这种分裂。也就是说，玻尔理论不能说明光谱的精细结构。

其三，玻尔理论没有考虑电子之间的相互作用，所以它只适用于单电子原子。它可以近似地扩展到一些原子，在这些原子中，除了一个电子外，所有的电子都紧紧地束缚在原子核上。对大多数原子来说，玻尔理论不适用。

最后，玻尔理论和当时许多其他量子假设一样，都是针对特定问题的一种临时解决方案，而不是关于电子（和其他粒子）行为的完整理论。只有当德布罗意揭示出实物粒子具有波粒二象性后，才建立起可以解释包括原子线光谱在内的微观现象的自洽理论。

例 12.7　根据玻尔理论：(1) 计算氢原子中电子在量子数为 n 的轨道上做圆周运动的频率；(2) 计算当该电子跃迁到 $(n-1)$ 的轨道上时所发出的光子频率；(3) 证明当 n 很大时，上述 (1) 和 (2) 结果近似相等。

解　(1) 因为

$$\frac{e^2}{4\pi\varepsilon_0 r^2}=\frac{mv^2}{r}$$

$$mvr=n\frac{h}{2\pi}$$

$$\nu=\frac{v}{2\pi r}$$

所以

$$\nu=\frac{me^4}{4\varepsilon_0^2h^3}\frac{1}{n^3}$$

(2) 电子从 n 态跃迁到 $(n-1)$ 态所发出的频率为

$$\nu'=cR\left[\frac{1}{(n-1)^2}-\frac{1}{n^2}\right]=\frac{me^4}{8\varepsilon_0^2h^3}\frac{2n-1}{n^2(n-1)^2}$$

（3）当 n 很大时，上式变为

$$\nu'=\frac{me^4}{8\varepsilon_0^2h^3}\frac{2-\frac{1}{n}}{n(n-1)^2}\approx\frac{me^4}{4\varepsilon_0^2h^3}\frac{1}{n^3}=\nu$$

因为按经典理论，做圆周运动的电子辐射的频率等于它绕核旋转的频率，所以这道例题也顺便说明了玻尔的对应原理。这就是，当量子数 n 很大时，量子方程就会过渡到经典物理方程，量子图像就与经典图像完全相同。所以，可以把经典物理看成是量子物理在量子数很大时的极限情况。

例 12.8　当氢原子从 $n=5$ 变到 $n=2$ 时，求发出光子的波长。

解　由里德伯公式

$$\frac{1}{\lambda}=R\left(\frac{1}{2^2}-\frac{1}{5^2}\right)$$

得

$$\lambda=434\text{nm}$$

也可由氢原子的能量公式计算。由

$$E_n=-\frac{13.6}{n^2}$$

可知

$$E_2=-\frac{13.6}{2^2}=-3.40\text{eV},\quad E_5=-\frac{13.6}{5^2}=-0.544\text{eV}$$

从玻尔假设知，发出光子的能量为

$$E_\gamma=-0.544\text{eV}-(-3.40\text{eV})=2.86\text{eV}$$

$$\lambda=\frac{hc}{E_\gamma}=\frac{6.63\times10^{-34}\times3\times10^8}{2.86\times1.6\times10^{-19}}\text{m}=4340\text{Å}$$

例 12.9　确定氢原子赖曼系的最短波长和最长波长，以埃为单位。

解　赖曼系的波数公式为

$$\frac{1}{\lambda}=R\left(\frac{1}{1^2}-\frac{1}{n^2}\right)$$

式中，$R=1.097\times10^7\text{m}^{-1}$。当 $n\to\infty$ 时，得赖曼系的最短波长：

$$\frac{1}{\lambda_{\min}}=R\quad 即\ \lambda_{\min}=\frac{1}{R}=912\text{Å}$$

当 $n=2$ 时，得赖曼系的最长波长：

$$\frac{1}{\lambda_{\max}}=R\left(\frac{1}{1}-\frac{1}{4}\right)=\frac{3}{4}R$$

$$\lambda_{\max}=\frac{4}{3R}=1215\text{Å}$$

12.1.5　实物粒子的波动性

1. 德布罗意假设

德布罗意在接受 1929 年诺贝尔物理学奖的演讲时是这样描述他发现德布罗意波的：一方面，光的量子理论不能被认为是令人满意的，因为它用包含频率 ν 的方程 $E=h\nu$ 来定义光粒子（光子）的能量。现在，一个纯粹的粒子理论不包含任何能使我们定义频率的东西。因此，仅仅由于这个原因，我们就不得不在光的情况下同时引入粒子和频率的概念。另一方面，确定电子在原子中的稳定运动引入了整数。到目前为止，物理学中唯一涉及整数现象是干涉和简正振动模式。这一事实使我想到，电子不能简单地被视为粒子，也必须赋予它们频率（波的性质）。

1924 年，德布罗意在他的博士论文中提出，如果光在干涉和衍射中可以像波一样，在光电效应中可以像粒子一样，那么，物质粒子也应该表现出波粒二象性。也就是说，光中的波粒二象性也必须出现在物质中。由此把光的波粒二象性，推广到所有实物粒子，提出如下假设：实物粒子也具有波动性，与实物粒子相联系的波的频率 ν 和波长 λ 与粒子的能量 E 和动量 p 的关系分别为

$$E=mc^2=h\nu \tag{12.32}$$

$$p=mv=\frac{h}{\lambda} \tag{12.33}$$

式（12.33）称为德布罗意公式或德布罗意假设，与实物粒子相联系的波称为德布罗意波或物质波。

德布罗意假设的一大成功在于它提供了对玻尔轨道角动量量子化条件的解释。德布罗意认为，在氢原子中，电子绕核运动轨道的周长必定恰好等于整数个德布罗意波长，如图 12.8 所示。即

$$2\pi r=n\lambda=n\frac{h}{p}$$

所以

$$L=rp=n\frac{h}{2\pi}$$

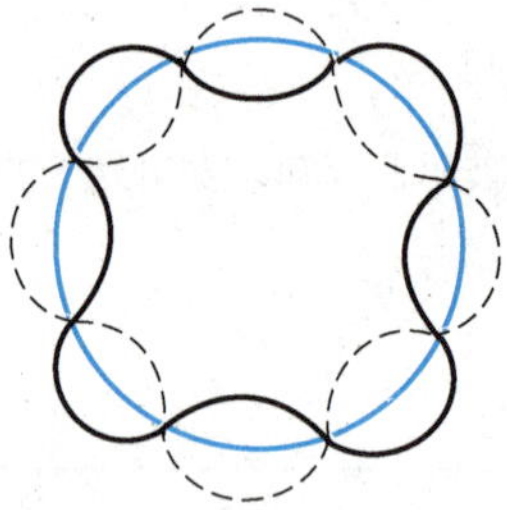

图 12.8　电子驻波

这样德布罗意自然地导出玻尔的量子化条件。但必须说明的是玻尔角动量量子化条件并不是完全正确的。在量子力学建立后，才能得出正确的表达式。

下面对德布罗意公式做些说明：

1）由式（12.33）得德布罗意波长

$$\lambda=\frac{h}{mv} \tag{12.34}$$

式中，m 为相对论质量，$m=m_0/\sqrt{1-v^2/c^2}$。

当粒子速度 $v\ll c$ 时，$m\approx m_0$。由式（12.34）知，粒子的质量越大，相应的德布罗意波长越短，其波动性越不易于观察，因此宏观粒子的波动性实际观察不到。例如，1g 的子弹以 $10^2\mathrm{m\cdot s^{-1}}$ 的速度射出，用式（12.34）计算出子弹的德布罗意波的波长 $\lambda=6.6\times10^{-33}\mathrm{m}$。至今还没有办法观察到这样短的波。

对于非常轻的粒子，譬如电子，其德布罗意波长则进入可以观察的范围之内。例如，用电压 U 加速的电子速度，可由下式求得：

$$\frac{1}{2}m_0v^2=eU$$

这时物质波的波长为

$$\lambda=\frac{h}{m_0v}=\frac{h}{\sqrt{2m_0eU}}=\frac{12.25}{\sqrt{U}}\mathrm{\mathring{A}}$$

当 $U=150\text{V}$ 时，$\lambda=1\text{Å}$，这与 X 射线波长大致相同。

2）由德布罗意公式（12.32）和式（12.33）可以得到物质波的速度

$$u=\frac{E}{p}$$

对于实物粒子，$m_0\neq0$，由狭义相对论能量-动量关系式知

$$u>c$$

所以，u 并不是粒子的运动速度。

2. 德布罗意波的实验验证

1927 年，戴维孙和革末用实验直接证实了物质粒子的波动。在他们的实验中，戴维孙和革末向镍单晶体表面发射电子，观察到了电子的衍射现象，并证明了德布罗意公式是正确的。

同年，汤姆孙（George Paget Thomson，1892—1975）让电子束穿过厚度为 10^{-8}m 数量级的金属箔后，在照相底片上得到类似于 X 光那样的环状衍射图样（见图 12.9），同样证实了电子的德布罗意波（即电子波）的存在。为此，戴维孙和汤姆孙共同获得 1937 年诺贝尔物理学奖。

非常有意思的是，汤姆孙的父亲 J. J. 汤姆孙（1856—1940）因发现电子并测量其电荷质量比而获得 1906 年诺贝尔物理学奖。因此，可以说，汤姆孙之父发现了电子的粒子性质，而汤姆孙发现了电子的波动性质。

值得一提的是，1993 年克罗米（M. F. Grommie）等人用扫描隧道显微镜技术把蒸发到铜表面上的铁原子排列成半径为 7.13nm 的圆环形量子围栏，实验观测到了在围栏内形成的同心圆状的驻波，如图 12.10 所示，直观地证实了电子的波动性。

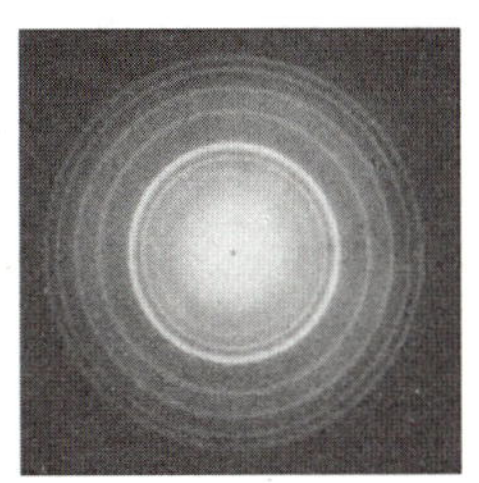

图 12.9　电子衍射图样

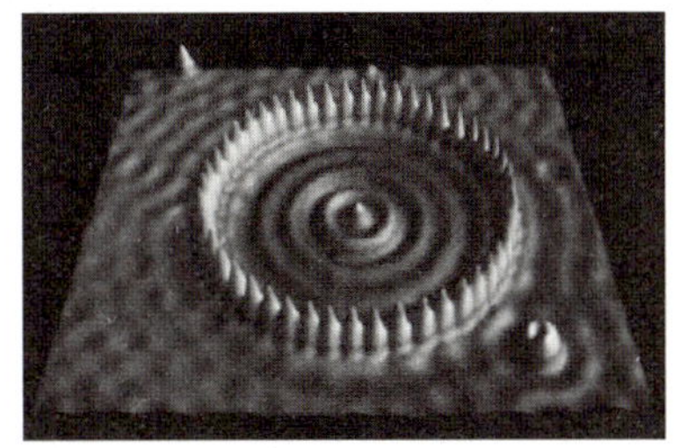

图 12.10　量子围栏

3. 实物粒子的波粒二象性

在发现电子的波动性之后，进一步的实验还发现，其他微观粒子如原子、分子和中子等都有波动性。所有粒子衍射实验都证实了德布罗意假设，一切实物粒子都具有波粒二象性已成为人们普遍接受的事实。

实物粒子的波动性和粒子性与经典物理的波动和粒子相比，有相似的地方，又有本质的不同。确切地说，它既不是经典粒子也不是经典的波。经典粒子的特点表现为沿着一定的轨道运动，不存在干涉和衍射现象，每个粒子携带一份能量和一份动量，在与其他物质发生作用时是整体地发生作用。经典波的特点则表现为遵从惠更斯原理在空间传播，没有一定轨道，但存在干涉和衍射现象。波的能量和动量分布在整个波场中，故以波的形式发射和吸收

的能量或动量总是具有连续性，表现为无限可分性。实物粒子的粒子性，表现为打到感光板上是一个一个的点，或者说，我们接收到的是一份一份的颗粒，这和经典的概念是一致的，但是它没有经典粒子所具有的轨道概念，这又和经典粒子有本质的不同。实物粒子的波动性，表现在它的相干叠加性，这和经典的波动相似，但实物粒子的波只是概率波，这和经典波又有本质的不同。

实物粒子和光都具有波粒二象性，但是从它们各自的宏观表现与微观特征来看，二者是恰好相反的：光的宏观表现是波动性，粒子性是它的微观特征；而实物粒子的宏观表现是粒子性，波动性是它的微观特征。实物粒子和光子在被测量时都是完整出现的（当今的技术可以在相当确定的位置测量单电子和单光子）；而经典光波和概率波则都是弥漫于整个空间的。波动性和粒子性不能同时被测量：测量光和实物粒子的波动性时不能测量到它们的粒子性；反之，测量光与实物粒子的粒子性时，不能测量到它们的波动性。

微观粒子既不是纯粒子，也不是纯波，它们两者兼而有之。粒子和波的表现并不相互矛盾或相互排斥，但正如玻尔所建议的那样，它们只是互补。这两个概念在描述微观系统的真实本质时是互补的。作为微观粒子的互补特征，粒子和波对于量子系统的完整描述同样重要。互补性原则的本质就来自于此。

我们已经看到，当非此即彼的死板概念（即，要么是粒子，要么是波）不加选择地应用于量子系统时，我们就会陷入现实的麻烦中。如果没有互补性原理，量子力学就不可能得出它现在所得到的精确结果。

例 12.10 已知一个小球的质量为 0.01kg，速度为 $10\text{m}\cdot\text{s}^{-1}$，求它的德布罗意波长。

解 根据德布罗意关系式有

$$\lambda=\frac{h}{mv}=\frac{6.63\times10^{-34}}{0.01\times10}\text{m}=6.63\times10^{-33}\text{m}$$

例 12.11 当粒子的能量比它的静能大很多时，证明粒子的德布罗意波长与同样能量的光子波长近似相等。

解 若 $E\gg E_0$，有

$$E^2=p^2c^2+E_0^2\approx p^2c^2$$

则

$$\lambda=\frac{h}{p}\approx\frac{hc}{E}$$

而对于一个光子

$$E=h\nu=\frac{hc}{\lambda_\gamma}$$

于是

$$\lambda_\gamma=\frac{hc}{E}=\frac{h}{p}\approx\lambda$$

12.1.6 不确定关系

在牛顿力学中，可视为质点的经典粒子总是沿着某一轨道运动的，经过轨道的每一位置必具有一个速度，因此可以用位置和速度（或动量）来描述它的运动状态，我们可以通过实验来同时精确地测定经典粒子的位置和动量。对于微观粒子，由于具有波粒二象性，因此描述微观粒子的坐标和动量不可能同时具有确定值，它们之间存在一种相互依赖相互制约的

关系，叫作不确定关系。不确定关系最早是由德国物理学家海森伯在 1927 年提出的。

根据海森伯不确定关系，存在互补的共轭变量对，如果其中一个变量是精确确定的，那么另一个变量就变得完全不确定了。前面说的粒子的位置和动量就是这样一对可观测变量。根据海森伯的说法，无论我们的测量设备精度多么高，“都不可能同时精确地确定一个粒子的动量和位置”。这一点再次与牛顿力学形成鲜明对比。在牛顿力学中，我们可以随心所欲地精确测量任何可观测量，唯一的限制来自于测量设备的局限性。在数学上，位置和动量的海森伯不确定关系可以写成

$$\Delta x\Delta p_x \geqslant \frac{\hbar}{2} \tag{12.35}$$

式中，Δx 表示粒子位置的不确定度；Δp_x 表示动量的不确定度；$\hbar=\dfrac{h}{2\pi}$，h 是普朗克常量。根据这一关系，粒子的位置与相应的动量不可能同时具有确定值。这与量子力学早期的断言是一致的，即在量子力学中没有粒子轨道的概念。由于普朗克常量非常小，所以不确定关系对微小粒子是有效的。对于宏观物体，Δx 和 Δp_x 与 x 和 p_x 相比可能非常小，因此，对于宏观物体的运动，可以很好地近似地用轨道描述。

将式（12.35）推广到三维直角坐标系，分别有

$$\begin{cases}\Delta x\Delta p_x \geqslant \dfrac{\hbar}{2}\\ \Delta y\Delta p_y \geqslant \dfrac{\hbar}{2}\\ \Delta z\Delta p_z \geqslant \dfrac{\hbar}{2}\end{cases} \tag{12.36}$$

不确定关系是微观粒子波粒二象性所决定的一条基本关系，它不是由于测量仪器的缺陷或测量方法不完善所造成的，无论怎样改善测量仪器和测量方法，测量的精度都不可能逾越不确定关系所给出的限度。

那么导致可观测量的不确定性的因素是什么呢？测量过程是不确定性的内在来源。人们想确定物体的位置，就必须设计测量位置的实验。比如，如果我们想测量电子的位置，必须发明一种类似显微镜的设备来精确测量电子的位置。这可以通过首先将光照射在电子上，并通过观察散射光来测量电子的位置来实现。然而，如上所述，由于波粒二象性，光子的动量可以在观测过程中传递给电子，这种扰动是电子位置和动量不确定性的来源。

除了坐标和动量的不确定关系外，还有能量和时间的不确定关系，角动量和角度的不确定关系等。下面讨论能量和时间的不确定关系。设粒子的静止质量为 m_0，运动质量为 m，速度为 v，动量为 p，能量为 E，由相对论能量和动量关系 $E^2=c^2p^2+m_0^2c^4$ 得

$$E\Delta E=c^2p\Delta p$$

$$\Delta E=\frac{c^2p\Delta p}{E}=\frac{p\Delta p}{m}=v\Delta p$$

所以

$$\Delta E\Delta t=v\Delta t\Delta p=\Delta x\Delta p \geqslant \frac{\hbar}{2} \tag{12.37}$$

式中，Δt 是粒子处于某能量状态的时间；ΔE 是该状态的能量不确定量。

用式（12.37）可以说明原子能级宽度与能级寿命之间的关系。实际原子的能级都不是单一值，而是有一定宽度 ΔE。在同类大量原子中，停留在相同能级上的电子有的停留时间长，有的停留时间短，可以用一个平均寿命 Δt 来表示。根据 $\Delta E\Delta t\geqslant\hbar/2$ 的不确定关系，平均寿命长的能级，它的宽度小，这样的能级比较稳定。反之，平均寿命短的能级宽度就大。能级宽度可以通过实验测出，从而可以推知能级的平均寿命。

从不确定关系我们可以得到一个重要的推论：微观粒子的力学量（如坐标、动量、势能、动能、总能量、角动量等）不可能同时全部都具有确定值。因为一切力学量都是由基本力学量——坐标和动量所构成的，既然微观粒子的坐标和动量是不可能同时确定的，必然导致某些力学量不可能同时有确定值。

不确定关系可以在不需要预先知道系统的详尽知识的前提下，用来定性估计系统的某些主要特征，例如估计原子的大小，阐明零点能的存在，论述原子核中不可能存在电子以及微观世界一些不寻常现象，等等。这对于理解微观世界的特征是很有意义的。

例 12.12 设子弹的质量为 0.01kg，枪口的直径为 0.5cm，试用不确定关系计算子弹射出枪口时的横向速度。

解 枪口直径可以当作子弹射出枪口时的位置不确定量 Δx，由于 $\Delta p_x=m\Delta v_x$，所以

$$\Delta x\cdot m\Delta v_x\geqslant\frac{\hbar}{2}$$

取等号计算得

$$\Delta v_x=\frac{\hbar}{2m\Delta x}=\frac{6.63\times10^{-34}}{4\pi\times0.01\times0.5\times10^{-2}}\mathrm{m\cdot s^{-1}}=1.06\times10^{-30}\mathrm{m\cdot s^{-1}}$$

这就是子弹的横向速度。和子弹飞行速度相比，这一速度引起的运动方向的偏转是微不足道的。因此对子弹这种宏观粒子，测不准关系所加的限制并未在实验测量的精度上超过经典描述的限度，实际上仍可把它看成有一定轨道。

例 12.13 已知一电子限制在原子中运动，求此电子速度的不确定量 Δv。

解 原子的线度为 10^{-10}m 数量级，电子被限制在原子中运动，原子的线度就是电子位置不确定量，即 $\Delta x=10^{-10}$m。由不确定关系得

$$\Delta v=\frac{\hbar}{2m\Delta x}=\frac{6.63\times10^{-34}}{4\pi\times9.1\times10^{-31}\times10^{-10}}\mathrm{m\cdot s^{-1}}=5.8\times10^{5}\mathrm{m\cdot s^{-1}}$$

按照牛顿力学计算，氢原子中电子的轨道运动速度约为 $10^6\mathrm{m\cdot s^{-1}}$。它与上面的速度不确定量有相同的数量级。可见，在此种情况下，仍保留关于电子以一定速度沿一定轨道运动的概念是不行的。

例 12.14 波长 4000Å 的频谱线宽度经测得是 10^{-4}Å。原子系统停留在相应能量态的平均时间是多少？

解 由

$$E=h\nu=\frac{hc}{\lambda}$$

可得

$$|\Delta E|=\frac{hc}{\lambda^2}\Delta\lambda$$

利用能量和时间的不确定关系

$$\Delta E\Delta t\geqslant\frac{h}{4\pi}$$

有
$$\Delta t \geqslant \frac{h}{4\pi\left(\frac{hc}{\lambda^2}\Delta\lambda\right)} = \frac{\lambda^2}{4\pi c\Delta\lambda} = \frac{(4\times10^{-7})^2}{4\pi\times3\times10^8\times10^{-14}}\mathrm{s}$$
$$=4.24\times10^{-9}\mathrm{s}$$

例 12.15 一束直径 $d=1.0\times10^{-5}$m 的电子射线，通过电压为 1000V 的电场加速，能否将这些电子看成经典粒子？

解 判断电子束能否看成经典粒子的标准是，若电子的动量 p 比不确定关系得到的不确定量 Δp 大得很多，就可以将它看成经典粒子。

根据题意，可求得电子加速后获得的动量为
$$p=\sqrt{2meU}=\sqrt{2\times9.1\times10^{-31}\times1.6\times10^{-19}\times10^3}\ \mathrm{kg\cdot m\cdot s^{-1}}=1.7\times10^{-23}\mathrm{kg\cdot m\cdot s^{-1}}$$
电子束的直径 d 就是电子位置的不确定量 Δx，由不确定关系得
$$\Delta p=\frac{\hbar}{2\Delta x}=\frac{\hbar}{2d}=\frac{6.63\times10^{-34}}{4\pi\times10^{-5}}\mathrm{kg\cdot m\cdot s^{-1}}=5.3\times10^{-30}\mathrm{kg\cdot m\cdot s^{-1}}$$
可见，$p\gg\Delta p$，此时能将电子看作经典粒子。

思考题

12.1.1 绝对黑体是不是不发射任何辐射？

12.1.2 有经验的炼钢工人，只凭观察炼钢炉内的颜色，就可以估计出炉温，这是为什么？

12.1.3 为什么康普顿效应中波长位移的数值与散射物质性质无关？

12.1.4 光电效应和康普顿效应都包含了电子和光子的相互作用，试问这两个过程有何不同？

12.1.5 红外线是否适宜于用来观察康普顿效应，为什么？

12.1.6 德布罗意波的波函数与经典波的波函数的本质区别是什么？

12.1.7 为什么说原子内电子的运动状态用轨道来描述是错误的？

12.2 波函数及其统计诠释

12.2.1 波函数

由于微观粒子的二象性，当粒子的位置 $\boldsymbol{r}$ 确定后，动量 $\boldsymbol{p}$ 就完全不确定，所以不能像经典力学那样用 $\boldsymbol{r}$ 和 $\boldsymbol{p}$ 来描写粒子的状态。为了寻找描写微观粒子运动状态的新方法，我们首先来考察一下如何从波的角度描写自由粒子的运动状态。

由波动理论知道，沿 x 方向传播的平面简谐波的波动方程是
$$y(x,t)=A\cos2\pi\left(\nu t-\frac{x}{\lambda}\right) \tag{12.38}$$
式中，A 是振幅；ν 是频率；λ 是波长。对机械波，y 表示位移；对电磁波，y 表示电场强度 E 或磁场强度 H。它们随时间和空间连续地做周期性变化，波的强度正比于振幅 A 的平方。

将式（12.38）改写成指数函数形式，表示为
$$y(x,t)=A\mathrm{e}^{-\mathrm{i}2\pi\left(\nu t-\frac{x}{\lambda}\right)} \tag{12.39}$$

其实部即为式（12.38）。

对于不受外力的自由粒子，在运动过程中能量 E 和动量 $\boldsymbol{p}$ 保持恒定。根据德布罗意假设，与自由粒子相联系的物质波的频率 $\nu=E/h$ 和波长 $\lambda=h/p$ 也都保持不变。所以自由粒子的物质波是单色平面波，也可用平面波函数来表示。沿 x 方向运动的自由粒子的单色平面波可写成

$$\Psi(x,t)=\psi_0\mathrm{e}^{-\mathrm{i}2\pi\left(\nu t-\frac{x}{\lambda}\right)}=\psi_0\mathrm{e}^{-\frac{\mathrm{i}}{\hbar}(Et-px)} \tag{12.40}$$

推广到一般情况，对于沿任意方向（方向由单位矢量 $\boldsymbol{e}_r$ 表示）传播的能量为 E、动量为 $\boldsymbol{p}$ 的自由粒子的物质波，其波函数可以写成

$$\Psi(\boldsymbol{r},t)=\psi_0\mathrm{e}^{-\frac{\mathrm{i}}{\hbar}(Et-\boldsymbol{p}\cdot\boldsymbol{r})}=\psi_0\mathrm{e}^{-\frac{\mathrm{i}}{\hbar}[Et-(p_x x+p_y y+p_z z)]} \tag{12.41}$$

式中，与能量为 E、动量为 $\boldsymbol{p}$ 的实物粒子相联系的物质波的角频率 ω 和波矢 $\boldsymbol{k}$ 的关系是

$$\begin{cases}E=h\nu=\hbar\omega\\ \boldsymbol{p}=\dfrac{h}{\lambda}\boldsymbol{e}_r=\hbar\boldsymbol{k}\end{cases} \tag{12.42}$$

$\Psi(\boldsymbol{r},t)$ 叫作自由粒子的波函数，ψ_0 为该波函数的振幅。

波函数 $\Psi(\boldsymbol{r},t)$ 把波（特征量：$\boldsymbol{k}$、ω）粒（特征量：$\boldsymbol{p}$、E）统一在其中，所以认为该波函数 $\Psi(\boldsymbol{r},t)$ 可以完全描写动量为 $\boldsymbol{p}$ 和能量为 E 的自由粒子的状态，因此又称态函数。在一般情况下，当微观粒子受到外界力场作用时，它不再是自由粒子了，其运动状态当然不能再用式（12.41）所示的 $\Psi(\boldsymbol{r},t)$ 来描写。但是，这样的粒子仍然具有波粒二象性。作为德布罗意假设很自然的推广，这样的微观粒子运动状态仍然可以用一个波函数 $\Phi(\boldsymbol{r},t)$ 来描写，这就是量子力学的基本原理（假设）之一。自然，对于处在不同情况下的微观粒子，描写其运动状态的波函数 $\Phi(\boldsymbol{r},t)$ 的具体形式是不一样的。由此可见，量子力学用和经典力学完全不同的方式来描写粒子的状态。

12.2.2 波函数的统计诠释

前面我们引入了描写粒子运动的波函数，为了说明波函数的物理意义，现在来看一看电子双缝干涉实验，实验结果如图 12.11 所示。

对电子干涉实验的结果，我们可以从“粒子”和“波动”两个观点分别加以解释，从而找出它们的联系。按“粒子”的观点看，在干涉图样中，极大值处表明有较多的电子到达，而极小值处则很少甚至没有电子到达。按“波动”的观点来看，在干涉图样中，极大值处波的强度为极大，而极小值处波的强度为极小，甚至为零。如果用一个波函数 $\Phi(x,y,z,t)$ 来描写干涉实验中电子的状态，那么波振幅模的平方 $|\Phi(x,y,z,t)|^2$ 便表示 t 时刻在空间某处 (x,y,z,t) 波的强度。对比上述两种观点，我们可以这样使波和粒子的概念统一起来：如果粒子的状态用波函数 $\Phi(x,y,z,t)$ 来描写，那么波函数模的平方 $|\Phi(x,y,z,t)|^2$ 与 t 时刻在空间 (x,y,z) 处单位体积内找到粒子的数目成正比。也就是说，在波的强度极大的地方，找到粒子的数目为极大；在波的强度为零的地方，找到粒子的数目为零。

上述波函数物理意义的解释是对处在同一状态下的大量粒子而言的（在电子干涉实验中指的是含有大量粒子的电子束），对于一个粒子而言，描写它的运动状态的波函数又将怎样解释呢？上述实验中，可以控制电子束的强度，以至于让电子一个一个通过。假如时间不

长，则在照相底板上呈现的是一些无规则的点，而不是扩展开的整个干涉图样。就这个意义而言，电子是粒子而不是扩展开的波，但时间一长，则感光点在底板上的分布显示出干涉图样，与强度较大的电子束在较短时间内得到的干涉图样相同。根据这种一个电子在相同条件下多次重复实验的结果，可以认为，尽管我们不能确定每一个电子一定到达照相底板的什么地点，但是它到达干涉图样极大值的概率必定较大，而到达干涉图样极小值处的概率必定较小，甚至为零。所以对一个粒子而言，描写其状态的波函数 $\Phi(x,y,z,t)$ 可以解释为：波函数模的平方 $|\Phi(x,y,z,t)|^2$ 与 t 时刻在空间 (x,y,z) 处单位体积内发现粒子的概率 $w(x,y,z,t)$（称为概率密度）成正比。

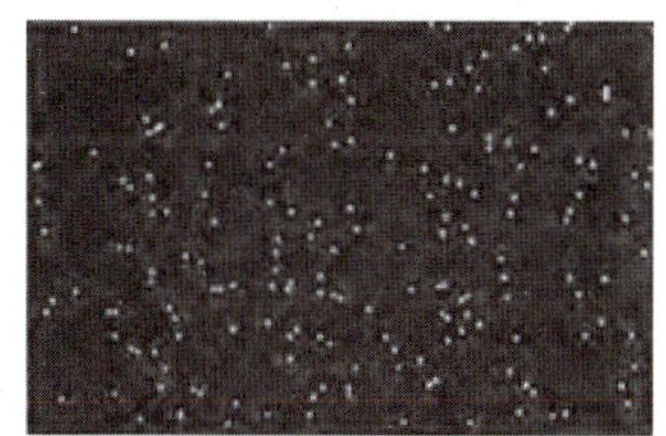

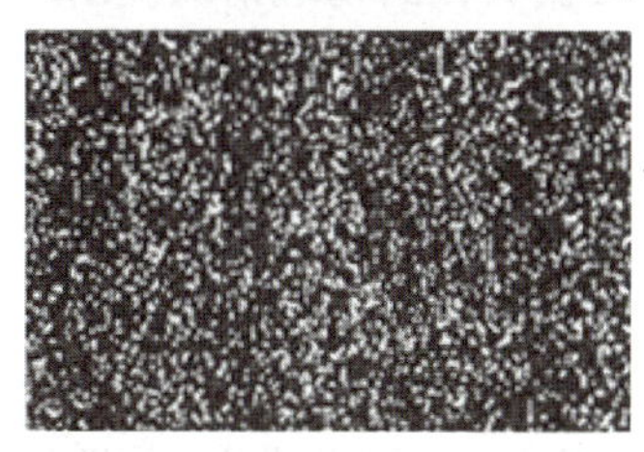

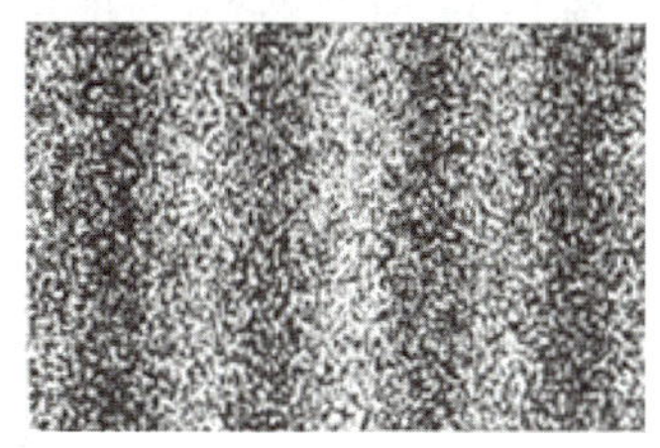

图 12.11　电子双缝干涉图样

波函数的上述诠释是德国物理学家玻恩首先提出的。它不仅成功地解释了电子的衍射实验，而且在解释其他许多问题时，所得结果也与实验相符合。按照这样的解释，波函数所描写的是处于相同条件下的大量粒子的一次行为或者是一个粒子的多次重复行为。一般来说，我们不能根据描写粒子状态的波函数，预言一个粒子某一时刻一定在什么地方出现，但是可以指出在空间各处找到该粒子的概率。所以波函数所表示的是概率波，波函数也称为概率幅。

设粒子的状态用 $\Phi(x,y,z,t)$ 描述，根据玻恩的统计解释，在 t 时刻，坐标 x 到 $x+\mathrm{d}x$、y 到 $y+\mathrm{d}y$、z 到 $z+\mathrm{d}z$ 的体积元 $\mathrm{d}V=\mathrm{d}x\mathrm{d}y\mathrm{d}z$ 内找到粒子的概率 $\mathrm{d}W(x,y,z,t)$ 为

$$\mathrm{d}W(x,y,z,t)=w(x,y,z,t)\mathrm{d}V=K|\Phi(x,y,z,t)|^2\mathrm{d}V \tag{12.43}$$

式中，K 为比例常数。概率密度

$$w(x,y,z,t)=\frac{\mathrm{d}W(x,y,z,t)}{\mathrm{d}V}=K|\Phi(x,y,z,t)|^2 \tag{12.44}$$

由于 Φ 一般是复数，所以 $|\Phi|^2=\Phi\Phi^*$，Φ^* 是 Φ 的共轭复数。

玻恩认为，量子力学中波函数所描述的，并不像经典波那样代表实在的物理量的波动，只不过是刻画粒子在空间概率分布的概率波。这里所说的粒子性是指具有一定的质量和电荷等属性的客体，但并不与“粒子有确切轨道”概念有必然联系；这里所说的波动性是指波的相干叠加性。

12.2.3　波函数应该满足的要求

1. 统计诠释对波函数提出的要求

1）波函数必须满足归一化条件，即

$$\int_{\infty}|\Psi(x,y,z,t)|^2\mathrm{d}V=1 \tag{12.45}$$

如果某波函数 $\Phi(x,y,z,t)$ 尚未归一化，可以按照式

$$\int_{\infty}|K\Phi(x,y,z,t)|^2\mathrm{d}V=1$$

求出归一化常数 K，从而得到归一化波函数 $\Psi(x,y,z,t)=K\Phi(x,y,z,t)$。

2）在空间任何有限体积内找到粒子的概率必须为有限值，也就是说波函数必须是平方可积的。即

$$\int_{\infty}|\Psi(x,y,z,t)|^2\mathrm{d}V=\text{有限值} \tag{12.46}$$

3）波函数模的绝对值平方为单值函数，从而保证概率密度在任意时刻 t 都是确定的。

2. 势场性质和边界条件对波函数提出的要求

在物理上对波函数所提出的要求中，除了根据波函数的统计诠释提出来的以外，还有些是根据具体的物理情况提出来的。

例如，当势能函数 $U(x)$ 是 x 的连续函数时，由于波函数所遵从的是薛定谔方程，薛定谔方程是关于坐标的二阶微分方程，因此一般要求波函数及其一阶导数是坐标的连续函数，但也有特例，比如无限深势阱，在势阱的边上，波函数的一阶导数并不连续。

总之，在一般情况下，从物理上往往要求波函数是有限、连续和单值的。

例 12.16 下列哪个函数代表物理上可接受的波函数？（1）$\psi(x)=3\sin(\pi x)$；（2）$\psi(x)=4-|x|$；（3）$\psi^2(x)=5x$；（4）$\psi(x)=x^2$。

解 第（1）个、第（2）个不是连续、有界和平方可积的；第（3）个不是有限的，也不是平方可积的；第（4）个不是有界的，也不是平方可积的。

例 12.17 一粒子被限制在相距为 l 的两个不可穿透的壁之间，描写粒子状态的波函数为 $\psi=Cx(l-x)$，其中 C 为待定常量。求在 $0\sim\frac{1}{3}l$ 区间发现该粒子的概率。

解 由波函数的归一化条件

$$\int_0^l|\psi|^2\mathrm{d}x=1$$

得

$$\int_0^l C^2x^2(l-x)^2\mathrm{d}x=1$$

由此解得

$$C=\frac{1}{l^2}\sqrt{\frac{30}{l}}$$

则在 $0\sim l/3$ 区间内发现该粒子的概率 W 为

$$W=\int_0^{l/3}|\psi|^2\mathrm{d}x=\int_0^{l/3}\frac{30x^2(l-x)^2}{l^5}\mathrm{d}x=\frac{17}{81}$$

例 12.18 一维运动的粒子处在由波函数

$$\Phi_n(x)=\begin{cases}A\sin\dfrac{n\pi}{2a}(x+a) & (|x|<a)\\ 0 & (|x|\geqslant a)\end{cases}$$

描述的状态，求：（1）归一化因子 A；（2）在 $x=a$ 处，波函数及其一阶导数是否连续？

解 （1）根据归一化条件

$$\int_{-a}^{+a}|\Phi_n(x)|^2\mathrm{d}x=1$$

$$A^2\int_{-a}^{+a}\sin^2\frac{n\pi}{2a}(x+a)\mathrm{d}x=1$$

求解得出

$$A=\frac{1}{\sqrt{a}}$$

归一化以后的波函数

$$\Phi_n(x)=\sqrt{\frac{1}{a}}\sin\frac{n\pi}{2a}(x+a)$$

（2）因为 $|x|<a$，$\frac{\mathrm{d}\Phi_n}{\mathrm{d}x}=\frac{n\pi}{2a}\sqrt{\frac{1}{a}}\cos\frac{n\pi}{2a}(x+a)$，所以，经验证知，波函数在 $x=a$ 处是连续的，但波函数的一阶导数在 $x=a$ 处是不连续的。

思考题

12.2.1　波函数的物理意义是什么？它必须满足哪些条件？

12.2.2　波函数在空间各点的振幅同时增大 D 倍，则粒子在空间分布的概率会发生什么变化？

12.2.3　波函数归一化是什么意思？

12.2.4　波函数 ψ 与 $\psi e^{i\varphi}$ 是否描写同一状态？

12.3　薛定谔方程

我们知道，确定微观粒子运动状态的是波函数 $\Psi(x,y,z,t)$，因此需要建立一个能反映 $\Psi(x,y,z,t)$ 随时间变化规律的方程，这个方程就是薛定谔方程。它是由薛定谔于 1926 年建立的。这个方程不能从任何先前的物理定律或假设中推导出来，就像牛顿运动方程或麦克斯韦的电磁学方程一样，它是一种新的规律，其正确性只能通过将其预测与实验结果进行比较来确定。对于非相对论性运动，薛定谔方程给出的结果正确地解释了原子和亚原子水平上的观测结果。下面我们利用自由粒子的波函数进行推演和扩展来建立薛定谔方程。

12.3.1　薛定谔方程的建立

首先考虑自由粒子的情况。能量为 E、动量为 $\boldsymbol{p}$ 的自由粒子的波函数是

$$\Psi(x,y,z,t)=\psi_0 e^{-\frac{i}{\hbar}[Et-(xp_x+yp_y+zp_z)]}$$

将上式两边对时间 t 求一次偏导

$$\frac{\partial\Psi}{\partial t}=-\frac{i}{\hbar}E\Psi \tag{12.47}$$

将波函数对 x 求二次偏导数，得

$$\frac{\partial^2\Psi}{\partial x^2}=-\frac{p_x^2}{\hbar^2}\Psi$$

同理

$$\frac{\partial^2\Psi}{\partial y^2}=-\frac{p_y^2}{\hbar^2}\Psi,\quad \frac{\partial^2\Psi}{\partial z^2}=-\frac{p_z^2}{\hbar^2}\Psi$$

将上面三式相加，并考虑 $p^2=p_x^2+p_y^2+p_z^2$，得

$$\left(\frac{\partial^2}{\partial x^2}+\frac{\partial^2}{\partial y^2}+\frac{\partial^2}{\partial z^2}\right)\Psi=-\frac{p^2}{\hbar^2}\Psi$$

引入拉普拉斯算符 $\nabla^2=\frac{\partial^2}{\partial x^2}+\frac{\partial^2}{\partial y^2}+\frac{\partial^2}{\partial z^2}$，则

$$\nabla^2\Psi=-\frac{p^2}{\hbar^2}\Psi \tag{12.48}$$

对于自由粒子，其能量 E 和动量 p 满足关系式

$$E=\frac{p^2}{2m}$$

式中，m 为该粒子的质量，所以式（12.48）又可写为

$$-\frac{\hbar^2}{2m}\nabla^2\Psi=E\Psi$$

把上式与式（12.47）相比较，得

$$-\frac{\hbar^2}{2m}\nabla^2\Psi=\mathrm{i}\hbar\frac{\partial\Psi}{\partial t} \tag{12.49}$$

这就是微观自由粒子波函数所满足的微分方程，称为自由粒子的薛定谔方程。

对于在势能函数为 $U(x,y,z,t)$ 的力场中运动的粒子，相应的能量公式为

$$E=\frac{1}{2m}(p_x^2+p_y^2+p_z^2)+U(x,y,z,t)$$

粒子的波函数 $\Psi(x,y,z,t)$ 所应满足的微分方程，由式（12.49）推广，即得

$$-\frac{\hbar^2}{2m}\nabla^2\Psi+U\Psi=\mathrm{i}\hbar\frac{\partial\Psi}{\partial t} \tag{12.50}$$

这个方程就是我们要建立的微观粒子的运动方程，称为薛定谔方程。

薛定谔方程具有以下特点：

1）薛定谔方程与牛顿方程不同，它是关于时间的一次微分方程，只需一个初始条件 $\Psi(\boldsymbol{r},t_0)$ 便足以确定其解 $\Psi(\boldsymbol{r},t)$。这一点与我们假定粒子在某一时刻的状态，由它当时的波函数完全描写相一致。

2）由于薛定谔方程中包含一个“i”因子，因此满足此方程的波函数一般是复函数。由于波函数本身并无直接物理含义，因此波函数具有复函数形式并不影响由此得出的各种物理信息的实际意义。

3）在薛定谔方程的建立中，应用了 $E=\frac{p^2}{2m}+U$，所以是非相对论的结果；另外，方程显然不适合 $m=0$ 的粒子。

4）薛定谔方程是一个线性微分方程，因此，如果 $\Psi_1,\Psi_2,\cdots,\Psi_n$ 分别是方程的解，那么它们的线性组合

$$\Psi=\sum_n C_n\Psi_n \quad (C_1,C_2,\cdots,C_n\text{ 是复数})$$

也是方程的解。它的物理意义是：如果 $\Psi_1,\Psi_2,\cdots,\Psi_n$ 所描写的都是体系可能实现的状态，那么它们的线性叠加 Ψ 所描写的也是体系的一个可能实现的状态，这就是态叠加原理。

需要说明的是，态的叠加并不是概率叠加。以电子双缝干涉为例，当只打开第一个缝时，电子波为 Ψ_1，概率为 $|\Psi_1|^2$。当只打开第二个缝时，电子波为 Ψ_2，概率为 $|\Psi_2|^2$。当两个缝同时打开时，概率 $|\Psi|^2 \neq |\Psi_1|^2+|\Psi_2|^2$。

事实上，$|\Psi|^2=|C_1\Psi_1+C_2\Psi_2|^2=|C_1\Psi_1|^2+|C_2\Psi_2|^2+C_1^*C_2\Psi_1^*\Psi_2+C_1C_2^*\Psi_1\Psi_2^*$，这里的第三和第四项是相干项，在叠加区会形成稳定的强度分布。所以态叠加原理能够解释电子干涉图样的形成。

另外，量子态叠加原理对于理解量子信息技术中的并行计算和量子测量等概念很重要。

12.3.2　定态薛定谔方程

若势场的势能只是坐标的函数，即 U 与时间无关，我们可以把波函数 $\Psi(x,y,z,t)$ 分离成坐标的函数 $\psi(x,y,z)$ 与时间的函数 $f(t)$ 的乘积，即

$$\Psi(x,y,z,t)=\psi(x,y,z)f(t) \tag{12.51}$$

将它代入薛定谔方程中，得出

$$\mathrm{i}\hbar\psi(x,y,z)\frac{\partial f(t)}{\partial t}=\left[-\frac{\hbar^2}{2m}\nabla^2\psi(x,y,z)\right]f(t)+U(x,y,z)\psi(x,y,z)f(t)$$

两边除以 $\psi(x,y,z)f(t)$ 得

$$\mathrm{i}\hbar\frac{1}{f(t)}\frac{\partial f(t)}{\partial t}=-\frac{\hbar^2}{2m}\frac{\nabla^2\psi(x,y,z)}{\psi(x,y,z)}+U(x,y,z)$$

上式左边只是时间的函数，而右边只是坐标的函数，若使等式成立，只能是等式两端恒等于某一个常数。令此常数为 E，则有

$$\mathrm{i}\hbar\frac{1}{f(t)}\frac{\partial f(t)}{\partial t}=E \tag{12.52}$$

$$\left[-\frac{\hbar^2}{2m}\nabla^2+U(x,y,z)\right]\psi(x,y,z)=E\psi(x,y,z) \tag{12.53}$$

式（12.52）的解为

$$f(t)=\mathrm{e}^{-\frac{\mathrm{i}}{\hbar}Et}$$

则有

$$\Psi(x,y,z,t)=\psi(x,y,z)\mathrm{e}^{-\frac{\mathrm{i}}{\hbar}Et} \tag{12.54}$$

波函数 $\Psi(x,y,z,t)$ 中的空间部分 $\psi(x,y,z)$ 满足式（12.53），此式称为定态薛定谔方程，函数 $\psi(x,y,z)$ 叫作定态波函数。由这种形式波函数所描写的状态，称为定态。

在定态情况下，概率密度

$$w(x,y,z)=|\Psi(x,y,z,t)|^2=|\psi(x,y,z)|^2 \tag{12.55}$$

式（12.55）表明，定态中概率分布不随时间改变。

12.3.3　算符化规则与本征值方程

1. 算符化规则

量子力学中的方程式，一般可以利用算符化规则从经典力学中相应的表达式得到。

所谓算符是作用在一个函数上得出另一个函数的运算符号。通俗地说，算符就是一种运

算符号。例如，$\sqrt{2}$中的“$\sqrt{\ }$”就是一个算符，它指令我们要对2进行开二次方的运算；同理 $\mathrm{d}u(x)/\mathrm{d}x$ 中的 $\mathrm{d}/\mathrm{d}x$ 也是一个算符，它指令我们将 $u(x)$ 对 x 进行微商运算。

基本的算符化规则为

1）经典力学中的能量 E，在量子力学中用能量算符 $\hat{E}$ 表示，即

$$\hat{E}=\mathrm{i}\hbar\frac{\partial}{\partial t} \tag{12.56}$$

2）经典力学中的动量 $\boldsymbol{p}$，在量子力学中用动量算符 $\hat{\boldsymbol{p}}$ 表示，即

$$\hat{\boldsymbol{p}}=-\mathrm{i}\hbar\nabla \tag{12.57}$$

其中，$\nabla=\boldsymbol{i}\frac{\partial}{\partial x}+\boldsymbol{j}\frac{\partial}{\partial y}+\boldsymbol{k}\frac{\partial}{\partial z}$。

做了以上规定后，薛定谔方程就可以从经典力学的方程导出。经典力学中的能量

$$E=\frac{p^2}{2m}+U$$

称为哈密顿函数。对应在量子力学中，哈密顿算符表示为

$$\hat{H}=-\frac{\hbar^2}{2m}\nabla^2+U \tag{12.58}$$

利用算符化规则，利用式（12.53）和式（12.57），直接得到薛定谔方程

$$\mathrm{i}\hbar\frac{\partial\Psi}{\partial t}=-\frac{\hbar^2}{2m}\nabla^2\Psi+U\Psi$$

上式可简写为

$$\mathrm{i}\hbar\frac{\partial\Psi}{\partial t}=\hat{H}\Psi \tag{12.59}$$

同理，当粒子处于定态时，能量保持不变，只是将哈密顿函数写出相应的算符，就得到定态薛定谔方程

$$\hat{H}\psi=E\psi \tag{12.60}$$

2. 力学量平均值

在经典力学中，处于一定状态下的体系的每一个力学量 A，作为时间的函数，在某一时刻都具有一个确定的值。然而，在量子力学中，处于量子态 Ψ 下的体系，在每一时刻并不是所有力学量都具有确定的值，一般只具有确定的概率和平均值（期望值）。在波函数 $\Psi(\boldsymbol{r},t)$ 所描写的量子态中，力学量 A 的平均值为

$$\overline{A}=\int\Psi^*\hat{A}\Psi\mathrm{d}\tau \tag{12.61}$$

式中，$\hat{A}$ 表示力学量 A 的算符；$\mathrm{d}\tau$ 表示线元、面元或体元。

3. 本征值方程

如果一个算符 $\hat{F}$ 作用在一个函数 u 上，所得到结果等于一个常量 λ 和这个函数 u 的乘积，即

$$\hat{F}u=\lambda u \tag{12.62}$$

称 λ 为算符 $\hat{F}$ 的本征值，函数 u 为算符 $\hat{F}$ 的本征函数，式（12.62）为算符 $\hat{F}$ 的本征值方程。本征值可以是实数，也可以是复数，但是与力学量对应的算符本征值必须是实数。很显

然，定态薛定谔方程就是能量本征值方程。

当粒子处于力学量算符 $\hat{F}$ 的本征态 $\psi_n(x)$［即用 $\hat{F}$ 的本征函数 $\psi_n(x)$ 描述粒子的状态］中时，测得力学量 F 所得结果为算符 $\hat{F}$ 的本征值 λ_n，即

$$\hat{F}\psi_n(x)=\lambda_n\psi_n(x) \tag{12.63}$$

也就是说，在力学量算符的本征态中测量这个力学量，能得到确定值。

当粒子并没有处于算符 $\hat{F}$ 本证态，而是处于其本征函数的叠加态中，即

$$\Psi=\sum_n C_n\psi_n e^{-\frac{i}{\hbar}E_nt}$$

在这种情况下，每次测量所得 F 的数值必定总是 $\hat{F}$ 的本征值之一，不可能是本征值以外的数值，测得该力学量为某个本征值的概率正比于被测函数展开式中相应系数模的平方。

思考题

12.3.1　薛定谔方程是通过严格的推理过程导出的吗？

12.3.2　薛定谔方程怎样保证波函数服从叠加原理？

12.3.3　从什么意义上说薛定谔方程在量子力学中的地位与牛顿方程在经典力学中的地位相当？

12.3.4　经典力学中的因果关系和量子力学中的因果关系分别体现在何处？它们有何异同？

12.3.5　以微观粒子的双缝干涉实验为例，说明态叠加原理。什么情况下可出现概率叠加？

12.3.6　什么是定态？它有什么特征？

12.4　薛定谔方程的应用

12.4.1　一维无限深势阱

在许多情况下，如金属中的电子、原子中的电子、原子核中的质子和中子等粒子的运动都有一个共同的特点，即粒子的运动都被限制在一个很小的空间范围以内，或者说粒子处于束缚态。为了分析束缚态粒子的共同特点，提出了一个比较简单的理想化模型。假设微观粒子被关在一个具有理想反射壁的方匣里，在匣内不受其他外力的作用，粒子将不能穿过匣壁而只在匣内自由运动。为便于理解，我们仅讨论一维运动的情况。

设质量为 m 的粒子，只能在 $0<x<a$ 的区域内自由运动。粒子的势能可写为

$$U(x)=\begin{cases}\infty & (x\leqslant 0, x\geqslant a)\\ 0 & (0<x<a)\end{cases} \tag{12.64}$$

这种势能曲线形状如图 12.12 所示，像一个无限深的阱，故称为无限深势阱，a 为势阱宽度。

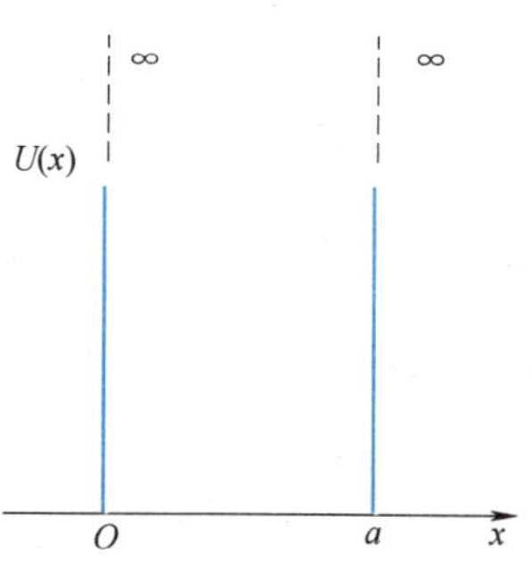

图 12.12　无限深势阱

由于势能不随时间变化，因此粒子的波函数满足定态薛定谔方程。根据势阱特点，粒子跑不到阱外，所以波函数在阱外应为零，即

$$\psi(x)=0 \quad (x\leqslant 0, x\geqslant a)$$

而在阱内，波函数 $\psi(x)$ 满足的定态薛定谔方程可写成

$$\frac{\mathrm{d}^2\psi}{\mathrm{d}x^2}+\frac{2mE}{\hbar^2}\psi=0 \quad (0<x<a)$$

令 $K^2=\dfrac{2mE}{\hbar^2}$，上式变为

$$\frac{\mathrm{d}^2\psi}{\mathrm{d}x^2}+K^2\psi=0$$

这是一个二阶常系数微分方程，它的通解是

$$\psi(x)=A\sin Kx+B\cos Kx \tag{12.65}$$

由于波函数 $\psi(x)$ 在势阱的边界上必须连续，所以

$$\psi(0)=0,\ \psi(a)=0$$

代入式（12.65）得

$$B=0,\ A\sin Ka=0$$

由此得

$$K=\frac{n\pi}{a} \quad (n=1,2,3,\cdots) \tag{12.66}$$

即能量的本征值

$$E_n=\frac{\pi^2\hbar^2n^2}{2ma^2} \quad (n=1,2,3,\cdots) \tag{12.67}$$

相应的状态波函数为

$$\psi(x)=A\sin\frac{n\pi x}{a} \tag{12.68}$$

根据归一化条件，有

$$\int_{\infty}|\psi(x)|^2\mathrm{d}x=\int_0^a A^2\sin^2\frac{n\pi x}{a}\mathrm{d}x=1$$

可得常数 $A=\sqrt{2/a}$。这样就得到在一维无限深势阱内运动粒子的波函数

$$\psi_n(x)=\sqrt{\frac{2}{a}}\sin\frac{n\pi x}{a} \quad (n=1,2,3,\cdots) \tag{12.69}$$

下面对一维无限深势阱中粒子的运动做一些讨论：

1）在势阱端点，波函数连续，但波函数的一阶导数不连续。

2）属于不同本征值的本征函数正交。即

$$\int_0^a\psi_m(x)\psi_n(x)\mathrm{d}x=0$$

3）驻波形态。在一维无限深势阱中，运动粒子定态波函数的完整形式为

$$\Psi_n(x,t)=\psi_n(x)\mathrm{e}^{-\frac{\mathrm{i}}{\hbar}E_nt}=\sqrt{\frac{2}{a}}\sin\frac{n\pi x}{a}\mathrm{e}^{-\frac{\mathrm{i}}{\hbar}E_nt}$$

应用公式 $\sin\theta=\dfrac{\mathrm{e}^{\mathrm{i}\theta}-\mathrm{e}^{-\mathrm{i}\theta}}{2\mathrm{i}}$，上式中的正弦函数写成指数函数，有

$$\Psi_n(x,t)=C_1\mathrm{e}^{-\frac{\mathrm{i}}{\hbar}\left(E_nt-\frac{n\pi\hbar}{a}x\right)}+C_2\mathrm{e}^{-\frac{\mathrm{i}}{\hbar}\left(E_nt+\frac{n\pi\hbar}{a}x\right)}$$

式中，C_1、C_2 为常数。由此可见，$\Psi_n(x,t)$ 是由两个沿相反方向传播的平面波叠加而成的

驻波。

在势阱的边界 $x=0$ 和 $x=a$ 处，$\psi_n(x)=0$，为波节。除此之外，第 n 个能级对应的 $\psi_n(x)$ 的节点个数为 $(n-1)$，如图 12.13a 所示。这说明，n 越小，节点越少，波长越长，从而动量越小，能量就越低。

4）概率密度分布

$$w=\frac{2}{a}\sin^2\frac{n\pi x}{a}$$

图 12.13b 给出了概率密度分布。由图可见，当粒子处于基态（$n=1$）时，概率密度最大。当粒子处于激发态（$n=2,3,4,\cdots$）时，概率密度分布有起伏，而且 n 越大，起伏的次数越多。上述现象与经典模型的常数概率分布完全不同。但是，随着 n 增大，起伏越来越多，平均起来看，概率密度分布就越接近经典模型的平均分布。这一点也说明了玻尔的对应原理，即经典物理是量子力学在大量子数情况下的近似。

5）能量量子化。由式（12.67）知，势阱中微观粒子的能量是量子化的，这是一切处于束缚态的微观粒子的共同特性。这种能量量子化，是在解定态薛定谔方程中，由波函数所满足的标准条件自然得到的，这与玻尔理论有根本不同之处。

根据式（12.67），粒子能量分布如图 12.13c 所示。$n=1$ 时，粒子具有的能量最低，称为零点能，其值为 $E_1=\frac{\pi^2\hbar^2}{2ma^2}>0$，这一点与经典粒子不同，它的物理机制在于不确定性原理。

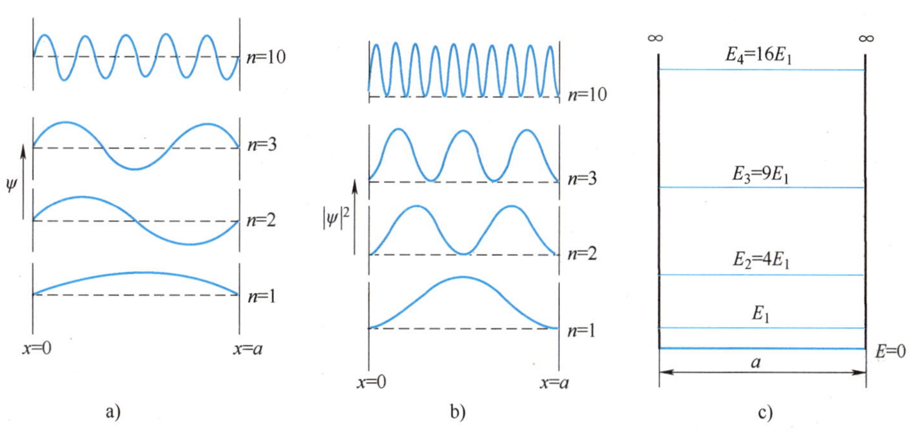

图 12.13　无限深势阱中的粒子

例 12.19　利用无限深势阱的驻波条件确定粒子的量子化能量。

解　设势阱的宽度为 a，由驻波条件

$$a=n\frac{\lambda}{2}\quad(n=1,2,3,\cdots)$$

所以粒子的德布罗意波的波长为

$$\lambda=\frac{2a}{n}\quad(n=1,2,3,\cdots)$$

由 $p=\frac{h}{\lambda}$ 和非相对论动能公式 $E_k=\frac{p^2}{2m}$ 得

$$E=E_k=\frac{n^2h^2}{8ma^2}$$

例 12.20 设粒子在一维无限深势阱中（$0<x<a$）运动，能量量子数为 n。试求：(1) 距势阱左侧内壁 1/4 宽度以内发现粒子的概率；(2) 当 $n\to\infty$ 时该概率的极限，并说明这一结果的物理意义。

解 (1) 在无限深势阱中运动粒子的波函数为

$$\psi(x)=\sqrt{\frac{2}{a}}\sin\frac{n\pi x}{a}\quad(n=1,2,3,\cdots)$$

在 $0<x<a/4$ 内找到粒子的概率为

$$W=\int_0^{\frac{a}{4}}|\psi|^2\mathrm{d}x=\int_0^{\frac{a}{4}}\frac{2}{a}\sin^2\frac{n\pi x}{a}\mathrm{d}x=\frac{1}{4}-\frac{1}{2n\pi}\sin\frac{n\pi}{2}$$

(2) 当 $n\to\infty$ 时，$W=\lim\limits_{n\to\infty}\left(\frac{1}{4}-\frac{1}{2n\pi}\sin\frac{n\pi}{4}\right)=\frac{1}{4}$，这说明当 $n\to\infty$ 时，粒子的位置概率分布同宏观粒子的概率分布完全相同，是一种均匀分布。

例 12.21 计算一维无限深势阱中粒子坐标的平均值 $\langle x\rangle$ 和动量的平均值 $\langle p\rangle$。

解

$$\langle x\rangle=\int_0^a x|\psi_n|^2\mathrm{d}x=\frac{2}{a}\int_0^a x\sin^2\left(\frac{n\pi x}{a}\right)\mathrm{d}x=\frac{a}{2}$$

即粒子坐标的平均值为势阱中心。

$$\langle p\rangle=\int_0^a\psi^*\hat{p}_x\psi\mathrm{d}x=-\mathrm{i}\hbar\frac{2}{a}\int_0^a\sin\left(\frac{n\pi x}{a}\right)\frac{\mathrm{d}}{\mathrm{d}x}\left[\sin\left(\frac{n\pi x}{a}\right)\right]\mathrm{d}x=0$$

例 12.22 设粒子处在 $[0,a]$ 范围内的一维无限深势阱中，波函数为

$$\psi(x)=\frac{4}{\sqrt{a}}\sin\frac{\pi x}{a}\cos^2\frac{\pi x}{a}$$

试求粒子能量的可能测量值和概率及平均值。

解 利用三角函数的性质，直接把 $\psi(x)$ 展开，可得

$$\begin{aligned}\psi(x)&=\frac{2}{\sqrt{a}}\sin\frac{\pi x}{a}\left(1+\cos\frac{2\pi x}{a}\right)\\&=\frac{1}{\sqrt{2}}\sqrt{\frac{2}{a}}\sin\frac{\pi x}{a}+\frac{1}{\sqrt{2}}\sqrt{\frac{2}{a}}\sin\frac{3\pi x}{a}\\&=\frac{\sqrt{2}}{2}\psi_1+\frac{\sqrt{2}}{2}\psi_3\end{aligned}$$

因此，能量的可能值和概率及能量的平均值分别为

$$E_1=\frac{\hbar^2\pi^2}{2ma^2},\quad\text{概率为}\frac{1}{2}$$

$$E_3=\frac{9\hbar^2\pi^2}{2ma^2},\quad\text{概率为}\frac{1}{2}$$

$$\overline{E}=\frac{1}{2}(E_1+E_3)=\frac{5\hbar^2\pi^2}{2ma^2}$$

12.4.2 势垒 隧道效应

设粒子在如图 12.14 所示的力场中沿 x 方向运动，其势能为

$$U(x)=\begin{cases}U_0 & (0\leqslant x\leqslant a)\\ 0 & (x<0,x>a)\end{cases} \tag{12.70}$$

这个理想的、高度为 U_0、宽度为 a 的势能曲线叫作势垒。

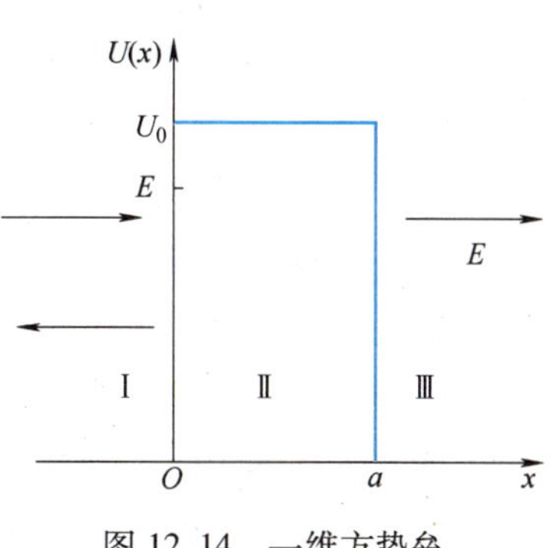

图 12.14　一维方势垒

具有一定能量 $E(E<U_0)$ 的粒子，由势垒左方（$x<0$）向右方运动。按经典力学观点，只有能量大于 U_0 的粒子才能越过势垒运动到 $x>a$ 的区域，能量 E 小于 U_0 的粒子运动到势垒左方边缘（$x=0$）时被反射回去，不能穿透势垒。在量子力学中，情况会怎样呢？为了说明这个问题，须求解定态薛定谔方程，进行相关分析。

设粒子在图 12.14 所示的Ⅰ、Ⅱ、Ⅲ三个区域的波函数分别用 ψ_1、ψ_2、ψ_3 表示，它们满足的方程分别是

$$\begin{cases}\dfrac{\mathrm{d}^2\psi_1}{\mathrm{d}x^2}+\dfrac{2mE}{\hbar^2}\psi_1=0 & (x<0)\\ \dfrac{\mathrm{d}^2\psi_2}{\mathrm{d}x^2}-\dfrac{2m(U_0-E)}{\hbar^2}\psi_2=0 & (0\leqslant x\leqslant a)\\ \dfrac{\mathrm{d}^2\psi_3}{\mathrm{d}x^2}+\dfrac{2mE}{\hbar^2}\psi_3=0 & (x>a)\end{cases} \tag{12.71}$$

令 $K_1^2=\dfrac{2mE}{\hbar^2}$，$K_2^2=\dfrac{2m(U_0-E)}{\hbar^2}$，上面的方程化为

$$\frac{\mathrm{d}^2\psi_{1,3}}{\mathrm{d}x^2}+K_1^2\psi_{1,3}=0 \quad (x<0,x>a)$$

$$\frac{\mathrm{d}^2\psi_2}{\mathrm{d}x^2}-K_2^2\psi_2=0 \quad (0\leqslant x\leqslant a)$$

解出三个区域内的波函数是

$$\begin{aligned}\psi_1&=A\mathrm{e}^{\mathrm{i}K_1x}+A'\mathrm{e}^{-\mathrm{i}K_1x} & (x<0)\\ \psi_2&=B\mathrm{e}^{\mathrm{i}K_2x}+B'\mathrm{e}^{-\mathrm{i}K_2x} & (0\leqslant x\leqslant a)\\ \psi_3&=C\mathrm{e}^{\mathrm{i}K_1x}+C'\mathrm{e}^{-\mathrm{i}K_1x} & (x>a)\end{aligned} \tag{12.72}$$

显然，式（12.72）右端的第一项表示向右传播的平面波，第二项表示向左传播的平面波。因此，ψ_1 中的 A 表示入射平面波的振幅（因为已设粒子从左方入射），A'表示反射波的振幅，ψ_3 中的 C 表示透射波振幅。但是向左传播的平面波 $C'\mathrm{e}^{-\mathrm{i}K_1x}$像无源之流，找不到它的来源。因为右方没有入射粒子，而且 $x=a$ 的右边是无界空间，不可能有什么东西使之形成反射波。因此从物理上考虑，必须有 $C'=0$，于是

$$\psi_3=C\mathrm{e}^{\mathrm{i}K_1x}$$

运用波函数的条件，可以求出待定常数 A、A'、B、B'和 C，这里就不具体演算了。一维方势垒中运动的粒子波函数如图 12.15 所示。波函数 ψ_2 和 ψ_3 不为零，说明粒子在Ⅱ区和Ⅲ区出现的概率不为零。也就是说，当运动的粒子遇到高度 U_0 大于粒子总能量的势垒时，既有被势垒反射的可能，也有穿透势垒的可能，这种贯穿势垒的效应称为隧道效应。

为了定量描述隧道效应，定义势垒的透射系数为

$$T=\frac{|C|^2}{|A|^2}$$

可求得

$$T=T_0 e^{-\frac{2}{\hbar}\sqrt{2m(U_0-E)}\,a} \tag{12.73}$$

式中，T_0 是常数，数量级接近于 1。透射系数与势垒宽度 a、粒子质量 m 和 (U_0-E) 的值有关。a、m 和 (U_0-E) 越小，则透射系数就越大。如果 a 或 m 为宏观大小时，则粒子实际上将不能穿透势垒。所以隧道效应（或称势垒贯穿）只是微观世界的一种量子效应，是微观粒子波动性的表现。

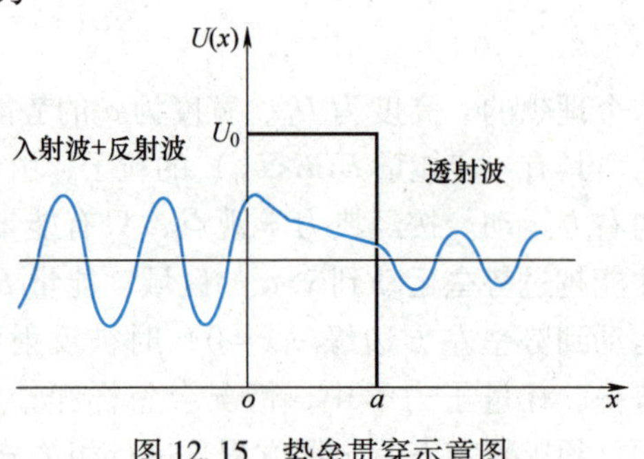

图 12.15 势垒贯穿示意图

势垒贯穿是理解许多自然现象的基础。例如，原子核中的核子之间有很强的核力吸引，而带正电的质子之间又有颇强的库仑排斥力，因而在核表面形成一势垒，在核内的核子集团（如 α 粒子）的能量小于势垒的高度。放射性元素的 α 放射性，就是核内的 α 粒子靠隧道效应而发射的。另外如金属电子的冷发射（场致发射）和半导体中的电子迁移现象也都是隧道效应的结果。利用隧道效应，人们已制造出造福于人类的隧道二极管和扫描隧穿电子显微镜等。

扫描隧道电子显微镜（STM）是在 20 世纪 80 年代发展起来的，如图 12.16 所示，它的主要工作原理是利用量子隧穿原理成像，其核心部件是一根尖锐的金属探针，其尖端可能只有一个（或几个）原子那么细。我们知道，由于电子的隧道效应，物体中的电子并不完全局限于表面边界之内，电子密度并不在表面边界处突变为零。这样，以探针为一电极，以被测物体表面为另一电极，在它们之间加一电压，当它们之间的距离小到 nm 数量级时，电子可以因量子遂穿效应从一个电极穿过空间势垒到达另一电极，形成电流。电流的大小取决于探针与表面之间的距离和表面的电子状态。当探针在被测物体表面上以恒定的高度扫描时，由于遂穿电流与间距成指数关系，即使物体表面有原子尺度的起伏，遂穿电流也会有超过 10 倍的变化。这样，通过电子技术测出电流的变化即可知道表面的结构。这种工作模式称为恒高模式。当样品表面起伏较大时，恒高模式扫描有可能使针尖在样品上碰坏，此时可将探针安装在压电陶瓷上，控制压电陶瓷上的电压，使针尖在扫描时随样品表面的起伏上下移动，以保持电流不变。这时压电陶瓷上的电压变化即反映了表面起伏，这种模式称为恒流模式。目前 STM 多数采用这种模式。

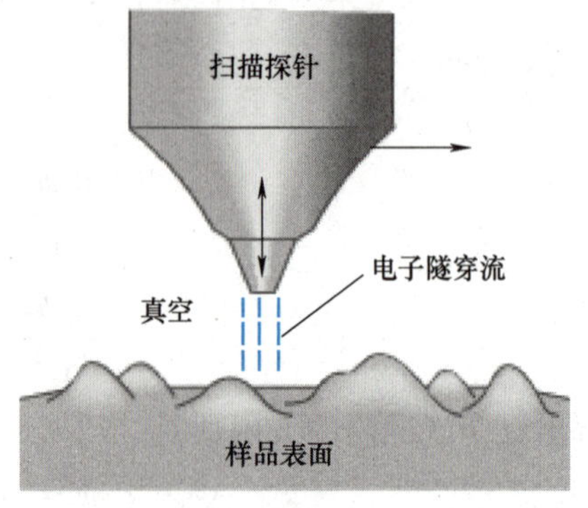

图 12.16 STM 工作原理

12.4.3 氢原子

氢原子问题是原子和分子结构中最重要的一个问题。一方面，因为氢原子是最简单的原子，了解氢原子是讨论复杂的原子结构的基础；另一方面，氢原子问题与量子理论的发展密切相关。

由于氢原子的薛定谔方程的数学求解比较复杂，本节只重点介绍求解的步骤和相关的主要结果。

1. 氢原子中电子的薛定谔方程

氢原子是由一个带负电（$-e$）的电子和一个带正电（$+e$）的原子核构成的。由于原子核的质量大约是电子质量的 1836 倍，近似认为原子核是静止不动，电子绕原子核运动。取原子核的位置为坐标原点，采用球坐标系，电子的坐标为（r,θ,φ）。电子与原子核相互作用的势能为

$$U=-\frac{e^2}{4\pi\varepsilon_0 r} \tag{12.74}$$

式中，r 为电子和原子核之间的距离。

由于势能不随时间变化，这是一个定态问题。电子的定态薛定谔方程为

$$\nabla^2\psi+\frac{2m}{\hbar^2}\left(E+\frac{e^2}{4\pi\varepsilon_0 r}\right)\psi=0 \tag{12.75}$$

在球坐标系中，拉普拉斯算符 ∇^2 为

$$\nabla^2=\frac{1}{r^2}\frac{\partial}{\partial r}\left(r^2\frac{\partial}{\partial r}\right)+\frac{1}{r^2\sin\theta}\frac{\partial}{\partial\theta}\left(\sin\theta\frac{\partial}{\partial\theta}\right)+\frac{1}{r^2\sin^2\theta}\frac{\partial^2}{\partial\varphi^2}$$

于是式（12.75）变为

$$\frac{1}{r^2}\frac{\partial}{\partial r}\left(r^2\frac{\partial\psi}{\partial r}\right)+\frac{1}{r^2\sin\theta}\frac{\partial}{\partial\theta}\left(\sin\theta\frac{\partial\psi}{\partial\theta}\right)+\frac{1}{r^2\sin^2\theta}\frac{\partial^2\psi}{\partial\varphi^2}+\frac{2m}{\hbar^2}\left(E+\frac{e^2}{4\pi\varepsilon_0 r}\right)\psi=0 \tag{12.76}$$

电子的波函数 ψ 为 r、θ、φ 的函数，设 $\psi(r,\theta,\varphi)=R(r)\Theta(\theta)\Phi(\varphi)$，通过分离变量可得到下面三个方程：

$$\frac{1}{r^2}\frac{\mathrm{d}}{\mathrm{d}r}\left(r^2\frac{\mathrm{d}R}{\mathrm{d}r}\right)+\left[\frac{2m}{\hbar^2}\left(E+\frac{e^2}{4\pi\varepsilon_0 r}\right)-\frac{l(l+1)}{r^2}\right]R(r)=0 \tag{12.77}$$

$$\frac{1}{\sin\theta}\frac{\mathrm{d}}{\mathrm{d}\theta}\left(\sin\theta\frac{\mathrm{d}\Theta}{\mathrm{d}\theta}\right)+\left[l(l+1)-\frac{m_l^2}{\sin^2\theta}\right]\Theta=0 \tag{12.78}$$

$$\frac{\mathrm{d}^2\Phi}{\mathrm{d}\varphi^2}+m_l^2\Phi=0 \tag{12.79}$$

式中，m_l 和 l 都是常量。解这三个常微分方程，并利用波函数的单值、有限、连续及归一化条件，即可得到一系列量子化的结果和波函数 $\psi(r,\theta,\varphi)$。

2. 氢原子的量子力学结果

由式（12.77）、式（12.78）和式（12.79）联立求解，得到以下结果。

（1）主量子数 n 和能量量子化 氢原子的能量为

$$E_n=-\frac{me^4}{(4\pi\varepsilon_0)^2 2\hbar^2 n^2}\quad (n=1,2,3,\cdots) \tag{12.80}$$

当主量子数 $n=1$ 时，$E_1=-\dfrac{me^4}{(4\pi\varepsilon_0)^2 2\hbar^2}=-13.6\text{eV}$。

结果同玻尔理论的能级表达式完全相同。但是，玻尔理论的量子化条件是人为加上的，没有给出任何合理的解释，而这里是解方程自然得到的。

（2）角量子数 l 和角动量量子化 角量子数决定电子轨道角动量的值 L，即

$$L=\sqrt{l(l+1)}\,\hbar \quad (l=0,1,2,\cdots,n-1) \tag{12.81}$$

因此角动量的数值 L 只能取 $0,\sqrt{2}\,\hbar,\sqrt{6}\,\hbar,\cdots$分立的值。可见角动量的量值是量子化的，其值决定于角量子数 l。

(3) 磁量子数 m_l 和空间量子化 量子数 m_l 决定了轨道角动量 $\boldsymbol{L}$ 在外磁场方向上投影的大小：

$$L_z=m_l\hbar \quad (m_l=0,\pm1,\pm2,\cdots,\pm l) \tag{12.82}$$

角量子数 l 确定后，磁量子数 m_l 可以有（$2l+1$）个不同的值，即角动量 $\boldsymbol{L}$ 在空间可以有（$2l+1$）个可能的取向，这种现象称为角动量空间取向量子化，或简称为空间量子化。如图 12.17 所示，当 $l=2$ 时，l_z 有 0、$\pm\hbar$、$\pm2\hbar$ 五个可能的值，$\boldsymbol{L}$ 有五个可能的取向。空间量子化的意义在于：由同一个 n 和 l 表征的微观态又有（$2l+1$）个可能的不同运动取向，也即有（$2l+1$）个不同的量子态。

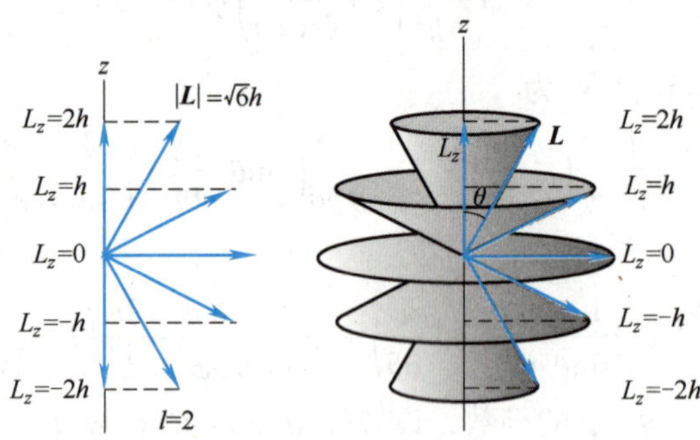

图 12.17 角动量的空间取向量子化

一般而言，作为特殊方向的 z 轴可以任意选定。但由于空间本身是各向同性的，要在空间确定一个特殊方向，必须借助于某种物理方法。例如当存在外磁场时，常常选择外磁场方向作为特殊方向。早在 1921 年，在物理学上就观察到了原子在磁场中的空间量子化的实验事实。m_l 之所以称为磁量子数与此有关。

(4) 量子数与波函数 综上所述，氢原子的状态可以用一组量子数（n，l，m_l）来确定，这可以从两个方面理解：一方面，n、l 和 m_l 决定了原子的能量、角动量和角动量的空间取向；另一方面，电子的波函数以 n、l 和 m_l 为参数，一组（n,l,m_l）的值就决定了一个具体的波函数，因此，波函数 $\psi(r,\theta,\varphi)$ 可记为 $\psi_{nlm_l}(r,\theta,\varphi)$，其中 $R(r)$ 与 n 和 l 有关，可记为 $R_{nl}(r)$；$\Theta(\theta)$ 与 l 和 m_l 有关，可记为 $\Theta_{lm_l}(\theta)$；$\Phi(\varphi)$ 只与 m_l 有关，可记为 $\Phi_{m_l}(\varphi)$。表 12.1 给出几个波函数。

表 12.1 几个波函数

n	l	m_l	$R(r)$	$\Theta(\theta)$	$\Phi(\varphi)$
1	0	0	$\dfrac{2}{a_0^{3/2}}\mathrm{e}^{-r/a_0}$	$\dfrac{1}{\sqrt{2}}$	$\dfrac{1}{\sqrt{2\pi}}$
2	0	0	$\dfrac{1}{(2a_0)^{3/2}}\left(2-\dfrac{r}{a_0}\right)\mathrm{e}^{-r/2a_0}$	$\dfrac{1}{\sqrt{2}}$	$\dfrac{1}{\sqrt{2\pi}}$

（续）

n	l	m_l	$R(r)$	$\Theta(\theta)$	$\Phi(\varphi)$
2	1	0	$\frac{1}{\sqrt{3}(2a_0)^{3/2}}\frac{r}{a_0}e^{-r/2a_0}$	$\sqrt{\frac{3}{2}}\cos\theta$	$\frac{1}{\sqrt{2\pi}}$
2	1	±1	$\frac{1}{\sqrt{3}(2a_0)^{3/2}}\frac{r}{a_0}e^{-r/2a_0}$	$\mp\frac{\sqrt{3}}{2}\sin\theta$	$\frac{1}{\sqrt{2\pi}}e^{\pm i\phi}$

注：表中各式中的 a_0 为玻尔半径，$a_0=0.53\text{Å}$。

（5）概率　当氢原子中的电子处于用 $\psi_{nlm_l}(r,\theta,\varphi)$ 描述的状态时，电子在 (r,θ,φ) 点周围的体积元 $\mathrm{d}V=r^2\sin\theta\mathrm{d}r\mathrm{d}\theta\mathrm{d}\varphi$ 中被发现的概率为

$$w_{nlm_l}(r,\theta,\varphi)\mathrm{d}V=|R_{nl}(r)|^2|\Theta_{lm_l}(\theta)|^2|\Phi_{m_l}(\varphi)|^2r^2\sin\theta\mathrm{d}r\mathrm{d}\theta\mathrm{d}\varphi \tag{12.83}$$

1）**径向分布概率密度**。设径向分布概率密度为 $w_{nl}(r)$，则有

$$\begin{aligned}w_{nl}(r)\mathrm{d}r&=\int_0^{2\pi}\int_0^{\pi}|R_{nl}(r)|^2|\Theta_{lm_l}(\theta)|^2|\Phi_{m_l}(\varphi)|^2r^2\sin\theta\mathrm{d}r\mathrm{d}\theta\mathrm{d}\varphi\\&=|R_{nl}(r)|^2r^2\mathrm{d}r\end{aligned}$$

所以

$$w_{nl}(r)=|R_{nl}(r)|^2r^2 \tag{12.84}$$

2）**角分布概率密度**。设角分布概率密度为 $w_{lm_l}(\theta,\varphi)$，则有

$$\begin{aligned}w_{lm_l}(\theta,\varphi)\mathrm{d}\Omega&=\int_0^{\infty}|R_{nl}(r)|^2|\Theta_{lm_l}(\theta)|^2|\Phi_{m_l}(\varphi)|^2r^2\mathrm{d}r\mathrm{d}\Omega\\&=|\Theta_{lm_l}(\theta)|^2|\Phi_{m_l}(\varphi)|^2\mathrm{d}\Omega\end{aligned}$$

所以

$$w_{lm_l}(\theta,\varphi)=|\Theta_{lm_l}(\theta)|^2|\Phi_{m_l}(\varphi)|^2 \tag{12.85}$$

电子的波动性使原子中电子轨道的概念失去了意义，而只能说在原子核周围空间发现电子的概率是多少。通常，把概率密度的分布称为电子云。为了了解电子云在空间的分布，图 12.18、图 12.19 给出几种简单的概率密度分布图。

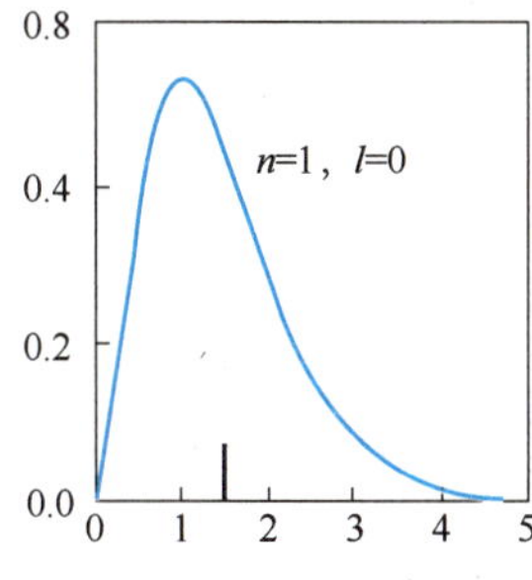

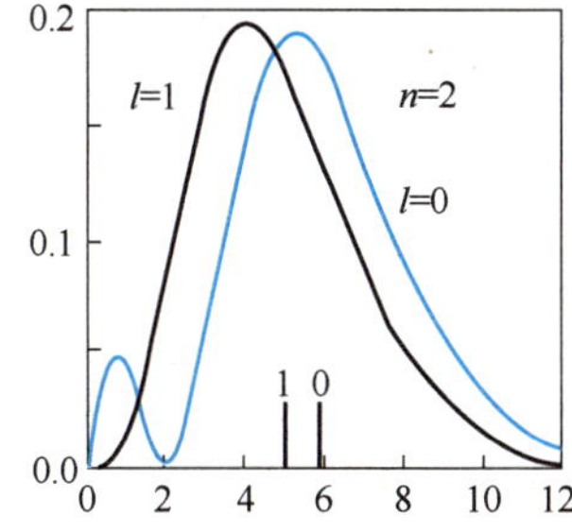

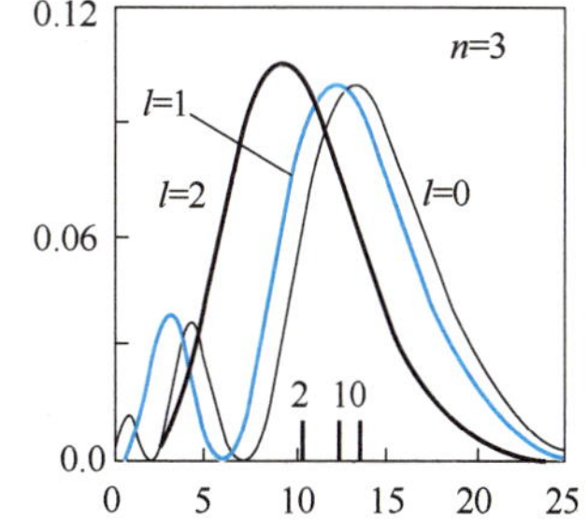

图 12.18　几种径向分布概率密度

图 12.18 中横坐标的单位是玻尔半径。横轴上短竖线标记的是 r 的平均值位置，长竖线上端标记的是角量子数 l 的值。

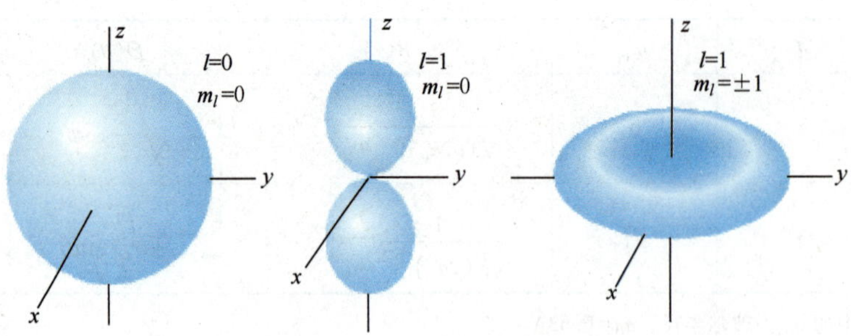

图 12.19 几种角分布概率密度

例 12.23 氢原子处于 $n=2$、$l=1$ 的激发态时，原子的轨道角动量在空间有哪些可能的取向？并计算各种可能取向的角动量与 z 轴的夹角。

解 $l=1$ 时，m_l 只能取三个值，即 $m_l=0$、±1，因此原子的角动量在空间有三种可能取向。由于

$$L=\sqrt{l(l+1)}\,\hbar=\sqrt{2}\,\hbar$$

$$L_z=m_l\hbar=0,\pm\hbar$$

$$\theta=\arccos\frac{L_z}{L}$$

所以，对应 $m_l=0$、$+1$、-1，角动量与 z 轴的夹角分别为$\frac{\pi}{2}$、$\frac{\pi}{4}$、$\frac{3\pi}{4}$。

思考题

12.4.1 与宏观的经典粒子相比较，处于一维无限深方势阱中的微观粒子，其运动有何特征？如何根据物质波的概念解释这些特征？

12.4.2 什么叫隧道效应？经典粒子有隧道效应吗？简述隧道效应的实验证据和技术应用。

12.4.3 氢原子的状态能量为什么是负值？

12.4.4 若不考虑电子自旋，氢原子的能级由什么量子数决定？

12.5 电子的自旋

12.5.1 斯特恩-盖拉赫实验

证明电子具有自旋的重要实验之一是斯特恩-盖拉赫实验。为了说明斯特恩-盖拉赫实验，我们先介绍电子轨道运动的磁矩。

在玻尔原子模型中，电子绕核做圆周运动，形成圆电流，因而具有磁矩。设电子做圆周运动的轨道半径为 r，速度为 v，则电子运动形成的电流为 $ve/(2\pi r)$。电流的磁矩为

$$\mu_L=\frac{v}{2\pi r}e\pi r^2=\frac{e}{2m}(mvr)=\frac{e}{2m}L$$

式中，m 表示电子质量；e 表示电子电量。由于电子带负电，它的磁矩与角动量 $\boldsymbol{L}$ 的方向相

反，所以写成矢量式为

$$\boldsymbol{\mu}_L=-\frac{e}{2m}\boldsymbol{L} \tag{12.86}$$

沿用历史上的名词，$\boldsymbol{\mu}_L$ 称为电子轨道磁矩，$\boldsymbol{L}$ 称为电子轨道角动量。

由于原子内电子具有磁矩，原子的磁矩是原子中各电子磁矩的矢量和（不考虑原子核的磁矩）。在磁场中，磁矩与磁场相互作用势能为

$$U=-\boldsymbol{\mu}\cdot\boldsymbol{B} \tag{12.87}$$

具有磁矩的原子在磁场中所受到的磁力为

$$\boldsymbol{F}=-\nabla U \tag{12.88}$$

设磁场沿 z 轴方向，磁感应强度的大小 B 沿 z 方向的变化率为$\frac{\mathrm{d}B}{\mathrm{d}z}$，则原子所受磁力的大小为

$$F_z=\mu_z\frac{\mathrm{d}B}{\mathrm{d}z} \tag{12.89}$$

式中，μ_z 是原子磁矩在磁场方向上的投影。由式（12.89）可知，磁矩 $\boldsymbol{\mu}$ 在磁场中所处的方向不同，所受力的大小也不同。如果原子的角动量矩（即原子内各电子角动量的矢量和）在空间的取向是量子化的，那么原子磁矩在空间取向也是量子化的。这样，具有不同 μ_z 值的原子在非均匀磁场中将受到不同的力，在这个力的作用下将有不同程度的偏转，这就是斯特恩-盖拉赫实验所依据的基本原理。

斯特恩-盖拉赫实验装置如图 12.20 所示。其中包括原子射线源、准直仪、磁铁和观察屏。全部仪器安置在高度真空容器中。当年斯特恩和盖拉赫实验时用的是银原子。将处于基态（$l=0$）的银原子射线源加热，使其发射的原子束通过准直仪后，形成很细的一束原子射线。在没有外磁场时，观察屏（照相底板）上将沉积一条正对狭缝的痕迹。当加磁场后，观察屏上出现两条上下对称的痕迹。

由于观察屏上出现两条痕迹，说明银原子通过不均匀磁场时受到上下两个方向的偏转力。由 $F_z=\mu_z\mathrm{d}B/\mathrm{d}z$ 知，μ_z 有两个值。这就证实了原子磁矩在磁场中取向是量子化的，从而也证实了原子角动量的空间取向量子化。但是，当时对银原子束经磁场后分裂为两条无法理解，因为银原子最外层只有一个电子，决定原子角动量和磁矩的也就这一个电子，处于基态时，电子的角动量为零，相应的磁矩亦为零，所以原子束不应有一分为二的结果。

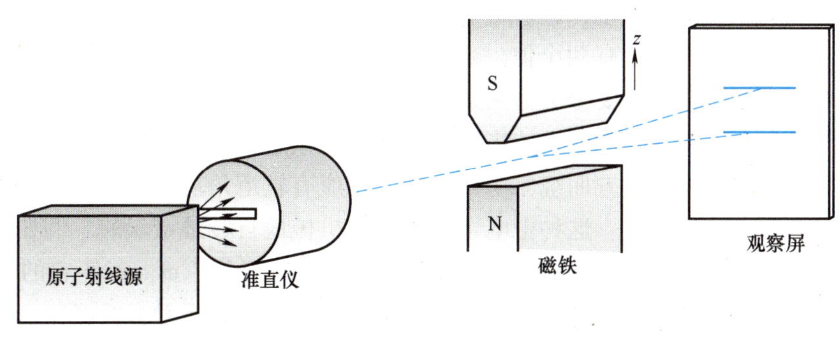

图 12.20　斯特恩-盖拉赫实验装置

12.5.2 电子的自旋

为了解释斯特恩-盖拉赫实验中银原子束一分为二的结果及其他一些现象（如光谱线的精细结构），1925 年，两个年龄不到 25 岁的荷兰大学生乌仑贝克（Uhlenbeck，George Eugene，1900—1988）和哥德斯密特（Goudsmit，Samuel Abraham，1902—1978）提出电子自旋的假设。他们认为不能把电子看成一个点电荷，电子除绕核运动外，还存在一种自旋运动，相应的有自旋角动量和自旋磁矩。

与轨道角动量量子化一样，自旋角动量也是量子化的，即

$$S=\sqrt{s(s+1)}\,\hbar \tag{12.90}$$

式中，s 是自旋量子数，它只能取一个值，$s=\dfrac{1}{2}$，因而电子的自旋角动量为

$$S=\frac{\sqrt{3}}{2}\hbar$$

电子自旋角动量 $\boldsymbol{S}$ 在外场方向的投影也是量子化的，即

$$S_z=m_s\hbar \tag{12.91}$$

式中，m_s 为电子自旋磁量子数，它只能取两个值，即

$$m_s=\pm\frac{1}{2}$$

因而有

$$S_z=\pm\frac{1}{2}\hbar$$

自旋角动量的空间量子化如图 12.21 所示。

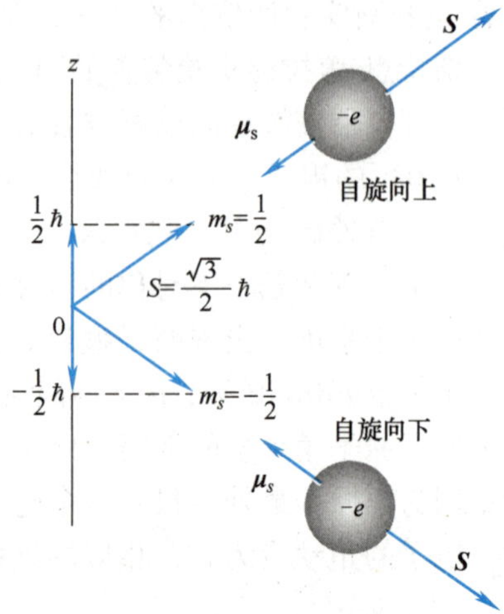

图 12.21 自旋角动量的空间量子化

每个电子具有的自旋磁矩 $\boldsymbol{\mu}_s$ 与自旋角动量矩的关系是

$$\boldsymbol{\mu}_s=-\frac{e}{m}\boldsymbol{S} \tag{12.92}$$

因而，自旋磁矩在外场方向的投影只能取两个数值，即

$$\mu_{sz}=-\frac{e}{m}S_z=\pm\frac{e\hbar}{2m}$$

对于在非均匀磁场中银原子，尽管电子轨道磁矩为零，但自旋磁矩在外场方向上有两个值。所以，当原子射线通过非均匀磁场时自然就要分裂为两束射线。

应该指出，乌仑贝克和哥德斯密特当时提出的自旋概念具有机械的性质，他们认为与地球绕太阳的运动相似。电子一方面绕原子核转动，相应有轨道角动量；另一方面又绕自身中心轴转动，相应有自转角动量。这种把电子自旋看成机械地自转是错误的。例如，把电子看成一个质量均匀分布的小球，半径（电子经典半径）$r=2.8\times10^{-15}$ m，若使它的自转角动量达到 $\hbar$ 的数量级，则小球边缘的速度将远大于光速，这与相对论抵触。

至此，我们引入了描述原子中电子运动状态的四个量子数：n、l、m_l 和 m_s，前面三个量子数是由解薛定谔方程引入的，自旋磁量子数是由单独假设引入的。薛定谔方程不能预言

电子的自旋，原因在于薛定谔方程没有考虑相对论效应。1928 年，狄拉克在非相对论量子力学的基础上，建立了描写高速运动粒子的相对论波动方程，电子的自旋性质能很自然地从这个方程中得到，因此，电子自旋是一种相对论性的量子效应。

思考题

12.5.1　为什么在斯特恩-格拉赫实验中要利用周期表第一族元素并且处于基态的原子束？

12.5.2　斯特恩-盖拉赫实验中，如果银原子的角动量不是量子化的，会得到什么样的银迹？又为什么两条银迹不能用轨道角动量量子化来解释？

12.5.3　把电子想象成一个绕着自己的轴旋转的带电小球，对吗？

12.6　原子中电子的分布

除氢原子外，其余原子都有两个或两个以上的电子，这些电子在原子核外如何分布，即原子中电子的排布构型是物理和化学中感兴趣的问题。

12.6.1　泡利不相容原理

按照量子力学给出的结论，原子中的电子可以处于各种可能的状态，电子的运动状态由主量子数 n、角量子数 l、磁量子数 m_l 和自旋磁量子数 m_s 四个量子数完备地描述。原子中电子的能量主要取决于电子的主量子数 n，其次是角量子数 l。至于磁量子数 m_l 和自旋磁量子数 m_s 对电子能量的影响甚微，只是在考虑电子自身的或者各电子间的轨道和自旋相互作用以及考虑外磁场影响时方显得重要。因此，从电子的能量方面讲，一般只用 n 和 l 的值就足以表示电子的状态了。

按照历史上光谱研究的习惯，常以符号代表 l 的取值，即

l 值	0	1	2	3	4	5	6
符号	s	p	d	f	g	h	i

比如，2s 表示某个 $n=2$、$l=0$ 的电子或者说表示该电子的状态。完整表明原子中全部电子的状态，称为该原子的电子组态或电子结构。如 $1s^2 2s^2 2p^4$ 就表示氧原子的电子组态。

为了形象地描述原子的电子结构，描述原子中电子在各能级上的分布层次，引入壳层分布模型：主量子数 n 相同的电子组成一壳层，对应于 $n=1,2,3,4,5,\cdots$ 的电子壳层，分别称为 K 壳层、L 壳层、M 壳层、N 壳层、O 壳层等。在每一电子壳层中，具有相同角量子数 l 的电子组成支壳层或分壳层，对应于 $l=0,1,2,3,\cdots$ 的电子支壳层，用状态记号 s,p,d,f,…表示。

1925 年，泡利（Wolfgang Pauli，1900—1958）提出了一个著名的原理：在一个原子中不可能有两个或两个以上的电子具有完全相同的状态，或者说，原子中的由一组量子数 n、l、m_l、m_s 所确定的一个状态中，只能容纳一个电子。

泡利不相容原理是微观粒子运动的基本规律之一。在泡利原理提出 15 年后，即 1940 年，泡利又证明了不仅是电子遵循泡利不相容原理，凡是自旋为 1/2 的奇数倍的微观粒子，如电子、中子、质子等组成的系统，都遵循泡利不相容原理。泡利不相容原理不是附加的新

原理，而是相对论性量子力学的必然结果。但是对泡利不相容原理反映的这种严格的排斥性的物理本质，至今还是物理学界正在探索的问题。

泡利不相容原理限制了具有某一确定的量子数的电子数目，由该原理可以得出下面几点结论：

1）每一支壳层最多可容纳的电子数为

$$N_l=2(2l+1) \tag{12.93}$$

2）所有壳层最多可容纳的电子数为

$$N=\sum_{l=0}^{n-1}2(2l+1)=2n^2 \tag{12.94}$$

12.6.2 能量最小原理

原子处于基态时，原子中电子的分布，将尽可能地使原子体系的能量为最低，称为能量最小原理。

根据能量最小原理，电子将在不违背泡利不相容原理的原则下首先占有最低的能级。能级的高低基本上取决于主量子数 n，n 越小，能级越低。因此，电子一般按 n 由小到大的次序填入各能级。但由于原子的能量也与其他量子数有关，所以电子又不完全是按照 K、L、M、N 等主壳层次序填充。量子力学的计算和实验观察都指出，原子中能级从高到低的次序可表示为

1s,2s,2p,3s,3p,4s,3d,4p,5s,4d,5p,6s,4f,5d,6p,7s,5f,6d,⋯

关于能级的高低次序，我国科学工作者总结出这样的规律：对原子中的外层电子，能级高低以 $n+0.7l$ 确定，其值越大，能级越高。如 4s 和 3d 这两个状态，前者 $n+0.7l$ 的值为 4，后者的值为 4.4，所以 3d 能级高于 4s 能级。

例 12.24 一氢原子处在 2p 态，求该态的轨道角动量 L、轨道角动量的分量 L_z、自旋角动量 S、自旋角动量的分量 S_z 的可能值。

解 依题意 $n=2$，$l=1$，所以

$$L=\sqrt{l(l+1)}\,\hbar=\sqrt{2}\,\hbar,\quad L_z=m_l\hbar=0,\ \pm\hbar$$

$$S=\sqrt{s(s+1)}\,\hbar=\frac{\sqrt{3}}{2}\hbar,\quad S_z=m_s\hbar=\pm\frac{1}{2}\hbar$$

思考题

12.6.1 根据量子力学理论，氢原子中电子的运动状态可用 n、l、m_l、m_s 四个量子数来描述。试说明它们各自确定什么物理量？

12.6.2 原子的 2p 支壳层最多可填多少电子？

12.6.3 2s 电子比 2p 电子更有可能靠近原子核，也更有可能远离原子核。这怎么可能呢？

本章知识网络图

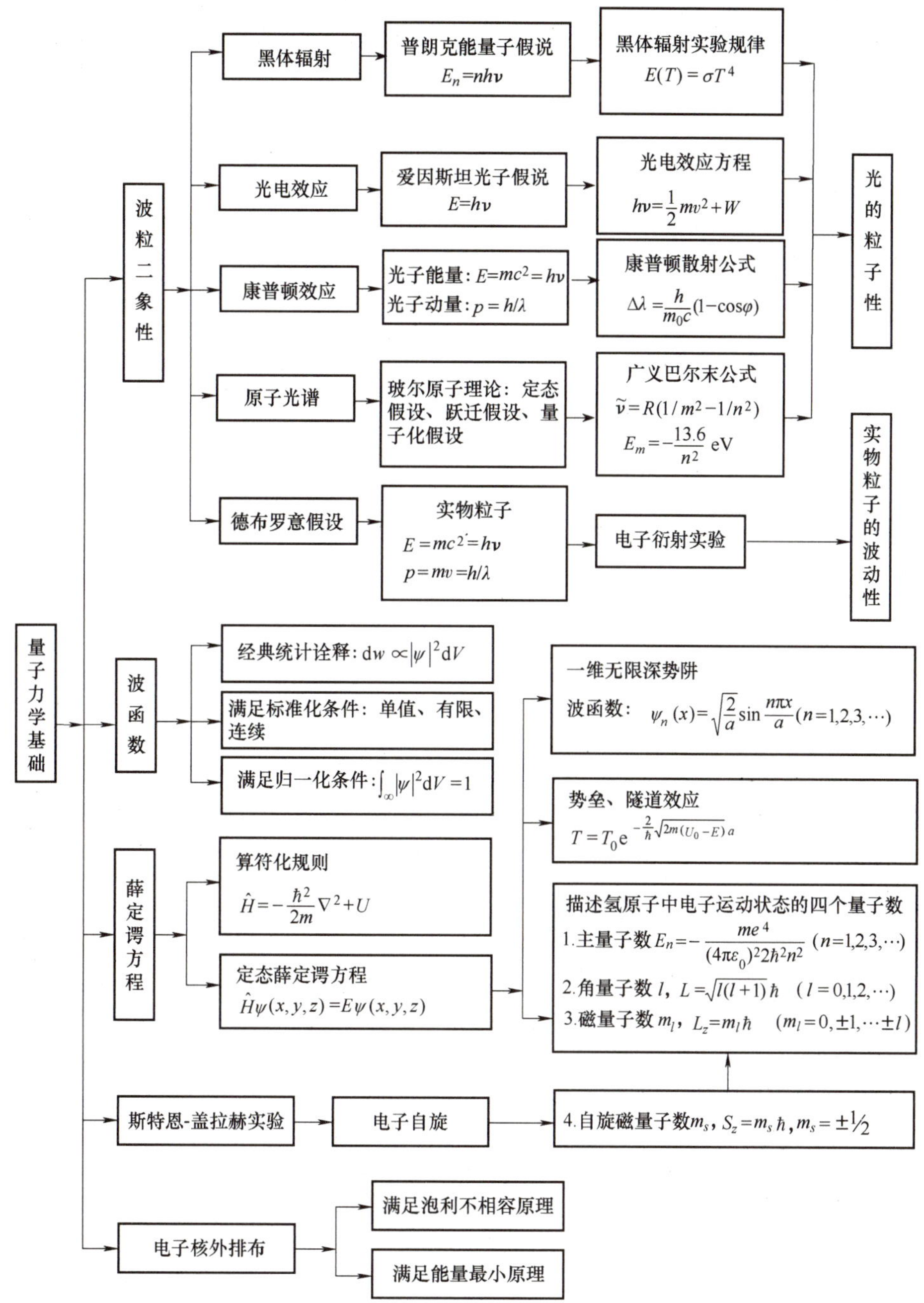

习　题

12.1　在加热黑体过程中，其最大光谱辐出度由 0.8μm 变到 0.4μm，则其总辐出度增加了多少？

12.2　波长为 3000Å 的单色光垂直入射到 $4cm^2$ 的表面上，设光强是 $15\times10^{-2}W\cdot m^{-2}$，求出敲击表面的光子数目。

12.3　证明静止的自由电子是不能吸收光子的。

12.4　从铝中移出一个电子需要 4.2eV 的能量，今有波长为 200nm 的光投射到铝表面。试问：（1）由此发射出来的光电子的最大动能是多少？（2）遏止电势差为多大？（3）铝的截止（红限）波长有多大？

12.5　在康普顿散射实验中，入射光的波长为$\dfrac{h}{2mc}$，其中 h 为普朗克常量，m 为电子的静止质量，c 为真空中光速。当散射角为 60°时，求：（1）散射光子的能量；（2）电子所获得的动能；（3）电子所获得的动量大小和方向。

12.6　在康普顿效应中，已知入射光子的能量为 0.300MeV 时，反冲电子获得最大动能。求散射光子的能量和反冲电子的动量。

12.7　一个静止电子与一能量为 4.0×10^3eV 的光子碰撞后，它能获得的最大动能是多少？

12.8　如果光子与电子的波长都是 0.2nm，那么它们的动量和总能量是否都相等？

12.9　在基态氢原子被外来单色光激发后发出的巴耳末系中，仅观察到两条光谱线。试求这两条谱线的波长及外来光的频率。

12.10　一群氢原子被外来单色光照射后发射的谱线之中，在巴耳末系中只能观察到 3 条谱线。试求：（1）外来光的波长；（2）外来单色光子的能量；（3）除了巴耳末系 3 条谱线外还有几条谱线。

12.11　如果一个电子处于原子某能态的时间为 10^{-8}s，这个原子的这个能态的能量的最小不确定量是多少？设电子从上述能态跃迁到基态，对应的能量为 3.39eV，试确定所辐射光子的波长及该波长的最小不确定量。

12.12　从某激发能级向基态跃迁而产生的谱线波长为 400nm，测得谱线宽度为 10^{-14}m，求该激发能级的平均寿命。

12.13　一维运动的粒子处于如下波函数所描述的状态：

$$\psi(x)=\begin{cases}Axe^{-\lambda x} & (x\geqslant0)\\ 0 & (x<0)\end{cases}$$

式中，$\lambda>0$。试求：（1）归一化常数 A；（2）概率密度；（3）在何处发现粒子的概率最大？

12.14　设 $t=0$ 时，微观粒子的波函数为

$$\psi(x)=\begin{cases}A\dfrac{x}{a} & (0\leqslant x\leqslant a)\\ A\dfrac{(b-x)}{(b-a)} & (a\leqslant x\leqslant b)\\ 0 & (\text{其他地方})\end{cases}$$

式中，A、a、b 是常数。试求：（1）归一化常数 A；（2）概率密度取最大值的位置；（3）在 a 的左边发现粒子的概率。

12.15　设方势垒的宽度和高度分别为 a 和 U_0，电子的质量和能量分别为 m 和 E，令 $U_0-E=1$eV。试分别求出以下两种情况下势垒的透射系数：（1）$a=1$nm；（2）$a=0.1$nm。

12.16　已知氢原子基态的径向波函数为 $R(r)=(4r_1^{-3})^{\frac{1}{2}}e^{-\frac{r}{r_1}}$，其中 r_1 为玻尔第一轨道半径。求电子处于玻尔第二轨道半径 $r_2(r_2=4r_1)$ 和第一轨道半径处的概率密度的比值。

12.17　原子内电子的量子态由 n、l、m_l、m_s 四个量子数表征。当 n、l、m_l 一定时，不同的量子态数目是多少？当 n、l 一定时，不同的量子态数目是多少？当 n 一定时，不同的量子态数目是多少？

12.18　试描绘：原子中 $l=4$ 时，电子角动量 $\boldsymbol{L}$ 在磁场中空间量子化的示意图，并写出 $\boldsymbol{L}$ 在磁场方向分量 L_z 的各种可能的值。

第 12 章习题答案

第 12 章习题详解

第 13 章　量子信息科学基础

遵从精确的决定性结果的数学规律的那种完美、传统的纯粹物质又在哪里呢？被约翰逊博士为演示物质的真实性而踢开的那块拦路石已消失在数学概率的一个弥漫分布中。

——M. 克莱因

量子力学，那门神秘而令人困惑的学科，没有人真正理解，但我们知道如何使用它。

——默里·盖尔曼

量子信息科学是 20 世纪 90 年代出现的以量子物理学为基础，融合经典信息论和计算机科学形成的一门新兴交叉学科。量子信息是利用量子态编码信息、根据量子力学原理进行信息存储、信息传输和信息处理。量子信息科学在安全信息传输和量子计算等领域具有广泛的影响，是一个充满活力且发展迅速的领域。阿兰·阿斯佩（Alain Aspect，1947—）、约翰·克劳泽（John F. Clauser，1942—）和安东·塞林格（Anton Zeilinger，1945—）三人是量子信息领域公认的开创者和先驱者。

由于量子态具有相干叠加、量子纠缠等经典物理态没有的新性质，量子信息具有经典信息不可能实现的新功能，如隐形传态、绝对安全的保密通信、超大规模的并行计算等。近年来量子信息理论、实验技术都获得重大进展。我国量子通信卫星已经上天，量子通信技术正迅速进入实用阶段；量子计算技术也不断取得进展。量子信息作为高新技术重要方面，正受到人们越来越多的关注。本章简要介绍量子信息科学的基本概念、基本原理和简单的应用，为进一步学习奠定基础。

13.1　数学基础

13.1.1　偏振光实验及解释

偏振光实验比较容易实现且具有可观性，对实验的解释又能体现量子力学的物理思想和方法。这个实验能够帮助人们认识量子力学的一些基本原理及所需要的数学基础，对于后面的量子比特及基于量子比特的信息处理是一个很好的入门。

1. 偏振光实验

1）将一束光照射在投影屏上，然后将偏振片 A 插入光源和屏幕之间，旋转偏振片，使其透光轴的方向是水平的，如图 13.1 所示，投影屏上的光强变小。

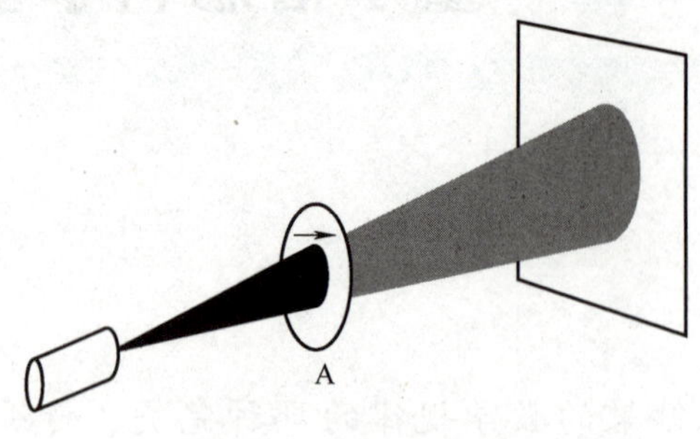

图 13.1　偏振光实验 1

2）接下来，将偏振片 C 置于偏振片 A 和投影屏之间，调整偏振片 C 的透光轴方向，使其与偏振片 A 的透光轴方向垂直，即竖直方向，如图 13.2 所示，结果没有光到达投影屏。

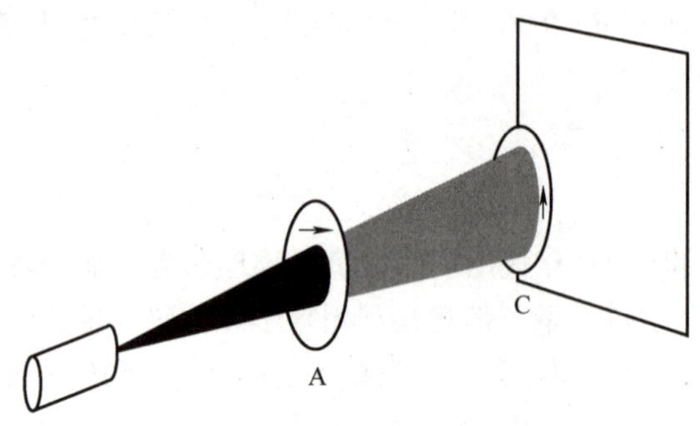

图 13.2　偏振光实验 2

3）最后，把偏振片 B 置于偏振片 A 和 C 之间。有人可能会认为，不会产生任何变化，但事实上，除了偏振片 B 的透光轴方向与偏振片 A 的透光轴方向垂直之外，都有光到达投影屏，当偏振片 B 与偏振片 C 的透光轴方向成 45°角时，到达投影屏上的光的强度将达到最大，如图 13.3 所示。

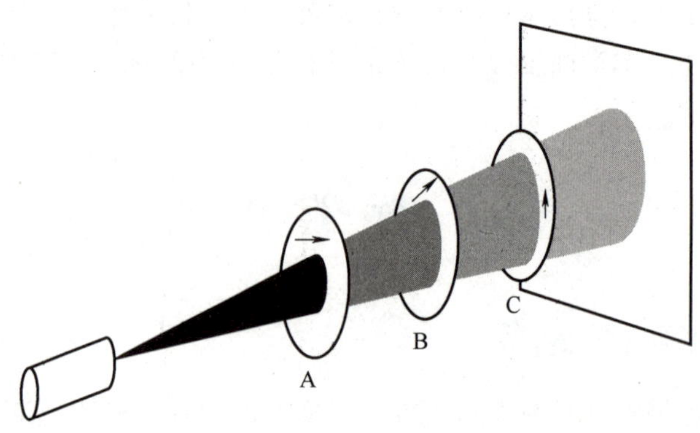

图 13.3　偏振光实验 3

2. 量子力学解释

对于偏振光实验，经典电磁学应用波动理论给出了解释。但是这里所描述的实验采用精致的设备，可以使得从光源发出的光非常微弱，以至于可以认为一次只有一个光子与偏振片相互作用。在这种情况下，经典的波动解释不再有效，只能用量子力学来解释。

量子力学用一个单位矢量来表示光子的偏振态。我们使用 $|\theta\rangle$ 符号表示光子偏振态，其中符号 $|\rangle$ 称为狄拉克符号，是在量子力学中表示量子态的标准符号，叫作右矢，θ 表示光子的偏振方向与水平方向所成的角度。这样水平方向和竖直方向的单位矢量分别为 $|0°\rangle$ 和 $|90°\rangle$，现将这两个矢量选作基矢量，则任意方向的偏振态矢量可以表示为

$$|v\rangle = c_1|0°\rangle + c_2|90°\rangle \tag{13.1}$$

式中，c_1 和 c_2 表示复数，且 $|c_1|^2+|c_2|^2=1$，如图 13.4 所示。

量子力学对光子和偏振片之间的相互作用建立如下模式：偏振片有一个偏振化方向。当具有偏振态 $|v\rangle = c_1|0°\rangle + c_2|90°\rangle$ 的光子遇到偏振化方向为 0°的偏振片时，光子通过的概率为 $|c_1|^2$，被吸收的概率为 $|c_2|^2$。也就是，光子通过偏振片的概率等于光子偏振态矢量在偏振片偏振化的方向振幅的绝对值平方，光子被吸收的概率等于光子偏振态矢量在与偏振片偏振化方向垂直方向上的振幅绝对值平方。进一步地，任何通过偏振片的光子，它的偏振方向都和偏振片的偏振化方向相同。所以，无法从透过的光子的偏振态来决定光子在偏振片之前的偏振态。这种相互作用的概率特性和状态的相应改变是量子态和测量之间相互作用的特征，与物理怎样实现无关。

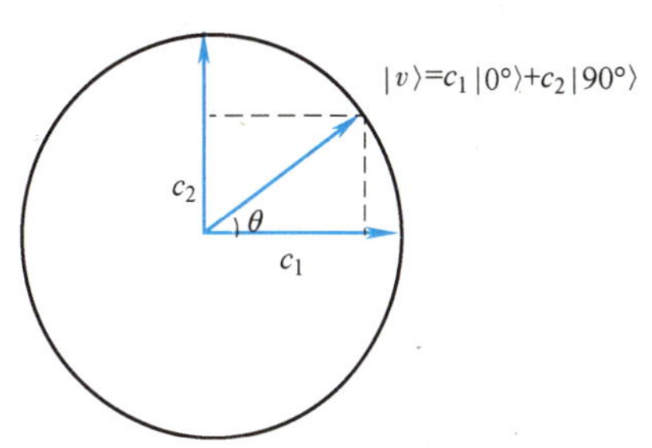

图 13.4 偏振态的矢量表示

下面基于量子观点对偏振光实验进行解释。在实验 1 中，通过偏振片 A 的任一光子的偏振方向一定与偏振片 A 的偏振化方向相同，由于入射光子的偏振方向是完全随机的，所以光子通过的概率是 1/2，因此投影屏上光的强度变小。在接下来的实验 2 中，由于偏振片 C 的偏振化方向与入射光子的偏振方向垂直，所以吸收的概率为 1，通过的概率为 0，因此没有光子到达投影屏。在实验 3 中，当把偏振片 B 插入光路，并使它的偏振化方向与水平方向成 45°角，此时从偏振片 A 来的光子是水平偏振的，其偏振态为

$$|v\rangle = |0°\rangle = \frac{1}{\sqrt{2}}|45°\rangle + \frac{1}{\sqrt{2}}|-45°\rangle \tag{13.2}$$

所以，通过偏振片 B 的概率和被吸收的概率各为 1/2。通过 B 的光子的偏振态为

$$|v\rangle = |45°\rangle = \frac{1}{\sqrt{2}}|0\rangle + \frac{1}{\sqrt{2}}|90°\rangle \tag{13.3}$$

这些光子通过偏振片 C 的概率为 1/2。所以，有一半光子通过偏振片 C，到达投影屏，这些光子的偏振态为 $|90°\rangle$。

用量子力学理论解释偏振光实验，实际是用态矢量描写光子的状态，后面我们会做比较详细的讨论。光子与偏振片之间的相互作用用概率来描述，概率的大小依赖光子偏振态在偏振片偏振化方向的振幅的平方。光子或者被吸收，或者被通过，而通过的光子具有与偏振片偏振化方向相同的偏振方向。

13.1.2 量子信息处理的数学基础

1. 状态空间

一个量子系统的状态由各种微观粒子的位置、动量、角动量、能量、偏振、自旋等来确定，并且随时间按照薛定谔方程演化，而它的状态空间是希尔伯特空间。量子力学中的一个量子态可以用希尔伯特空间中的一个矢量来描写，而力学量对应线性厄米算符。也就是说，量子态这个物理量用数学中希尔伯特空间中的矢量表示，而力学量用数学中的算符描述。

为了理解希尔伯特空间概念，下面将给出矢量空间的定义。

矢量空间是一组元素（矢量）$\{\boldsymbol{u},\boldsymbol{v},\boldsymbol{w},\cdots\}$ 的集合 L，并且满足：

1）L 对加法运算是封闭的。

2）数域 F 的任意一个数与 L 中任意矢量相乘结果仍为 L 中的矢量，即矢量的数乘也是封闭的。

3）对于 $\boldsymbol{u}$、$\boldsymbol{v}\in L$，a、$b\in F$，满足

$$a(\boldsymbol{u}+\boldsymbol{v})=a\boldsymbol{u}+a\boldsymbol{v}\in L \tag{13.4}$$

$$(a+b)\boldsymbol{u}=a\boldsymbol{u}+b\boldsymbol{u}\in L \tag{13.5}$$

$$a(b\boldsymbol{u})=(ab)\boldsymbol{u} \tag{13.6}$$

则称 L 为数域 F 上的矢量空间，当 F 为复数域时，相应的矢量空间叫作复矢量空间。

定义内积：对于每一对矢量 $\boldsymbol{u}$、$\boldsymbol{v}\in L$，都有数域 F 中的一个数与之对应，记为 $(\boldsymbol{u},\boldsymbol{v})$，称为 $\boldsymbol{u}$ 和 $\boldsymbol{v}$ 的内积。内积具有如下性质：

$$(\boldsymbol{u},\boldsymbol{v})\geqslant 0 \tag{13.7}$$

$$(\boldsymbol{u},\boldsymbol{v})=(\boldsymbol{v},\boldsymbol{u})^* \tag{13.8}$$

$$(\boldsymbol{w},a\boldsymbol{u}+b\boldsymbol{v})=a(\boldsymbol{w},\boldsymbol{u})+b(\boldsymbol{w},\boldsymbol{v}) \tag{13.9}$$

式中，符号“$*$”表示复共轭。$(\boldsymbol{u},\boldsymbol{u})=|\boldsymbol{u}|^2$ 的非负平方根为矢量 $\boldsymbol{u}$ 的模。

定义了内积的复矢量空间叫作内积空间，一个完备的内积空间称为希尔伯特空间。

2. 狄拉克符号

根据态叠加原理，一个量子系统所有可能的态的集合就构成一个多维线性空间，而一个量子态就是这个线性空间里的一个矢量。所以，量子系统由希尔伯特空间的矢量表示，表示量子态的矢量称为状态矢量。在内积定义中，同一个矢量作为右因子和作为左因子，其地位是不同的。狄拉克发现，如果在记法上一直保持一个矢量的右因子或左因子的身份，会有很多方面之处。于是，他把作为右因子的矢量记为$|\psi)$，把作为左因子的矢量记为$(\psi|$。狄拉克符号由“括号（bracket）”拆开得到，左边代表左矢量（bra），右边代表右矢量（ket）。后来又发展成为$|\psi\rangle$和$\langle\psi|$，从形象上看更像矢量。在狄拉克符号中，微观体系的状态用希尔伯特空间中的一个右矢量（ket）来表示，在右矢内标上某些记号，可表示某些特殊的态。对于本征态，常把本征值或相应的量子数标在右矢内。左矢（bra）表示共轭空间中抽象态矢。量子态的狄拉克符号表示有一些优点：首先，它是通用的，无论是对单个粒子，还是多个粒子，都可用这种符号表示其量子力学状态；其次，它是抽象的，它抽象地对应于量子态，而与具体怎样定量描述这个量子态无关。而波函数是一个具体的函数，它只是对量子态的一种具体描述方式。事实上，一个量子态可以有多种相互等价的具体描述方式。

作为线性空间里的矢量，人们可以完全按照线性代数里的方法取一个合适的矢量基，然

后在这个矢量基中将态矢量$|\psi\rangle$展开成分量形式，并把它的所有分量排列成一个列矢量。所以，可以将态矢量想象成一个普通的列矢量，也就是说，在数学上，态矢量$|\psi\rangle$可以表示成列矩阵。线性代数里，除了列矢量，还有行矢量。由于希尔伯特空间是一个复线性空间，所以，将行矢量规定为列矢量的共轭转置，即

$$\langle\psi| = |\psi\rangle^{\mathrm{H}} \tag{13.10}$$

这里 H 表示共轭转置，也叫厄米共轭。因此，在量子力学里，一个量子态用列矢量表示，比如$|\psi\rangle$，它的厄米共轭为$\langle\psi|$。

3. 基

若矢量空间 C^n 中任意矢量都能写成$|v_1\rangle, |v_2\rangle, \cdots, |v_n\rangle$的线性组合，则称这组矢量为矢量空间 C^n 的一组基。一般情况下，基具有正交性、归一性和完备性。比如，在欧氏三维空间中，设基向量$\boldsymbol{i}=[1\quad 0\quad 0]^{\mathrm{T}}$，$\boldsymbol{j}=[0\quad 1\quad 0]^{\mathrm{T}}$，$\boldsymbol{k}=[0\quad 0\quad 1]^{\mathrm{T}}$，这里 T 表示转置。可以验证：

$$\boldsymbol{i}\cdot\boldsymbol{j}=\boldsymbol{i}\cdot\boldsymbol{k}=\boldsymbol{j}\cdot\boldsymbol{k}=0 \qquad \text{正交性}$$

$$\boldsymbol{i}\cdot\boldsymbol{i}=\boldsymbol{j}\cdot\boldsymbol{j}=\boldsymbol{k}\cdot\boldsymbol{k}=1 \qquad \text{归一性}$$

$$\boldsymbol{r}=x\boldsymbol{i}+y\boldsymbol{j}+z\boldsymbol{k} \qquad \text{完备性}$$

4. 线性算符与矩阵

希尔伯特空间是一个线性空间。在线性空间上最自然的算符就是线性算符。所谓线性算符（比如 A），就是对某个量子态的操作，这个操作把一个量子态$|\psi\rangle$变换成另一个量子态$|\varphi\rangle$，记作$A|\psi\rangle=|\varphi\rangle$，而且这个操作保持态矢量之间的线性叠加关系。可见，线性算符通常就是线性代数里的线性变换。可以将算符想象成某个“设备”，经过这个“设备”作用后，系统的量子态从$|\psi\rangle$变成了$|\varphi\rangle$。显然，正如线性代数里线性变换和矩阵是一一对应的一样，在量子力学里，线性算符通常用矩阵表示，线性算符和矩阵是等价的。下面给出三个重要的算符。

（1）厄米算符　若 $A^{\mathrm{H}}=A$，则算符 A 称为厄米算符。

厄米算符的性质：①厄米算符的本征值一定是实数；②厄米算符的不同本征值的本征矢相互正交。

厄米算符可以用厄米矩阵来表示。

最简单的厄米算符是恒等算符，也叫单位算符，记作 I：

$$I=\sum_i |v_i\rangle\langle v_i| \tag{13.11}$$

$\{|v_i\rangle\}$ 是希尔伯特空间的一组正交归一矢量基。式（13.11）称为完备性关系或封闭性。对于式（13.11）的用途怎样评价都不会过高，因为以合理的次序给定一串右矢、算符或左矢，在我们认为方便的任何位置都可以插入恒等算符。

由于恒等算符在量子力学中极其有用，下面给出简单的推导。

由于任一态矢量

$$|\psi\rangle=\sum_i |v_i\rangle\langle v_i|\psi\rangle=\Big(\sum_i |v_i\rangle\langle v_i|\Big)|\psi\rangle=I|\psi\rangle \tag{13.12}$$

所以有

$$I=\sum_i |v_i\rangle\langle v_i|$$

另一个常用的厄米算符是投影算符。在矢量空间里取一组基矢量$\{|v_i\rangle\}$，投影算符

$$P_i = |v_i\rangle\langle v_i| \tag{13.13}$$

P_i 作用到右矢量 $|\psi\rangle$ 上得到

$$P_i|\psi\rangle = |v_i\rangle\langle v_i|\psi\rangle \tag{13.14}$$

式中，$\langle v_i|\psi\rangle$ 是 $|\psi\rangle$ 在基右矢 $|v_i\rangle$ 方向的分量，若沿用三维空间的术语，它是 $|\psi\rangle$ 在基右矢 $|v_i\rangle$ 方向的投影。

（2）幺正算符 若 $U^{\mathrm{H}}U = UU^{\mathrm{H}} = I$，则称 U 为幺正算符。幺正算符一般用 U 表示，也叫酉算符，将幺正算符作用在量子态上叫作对量子态进行幺正变换，或酉变换。

幺正算符的性质：希尔伯特空间的内积在幺正变换下总是不变的。

5. 向量空间的直和

前面已经讲过，右矢可以用列矩阵表示，算符也可以用矩阵表示。为具体起见，设 3 维空间矢量 $\boldsymbol{R}_1$ 中的矢量为 $|\psi\rangle = [\psi_1 \quad \psi_2 \quad \psi_3]^{\mathrm{T}}$，2 维空间矢量 $\boldsymbol{R}_2$ 中的矢量为 $|\varphi\rangle = [\varphi_1 \quad \varphi_2]^{\mathrm{T}}$，则在直和空间中，矢量 $|\psi\rangle \oplus |\varphi\rangle$ 的矩阵形式为

$$|\psi\rangle \oplus |\varphi\rangle = [\psi_1 \quad \psi_2 \quad \psi_3 \quad \varphi_1 \quad \varphi_2]^{\mathrm{T}} \tag{13.15}$$

算符的矩阵形式也同样：设在 $\boldsymbol{R}_1$ 和 $\boldsymbol{R}_2$ 中，算符 A 和 B 的矩阵形式分别为

$$A = \begin{bmatrix} A_{11} & A_{12} & A_{13} \\ A_{21} & A_{22} & A_{23} \\ A_{31} & A_{32} & A_{33} \end{bmatrix}, \quad B = \begin{bmatrix} B_{11} & B_{12} \\ B_{21} & B_{22} \end{bmatrix}$$

在直和空间中，算符 $A \oplus B$ 的矩阵形式为

$$A \oplus B = \begin{bmatrix} A & 0 \\ 0 & B \end{bmatrix} = \begin{bmatrix} A_{11} & A_{12} & A_{13} & 0 & 0 \\ A_{21} & A_{22} & A_{23} & 0 & 0 \\ A_{31} & A_{32} & A_{33} & 0 & 0 \\ 0 & 0 & 0 & B_{11} & B_{12} \\ 0 & 0 & 0 & B_{21} & B_{22} \end{bmatrix} \tag{13.16}$$

6. 内积、外积、张量积

（1）内积 设 n 维希尔伯特空间的一组标准正交基为 $|v_i\rangle$，$i = 1, 2, \cdots, n$。其中两个矢量 $|\psi\rangle = \sum_{i=1}^{n} a_i |v_i\rangle$，$|\varphi\rangle = \sum_{i=1}^{n} b_i |v_i\rangle$，则这两个矢量的内积为

$$\langle\psi|\varphi\rangle = [a_1^* \quad a_2^* \quad \cdots \quad a_n^*] \begin{bmatrix} b_1 \\ b_2 \\ \vdots \\ b_n \end{bmatrix} = \sum_i a_i^* b_i \tag{13.17}$$

（2）外积 设 n 维希尔伯特空间的一组标准正交基为 $|v_i\rangle$，$i = 1, 2, \cdots, n$。其中两个矢量 $|\psi\rangle = \sum_{i=1}^{n} a_i |v_i\rangle$，$|\varphi\rangle = \sum_{i=1}^{n} b_i |v_i\rangle$，则这两个矢量的外积为

$$|\varphi\rangle\langle\psi| = \begin{bmatrix} b_1 \\ b_2 \\ \vdots \\ b_n \end{bmatrix} [a_1^* \quad a_2^* \quad \cdots \quad a_n^*] \tag{13.18}$$

（3）张量积　设 A 是一个 $m \times n$ 矩阵，B 是一个 $p \times q$ 矩阵，则 A 和 B 的张量积为

$$A \otimes B = \begin{bmatrix} A_{11}B & A_{12}B & \cdots & A_{1n}B \\ A_{21}B & A_{22}B & \cdots & A_{2n}B \\ \vdots & \vdots & & \vdots \\ A_{m1}B & A_{m2}B & \cdots & A_{mn}B \end{bmatrix} \tag{13.19}$$

特例，两个列矩阵（比如两个 ket 矢量）的张量积为

$$|\psi\rangle \otimes |\varphi\rangle = \begin{bmatrix} a_1 \\ a_2 \\ \vdots \\ a_m \end{bmatrix} \otimes \begin{bmatrix} b_1 \\ b_2 \\ \vdots \\ b_n \end{bmatrix} = \begin{bmatrix} a_1 b_1 \\ \vdots \\ a_1 b_n \\ \vdots \\ a_m b_1 \\ \vdots \\ a_m b_n \end{bmatrix} \tag{13.20}$$

例 13.1　已知 $|v\rangle = \begin{bmatrix} 1 \\ 2 \end{bmatrix}$，$|u\rangle = \begin{bmatrix} 3 \\ 4 \\ 5 \end{bmatrix}$，求：（1）$|v\rangle \oplus |u\rangle$，（2）$|v\rangle \otimes |u\rangle$。

解　（1）$|v\rangle \oplus |u\rangle = [1 \quad 2 \quad 3 \quad 4 \quad 5]^{\mathrm{T}}$

（2）$|v\rangle \otimes |u\rangle = [3 \quad 4 \quad 5 \quad 6 \quad 8 \quad 10]^{\mathrm{T}}$

例 13.2　设 $|0\rangle = \begin{bmatrix} 1 \\ 0 \end{bmatrix}$，$|1\rangle = \begin{bmatrix} 0 \\ 1 \end{bmatrix}$，求：（1）内积 $\langle 0|1\rangle$；（2）外积 $|0\rangle\langle 1|$。

解　（1）$\langle 0|1\rangle = [1 \quad 0]\begin{bmatrix} 0 \\ 1 \end{bmatrix} = 0$

（2）$|0\rangle\langle 1| = \begin{bmatrix} 1 \\ 0 \end{bmatrix}[0 \quad 1] = \begin{bmatrix} 0 & 1 \\ 0 & 0 \end{bmatrix}$

例 13.3　设 $|a\rangle = \begin{bmatrix} -2 \\ 4\mathrm{i} \\ 1 \end{bmatrix}$，$|b\rangle = \begin{bmatrix} 1 \\ 0 \\ \mathrm{i} \end{bmatrix}$，求：（1）$\langle a|b\rangle$；（2）$\langle b|a\rangle$。

解　（1）$\langle a|b\rangle = [-2 \quad -4\mathrm{i} \quad 1]\begin{bmatrix} 1 \\ 0 \\ \mathrm{i} \end{bmatrix} = -2+\mathrm{i}$

（2）$\langle b|a\rangle = [1 \quad 0 \quad -\mathrm{i}]\begin{bmatrix} -2 \\ 4\mathrm{i} \\ 1 \end{bmatrix} = -2-\mathrm{i}$

13.1.3　电子自旋

斯特恩-盖拉赫实验在量子力学的基本原理中非常重要，它既是量子态制备的范例，又

是一些量子测量的成功典例。在量子力学基础一章，我们讲解了斯特恩-盖拉赫实验原理并引入了自旋。现在让我们考虑序列斯特恩-盖拉赫实验，也就是让原子束流依次通过两个或多个斯特恩-盖拉赫仪器，然后给出一些关于电子自旋的数学表示和结论。

1. 序列斯特恩-盖拉赫实验

四个序列实验及结果如图 13.5~图 13.8 所示。设实验中由粒子源发射的粒子为银原子，每次序列实验发射 100 个银原子。斯特恩-盖拉赫仪器示意图中的 z 和 x 分别表示磁场的方向，箭头符号表示自旋向上或向下。图中，$|z+\rangle$ 和 $|z-\rangle$ 表示 z 方向自旋向上和自旋向下态；同样，$|x+\rangle$ 和 $|x-\rangle$ 表示 x 方向自旋向上和自旋向下态。图中的数字表示银原子数。

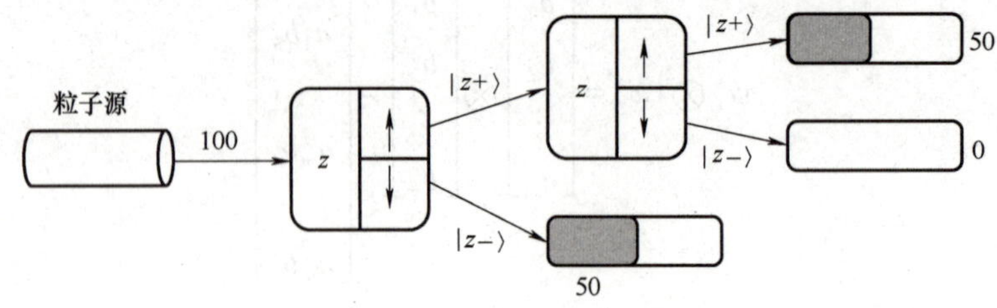

图 13.5　斯特恩-盖拉赫序列实验 1

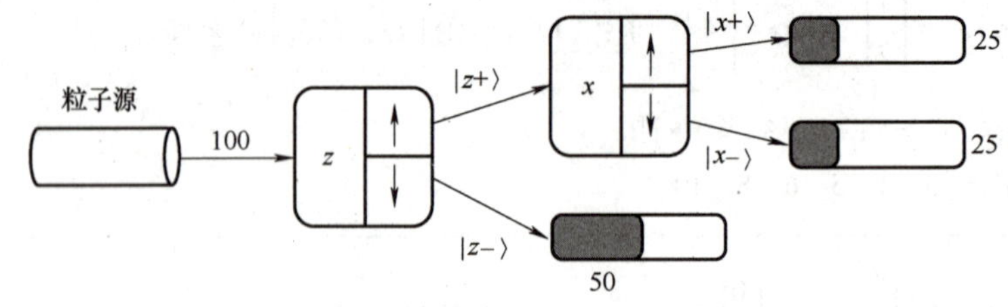

图 13.6　斯特恩-盖拉赫序列实验 2

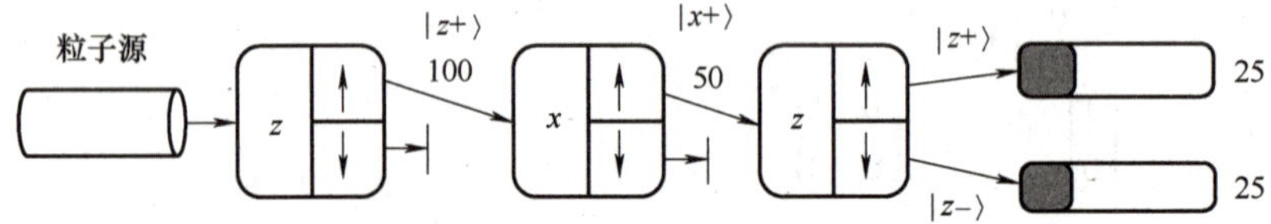

图 13.7　斯特恩-盖拉赫序列实验 3

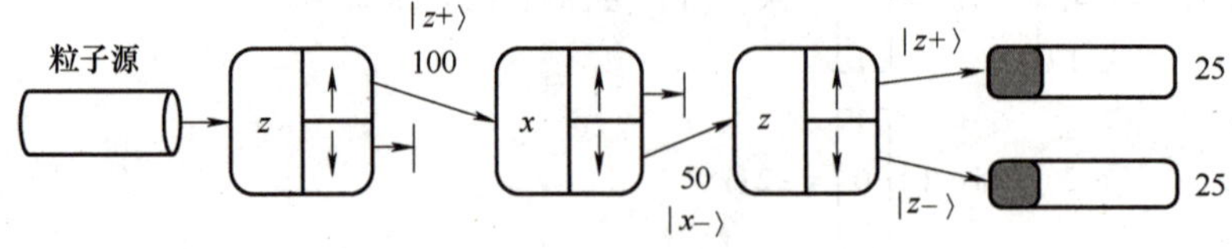

图 13.8　斯特恩-盖拉赫序列实验 4

2. 电子自旋的数学表示

基于实验观察，当斯特恩-盖拉赫实验装置的磁场方向沿 z 轴方向时，自旋角动量只有 $\pm\frac{\hbar}{2}$ 两个可能的取值，此结论对于磁场沿着 x 轴方向或 y 轴方向亦如此。

自旋态可以用二维希尔伯特空间的矢量来描述，选择一个方向测量自旋，对应于选择一组有序的标准正交基，其中两个矢量对应于测量的两种可能的结果，通常约定总是将第一个矢量对应 N 极，第二个矢量对应 S 极。在测量前，电子一般处于两个基态的叠加态中。

设沿着 z 轴正方向的基矢量为 $|z+\rangle$，沿着 z 轴负方向的基矢量为 $|z-\rangle$，则在测量前，电子自旋态一般处于叠加态 $|\psi\rangle=\alpha|z+\rangle+\beta|z-\rangle$ 中。设

$$|z+\rangle=\begin{bmatrix}1\\0\end{bmatrix},\quad |z-\rangle=\begin{bmatrix}0\\1\end{bmatrix} \tag{13.21}$$

则有

$$|\psi\rangle=\begin{bmatrix}\alpha\\\beta\end{bmatrix} \tag{13.22}$$

斯特恩-盖拉赫实验和其他的干涉实验表明，在基矢量 $|z+\rangle$ 和 $|z-\rangle$ 展开的空间里，有

$$|x+\rangle=\frac{1}{\sqrt{2}}(|z+\rangle+|z-\rangle)=\frac{1}{\sqrt{2}}\begin{bmatrix}1\\1\end{bmatrix} \tag{13.23}$$

$$|x-\rangle=\frac{1}{\sqrt{2}}(|z+\rangle-|z-\rangle)=\frac{1}{\sqrt{2}}\begin{bmatrix}1\\-1\end{bmatrix} \tag{13.24}$$

$$|y+\rangle=\frac{1}{\sqrt{2}}(|z+\rangle+\mathrm{i}|z-\rangle)=\frac{1}{\sqrt{2}}\begin{bmatrix}1\\\mathrm{i}\end{bmatrix} \tag{13.25}$$

$$|y-\rangle=\frac{1}{\sqrt{2}}(|z+\rangle-\mathrm{i}|z-\rangle)=\frac{1}{\sqrt{2}}\begin{bmatrix}1\\-\mathrm{i}\end{bmatrix} \tag{13.26}$$

式中，$|x+\rangle$ 和 $|x-\rangle$ 分别表示沿着 x 轴自旋向上态和沿着 x 轴自旋向下态，$|y+\rangle$ 和 $|y-\rangle$ 的意义做同样理解。

由上面的公式可得

$$\langle z+|z-\rangle=\begin{bmatrix}1 & 0\end{bmatrix}\begin{bmatrix}0\\1\end{bmatrix}=0 \tag{13.27}$$

$$\langle x+|x-\rangle=\frac{1}{2}\begin{bmatrix}1 & 1\end{bmatrix}\begin{bmatrix}1\\-1\end{bmatrix}=0 \tag{13.28}$$

$$\langle y+|y-\rangle=\frac{1}{2}\begin{bmatrix}1 & -\mathrm{i}\end{bmatrix}\begin{bmatrix}1\\-\mathrm{i}\end{bmatrix}=0 \tag{13.29}$$

所以，$|z+\rangle$ 和 $|z-\rangle$ 是正交的，$|y+\rangle$ 和 $|y-\rangle$ 是正交的，$|x+\rangle$ 和 $|x-\rangle$ 也是正交的。另外，$|y+\rangle$ 和 $|y-\rangle$、$|x+\rangle$ 和 $|x-\rangle$ 都与 $|z+\rangle$ 和 $|z-\rangle$ 相关。理解这些知识有助于理解斯特恩-盖拉赫序列实验结果。

3. 自旋算符和泡利自旋矩阵

(1) 自旋算符　自旋算符的本征方程为

$$S_x|x+\rangle=\frac{\hbar}{2}|x+\rangle,\quad S_x|x-\rangle=-\frac{\hbar}{2}|x-\rangle \tag{13.30}$$

$$S_y|y+\rangle=\frac{\hbar}{2}|y+\rangle,\quad S_y|y-\rangle=-\frac{\hbar}{2}|y-\rangle \tag{13.31}$$

$$S_z|z+\rangle=\frac{\hbar}{2}|z+\rangle,\quad S_z|z-\rangle=-\frac{\hbar}{2}|z-\rangle \tag{13.32}$$

由于本征态是 2×1 列矢量，自旋算符应是 2×2 矩阵，将本征矢量代入相应的本征方程，

很容易求得相应的自旋算符表达式。这里不做计算，直接给出结果如下：

$$S_x=\frac{\hbar}{2}\begin{bmatrix}0&1\\1&0\end{bmatrix},\ S_y=\frac{\hbar}{2}\begin{bmatrix}0&-\mathrm{i}\\\mathrm{i}&0\end{bmatrix},\ S_z=\frac{\hbar}{2}\begin{bmatrix}1&0\\0&-1\end{bmatrix}\tag{13.33}$$

（2）泡利自旋矩阵 设 $S_x=\frac{\hbar}{2}\sigma_x$，$S_y=\frac{\hbar}{2}\sigma_y$，$S_z=\frac{\hbar}{2}\sigma_z$，则有

$$\sigma_x=X=\begin{bmatrix}0&1\\1&0\end{bmatrix},\ \sigma_y=Y=\begin{bmatrix}0&-\mathrm{i}\\\mathrm{i}&0\end{bmatrix},\ \sigma_z=Z=\begin{bmatrix}1&0\\0&-1\end{bmatrix}\tag{13.34}$$

式（13.34）定义的这三个矩阵称为泡利自旋矩阵。

例 13.4 设 $|0\rangle=\begin{bmatrix}1\\0\end{bmatrix}$，$|1\rangle=\begin{bmatrix}0\\1\end{bmatrix}$，$X$、$Y$ 和 Z 为泡利算符，求：(1) $X|0\rangle$，$X|1\rangle$；(2) $Y|0\rangle$，$Y|1\rangle$；(3) $Z|0\rangle$，$Z|1\rangle$。

解 (1) $X|0\rangle=\begin{bmatrix}0&1\\1&0\end{bmatrix}\begin{bmatrix}1\\0\end{bmatrix}=\begin{bmatrix}0\\1\end{bmatrix}=|1\rangle$，$X|1\rangle=\begin{bmatrix}0&1\\1&0\end{bmatrix}\begin{bmatrix}0\\1\end{bmatrix}=\begin{bmatrix}1\\0\end{bmatrix}=|0\rangle$

(2) $Y|0\rangle=\begin{bmatrix}0&-\mathrm{i}\\\mathrm{i}&0\end{bmatrix}\begin{bmatrix}1\\0\end{bmatrix}=\begin{bmatrix}0\\\mathrm{i}\end{bmatrix}=\mathrm{i}|1\rangle$，$Y|1\rangle=\begin{bmatrix}0&-\mathrm{i}\\\mathrm{i}&0\end{bmatrix}\begin{bmatrix}0\\1\end{bmatrix}=\begin{bmatrix}-\mathrm{i}\\0\end{bmatrix}=-\mathrm{i}|0\rangle$

(3) $Z|0\rangle=\begin{bmatrix}1&0\\0&-1\end{bmatrix}\begin{bmatrix}1\\0\end{bmatrix}=\begin{bmatrix}1\\0\end{bmatrix}=|0\rangle$，$Z|1\rangle=\begin{bmatrix}1&0\\0&-1\end{bmatrix}\begin{bmatrix}0\\1\end{bmatrix}=\begin{bmatrix}0\\-1\end{bmatrix}=-|1\rangle$

例 13.5 求 σ_y 的本征值和本征矢，以及在这些本征态中测量 S_z 时得到其各本征值的概率。

解 本征方程 $\begin{vmatrix}0-\lambda&-\mathrm{i}\\\mathrm{i}&0-\lambda\end{vmatrix}=\lambda^2-1=0$，本征值 $\lambda=\pm1$。

相应的归一化本征矢为

$$|\pm1\rangle=\frac{1}{\sqrt{2}}\begin{bmatrix}1\\\pm\mathrm{i}\end{bmatrix}$$

由于$\frac{1}{\sqrt{2}}\begin{bmatrix}1\\\pm\mathrm{i}\end{bmatrix}=\frac{1}{\sqrt{2}}(|z+\rangle\pm\mathrm{i}|z-\rangle)$，所以在这些态中测量 S_z 得到本征值$+\frac{\hbar}{2}$的概率幅为$\frac{1}{\sqrt{2}}$，概率为$\frac{1}{2}$；测量 S_z 得到本征值$-\frac{\hbar}{2}$的概率幅为$\frac{\pm\mathrm{i}}{\sqrt{2}}$，概率为$\frac{1}{2}$。

13.2 量子力学基础

13.2.1 量子力学公设

1. 状态空间

公设 1：任一孤立的物理系统中，都存在一个被称为系统状态空间的复内积矢量空间（希尔伯特空间）与之联系，系统状态完全由状态空间的矢量所描述，并且矢量是系统状态空间的一个单位矢量。

玻恩指出，在某一时刻，波函数在空间某一点的强度（即其振幅模的平方）和在这一点找到粒子的概率成正比，和粒子相联系的波是概率波。

基于波函数的描述，如果 $\psi_1(\boldsymbol{r},t),\psi_2(\boldsymbol{r},t),\cdots,\psi_n(\boldsymbol{r},t)$ 是体系的可能状态，则它们的线性组合所得到的波函数

$$\psi(\boldsymbol{r},t)=\sum_{i=1}^{n}c_i\psi_i \tag{13.35}$$

也是体系的一个可能状态，这个称为态叠加原理。在这里，并不要求各个波函数之间正交，但总可以通过希尔伯特空间的正交化方法，把 $\psi(\boldsymbol{r},t)$ 写成一组正交波函数的线性组合。

由公设 1，系统的状态对应于希尔伯特空间单位矢量，即态矢 $|\psi\rangle$。当本征值为有限个时，态矢按本征展开式为

$$|\psi\rangle=\sum_{i=1}^{n}c_i|i\rangle \tag{13.36}$$

式中，$|i\rangle$ 为本征矢；$c_i=\langle i|\psi\rangle$ 为展开系数。

2. 力学量

公设 2：在量子力学中，任一实验上可以观测的力学量均由一个线性厄米算符 F 描述。

由公设 1 可知，若给出微观粒子的波函数，就确定了微观粒子的运动状态。此状态下系统的力学量，如坐标、动量、角动量、能量等，一般并不具有确定的数值，只具有一系列的可能值，每一可能值均以一定的概率出现。当给定描述这一运动状态的波函数后，力学量出现各种可能值的相应概率就被完全确定。

设定义在 n 维希尔伯特空间中的力学量 F 具有 n 个本征值 f_i（非简并情况），分别对应本征矢 $|\psi_i\rangle$，其中 $i=1,2,\cdots,n$。由 $\{|\psi_i\rangle\}$ 的完备性可知，系统所处的任意量子态 $|\varphi\rangle$ 均可展开为

$$|\varphi\rangle=\sum_i\alpha_i|\psi_i\rangle \tag{13.37}$$

当对力学量 F 进行测量时，每次测量的结果只能得到 F 的本征值之一，得到此结果的概率对应式（13.37）中的展开系数的模方 $|\alpha_i|^2$。

3. 量子态的演化

公设 3：封闭量子系统的演化由薛定谔方程描述：

$$\mathrm{i}\hbar\frac{\mathrm{d}|\psi\rangle}{\mathrm{d}t}=H|\psi\rangle \tag{13.38}$$

该方程中，$\hbar$ 为普朗克常量；H 是厄米算子，称为封闭系统的哈密顿量。在量子信息学中，一般不讨论如何确定哈密顿量，只是简单假设所讨论的量子系统的哈密顿量为已知。

一方面，哈密顿量可以用于确定系统可能处于的状态。由上所述，哈密顿量是一个厄米算子，所以有谱分解

$$H=\sum_i\lambda_i\langle i|i\rangle \tag{13.39}$$

式中，λ_i 称为能量本征值；$|i\rangle$ 为对应的本征矢，习惯上称作能量本征态。

另一方面，若给定系统的哈密顿量和 t_0 时刻的初态，由方程初值问题解的唯一性可知，系统 t 时刻的态是唯一确定的。采用狄拉克的表示方法，这个态的演化过程可以由一个酉变换来刻画，即系统在 t_0 时刻的状态 $|\psi(t_0)\rangle$ 和系统在 t 时刻的状态 $|\psi(t)\rangle$ 可以通过一个仅依赖于时间 t_0 和 t 的酉算子 $U(t_0,t)$ 相联系，即有

$$|\psi(t)\rangle=U(t_0,t)|\psi(t_0)\rangle \tag{13.40}$$

4. 量子测量

公设 4：量子测量由一组测量算子 $\{M_m\}$ 描述，这些算子作用在被测系统状态空间上，下标 m 表示实验中可能的测量结果。若在测量前，量子系统的最新状态是$|\psi\rangle$，则结果 m 发生的概率为

$$p(m)=\langle\psi|M_m^{\mathrm{H}}M_m|\psi\rangle \tag{13.41}$$

测量后系统的状态为

$$\frac{M_m|\psi\rangle}{\sqrt{\langle\psi|M_m^{\mathrm{H}}M_m|\psi\rangle}} \tag{13.42}$$

测量算子满足完备性方程

$$\sum_m M_m^{\mathrm{H}}M_m=I \tag{13.43}$$

公设 4 给出了测量的最一般形式，由这样一组线性算子 $\{M_m\}$ 来描述的测量一般称为量子广义测量。

完备性方程表达了概率之和为 1 的要求：

$$\sum_m p(m)=\sum_m\langle\psi|M_m^{\mathrm{H}}M_m|\psi\rangle=1 \tag{13.44}$$

该方程对所有的$|\psi\rangle$成立，等价于完备性方程。

量子投影测量是量子广义测量的一个重要特例。当公设 4 中的测量算子 $\{M_m\}$ 除满足完备性条件之外，还满足正交投影算子的条件，即

$$M_m=M_m^{\mathrm{H}}=P_m \tag{13.45}$$

$$M_mM_{m'}=\delta_{mm'}M_m \tag{13.46}$$

则广义测量就退化为投影测量。

从物理的角度看，对任何可观测的力学量所做的测量本质上都是投影测量。由公设 3，任何可观测的力学量都可由一个线性厄米算子描述。设某一力学量对应厄米算子 Q，$|m\rangle$是 Q 属于本征值 m 的本征矢，则$\{|m\rangle\}$构成了原空间的一组正交归一基。对力学量 Q 的测量即为在正交归一基 $\{|m\rangle\}$ 上进行的投影测量，其测量算子相应地记为 $\{P_m=|m\rangle\langle m|\}$。设系统测量前处于状态$|\varphi\rangle$，则对应本征值 m 的测量结果产生的概率为

$$p(m)=\langle\varphi|P_m|\varphi\rangle=|\langle\varphi|m\rangle|^2 \tag{13.47}$$

这与公设 3 中给出的结果一致，又由公设 4 可知，测量后系统的状态将坍缩到态$|m\rangle$。

5. 复合系统

公设 5：复合系统物理状态空间是分物理系统状态空间的张量积。

该公设描述了如何从分系统的状态空间构造出复合系统的状态空间。量子力学的态叠加原理说明，如果$|\psi\rangle$和$|\varphi\rangle$是两个子系统的状态，那么它们的任意叠加 $\alpha|\psi\rangle+\beta|\varphi\rangle$ 也是量子系统一个可能状态。对于复合系统，如果$|A\rangle$是系统 A 的一个状态，$|B\rangle$是系统 B 的一个状态，则联合系统 AB 的状态可以写成$|A\rangle\otimes|B\rangle=|A\rangle|B\rangle$，即 A 与 B 的张量积。

13.2.2 纯态和混合态

纯态和混合态是量子力学和量子信息中的重要概念。在量子力学中，如果系统的状态可以用确定的态矢量（概率幅）来描述，则称此状态为纯态。最简单的纯态是力学量的一组完全本征态。当然，纯态也可以是本征态的相干叠加态。如果系统若干个纯态以一定的概率

非相干混合，则形成的这种状态称为混合态。注意这些纯态不是相干叠加，否则仍为纯态。

定义密度算子。设系统处于混合态，在某一时刻，系统按已知概率 p_i 处于一些纯态 $|\psi_i\rangle$，则此系统的状态由密度矩阵 ρ 描述为

$$\rho=\sum_i p_i|\psi_i\rangle\langle\psi_i| \tag{13.48}$$

密度矩阵也称为密度算符。若一个量子系统处于纯态 $|\psi\rangle$，则密度矩阵为

$$\rho=|\psi\rangle\langle\psi| \tag{13.49}$$

注意可观测力学量 Ω 在混态系统中的期望值可写为

$$\langle\Omega\rangle=\mathrm{tr}(\rho\Omega) \tag{13.50}$$

密度矩阵有如下的性质：

①密度矩阵为厄米的，即 $\rho=\rho^{\mathrm{H}}$；②密度矩阵的本征值非负；③ρ 的对角元 $0\leqslant\rho_{mm}\leqslant1$；④$\rho$ 的迹等于 1；⑤$\mathrm{tr}(\rho^2)\leqslant1$。

当系统处于纯态时，$\rho^2=\rho$，或者 $\mathrm{tr}(\rho^2)=1$；当系统处于混合态时，$\rho^2\neq\rho$，$\mathrm{tr}(\rho^2)<1$。

例 13.6 设量子态 $|\psi\rangle=\frac{1}{\sqrt{3}}|0\rangle+\sqrt{\frac{2}{3}}|1\rangle$，若进行量子测量，发现处于态 $|0\rangle$ 和处于态 $|1\rangle$ 的概率各为多少？

解 处于态 $|0\rangle$ 的概率为 $\left|\frac{1}{\sqrt{3}}\right|^2=\frac{1}{3}$，处于态 $|1\rangle$ 的概率为 $\left|\sqrt{\frac{2}{3}}\right|^2=\frac{2}{3}$。

例 13.7 设 $|0\rangle=\begin{bmatrix}1\\0\end{bmatrix}$，$|1\rangle=\begin{bmatrix}0\\1\end{bmatrix}$。求：$|0\rangle\otimes|0\rangle$，$|0\rangle\otimes|1\rangle$，$|1\rangle\otimes|0\rangle$，$|1\rangle\otimes|1\rangle$。

解 $|0\rangle\otimes|0\rangle=|00\rangle=\begin{bmatrix}1\\0\end{bmatrix}\otimes\begin{bmatrix}1\\0\end{bmatrix}=\begin{bmatrix}1\\0\\0\\0\end{bmatrix}$，$|0\rangle\otimes|1\rangle=|01\rangle=\begin{bmatrix}1\\0\end{bmatrix}\otimes\begin{bmatrix}0\\1\end{bmatrix}=\begin{bmatrix}0\\1\\0\\0\end{bmatrix}$，

$|1\rangle\otimes|0\rangle=|10\rangle=\begin{bmatrix}0\\1\end{bmatrix}\otimes\begin{bmatrix}1\\0\end{bmatrix}=\begin{bmatrix}0\\0\\1\\0\end{bmatrix}$，$|1\rangle\otimes|1\rangle=|11\rangle=\begin{bmatrix}0\\1\end{bmatrix}\otimes\begin{bmatrix}0\\1\end{bmatrix}=\begin{bmatrix}0\\0\\0\\1\end{bmatrix}$。

例 13.8 已知：(1) $|\psi\rangle=\frac{1}{\sqrt{2}}(|00\rangle+|01\rangle)$；(2) $|\varphi\rangle=\frac{1}{\sqrt{2}}(|00\rangle+|11\rangle)$。求相应的密度矩阵。

解 $|\psi\rangle=\frac{1}{\sqrt{2}}(|00\rangle+|01\rangle)=\frac{1}{\sqrt{2}}\begin{bmatrix}1\\1\\0\\0\end{bmatrix}$，$|\varphi\rangle=\frac{1}{\sqrt{2}}(|00\rangle+|11\rangle)=\frac{1}{\sqrt{2}}\begin{bmatrix}1\\0\\0\\1\end{bmatrix}$。

(1) $\rho_1=|\psi\rangle\langle\psi|=\frac{1}{2}\begin{bmatrix}1&1&0&0\\1&1&0&0\\0&0&0&0\\0&0&0&0\end{bmatrix}$，(2) $\rho_2=|\varphi\rangle\langle\varphi|=\frac{1}{2}\begin{bmatrix}1&0&0&1\\0&0&0&0\\0&0&0&0\\1&0&0&1\end{bmatrix}$。

可以验证：$\rho_1^2=\rho_1$，$\rho_2^2=\rho_2$。所以，$|\psi\rangle$ 和 $|\varphi\rangle$ 都是纯态。

13.3 量子信息的基本概念

信息是物理载体和意义构成的统一整体，信息本质上是物理的，信息必须附着在一定的物质之上，通过这个物理载体进行储存、处理、传送和反馈。物理状态是信息的载体，如声、电、光波以及本章讲到的量子态等。量子态和经典物理态服从不同的规律，具有独特的性质。因此，了解量子信息的基本概念和特性对于理解量子通信和量子计算的原理非常重要。

13.3.1 量子比特

1. 经典比特

信息与事件的不确定性紧密联系，即接收方不知道发送方发给自己的内容。一条信息中包含的信息量有多有少，例如，掷一次骰子所获得的点数信息要比投一次硬币所获得的正反面信息多一些，因为获得点数的过程中消除的不确定性要超过获知硬币正反面的过程中消除的不确定性。对信息的描述和衡量需要建立在概率论和随机过程理论基础之上，美国数学家香农（Claude Elwood Shannon，1916—2001）首先将概率统计中的观点和方法引入通信理论中，给出了信息量的定义。

定义 若随机变量 X 可以取 $x_1, x_2, \cdots, x_n$ 中的任意一个，其概率分布为 $p(x_n)$，则 X 的每个取值平均携带的信息量为

$$I(X) = -\sum p(x_n)\log_2 p(x_n) \tag{13.51}$$

信息量单位为比特（bit）。例如，当 X 的取值为“0”和“1”，且出现的概率均为1/2时，则每个符号携带的信息量为1bit，即一个经典比特。

经典信息论中的比特，在物理上就是一个二态经典系统，在数学上则可理解为二进制的一个位。但是，需要强调的是：二态经典系统的逻辑值，要么是0，要么是1，只取二者之一，不可同时得兼。

2. 量子比特的定义和表示

量子比特（quantum bit，简写为qubit或qbit）借鉴了经典比特概念，但是，与经典比特不同，量子计算机用二态量子系统编码信息。量子信息论中所谓的量子比特（或量子位），在物理上就是一个二态量子系统，如果用 $|0\rangle$ 和 $|1\rangle$ 分别表示二态系统的基态，分别表示逻辑0和逻辑1，由于量子态可以表示为基态的线性叠加，因此，一个量子比特就是一个叠加态

$$|\psi\rangle = \alpha|0\rangle + \beta|1\rangle \tag{13.52}$$

式中，α 和 β 为复数，$|\alpha|^2 + |\beta|^2 = 1$。从数学上看，1个量子比特乃是1个2维希尔伯特空间中的单位向量。可见，经典比特只是量子比特的特例（$\alpha=0$ 或 $\beta=0$）。

由线性代数可知，希尔伯特空间的基矢不唯一，一个量子比特除了用计算基 $|0\rangle$ 和 $|1\rangle$ 表示外，也可以用不同的基矢表示，并且这种基矢有无穷多组。在不同的基中同一个量子比特的表示形式可以有所不同，如定义 $|+\rangle = \frac{1}{\sqrt{2}}(|0\rangle + |1\rangle)$，$|-\rangle = \frac{1}{\sqrt{2}}(|0\rangle - |1\rangle)$，则量子比特 $|\psi\rangle$ 在这组基下可以表示为

$$|\psi\rangle = \alpha|0\rangle + \beta|1\rangle = \frac{\sqrt{2}}{2}(\alpha+\beta)|+\rangle + \frac{\sqrt{2}}{2}(\alpha-\beta)|-\rangle \tag{13.53}$$

量子比特也可以用图形来表示，将 $|\psi\rangle=\alpha|0\rangle+\beta|1\rangle$ 改写为

$$|\psi\rangle=\cos\frac{\theta}{2}|0\rangle+e^{i\varphi}\sin\frac{\theta}{2}|1\rangle \tag{13.54}$$

式中，θ 和 φ 均为实数，其中 $0\leqslant\theta\leqslant\pi$，$0\leqslant\varphi\leqslant 2\pi$。显然，$\left|\cos\frac{\theta}{2}\right|^2+\left|e^{i\varphi}\sin\frac{\theta}{2}\right|^2=1$。参数 θ 和 φ 定义了三维单位球面上的一个点，如图 13.9 所示，相应的矢量表示量子态，或者说量子比特。

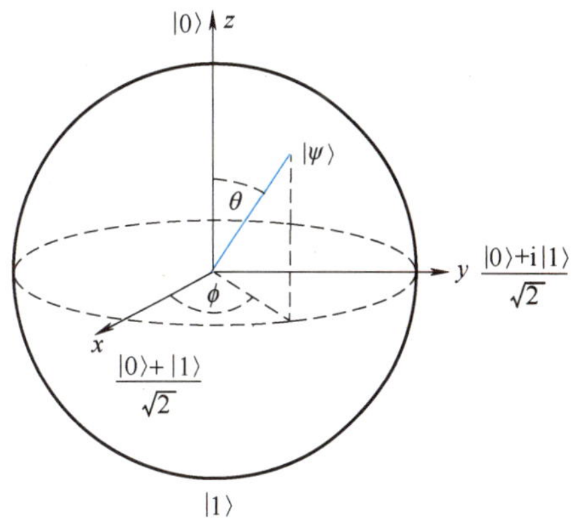

图 13.9　量子比特的布洛赫球表示

布洛赫球是以瑞士物理学家布洛赫（Felix Bloch，1905—1983，1952 年诺贝尔物理学奖获得者）名字命名的，是在球坐标系中表示自旋态的一种有用的方法。布洛赫球用球面上的点（或矢量）表示自旋状态。布洛赫球的“北极”是 $|z+\rangle$ 态，南极是 $|z-\rangle$ 态。任何自旋态都可以通过选择适当的 θ 和 φ 的值由式（13.54）导出。比如，$\theta=\frac{\pi}{2}$，$\varphi=0$，

$$|\psi\rangle=\cos\frac{\theta}{2}|0\rangle+e^{i\varphi}\sin\frac{\theta}{2}|1\rangle=\frac{\sqrt{2}}{2}(\langle z+|+|z-\rangle)=|x+\rangle$$

一般地，N 个量子比特的态将张起一个 2^N 维 Hilbert 空间，有 2^N 个相互正交归一的基态。量子信息论中通常取这个空间的 2^N 个基态 $|i\rangle$，i 为一个 N 位二进制数（十进制数为 $0\sim2^N-1$），称作计算基。例如，2 量子比特的 4 维希尔伯特空间的计算基取作 $|00\rangle$、$|01\rangle$、$|10\rangle$ 和 $|11\rangle$，一般态则是这 4 个基态的叠加态

$$|\psi\rangle=\sum_{i=0}^{3}C_i|i\rangle \tag{13.55}$$

由于量子态的可叠加性质，1 个量子比特就可同时存储 0 和 1。这使得量子比特较之经典比特具有非凡的存储能力。例如，一个有 N 个经典比特的存储器只能存储 2^N 个数中的一个数，而一个有 N 个量子比特的存储器却能同时存储这 2^N 个数。有人估算，一个 250 个量子位的存储器可以存储的数的个数超过现知宇宙中的全部原子数！

前面讲过，量子态的演化由幺正算符表示，而幺正算符是线性的。于是，表示幺正算符的数学操作可以对全部量子比特中的叠加态同时进行，这就使得量子计算机具有非凡的并行计算能力：量子计算机对 N 个量子比特实施 1 次操作的效果相当于经典计算机实施 2^N 次操作，用一台 N 个量子比特的量子计算机做计算相当于用 2^N 台经典计算机做并行计算。

3. 量子比特的物理实现

目前，量子通信和量子计算实验研究中所采取的量子比特实现方法非常多，最常采用的还是以光信号为载体，主要包括单光子和连续变量。对单光子而言，可以用偏振态表示量子比特 $|0\rangle$ 和 $|1\rangle$。对连续变量体系而言，可以用广义位置和广义动量的取值来表示量子比特 $|0\rangle$ 和 $|1\rangle$。

除了光信号外，还可以用电子的自旋来表示量子比特。量子比特的载体还包括原子核、超导线路和量子点等。总括起来如表 13.1 所示。

表 13.1 量子比特的物理实现

物理实体	属性	$\|0\rangle$	$\|1\rangle$
光子	光子的偏振	水平偏振	垂直偏振
	光子个数	无光子	单个光子
	光子间的相位差	$\pi/2$	π
连续变量光场	广义动量 p	$p>0$	$p<0$
	广义位置 X	$X>0$	$X<0$
电子	电子自旋	自旋向上	自旋向下
原子核	核自旋	自旋向上	自旋向下
超导线路	磁通量子比特	顺时针电流	逆时针电流
量子点	量子点自旋	自旋向上	自旋向下

13.3.2 量子纠缠

1. 量子纠缠态

量子力学最令人惊异也是最违反直觉的结果是量子纠缠现象。量子纠缠可以存在于单个系统波函数的不同自由度之间，也可以存在于复合系统的量子态间。一个复合系统的希尔伯特空间 H 是其子系统的希尔伯特空间 H_i 的张量积。对于最简单的两体量子系统，我们有

$$H=H_1\otimes H_2 \tag{13.56}$$

由希尔伯特空间 H_1 和 H_2 中的基矢的张量基，可以构成希尔伯特空间 H 的最自然的基矢。例如，对于两个二维的希尔伯特空间 H_1 和 H_2，如果分别用

$$\{|0\rangle_1,|1\rangle_1\}\text{和}\{|0\rangle_2,|1\rangle_2\}$$

表示其基矢，那么，希尔伯特空间 H 的基矢可以是下面的 4 个矢量：

$$\{|0\rangle_1\otimes|0\rangle_2,|0\rangle_1\otimes|1\rangle_2,|1\rangle_1\otimes|0\rangle_2,|1\rangle_1\otimes|1\rangle_2\} \tag{13.57}$$

由叠加原理知，希尔伯特空间 H 中的最一般的态，不是希尔伯特空间 H_1 和 H_2 中的态的张量基，而是它们的可以写成如下形式的任意叠加：

$$|\psi\rangle=\sum_{i,j=0}^{1}c_{ij}|i\rangle_1\otimes|j\rangle_2 \tag{13.58}$$

为了简化标记，也可以写成

$$|\psi\rangle=\sum_{i,j}c_{ij}|ij\rangle \tag{13.59}$$

式中，$|ij\rangle$ 中的第一个字母指示希尔伯特空间 H_1 中的态，而第二个字母指示希尔伯特空间 H_2 中的态。按照定义，在 H 中的一个态矢，如果不能被简单地写成属于 H_1 中态 $|\alpha\rangle_1$ 和属于 H_2 中态 $|\beta\rangle_2$ 张量积，那么，它就被称为是纠缠的，或不可分离的。相反态 $|\psi\rangle$ 可以写成

$$\psi=|\alpha\rangle_1\otimes|\beta\rangle_2 \tag{13.60}$$

就称它是可分离的。例如

$$|\psi_1\rangle=\frac{1}{\sqrt{2}}(|00\rangle+|11\rangle)=\frac{1}{\sqrt{2}}(|0\rangle_1|0\rangle_2+|1\rangle_1|1\rangle_2)$$

是纠缠的，而

$$|\psi_2\rangle=\frac{1}{\sqrt{2}}(|01\rangle+|11\rangle)=\frac{1}{\sqrt{2}}(|0\rangle_1+|1\rangle_1)\otimes|1\rangle_2$$

是可分离的。

下面以两个电子组成的复合系统为例，加深对量子纠缠的理解。设两个电子处在自旋单态（即总的自旋角动量 $S=0$）时，自旋态

$$|\psi\rangle=\frac{1}{\sqrt{2}}(|01\rangle-|10\rangle)$$

根据量子力学的基本原理和量子测量理论，上式描述的态具有这样的特点：①在这个态 $|\psi\rangle$ 中，无论是电子 1 还是电子 2，自旋都没有确定值；②如果对态 $|\psi\rangle$ 测量电子 1 的自旋，将以概率 1/2 得到自旋向上（或向下）态，同时态 $|\psi\rangle$ 坍缩到态 $|01\rangle$（或 $|10\rangle$）上，从而在测量完成后，电子 2 立即获得了自旋取确定值的态，并处在和电子 1 相关的自旋向下（向上）态上；③如果对态 $|\psi\rangle$ 测量电子 2 的自旋，会得到类似的结论；④上述结论和两个电子空间分开的距离无关。

量子计算中常用自旋 1/2 二粒子系统的 4 个彼此正交归一的纠缠态 $|\varphi^{\pm}\rangle$ 和 $|\psi^{\pm}\rangle$，作为复合系统的 4 维希尔伯特空间的基态，称为贝尔基（也叫贝尔态、EPR 态或 EPR 对）：

$$|\varphi^{+}\rangle=\frac{1}{\sqrt{2}}(|00\rangle+|11\rangle)=\frac{1}{\sqrt{2}}[1\quad 0\quad 0\quad 1]^{\mathrm{T}} \tag{13.61}$$

$$|\varphi^{-}\rangle=\frac{1}{\sqrt{2}}(|00\rangle-|11\rangle)=\frac{1}{\sqrt{2}}[1\quad 0\quad 0\quad -1]^{\mathrm{T}} \tag{13.62}$$

$$|\psi^{+}\rangle=\frac{1}{\sqrt{2}}(|01\rangle+|10\rangle)=\frac{1}{\sqrt{2}}[0\quad 1\quad 1\quad 0]^{\mathrm{T}} \tag{13.63}$$

$$|\psi^{-}\rangle=\frac{1}{\sqrt{2}}(|01\rangle-|10\rangle)=\frac{1}{\sqrt{2}}[0\quad 1\quad -1\quad 0]^{\mathrm{T}} \tag{13.64}$$

纠缠态有一种奇异性质：复合系统的状态完全知道，而其子系统的状态却完全不知道。这一性质在量子通信和量子计算中有广泛应用。可以说，没有纠缠态就没有量子信息论。现在，纠缠现象已被视为一种基本自然资源，其重要性可同能量、信息、熵以及其他基本自然资源相比拟。

2. EPR 佯谬和贝尔不等式

在量子力学发展过程中，对于量子纠缠甚至量子力学的基本原理的理解（包括波函数公设、测量公设），在相当长的时间内存在着争论，最著名的就是爱因斯坦等提出的 EPR 佯谬和玻尔的应答以及引发的争论。下面简要介绍 EPR 佯谬和贝尔不等式，以便加深对量子纠缠的理解。

（1）EPR 佯谬　在 1935 年的一篇著名论文中，阿尔伯特·爱因斯坦（Albert Einstein，1879—1955）、鲍里斯·波多尔斯基（Boris Podolsky，1896—1966）和内森·罗森（Nathan Rosen，1909—1995）(被称为 EPR）试图通过“EPR 悖论”证明量子力学是不完备的。EPR 关注的是由纠缠所暗示的远距离瞬时作用或非定域性。EPR 的论证主要基于以下两点：①定域因果性。如果两次测量或者说两个事件是类空间隔的，那么两个事件之间不存在因果性关系。②物理实在性。如果没有扰动一个系统，那么此系统任何可观测物理量作为物理实在的一个要素，客观上应当具有确定的值。上述两点在现代文献中被称为定域实在论。

1951 年，玻姆（D. Bohm，1917—1992）用实际可行的方案表述了他们的观点。考虑一个发射源，它发射一对自旋为 1/2 的处于纠缠态的粒子对，处于自旋单态（$S=0$，如 e^+-e^- 的基态）

$$|\psi\rangle=\frac{1}{\sqrt{2}}(|01\rangle)-|10\rangle \tag{13.65}$$

其中一个粒子被发送给观察者 A，另外一个被发送给观察者 B（见图 13.10）。

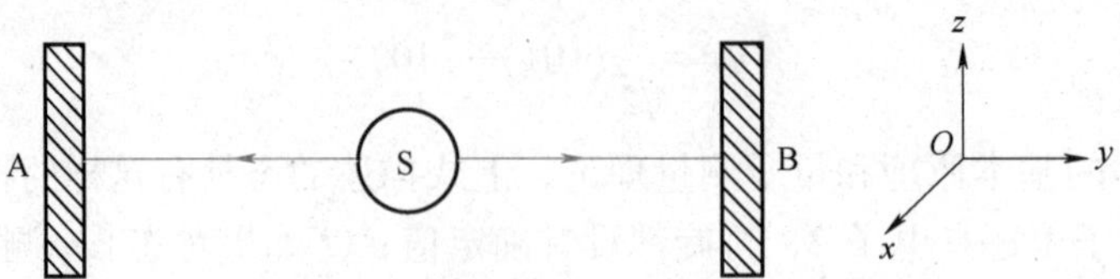

图 13.10　EPR 思想实验示意图

按照定域因果性，当 A、B 之间的距离足够远且对粒子测量时间非常接近时，测量粒子的事件可以被认为是类空间隔的，A 对粒子的测量将不会影响 B 对粒子的测量，也就是说 A 和 B 所进行的测量之间没有任何因果关系。

如果 A 测量粒子自旋的 z 分量，比如，得到 $\sigma_z^A=+1$，那么量子态坍缩到态 $|01\rangle$，则 B 测量的结果一定是 $\sigma_z^B=-1$。因此，A 和 B 的测量结果是完全反关联的。这一点比较容易理解，A 和 B 组成的系统处于单重态，总的角动量为零。可以做一个经典类比。例如，有两个球，一个黑色的，一个白色的，分别在 A 和 B 处。如果 A 发现球是黑的，那么 B 处的球就一定是白的。令人惊奇的是，自旋单态［式（13.65）］也可以被写成

$$|\psi\rangle=\frac{1}{\sqrt{2}}(|+-\rangle-|-+\rangle) \tag{13.66}$$

式中，$|+\rangle=\frac{1}{\sqrt{2}}(|0\rangle+|1\rangle)$ 和 $|-\rangle=\frac{1}{\sqrt{2}}(|0\rangle-|1\rangle)$ 分别是 σ_x 的本征态，相应的本征值分别为+1 和−1。如果 A 测量粒子自旋的 x 分量，比如，得到 $\sigma_x^A=+1$，那么量子态坍缩到态 $|+-\rangle$，则 B 测量的结果一定是 $\sigma_x^B=-1$。按照定域实在论，力学量 σ_x^B 是粒子一个实在要素，在没有扰动的情况下，σ_x^B 客观上应该具有确定的值。同样，σ_z^B 也是粒子一个物理实在要素，在没有扰动的情况下也应该具有确定的数值。按照量子力学的观点，σ_x^B 和 σ_z^B 是具有不同本征态集合的两个力学量，在粒子处于任何状态下均不能同时具有确定的值。由此可以看出定域实在论与量子力学之间是矛盾的，产生这个矛盾有两个原因：一是量子力学的描述是不完备的；二是定域实在论是错误的。以爱因斯坦为代表的许多量子先驱相信“局部现实主义”，对第二个原因持否定态度，认为量子力学的描述是不完备的。

关于 EPR 佯谬，以玻尔为代表的哥本哈根学派认为纠缠态的构造以及坍缩都是非定域性的，这种非定域性已经将两个子系统连接为一个不可分割的统一系统，从而使得测量前两个子系统的状态客观上都处于一种不确定的状态，并且对同一个状态进行不同的测量将会造成不同的坍缩，量子力学对单次测量结果只能给出统计性预言。

（2）Bell 不等式

企图给量子力学这种非局域纠缠现象以理论解释的是玻姆。他首先提出了隐变量理论。隐参数理论认为测量实际上是一个确定性过程，它看起来是概率的，只是因为我们对有

些（隐变量的）自由度的情况并不确切知道。

假设我们掷硬币。原则上，如果我们跟踪系统的大量信息（称为“自由度”），例如在抛掷过程中施加的力、气流、抛掷的高度等，就有可能知道它是正面还是反面着地。然而，所有这些物理参量在实践中都是不可能计算出来的，所以我们所能做的最多就是为抛掷结果赋予一个概率分布，导致正面和反面出现的概率都是 1/2。这个结果是对我们无法获得的许多自由度进行平均的结果。

爱因斯坦和其他许多人认为量子力学也是这样的，他们不接受波函数的统计解释。也就是说，他们认为量子力学中的概率是确定性的，并且有一些“隐藏”的潜在参量，这些未知的潜在参量称为隐变量。量子力学中的测量之所以表现出概率性，是由于量子力学或现在的实验技术并没有发现、认识和控制隐变量。如果我们知道隐变量，就能计算出明确的测量结果，而不仅仅是概率。爱因斯坦有句名言：“上帝不会掷骰子。”

量子力学是否完备的讨论曾长期限于哲学争论，一直到 1964 年，爱尔兰物理学家贝尔（John Stewart Bell，1928—1990）才把问题从思辨性的争论具体化为可进行实验检验的判据。贝尔指出，如果隐变量理论和定域实在论成立，则贝尔不等式成立。贝尔不等式有多种形式。下面在一个简单模型中推导贝尔不等式。

假设一个发射源 S 发射出大量的处于单态的自旋对。观测者 A 和 B 各自接收每对粒子中的一个，而且，他们都能测量粒子沿三个方向 $\boldsymbol{a}$、$\boldsymbol{b}$ 和 $\boldsymbol{c}$ 中的任何一个方向自旋角动量 $\boldsymbol{S}$，如图 13.11 所示。我们将粒子按照下列方法分组：比如说，如果观测者 A 测量 $\sigma_a^A=+1$，测量 $\sigma_b^A=+1$，测量 $\sigma_c^A=-1$，那么，我们就说那个粒子属于组（$\boldsymbol{a}+,\boldsymbol{b}+,\boldsymbol{c}-$）。需要注意的是，并不是说观测者 A 每次同时测量 σ_a^A、σ_b^A 和 σ_c^A，每次仅测量 3 个自旋分量的一个。同时也要记住，对于自旋单态，观测者 A 和观测者 B 的测量结果必须是完全反关联的。假设完全接受局域隐变量理论，将有 8 种可能性分布，这 8 种可能性互不相容。用 $N_1,N_2,\cdots,N_8$ 表示每种可能性，那么粒子对的总数 $N=N_1+N_2+\cdots+N_8$。沿 3 个方向 $\boldsymbol{a}$、$\boldsymbol{b}$ 和 $\boldsymbol{c}$ 测量的粒子对分布如表 13.2 所示。

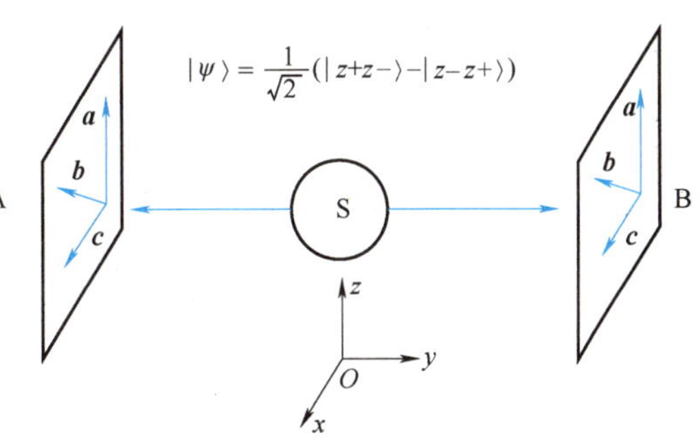

图 13.11　贝尔实验示意图

表 13.2　8 种互不相容的分布

分布数	A 处粒子	B 处粒子
N_1	$\boldsymbol{a}+,\boldsymbol{b}+,\boldsymbol{c}+$	$\boldsymbol{a}-,\boldsymbol{b}-,\boldsymbol{c}-$
N_2	$\boldsymbol{a}+,\boldsymbol{b}+,\boldsymbol{c}-$	$\boldsymbol{a}-,\boldsymbol{b}-,\boldsymbol{c}+$
N_3	$\boldsymbol{a}+,\boldsymbol{b}-,\boldsymbol{c}+$	$\boldsymbol{a}-,\boldsymbol{b}+,\boldsymbol{c}-$
N_4	$\boldsymbol{a}+,\boldsymbol{b}-,\boldsymbol{c}-$	$\boldsymbol{a}-,\boldsymbol{b}+,\boldsymbol{c}+$
N_5	$\boldsymbol{a}-,\boldsymbol{b}+,\boldsymbol{c}+$	$\boldsymbol{a}+,\boldsymbol{b}-,\boldsymbol{c}-$
N_6	$\boldsymbol{a}-,\boldsymbol{b}+,\boldsymbol{c}-$	$\boldsymbol{a}+,\boldsymbol{b}-,\boldsymbol{c}+$
N_7	$\boldsymbol{a}-,\boldsymbol{b}-,\boldsymbol{c}+$	$\boldsymbol{a}+,\boldsymbol{b}+,\boldsymbol{c}-$
N_8	$\boldsymbol{a}-,\boldsymbol{b}-,\boldsymbol{c}-$	$\boldsymbol{a}+,\boldsymbol{b}+,\boldsymbol{c}+$

由表 13.2 可得

$$P(\boldsymbol{a}+\boldsymbol{b}+)=\frac{N_3+N_4}{N},\ P(\boldsymbol{b}+\boldsymbol{c}+)=\frac{N_2+N_6}{N},\ P(\boldsymbol{a}+\boldsymbol{c}+)=\frac{N_2+N_4}{N} \tag{13.67}$$

式中，$P(\boldsymbol{a}+\boldsymbol{b}+)$ 是观测者 A 沿 $\boldsymbol{a}$ 方向测得粒子上旋、观测者 B 测得沿 $\boldsymbol{b}$ 方向测得粒子上旋的概率；$P(\boldsymbol{b}+\boldsymbol{c}+)$ 和 $P(\boldsymbol{a}+\boldsymbol{c}+)$ 表示同样意义。

显然

$$P(\boldsymbol{a}+\boldsymbol{b}+)+P(\boldsymbol{b}+\boldsymbol{c}+)\geqslant P(\boldsymbol{a}+\boldsymbol{c}+) \tag{13.68}$$

式（13.68）称为贝尔不等式。

量子力学的预测是否满足贝尔不等式呢？对于测量的三个方向，我们选择 $\boldsymbol{a}$ 沿着 z 轴正方向，$\boldsymbol{c}$ 沿着 x 轴正方向，$\boldsymbol{b}$ 在 x 轴和 z 轴之间，即 45°角方向。我们首先计算 $P(\boldsymbol{a}+\boldsymbol{b}+)$。根据假设

$$|\boldsymbol{a}+\rangle=|z+\rangle,\ |\boldsymbol{a}-\rangle=|z-\rangle \tag{13.69}$$

应用布洛赫矢量，$|\psi\rangle=\cos\frac{\theta}{2}|z+\rangle+\mathrm{e}^{\mathrm{i}\varphi}\sin\frac{\theta}{2}|z-\rangle$，有

$$\theta=\frac{\pi}{4},\ \varphi=0:|\boldsymbol{b}+\rangle=\cos\frac{\pi}{8}|z+\rangle+\sin\frac{\pi}{8}|z-\rangle \tag{13.70}$$

$$\theta=\frac{3\pi}{4},\ \varphi=\pi:|\boldsymbol{b}-\rangle=\cos\frac{3\pi}{8}|z+\rangle-\sin\frac{3\pi}{8}|z-\rangle \tag{13.71}$$

$$\theta=\frac{\pi}{2},\ \varphi=0:|\boldsymbol{c}+\rangle=|x+\rangle=\frac{1}{\sqrt{2}}(|z+\rangle+|z-\rangle) \tag{13.72}$$

$$\theta=\frac{\pi}{2},\ \varphi=\pi:|\boldsymbol{c}-\rangle=|x-\rangle=\frac{1}{\sqrt{2}}(|z+\rangle-|z-\rangle) \tag{13.73}$$

现在计算贝尔不等式第一项：

$$\begin{aligned}P(\boldsymbol{a}+\boldsymbol{b}+)&=\left|\langle\boldsymbol{a}+\boldsymbol{b}+|\frac{1}{\sqrt{2}}(|z+z-\rangle-|z-z+\rangle)\right|^2\\&=\frac{1}{2}|\langle\boldsymbol{a}+\boldsymbol{b}+|(|z+z-\rangle-|z-z+\rangle)|^2\\&=\frac{1}{2}|\langle z+b+|(|z+z-\rangle-|z-z+\rangle)|^2\\&=\frac{1}{2}|\langle\boldsymbol{b}+z-\rangle|^2\end{aligned}$$

将式（13.70）代入得

$$\begin{aligned}P(\boldsymbol{a}+\boldsymbol{b}+)&=\frac{1}{2}\left|\left(\cos\frac{\pi}{8}\langle z+|+\sin\frac{\pi}{8}\langle z-|\right)|z-\rangle\right|^2\\&=\frac{1}{2}\sin^2\frac{\pi}{8}\approx0.073\end{aligned} \tag{13.74}$$

同样可得贝尔不等式的其他项：

$$P(\boldsymbol{b}+\boldsymbol{c}+)=\frac{1}{2}\sin^2\frac{\pi}{8}\approx0.073 \tag{13.75}$$

$$P(\boldsymbol{a}+\boldsymbol{c}+)=\frac{1}{4}=0.25 \tag{13.76}$$

由式（13.74）~式（13.76）求得贝尔不等式为

$$0.073+0.073 \geqslant 0.25 \tag{13.77}$$

显然，量子力学的结果违反了贝尔不等式。由于量子纠缠，对一个粒子的测量会影响另一个粒子的状态，导致相关性不服从贝尔不等式。

一般来说，对于沿 3 个方向测量，贝尔不等式可以写成

$$\frac{1}{2}\sin^2(\theta_{ab}/2)+\frac{1}{2}\sin^2(\theta_{bc}/2) \geqslant \frac{1}{2}\sin^2(\theta_{ac}/2) \tag{13.78}$$

式中，θ_{ab}、θ_{bc}、θ_{ac}分别为 a 与 b、b 与 c、a 与 c 的夹角。若 $\theta_{ab}=\theta_{bc}=\theta_{ac}=\theta$，那么贝尔不等式（13.68）就变成

$$\sin^2(\theta/2) \geqslant \frac{1}{2}\sin^2\theta \tag{13.79}$$

在这种情况下，如果 $\theta<90°$，则违反不等式。

贝尔不等式的提出，引发了一大批构思巧妙的实验，来检验定域实在论和量子力学哪一个正确。第一个精确严密地证明了量子力学违反贝尔不等式的是 Aspect 在 1982 年的实验。实验用精巧的方法弥补了以前实验中的一些漏洞，结果与量子力学的预言相符合，证明定域实在论是不正确的。迄今为止，所有的实验都表明纠缠态具有非定域性。正因为量子纠缠态的奇妙性质，我们可以利用两个粒子的相关性来进行远距离通信。

例 13.9 证明 $|\psi\rangle=\frac{1}{\sqrt{2}}(|01\rangle-|10\rangle)$ 是纠缠态。

证明 取二维空间的两个任意矢量

$$|\varphi\rangle=a|0\rangle+b|1\rangle,\ |\chi\rangle=c|0\rangle+d|1\rangle$$

先证明无论 a、b、c、d 取什么值，都有

$$|\psi\rangle=\frac{1}{\sqrt{2}}(|01\rangle-|10\rangle) \neq |\varphi\rangle\otimes|\chi\rangle$$

由 $|\varphi\rangle=\begin{bmatrix}a\\b\end{bmatrix}$，$|\chi\rangle=\begin{bmatrix}c\\d\end{bmatrix}$ 得

$$|\varphi\rangle\otimes|\chi\rangle=\begin{bmatrix}ac\\ad\\bc\\bd\end{bmatrix}=\begin{bmatrix}0\\-\frac{1}{\sqrt{2}}\\\frac{1}{\sqrt{2}}\\0\end{bmatrix}$$

假设 $|\psi\rangle$ 能写成直积形式，要求

$$ac=bd=0,\quad bc=-ad=\frac{1}{\sqrt{2}}$$

但无论 a、b、c、d 取什么值，这一要求都不能满足，因此 $|\psi\rangle\neq|\varphi\rangle\otimes|\chi\rangle$，则 $|\psi\rangle$ 是纠缠态。

例 13.10 验证贝尔基是构成双量子比特空间的一个标准正交基。

解 贝尔基：$|\beta_{00}\rangle=\frac{1}{\sqrt{2}}(|00\rangle+|11\rangle)$，$|\beta_{01}\rangle=\frac{1}{\sqrt{2}}(|00\rangle-|11\rangle)$

$$|\beta_{10}\rangle=\frac{1}{\sqrt{2}}(|01\rangle+|10\rangle),\ \beta_{11}=\frac{1}{\sqrt{2}}(|01\rangle-|10\rangle)$$

$$\langle\beta_{00}|\beta_{00}\rangle=\frac{1}{2}(\langle 00|+\langle 11|)(|00\rangle+|11\rangle)=\frac{1}{2}(\langle 00|00\rangle+\langle 11|11\rangle)=1$$

$$\langle\beta_{00}|\beta_{01}\rangle=\frac{1}{2}(\langle 00|+\langle 11|)(|00\rangle-|11\rangle)=\frac{1}{2}(\langle 00|00\rangle-\langle 11|11\rangle)=0$$

$\langle\beta_{ij}|\beta_{ij}\rangle=1$，$i,j\{0,1\}$；$\langle\beta_{ji}|\beta_{ij}\rangle=1$，$i,j\{0,1\}$，$i\neq j$。

例 13.11 求：(1) $|0\rangle\langle 1||1\rangle$；(2) $|0\rangle\langle 1||0\rangle$；(3) $|1\rangle\langle 0||0\rangle$；(4) $|1\rangle\langle 0||1\rangle$。

解 (1) $|0\rangle\langle 1||1\rangle=\langle 0|\langle 1|1\rangle=|0\rangle=\begin{bmatrix}1\\0\end{bmatrix}$，(2) $|0\rangle\langle 1||0\rangle=\langle 0|\langle 1|0\rangle=\begin{bmatrix}0\\0\end{bmatrix}$

(3) $|1\rangle\langle 0||0\rangle=\langle 1|\langle 0|0\rangle=|1\rangle=\begin{bmatrix}0\\1\end{bmatrix}$，(4) $|1\rangle\langle 0||1\rangle=\langle 1|\ \langle 0|1\rangle=\begin{bmatrix}0\\0\end{bmatrix}$

13.4 量子通信

量子纠缠态现象是没有经典类比的新现象，量子信息学研究已经证明，这是一种极为有用的、新的信息物理资源（就像经典信息论中的时间资源、空间资源一样）。利用这种新资源，可以创造出经典信息没有的新功能。本节介绍纠缠在通信技术中的一个应用。

13.4.1 量子不可克隆定理

所谓克隆指的是原来的量子态不被破坏，而在另一个系统中产生一个完全相同的量子态。量子态不可克隆定理如下：

定理 1 假设$|\psi\rangle$和$|\varphi\rangle$是两个不同的非正交态，则不存在一个物理过程可以做出二者的完全拷贝。

证明（反证法） 假设存在一个物理过程，能够做出二者的完全拷贝，即存在一个幺正算符 U，使得

$$U(|\psi\rangle|0\rangle)=|\psi\rangle|\psi\rangle,\ U(|\varphi\rangle|0\rangle)=|\varphi\rangle|\varphi\rangle \tag{13.80}$$

求两者的内积得

$$\langle 0|\langle\psi|U^{\mathrm{H}}U(|\varphi\rangle|0\rangle)=\langle\psi|\langle\psi|\varphi\rangle|\varphi\rangle \tag{13.81}$$

即

$$\langle\psi|\varphi\rangle=(\langle\psi|\varphi\rangle)^2 \tag{13.82}$$

式 (13.82) 的解为 $\langle\psi|\varphi\rangle=0$ 和 $\langle\psi|\varphi\rangle=1$。前者表示两个态正交，后者表示两个态相同，均与定理的假设相矛盾，故定理得证。

定理 2 一个未知的量子态不能被完全拷贝。

证明（反证法） 假设$|\psi\rangle$是一个未知量子态，有一个物理过程能完全拷贝它，即

$$U(|\psi\rangle|0\rangle)=|\psi\rangle|\psi\rangle \tag{13.83}$$

同理，对另外一个未知的量子态$|\varphi\rangle \neq |\psi\rangle$，也有

$$U(|\varphi\rangle|0\rangle)=|\varphi\rangle|\varphi\rangle \tag{13.84}$$

那么，对未知量子态$|\chi\rangle=|\psi\rangle+|\varphi\rangle$，是否有$U(|\chi\rangle|0\rangle)=|\chi\rangle|\chi\rangle$呢?

一方面

$$U(|\chi\rangle|0\rangle)=U[(|\psi\rangle+|\varphi\rangle)|0\rangle]=|\psi\rangle|\psi\rangle+|\varphi\rangle\varphi) \tag{13.85}$$

另一方面

$$\langle\chi|\chi\rangle=(|\psi\rangle+|\varphi\rangle)(|\psi\rangle+|\varphi\rangle) \tag{13.86}$$

可见

$$U(|\chi\rangle|0\rangle)\neq|\chi\rangle|\chi\rangle \tag{13.87}$$

即该物理过程不能够完全拷贝$|\chi\rangle$。由于$|\psi\rangle$和$|\varphi\rangle$都是未知的量子态，因此$|\chi\rangle$也是未知的量子态。这表明，这样的物理过程是不存在的，定理得证。

量子态不可克隆定理保证了信息传输的安全性。假设信息的发送者和接收者分别为 A 和 B，窃听者为 C。如果量子态可以被克隆，则当发送者给接收者发送信息时，窃听者可以在途中截取信息，进行拷贝，并将一份拷贝发送给接收者，从而合法的通信双方就不能发现窃听者的存在。

保证信息传输安全性的另一个物理原理是熟知的海森伯不确定关系。不确定关系告诉我们：对一个物理量的测量，将不可避免地影响到与其共轭的物理量。若想要提高对一个物理量的测量精度，则必然使其共轭物理量的不确定度增大。在通信问题中，窃听者截取信息的过程实质上是对某一个物理量进行测量的过程，对这个物理量进行测量将使得其共轭物理量的不确定度增大，从而使合法的通信双方发现窃听者的存在。

13.4.2　量子远程通信

量子远程通信是指在发送方和接收方相距遥远并且无量子通信信道连接的情况下，移动量子状态的技术，其英文原文是 Quantum Teleportation，也译作量子离物传态或量子隐形传态。Teleportation 一词来自古希腊神话，指一种魔法，意思是使人或物从某地消失后又在它地显现出来，在科幻电影或神话小说中常有这种情节。当然，这是一种非科学的幻想。1993 年，贝内特（Bennett）等提出利用量子纠缠现象实现远距离传送量子态信息的方案，借用了 Teleportation 一词来命名。量子远程通信的实现步骤如下：

步骤 1：在发送者爱丽丝（Alice，简称 A）处制备自旋 1/2 粒子 1 的量子态（A 对这个态一无所知）

$$|\psi\rangle_1=\alpha|0\rangle_1+\beta|1\rangle_1,\quad |\alpha|^2+|\beta|^2=1 \tag{13.88}$$

式中，系数α和β为两个任意的未知复系数。

步骤 2：制备自旋 1/2 粒子 2 和粒子 3 的纠缠态

$$|\psi^-\rangle_{23}=\frac{1}{\sqrt{2}}(|0\rangle_2|1\rangle_3-|1\rangle_2|0\rangle_3) \tag{13.89}$$

将粒子 2 传送给 A，将粒子 3 传送给接受者鲍勃（Bob，简称 B）。三个粒子构成的体系的总状态为

$$|\psi\rangle_{123}=|\psi^-\rangle_{23}|\psi\rangle_1=\frac{1}{\sqrt{2}}(|0\rangle_2|1\rangle_3-|1\rangle_2|0\rangle_3)(\alpha|0\rangle_1+\beta|1\rangle_1) \tag{13.90}$$

步骤3：A对她手中的粒子1和粒子2进行贝尔基联合测量。由于现在是三个粒子体系的纠缠态，A的测量就是按粒子1和粒子2的贝尔基来展开这三个粒子纠缠态。根据前面给出的两个粒子体系的贝尔基定义，粒子1和粒子2的贝尔基为

$$|\psi^+\rangle_{12}=\frac{1}{\sqrt{2}}(|0\rangle_1|1\rangle_2+|1\rangle_1|0\rangle_2) \tag{13.91}$$

$$|\psi^-\rangle_{12}=\frac{1}{\sqrt{2}}(|0\rangle_1|1\rangle_2-|1\rangle_1|0\rangle_2) \tag{13.92}$$

$$|\varphi^+\rangle_{12}=\frac{1}{\sqrt{2}}(|0\rangle_1|0\rangle_2+|1\rangle_1|1\rangle_2) \tag{13.93}$$

$$|\varphi^-\rangle_{12}=\frac{1}{\sqrt{2}}(|0\rangle_1|0\rangle_2-|1\rangle_1|1\rangle_2) \tag{13.94}$$

三个粒子纠缠态按粒子1和粒子2的贝尔基展开结果为

$$\begin{aligned}|\psi\rangle_{123}=\frac{1}{2}[\,&|\psi^-\rangle_{12}(-\alpha|0\rangle_3-\beta|1\rangle_3)+|\psi^+\rangle_{12}(-\alpha|0\rangle_3+\beta|1\rangle_3)+\\&|\varphi^-\rangle_{12}(\beta|0\rangle_3+\alpha|1\rangle_3)+|\varphi^+\rangle_{12}(-\beta|0\rangle_3+\alpha|1\rangle_3)]\end{aligned} \tag{13.95}$$

步骤4：A和B之间有一条经典的通信通道。A把她的测量结果通过该经典通道告诉B。最后，B根据A的测量结果相应地对粒子3进行幺正变换，即可得到未知态$|\varphi\rangle_3$。具体的测量结果和将粒子3制备在粒子1原先的量子态上，如表13.3所示。表中：$U_1=\begin{bmatrix}-1&0\\0&-1\end{bmatrix}$，$U_2=\begin{bmatrix}-1&0\\0&1\end{bmatrix}$，$U_3=\begin{bmatrix}0&1\\1&0\end{bmatrix}$，$U_4=\begin{bmatrix}0&-1\\1&0\end{bmatrix}$，$|\varphi\rangle=\begin{bmatrix}\alpha\\\beta\end{bmatrix}$。例如，A的测量结果是纠缠态$|\varphi^-\rangle_{12}$，按照表13.3，粒子3坍缩到相应的自旋态$U_3|\varphi\rangle_3$上，于是，B按A的通报，对该态进行幺正变换$U_3^{-1}$，从而得到粒子3的自旋态$|\varphi\rangle_3=\alpha|0\rangle_3+\beta|1\rangle_3$。

表13.3 A的测量结果与B的操作

A测量到的粒子1和2的纠缠态	测量后粒子3的自旋态	B恢复粒子1自旋态使用的幺正变换
$\|\psi^-\rangle_{12}$	$-\alpha\|0\rangle_3-\beta\|1\rangle_3=U_1\|\varphi\rangle_3$	U_1^{-1}
$\|\psi^+\rangle_{12}$	$-\alpha\|0\rangle_3+\beta\|1\rangle_3=U_2\|\varphi\rangle_3$	U_2^{-1}
$\|\varphi^-\rangle_{12}$	$+\beta\|0\rangle_3+\alpha\|1\rangle_3=U_3\|\varphi\rangle_3$	U_3^{-1}
$\|\varphi^+\rangle_{12}$	$-\beta\|0\rangle_3+\alpha\|1\rangle_3=U_4\|\varphi\rangle_3$	U_4^{-1}

量子隐形传态过程如图13.12所示。

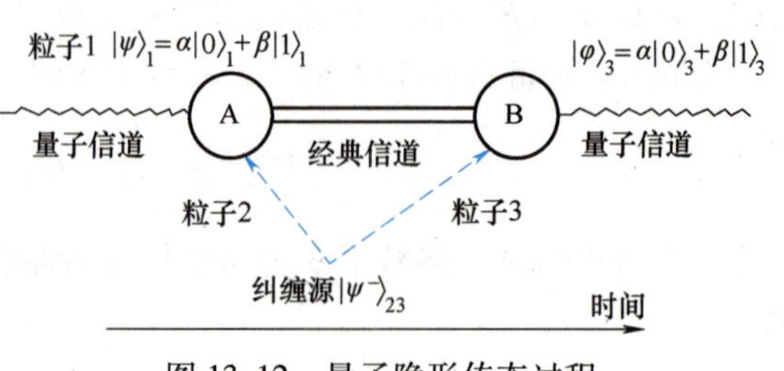

图13.12 量子隐形传态过程

关于量子隐形传态，有以下几点讨论。

1）最初，粒子1和粒子3并不纠缠，在A测量之后，粒子1和粒子3之间有了关联。A测量结果是完全随机的，故从这个结果无法获知$|\psi\rangle_1$的信息。从A传给B的经典信息也给不出$|\psi\rangle_1$的信息。

2）A 拥有的粒子 1 的态$|\psi\rangle_1=\alpha|0\rangle_1+\beta|1\rangle_1$所包含的 α 和 β 的信息究竟是怎样传递到 B 拥有的粒子 3 呢？这是一个非常有趣的问题，因为 A 和 B 之间并没有任何量子通信，尽管他们之间共享了一对纠缠态，但是这对纠缠态不包含任何 α 和 β 的信息。A 真正给 B 的只是她的测量结果，即两个经典比特的通信。因此整个量子态的传递过程似乎是通过某种隐匿的方式完成的。单纯在量子力学的计算框架下来看，隐形传态并没有什么不清楚的地方，但在这个过程背后是否存在某种更加深刻的原理仍然未知。2013 年，著名的美国弦论物理学家莱昂纳特·萨斯坎德（Leonard Susskind，1940—）和阿根廷理论物理学家胡安·马尔达西那（Juan Maldacena，1968—）提出了 ER = EPR 的猜想。这里的 EPR 指的是 EPR 纠缠态，ER 是指爱因斯坦-罗森桥（Einstein-Rosen bridge），即广义相对论场方程的一种特殊解，也称作虫洞。萨斯坎德和马尔达西那猜测，可以找到某种特殊的 ER 桥解，它在功能上完全等价于最大纠缠态。这样在量子隐形传态的过程中，α 和 β 的信息实际是通过虫洞传递的。这个问题暂时还没有完全解决，但由于其联系了量子力学与广义相对论最基础的领域，近年来吸引了不少研究者的注意。

3）在 A 进行测量后，粒子 1 原先的态$|\psi\rangle_1$已经被破坏掉，符合量子力学不可克隆定理。也就是说，在隐形传态后，粒子 1 不再有它的初态，所以粒子 3 不是一个克隆，而是真正远距隐形传态的结果。隐形传态也体现了一种空间非局域性，即通过 A 一端的测量使得 B 手中的态发生瞬间改变。

4）整个量子隐形传态的过程并不能超光速地完成。如果 B 想要确定地获得 A 拥有的粒子 1 的态$|\psi\rangle_1$，那么他就必须等待 A 告知她的测量结果，从而依据 A 的测量结果做相应的么正变换，这个经典通信的过程是无法超光速完成的。

13.5　量 子 计 算

我们把利用量子力学原理，与计算有关的过程统一归入量子计算。本节将分别介绍量子寄存器、量子逻辑门，以及一些简单的量子算法。

从物理观点看，计算机是一个物理系统，计算过程是个物理过程。量子计算机就是一个量子力学系统，量子计算就是这个被称为计算机的量子系统中进行的量子态演化过程。由于经典上不同的物理态能以相干叠加形式存在于量子计算机中，量子计算可以使计算沿着经典上不同的路径并行进行；利用量子纠缠提供的“信道”，可减少计算过程中必要的通信联系。巧妙地利用量子计算这些性质，可以降低某些问题的计算复杂度，甚至把经典计算中的指数复杂度的问题化为多项式复杂度的问题。

13.5.1　量子寄存器

我们仍用所谓的计算基$|0\rangle$和$|1\rangle$表示量子比特，一般地，单个量子比特的纯态可以表示为

$$|\psi\rangle=\alpha|0\rangle+\beta|1\rangle \tag{13.96}$$

式中，$|\alpha|^2+|\beta|^2=1$。

一个量子寄存器是一些量子比特的集合。例如，如下形式的 3 量子比特寄存器可以表示十进制的数字 5，即

$$|1\rangle\otimes|0\rangle\otimes|1\rangle=|101\rangle=|5\rangle \tag{13.97}$$

如果第一个量子比特处于所谓的平衡叠加态 $(|0\rangle+|1\rangle)/\sqrt{2}$，则有

$$\frac{1}{\sqrt{2}}(|0\rangle+|1\rangle)\otimes|0\rangle\otimes|1\rangle=\frac{1}{\sqrt{2}}(|001\rangle+|101\rangle)=\frac{1}{\sqrt{2}}(|1\rangle+|5\rangle) \tag{13.98}$$

这个 3 量子比特寄存器同时表示了十进制数字 1 和 5。

N 量子比特寄存器的状态为

$$|\psi\rangle=\sum_{i=0}^{2^N-1}c_i|i\rangle \tag{13.99}$$

它同时表示 2^N 个十进制数字 $0\sim(2^N-1)$。对这个量子态进行操作就同时对 2^N 个数进行了操作，这构成了量子并行计算的基础。

13.5.2 量子逻辑门

众所周知，经典逻辑门把输入数据变换成输出数据。与此类似，量子逻辑门把输入量子态变换成输出量子态，不同的功能要求不同的逻辑门。经典逻辑门可以是可逆的，也可以是不可逆的。与此不同，由于量子态的演化必须是幺正的，因此相应的量子逻辑门必须是可逆的。研究表明，任意量子逻辑操作都可以用由几个单量子比特逻辑门和双量子比特受控非门构成的一组所谓的通用逻辑门组来实现。下面介绍几个常用的单量子比特逻辑门和双量子比特受控非门。

1. 单量子比特门

(1) X 门（Pauli X 门） 其矩阵形式为

$$X=\begin{bmatrix}0 & 1\\ 1 & 0\end{bmatrix} \tag{13.100}$$

(2) Y 门（Pauli Y 门） 其矩阵形式为

$$Y=\begin{bmatrix}0 & -\mathrm{i}\\ \mathrm{i} & 0\end{bmatrix} \tag{13.101}$$

(3) Z 门（Pauli Z 门） 其矩阵形式为

$$Z=\begin{bmatrix}1 & 0\\ 0 & -1\end{bmatrix} \tag{13.102}$$

(4) H 门（Hadamard 门） 其矩阵形式为

$$H=\frac{1}{\sqrt{2}}\begin{bmatrix}1 & 1\\ 1 & -1\end{bmatrix} \tag{13.103}$$

(5) S 门$\left(\frac{\pi}{2}\text{phase 门}\right)$ 其矩阵形式为

$$S=\begin{bmatrix}1 & 0\\ 0 & \mathrm{i}\end{bmatrix} \tag{13.104}$$

(6) T 门$\left(\frac{\pi}{4}\text{phase 门}\right)$ 其矩阵形式为

$$T=\begin{bmatrix}1 & 0\\ 0 & \mathrm{e}^{\mathrm{i}\pi/4}\end{bmatrix} \tag{13.105}$$

图 13.13 给出了这些单量子比特门的符号和真值表。

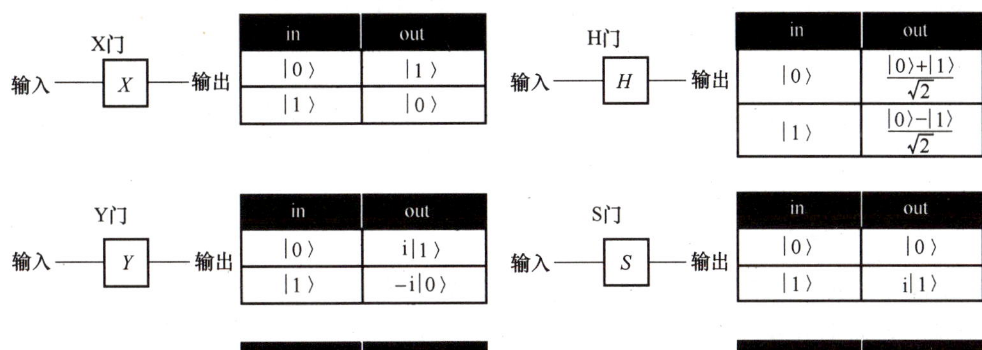

图 13.13　单量子比特门

2. 双量子比特控制非门

双量子比特控制非门也称为受控非门（CNOT 门），它有两个输入和两个输出，如图 13.14所示。其中一个输入称为控制比特，另一个输入称为目标比特。当向控制比特输入 $|0\rangle$时，CNOT 门不对目标比特执行任何操作；当向控制比特输入$|1\rangle$时，CNOT 门会将目标比特施加 X 门的操作（比特翻转），即

$$U_{\text{CNOT}}|x\rangle|y\rangle = |x\rangle\text{mod}_2(x+y) \tag{13.106}$$

式中，第一个态矢$|x\rangle$表示控制比特的状态；第二个态矢$|y\rangle$表示目标比特的状态，$(x,y)\in\{0,1\}$。

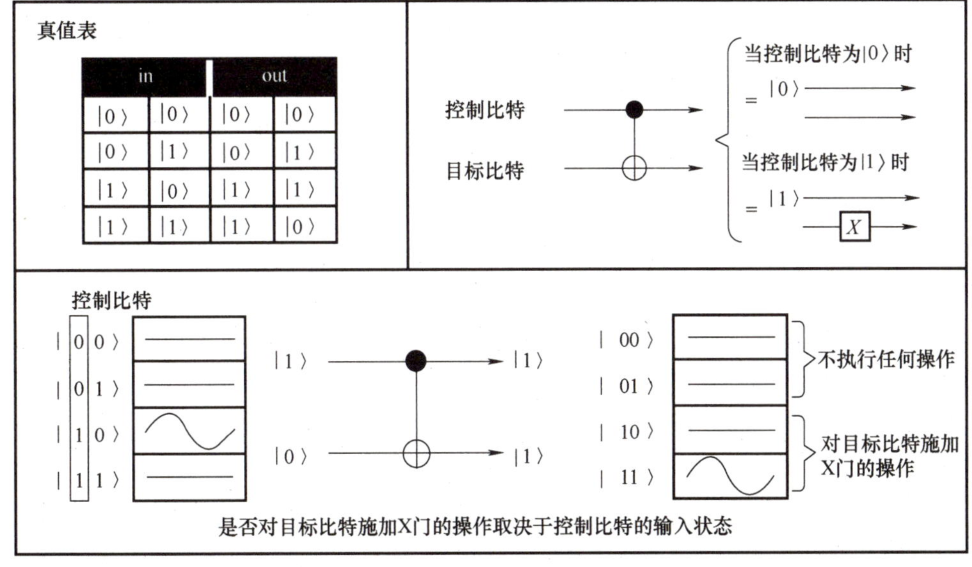

图 13.14　CNOT 门

$$U_{\text{CNOT}}=\begin{bmatrix}1&0&0&0\\0&1&0&0\\0&0&0&1\\0&0&1&0\end{bmatrix}\tag{13.107}$$

CNOT 门的特点是目标比特的作用会随控制比特状态的变化而变化，控制比特相当于翻转目标比特的开关。

13.5.3 量子算法

量子计算中的另一个重要问题是量子算法。典型的量子算法有 Deutsch 算法、Deutsch-Jozsa 算法、Shor 的大数分解算法、Grover 搜索算法等。

1994 年，美国新泽西贝尔实验室的研究人员肖尔（P. Shor）发现了分解大数质因子的量子算法，即 Shor 算法，引发了研究量子计算机的热潮。在计算机科学中，分解大数质因子计算量（计算步数或时间）随要分解大数的位数按指数律上升，在经典算法复杂性分类中，分解大数质因子问题，是个难解问题。据报道，1994 年人们曾使用散布在世界各地的 1600 个工作站，分解一个 129 位数，结果用了 8 个月的时间。根据这一估计，用同样计算能力的计算机分解一个 250 位数，大约需要 80 万年，分解一个 1000 位数，将需要 10^{25} 年，这大大超出现在估计的宇宙年龄。只是分解一个大数质因子本身还是一个无关紧要的数学问题，问题在于现在商业、银行、通信以及政府部门广泛使用的公开密钥系统 RSA［是以三个发明者罗纳德·李维斯特（Ron Rivest）、阿迪·萨莫尔（Adi Shamir）和伦纳德·阿德曼（Leonard Adleman）名字的首字母命名的］，就是建立在分解大数质因子是超出了任何经典计算机计算能力这个假设之上。肖尔发现的新算法，使分解大数质因子问题成为一个计算量与待分解数位数有多项式关系的问题，因而变成了容易解的问题。Shor 算法的发现，使萌发于 20 世纪 80 年代的量子计算思想获得了实在的应用背景，因而也使量子计算机研究获得了新的推动力。1996 年，格罗弗（Grover）又发现了随机数据库搜索的量子算法，把计算量从 N 减缩到 $\sqrt{N}$。这虽然没有引起算法复杂性分类的变化，但把 1 万次的计算量，一下子缩减为 100 次也是十分可观的。关于这些算法的详细介绍，可参阅有关的文献资料。下面举一个最简单的例子——大卫·杜奇（David Deutsch）问题及算法，说明量子加速计算的原理。

杜奇是量子计算的创始人之一。1985 年，他发表了一篇具有里程碑意义的论文，描述量子图灵机和量子计算，提出了一种量子算法，即 Deutsch 算法。这个算法是量子算法最简单的例子之一。这一算法针对的是一个简单的判定问题，也没有什么实用价值，但它首先展示了量子算法较之经典算法的指数加速作用，对理解运算背后的规律很有启发性，具有重要历史意义。

设只有一个变量的函数为 $f(x)$，$f(x)\in\{0,1\}$，$x\in\{0,1\}$。$f(x)$ 的分类如表 13.4 所示。显然，表中的函数可以分为两类：一类是常值型的，即 $f(x)\equiv0$ 或 $f(x)\equiv1$；另一类是平衡型的，即 $f(x)$ 为 0 和 1 的数量相等，各为一个。

表 13.4 $f(x)$ 的分类

$f(x)$	x	$f(x)$	类别
$f_1(x)$	0	0	常值函数
	1	0	

（续）

$f(x)$	x	$f(x)$	类别
$f_2(x)$	0	0	平衡函数
	1	1	
$f_3(x)$	0	1	平衡函数
	1	0	
$f_4(x)$	0	1	常值函数
	1	1	

1. Deutsch 问题

随机给定四个函数中的一个，我们需要查询多少次才能确定这个函数是常值函数还是平衡函数？我们并不关心得到的是四个函数的哪一个，只关心给定的函数是常值函数还是平衡函数。

按照经典分析，我们可以计算给定函数在 0 或 1 处的值。假设我们代入 0 求值，有两种可能的结果：要么得到 0，要么得到 1。如果得到 0，函数可能是 $f_1(x)$，也可能是 $f_2(x)$。一个是常值函数，另一个是平衡函数，不能确定函数类型。因此，需要把 1 代入函数再查询一次。也就是说，在经典计算中，为了判定函数类型，至少需要做两次查询。

2. Deutsch 算法

Deutsch 算法的量子线路如图 13.15 所示。

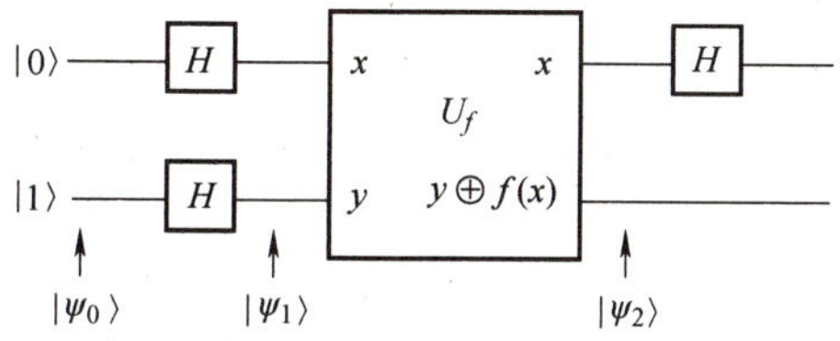

图 13.15　Deutsch 算法的量子线路

图中 H 表示 Hadmard 门矩阵。U_f 是一个幺正算符，在这里就是一个量子黑箱。符号 $\oplus$ 表示模 2 加，即和被 2 除取余数。由于输入采用两个量子比特，所以有 4 种选择：$|00\rangle=|0\rangle\otimes|0\rangle$、$|01\rangle=|0\rangle\otimes|1\rangle$、$|10\rangle=|1\rangle\otimes|0\rangle$ 和 $|11\rangle=|1\rangle\otimes|1\rangle$，相应的输出 $y\oplus f(x)$ 分别为：$|0\rangle\otimes|f(0)\rangle$、$|0\rangle\otimes|f(0)\oplus 1\rangle$、$|1\rangle\otimes|f(1)\rangle$ 和 $|1\rangle\otimes|f(1)\oplus 1\rangle$。具体求解步骤如下：

1）输入状态，完成初始化：

$$|\psi_0\rangle=|01\rangle \tag{13.108}$$

2）通过 Hadmard 变换后，量子态

$$|\psi_1\rangle=\frac{|0\rangle+|1\rangle}{\sqrt{2}}\frac{|0\rangle-|1\rangle}{\sqrt{2}}=\frac{1}{2}(|00\rangle-|01\rangle+|10\rangle-|11\rangle) \tag{13.109}$$

3）经过 U_f 变换后，量子态

$$|\psi_2\rangle=\frac{1}{2}(|0\rangle\otimes|f(0)\rangle-|0\rangle\otimes|f(0)+1\rangle+|1\rangle\otimes|f(1)\rangle-|1\rangle\otimes|f(1)+1\rangle)$$

$$=\frac{1}{2}(|0\rangle\otimes(|f(0)\rangle-|f(0)+1\rangle)+|1\rangle\otimes(|f(1)\rangle-|f(1)+1\rangle))$$

$$=\frac{1}{2}(|0\rangle\otimes((-1)^{f(0)}(|0\rangle-|1\rangle))+|1\rangle\otimes((-1)^{f(1)}(|0\rangle-|1\rangle)))$$

$$=\frac{1}{2}((-1)^{f(0)}|0\rangle\otimes(|0\rangle-|1\rangle)+(-1)^{f(1)}|1\rangle\otimes(|0\rangle-|1\rangle))$$

$$=\frac{1}{2}((-1)^{f(0)}|0\rangle+(-1)^{f(1)}|1\rangle)\otimes(|0\rangle-|1\rangle))$$

$$=\frac{1}{\sqrt{2}}((-1)^{f(0)}|0\rangle+(-1)^{f(1)}|1\rangle)\otimes\frac{1}{\sqrt{2}}(|0\rangle-|1\rangle) \tag{13.110}$$

由结果可知，两个比特是非纠缠的，且第一个比特包含了$f(x)$全部信息，第二个比特与$f(x)$完全无关。很有意思的是，第二个比特即是$H|1\rangle$。设第一个比特用$|\varphi\rangle$表示，则有

$$|\varphi\rangle=\frac{1}{\sqrt{2}}((-1)^{f(0)}|0\rangle+(-1)^{f(1)}|1\rangle) \tag{13.111}$$

下面检查$f(x)$四种可能性中的$|\varphi\rangle$的取值。

① 对于$f_1(x)$，$f_1(0)=f_1(1)=0$，$|\varphi\rangle=\frac{1}{\sqrt{2}}(|0\rangle+|1\rangle)$ (13.112)

② 对于$f_2(x)$，$f_2(0)=0$，$f_2(1)=1$，$|\varphi\rangle=\frac{1}{\sqrt{2}}(|0\rangle-|1\rangle)$ (13.113)

③ 对于$f_3(x)$，$f_3(0)=1$，$f_3(1)=0$，$|\varphi\rangle=\frac{-1}{\sqrt{2}}(|0\rangle-|1\rangle)$ (13.114)

④ 对于$f_4(x)$，$f_4(0)=f_4(1)=1$，$|\varphi\rangle=\frac{-1}{\sqrt{2}}(|0\rangle+|1\rangle)$ (13.115)

4）对U_f顶部输出的量子比特$|\varphi\rangle$做H变换。比如，对于$f_1(x)$，$H|\varphi\rangle=\frac{1}{2}\begin{bmatrix}1 & 1\\ 1 & -1\end{bmatrix}\left(\begin{bmatrix}1\\ 0\end{bmatrix}+\begin{bmatrix}0\\ 1\end{bmatrix}\right)=\begin{bmatrix}1\\ 0\end{bmatrix}=|0\rangle$，对于$f_2(x)$、$f_3(x)$和$f_4(x)$，同理可求出$H|\varphi\rangle$的结果。这里不再逐个计算，只给出以下结论：

如果函数为$f_1(x)$，那么$H|\varphi\rangle=|0\rangle$；如果函数为$f_2(x)$，那么$H|\varphi\rangle=|1\rangle$；如果函数为$f_3(x)$，那么$H|\varphi\rangle=-|1\rangle$；如果函数为$f_4(x)$，那么$H|\varphi\rangle=-|0\rangle$。

5）最后做量子测量

现在非常清楚了，最后进行量子测量，如果是常值函数，测量结果必然出现$|0\rangle$；反之，如果是平衡函数，测量结果必然出现$|1\rangle$。

从 Deutsch 算法可以看出，在量子计算过程中，只调用一次函数计算，即一次使用量子黑箱U_f，就可解决经典计算机必须运行两次才能解决的问题，主要在于量子计算机可接受叠加形式的输入。另外，在 Deutsch 算法中，似乎看不出在哪个地方明确计算了$f(0)$和$f(1)$的值，但最后为什么能测量到正确结果？这就是量子计算的神奇之处，它内部的量子机制提供了与传统计算机完全不同的计算方式。

本章知识网络图

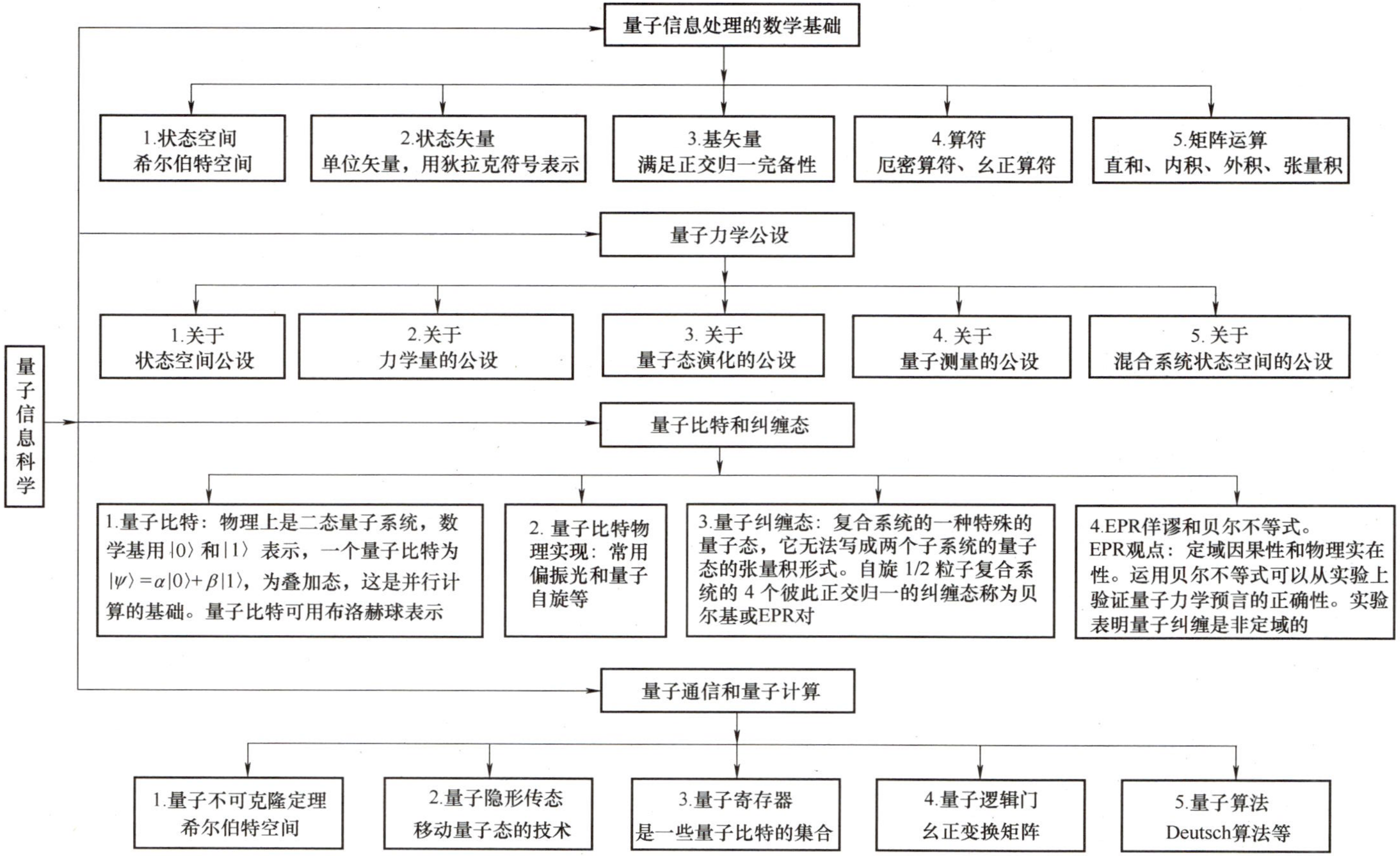

量子信息科学

- 量子信息处理的数学基础
  - 1.状态空间
    希尔伯特空间
  - 2.状态矢量
    单位矢量，用狄拉克符号表示
  - 3.基矢量
    满足正交归一完备性
  - 4.算符
    厄密算符、幺正算符
  - 5.矩阵运算
    直和、内积、外积、张量积
- 量子力学公设
  - 1.关于
    状态空间公设
  - 2.关于
    力学量的公设
  - 3. 关于
    量子态演化的公设
  - 4. 关于
    量子测量的公设
  - 5. 关于
    混合系统状态空间的公设
- 量子比特和纠缠态
  - 1.量子比特：物理上是二态量子系统，数学基用 $|0\rangle$ 和 $|1\rangle$ 表示，一个量子比特为 $|\psi\rangle=\alpha|0\rangle+\beta|1\rangle$，为叠加态，这是并行计算的基础。量子比特可用布洛赫球表示
  - 2. 量子比特物理实现：常用偏振光和量子自旋等
  - 3.量子纠缠态：复合系统的一种特殊的量子态，它无法写成两个子系统的量子态的张量积形式。自旋 1/2 粒子复合系统的 4 个彼此正交归一的纠缠态称为贝尔基或EPR对
  - 4.EPR佯谬和贝尔不等式。
    EPR观点：定域因果性和物理实在性。运用贝尔不等式可以从实验上验证量子力学预言的正确性。实验表明量子纠缠是非定域的
- 量子通信和量子计算
  - 1.量子不可克隆定理
    希尔伯特空间
  - 2.量子隐形传态
    移动量子态的技术
  - 3.量子寄存器
    是一些量子比特的集合
  - 4.量子逻辑门
    幺正变换矩阵
  - 5.量子算法
    Deutsch算法等

习　题

13.1　回答下列问题：(1) 怎样理解波函数、态矢量和态叠加原理？(2) 什么叫量子纠缠？量子纠缠是局域的还是非局域的？量子纠缠的重要性体现在哪里？(3) 什么叫量子比特？量子并行计算是怎样实现的？(4) 什么叫量子干涉？举例说明量子干涉在量子计算中的作用。(5) 如何利用密度矩阵判断纯态和混合态？纠缠态和非纠缠态？(6) 如何理解欧几里得空间的三维矢量和布洛赫矢量？

13.2　已知：二维泡利矩阵为 $\sigma_x=\begin{bmatrix}0&1\\1&0\end{bmatrix}$，$\sigma_y=\begin{bmatrix}0&-\mathrm{i}\\\mathrm{i}&0\end{bmatrix}$，求：(1) $\sigma_x\otimes\sigma_y$；(2) $\sigma_y\otimes\sigma_x$。

13.3　证明：任何幺正算符 U 都可以写成 $U=\exp(\mathrm{i}A)$，其中 A 是一个厄米算符。

13.4　用 H 门和 CNOT 门怎样产生量子纠缠态？画出量子线路图并给出证明。

13.5　计算 $H(0)$ 和 $H(1)$，证明 H 变换矩阵为幺正矩阵。

13.6　一个量子比特在希尔伯特空间的两个基用列矩阵来表示，两个量子比特系统在 Hilbert 空间的基可以通过两个列矢量的张量积来构造。例如

$$|00\rangle=\begin{bmatrix}1\\0\end{bmatrix}\otimes\begin{bmatrix}1\\0\end{bmatrix}=[1\quad 0\quad 0\quad 0]^{\mathrm{T}}$$

(1) 用这种方法构造两个量子比特系统的希尔伯特空间的基；(2) 给出 CNOT 操作在这组基下的表示矩阵。

13.7　两个子系统的量子态分别为 $|\psi_1\rangle=u_1|0\rangle+v_1|1\rangle$ 和 $|\psi_2\rangle=u_2|0\rangle+v_2|1\rangle$，求它们构成的系统的量子态。

13.8　已知：$|\psi\rangle=\frac{1}{\sqrt{2}}(|0\rangle+\mathrm{e}^{\mathrm{i}\varphi}|1\rangle)$，求下面两种情况下的测量结果：(1) 基 $B_1=\{|0\rangle,|1\rangle\}$；(2) 基 $B_2=\{|+\rangle,|-\rangle\}$，其中 $|+\rangle=\frac{1}{2}(|0\rangle+|1\rangle)$，$|-\rangle=\frac{1}{2}(|0\rangle-|1\rangle)$。

13.9　已知：$|\psi\rangle=\frac{1}{3}(|001\rangle+|010\rangle+\sqrt{7}|100\rangle)$，求测量第一个量子比特是 1 的概率。

13.10　画出量子隐形传态的量子线路图，按图中时序完成量子隐形传态步骤。

第 13 章习题答案

第 13 章习题详解

参考文献

[1] 康颖. 大学物理 [M]. 4 版. 北京：科学出版社，2019.

[2] 张三慧. 大学物理学 [M]. 4 版. 北京：清华大学出版社，2023.

[3] 张铁强. 大学物理学 [M]. 3 版. 北京：高等教育出版社，2022.

[4] 郑永令，贾起民，方小敏. 力学 [M]. 3 版. 北京：高等教育出版社，2018.

[5] 漆安慎，杜婵英. 普通物理学教程：力学 [M]. 3 版. 北京：高等教育出版社，2012.

[6] 潘路军. 基础光学 [M]. 北京：机械工业出版社，2016.

[7] GIAMBATTISTA A. Physics [M]. 5th ed. New York：McGraw-Hill Education，2019.

[8] 赵凯华，陈熙谋. 新概念物理教程：电磁学 [M]. 2 版. 北京：高等教育出版社，2006.

[9] 黄诗登，鲁志祥. 大学物理先修课教材·电磁学 [M]. 合肥：中国科学技术大学出版社，2018.

[10] 钟锡华. 现代光学基础 [M]. 北京：北京大学出版社，2003.

[11] 陈家璧. 激光原理及应用 [M]. 北京：电子工业出版社，2004.

[12] GHATAK A. 光学 [M]. 4 版. 张晓光，席丽霞，余和军，译. 北京：清华大学出版社，2015.

[13] 苏显渝，李继陶. 信息光学 [M]. 北京：科学出版社，1999.

[14] 钱士雄，王恭明. 非线性光学：原理与进展 [M]. 上海：复旦大学出版社，2001.

[15] 张礼. 近代物理学进展 [M]. 2 版. 北京：清华大学出版社，2009.

[16] 张明德，孙小菡. 光纤通信原理与系统 [M]. 4 版. 南京：东南大学出版社，2009.

[17] 西原浩，春名正光，栖原敏明. 集成光路 [M]. 梁瑞林，译. 北京：科学出版社，2004.

[18] HUNSPERGER R G. 集成光学理论与技术 [M]. 叶玉堂，李剑峰，贾东方，等译. 北京：电子工业出版社，2016.

[19] 姚启钧. 光学教程 [M]. 5 版. 北京：高等教育出版社，2014.

[20] 弗里德曼. 西尔斯物理学（英文影印版）[M]. 北京：机械工业出版社，2003.

[21] 梁灿彬，秦光戎，梁竹健. 电磁学 [M]. 3 版. 北京：高等教育出版社，2012.

[22] 马文蔚，周雨青. 物理学简明教程 [M]. 2 版. 北京：高等教育出版社，2018.

[23] 马文蔚. 物理学（第五版）习题分析与解答 [M]. 北京：高等教育出版社，2006.

[24] 张之翔. 电磁学千题解 [M]. 2 版. 北京：科学出版社，2018.

[25] 张三慧. 大学物理学（第三版）学习辅导与习题解答 [M]. 北京：清华大学出版社，2009.

[26] 何丽桥，王国光. 大学物理读书笔记与问题研究 [M]. 北京：科学出版社，2018.

[27] 蒂普勒. 物理学：中册 [M]. 北京：科学出版社，1987.

[28] 詹巴蒂斯塔，理查森 B，理查森 R. 物理学：卷 2 [M]. 胡海云，吴晓丽，王菲，译. 北京：机械工业出版社，2015.

[29] 杜洁海，王国光，史素姣. 工科大学物理：下册 [M]. 长春：吉林科学技术出版社，1996.

[30] 陆果. 基础物理学 [M]. 北京：高等教育出版社，1997.

[31] 张汉壮，倪牟翠，王磊. 物理学导论 [M]. 4 版. 北京：高等教育出版社，2022.

[32] 顾樵. 量子力学 I [M]. 北京：科学出版社，2014.

[33] GIANCOLI D C. Physics for Scientists & Engineers with Modern Physics [M]. New York：Pearson，2021.

[34] KRANE K S. Modern physics [M]. 3rd ed. New York：Wiley，2012.

[35] 丁鄂江. 量子力学的奥秘和困惑 [M]. 北京：科学出版社，2019.

[36] 刘玉鑫，曹庆宏. 量子力学 [M]. 北京：科学出版社，2023.

[37] 郭光灿. 颠覆 [M]. 北京：科学出版社，2022.

[38] NIELSEN M A, CHUANG I L. 量子计算与量子信息（一）[M]. 赵千川，译. 北京：清华大学出版社，2004.

[39] 伯恩哈特. 人人可懂的量子计算 [M]. 邱道文，周旭，等译. 北京：机械工业出版社，2020.

[40] MANENTI R, MOTTA M. Quantum Information Science [M]. Oxford: Oxford University Press, 2023.

[41] RIEFFEL E G, POLAK W H. Quantum Computing: A Gentle Introduction [M]. New York: The MIT Press, 2014.

[42] MCMAHON D. Quantum Computing Explained [M]. New York: Wiley, 2007.

[43] BENENTI G, CASATI G, ROSSINI D. Principles of Quantum Computation and Information [M]. New York: World Scientific Publishing Co, 2019.